Atlas umgeformter metallischer Oberflächen

Von

Otto Kienzle Klaus Mietzner

Mit 42 Tafeln und 103 Abbildungen

Springer-Verlag
Berlin Heidelberg GmbH
1967

Otto Kienzle, Dr.-Ing. Dr.-Ing. E. h. Dr. techn. h. c., ord. Professor em.
der Technischen Hochschule Hannover

Klaus Mietzner, Dr.-Ing., Woodbury, N. J., U.S.A.

ISBN 978-3-642-92947-2 ISBN 978-3-642-92946-5 (eBook)
DOI 10.1007/978-3-642-92946-5

Ursprünglich erschienen bei Springer-Verlag, Berlin and Heidelberg 1967
Softcover reprint of the hardcover 1st edition 1967
Library of Congress Catalog Card Number: 67-25837

Titel Nr. 1400

Vorwort

Nachdem in den zwanziger Jahren der Austauschbau in den Paß-Systemen der zylindrischen Rundpassungen entwickelt worden war, begann man Anfang der dreißiger Jahre die Bedeutung der Oberflächen zu erkennen. Die Pionierarbeit auf diesem Gebiet verdanken wir neben ausländischen Forschern vor allem *G. Schmaltz*, der nach seinen 1929 veröffentlichten Aufsätzen der Fachwelt 1936 sein grundlegendes Werk „Technische Oberflächenkunde" schenkte [*93*]. Dieses Werk war bereits weit über die Betrachtung von abgespanten Paßflächen hinausgewachsen; es zog die verschiedensten Funktionen einer Fläche und alle damals bekannten Fertigungsverfahren in Betracht, darunter auch die Umformverfahren.

Das seither entstandene reiche Schrifttum zeugt davon, daß man sich in allen Industrieländern sehr um die Oberflächenfragen bemüht [*16, 87, 91*]. Es sind eine Reihe von nationalen Normen entstanden; ihre Verschiedenheit zeigt, daß international die Rauheitsbeschreibung durch Wort und Zahl weder in der Definition noch in den Meßverfahren ausgereift ist. Um die Entwicklung und Einführung der deutschen Normen hat sich insbesondere *H. v. Weingraber* verdient gemacht [*111, 112, 114*]. Auf dem ziemlich wenig beackerten Gebiet der mechanischen Umformtechnik sind erst in den letzten Jahren systematische Oberflächen-Untersuchungen vorgenommen worden. Einige Voraussetzungen dazu sind seit 1947 vom Erstverfasser an dem von ihm geleiteten Institut für Werkzeugmaschinen und Umformtechnik der Technischen Hochschule Hannover geschaffen worden. Bei seiner Beschäftigung mit den Oberflächenfragen im allgemeinen machte er zusammen mit *A. Heiß* [*50*] 1951 zwei wesentliche Feststellungen, nämlich

a) daß in der unmittelbaren Nachbarschaft eines Punktes einer beispielsweise abgespanten Oberfläche beträchtliche Unterschiede in der Form und Tiefe der Rauheit auftreten,

b) daß eine Oberfläche zu ihrer Kennzeichnung im allgemeinen in zwei Richtungen abgetastet werden sollte.

Diese Gesichtspunkte erwiesen sich auch für die Beschreibung umgeformter Oberflächen als wesentlich. Einen ersten Vorstoß in dieses besondere Gebiet machte 1952 *H. König* [*56*] mit seiner Untersuchung der mikrogeometrischen Umformung durch Glattwalzen. 1956 begann *H. Mühlenweg* mit seiner Untersuchung des Wandels gegebener Oberflächen durch Umformen beim Ziehen und Reduzieren von Rohren [*76*]. 1958 setzte dann die systematische Untersuchung umgeformter Oberflächen ein, der sich insbesondere der Zweitverfasser widmete. Zahlreiche Messungen und Beobachtungen, die viele Monate dauerten, konnten in Industriebetrieben vorgenommen werden. Eine Reihe von Aufnahmen und kritischen Bewertungen sind in Diplomarbeiten der Herren *G. Hahn*, *F. Hecker* und *K.-H. Steinmetz* niedergelegt, die unter der Leitung des Erstverfassers am Lehrstuhl für Werkzeugmaschinen und Umformtechnik der Technischen Hochschule Hannover angefertigt wurden. Auch andere Hochschulinstitute, wie die von Professor Dr.-Ing. Dr.-Ing. E. h. *E. Siebel* in Stuttgart und Professor Dr.-Ing. *H. Wiegand* in Darmstadt nahmen sich besonderer Erscheinungen an umgeformten Oberflächen an.

Einige groß angelegte Untersuchungen hat der Verein Deutscher Eisenhüttenleute in Verbindung mit dem Max-Planck-Institut für Eisenforschung auf dem Gebiete des Kaltwalzens von Stahlband und des Ziehens von Draht und Stäben durchgeführt; sie sind durch *W. Lueg*, *K.-H. Treptow* und *U. Krause* veröffentlicht worden. Diese Arbeiten bestätigen die Richtigkeit des in unserer Typologie [*1*] eingeschlagenen Wegs der *Verfahrensanalyse* mit Berücksichtigung der Umformgeschichte der jeweils betrachteten Fläche. Indes kommt es uns nicht darauf an, die Leser über die Verfahren zu belehren — dafür gibt es anderes Schrifttum in genügender Güte und Menge —, als vielmehr sie an die Vorgänge zu erinnern, die bei der Umformung der Oberflächen eine Rolle spielen.

Unabhängig davon hatte schon 1954 *H. v. Weingraber* vorgeschlagen, die mittels verschiedener Verfahren hergestellten Oberflächen, seien es abgespante oder umgeformte, in der Form eines Atlasses darzustellen. Das ermutigte die Verfasser, für das letztere Gebiet den ersten „Oberflächenatlas" zu entwickeln und der Praxis zum Gebrauch vorzulegen.

Zunächst haben sie die wissenschaftlichen Zusammenhänge in ihrem Büchlein „Grundlagen einer Typologie umgeformter metallischer Oberflächen" [*1*] dargelegt. Werden dort die Typen umgeformter Oberflächen und ihre Entstehung aus ihrer Geschichte beschrieben, so soll es Aufgabe dieses Atlasses sein, der Verständigung zwischen Hersteller und Benutzer von Stäben, Drähten, Blechen und umgeformten Werkstücken zu dienen. Es besteht nämlich zwischen dem Konstrukteur und dem Besteller umgeformter Werkstücke einerseits und dem Hersteller andererseits heute kaum eine Brücke der Verständigung über das, was funktionsmäßig gefordert und das, was wirtschaftlich gefertigt werden kann. Wir zeigen anhand authentischer Unterlagen, welche Rauheiten in einzelnen Betrieben unter üblichen Bedingungen erreicht werden. Dabei sind manche Einzelheiten aufgetaucht, die in unserer „Typologie" noch nicht erwähnt sind.

Der Praxis wäre es sicherlich erwünscht, etwas darüber zu erfahren, welche *Funktionsforderungen* umgeformte Oberflächen erfüllen sollen. Darüber kann noch nicht viel gesagt werden; wir geben indes einige Hinweise auf das Funktionsverhalten bei der Fertigung (Abschnitt 2.6) und bei der Verwendung (Abschnitt 2.7).

Es sei ausdrücklich hervorgehoben, daß die Angaben von Rauhwerten für die Produkte aus verschiedenen Umformvorgängen nicht den Charakter eines Normvorschlages haben; dafür würden die verhältnismäßig wenigen Messungen nicht genügen. Wenn später einmal DIN-Normen aufgestellt werden, so müssen sie auf Vereinbarungen zwischen Herstellern und Verbrauchern beruhen. Diese wiederum setzen noch viele Erfahrungen und zahlreiche Messungen in vielen Betrieben voraus.

Wir gliedern diesen Atlas in drei Teile:

I. Allgemeines über umgeformte Oberflächen
II. Erläuterungen zu den Atlastafeln
III. Die Atlastafeln

Im I. Teil geben wir einen kurzen Abriß dessen, was in den Abschnitten 1—3 unserer „Typologie" dargelegt ist; für weitere Einzelheiten wird jeweils auf diese [1] verwiesen. Dieser Teil ist so gehalten, daß auch der Benutzer, der mit dem Schrifttum der Oberflächenkunde nicht vertraut ist, die knappsten Grundlagen über die Begriffe und das Ausmessen der Oberflächenrauheit kennenlernt. Die einschlägigen DIN-Normen findet er im Anhang. Da sich die darin festgelegten Begriffe vornehmlich auf abgespante Oberflächen beziehen, benutzen wir noch einige weitere Begriffe, die in unserer „Typologie" beschrieben sind. Davon seien hier u. a. der Böschungswinkel und der räumliche Leeregrad einer Oberfläche erwähnt, weil beide in den Tafeln unmittelbar angewandt werden. In diesem Zusammenhang wird auch auf die neuerdings in der amerikanischen Blechbandherstellung angewandte Gipfelzählung eingegangen. Ein kurzer Blick wird auf das Grenzgebiet geworfen, in dem unwillkürliche Rauhgebirge in die „Miniaturformen" konstruierter Rauhgebirge übergehen (Abschnitt 2.5.2).

Der grundsätzliche Aufbau der Tafeln wird beschrieben; sodann geben wir Richtlinien für ihre Benutzung durch Besteller und Hersteller. Der I. Teil schließt mit Übersichten über die Rauhtiefen an umgeformten Oberflächen und an Wirkflächen der Werkzeuge.

Der II. und III. Teil sind den Atlastafeln gewidmet. Während im III. Teil die Tafeln im Sinne eines Nachschlagewerkes ohne Zwischentexte aneinandergereiht sind, schildern wir im II. Teil durch Verfahrensanalyse die Besonderheiten der einzelnen Verfahren, soweit sie auf die Wandlung der Oberflächen von Einfluß sind. Wir erläutern die Eigenheiten der Tafelinhalte und ergänzen sie durch zusätzliche Beobachtungen aus der Praxis.

Wir haben 14 Verfahren ausgewählt und ihre Oberflächenwandlungen auf 42 Tafeln dargestellt. Zu dieser Beschränkung zwang die nicht wiederzugebende Mannigfaltigkeit der Verfahren, der Werkstoffe und der Schmiermittel und zugleich die Anzahl der verschiedenen Teiloberflächen, die an einem und demselben Werkstück beim gleichen Verfahren vorkommen können, in einem Fall (Fließpressen) auch der Wunsch, die „Geschichte" einer Oberfläche durch 4 Umformstufen hindurch zu verfolgen.

Unter den Verfahren wählten wir zunächst die meist angewandten Kaltumformverfahren aus. Wir haben aber auch einige seltenere dazugenommen, deren Oberflächenwandlung typisch ist. Besonderen Wert legten wir auf diejenigen Verfahren, bei denen fertige Oberflächen von hoher Güte erlangt werden — das sind u. a. die Kaltwalzverfahren. Werkstoffmäßig haben wir uns mit einer Ausnahme auf Stahl beschränkt, weil die hieran entstehenden Oberflächen im Vergleich mit denen aus Kupfer- und Aluminiumlegierungen die schlechteren sind. Von den Warmumformverfahren untersuchten wir nur zwei, nämlich das Strangpressen von Aluminium, weil es gebrauchsfertige Oberflächen ergibt, und das Gesenkschmieden, weil auch hierbei viele Flächen entstehen, die nachher nicht bearbeitet werden. Die Ordnung der Atlastafeln folgt zugleich diesen Gesichtspunkten.

Mit dieser Zusammenstellung der Tafeln verbinden wir die Absicht, gewisse Zusammenhänge zwischen verschiedenen Verfahren aufzuzeigen, die sonst nicht dargestellt werden. Gedanklicher Art ist z. B. die Ähnlichkeit zwischen dem Nachwalzen von Blech, dem Walzrichten gezogener Stangen und dem eigentlichen Glattwalzen. Enge technische Zusammenhänge bestehen in den Paaren

Kaltwalzen von Stahlband — Tiefziehen,
Verjüngen (Reduzieren) — Gewindewalzen,
vorwärts fließgepreßte Hülse — abgestreckte Hülse.

Auch Vergleiche werden ermöglicht, wie z. B. zwischen dem Boden eines rückwärts fließgepreßten Napfes und einem gestauchten Zylinder oder zwischen Rohren, deren glatte Innenflächen einmal durch Ziehen, zum anderen durch Rundkneten hergestellt sind.

Die Schrifttumsangaben beschränken wir auf das, womit sich die Leser allein über die hier behandelten praktischen Fragen unterrichten können. Weiteres Schrifttum findet sich in den dort angeführten Büchern und Aufsätzen.

Die Verfasser sind sich bewußt, daß dieses Werk noch viele Wünsche offen läßt; sie glauben indes, den Mut aufbringen zu sollen, mit einem noch ziemlich unvollkommenen Werk einen praktischen Schritt zu tun, um die Oberflächen umgeformter Werkstücke zahlenmäßig beurteilungsreif zu machen. Viele Forschungsarbeiten und Untersuchungen in den Betrieben werden noch nötig sein. Es wäre erfreulich, wenn sie sich in gewissem Maße an diesem Atlas orientierten; Vergleiche würden erleichtert und Fortschritte offenbar werden.

Bei der Ausarbeitung dieses Atlasses erfreuten wir uns der Hilfe von vielen Seiten. Den Industriebetrieben, die uns die praktischen Messungen ermöglichten, danken wir für ihre Hilfsbereitschaft, dem Verein Deutscher Eisenhüttenleute sowie dem Max-Planck-Institut für Eisenforschung für die gute Zusammenarbeit.

Den Herren Professor Dr.-Ing. *Wiegand* und Dr.-Ing. *K.-H. Kloos* schulden wir Dank für die Besorgung und Diskussion der Schliffbilder in den Tafeln. Besonderen Dank wissen wir Herrn Professor Dr.-Ing. *von Weingraber* für zahlreiche fördernde Besprechungen und die Durchsicht der grundlegenden Textteile. Eine Reihe von Fachgenossen haben unserer Bitte entsprochen, einzelne Abschnitte mit den Erfahrungen in ihren Betrieben zu vergleichen; ihnen sprechen wir für ihre wertvollen Hinweise unseren verbindlichen Dank aus. Den oben erwähnten Diplom-Ingenieuren danken wir für die Überlassung ihrer Ergebnisse und Fräulein *Maria Busche* für die sorgsame Durchführung der photographischen Arbeiten.

Für die Durchführung dieser Forschungsarbeit hat der Herr Bundeswirtschaftsminister in großzügiger Weise Mittel zur Verfügung gestellt; ihm sei dafür ergebenster Dank gesagt. Auch der Arbeitsgemeinschaft Industrieller Forschungsvereinigungen, der Forschungsgesellschaft Blechverarbeitung und dem Verband Deutscher Gesenkschmieden sei für ihre freundliche Förderung herzlich gedankt.

Dem Springer-Verlag danken wir für die nicht einfache bildliche Ausstattung, die er dem Werk in bewährter vorbildlicher Weise zuteil werden ließ.

Stuttgart und Woodbury, N. J., U. S. A., im März 1967

Otto Kienzle **Klaus Mietzner**

Inhaltsverzeichnis

Seite

I. Teil. Allgemeines über umgeformte Oberflächen

Seite

II. Teil. Erläuterungen zu den Atlastafeln

III. Teil. Die Atlastafeln

(Verzeichnis S. 91)

I. Teil

Allgemeines über umgeformte Oberflächen

1 Einführung

Zu den wesentlichen Eigenschaften eines metallischen Gegenstandes gehört der Zustand seiner Oberfläche; auf sie wird mit verschiedenen Ausdrücken Bezug genommen.

Der Begriff „Oberflächenbeschaffenheit" enthält neben der Rauheit auch andere physikalische und chemische Eigenschaften der Oberflächenschicht und ist daher nur in diesem allgemeinen Sinne zu benutzen.

„Oberflächengüte" enthält eine Wertung, meist im Hinblick auf die Annäherung an die ideale Glätte, bisweilen auch in bezug auf die Freiheit von Rissen, Poren und dergleichen.

„Oberflächenrauheit" bedeutet einen Zustand, kein Maß. Trotzdem können wir von grober und geringer Rauheit sprechen. Rauheit soll auch nicht im Sinne von „technisch rauh" als Gegensatz zu „technisch glatt" verstanden werden. Vielmehr bedeutet Rauheit jede Abweichung von einer vollkommenen, von allen mikrogeometrischen Unregelmäßigkeiten freien Oberfläche, gekennzeichnet durch die Rauhtiefe 0.

In der Praxis verlangt man sog. glatte Oberflächen vor allem, wenn eine Fläche geringen Reibwiderstand bieten soll; andere Oberflächen sollen eine gewisse Rauheit aufweisen, z. B. an einem Maschinenteil, das gegen Verschieben zu sichern ist oder an einem Blech, an dem eine Anstrichschicht haften soll. Auch optisch werden ähnliche Unterschiede gemacht; Sichtflächen sollen bald glatt (spiegelnd), bald matt, (grobmatt, feinmatt) sein.

1.1 Bedürfnis nach Zahlenwerten

Wie überall in der Technik geht das Bestreben dahin, diese Eigenschaften durch Zahlenwerte anzugeben, die eine Wiederholbarkeit im Sinne des Austauschbaues und einen Vergleich zwischen Soll und Ist gestatten.

Die Möglichkeit, eine Oberfläche durch Zahlenwerte so zu beschreiben, daß sie von einer anderen zweifelsfrei unterschieden oder im Vergleich zu einer anderen als technisch gleichwertig bezeichnet werden kann, ist aber erst die Voraussetzung dafür, daß die zwei Hauptaufgaben — wir wollen sie kurz „*F*" und „*K*" nennen — praxisreif gelöst werden können.

Unter der „*F*"-Aufgabe sei das Auffinden des Zusammenhanges zwischen der Fertigung einer Oberfläche und ihrer danach vorhandenen Beschaffenheit verstanden; sie geht den Fertigungsingenieur an. Unter der „*K*"-Aufgabe sei die Möglichkeit verstanden, in Konstruktionszeichnungen für einen beliebigen Zweck (Reibung, Strömungswiderstand, Haftung, Festigkeit, Aussehen usw.) die Eigenschaften einer Oberfläche zahlenmäßig anzugeben, damit sie ihre Funktion erfüllt. Diese Aufgabe geht den Konstrukteur an (s. a. Abschnitt 2.7).

Das bisher Gesagte gilt gleichermaßen für abgespante wie für umgeformte Oberflächen.

Was ist nun eine umgeformte Oberfläche? Bei „Umformen" denkt man zunächst an einen Körper. Ändert man bei gleichbleibender Masse seine Form, so wird auch seine Oberfläche nach Form und Größe geändert, wie im nächsten Abschnitt ausgeführt wird. Die Oberflächen sind somit selbst umgeformt; das berechtigt uns, nicht nur von den Oberflächen umgeformter Werkstücke, sondern kurz von „umgeformten Oberflächen" zu sprechen.

Mit welchen Zahlenwerten man die Rauheit einer Oberfläche kennzeichnet, ist Gegenstand des nächsten Abschnitts.

1.2 Die beschreibenden Meßgrößen

Eine rauhe Oberfläche betrachten wir als ein Gebirge mit Gipfeln, Kämmen, Böschungen, Tälern und Mulden. Wir vergleichen sie gemäß DIN 4762 mit der geometrisch-idealen Oberfläche und versuchen ihre Abweichungen von dieser möglichst treffend zu erfassen. Zu diesem Zweck legen wir in Gedanken senkrecht zur geometrisch-idealen Oberfläche Schnitte durch das Rauhgebirge.

1.2.1 Die verschiedenen Meßgrößen

An den so gewonnenen Profilen stellen wir Senkrecht- und Waagrechtmaße fest. Wegen der Definitionen verweisen wir auf die DIN-Normen im Anhang. Dort findet sich auch die Abgrenzung zwischen Rauheit und Welligkeit.

Die wichtigsten *Senkrechtmaße* sind nach DIN 4762, Blatt 1 (S. 179):

a) die Rauhtiefe R_t
b) die Glättungstiefe R_p
c) der Mittenrauhwert R_a

Die wichtigsten *Waagerechtmaße* sind die seitlichen Abstände von Tälern, Kämmen oder Gipfeln („Rillenabstände" A_r). Dazu kommt bei umgeformten Oberflächen mit den typischen Tafelbergen noch das Verhältnis der Breite der Tafelberge zur Breite der Täler, das wir im räumlichen Leeregrad erfassen.

Waagerechtmaße können auch zur Definition von Fehlern herangezogen werden, die neben der Rauheit auf der Oberfläche gefunden werden; wir denken z. B. an die Form einzelner Mulden (rund, länglich) und an ihre Unterscheidung von Rissen, die nach DIN 4762 von geringer Breite sein können. Wo aber ist die Grenze jenseits der ein Riß eine Kerbwirkung ausübt? [9]

Die Steilheit der Böschungen wird durch den *Böschungswinkel* erfaßt; er ist bei umgeformten Oberflächen deshalb wichtig, weil er u. U. 90°, ja im Falle einer Unterschneidung noch größer werden kann (vgl. S. 32 und Bild 6.2/8).

Die Waagerechtmaße werden gegenwärtig im allgemeinen nicht angegeben, obwohl sie bei abgespanten Oberflächen die Breite der Vorschubspuren eindeutig kennzeichnen würden. Bei umgeformten Oberflächen wird von ihnen wie auch vom Böschungswinkel nur Gebrauch gemacht, wenn es sich um genauere Beschreibungen, Vergleiche und dgl. handelt.

Auf den Atlasblättern können die Waagerechtmaße aus den Tastschrieben und den Draufsichten entnommen werden. Praktisch beschränkt man die Angaben in Zeichnungen und anderweitigen technischen Beschreibungen auf eines oder zwei Senkrechtmaße. In Deutschland sind dies

die Rauhtiefe R_t *und* die Glättungstiefe R_p.

Erst beide zusammen charakterisieren eine Oberfläche. Man kann aber anstelle von R_p auch das Verhältnis R_p/R_t angeben. Es ist nichts anderes als das Verhältnis der leeren Fläche zur stofferfüllten Fläche zwischen den Linien, die im Profilschnitt (s. DIN 4762, Bl. 1, S. 179) durch Gipfel und Täler gehen; daher heißt dieses Verhältnis „*Profil-Leeregrad*"[1]). Das ist für umgeformte Oberflächen eine aufschlußreiche Größe. Sie ändert sich nämlich beim Umformen, das ja häufig ein offenes Profil (großer Profilleeregrad) in ein halboffenes verwandelt (kleiner Profilleeregrad). Wir geben diese Größe daher auch in den Tafeln an.

Nun sind aber R_p und R_t, damit auch die Profilleeregrade, in zwei zueinander etwa senkrechten Richtungen häufig verschieden. Daher können wir uns, selbst wenn beide Profil-Leeregrade bekannt sind, kein Bild von der räumlichen Leere im Oberflächengebirge machen. Da diese aber fertigungsgemäß für das Niederdrücken der Gipfel durch die Werkzeuge und funktionsmäßig für die Aufnahme von Schmierstoffen, Anstrichstoffen und dgl. von Bedeutung sind, haben wir in unserer Typologie (Abschnitt 1.5.1.3) den *räumlichen Leeregrad* eingeführt, der noch nicht in die Normen aufgenommen worden ist. Ein Vergleich zwischen zwei idealisierten Oberflächen, die das gleiche Dreieck-Profil haben können, erläutert ihn. Hat das Raugebirge nur glatte dreieckige *Rillen*, so ist die Profilglättungstiefe $R_p = 0{,}5\,R_t$; beim Pyramidengebirge ist sie, wenn man über die Pyramidenspitzen tastet ebensogroß. Aber hierbei beträgt der Leerraum $^2/_3$ des Gebirgsraums und daher ist die *räumliche Glättungstiefe* $R_{pr} = 0{,}67\,R_t$. Dementsprechend sind in diesem einfachen Beispiel die räumlichen Leeregrade 0,5 bzw. 0,67 ([*1*, S. 23]). Allgemein kann man sie bequem anhand der Formeln und Kurven berechnen, die in Bild 1/1 wiedergegeben sind, wobei vorausgesetzt ist, daß die beiden Rauhtiefen R_{t_1} und R_{t_2} gleich groß sind. Wenn das aber, was häufig vorkommt, nicht der Fall ist, d. h. wenn $R_{t_2} < R_{t_1}$ ist, so wird der räumliche Leeregrad natürlich auf die größere der beiden Rauhtiefen bezogen. Das geschieht dadurch, daß man in Bild 1/1 für die

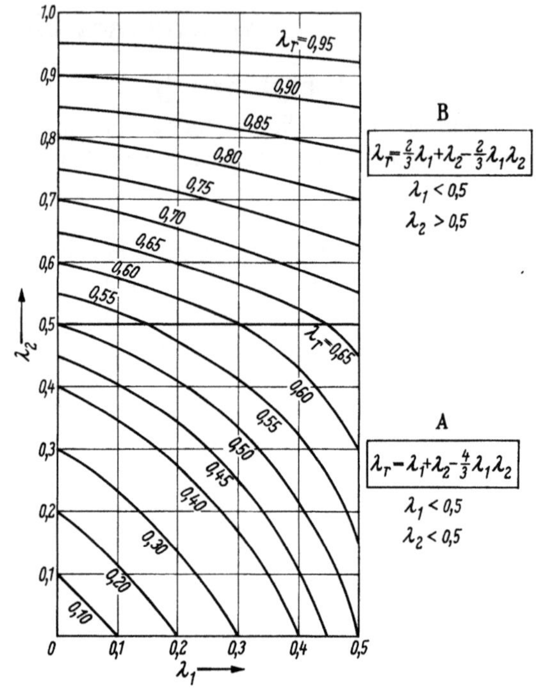

Bild 1/1. Kurven zur Ermittlung des räumlichen Leeregrads λ_r aus den Profilleeregraden $\lambda_1 = \frac{R_{p_1}}{R_{t_1}}$ und $\lambda_2 = \frac{R_{p_2}}{R_{t_1}}$, wobei $R_{t_2} < R_{t_1}$. (Nach *Kienzle* u. *Mietzner* [*1*].)

Richtung mit der kleineren Rauhtiefe R_{t_2} nicht vom Wert R_{p_2}/R_{t_2}, sondern vom Wert R_{p_2}/R_{t_1} ausgeht oder, was auf dasselbe hinaus läuft, den Profilleeregrad R_{p_2}/R_{t_2} mit R_{t_2}/R_{t_1} vervielfacht. Der räumliche Leeregrad besagt somit, welcher Teil des „Schichtraums" von einer Dicke gleich der größten Rauhtiefe leer ist.

Um den Leser auch praktisch mit diesem recht anschaulichen Wert des räumlichen Leeregrads vertraut zu machen, geben wir ihn in den Tafeln für die Werkstücke an. Wir sehen in ihm eher einen Kennwert als einen mathematisch exakten Wert, da er mit einem Näherungsverfahren ermittelt ist.

Die Leere bzw. die Völligkeit der Oberflächenschicht sucht man noch anderweitig zu erfassen. Ein Kennwert ist die „*tragende Länge*", die in einem bestimmten waagerechten Schnitt durch ein Profil gefunden wird (s. DIN 4762, Bl. 1, Anhang S. 179). Der Verlauf der so definierten tragenden Längen bei verschiedenen Abständen vom Bezugsprofil, ist auch als *Abbott*-Kurve bekannt [93].

In der Umformtechnik ist auch vorgeschlagen worden, die *Einsinktiefe* eines an der Stirnfläche glatten Stempels unter einer bestimmten Kraft in Betracht zu ziehen [27].

Von den Waagrechtmeßgrößen spielt der in DIN 4762, Bl. 1 (s. Anhang, S. 179) definierte Rillenabstand eine Rolle. Er sollte allgemeiner Gipfelabstand heißen, damit er auch für ungerichtete Flächen anwendbar wird. In den Vereinigten Staaten von Nordamerika wird häufig sein

[1]) Vergleichsweise sei erwähnt, daß in der schwedischen Norm statt dessen der Völligkeitsgrad $k = 1 - \frac{R_p}{R_t}$ benutzt wird.

Kehrwert angewandt, nämlich die „Gipfelanzahl je Längeneinheit".

Es gibt verschiedene Verfahren, die Anzahl der Gipfel innerhalb einer bestimmten Meßstrecke zu bestimmen. Bei einem regelmäßigen Rauhprofil ist es leicht, alle regelmäßigen Erhebungen als Gipfel zu zählen. Ist aber das Profil unregelmäßig, so kann man die Gipfel — ähnlich wie die tragenden Längen in DIN 4762, Bl. 1 — in verschiedenen Höhen zählen [87]; oder man geht entlang den Böschungen und zählt alle senkrechten Unregelmäßigkeiten, die eine bestimmte Mindesthöhe gegenüber ihren beiden Nachbartälern haben [35]. Das letztere Verfahren ist in der amerikanischen Richtlinie SAE J 911 [90] für Karosserie-Tiefziehbleche festgelegt; sie besagt: „Für den vorliegenden Zweck bedeutet „Gipfel" eine in senkrechter Richtung sich erstreckende Unregelmäßigkeit, deren Höhe von einem Gipfel zum benachbarten Tal mindestens 1,25 μm beträgt."

Wenn die Gipfelentfernungen oder die Breiten der Täler an ihrer offenen Seite auch vor allem bei Tiefziehblechen zur Beurteilung ihrer Schmiermittelhaltung beim Ziehen und ihrer Lackierbarkeit vorgeschlagen werden, so können sie doch auch für andere Kaltumformverfahren von Bedeutung sein.

Einen Ausblick auf weitere physikalische Prüfverfahren, insbesondere für Feinbleche bietet *W. Frings* [29].

1.2.2 Aussagekraft der Meßgrößen

Die *Rauhtiefe* R_t ist die anschaulichste Rauheitsmeßgröße; sie stellt einen mit der Lage und der Länge der Bezugsstrecke schwankenden Größtwert der in den verschiedenen Tälern aufgefundenen Rauhtiefen dar. Ihr Wert läßt sich verhältnismäßig leicht aus einer Profilaufzeichnung abschätzen. Wenn das Istprofil für das Abtasten zu steil ist oder wenn Unterschneidungen auftreten, ist die Rauhtiefe die einzige Meßgröße, die von einem Tastgerät annähernd richtig erfaßt wird. Ihre Angabe ist überdies für andere Zwecke sinnvoll, z. B. wenn die Größe der Nacharbeit festgelegt werden soll, die zur Beseitigung der Rauheiten erforderlich ist. Sie ist auch von Bedeutung bei der Beurteilung von Veränderungen, die eine Oberflächengestalt bei den einzelnen Fertigungsstufen einer Umformung erfährt; an ihr können die absolut größten Änderungen festgestellt werden. Aber die Rauhtiefe R_t ist nicht der bestgeeignete Kennwert, um das Kollektiv zu beschreiben, das ein Oberflächengebirge darstellt. Keinesfalls genügt sie als alleinige Meßgröße zur Kennzeichnung einer Oberfläche.

Die *Glättungstiefe* R_p ist bekanntlich dasjenige Maß, um das die Rauhgipfel bei einer gedachten völligen Einebnung in die „Tiefe" verschoben werden; sie gibt daher den Grenzwert für das mögliche „Einsinken" eines härteren, glatteren Umformwerkzeugs in das Rauhgebirge. In Verbindung mit der Rauhtiefe gibt die Glättungstiefe auch Auskunft über die Art der Rauheit. Sie ist nämlich bei gleicher Rauhtiefe groß, wenn nur wenige spitze Gipfel heraussteben, und klein, wenn sich zwischen „Tafelbergen" nur schmale Täler befinden. Daher besitzt sie, insbesondere in ihrem Verhältnis zur Rauhtiefe, von allen Oberflächenmeßgrößen den höchsten Informationsgehalt; sie reagiert am empfindlichsten auf die verschiedenen Profilformen und sagt am meisten über die möglichen Funktionseigenschaften der Oberfläche aus; sie ist ein Kennwert für die Aufnahmefähigkeit von Schmieröl oder von Farbe in den Tälern und Mulden.

Der *Mittenrauhwert* R_a ist, wie die Glättungstiefe, ein Integralmaß, Er hat keinen hohen Informationsgehalt; zudem ist er sehr unanschaulich. Sein Absolutwert streut natürlich weniger als die Rauhtiefe, aber im Verhältnis zum Absolutwert ist seine Streuung ebenso groß wie die anderer Meßwerte. Er hat jedoch in Verbindung mit bestimmten Tastschnittgeräten (z. B. Talysurf) den Vorteil eines bequemen Vergleiches zwischen Oberflächen, die *demselben* Fertigungsverfahren entstammen. Während das Verhältnis R_p/R_t durch Anschauung der Profile etwa abgeschätzt werden kann, ist dies beim Mittenrauhwert R_a — R_a/R_t oder R_a/R_p — nicht möglich.

Das Verhältnis R_a/R_t liegt zwischen $^1/_{12}$ und $^1/_3$. Das Verhältnis R_a/R_p dürfte über $^1/_7$ liegen; ja bei umgeformten Oberflächen kann das Verhältnis über 1 steigen. Zur Erläuterung dieser überraschenden Tatsache zeigen wir in Bild 1/2 eine Profilform, bei der $R_a/R_p \approx 1$ ist. Diese Form ist ähnlich einer typischen gebunden umgeformten

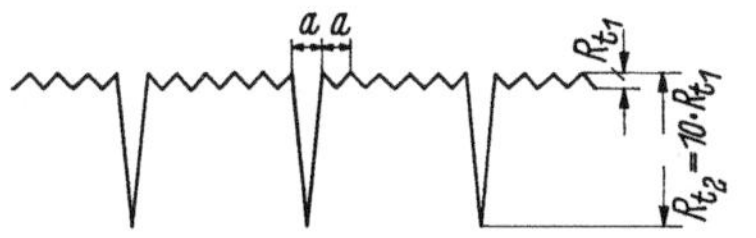

Bild 1/2. Idealisiertes Profil einer gebunden umgeformten Oberfläche; Tafelberge mit schmalen Tälern von großer Rauhtiefe. Sonderfall $R_a = R_p$.

Oberfläche. Der angenommene Fall, daß Rauhtiefen R_{t_n} mit $R_{t_x} = 10 \cdot R_{t_n}$ abwechseln, trifft z. B. auf nachgewalzte Bleche (vgl. Tafel 1—3) zu.

Diese Feststellung ist nicht unwichtig, wenn man z. B. eine glattgewalzte Oberfläche mit einer geschliffenen vergleicht. Daß dafür der R_a-Wert nicht taugt, geht allgemein aus Bild 14 in [1] hervor. Bei gleichem R_a-Wert kann der zugehörige R_p-Wert bei der geschliffenen Oberfläche ein Mehrfaches des R_a-Wertes erreichen, während er bei der umgeformten Oberfläche gleich dem R_a-Wert sein kann. Mit anderen Worten, wenn eine geschliffene und eine etwa im Sinne von Bild 5.2/8 gebunden umgeformte Oberfläche den gleichen R_a-Wert haben, dann hat die gebunden umgeformte einen wesentlich geringeren R_p-Wert.

Der *Leeregrad* R_p/R_t hat in Verbindung mit R_t natürlich die gleiche Aussagekraft wie R_p selbst.

Die *tragende Länge* einer Profilkurve liefert keinen eindeutigen Aussagewert, da sie nach DIN 4762, Bl. 1, für eine bestimmte Höhenlage unterhalb des Bezugsprofils anzugeben ist, diese aber nach der Rauhtiefe zu wählen ist, wenn sie einen praktischen Sinn haben soll. Auch kann die tragende Länge, da auf ein Profil bezogen, weder etwas über die räumliche Form des Rauhgebirges noch über die Berührfläche zwischen diesem und dem Gebirge am Gegenstück etwas aussagen, zumal die letztere vom Druck abhängig ist.

Wir ziehen es vor, statt der tragenden Länge den räumlichen Leeregrad zu benutzen. Wenn er auch nicht dasselbe aussagt, so weist doch ein kleiner räumlicher Leeregrad — immer im Zusammenhang mit R_t — darauf hin, daß die unter einem bestimmten Druck tragende *Fläche* groß ist. Auf diese Größe aber kommt es an. Daher ist auch die oben erwähnte *Einsinktiefe* eines Stempels mit glatter Stirnfläche unter einer bestimmten Kraft ein nützliches Maß (s. a. Abschnitt 2.6.1 und 5.3.5).

In der Aussagekraft der in Abschnitt 1.2.1 erwähnten Gipfelanzahl auf 25 mm Tastweg ist folgendes zu sagen:

Im Hinblick auf die Haftung von Schmiermitteln oder Anstrichfarben ist diese Angabe neben *einem* Senkrechtmaß sicherlich bedeutsam; z. B. wird der Unterschied der in allen drei Senkrechtmeßgrößen R_t, R_p, R_a gleichen Profile a) und b) in Bild 1/3 deutlich, aber der Unterschied zwischen b) und c) wird dadurch nicht gekennzeichnet.

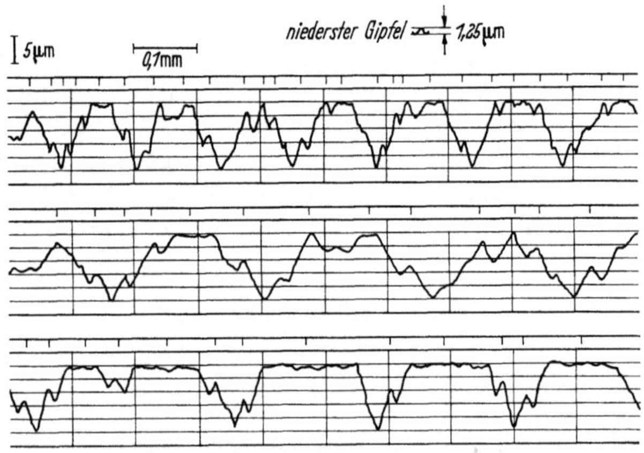

Bild 1/3 a—c. Rauhprofile von gleicher Rauhtiefe mit der Angabe der Anzahl der „Gipfel auf 25 mm Taststrecke". a) und b) haben die gleichen, b) und c) verschiedene Gipfelzahlen. Diese sind nach der SAE-Richtlinie J 911 ermittelt [90].

Geben wir aber R_t und R_p oder den räumlichen Leeregrad an, so werden nicht a) und b), sondern b) und c) unterschieden. Die Anwendung der Gipfelzahl ist daher begrenzt.

Vereinfachte Beschreibung (relativ statt absolut). In systematischer Sicht haben wir festgestellt, daß es notwendig erscheint, Rauhtiefe R_t *und* Glättungstiefe R_p (möglichst R_{pr}) oder R_t und R_{pr}/R_t anzugeben, ja, daß dies erst eine gewisse Annäherung an die treffende Kennzeichnung einer Oberfläche bedeutet. Das gilt „absolut", wenn der Besteller nicht weiß, nach welchem Verfahren die Fläche gefertigt wird. Wenn er etwa für einen zylindrischen Schaft $R_t = 2\ \mu m$ und $R_p = 0{,}25\ \mu m$ ($R_p/R_t = 0{,}125$) vorschreibt, dann stellt erst der Hersteller fest, daß die Fläche nicht durch Schleifen hergestellt werden kann, sondern daß er Glattwalzen anwenden muß.

Diese Angabe von zwei Werten zur *Regel* zu machen, erscheint — mindestens gegenwärtig — zu weitgehend. Wenn der Besteller die Erzeugungsweise kennt, dann genügt eine relative, d. h. auf das Herstellverfahren bezügliche Angabe, die die größte zulässige Rauhtiefe enthält. Die Angabe „Stahlstab blank gezogen $R_t = 30\ \mu m$" erfordert dann keine Angabe des R_p-Wertes, da dem Verfahren Stabziehen eben ein Profil-Leeregrad von $\approx 0{,}2$ eigen ist (s. Tafel 8—1).

1.2.3 Statistischer Charakter

Die erwähnten Meßgrößen schwanken innerhalb einer Oberfläche von Ort zu Ort, von Stück zu Stück und von Los zu Los. Deshalb benutzt man für eine gute Beschreibung statistische Angaben, z. B. in Gestalt von Häufigkeitskurven. Uns scheint besonders die Darstellung in Summenhäufigkeitskurven zweckmäßig ([*1*], S. 33). Man ist zwar dabei, statistische Auswertgeräte für die Beschreibung von Rauheiten zu entwickeln, jedoch sind wir von ihrem Gebrauch in der Praxis noch weit entfernt.

So ist es in der Praxis meist untunlich, die Häufigkeitsverteilungen zu ermitteln. Man ist daher bestrebt, die Angaben auf repräsentative Stellen zu beziehen. Was aber soll als repräsentativ gelten? Ist für die Gebrauchsfunktion die größte sich über gewisse Bereiche erstrekkende Rauheit maßgebend, so wählt man solche Stellen einer bestimmten Oberfläche, die im Verhältnis zu ihrer Umgebung die rauhesten sind. Es könnte aber auch wesentlich sein, daß z. B. im Hinblick auf Tragfähigkeit ein gewisser Teil der Gesamtfläche von geringer Rauheit ist und es auf die Rauhtiefen der dazwischen liegenden Rauhstellen nicht so sehr ankommt; dann wären die rauheren Stellen innerhalb der glatten Partien repräsentativ.

Wir stehen hier vor der Aufgabe, unbeschönigte Angaben aus der Fertigung zu machen. Daher bestimmen wir an den rauhesten Stellen die größten Rauhtiefen, wobei Ausreißer, wie *vereinzelte* Mulden, Poren u. a. in die Messung nicht eingehen. Dies wiederholen wir am einzelnen Werkstück und an einer Mehrzahl von Werkstücken, die nacheinander aus demselben Werkzeug im selben Verschleißzustand kommen, Dabei finden wir natürlich, daß die Rauheit von Stück zu Stück schwankt. Die Rauheit innerhalb einer Werkstückfläche ist jedoch auch nicht gleichmäßig und nicht selten ist die Streuung dieser Rauheitswerte größer als die Streuung von Stück zu Stück.

Es wäre daher irreführend, aus allen einen Mittelwert zu bilden, denn ein Kollektiv läßt sich nicht durch einen einzelnen Wert beschreiben. Wir geben daher, wenn der Rauheitscharakter innerhalb einer gewissen Streuung gleichmäßig ist — ähnlich wie bei einer abgespanten Fläche — einen Bereich an, z. B. 3...7 μm. Dieser Bereich schließt beide Arten von Streuungen ein. Bei umgeformten Oberflächen wechseln aber meist verschiedene Streubereiche ab. Dann führt die folgende Überlegung zu Zahlenangaben, die wir für noch deutlicher halten und die auch für die Praxis nicht zu schwierig sind.

Umgeformte Oberflächen haben häufig den Charakter von breiten Tafelbergen mit schmalen Tälern. Haben nun die Tafelberge in sich beispielsweise Rauhtiefen von 1...2 μm, und die Täler 8...12 μm, so scheint es uns zweckmäßig, diesen innerhalb einer Bezugstrecke geltenden Tatbestand in folgender Form (bei gerichteten Oberflächen natürlich für jede Richtung) auszudrücken:

1...2 und 8...12 μm.

Wenn in einer Oberfläche das, was in Profilschrieben ein Ausreißer zu sein scheint, sich an anderen Stellen, wenn auch unregelmäßig wiederholt, wird diese Erscheinung typisch; dann sollte man, zumal wenn der Schrieb zu kurz ist, um solche Stellen aufzuweisen, hinzufügen z. B.

mit Poren bis 20 μm Tiefe.

Unter Umständen kann es zweckmäßig sein, die statistische Verteilung für Werkstücke aus neuen (n) und aus verschlissenen (v) Werkzeugen zu trennen, etwa in der Form

2 (n) bis 10 (v) μm
bzw. 3...5 (n) bis 15...20 (v) μm.

Anmerkung. Die Tatsache, daß die Rauheitsmeßgrößen in mehrfacher Weise schwanken, ist der Grund dafür, daß wir in diesem, der Praxis dienenden Buch von allen weiteren Feinheiten in der Oberflächenstatistik Abstand genommen haben. Diese Feinheiten sind für exakte Messungen wissenschaftlicher Art am Platze; in der Praxis muß man sich — mindestens zur Zeit — mit einer etwas gröberen Handhabung der Dinge begnügen.

Allgemein merke man sich bei allen Berichten über die Rauheit von Oberflächen:

„*Bei einem bestimmten Verfahren kann eine Oberfläche so ausfallen wie durch irgendwelche Zahlenwerte beschrieben, aber sicher ist dies keineswegs.*"

Wie groß die wirklichen Streuungen sind, ist aus der graphischen Darstellung aller in unseren Tafeln dargestellten Rauhtiefenbereiche in Bild 1/25 ersichtlich. Die nächsten Fortschritte in der Praxis sollten nicht nur auf die Verringerung der Rauhtiefen, sondern noch mehr auf die Verschmälerung der Streubänder gerichtet sein. Man muß sich bewußt sein, daß man mit jeder Lieferung diese Streuungen in Kauf nehmen muß.

1.3 Die makrogeometrische Veränderung der Oberflächen

Wenn man an die bekannte Tatsache denkt, daß ein Körper mit gegebenem Volumen in Kugelform seine kleinste Oberfläche hat, so wird einem klar, daß jede Umformung dieses Körpers zu einer Vergrößerung seiner Oberfläche führt, und daß umgekehrt jede Annäherung einer Körperform an die Kugel seine Oberfläche verringert.

Stauchen wir einen zylindrischen Körper mit achssenkrechten Stirnflächen, dessen Höhe größer als sein Durchmesser ist, so verringert sich seine Oberfläche so lange, bis Höhe und Durchmesser gleich sind. Dann hat der Körper als Zylinder seine Minimaloberfläche angenommen. Stauchen wir weiter, so wächst seine Oberfläche wieder an.

Stets werden beim Umformen manche Teile der gesamten Oberfläche größer, manche kleiner. Es gilt daher der in ([*1*, S. 6]) näher begründete Satz:

Die Oberfläche eines Vollkörpers ändert bei einem Umformvorgang ihre Größe und zwar in inhomogener Weise.

Es ist aufschlußreich, diesen Satz auf die einzelnen Umformfälle anzuwenden. Wir gewinnen dadurch eine Anschauung, die uns die Wandlung der Oberfläche hinsichtlich ihrer Rauheit besser verstehen läßt. Z. B. wächst eine zylindrische Oberfläche beim Walzen eines Spitzgewindes auf das 1,75fache. Beim Rückwärts-Napf-Fließpressen kommen in der Innenwand Flächenvergrößerungen auf mehr als das 20fache vor.

Im Unterschied zu diesen Beispielen aus der Massivumformung treten bei der Umformung von Blechteilen nur geringe Veränderungen der Oberflächengröße ein. Dieser Gesichtspunkt ist geradezu ein Unterscheidungsmerkmal zwischen Massivumformung und Blechumformung[1]).

Die Blechumformung besteht im wesentlichen darin, aus einem ebenen Stück ein gekrümmtes zu machen, wobei die Blechdicke im wesentlichen unverändert bleibt. An jeder gebogenen Stelle nimmt die Größe von Oberflächenteilen an der äußeren Seite zu, an der inneren Seite ab. Das gilt außer für das reine Biegen auch für das Bördeln, das Streckziehen, das Tiefziehen, das Falzen usw.

Die Veränderung der Oberflächengröße wirkt natürlich auch auf die Verformung der Körner in der Oberflächenschicht ein.

1.4 Verformung der Körner

Die Umformung eines Körpers kann man als die Summe der Verformung aller seiner Körner auffassen. Ihre Gestaltänderung kann über einen Querschnitt ziemlich gleichförmig sein, indes ist sie meist nahe der Oberfläche anders, weil dort Reibkräfte wirken, die Schiebungen in der Oberflächenschicht verursachen.

Die Unterschiede zwischen der Oberflächenschicht eines Körpers und seinem Inneren bilden einen wichtigen Teil der Oberflächenkunde, auf den bereits *G. Schmaltz* [*93*] aufmerksam gemacht hat. Deshalb sind Schliffbilder, die die Oberflächenschicht enthalten, aufschlußreich. Was die Schliffbilder in unseren Tafeln in dieser Hinsicht bieten, ist indes nur ein Nebenergebnis. Uns kam es vielmehr darauf an, die Korngrößen zu zeigen, weil sie — wie in Abschnitt 2.3 näher gezeigt wird — auf die Rauheit der umgeformten Oberflächen bisweilen einen entscheidenden Einfluß haben, vor allem auf diejenigen Teile, die während des Umformvorgangs ohne Berührung mit dem Werkzeug bleiben. Dabei kommt es auf die *wahre* Korngröße an. Näheres s. ([*1*, S. 48]).

Der Vergleich der Schliffbilder vor und nach einer Umformung führt uns überdies die Geometrie der inneren Verformungsvorgänge anschaulich vor Augen. Von den geometrischen Eigenschaften eines Korns bleibt nur sein Volumen unverändert, während sich seine Ausmaße, seine Querschnitte und seine Oberfläche oder Korngrenzfläche verändern und dies bisweilen in hohem Maße. Dies bewußt zu machen, erscheint uns wichtig genug, um dafür einige Beispiele zu geben.

1. Beispiel. Ziehen von Draht (s. a. Abschnitt 5.3.2). Ist der „Abzug" ausgedrückt als $\varepsilon_F = \frac{F_1 - F_0}{F_0}$, so ist die Verringerung des Drahtdurchmessers $\frac{d_1}{d_0} = \sqrt{\frac{F_1}{F_0}}$. Ein Korn, das vor dem Ziehen etwa die Kugelform mit dem Durchmesser $\bar{d}$

---

[1]) Der Ausdruck Blechumformung ist nicht sehr glücklich, weil Bleche auch massiv umgeformt werden können, indem sie z. B. beim Walzen und Prägen ihre Oberflächengröße erheblich verändern.

gehabt haben möge, wird zu einem Rotationsellipsoid mit den Halbachsen a, b, c, wobei $a = b$ und c die halbe Längsachse ist.

Wegen der Volumenkonstanz ist $\frac{\pi}{6}\bar{d}^3 = \frac{4\pi}{3}\cdot a^2\cdot c.$ (1)

Wegen der örtlichen Verformung ist $a = \frac{\bar{d}}{2}\sqrt{\frac{F_1}{F_0}}$ (2)

und aus (1) und (2) wird $c = \frac{\bar{d}^3}{8}\cdot\frac{F_0/F_1}{\frac{\bar{d}^2}{4}} = \frac{\bar{d}}{2}\cdot\frac{F_0}{F_1}.$ (3)

Das Verhältnis von Kornlänge zu Kornbreite in einem Abschnitt wird damit

$$\frac{c}{a} = \frac{F_0}{F_1}\cdot\sqrt{\frac{F_0}{F_1}} = \left(\frac{F_0}{F_1}\right)^{3/2} = \left(\frac{d_0}{d_1}\right)^3. \quad (4)$$

Die Kornquerschnittsfläche, die vor der Umformung $K_0 = \frac{\pi}{4}\cdot\bar{d}^2$ war, verändert sich ebenfalls. Sie wird in einem Querschnitt senkrecht zur Achse

$$K_Q = K_0\cdot\frac{F_1}{F_0} = K_0\left(\frac{d_1}{d_0}\right)^2. \quad (5)$$

In einem Längsschnitt durch die Achse wird der Kornquerschnitt größer als vorher:

$$K_A = \pi\cdot a\cdot c = \frac{\pi}{4}\bar{d}^2\sqrt{\frac{F_0}{F_1}} = K_0\sqrt{\frac{F_0}{F_1}} = K_0\cdot\frac{d_0}{d_1}, \quad (6)$$

d. h. der Längsschnitt durch das verformte Korn hat sich im gleichen Verhältnis vergrößert wie sich der Drahtdurchmesser verringert hat. Dies sind die Kornquerschnitte nach der Umformung, die in den Schliffbildern der Tafeln 9—1 bis 9—4 erkennbar sind.

Zahlenbeispiel: Beim Ziehen sei der Drahtdurchmesser von 8 auf 4 mm verringert worden; die ursprüngliche Kornquerschnittfläche sei 1250 μm^2. Dann sind nach der Umformung

Kornquerschnitt senkrecht zur Achse	315 μm^2,
Kornquerschnitt in Achsrichtung	2500 μm^2.

Je nach Lage der Schnittfläche bei Anfertigung eines Querschliffs schwankt somit der Kornquerschnitt im Verhältnis 1 : 8.

Die Korngrenzfläche ist in diesem Falle auf das 1,6fache gestiegen.

2. Beispiel. Rückwärtsfließpressen eines Napfes. Die Verformung der Körner ist an verschiedenen Stellen ganz unterschiedlich (vgl. Tafel 7—1 bis 7—4).

a) Boden Mitte. Ein Korn 1 zwischen innerer und äußerer Bodenfläche hat eine reine Stauchung erfahren (s. Bild 1/4). War die Höhe vor der Stauchung h_0, nach der

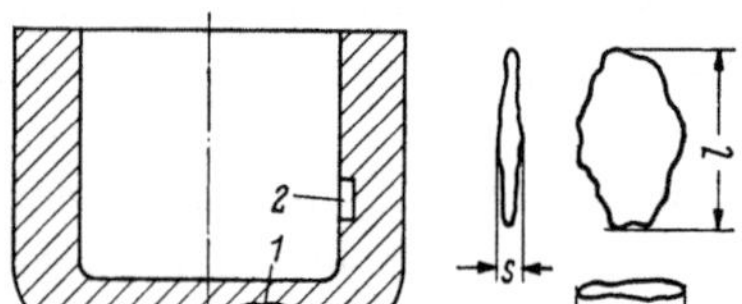

Bild 1/4. Verformung von Körnern beim Rückwärts-Hohl-Fließpressen; rechts Korn der Stelle 2. (Nach *Kienzle* u. *Mietzner* [54].)

Stauchung $h_1 = 0{,}16\,h_0$, so ist ein anfänglich globulares Korn 1 vom mittleren Durchmesser $\bar{d}_0$ und dem größten Querschnitt F_0 zu einem gedrückten Rotationsellipsoid vom Durchmesser 2,5 $\bar{d}_0$ und der Dicke 0,16 $\bar{d}_0$ geworden. Das Verhältnis seines größten Querschnitts zu seinem kleinsten wurde damit = 6,3 : 0,4 = 16 : 1. Die Korngrenzfläche ist auf das 12,5fache gestiegen.

b) Wand innen. An einem Napf gemäß Bild 1/4 haben wir durch Messungen an einer Stelle 2 etwa in halber Höhe der Innenwand nachstehende Verformungen eines ehemals globularen Korns festgestellt:

Höhe: $l_1 : l_0 = 2{,}5$; $\varepsilon_l = 1{,}5$,
Breite: $b_1 : b_0 = 1{,}6$; $\varepsilon_b = 0{,}6$,
Dicke: $s_1 : s_0 = 0{,}25$; $\varepsilon_s = -0{,}75$.

Die Seitenverhältnisse sind nun

$$l : b : s = 2{,}5 : 1{,}6 : 0{,}25 = 10 : 6{,}3 : 1.$$

Die Kornquerschnitte sind im Verhältnis zu dem Querschnitt F_0 des Ausgangskornes in der Ansicht

von innen 4 F_0,
von oben 0,4 F_0,
im Achsschnitt 0,63 F_0.

Die Korngrenzfläche ist auf das 25fache gestiegen.

2 Wesen umgeformter Oberflächen

Auf die Ausbildung der Rauheit umgeformter Oberflächen wirken eine Reihe von Fertigungsbedingungen ein, nämlich

Art und Größe der Umformung,
Verhältnis der freien zur gebundenen Umformung (s. Abschnitt 2.2),
Gleitung im Wirkpaar Werkzeug—Werkstück,
Schmierung im Wirkpaar,
Umformgeschwindigkeit,
Werkzeugrauheit, die sich mit dem Verschleiß fortwährend ändert,
Werkstückrauheit vor der Umformung,
Eigenschaften des Werkstückstoffes, u. a. Korngröße,
Umformtemperatur,
Wärmebehandlung,
Maschinenart u. a. m.

In einer Massenfertigung, wofür die Umformverfahren vornehmlich gebraucht werden, bleiben die obengenannten Fertigungsbedingungen während der Fertigungsdauer oft nicht gleich; aus ihren Schwankungen können noch zusätzliche Einwirkungen auf die Oberflächenbeschaffenheit der Werkstücke auftreten.

Eine weitere Schwierigkeit in der Beurteilung umgeformter Oberflächen liegt oft in ihrer *Ungleichförmigkeit.* Während eine abgespante Oberfläche meist über die gesamte Bearbeitungsfläche eine gleichartige und etwa gleich große Rauheit aufweist, hat ein umgeformtes Werkstück nicht selten auf seinen verschiedenen Teilflächen Bereiche unterschiedlicher Rauheit. Diese Teilflächen werden wohl alle durch einen Umformvorgang gebildet, sie machen aber verschiedenartige Wandlungen durch. Es können Unterschiede im Umformgrad, in der Größe der Gleitung am Werkzeug, in der Wirksamkeit von Schmiermitteln, im Verhältnis freier zur gebundenen Umformung und vieles mehr auftreten. Beispiele dafür sind fließgepreßte Hohlteile (s. Tafel 7—1 bis 7—6). Bei anderen Stücken ist die Rauheit sogar innerhalb ein und derselben Teilfläche verschieden, z. B. an den Zargen tiefgezogener Blechhülsen (s. Tafel 12—1 bis 12—4) und an Schmiedestücken (s. Tafel 14—1 und 14—2). Diese Verschiedenheiten fallen nicht unter den Begriff Streuung, sondern sind örtliche Eigenheiten.

In gewissen Fällen können an den Rauhbergen umgeformter Oberflächen sehr steile Böschungen auftreten, deshalb spielt der *Böschungswinkel* eine Rolle, den wir in [*1*, S. 36] und auf S. 32 eingeführt haben.

Gleitet nun ein Berg mit einer steilen Böschung unter Druck an einer Werkzeugfläche entlang oder wird er niedergewalzt, so kann eine Unterschneidung auftreten. Dann zeigt der Tastschrieb eine senkrechte Böschung; dadurch wird zwar keine Unterschneidung bewiesen, aber es entsteht der Verdacht, daß eine solche besteht (z. B. Tafel 14—1). Ja die Unterschneidung kann bei weiterem Umformen zu einer zugedrückten Falte werden.

Eine weitere Eigenheit besteht in der bisweilen ungünstigen Wirkung von Schmiermitteln. Wo ein Zuviel an Schmiermittel nicht entweichen kann, wird es in die

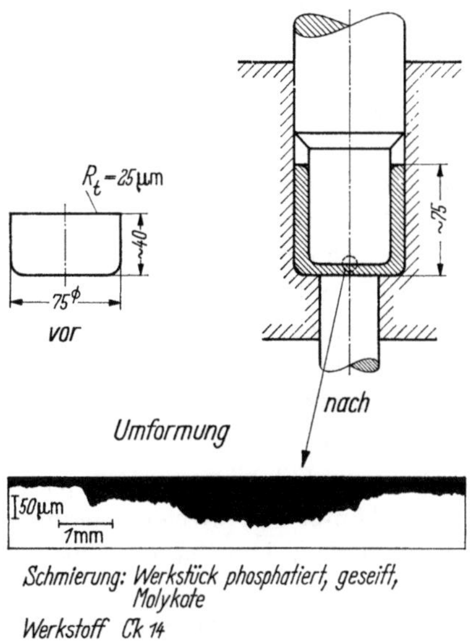

Bild 1/5. Mulde im Boden eines rückwärts-fließgepreßten Napfes, hervorgerufen durch Schmiermittel. (Nach *Kienzle* u. *Mietzner* [*1*, Bild 113].)

Oberfläche eingedrückt und bildet u. U. beträchtliche Mulden. Das sei am Beispiel eines Bodens eines fließgepreßten Napfes gezeigt (Bild 1/5).

2.1 Unterschiede gegenüber abgespanten Oberflächen

Der Unterschied zwischen einer abgespanten Oberfläche und einer umgeformten ist wesentlich (Bild 1/6).

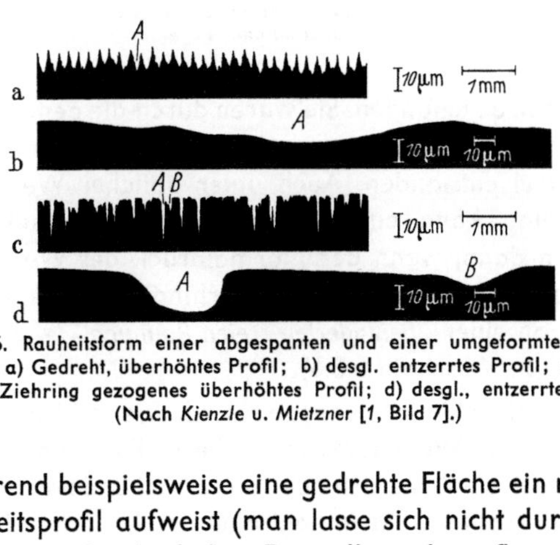

Bild 1/6. Rauheitsform einer abgespanten und einer umgeformten Oberfläche. a) Gedreht, überhöhtes Profil; b) desgl. entzerrtes Profil; c) durch einen Ziehring gezogenes überhöhtes Profil; d) desgl., entzerrtes Profil. (Nach *Kienzle* u. *Mietzner* [*1*, Bild 7].)

Während beispielsweise eine gedrehte Fläche ein rilliges Rauheitsprofil aufweist (man lasse sich nicht durch die übliche stark überhöhte Darstellung beeinflussen, die „Spitzen" und „Kerben" *A*, *B* vortäuscht), gleichsam ein „offenes" Profil, sind umgeformte Oberflächen meist glatt mit größeren, sich wiederholenden Vertiefungen; wir nennen es „halboffen" (s. a. Bild 1/11).

Wie im allgemeinen von Rauhgebirgen, so kann man bei derartigen Profilen von „Tafelbergen" sprechen. Die dazwischenliegenden, verhältnismäßig tiefen Täler darf man nicht als „Ausreißer" eines Profilschnittes betrachten; sie stellen vielmehr als nicht geglättete Rauheit einer voraufgegangenen Zwischenform eine typische Profilart dar. Auch Poren in größeren Abständen sind meist keine „Fehlstellen", sondern gehören zum Wesen der Oberfläche.

Von den meisten abgespanten Oberflächen her sind wir gewohnt, daß die eine Richtung aufweisen. Nur in seltenen Fällen, wie z. B. nach dem Läppen ist dies nicht der Fall. Nach DIN 4761 (s. Anhang, S. 178) nennt man die beiderlei Oberflächen geordnet rillig und ungeordnet rillig.

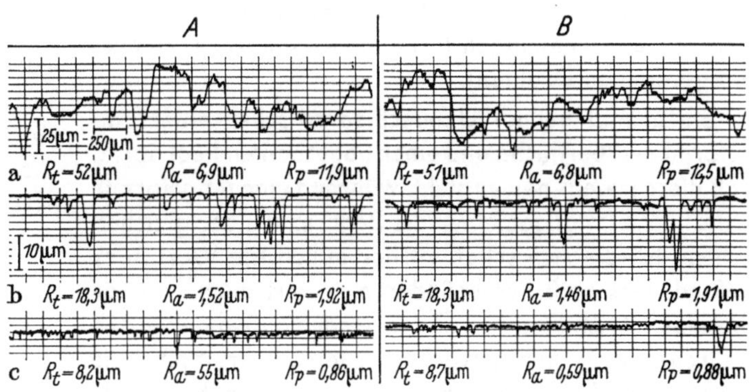

Bild 1/7. Beispiele „ungerichteter" Oberflächen, Rauhprofile an gezogenen Stäben parallel (*A*) und senkrecht (*B*) zur Ziehrichtung. a) Gewalzt und gebeizt; b) gezogen; c) gerichtet. (Nach *Kienzle* u. *Mietzner* [*1*, Bild 76].)

Auch bei den umgeformten Oberflächen unterscheiden wir solche Gruppen, benennen sie aber anders, da bei ihnen der Rillencharakter nicht in ähnlicher Art vorliegt [47]. Wir nennen sie „*ungerichtet*", wenn die Rauhtiefe in zwei zueinander etwa senkrechten Richtungen ungefähr gleich ist; das sei durch die Beispiele in Bild 1/7 erläutert, worin *A* und *B* Profilschnitte in zwei zueinander senkrechten Richtungen darstellen. „*Gerichtet*" nennen wir Oberflächen, wenn die Rauhtiefen in den zwei Richtungen merklich verschieden sind; dafür liefern u. a. die Verfahren Gewindewalzen (Tafeln 3—1 bis 3—4) und Strangpressen (Tafeln 13—1 bis 13—3) Beispiele.

Soweit sind die Begriffe „ungerichtet" und „gerichtet" eindeutig zu unterscheiden. Das gilt auch noch für „schwach gerichtete" Oberflächen; das sind solche, bei denen die Unterschiede in den beiden Richtungen zwar eindeutig (d. h. größer als die Streuung), aber nicht groß sind.

Ein Unterschied der Rauheitsprofile kann auch darin liegen, daß weniger die Rauhtiefen als vielmehr die Rillen- oder Gipfelentfernungen sehr verschieden sind, wie sie bei einem Kaltband gefunden wurden (Bild 1/8). Auch eine solche Fläche nennen wir „schwach gerichtet".

Diesen objektiven Tatbeständen entspricht allerdings nicht immer der Eindruck des Auges. Es gibt natürlich

Grenzfälle, wo eine und dieselbe Fläche bei subjektiver Betrachtung von einer Person ungerichtet genannt wird, während eine andere Person glaubt, in verschiedenen Richtungen Unterschiede feststellen zu können. Ein gutes Beispiel für Mißdeutungen durch das Auge liefern bis-

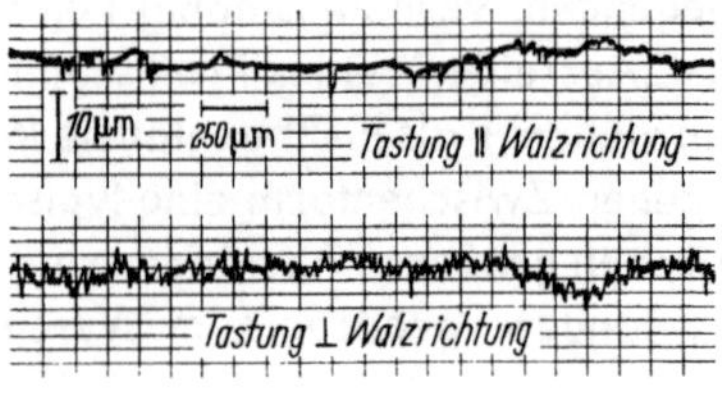

Bild 1/8. Verschiedenheit der Rauheitsprofile an einem kaltgewalzten Band parallel und senkrecht zur Walzrichtung. (Nach *Kienzle* u. *Mietzner* [*1*, Bild 56].)

weilen Oberflächen gezogener Stäbe. Während das Auge nach den Lichtreflexionen die Oberfläche für gerichtet hält und zum Verdacht von Ziehriefen verleitet, zeigen die Abtastungen bei technisch einwandfreien Ziehflächen keinen Unterschied zwischen den Rauhtiefen in Querrichtung und denjenigen in Längsrichtung (z. T. anders bei gezogenen Drähten).

Ein grundlegender Unterschied zwischen einer umgeformten Oberfläche und einer abgespanten liegt darin, daß diese jeweils neu entsteht, während eine umgeformte Oberfläche im allgemeinen die Begrenzung der gleichen Schicht ist, die sich schon vorher außen am Werkstück befand. Das heißt, es befinden sich dort nach wie vor dieselben Kristallite, nur sind ihre nach außen gekehrten Begrenzungsflächen gewachsen oder geschrumpft. Eine Ausnahme bildet die Oberfläche stranggepreßter Profile (Abschnitt 6.1; s. a. [*1*, S. 138]).

Somit hängt die Oberflächenbeschaffenheit *nach* der Umformung von dem Zustand *vor* der Umformung ab und es gilt der Satz:

„Der Endzustand einer umgeformten Oberfläche hängt von ihrer Geschichte ab."

Daraus ergibt sich für die Fertigung häufig die Schlußfolgerung, daß zur Erzielung besserer Endoberflächen schon die Oberflächen an Zwischenformen verbessert werden müssen.

Bei den Unterschieden zwischen umgeformten und abgespanten Oberflächen wird man auch fragen, wie denn die gesamten Rauhwertbereiche zueinander liegen. Die feinsten Oberflächen werden durch die feinen Abspanverfahren erzielt, z. B. durch Läppen. Aber schon das Kaltwalzen, insbesondere in der Form des Glattwalzens, ist mit Rauhtiefen unter 1 µm dem Schleifen ebenbürtig. Damit rücken die Kaltwalzverfahren in die Klasse der Feinherstellverfahren. Kaltgezogene Stäbe lassen sich mit feingedrehten vergleichen, und stranggepreßte mit fein gehobelten oder geschliffenen Stücken. Bei den gröberen Verfahren übertrifft schließlich die Rauhtiefe an gewissen Flächen gesenkgeschmiedeter Werkstücke diejenige geschruppter Frästeile.

Die in Bild 1/25 gegebene Übersicht über die Rauheitsmeßgrößen umgeformter Oberflächen läßt einen Vergleich im einzelnen zu (s. Abschnitt 4.3).

2.2 Freie und gebundene Umformung

Zunächst ist eine Unterscheidung wesentlich, die wir schon bei *G. Schmaltz* [*93*] finden. Er nennt eine Oberfläche *frei*, wenn sie sich während der Umformung bewegen kann, ohne am Werkzeug anzuliegen. Er nennt sie *gebunden*, wenn der Werkstoff beim Umformen durch eine Wand des Werkzeugs unter Druck gesetzt wird. Während die Feingestalt freier Oberflächen allein durch Gleitungen in der Randschicht des Werkstückes gewandelt wird, hängt sie bei der gebundenen Oberfläche von der makro- und mikro-geometrischen Form des Werkzeuges und von den unter gegenseitiger Bewegung auftretenden Reibkräften zwischen Werkzeug und Werkstück ab. Wir unterscheiden daher kurzerhand freie und gebundene Umformung, sagen aber angesichts der jüngeren Entwicklung genauer, eine *gebundene Umformung* liege vor, wenn das Werkzeug unmittelbar Kräfte auf die Kristallite der Oberflächenschicht ausübt [*3*]. Eine *freie Umformung* oder eine „freie Rauhung" liegt vor, wenn sich die Kristallite der Oberflächenschicht senkrecht zur Oberfläche frei bewegen können; das ist nicht nur der Fall, wenn keine Berührung mit dem Werkzeug eintritt, sondern auch, wenn trotz eines u. U. erheblichen Normaldrucks eine Schmierschicht („Schmierbett", s. 1. Abschnitt, 2.6) oder eine Gummimembrane eine Bewegung der Kristallite zuläßt.

Zu den freien Rauhungen zählen wir auch diejenige, die beim gemeinsamen Umformen zweier Metalle in ihrer gemeinsamen Fuge auftritt. Um dafür ein Beispiel zu geben, haben wir ein beim Hohl-Fließpressen durch Kaltpreßschweißen gefügtes Paar [*41*] aus Stahl und Nickel durch Zerreißen getrennt und (allerdings nicht genau an derselben Stelle) die in Bild 1/9 dargestellten

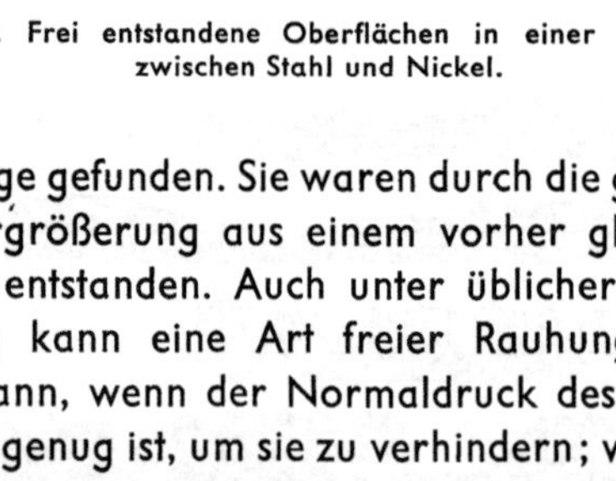

Bild 1/9 a u. b. Frei entstandene Oberflächen in einer Kaltschweißfuge zwischen Stahl und Nickel.

Rauhgebirge gefunden. Sie waren durch die gemeinsame Flächenvergrößerung aus einem vorher glatteren Zustand frei entstanden. Auch unter üblicher Werkzeugberührung kann eine Art freier Rauhung auftreten, nämlich dann, wenn der Normaldruck des Werkzeugs nicht groß genug ist, um sie zu verhindern; wir sprechen dann von einer „*behinderten freien Rauhung*" (z. B. beim Tiefziehen, Abschnitt 5.3.5).

Bei jedem Umformvorgang wird, wie in Abschnitt 1.3 erwähnt, die Werkstückoberfläche in Form und Größe verändert; sie dehnt sich oder schrumpft und zwar örtlich oder im Ganzen. Darin liegt eine der Ursachen für die mikrogeometrischen Änderungen der Oberflächen.

2.3 Rauheitswandlung bei freier Umformung

Frei umgeformte Oberflächen finden wir z. B. an den zylindrischen Außenflächen von gestauchten Stücken, an der Außenrundung von Biegeteilen wie auch an der äußeren Rundung von tiefgezogenen Bechern.

Bei der Mehrzahl der technischen Umformvorgänge treten aber freie und gebundene Umformungen nicht getrennt voneinander auf. Vielmehr verläuft der Vorgang häufig derart, daß Oberflächen, die anfänglich frei umgeformt sind, am Ende des Vorganges zu gebundenen werden, oder umgekehrt. Die Rauheit freier Oberflächen wird durch die Umformung meist größer, und häufig gelingt es nicht, diese in anschließenden Umformvorgängen zu beseitigen. Davon zeugt die Rauheit an der Außenfläche der Zarge tiefgezogener Becher (s. Abschnitt 5.3.5). Rauheitsveränderungen bei freier Umformung beeinflussen stark den Endzustand und sind daher gesondert zu betrachten [*1*, *46*, *61*].

Einfluß des Umformgrades. Bei Zerreißversuchen beobachtet man, daß in den Zonen größter Verformung, d. i. nahe der Bruchzone, die Proben „sehr rauh" werden [46]. Wer Blechstücke der Erichsen-Tiefziehpobe unterzieht, weiß, daß ihre Oberfläche mit fortschreitender Tiefung rauher wird. Es besteht also ein Zusammenhang zwischen der Rauheitsänderung und der Größe der Umformung.

An glatten Proben, die wir ohne Berührung mit einem Werkzeug dehnten, fanden wir, daß *die Rauheitszunahme* R_t *der Dehnung* ε *proportional ist* [*1*, S. 41].

Auch beim *Stauchen* nimmt die Rauheit an den anfänglich glatten, freien Mantelflächen in ähnlicher Weise, aber etwas mehr zu. Bild 1/10 zeigt die freie Rauhung bei verschieden starkem Dehnen und Stauchen von anfänglich glatten Aluminiumstücken.

Einfluß des Gefüges. Wenn auch glatte Oberflächen durch freies Umformen rauher werden, so ist doch die Größe der Rauheitsänderung für verschiedene Werkstoffe verschieden. Dies läßt sich aus den unterschiedlichen Korngrößen erkären. Die Rauheitszunahme an anfänglich glatten Flächen ist nicht nur der bezogenen Längenänderung, sondern auch dem mittleren Korndurchmesser proportional. Davon macht der geübte Prüfer bei der Erichsen-Prüfung von Blechen Gebrauch, indem er aus der Rauhung auf die Korngröße schließt. Vgl. Bild 5.3/14 und [*1*, Bild 39]. Dieses Verhalten der Werkstoffe läßt sich daraus erklären, daß bei der Umformung zunächst nur diejenigen Körner verformt werden, in denen die kristallographisch ausgezeichneten Gleitebenen günstig zu den aufgebrachten Spannungen liegen.

Einfluß der Anfangsrauheit und der Umformrichtung. Weist das Werkstück vor der Umformung eine merkliche Rauheit auf, so tritt eine Überlagerung mit der freien Rauhung auf. Während, wie wir sahen, bei geringer Anfangsrauheit die Rauhtiefe linear mit der Dehnung oder mit der Stauchung zunimmt, verläuft die Oberflächenwandlung anders, wenn die Ausgangsrauheit groß ist. Dann nimmt sie beim Dehnen ab (Verflachung der Rauhberge), beim Stauchen hingegen zu („Auffalten" der Rauhberge). Nach Angaben in [1, S. 51], kann man die bei einer freien Umformung zu erwartenden Rauhtiefen aus Anfangsrauheit, Dehnung und Korngröße überschlägig berechnen.

Eine Nutzanwendung besonderer Art scheint uns im Hinblick auf das Tiefziehen gegeben. Da dort die freie Rauhung durch das Gleiten der Zarge am Ziehring nicht beseitigt wird, muß man am fertigen Stück mit ihr rechnen. Wir haben daher einen experimentellen Weg vorge-

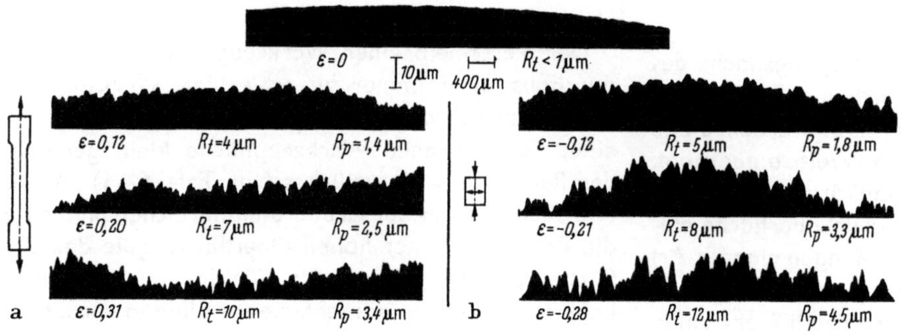

Bild 1/10 a u. b. Freie Rauhung eines glatten Werkstücks. Werkstoff Al 99,5 W, mittlerer Korndurchmesser 35 µm. a) Durch Zug; b) durch Druck.

Während bei der freien Rauhung durch reines Ziehen oder Stauchen die Kristallite nur in einer Richtung eine erzwungene Dehnung oder Stauchung erfahren, tritt beim Tiefziehen eine Kombination von erzwungener Dehnung mit erzwungener (tangentialer) Stauchung ein. Diese freie Rauhung, Ziehrauhung genannt, nimmt daher ihre eigene Form an (s. Abschnitt 5.3.5).

Die der freien Rauhung zu Grunde liegende Formänderung muß stets auf das Oberflächen*element* bezogen werden, an dem die Rauheit bestimmt werden soll. Diese örtliche Umformung ist oft von der Gesamtumformung des betreffenden Körpers verschieden, die sich aus der Änderung der Grobgestalt ergibt.

schlagen, nämlich das Dehnen eines besonders geformten Dehnstreifens, die sog. *Rauhleiter*, an der die ganze Skala der frei entstandenen Rauhtiefen sichtbar ist (s. Abschnitt 2.5.1).

2.4 Rauheitswandlung bei gebundener Umformung

Bei der gebundenen Umformung wirken auf die Wandlung der Oberflächen neben den im letzten Abschnitt erwähnten Eigenschaften und Veränderungen des Werkstücks, die Eigenschaften des *Werkzeuges* (Stoff, Form, Rauheit) und die Schmierung ein.

Außerdem kommt es wesentlich auf die Relativbewegung zwischen Werkstück und Werkzeug an. Wir unterscheiden folgende Fälle:

a) Das Werkzeug bewegt sich senkrecht auf eine Werkstückfläche zu, z. B. bei einfachen Stauchvorgängen.

b) Freie Oberflächenteile des Werkstücks wälzen sich an die Werkzeugfläche heran, z. B. bei starkem Stauchen.

c) Die Werkzeuge sind Walzen, die sich in einer Wälzbewegung auf das Werkstück zu bewegen.

d) Das Werkstück gleitet einsinnig an der Werkzeugfläche entlang.

Das Gemeinsame dieser Fälle liegt darin, daß in der „Wirkfuge" zwischen Werkzeug und Werkstück *Druck* herrscht, jedoch tritt in den meisten Fällen daneben auch eine Schubbeanspruchung infolge der Reibwiderstände an den Werkzeugflächen auf.

Zu a): Es leuchtet ein, daß ein glattes Werkzeug (z. B. Stauchbahn) vorhandene Rauhgipfel niederdrückt. Das Verdrängen des Werkstoffes geschieht dabei teils nach den Böschungen hin und läuft auf die Bildung von „Tafelbergen" hinaus (Bild 1/11), teils bewirkt der Druck auf die Berge ein Hochsteigen von Werkstoff in den benachbarten Tälern. Je höher der ausgeübte Druck und je größer die Stauchung ist, desto stärker ist die Glättung (vgl. Abschnitt 6.2, Bild 6.2/11).

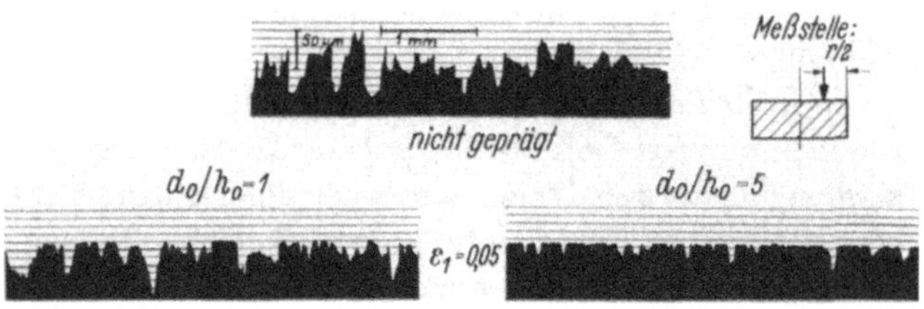

Bild 1/11. Flachprägen zwischen ebenen, glatten Werkzeugen bei verschiedenem Durchmesser-Höhenverhältnis.

Ist das Werkzeug rauher als die Ausgangsfläche des Werkstückes, so prägt sich natürlich die Rauheit des Werkzeugs in das Werkstück ein, z. B. werden glatte Bleche durch rauhe Walzen auf solche Weise aufgerauht.

Ebenso leuchtet es ein, daß Fremdkörper, die sich in der Wirkfuge befinden, in die Werkstückoberfläche eingedrückt werden und dort Rauhvertiefungen eigener Art hervorrufen (vgl. das Eindrücken von Zunderresten beim Kaltprägen). Auch sei an das in Abschnitt 2 erwähnte Eindrücken von Schmiermitteln erinnert (vgl. Bild 1/5).

Zu b): Die herangewälzten Flächenteile bilden eine besondere Art umgeformter Flächen; denn vor dem Heranwälzen an eine Werkzeugfläche waren sie einer freien Umformung unterworfen, durch die, wie in Abschnitt 2.3 erwähnt, ihre Rauheit verändert worden ist. Diese Erscheinung tritt vornehmlich bei sehr starkem Stauchen auf und zwar jeweils am Rande.

Zu c): Beim Walzen tritt bekanntlich in Walzrichtung eine gewisse gegensinnige Gleitung zwischen Werkzeug und Walzgut ein, die noch erhöht wird, wenn ein Profil gewalzt wird. Auf diese Gleitung ist es vermutlich zurückzuführen, daß unter sonst gleichen Verhältnissen gewalzte Flächen glatter werden als flachgeprägte.

Zu d): Zum Gleiten kann allgemein gesagt werden, daß die Gleitung an einer glatten Werkzeugfläche für die Gewinnung einer glatten Werkstückfläche an sich günstig ist. Leider verursacht das Gleiten aber einen Verschleiß am Werkzeug und kann zur Bildung von Riefen in Gleitrichtung führen. Mit zunehmendem Verschleiß wächst daher die quer zu den Riefen gemessene Rauheit, dagegen ist sie im allgemeinen in Richtung der Riefen gering.

Ein kennzeichnendes Beispiel für die Rückwirkung der Gleitung auf die Werkzeugoberfläche ist die Veränderung einer geschliffenen Stirnfläche eines Stempels (Bild 1/12); dessen kreisförmig verlaufende Schleif- oder Polierrillen werden durch den Verschleiß durch radial verlaufende Verschleißriefen überlagert.

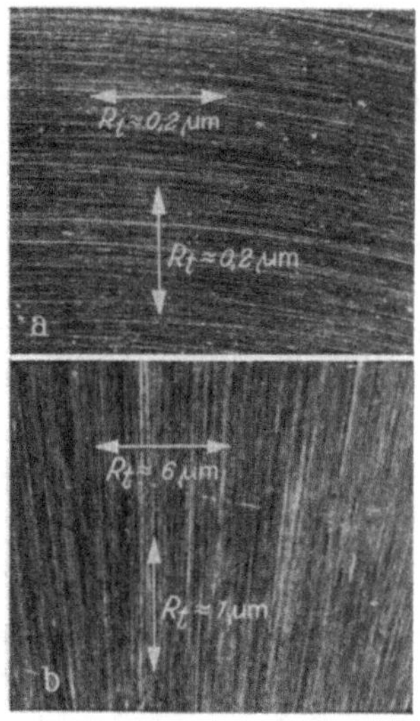

Bild 1/12 a u. b. Rückwirkung des radialen Gleitens umgeformter Werkstücke auf die Stirnfläche eines geschliffenen Stempels. a) Werkzeug neu mit Polierrillen; b) Werkzeug nach 7000 Stauchungen v. Werkstücken aus CR 15. (Nach *Kienzle* u. *Mietzner* [1, Bild 98].)

Der Verschleiß einer Werkzeugfläche braucht aber durchaus nicht immer zu schlechten Werkstückoberflächen zu führen; in vielen Fällen bleibt die Rauheit einer verschlissenen Werkzeugfläche klein gegenüber der Rauheit des Werkstückes (vgl. Tafel 4—1). *Wiegand* und *Kloos* weisen auf Grund umfangreicher Studien auf die Bedeutung einer hohen Oberflächengüte der Gleitflächen von Werkzeugen hin. Für das gute Gleiten sind hohe Traganteile erwünscht, die zur Bildung von „Isoliergleitschichten" im Wirkpaar beitragen [*14, 15, 116, 120* bis *122*]. Die „Schmiertaschen" sollen sich schon in den Gleitflächen der Werkstücke befinden.

Die unter a) bis d) erwähnten Erscheinungen werden in den Tafeln deutlich; auch wird in den Erläuterungen zu diesen auf einige Besonderheiten hingewiesen. Insbesondere bilden diese Erscheinungen den Grund dafür, daß in den Atlastafeln die Werkzeugoberflächen genau angegeben sind.

2.5 Konstruierte Rauhgebirge

Nachdem wir auf Grund unserer Beobachtungen in der Praxis festgestellt haben, welche Arten von Rauhgebirgen bei bestimmten Fertigungsvorgängen statistisch aufgefunden werden, erhebt sich die Frage, ob und wieweit man bestimmte Rauhgebirge erzeugen kann. Diese Frage führt über die allgemeine Erwartung hinaus, daß die Rauhtiefe einer Oberfläche gewisse Grenzen nicht überschreiten soll; sie bedeutet vielmehr, ob Rauhgebirge von vorgeschriebenem Charakter wiederholbar erzeugt werden können. Diese Frage ist einmal statistisch und zum anderen geometrisch zu beantworten. In statistischer Hinsicht verweisen wir z. B. auf das Nachwalzen von Blechbändern mit aufgerauhten Walzen (Tafel 1—5). Beim Glattwalzen kann je nach Zweck eine zahlenmäßig bestimmte Rauhtiefe erzielt werden (s. Bild 5.1/5). Beim Recken eines Blechbandes kann man eine ganze Skala statistisch verteilter Rauhtiefen erzielen, wie im folgenden Abschnitt dargelegt wird.

2.5.1 Eine Rauhleiter

Wie man sich seit langem bemüht, Oberflächenmuster für die spanenden Fertigungsverfahren bereitzustellen, so könnte man auch Muster von gewalzten Blechen, gezogenen Stäben u. ä. zusammenstellen. Am schwierigsten dürfte es sein, für die Verfahren der Zugumformung, wie Streckziehen, Weiten u. a., die entstehende *freie ungerichtete Rauhung* darzustellen, zumal sie sich fortgesetzt mit der Dehnung ändert.

Nach einem Vorschlag von *O. Kienzle* [48] kann man eine ganze Skala von Rauhtiefen eines ungerichteten Rauhgebirges an einem Blechstreifen erzeugen, indem man ihm nach Bild 1/13a eine kurvige Seitenbegrenzung

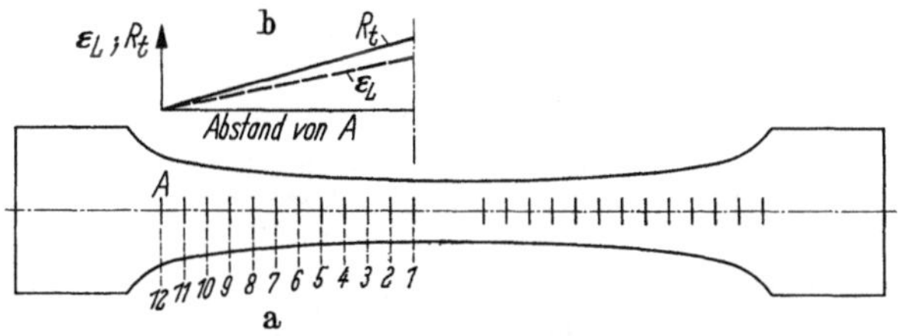

Bild 1/13 a u. b. Streifenrauhleiter mit längenproportionaler Verteilung der freien Rauhung. (Nach *Kienzle* [48].)

gibt und ihn einer Zugdehnung unterwirft. Hierbei erfährt zuerst der schmalste Querschnitt *1* eine bleibende Dehnung und eine Kontraktion in Breite und Dicke. Da sich der Werkstoff zugleich verfestigt, so muß zum Weiterdehnen die Zugkraft gemäß der Fließkurve des Werkstoffs anwachsen. Die erhöhte Zugkraft bringt nacheinander die Querschnitte *2*, *3*...*11* an die Fließgrenze, während an jedem Querschnitt mit niedrigerer Nummer die Dehnung ε_L fortschreitet. Schließlich wird nur noch bei A (Querschnitt *12*) $\varepsilon_L = 0$ sein und am Querschnitt *1* wird sich die größte Dehnung eingestellt haben. Man kann nun das Seitenprofil des Zugstabs für jeden Werkstoff nach seiner Fließkurve und seinem Anisotropiefaktor gemäß [48] so berechnen, daß die Dehnung an den Stellen *1—12 proportional* ihrer Entfernung von A zunimmt (Bild 1/13b). Damit hat man zu jedem ε_L-Wert die entsprechenden Rauhgebirge; ihre Rauhtiefen nehmen gemäß Abschnitt 2.3 proportional ε_L und daher auch proportional dem Abstand jeder Stelle von A zu. Bild 1/14 zeigt Profilschriebe an den Stellen *10 — 7 — 4 — 1* eines Versuchsstabes aus Stahl X 5 Cr Ni 18 9 mit Korngröße vom mittleren Durchmesser = 35 µm. Gemäß Bild 1/15 folgen die zugehörigen Rauh-

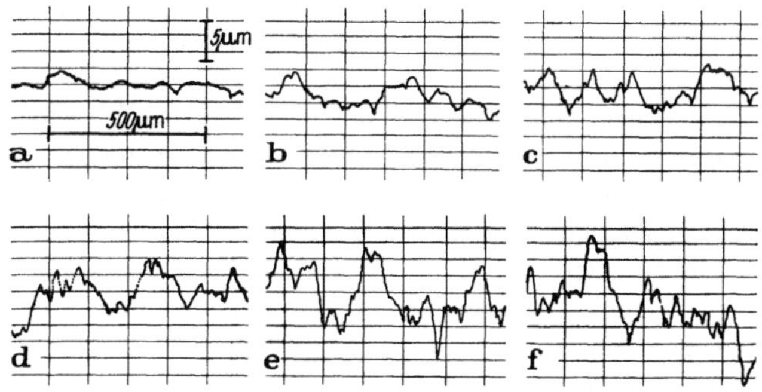

Bild 1/14 a—f. Profilaufzeichnungen einer Rauhleiter aus X 5 Cr Ni 18 9.
Es gilt Bild a) b) c) d) e) f)
für Dehnung 0,03 0,13 0,23 0,33 0,43 0,53.
(Nach *Kienzle* [48].)

unter Berücksichtigung ihrer örtlichen Streuungen der erwarteten Proportionalität zu ε_l. Diese Streuungen treten an dem zu vergleichenden Werkstück ebenso auf und sind daher dem Vergleich eher nützlich als abträglich.

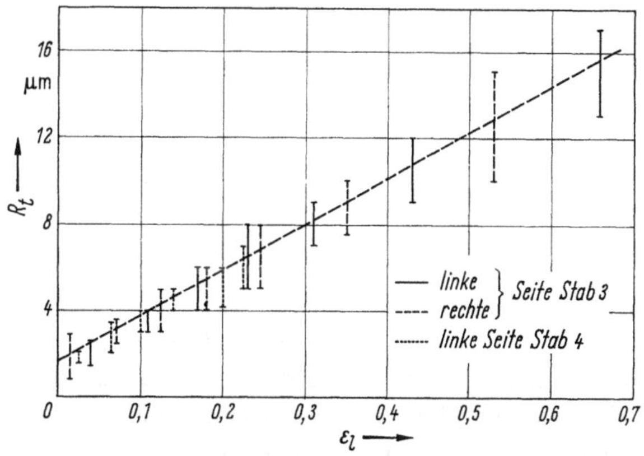

Bild 1/15. Die Rauhtiefen R_t auf der Rauhleiter X 5 Cr Ni 18 9 in Abhängigkeit von der Dehnung. (Nach *Kienzle* [48].)

Diesen Vergleichsstreifen mit seiner Rauheitsskala nennt sein Urheber kurz „Rauhleiter". Der Versuchsstreifen ist symmetrisch ausgeführt, so daß zugleich zwei Rauhleitern entstehen. Eine Rauhleiter gilt genau genommen nur für die Korngröße, die der Versuchsstreifen hat. Wohl können die Rauhtiefen nach [*1*, S. 50], auf andere Korngrößen umgerechnet werden, aber der Anschauung, die mehr auf Waagrechtmeßgrößen reagiert, werden verschiedene Rauhleitern mit bestimmten Korngrößen besser dienen.

Solche Rauhleitern werden auch nützlich, wenn man für Tiefziehteile, Streckziehteile, Ausbauchteile u. ä., die zu erwartenden Rauhtiefen und ihre Veränderung über der Ziehtiefe abschätzen will (s. Abschnitt 5.3.5).

2.5.2 Geometrisch konstruierte Rauhgebirge

Unter einem „geometrisch *konstruierten Rauhgebirge*" wollen wir im Rahmen der Umformtechnik eines verstehen, das folgende Eigenschaften hat:

a) es ist durch ein Modell (Handmuster) oder eine Zeichnung festgelegt,

b) seine Rauhtiefen liegen im Bereich der Mikrogeometrie, d. h. innerhalb der sonst vorkommenden statistischen Oberflächenrauhtiefen,

c) sein Negativ wird in ein Werkzeug eingearbeitet, das es durch Walzen oder Pressen auf Werkstücke überträgt,

d) seine Böschungen haben in sich Rauhtiefen, die um eine Größenordnung kleiner sind als die Gebirgshöhen und Taltiefen.

Das bekannteste Beispiel stellen Münzen mit ihren fein ausgeführten Bildern dar; ihre Rauhgebirge liegen im Grenzgebiet zwischen makro- und mikrogeometrisch beschriebenen Oberflächen. Gerade die Umformtechnik bietet eine Reihe praktischer Fälle, die unter dem Begriff der „geometrisch konstruierten Rauhgebirge" erfaßt werden können.

Dem *Walzen* entstammen *Aluminiumfolien* mit beliebigen Musterungen. Die Walzwerkzeuge werden mit feinen Sticheln mit bestimmten Profilen versehen, die auf die Folien übertragen werden. Bild 1/16a u. b zeigt als Beispiel eine Profilaufnahme mit einer Rauhtiefe von rd. 55 μm;- solche Profile werden in vielen Varianten eingewalzt (unsymmetrische Profile, Sinuslinien u. a.).

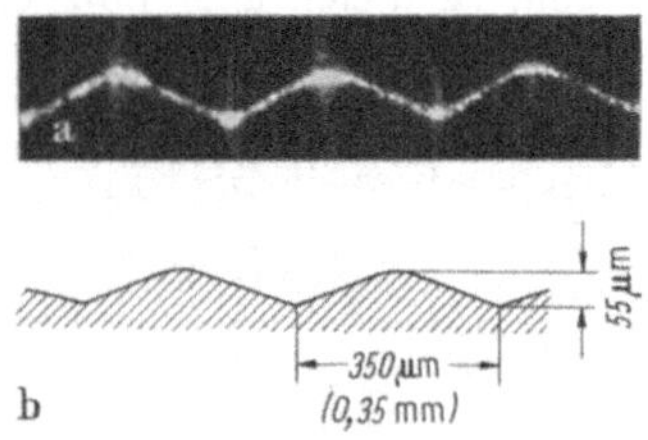

Bild 1/16 a u. b. „Konstruiertes Rauhgebirge" an einer gewalzten Aluminiumfolie. a) Aufnahme mit Lichtschnittmikroskop Zeiss-*Schmaltz*; b) Maßskizze.

Durch Pressen bzw. *Schlagen* werden die Schneidprofile an sehr feinen *Feilen* erzeugt, wie sie in der Uhrenindustrie gebraucht werden. In ihre vorher geschliffene Oberfläche werden mit einem äußerst scharf geschliffenen Formmeißel aus Hartmetall die Vertiefungen eingehauen, so daß zwischen ihnen die Feilzähne in einer Höhe von rd. 45 μm entstehen (Bild 1/17). Da hierbei die Zahnspitzen frei gebildet werden, sind an ihnen

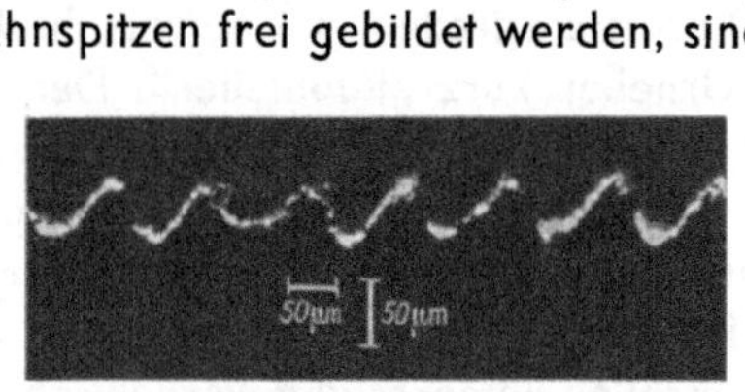

Bild 1/17. „Konstruiertes Rauhgebirge" an einer gehauenen Feile. Zahnteilung = 100 μm, Rillentiefe = 45 μm.

kleine Unregelmäßigkeiten unvermeidlich, auch werden sie nicht ganz scharf; hingegen fallen die Zahngründe ziemlich gleichmäßig aus und liegen zufolge der Maschinenführung ziemlich genau in einer Ebene.

Durch *Gewindefurchen* oder Drücken (wie man das Verfahren in der Uhrenindustrie nennt) vermag man kleinste Schräubchen mit einer Gewindetiefe von 40 μm und einer Steigung (mikrogeometrisch „Rillenentfernung") von 75 μm herzustellen. Hierbei hat das Werkzeug als Wirkfläche nichts anderes als ein glattes Muttergewinde ohne Schneidnuten. Die Durchmesser der Schraubenschäfte sind etwas kleiner als die Flankendurchmesser der Gewinde; sie werden in die Werkzeugmuttergewinde hineingedreht. Dabei furchen deren Gewindespitzen die Gewindegänge am Schraubenschaft, indem sie den Stoff aus dem Gewindegrund in die Gewindespitze verdrängen. Bild 1/18 läßt erkennen, wie groß

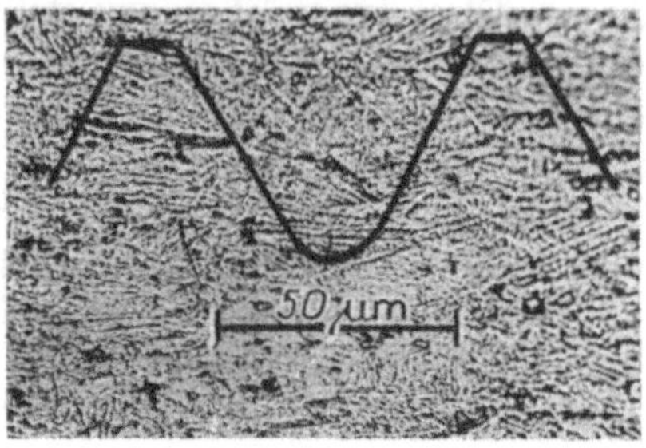

Bild 1/18. Schliffbild der Messingstange, in die das eingezeichnete Gewindeprofil gefurcht wurde. Geätzt mit 10%iger Ammonium-Persulfatlösung; Originalaufnahme 500:1.

hier das Korn im Verhältnis zur konstruktiven Form ist. Bild 1/19[1]) zeigt eine Lichtschnittaufnahme mit Nebenlicht auf dem Gewinde. Das Profil läßt deutlich erkennen, daß die „Gewindespitzen" frei geformt sind (vgl. Bild 5.1/8); ihre zwei Höcker lassen darauf schließen, daß die

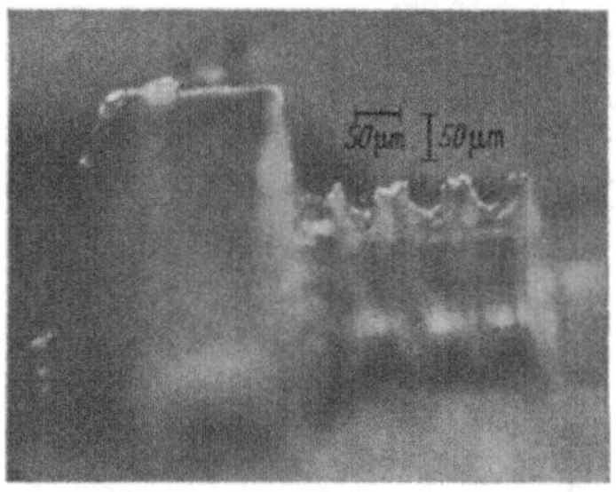

Bild 1/19. „Konstruiertes Rauhgebirge" an einem gefurchten (gedrückten) Uhrenschräubchen M 0,3, Steigung = 75 μm, Gewindetiefe = 40 μm.

Gewinderillen im Werkzeug nicht ganz ausgefüllt worden sind (Gewindetiefe Ist = 40 μm gegen Soll = 49 μm).

Bei der Erzeugung von konstruierten Rauhgebirgen bildet die *Abbildungsgenauigkeit* ein wichtiges Kriterium. Hierzu wurde folgender Versuch[2]) angestellt:

An einem geläppten Bolzen von 30 mm Durchmesser wurde eine schraubige Rille von 5 μm Breite und 0,2 μm Tiefe mit einer Steigung von 20 μm eingeschliffen. Dieser Bolzen wurde in schmale Streifen aus Stahlblech St R St 3 und aus Messingblech eingedrückt. Bild 1/20a zeigt das Interferenzbild einer Schar von 0,2 μm tiefen Rillen auf dem Stahlbolzen. Der Abdruck in Tiefziehstahlblech (Bild 1/20b) zeigt Gebirgskämme von 0,16 μm Höhe, während im Messing nur ein solcher von 0,13 μm Höhe erreicht wurde. Die Bolzenrillentiefe ist somit zu 80%

[1]) Diese Aufnahmen wurden von der Firma Carl Zeiss, Oberkochen, in ihrem Gast-Laboratorium mit einem Lichtschnittgerät angefertigt; bei der Gewindeaufnahme wurde das Lichtband in einer Achsebene auf das Gewinde geworfen und tangential beobachtet, so daß die geometrische Verzerrung entfällt, die durch die sonst übliche geometrische Beleuchtung unter 45° auftritt.

[2]) Diesen Versuch hat auf Bitte der Verfasser Herr Dr.-Ing. *J. Häsing* der Physikalisch-Technischen Bundesanstalt in Braunschweig durchgeführt.

als Kammhöhe am Stahlblech gefunden worden; mehr bedeutet aber die Tatsache, daß sich eine so feine Rauhtiefe, die weit unter 0,5 µm lag, überhaupt und so gleichmäßig abbilden ließ.

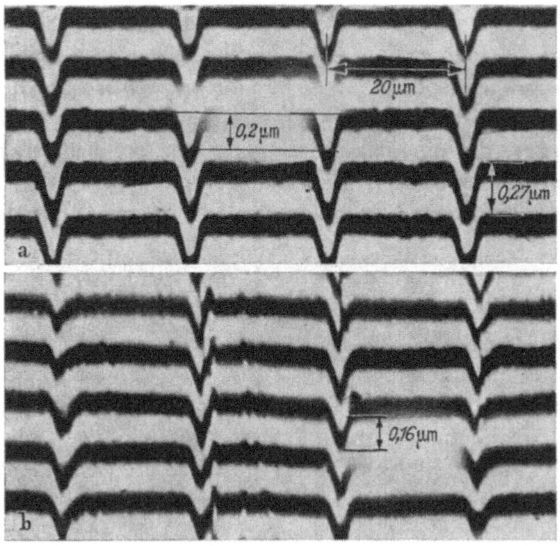

Bild 1/20 a u. b. Abbildungsgenauigkeit. a) Rillen in Stahlbolzen 5 µm breit, 0,2 µm tief; b) Kämme, durch Eindrücken von a) in Stahlblech erzeugt.

Wenn sich diese Betrachtung zur Zeit auch nur auf wenige Beispiele stützen kann, so erscheint sie doch für die Gesamtbetrachtung der umgeformten Oberflächen nicht unwesentlich; sie eröffnet die Möglichkeit, für bestimmte Zwecke „geometrisch konstruierte Rauhgebirge" herzustellen.

2.6 Funktionsverhalten bei der Fertigung

Die Oberflächen technischer Gegenstände haben zahlreiche Funktionen. Man hat sie [*19*] unter diesem Gesichtspunkt eingeteilt in

Oberflächen ohne Berührung mit einem Gegenstück (mechanisch nicht beansprucht);

durch ruhende Gegenstücke statisch beanspruchte Oberflächen;

durch bewegte (gleitende oder rollende) Gegenstücke beanspruchte Oberflächen.

Dabei geht es grundsätzlich um Fragen, die von zwei Standpunkten ausgehen, nämlich

a) Wie verhält sich eine nach einem bestimmten Verfahren erzeugte Oberfläche im Hinblick auf eine bestimmte Funktion?

b) Welche Oberfläche ist die für die betreffende Funktion günstigste?

Auf diese Fragen sind bis heute noch bei weitem nicht genügende Antworten gefunden. Ja, neuere Studien werfen nicht selten alte Meinungen um. Ein Beispiel für viele ist dieses: Stempel zum Ausschneiden von Blechteilen glaubte man früher an der Stirnfläche polieren zu müssen; es hat sich aber erwiesen, daß eine üblich geschliffene, d. h. rauhere Stirnfläche die Standmenge erhöht, weil sie das radiale Gleiten des Bleches zur Schneidkante hin hemmt.

Wenn auch nur wenig über die Zusammenhänge bekannt ist, so wollen wir doch dies wenige hier in knapper Form behandeln, soweit es sich um umgeformte Oberflächen handelt. Weiterhin beschränken wir uns auf die Einflüsse der in diesem Atlas behandelten Oberflächenrauheit, obwohl noch andere mechanische und chemische Zustände eine Rolle spielen.

Unserer Betrachtung legen wir folgende Einteilung zugrunde.

1. Funktionsverhalten bei der Fertigung,
2. Funktionsverhalten bei der Verwendung.

In der *Fertigung* werden verschiedene Arbeitsvorgänge durch die Rauhgebirge der umgeformten Oberflächen beeinflußt; z. B. ist der Aufwand für das Polieren unmittelbar von der größten Rauhtiefe abhängig. Wir denken darüber hinaus an Gleitvorgänge unter hohem Druck, bei denen die Schmierhaltigkeit eine Rolle spielt, an Fügevorgänge wie das Kleben, und an Beschichtungsvorgänge aller Art. Die beiden letzteren Gruppen sind wegen der Haftfestigkeit und des Aussehens natürlich auch für die Verwendung von Bedeutung.

2.6.1 Gleitvorgänge unter hohem Druck

Das bekannteste Beispiel ist das Verlangen nach einer Rauheit zwischen bestimmten Grenzen beim Tiefziehen von Blechen (s. Abschnitt 5.3.5). Zweifellos hängt der ausschußfreie Ablauf des Tiefziehens stark von der *Oberflächengestalt der Tiefziehbleche* ab. Mit ihr hängt vor allem die Schmierung zusammen, der *Wiegand* und *Kloos* eine Reihe von Untersuchungen gewidmet haben [*116, 120* bis *124*].

Die Haftung von Schmierstoffen während des Tiefziehens hängt eng mit der Tiefe und Form des Rauhgebirges zusammen; sehr glatte Bleche lassen sich schlecht tiefziehen. Daher benutzt man rauhgewalzte Bleche (s. Tafel 1—5), aber man besitzt noch kein endgültiges Kriterium für die günstigste Gebirgsform. Auf der Suche darnach haben *Fischer* und Mitarbeiter [*27*] untersucht, bei welchen Rauhtiefen und „Traganteilen" das Tiefziehen ohne Ausschuß zwischen den Gefahrenzonen „Reißen" und „Faltenbildung" abläuft. Zunächst fielen die Bleche mit Rauhtiefen unter 3 µm aus; sodann zeigte sich, daß gar nicht allein die Ausgangsrauheit R_t, sondern ihr Verhältnis zur Mittenrauheit R_a eine entscheidende Rolle spielt. War bei einer Ausgangsrauhtiefe von 5 µm dieses Verhältnis $6{,}2 < R_t/R_a < 8{,}9$, so war der Erfolg gut.

Die Form des Rauhgebirges erfaßten die genannten Verfasser noch auf einem zweiten Weg. Sie bestimmten die tragenden Längen im

Abstand $c = 1{,}5$ µm vom Bezugsprofil

und fanden gute Tiefziehbarkeit, wenn dort der tragende Anteil $= 0{,}15$ war. Diese Ergebnisse bringen sie in Zusammenhang mit dem Einsinken eines an der Stirnfläche glatten Prüfstempels unter bestimmter Anpreßkraft, denn das Maß des Niederdrückens der Gipfel (ein Teil der Glättungstiefe R_p) ist ein Kennwert für deren Form und Anzahl.

Als weiteres Kriterium hat man in den Vereinigten Staaten von Nordamerika die Gipfelanzahl je 25 mm

Länge (s. Bild 1/3) untersucht und in die Praxis eingeführt [*90*].

Noch höhere Drücke, bei denen geschmiert werden muß, treten beim Ziehen von Drähten (s. Tafeln 9—1 bis 4), Stäben (s. Tafel 8—1 und 2) und Rohren (s. Tafel 10—1 und 2), ferner beim Fließpressen (s. Tafel 7—1 bis 6) auf; dort erfüllen die Fertigungsbedingungen bei den Ausgangsformen die Forderung nach einer genügenden Rauhtiefe, für die man als Merkwert etwa 20 μm nennen kann. Beim Abstreckziehen von vorwärts fließgepreßten Hülsen (s. Tafel 11—1 und 2) nähert man sich aber schon der für Schmierhaltigkeit erforderlichen unteren Grenze.

2.6.2 Kleben

Unter den Fügeverfahren spielt das Kleben metallischer Werkstücke eine zunehmende Rolle. Maßgebend sind die erzielbaren Haftkräfte, die an den Grenzflächen zwischen Klebstoff und Metall erzielt werden [*21*]. Sie hängen von der Stoffpaarung, vom chemischen Zustand sowie von der Mikrogeometrie der metallischen Oberflächen ab. Die letztere entspringt teils abspanenden, teils umformenden Verfahren. Rauhe Oberflächen geben höhere Haftkräfte als glatte. Dabei ist aber keineswegs an eine Verklammerung zu denken. Dies würde Unterschneidungen im Rauhgebirge voraussetzen; diese kommen zwar an stark gestrahlten und auch an umgeformten Oberflächen vor, aber doch so vereinzelt, daß sie keine Rolle spielen. Auch in tangentialer Richtung kann nicht von einer Verzahnwirkung die Rede sein, wie dies manchmal angenommen wird; denn die Rauhtäler sind viel flacher als sie in den verzerrten Profilschrieben erscheinen [*1*], Bild 1/6, S. 15. Der Vorteil einer rauheren Oberfläche dürfte darin liegen, daß die „Gebirgsoberfläche" aller Gipfel, Täler und Böschungen [*1*, S. 15], um 20 ... ... 100% größer ist als die makrogeometrische (glatt gedachte) Oberfläche. Diese Flächenvergrößerung ist zwar für die Klebfestigkeit günstig, aber wesentlicher ist die Vergrößerung der „wahren Oberfläche"[1] durch Beizen,

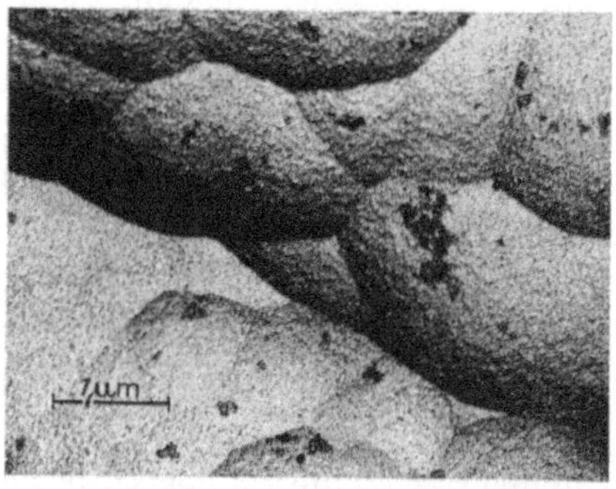

Bild 1/21. Elektronenoptische Aufnahme einer pickling-gebeizten Aluminiumoberfläche V 11000 (Original × 16000). (Nach *Matting* u. *Ulmer* [*69*].)

wie in [*1*] an mehreren Beispielen gezeigt ist. Besonders deutlich sieht man dessen Wirkung in einer elektronenoptischen Aufnahme wie Bild 1/21. Submikroskopische Falten in einem Abstand von etwa 0,03 μm überlagern sich den größeren Rauhbergen mit einer gegenseitigen Entfernung von 2 ... 3 μm; sie multiplizieren sozusagen die Gebirgsoberfläche der Gipfel, Täler und Böschungen [*1*, S. 13, Bild 8]).

Nun erweist sich das Beizen wegen der damit erzielten Aktivierung der Metalloberfläche ohnehin als bedeutsam. Wir erreichen somit durch Beizen eine doppelte Wirkung. Diese chemische Behandlung wird häufig allein angewandt; oft aber geht ihr eine mechanische Reinigung voraus, die gewöhnlich zugleich eine wünschenswerte Aufrauhung bewirkt. Bisweilen begnügt man sich mit der letzteren, wobei Abstrahlen dem Schmirgeln vorzuziehen ist.

Wir fragen uns nun, ob sich umgeformte Oberflächen finden, die die erforderliche Rauheit besitzen. Untersuchungen über die Klebeignung solcher Flächen sind bisher nicht bekannt geworden; wir können aber auf ihre Eignung über die Rauhtiefen und Leeregrade schließen. Dafür benutzen wir Untersuchungen von *F. Mittrop* [*75*]. Für Stahlbleche fand er Bestrahlen mit Elektrokorundkorn von 0,2 ... 0,5 mm Durchmesser als zweckmäßig; bei austenitischen Blechen scheint ein größeres Korn (0,5 ... 1 mm Durchmesser) günstiger zu sein, während für Kupfer und Messing ein feineres Korn (0,1 ... ... 0,2 mm Durchmesser) empfohlen wird. Damit bewegen wir uns in einem Rauhtiefenbereich wie in Tafel 2.6/1 angegeben. Daraus geht hervor, daß die erzielten Rauhtiefen mit der Korngröße unterproportional zunehmen

Tafel 2.6/1. *Rauhtiefen von Blechoberflächen, die mit Elektrokorund bestrahlt sind*

Werkstoff	Werte der Rauhtiefe R_t [μm] bei Korngröße 0,1...0,2 mm	Werte der Rauhtiefe R_t [μm] bei Korngröße 0,5...1 mm
X 12 Cr Ni 18 8 HV 62,5 = = 157 kp/mm²	4...8 und 10...13	8...14 und 20...26
Kupfer HV 62,5 = = 98 kp/mm²	6...10 und 12...23	8...18 und 26...34

und mit größerer Härte abnehmen. So kommt es, daß bei verschiedenen Werkstoffen verschiedene Korngrößen anzuwenden sind, um die gleiche für das Kleben erforderliche Rauheit zu erhalten, das erklärt die oben erwähnten Empfehlungen von *Mittrop*.

Noch aufschlußreicher sind die zugehörigen Profilaufschreibungen, Bild 1/22. Feingezackte Profile werden von tiefen, unregelmäßig verteilten Tälern unterbrochen. Vermutlich kommt es aber nicht nur auf die Rauhtiefen an, sondern auch auf die Breite der Rauhtäler. Bestimmte Klebharze dringen nämlich nicht bis auf den Grund enger Rillen; es können sich Luftpolster bilden, die die Haltfestigkeit der betreffenden Klebverbindung beeinträchtigen.

Die wirksame Dicke der Klebschicht ist mit Rücksicht auf die Haftkräfte nach oben hin begrenzt. Sie bestimmt sich aus dem Abstand der über die Gipfel der zu kleben-

[1]) Die wahre Oberfläche ist nach *H. Mayer* die Fläche, die man sich durch die Mittelpunkte aller Oberflächenatome gelegt denken kann [*1*, S. 13].

den Werkstücke gebreiteten Hüllflächen zuzüglich den Glättungstiefen der beteiligten Metallflächen. Da die Glättungstiefe bei einem bestimmten räumlichen Leeregrad (hier etwa 0,5) der Rauhtiefe proportional ist, wird

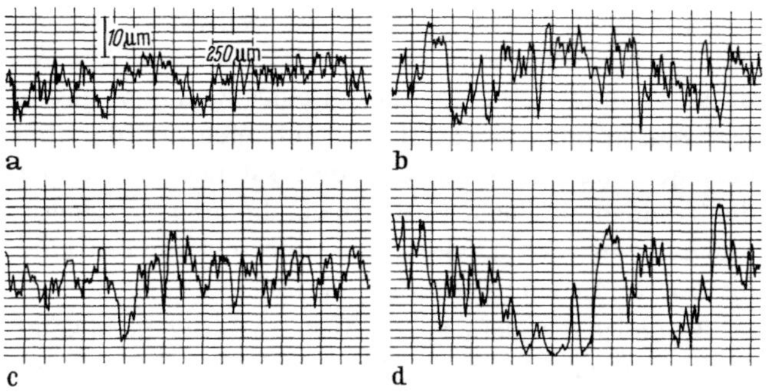

Bild 1/22 a—d. Profilaufzeichnungen von Blechoberflächen, die mit Elektrokorund bestrahlt sind.
a) X 12 Cr Ni 18 8 Strahlkorn 0,1 ... 0,2 mm;
b) X 12 Cr Ni 18 8 Strahlkorn 0,5 ... 1 mm;
c) Kupfer Strahlkorn 0,1 ... 0,2 mm;
d) Kupfer Strahlkorn 0,5 ... 1 mm.

somit auch diese nach oben begrenzt. Diese Beschränkung kommt auch dem Verbrauch an Klebstoff zugute, der ja zunächst die Täler füllen muß. Rohe Merkwerte sind daher

Rauhtiefe etwa 10 ... 15 µm
mit verteilten Tälern bis 25 µm Tiefe,
räumlicher Leeregrad 0,5 ... 0,8.

An welchen umgeformten Oberflächen finden wir ähnliche Werte? Das ist z. B. bei rauh gewalzten Stahlblechen der Fall; gemäß Tafel 1—5 ist

$R_t = 6 \ldots 14$ µm; räumlicher Leeregrad 0,8.

Hieraus ausgeschnittene und gebogene Werkstücke sollten darnach des Abstrahlens nicht bedürfen.

An Tiefziehteilen aus glattem 2,5 mm dicken Stahlblech fanden wir lt. Tafeln 12—3 und 12—4 nach dem Anschlagzug und dem ersten Weiterzug

$R_t = 8 \ldots 15$ µm; räumlicher Leeregrad bei 0,6.

Werkstücke wie diese dürften somit ebenfalls ohne Abstrahlen klebfähig sein.

2.6.3 Lackieren

Beim Beschichten von Blechen, insbesondere Stahlblechen, mit Pasten, Anstrichfarben und Lacken spielt die Oberflächenrauheit eine Rolle. Um dies genauer beurteilen zu können, muß man sich mit dem jeweiligen Beschichtungsvorgang vertraut machen.

DIN 1623, Bl. 2 (1961), sagt dazu:

„Zum Spritzlackieren von Feinblechen sind die Oberflächenarten 04 und 05 geeignet."

04 gilt als „verbesserte Oberfläche, in der Poren, kleine Narben und Kratzer nur in geringem Umfang zulässig sind";

05 gilt als „beste Oberfläche, bei der Poren, Narben und Kratzer das einheitliche Aussehen einer Spritzlackierung nicht beeinträchtigen dürfen".

Das sind erste Richtlinien, die seinerzeit mangels zahlenmäßiger Rauheitswerte nicht eindeutiger sein konnten.

Zwischen Lacküberzug und Oberflächengebirge bestehen mehrere Zusammenhänge, nämlich hinsichtlich

Ausgleichen von Rauhtälern,
Haltfestigkeit,
Lackverbrauch je Flächeninhalt.

Bei der Erörterung dieser Punkte denken wir vor allem an Bleche bzw. Blechteile mit folgenden Rauhtiefen

a) Bleche mit geschliffenen Walzen kaltgewalzt, $R_t = 1 \ldots 3$ µm (vgl. Tafel 1—1 und 2),
b) desgleichen mit aufgerauhten Walzen $R_t = 6 \ldots 14$ µm (vgl. Tafel 1—5),
c) tiefgezogene Teile mit Ziehrauhtiefen $R_t = 8 \ldots 15$ µm (vgl. Tafel 12—3 und 4).

Die höchsten Anforderungen werden an die Lacküberzüge von Karosserien für Personenkraftwagen gestellt. Sie müssen nicht nur einen dauernden Schutz gegen Korrosion durch die Atmosphäre, Wasser, Streusalze und andere korrosionsfördernde Stoffe geben, sowie mechanischen Beanspruchungen, z. B. durch Steinschlag widerstehen, sondern auch hohen, gleichmäßigen Glanz aufweisen, der völlig ungerichtet ist. Während man bei anderen Gegenständen, die nur sauber aussehen und gegen Korrosion geschützt sein sollen, mit einem Grundlack und einem Decklack auskommt, erhält eine Karosserie vier Lackschichten, z. B. Tauch-Grundlack, Spritz-Grundlack, 1. Decklack, 2. Decklack. Dafür werden seit einigen Jahren dünnere Lacke als früher verwendet, die natürlich auf die Blechrauheit schärfer reagieren als die früheren, zäheren Lacke.

Die Dicke einer von mehreren übereinander liegenden Lackschichten liegt zwischen 15 und 40 µm; wir haben somit bei einer doppelten Beschichtung eine Gesamtschichtdicke von 60 ... 80 µm, bei einer vierfachen eine solche zwischen 100 und 150 µm.

Ein gutes Aussehen bedingt das Ausgleichen (Abdecken) der im unbeschichteten Blech befindlichen Rauhtäler durch die Lackschicht. Dies hängt u. a. von der Viskosität (in diesem Zusammenhang spricht man von Füllfähigkeit) und der Oberflächenspannung des Lackes, sowie von der Art seines Heranbringens an das Blechteil ab (durch Pinsel, Tauchen mechanisch oder elektrophoretisch, Spritzen mechanisch oder elektrostatisch). Unter mittleren Verhältnissen kann man damit rechnen, daß Rauhtäler unter etwa 20 µm Tiefe von *einer* Farb- oder Lackschicht guter Füllfähigkeit (Grundlack) bis auf 2 ... 6 µm ausgeglichen werden. Im allgemeinen vermag eine hierauf gebrachte Decklackschicht je nach Lackart diese Rauhtäler auf unter 1 µm Tiefe zu reduzieren. Man darf sich aber nicht darüber täuschen, daß bei Hochglanzlacken Rauhtäler dieser geringen Tiefe optisch durchaus wahrgenommen werden; ja, bei sehr kritischer Beobachtung können je nach Beleuchtung Rauhmulden bis herunter zu 0,1 µm Tiefe erkannt werden.

Diese Verhältnisse sind von *D. Maass* [67] an geschliffenen Karosserieblechen untersucht worden. Die sich daraus ergebenden Schlußfolgerungen versuchen wir auf nicht geschliffene Blechteile anzuwenden, zumal auch an einer Karosserie schätzungsweise mehr als 2/3 der Fläche so verbleiben können, wie sie aus dem letzten Umformvorgang hervorgegangen sind.

Die Untersuchungen von *Maass* offenbaren, wie Decklackschichten auf die darunter liegenden Grundlackschichten einwirken. Was er in eingehenden Betriebsmessungen gefunden hat, ist folgendes:

Wenn auf eine geschliffene, doppelte Grundlackschicht von 60 μm Dicke und 1 ... 2 μm Rauhtiefe eine Decklackschicht gebracht wird, so machen sich größere Vertiefungen, die ursprünglich am unlackierten Blech vorhanden, aber von den zwei Grundlackschichten durch deren Füllfähigkeit und durch das Lackschleifen schon ausgeglichen waren, wieder bemerkbar. Das kann dadurch erklärt werden, daß an diesen von Grundlack gefüllten Mulden oder Tälern das darin eindringende Lösungsmittel des Decklacks zu Veränderungen des Rauhprofils der Grundlackschicht führt. Nach Schleifen des ersten Decklacks erzeugt der zweite Decklack trotz einer ähnlichen, allerdings verminderten Wirkung eine optisch mehr oder weniger befriedigende Oberfläche. Während man bei Blechrauhtiefen unter 6 ... 8 μm eine hohen optischen Ansprüchen genügende Oberfläche erhält, machen sich größere Blechrauhtiefen zur Zeit selbst bei einer vierfachen Beschichtung noch als restliche Rauhtiefen und optische Glanzstörungen bemerkbar.

Aber nach *Maass* spielen nicht nur die Blechrauhtiefen eine Rolle, sondern auch die Breite der Täler auf ihrer offenen Seite. Wenn diese Breite größer ist als 0,1 ... ...0,2 mm, so wird das Tal vom Lack nicht eben ausgefüllt (Folge der ungenügenden Oberflächenspannung). Zweifellos dürfen bei den großen Schwankungen der Rauhtalbreiten bei umgeformten im Vergleich zu geschliffenen Flächen nicht die mittleren Talbreiten, sondern es müssen die größten in Betracht gezogen werden, da sich ja jedes einzelne Tal oder jede einzelne Mulde bei zu großer Breite im Decklack abbildet. Die Rauhtalbreiten betragen z. B. bei einem rauh gewalzten Tiefziehblech gemäß Tafel 1—5 bis zu 0,8 mm, obwohl der Mittelwert bei 0,15 ... 0,3 mm liegt. Auch wäre die Rauhtiefe dieser Bleche zu groß.

Eher scheint es, daß z. B. die Ziehrauheit eines im Schonzug hergestellten Tiefziehteils aus einem glatter gewalzten Tiefziehblech, als in Tafel 12—1 und 12—2, den Bedingungen einer einwandfrei tadellosen Lackschicht (Karosseriegüte) entspricht. Hierbei ist zu fragen, ob die für das Tiefziehen erwünschten Gipfelanzahlen von 200 ... 250 je 1″ sich im Einklang mit den Breiten der Rauhtäler auf der offenen Seite bringen lassen. Diese Werte ergeben Gipfelentfernungen von 0,1 ... 0,125 mm. Damit ergeben sich die Breiten der Täler auf ihrer offenen Seite mit einem Faktor = 0,8 ... 0,95 der Gipfelentfernung zu 0,08 bis 0,11 mm. Diese Größen decken sich mit dem unteren Bereich, der für die Tälerabdeckung von *Maass* angegebenen Talbreiten. Darnach scheint es möglich, durch Walzen und Tiefziehen Oberflächenrauheiten zu erzielen, die sowohl für das Tiefziehen als auch für das Abdecken durch Lackieren günstig sind.

Im übrigen sei bemerkt, daß die optische Wirkung von Rauheiten auf einer Lackschicht sehr davon abhängt, an welcher Stelle eines Gegenstandes sie sich befindet und ob etwa Rauhmulden in einem losen Gewirr oder in einer dem Auge auffallenden Reihe angeordnet sind.

Allgemeine Regeln können heute noch nicht gegeben werden, zumal für andere Farb- und Lackschichten noch keine Angaben über die Beziehung zwischen Glätte der Deckschicht und Glätte des Untergrundes gemacht werden.

Sehr dünne Schichten bedecken die Böschungen wie mit einem Tuch, ohne die Rauhtäler auszufüllen. Sie decken nur die feineren Zacken eines Rauhgebirges ab und weisen noch beträchtliche Rauhtiefen auf, die aber geringer sind als die des Grundwerkstoffes. Ein Beispiel dafür bilden die Phosphatschichten, die man vor Umformungen unter hohem Gleitdruck aufbringt und bisweilen als Korrosionsschutz beläßt [*1*, S. 137].

Bezüglich der *Haftung* von Anstrichen sind noch keine Untersuchungen bekannt, die einen Einfluß der Rauhgebirge erkennen lassen. Häufig stößt man auf die Vorstellung, daß ihre „Verzahnung“ mit dem Rauhgebirge des nackten Werkstücks die Haftung erhöhe, z. B. wenn die aufgebrachte Schicht durch Reibung tangential beansprucht werde (s. Abschnitt 2.6.2). Eine Voraussetzung dafür wäre, daß die Böschungswinkel groß sind. In den Profilschrieben unserer Tafeln ist — wie auf S. 34 näher angegeben — an sehr steilen Stellen die Steilheit der Tastspitze eingezeichnet, die bei allen Perth-0-Meter-Schrieben 45° beträgt. So steil sind aber in keinem Fall alle Flanken eines Rauhprofils (vgl. Tafel 1—3 und 12—2, ihre Böschungswinkel liegen meist unter 20 ... 30°). Nur an einzelnen Flanken ist $\beta \geqq 45°$ oder besteht der Verdacht eines Unterschnitts. Vom Böschungswinkel ist somit weder eine entscheidende Verzahnwirkung zu erwarten, noch ist er zu diesem Zweck zu beeinflussen. Dagegen dürfte die wahre Größe der Oberfläche eine Rolle spielen, die bei rauhen, zumal bei chemisch aufgerauhten Flächen größer ist als bei glatten Flächen [*1*, S. 13].

Auch auf den *Verbrauch von Lack oder Farbe* hat die Rauheit der Metallteile einen Einfluß und zwar die räumliche Glättungstiefe bzw. der räumliche Leeregrad, der bei gegebener Rauhtiefe geradezu ein Maß für die Auftragsmenge bildet, die zur Auffüllung der Täler des Oberflächengebirges erforderlich ist. Dieser ist aber bei umgeformten Oberflächen kleiner als bei abgespanten; mit anderen Worten: wenn eine kalt gewalzte Oberfläche und eine geschliffene die gleiche Rauhtiefe haben, so verbraucht die kalt gewalzte etwas weniger Lack.

Damit die Anstriche nicht durch Korrosion in zu kurzer Zeit zerstört werden, müssen sie oberhalb der Gipfel eine Mindestschichtdicke haben. *Van Oesteren* [77] sagt, bei einem einmaligen Grundanstrich werden oft nur die Täler ausgefüllt, und gibt als Regel an, daß die Dicke der (meist aus mehreren Lagen bestehenden) Schicht dreimal so groß sein solle wie die größte Rauhtiefe des Untergrunds. Er weist aber auch darauf hin, daß es daneben auf das Verhältnis der Rauhtiefe zur Gipfelentfernung ankomme; diejenige Oberfläche, bei der dieses Verhältnis groß ist, erfordere einen dickeren Anstrichfilm. Auch sonst hat man in der Praxis gefunden, daß glattere Bleche weniger Farbe erfordern als rauhere.

Freie Rauhung unter einer Lackschicht. Blechwerkstücke, die vor dem Umformen lackiert sind, erfahren an werkzeuggebundenen Stellen eine stärkere freie Rauhung als nicht lackierte. Die Lackschicht erlaubt nämlich wie ein „Schmierbett" [*1*, S. 55], eine kaum behinderte freie Rauhung. Das erklärt die Beobachtung, daß an Tiefziehteilen, deren Ronden vorher lackiert waren, eine so starke Ziehrauhung entsteht, daß sie sich außen auf der Lackschicht bemerkbar macht.

Ähnliches zeigt sich beim Schneiden von Dynamoblechen, die auf Phenolharzbasis auf einer Seite lackiert sind. Nach *Peter* und *Neider* [*83*] werden sie in der Nähe der Schnittkante, wo eine starke Verformung auftritt, auf der lackierten Seite gerauht, während sie auf der nicht lackierten Seite durch die Werkzeuge geglättet werden.

2.6.4 Emaillieren

Beim Emaillieren von Stahlblechen[1]) bildet sich unter dem porösen Grundemail-Auftrag beim Einbrennen zunächst eine Eisenoxydschicht. Diese löst sich in dem flüssig gewordenen Email auf, und die im Grundemail enthaltenen sogenannten Haftoxyde (CoO, NiO) bewirken auf galvanischem Weg (Lokalelemente zwischen reduziertem Co und Fe) eine starke Korrosion der Stahloberfläche, die Rauhvertiefungen bis etwa 20 μm mit Unterschneidungen zur Folge hat. Letzten Endes beruht die Haftung auf einer Art Verzahnung, vgl. die Ätzwirkung in [*1*, S. 15]. Wenn das zu emaillierende Blech eine gewisse Rauheit, z. B. mit Rauhtiefen von ca. 10 μm von vornherein aufweist, so fördert dies das Haften, während ein sehr glattes Blech erst durch die Wirkung der Haftoxyde aufgerauht werden muß. Dasselbe ist der Fall, wenn Blechwerkstücke durch einen Umformvorgang wie z. B. Drücken ganz oder teilweise eine sehr glatte Oberfläche, d. h. eine solche mit Rauhtiefen unter 3 μm erhalten.

Aus diesen Umständen erklärt es sich, daß Emaillierbleche Rauhtiefen bis gegen 10 μm aufweisen dürfen. Die Deckemail selbst ist bekanntlich glasig, weshalb ihre Oberflächenglätte von der Blechglätte gänzlich unabhängig ist.

2.6.5 Galvanisieren

Nicht wenige umgeformte Werkstücke werden mit galvanischen Überzügen versehen. Kalt gewalzte Bleche werden verzinnt, verzinkt, oder auch verkupfert, vernickelt und vermessingt, Schrauben werden verkadmet, verzinkt oder vernickelt, Blechteile aller Art und Drähte werden verkupfert, vermessingt, vernickelt und verchromt. In der Elektroindustrie werden Kontaktbleche mit Silber-, Gold- oder Rhodium-Überzügen versehen. Dabei kommt es auf verschiedene Eigenschaften der galvanisch aufgebrachten Schichten an, wie

a) Glätte, c) Haftfestigkeit,
b) Dichtheit, d) Eigenspannungen.

Allgemein ist zu sagen, daß die zu galvanisierende Fläche möglichst glatt und von Fehlern, wie Rissen, Schuppen, Überwalzungen frei sein soll. Auch die sonstige Beschaffenheit des Grundwerkstoffs kann von Einfluß sein. So besitzt nachgewalztes Stahlband eine ziemlich reine sogenannte „Speckschicht", die nach dem Beizen hell glänzt, was besonders für galvanisierte Sichtflächen von Wert ist [*22*].

Mit einer gewissen Rauheit muß sich der Galvaniseur natürlich abfinden, er wird aber fragen, welche Rauheit der nackten Oberfläche für ihn günstiger ist. Wenn auch auf diese Fragen noch keine umfassenden Antworten gegeben werden können, so sei doch versucht, auf einige Zusammenhänge hinzuweisen. Wir sehen dabei von all den Fällen ab, in denen eine umgeformte Oberfläche vor dem Galvanisieren geschliffen oder poliert wird, wodurch sich ihr Charakter völlig ändert.

Wenig läßt sich über Formteile, wie Fließpressteile, Schrauben u. a. aussagen, die in Trommeln galvanisiert werden, denn hierbei sind die Kontakte zwischen den Werkstücken und die örtlichen Bedingungen allzu verschieden. Angaben über die erzielbare Oberflächenwandlung solcher umgeformten Oberflächen müssen sich daher auf definierte Stellen beziehen.

Am ehesten lassen sich Aussagen über gleichmäßige Flächen an Blechen und Drähten machen.

a) Glätte. Die Frage lautet, inwieweit sich nackte Rauhprofile durch galvanische Überzüge „einebnen" lassen. Als Maß der Einebnung kann man die bezogene Rauhtiefenänderung ϱ benutzen, die in [*1*, S. 20] definiert ist, hier

$$\varrho = \frac{R_{t_{\text{nackt}}} - R_{t_{\text{galv.}}}}{R_{t_{\text{nackt}}}}.$$

Die Vorstellung, daß sich an den Gipfeln mehr Metall ansetze als an den Tälern, trifft mikrogeometrisch nicht allgemein zu, zumal die Öffnungswinkel der Täler über 90° betragen. Während bei einigen Elektrolyten die Rauhformen des Grundwerkstoffs auf dem Überzug fast unverändert wiederkehren (gute Mikrostreuung), wie z. B. bei üblichen Zink-, Kadmium-, Kupfer- und Nickel-Bädern, wird in anderen die Oberfläche durch besonders starkes Aufwachsen der Schicht auf den Spitzen zusätzlich verschlechtert (z. B. bei Hartchrom).

Das Gegenteil wird seit einigen Jahren mit „einebnenden" Bädern, insbesondere für Verkupferung und Vernickelung, erreicht, in denen die Metallabscheidung (Elektrokristallisation) in den Tälern rascher wächst als auf den Gipfeln, und dadurch eine mit der Schichtdicke zunehmende Einebnung zustande kommt. Diese erfolgt um so rascher, je geringer die ursprüngliche Rauhtiefe ist. Das haben *Elze*, *Pantzke* und *Plog* [*23*, *24*] an Kupfer- und Nickelüberzügen auf Stahlblechen untersucht; z. B. ergab ein Nickelüberzug von 25 μm Dicke eine Einebnung mit $\varrho = 0{,}7$. Sie sind zu dem Ergebnis gekommen, daß kalt gewalzte Bleche bis zu einer Rauhtiefe von etwa 10 μm, sicher aber unter $R. = 7$ μm, jeglicher Anforderung in Bezug auf glatte Überzüge entsprechen.

Günstig sind Rauhgebirge mit geringem räumlichem Leeregrad, das sind solche mit Tafelbergen und schmalen Tälern. Die letzteren werden nämlich eher eingeebnet als flache Täler. Die Form der Täler kennzeichnet man durch ihren Öffnungswinkel α, in den die von uns definierten Böschungswinkel [*1*, S. 30] nach der Beziehung $\alpha = 180° - (\beta_1 + \beta_2)$ eingehen.

---

[1]) Diese Angaben verdanken wir Herrn Professor Dr.-Ing. *A. Dietzel*, Direktor des Max-Planck-Instituts für Silikatforschung in Würzburg.

Eine von den genannten Verfassern als ideal bezeichnete Rauheit entspricht der, die lt. Tafel 1—3 durch Kaltwalzen mit polierten Walzen erzielt wird. Auch Oberflächen tiefgezogener Blechteile (Tafel 12—1 bis 4) lassen entsprechend ihren Angaben gut eingeebnete Überzüge erwarten.

Für die Untersuchung örtlich verschiedener Schichtdicken hat sich der Querschliff (s. Abschnitt 3.5) als das zuverlässigste Verfahren erwiesen, zumal er auch erkennen läßt, ob sich etwa „maskierte" Hohlräume unter der Oberfläche der aufgetragenen Schicht befinden (sehr ungünstig, da darin Elektrolyt verbleibt, der später austreten kann). Aussagen über die Oberfläche galvanischer Schichten, die nur durch Abtasten gewonnen werden, sind weniger brauchbar.

Was ist nun durch diese Einebnung gewonnen? Die Größe der Gebirgsoberfläche [*1*, S. 13] ist verringert; dadurch können Verunreinigungen weniger haften. Etwaige Kerbwirkungen werden verringert, weil die verbleibenden Rauhtiefen flacher sind als gleichgroße an nicht galvanisierten Flächen. Daher erscheinen vernickelte Flächen dem Auge spiegelnd, wenngleich der subjektive Eindruck noch nicht dem gleich kommt, der von einer auf Hochglanz polierten Fläche gewonnen wird. Wenn nun die umgeformte Fläche schon spiegelt (vgl. Bild 5—2/11), so kann eine um so bessere Spiegelung nach der Vernickelung bzw. der Verchromung erwartet werden.

Die gute Einebnung ist übrigens nach *Raub* [*85*] keine notwendige Voraussetzung für die Erzielung glänzender galvanischer Schichten. Es lassen sich je nach den Zusätzen zum Elektrolyten galvanische Überzüge des gleichen Metalls glänzend oder matt abscheiden.

Hinsichtlich des Korrosionsschutzes erweisen sich glattere Flächen des Trägerwerkstoffes, die in einem „einebnenden" Elektrolyten behandelt sind, als günstig.

b) Dichtheit. Die Dichtheit einer galvanischen Schicht, ausgedrückt durch Porenanzahl und Porenfläche, ist entscheidend, wenn sie gegen Korrosionsangriffe schützen soll. Sie ist wie die Einebnung häufig mehr eine Sache der Galvanisierungsbedingungen als der Rauheit des Trägerwerkstoffs.

Wenn man Bäder benutzt, in denen sich die Metallionen in den Tälern und Mulden des Rauhgebirges weniger gut mit den Oberflächenatomen des Grundwerkstoffs verbinden, dann bestehen dort Gefahren, weil sich in den verbleibenden Rauhtälern besonders bei Blechfehlern Elektrolytreste ansetzen können, die selbst korrodierend wirken [*86*]. Aber bei geeigneten Elektrolyten, z. B. solchen mit den oben erwähnten Einebnungszusätzen, tritt das Gegenteil ein. Die Rauheit an sich bewirkt nämlich keine Störung des Niederschlagswachstums und die Galvanisierung rauher Oberflächen braucht daher nichts an Korrosionsschutz einzubüßen [*85*]. Immerhin ist daran zu denken, daß schmale Gipfel die Bildung von Poren fördern.

Bei Stahlwerkstoffen galt lange die Ansicht, daß sich beruhigte Stähle weniger gut galvanisieren lassen als unberuhigte, weil deren ferritische Außenschicht (sog. Speckschicht) eher eine porenfreie Schicht erwarten läßt. Heute läßt sich aber auch beruhigter Stahl einwandfrei galvanisieren.

c) Haftfestigkeit. Dazu ist zunächst zu sagen, daß sie unabhängig von der Rauheit auf den zwischenatomaren Kräften zwischen Grundmetall und galvanischer Schicht beruht. Notwendig ist die unmittelbare Berührung zwischen den beteiligten Metallen. Insoweit spielt die Rauheit keine Rolle.

Günstig kann die Vergrößerung der wahren Oberfläche durch Beizen und in geringem Grade auch die größere Gebirgsoberfläche einer rauhen Fläche [*1*, S. 13] erscheinen. Keinesfalls beruht die Haltfestigkeit auf einer Verzahnung der Deckschicht mit dem Rauhgebirge des Grundwerkstoffs.

An sehr glatten Oberflächen hat man beobachtet, daß an der Atmosphäre leicht zusammenhängende oxydische Deckschichten entstehen, die zu einer Passivierung führen können. Eine gewisse, noch nicht exakt bestimmte Rauheit des Grundmetalls verhindert ihre Bildung und erleichtert insofern die Herstellung festhaftender Überzüge.

Daß eine zu galvanisierende Fläche rein sein soll, liegt auf der Hand. Man denkt aber nicht immer daran, daß man schon beim Umformvorgang durch größte Sauberkeit das Eindrücken von Schmutzpartikeln vermeiden muß.

d) Eigenspannungen. Eine weitere Beziehung zwischen Grundwerkstoff und galvanischer Schicht besteht hinsichtlich der *Eigenspannungen*. Zum Beispiel weisen Nickelschichten meist Zugeigenspannungen auf. Hatte der Grundwerkstoff vorher keine Eigenspannungen oder ebenfalls Zugeigenspannungen, so würde dadurch die Dauerwechselfestigkeit verringert, da sich Spannungsrisse in der Nickelschicht in den Grundwerkstoff fortsetzen könnten. Nun haben aber viele umgeformte Werkstücke in der Oberflächenschicht Druckeigenspannungen. Erhalten diese eine Nickelschicht mit Zugeigenspannungen, so werden diese weitgehend kompensiert und damit die Dauerwechselfestigkeit nicht besonders nachteilig beeinflußt.

Das ist an kugelbestrahlten Oberflächen und an im Grund festgewalzten Gewinden festgestellt worden; daraus darf geschlossen werden, daß z. B. auch glattgewalzte Oberflächenschichten (s. Abschnitt 5.1.2) für eine Galvanisierung mit Zugspannungen in der Deckschicht geeignet sind. Von Wert ist, daß diese bewußt aufgebrachten Eigenspannungen von großer Gleichmäßigkeit sind, was aber z. B. an tiefgezogenen Blechwerkstücken ermangelt. Bei ungünstigen Eigenspannungsverhältnissen zeitigt nach *Raub* [*86*] kaltverfestigtes Material unter Umständen einen rascheren chemischen Angriff (Spannungsriß-Korrosion) als weichgeglühtes. Grundsätzlich sind Gitterverzerrungen im Grundwerkstoff unerwünscht.

Allgemein ist hinsichtlich des Dauerstandverhaltens umgeformter Werkstücke davor zu warnen, die spannungsmäßigen Zusammenhänge zwischen Oberflächenschicht des Grundwerkstoffs unberücksichtigt zu lassen [*44*, *118*].

Wenn man vor der Frage steht, welche umgeformten Oberflächen ohne Schleifen günstige Eigenschaften der aufgebrachten galvanischen Schichten erwarten lassen, so kann man sagen, daß die typische Profilform mit Tafelbergen, insbesondere solche mit Rauhtiefen unter 7 μm, günstig sind. Diese Voraussetzung wird gemäß unseren Tafeln bei vielen Umformverfahren erfüllt.

Grundsätzlich empfiehlt sich bei diesen Fragen ein Gedankenaustausch zwischen dem Hersteller umgeformter Gegenstände und dem Galvaniseur.

2.7 Funktionsverhalten bei der Verwendung

Man gewöhnt sich mehr und mehr daran, für die Verwendung eines Werkstücks außer seiner Festigkeitseigeneigenschaften auch die Eignung seiner Oberfläche in Betracht zu ziehen. Je mehr die Umformtechnik in die Endfertigung vorstößt, desto häufiger tritt die Frage auf, ob die Rauheits-Eigenschaften ihrer Oberflächen für einen bestimmten Zweck günstig sind. Verhältnismäßig selten setzt man der Rauhtiefe und Glättungstiefe eine untere Grenze; meist strebt man glatte Flächen an. Hierfür werden einige Hinweise in Bezug auf Gleitreibung, Dauerfestigkeit und Korrosionswiderstand gegeben.

2.7.1 Gleitreibung

Zwischen gegenseitig bewegten Flächen soll die Reibung und mit ihr der Verschleiß möglichst klein sein. Dem dient die Schmierung, die aber nur hydrodynamisch ihr Ziel voll erreicht. Das ist bei um so geringerer Geschwindigkeit möglich, je kleiner die Rauhtiefen und die Leeregrade sind, vorausgesetzt, daß die Formgenauigkeit gut und die Welligkeit gering ist.

Bei hydrostatischer Schmierung — mindestens beim Anlauf — sind Oberflächen ungünstig, bei denen einzelne Gipfel die Schmierschicht durchdringen können, das sind solche mit großen Leeregraden. Daher erweist sich das Glattwalzen von Bolzen als sehr zweckmäßig; dabei kann man die Schmierhaltigkeit dadurch beeinflussen, daß man den Anpreßdruck der Walzen verändert und so mehr oder weniger Rauhspuren der voraufgegangenen Bearbeitung, d. h. einen — trotz der Glättung der Tafelberge — gewünschten Leeregrad beläßt (s. Seite 44).

Das Glattwalzen ist auch für die Funktion von Zylinderrohren für Kolbentriebe günstig, die innen ebenfalls geringe Rauhtiefen und geringe räumliche Leeregrade haben, damit zwischen ihnen und den Kolben eine gute Dichtung herbeigeführt und der Verschleiß beider gering gehalten wird. Dafür genügen in vielen Fällen die Rauhtiefen gezogener, nahtloser Stahlrohre, in deren Innerem die Phosphatschicht belassen ist. Gerade für Kolbentriebe ist es häufig von positivem Wert, daß ein Schmiermittelträger fest auf der Metallfläche sitzt. Gemäß Abschnitt 5.3 liegen ihre R_t-Werte bei „2 ... 4 und 8 ... 18 μm"; von ähnlicher Größe sind die Werte bei kalt fließgepreßten Hülsen. Sehr hohe Anforderungen werden durch kalt rundgeknetete Stahlrohre erfüllt, deren Rauhtiefen ohne Phosphatschicht gemäß Abschnitt 5.2 bei „2 ... 3 und 5 ... 10 μm" liegen. In beiden Fällen beziehen sich die größeren Werte nicht auf Rillen und Riefen, sondern auf einzelne „Poren", die von den vorangegangenen Arbeitsgängen herrühren und die sich als günstig erweisen, weil das Schmieröl darin haftet und daher der Schmierfilm weniger leicht abreißt als wenn die Poren nicht vorhanden wären.

Häufig entsteht die Frage, ob dichtende Flächen geschliffen werden müssen. Um hierüber zu entscheiden, darf man nicht nur die Rauhtiefen vergleichen, sondern muß auch die räumlichen Leeregrade heranziehen. Diese liegen bei den genannten Flächen größenordnungsmäßig bei 0,2, während sie bei geschliffenen Flächen über 0,5 hinausgehen. Es scheint daher nicht abwegig, wenn aus der Erfahrung mit kalt gezogenen Rohren berichtet wird, daß eine Rauhtiefe von 5 μm trotz der dazwischen gestreuten Poren hinsichtlich der Dichtungsfunktion einer fein geschliffenen Oberfläche mit 2 μm Rauhtiefe gleichkomme.

In ähnlicher Weise erweisen sich die Tafelbergprofile und die Richtung der seichten Ziehrillen kalt gezogener Kolbenstangen günstig für die Lebensdauer der Packungen, an denen sie hin und her gleiten. Ein geringer räumlicher Leeregrad ist auch für metallische Dichtflächen günstig; es leuchtet ein, daß Leckverluste um so geringer werden, je weniger Leerraum zwischen den gepaarten Flächen vorhanden ist. Ein geringer Leeregrad wirkt sich bei Preßspannungen derart aus, daß z. B. Wälzlagerringe bei gegebenem Übermaß auf glattgewalzten Flächen fester sitzen als auf geschliffenen und daher gegen Verschieben besser gesichert sind.

Allgemein gilt bei metallischer Berührung, daß mit abnehmendem räumlichen Leeregrad oder — was gleichbedeutend ist — mit zunehmendem Traganteil die örtlichen Flächendrücke an den Berührstellen abnehmen. Somit werden bei geringem räumlichen Leeregrad, wie er bei verschiedenen Umformverfahren erzielt wird, Flächendrücke oberhalb der Quetschgrenze und damit bildsame Veränderungen des Oberflächengebirges eher vermieden.

Ein Fall, bei dem die örtliche Quetschgrenze überschritten wird, tritt beim Ausschneiden von rauhen Blechronden auf. Der Stempel, der die Rauhgipfel eben prägt, verschleißt unter der radialen Gleitbewegung rascher als beim Schneiden glatter Bleche [83].

2.7.2. Dauerhaltbarkeit

Es ist bekannt, daß Mikrokerben die Dauerhaltbarkeit eines Körpers herabsetzen können. Damit entsteht die Frage, wie weit Werkstücke mit umgeformten Oberflächen sich in dieser Hinsicht günstig verhalten. Wir nehmen als Beispiel gezogene Drähte (s. Abschnitt 5.3.2 und Tafel 9—1 bis 4); werden sie gebogen, so tritt zu ihrer Ziehrauheit eine freie Rauhung hinzu, die am stärksten auf der Innenseite auftritt.

Eine besondere Bedeutung hat die Oberflächenbeschaffenheit kalt gezogener Drähte, die zu *Schraubenfedern* umgeformt werden. Ihr Einfluß wurde im Rahmen einer größeren Untersuchung[1]) über die Dauerhaltbarkeit

[1]) In Zusammenarbeit der Institute für allgemeine Metallkunde und Metallphysik und für bildsame Formgebung der Rheinisch-Westfälischen Technischen Hochschule Aachen und der Forschungsgemeinschaft „Kaltgeformte Federn", Hagen, 1960; ihr danken wir für den Einblick in den Bericht, dem diese Ausführungen entstammen.

von Schraubenfedern beobachtet. Diese Untersuchung bestätigte die Erwartung, daß „bei Federdrähten mit normaler, nicht polierter oder sonstwie behandelter Oberfläche der Bruch beim Ermüdungsversuch durch die vom Herstellungsprozeß vorgebildeten Oberflächenfehler begünstigt wird". Solche Fehler bestehen nicht nur in der Rauheit, sondern auch in der Inhomogenität der äußeren Werkstoffschicht, die durch Tiefätzung sichtbar gemacht werden kann. Diejenigen Drähte, die vorher rauher waren und durch das Tiefätzen eine größere Rauhtiefe oder Vertiefungen mit größerem Böschungswinkel annahmen als andere, zeigten eine geringere Dauerfestigkeit.

Darnach wurde eine Anzahl Federn mit Stahlkies bestrahlt. Dadurch wurde die Dauerhaltbarkeit merklich erhöht; die Federn, die aus rauheren Drähten hergestellt waren, gewannen eine ähnliche Dauerhaltbarkeit, wie die ursprünglich glatteren. Offensichtlich beseitigt das Strahlen gerade die den Dauerbruch fördernden scharfen Vertiefungen; es hinterläßt flache glatte Mulden, und es erzeugt — was wohl die Hauptsache ist — eine verfestigte Randzone mit erhöhter Streck- und Quetschgrenze sowie ein günstiges Druck-Eigenspannungssystem. Nicht nur die Glättung, sondern alle drei Komponenten sind an der Steigerung der Dauerhaltbarkeit beteiligt.

Ein anderes Beispiel dafür, daß ein Umformverfahren zufolge der von ihm bewirkten Kaltverfestigung zur Erfüllung des Funktionszwecks „Lebensdauer" herangezogen wird, ist das *Glattwalzen* einer Welle, die in einem Kraftwagen unter hoher Kantenbelastung läuft. Während man früher hierfür das Härten für nötig gehalten hat, hat eine Erprobung gezeigt, daß die Kaltverfestigung durch Glattwalzen nicht nur genügt, sondern den Vorzug einer erhöhten Lebensdauer hat.

Die Erhöhung der Dauerhaltbarkeit durch Walzen wird auch durch Untersuchungen von *Butz* und *Lyst* bestätigt, die an einer Reihe von Guß- und Knetlegierungen aus Aluminium vorgenommen worden sind. Die Wirkungen des Walzens sind umso stärker und tiefer, je höher die Walzkraft ist (soweit sie nicht zum Abblättern führt) [*31*]; ja, Kerben, die nach dem Walzen eingearbeitet wurden schadeten nicht, sofern der Kerbgrund noch innerhalb der Zone der Druckeigenspannungen lag.

Von *Gewinden* ist durch die Untersuchungen von *O. Föppl* [*110*] seit langem bekannt, daß das Festwalzen geschnittener Gewinde im Grund die Dauerfestigkeit erhöht, wobei wiederum Glättung, Randzonenverfestigung und entstehende Druckeigenspannungen zusammenwirken. Das ist auch bei ganz gewalztem Gewinde zu erwarten, jedoch mit dem Vorbehalt, daß keine Unsauberkeiten aus der vormaligen Oberfläche eingewalzt werden und die Walzenkämme tadellos glatt sind. Daß die gewalzten Gewindeflächen gerichtet sind (s. Tafel 3—1 bis 3—4) und zwar derart, daß auf der Flanke und im Grund seichte Rillen in Umfangsrichtung verlaufen, dürfte kaum schädlich sein.

Nach *Wiegand* und *Illgner* „gibt es einen vom jeweiligen Werkstoff ... abhängigen Verformungsgrad, bei dem der Bestwert der Dauerhaltbarkeit erzielt wird."

Das Gewindewalzen wirkt sich nach derselben Quelle je nach der Bearbeitungsfolge in verschiedenen Graden aus:

Die geringste Wirkung hat das Formwalzen von Gewinden ins Volle von weichgeglühten Stoffen mit nachfolgender Vergütung.

Stärker ist die Wirkung, wenn das Gewinde erst nach dem Vergüten gewalzt wird.

Das Nachwalzen (Festwalzen) gewalzter Gewinde im Gewindegrund, das bisweilen bei größeren Gewindedurchmessern angewandt wird, steigert die Dauerhaltbarkeit erheblich.

Außerdem ist das Verhältnis von Gewindetiefe zu Gewindedurchmesser von Einfluß. Das Walzen von Grobgewinden auf dünne Schafte wirkt bis in den Kern hinein, so daß bei kleinem Verfestigungsgradienten die Druckeigenspannungen nur gering sind.

Günstige Wirkungen wird man auch vom Rundkneten erwarten dürfen, kurz von allen Umformverfahren, die die Oberflächen sehr gut glätten und Druckeigenspannungen darin erzeugen. Das Ausmaß der Erhöhung der Dauerhaltbarkeit hängt natürlich auch vom Werkstoff und von der Art der Beanspruchung der Werkstücke ab.

Wiegand und *Kaiser* [*44, 118*] haben das Einwirken von Niederschlägen auf die *Dauerfestigkeit* verchromter Gegenstände untersucht. Dabei ist durch Versuche an kugelbestrahlten und fein gewalzten Proben (s. Abschnitt 5.1.2) auch ein kleiner Ausschnitt aus umgeformten Oberflächen erfaßt worden. Das Ergebnis war folgendes:

Wenn man den Grundstoff nicht verfestigt verchromt, so sinkt die Dauerhaltbarkeit gegenüber dem unverchromten Zustand. Dieses Absinken wurde durch vorheriges Feinwalzen kompensiert. Daher erscheint das Feinwalzen dem Verchromen in mehreren Hinsichten günstig.

2.7.3 Widerstand gegen Korrosion

Einem Korrosionsangriff sind — zunächst geometrisch gesehen — zuerst die Gipfel rauher Flächen ausgesetzt. Daher wirkt die Glättung von Oberflächen, insbesondere durch Kaltwalzen günstig auf die Korrosionsfestigkeit. Dazu kommt, daß die Wahrscheinlichkeit eines lokalen Korrosionsangriffs an einer durch Walzen, Ziehen oder Prägen gut geglätteten Oberfläche dadurch verringert wird, daß deren wahre Oberfläche kleiner ist als bei einer rauhen Fläche. Auch ist zu beobachten, daß Korrosionsprodukte in schmalen Tälern, wie sie oft zwischen Tafelbergen gefunden werden, selbst einen Schutz gegen sich vertiefende Korrosion bildet, falls nicht die Vorbedingungen zu einer Spannungsrißkorrosion gegeben sind.

Schließlich ist darauf hinzuweisen, daß im allgemeinen verformte Gipfel ein anderes chemisches Potential als die benachbarten Täler haben. Dieser die Korrosion fördernde Potentialunterschied ist um so kleiner, je geringer die Rauhtiefe ist.

Soweit Schutzschichten zur Bekämpfung der Korrosion aufgebracht werden, kommt es auf deren Dicke und Porenfreiheit an (s. Abschnitt 2.6.3 und 2.6.5). Allgemein ergibt sich, daß glattgewalzte und ähnliche Oberflächen auch dem chemischen Angriff einen höheren Widerstand bieten als rauhe.

3 Angewandte Meß- und Prüfverfahren

3.1 Subjektive Rauheitsprüfung

Oberflächen können bezüglich ihrer Rauheit bis zu einem gewissen Grad durch das Tastgefühl oder durch das Auge beurteilt werden. In beiden Fällen handelt es sich um ein Prüfen oder Vergleichen. Nur ein Mehr oder Weniger im Vergleich zu einer anderen Oberfläche wird wahrgenommen. Hierüber hat *Häsing* eine grundlegende Untersuchung angestellt [36].

Mit dem Auge kann der Einzelne in beschränktem Rahmen Rauheitsunterschiede recht gut feststellen. Die hauptsächliche Bedeutung der *Sichtprüfung* liegt in der Fehlerbeurteilung von Sichtflächen (Glanz, Flecken u. a.). Es ist aber schon kaum möglich, bei glänzenden und matten Sichtflächen herauszufinden, welche die rauhere ist, weil das Auge durch den Glanz beeinflußt wird. Nicht selten werden auf Grund der Sichtbeurteilung Stücke verworfen, deren Oberfläche in Wirklichkeit durchaus brauchbar ist. Die visuelle Rauheitsprüfung ist trotzdem unentbehrlich

1. zur Prüfung, welche Art der Oberflächenmessung für das zu untersuchende Teil zweckmäßig ist;

2. zur zusätzlichen Beschreibung eines Oberflächencharakters, da es Eigenarten gibt, die wohl sichtbar, aber kaum meßbar sind.

Es werden daher in den Atlas-Blättern zusätzlich zu den Profilschrieben jeweils fotografische Ansichten der Oberflächen der Werkzeuge im neuen und verschlissenen Zustand, sowie der Werkstücke vor und nach der Umformung gezeigt.

Das *Tastgefühl* reagiert nach *Häsing* hauptsächlich auf die Glättungstiefe; auch ist beim Tastvergleich zweier Flächen der Welligkeitsanteil an der Rauheitsempfindung entscheidend beteiligt. Bei der Beurteilung verschieden rauher Proben *gleicher* Bearbeitungsart durch eine Anzahl von Personen zeigten sich beim Betasten mehr Übereinstimmungen als beim Beschauen. Das ist wichtig für den Vergleich einer Oberfläche mit einem Vergleichsmuster. Da man ein Stück immer zuerst sieht, besteht praktisch eine Kombination zwischen Sehen und Fühlen, die stets zu empfehlen ist.

In Bezug auf eine erste Annäherung an ein Rauheitsnormal für ungerichtete, umgeformte Flächen s. die in Abschnitt 2.5.1 beschriebene Rauhleiter.

3.2 Prüfung mit optischen Geräten

Eines der ältesten Oberflächenmeßgeräte ist das Lichtschnittmikroskop nach *Schmaltz* [93]. Dieses Gerät wurde für die Untersuchungen nicht benutzt, da sein Anwendungsgebiet hauptsächlich die rillige Oberfläche ist. Bei nicht rilligen, ungerichteten Oberflächen, wie sie mit ihren porenartigen Vertiefungen nach der Umformung auftreten, wird das auf die Oberfläche geworfene Lichtband zerrissen und zur Messung ungeeignet. In einem Sonderfall wurde es indes mit Erfolg angewandt, nämlich bei der Vermessung geometrisch „konstruierter Rauhgebirge" (s. Abschnitt 2.5.2, Bild 1/16, 1/17, 1/19).

Hingegen kann ein anderes optisches Meßgerät gut für die Prüfung umgeformter Oberflächen verwendet werden, das Interferenzmikroskop. Legt man eine ebene Glasplatte leicht geneigt gegen eine ebene Werkstückfläche, so zeigen sich bekanntlich parallele Interferenzstreifen und zwar besonders deutlich, wenn man das Werkstück mit einfarbigem Licht, wie z. B. Natriumlicht, beleuchtet. Jede Abweichung von der Ebenheit, d. h. auch jede Rauheit der Werkstückoberfläche, zeigt sich in Abweichungen der Interferenzstreifen von der Geraden. Das kann als Ergebnis einer Schrägprojektion aufgefaßt werden, bei dem die Entfernung zweier benachbarter schwarzer Streifen einer halben Lichtwellenlänge entspricht und damit einen sicheren Maßstab liefert. Das ist so einfach, daß wir bei sehr guten Flächen wie z. B. an nachgewalztem Kaltband davon Gebrauch machen können; im Bild 5.1/1a ist bei a) der Maßstab $= 0{,}3\,\mu m$ angegeben, während bei b) die Tiefe eines Rauhtals nach diesem Maßstab bemessen ist. Die Interferenzaufnahme wurde mittels eines Filmabdruckes gewonnen.

Das Interferenzverfahren hat überdies den Vorteil, daß weiche Flächen, wie z. B. polierte und geglänzte Flächen an Aluminium-Strangpreßprofilen (vgl. Abschnitt 6.1, Bild 6.1/3) nicht verletzt werden.

3.3 Prüfung mit Profilschnittgeräten

Profilschnittgeräte bieten den Vorteil einer schnellen Messung über eine größere Meßstrecke. Sie zeichnen ein „Istprofil" auf. Aus diesen Aufzeichnungen (kurz Profilschriebe oder Tastschriebe genannt) lassen sich — mit unterschiedlichem Zeitaufwand — die Zahlenwerte für die einzelnen Rauheitsmeßgrößen ermitteln.

In jüngerer Zeit unterscheidet man nach *von Weingraber* [113]

a) *Tastschnittgeräte*, d. s. solche, bei denen eine „*Tastspitze*" nach jeder Berührung mit dem Werkstück abgehoben und nach einem kurzen Weg in Oberflächenrichtung wieder aufgesetzt wird;

b) *Fühlschnittgeräte*, d. s. solche, bei denen die „*Fühlspitze*" dauernd mit dem Werkstück in Berührung bleibt.

Zu a) ist der Hauptvertreter das Leitz-Forster-Gerät. Hierbei wird der Prüfling unter einer kurzhubig in Richtung ihrer Achse schwingenden Tastspitze längs einer Geraden geführt. Die durch rein mechanische Übertragung gewonnene Aufzeichnung ist unabhängig von örtlichen Formfehlern des Prüflings; ihre Güte ist hauptsächlich durch die Form der Tastspitze bedingt. Das Gerät bietet den Vorteil einer großen Prüflänge (75 mm). Die Tastnadel mit Halbmesser bis herunter zu $2\,\mu m$ hat nur einen Kegelwinkel von 30°, eignet sich also gut zum Tasten von Rauheiten mit steilen Böschungen. Nachteilig ist hingegen, daß Rauheitsmeßwerte nur durch Auswertung eines photographisch zu entwickelnden Profils gewonnen werden können.

Zu b) Die von uns benutzten Fühlschnittgeräte sind das Perth-O-Meter und das Talysurf-Gerät. Diese anzeigenden Geräte sind vorteilhaft, weil sie die zeitraubende Profilauswertung überflüssig machen, wenn man nur die Zahlenwerte der Senkrechtmeßgrößen erfahren will. Die axialen Bewegungen der Fühlspitze werden elektrisch auf Schreib- und Anzeigesysteme übertragen. Hier entstehen zusätzliche Fehler, wenn das Fühlsystem nicht entlang einer geraden Linie (Registrierbasis), sondern unmittelbar auf der Oberfläche geführt wird. Die Form des Gleitstückes spielt dann eine wesentliche Rolle. Eine Profilverzerrung bzw. Meßwertverfälschung kann auch durch die elektrische Übertragung, insbesondere die sog. Grenzwellenlänge (cut-off) herbeigeführt werden. Es ist daher nicht verwunderlich, daß die angezeigten R_p- und R_a-Werte oft nicht mit den durch Planimetrieren gefundenen übereinstimmen[1]). Näheres hierüber s. [82, 94, 112].

Ein „cut-off" oder „Grenzwellenlänge" genannter Längenwert l_g ist nichts anderes als der Abstand zweier Gipfel eines sinusförmig gedachten Profils, bei dem noch 75% der wahren Rauhtiefe (Amplitude) angezeigt wird. Ist nun nach *Wolf* [125] der Abstand A_r von zwei Rauhgipfeln $A_r \gtreqless l_g/5$ oder $l_g/A_r \geqq 5$, so wird die axiale Tasterverschiebung, die ja gleich der Rauhtiefe R_t ist, fast genau wiedergegeben. In unseren Tafeln ist dieses Verhältnis 6...7. Auch der zweiten Forderung von *Wolf* werden wir gerecht, indem wir das Verhältnis l_g zu den kleinsten gefundenen Gipfelentfernungen (etwa 25 µm) l_g/A_r zu 30 gewählt haben[2]), während zur Erlangung zutreffender Ablesewerte nicht mehr als $l_g/A_r = 10$ gefordert wird.

Für die praktische Prüfung sei auf die Bedeutung der Bezugsstrecke beim Gebrauch von Fühlschnittgeräten etwas näher eingegangen. Aus naheliegenden Gründen können Istprofile nur über begrenzte Strecken ermittelt werden. Je kürzer eine solche Meßstrecke ist, desto unsicherer ist der Schluß auf die Rauheit einer gesamten Oberfläche. Wir unterscheiden nach DIN 4762 (s. Anhang, S. 179):

a) Prüflänge, d. i. die auf das geometrisch ideale Profil projizierte Länge des erfaßten Ausschnitts des Oberflächenprofils,

b) die *Bezugsstrecke*, d. i. der Teil der Prüflänge, der zur Bestimmung von Rauheitswerten, insbesondere der Glättungstiefe benutzt wird.

Die Bezugsstrecke sollte mindestens so lang sein, daß alle Teile eines Istprofils (spitze Berge, Tafelberge, Mulden, enge Täler, Poren u. a., die sich wiederholen, in ihr — und zwar möglichst mehrere Male — enthalten sind.

Daß sich die Anzeigen mit der Verkürzung der Bezugsstrecke ändern, hat für abgespante Flächen *Bickel* [5] nachgewiesen; *Springmann* hat für eine umgeformte Oberfläche dasselbe gefunden s. Bild 1/23.

Diesen beiden Quellen entnehmen wir für die Praxis außer der obigen Regel folgende Richtlinie:

Die Bezugsstrecke ist bei gleichförmigen Oberflächen mit geringen Rauhtiefen möglichst nicht unter 2 mm, bei mittleren Rauhtiefen nicht unter 5 mm, bei größeren Rauhtiefen nicht unter 8 mm zu wählen.

Bei ungleichförmigen Oberflächen, z. B. solchen, die in einer Richtung allmählich rauher werden, ist die Bezugsstrecke an mehreren Stellen getrennt zu wählen, so daß die Zunahme der Rauheit eindeutig zu erkennen ist (vgl. Bild 1/14).

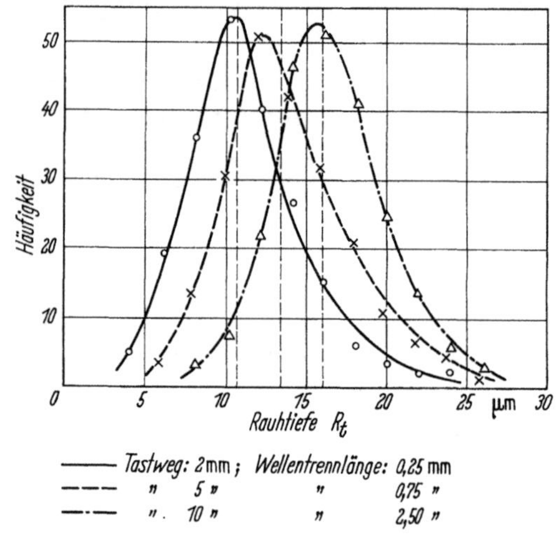

Bild 1/23. Veränderung der Häufigkeitsverteilung von Rauhtiefen bei Wahl verschieden großer Tastwege. Beispiel: kalt gezogener Stahlstab, Tastung parallel zur Achse; Meßgerät: Perth-O-Meter; Tastsystem TK 25. (Nach unveröffentlichten Untersuchungen von *H. Bühler* und *K. Springmann*.)

Bei unseren Aufnahmen für die Tafeln haben wir die Prüflänge i. a. = 5 mm gewählt, die Bezugsstrecke für die Auswertung etwa 3 mm. Unsere Istprofile sind kennzeichnende Ausschnitte aus der Aufnahme über die gesamte Prüflänge; sie umfassen Längen von mehreren Millimetern.

Bei unseren Untersuchungen wurden fast ausschließlich Fühlschnittgeräte verwendet. Wir glauben sagen zu können, daß man mit einer für die Praxis ausreichenden Genauigkeit Angaben über Größe und Art der Rauheit der untersuchten Oberflächen machen kann, wenn man die zu prüfende Oberfläche vor einer Messung durch Augenschein und Betasten auf ihre Rauheitsart hin untersucht und sich in der Auswahl des Meßgerätes danach richtet. Besonders kommt es darauf an, daß man die zu vergleichenden Teile gleichartig mißt; auch ist es nützlich, die angezeigten Meßwerte mit den Profilaufzeichnungen zu vergleichen. In jedem Falle sollte man das benutzte Gerät angeben; das ist in unseren Tafeln geschehen.

Im allgemeinen ist bei Oberflächenmeßgeräten die Wiederholbarkeit gut, d. h. die Streuung der Meßwerte infolge der Gerätefehler ist nicht allzu groß; hingegen kann der angezeigte Mittelwert u. U. erheblich vom wirklichen Mittelwert abweichen. Messungen mit elektrisch anzeigenden Geräten können mithin viel über die Rauheitsverteilung, aber nicht ebenso Zuverlässiges über die absoluten Werte aussagen, weil die Anzeigen bei verschiedenen Geräten u. U. auf verschiedener Höhe liegen. Daher erscheint es uns besser, mittels *eines* Meßgerätes eine Vielzahl von Meßwerten von einer Oberfläche zu erhalten als einzelne Istprofile genau auszuwerten. Sehr

[1]) Ein neues mit zwei Tastern arbeitendes Meßgerät für die Glättungstiefe wurde von *H. v. Weingraber* und *J. Häsing* entwickelt [37].

[2]) Dieser Wert wird durch *H. v. Weingraber* [113] bestätigt.

aussagekräftig ist dann eine diese Werte darstellende Verteilungskurve [*1*]. Im übrigen sei man sich bewußt, daß die Streuung über eine ganze Fertigung meist so groß ist, daß an ihr Meßfehler kaum etwas ändern.

Zu den von uns benutzten Geräten ist noch folgendes zu sagen:

Das *Perth-O-Meter* bietet den Vorteil einer Anzeige verschiedener Rauheitsmeßwerte neben den Tastschrieben. Verwertet haben wir die Anzeigen der Rauhtiefe R_t, der Glättungstiefe R_p und des Mittenrauhwertes R_a. Die Prüflängen betragen 2, 5 bis 10 mm. Diesen Prüflängen sind Grenzwellenlängen (cut-off) von 0,25, 0,75 und 2,5 mm zugeordnet. Während *Profilaufzeichnungen* auch bei diesen Geräten i. a. ohne Einschaltung einer Wellentrennung vorgenommen werden, wird bei den elektrischen Anzeigen eine Wellentrennung eingeschaltet, damit der Anteil der Welligkeit möglichst ausgeschieden wird. Allerdings gelingt das nicht genau von der gewählten Grenzwellenlänge ab, vielmehr klingen die Amplituden über einen gewissem Bereich (Übergangszone) erst allmählich ab. Erst Wellen von einer gewissen Länge beeinflussen die Rauheitsanzeige nicht mehr. Die Führung der Tastspitze geschieht wahlweise durch eine auf der zu prüfenden Oberfläche gleitende Kufe oder längs einer Geraden (sog. Freitastsystem). Für kleinere Durchmesser z. B. von Drähten besteht eine besondere Rundlaufeinrichtung. Der Halbmesser der Diamantspitze liegt unter 10 μm, der Kegelwinkel beträgt 90°. Das Perth-O-Meter haben wir in der Mehrzahl der Fälle verwendet.

Das *Talysurf-Gerät* gestattet eine Oberfläche wahlweise mit Gleitschuh oder mit gerader oder kreisbogenförmiger Registrierbasis abzufühlen. Die Diamanttastspitze ist eine Pyramide mit einem Winkel zwischen den Seitenflächen von 90° mit einer Spitzenrundung von etwa 2 μm. Während die neueren Geräte Rauheitswerte für alle Senkrechtmeßgrößen anzeigen, zeigte das von uns benutzte Gerät nur den Mittenrauhwert R_a an; es lieferte aber daneben auch Profilschriebe. Wir wandten es hauptsächlich an Gewindeflanken und an stark gekrümmten Werkzeugflächen an.

Einen Vergleich verschiedener Oberflächenmeßgeräte für umgeformte Oberflächen haben *Krause* und *Pawelski* durchgeführt [*61*].

3.4 Abdruckverfahren

Der Anwendung der beschriebenen Geräte stehen bisweilen zwei Dinge entgegen, nämlich die Größe eines Stückes, z. B. einer Walze, oder die Unmöglichkeit, das zu prüfende Werkzeug für die Oberflächenmessung auszubauen, oder die Unzugänglichkeit der Meßstelle, z. B. im Innern von Matrizen.

Diese Schwierigkeiten wurden mit Hilfe von Abdrücken überbrückt. Als Abdruckmasse wandten wir „*Technovit*" an. Die damit gewonnenen Abdrücke lassen sich leicht ohne Beschädigung zum Meßgerät befördern und abtasten. Während die Rauhtiefe R_t bis auf eine Ungenauigkeit von 0,5 μm wiedergegeben wird, ist die Glättungstiefe R_p umzurechnen oder aus Profilschrieben zu bestimmen. Näheres s. [*1*, S. 38].

3.5 Querschliffe

Ein Oberflächenprofil kann auch durch einen zur Oberfläche senkrecht liegenden Querschliff am Rand gewonnen werden; dabei werden Profilungenauigkeiten ausgeschieden, die auf Winkel und Rundung der Tastspitze zurückzuführen sind. Zwar ist dies umständlich, zumal es schwierig ist, beim Schleifen jeglichen Kantenabfall zu vermeiden. Für das Ermitteln der Senkrechtmeßgrößen R_t und R_p ist dieses Verfahren wenig zu empfehlen, da diese Meßgrößen nur durch einen Schrägschliff überhöht dargestellt werden können.

Notwendig ist indes dieses Verfahren, wenn man erkennen will, ob ein Oberflächentyp zu Unterschneidungen oder gar zugedrückten Falten neigt. In diesem Sinne haben wir Querschliffe gelegentlich in den Erläuterungen (z. B. Bild 6.2/8) und in [*1*] zwecks Aufzeigen von Oberflächenfehlern angewandt. Auch für das Entdecken von „maskierten" Hohlräumen unter galvanisch aufgebrachten Schichten (s. Abschnitt 2.6.5) ist das Querschliffverfahren zu empfehlen [*23*].

Die Querschliffbilder, die jeder unserer Tafeln eingefügt sind, haben wir nicht für das Ermitteln der Rauheitsmeßgrößen, sondern für das Aufzeigen der Kornverformung benutzt, die als Ergänzung zum Istprofil für den Charakter der Oberflächenschicht immer aufschlußreich ist.

3.6 Auswertung und Beurteilung

Sofern man ein Werkstück nicht zu Gesicht bekommt, ist man darauf angewiesen, seine Oberfläche nach einem „Bericht" zu beurteilen. Dieser Bericht besteht in unseren Tafeln in folgendem:

a) Angabe der Rauheitsart,
b) Draufsicht in vergrößertem Maßstab,
c) Angabe der angezeigten Rauhtiefen und Glättungstiefen,
d) Darstellung der Istprofile in zwei Richtungen,
e) Angabe der daraus bestimmten Leeregrade.

Die *Auswertung* unserer Messungen bestand darin, daß wir, nachdem kennzeichnende Stellen ausgesucht waren, eine Anzahl von Messungen zusammenstellten und nun die oberen und unteren Werte angeben, die etwa 90% aller Beobachtungen unter Weglassung der oberen und unteren 5% erfassen. Wo zweierlei Rauhtiefen abwechseln, z. B. die verhältnismäßig kleinen Rauhtiefen von Tafelbergen und die größeren Rauhtiefen der dazwischen befindlichen Täler, geben wir für beide die gefundenen Bereiche an, z. B.

„2...4 μm und 10...16 μm."

Bei diesen Angaben sind regelmäßig auftretende Poren oder Mulden eingeschlossen, nicht dagegen Poren, die vereinzelt auftreten; gegebenenfalls werden diese mit ihrer Tiefe gesondert erwähnt.

Noch besser, aber zur Zeit für die Praxis zu weitgehend, wäre es, Häufigkeitskurven anzugeben, wie dies zum Teil in [*1*] geschehen ist (vgl. Bild 1/23).

Da, wie schon erwähnt, bei umgeformten Oberflächen sehr steile Flanken und auch Unterschneidungen vorkommen können, die von der Tastspitze nicht mehr erfaßt werden, muß man dies bei der Auswertung berücksichtigen. Wir ergänzen daher unseren Bericht dadurch, daß wir in je einem Profilschrieb auf einer Tafel den verzerrten Neigungswinkel der Tastspitze β_g [*1*, S. 30] eintragen. Bild 1/24 zeigt den Vergleich zwischen der Lage der Tastspitze im wahren Profil (a) und in dem durch die Höhenvergrößerung V_y und mit Breitenvergrößerung V_x verzerrten Profil (b). Die Tastspitze mit dem Neigungswinkel $\alpha/2$ berührt gemäß Bild 1/24a nur Strecken, an denen der Böschungswinkel $\beta \gtreqless (\beta_g = 90° - \alpha/2)$ ist (bei A $\beta_a < \beta_g$, bei B $\beta_b = \beta_g$); Stellen wie bei C $(\beta_c > \beta_g)$ erfaßt sie nicht.

Dieser Tatbestand ist in Bild 1/24b in der Profilverzerrung angegeben. Die Bahn, die die Tastspitze entlang der Böschung zurücklegt, und die der Mittelpunktsbahn der Tastspitze kongruent ist, sehen wir als Linie *RS* eingezeichnet. Der Taster gleitet am Punkt *B'* entlang und legt die Strecke *B' D'* zurück; ihr entspricht die Bahnstrecke *B'' D''*. Der Tastschrieb, der in Bild 1/24c herausgezeichnet ist, deckt sich nun nicht mehr mit dem verzerrten Istprofil, vielmehr ist die steile Stelle *B'C'D'* durch die Gerade *B''' D'''* ersetzt, die in der Grenztangente *TU* liegt. Wie steil *B' D'* bzw. *B D* in Wirklichkeit ist, ja, ob dort nicht sogar eine Unterschneidung vorliegt, läßt sich aus dem Tastschrieb nicht feststellen.

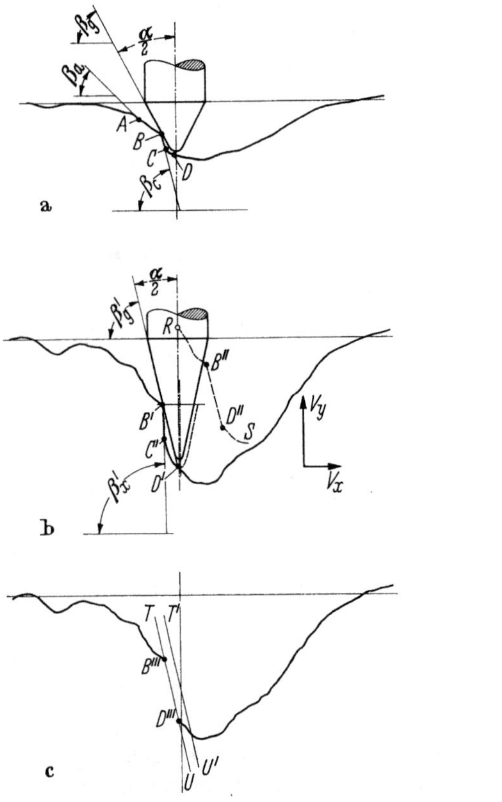

Bild 1/24 a—c. Tastnadel und Böschungswinkel. a) Wirkliche Verhältnisse; $\alpha/2$ = Neigungswinkel der Tastspitze; b) scheinbarer Böschungswinkel bei Verzerrung durch die Höhenvergrößerung V_y und die Breitenvergrößerung $V_x \cdot \alpha/2$ = scheinbarer Neigungswinkel der Tastspitze; c) Profilschrieb mit Grenztangente *TU* an der scheinbaren Böschung *B''D''*.

Es erscheint daher zweckmäßig, in den Tastschrieben unserer Tafeln die der Profilverzerrung entsprechenden Neigungswinkel der Tastspitzen etwa nach Art der Geraden *T' U'* in Bild 1/23c anzugeben (s. Abschnitt 4.1).

Nach einem „Bericht", wie er oben umrissen ist, weiß man in großen Zügen, wie das Rauhgebirge einer Oberfläche beschaffen ist; man weiß es aber viel besser, wenn man zwecks Vergleiches mit den „Berichten" auch einige bleibende Muster zur Hand hat. Dann lernt man immer mehr das, was im „Bericht" steht, in die Wirklichkeit umzudenken. Erst damit hat man die Grundlage für die *Beurteilung* einer Oberfläche gefunden. Schließlich soll das Urteil lauten: brauchbar (gut, gerade noch) oder nicht brauchbar.

Das letztere sollte nur ausgesprochen werden, wenn man sicher oder mit großer Wahrscheinlichkeit weiß, daß die Oberfläche ihren Zweck nicht erfüllen wird. Sonst kommt es zu unwirtschaftlichen Maßnahmen, indem man Stücke verwirft, die in Wirklichkeit noch brauchbar sind.

4 Allgemeines über die Atlastafeln

Die Auswahl aus den mannigfachen Umformverfahren haben wir nach der Bedeutung der Oberflächen für die Benutzung getroffen. Ihre Ordnung ergab sich aus DIN 8580 für Begriffe der Fertigungsverfahren [*20*].

Demgemäß haben wir aus der Hauptgruppe Umformen folgende Gruppen und Verfahren ausgewählt:

A. Unterhalb der Rekristallisationstemperatur (hier gleichbedeutend mit Kaltumformung)

aus der 1. Gruppe „Druckumformung"
- Walzen von Kaltband,
- Glattwalzen,
- Gewindewalzen,
- Stauchen,
- Rundkneten,
- Verjüngen (Reduzieren),
- Fließpressen von Hohlteilen,

aus der 2. Gruppe „Zug-Druckumformung"
- Stabziehen,
- Drahtziehen,
- Rohrziehen,
- Abstreckziehen,
- Tiefziehen.

B. Oberhalb der Rekristallisationstemperatur (hier gleichbedeutend mit Warmumformung)

aus der 1. Gruppe „Druckumformung"
- Strangpressen,
- Gesenkschmieden.

Für die meisten Verfahren sind mehrere Tafeln aufgestellt. Sie unterscheiden sich entweder durch die Lage der Meßstelle an verschiedenen Teilflächen (z. B. beim Fließpressen) oder durch verschiedene Oberflächenzustände vor dem Umformen (z. B. beim Walzen von Bändern) oder durch verschiedene Arbeitsgänge (z. B. beim Tiefziehen im Anschlag und Weiterschlag), oder durch verschiedene Werkstoffe.

Diese Mehrzahl von Tafeln dient aber auch dem Hinweis auf die nicht genug zu betonende *Streuung* der Rauhtiefen- und Werkstoffwerte. Wo die Endform eines Arbeitsgangs zugleich die Ausgangsform eines weiteren Arbeitsganges ist, haben wir meist die Rauhwerte, Draufsichten und Metallschliffe beider an verschiedenen Werkstücken bestimmt, um damit wiederum dem Leser die

Verschiedenheit der Oberflächen innerhalb einer laufenden Fertigung vor Augen zu führen.

Für die Tafeln haben wir größtmögliche Einheitlichkeit angestrebt. Wenn dies nicht in allen Punkten gelungen ist, so deshalb, weil die einzelnen Untersuchungen in verschiedenen Werken vorgenommen wurden.

Zu jeder Verfahrensgruppe machen wir zunächst allgemeine Bemerkungen über die in ihr berührten Gesichtspunkte der Oberflächenrauheit und geben sodann zu jeder Tafel einen Erläuterungstext. Auf beides ist am Fuß jeder Tafel hingewiesen.

Um die Benutzung der Tafeln zu erleichtern, stellen wir ihnen auf S. 90 eine allgemeine Erläuterung voran, die als *Anleitung zum Lesen der Tafeln* gedacht ist. Wer sich mit dem Atlas vertraut gemacht hat, wird sich damit allein in den Tafeln jederzeit zurecht finden.

4.1 Aufbau der Atlastafeln

Jede Atlastafel besteht aus zwei Teilen. Die linke Seite enthält zunächst Wort- und Zahlenangaben über die Verfahren und die Werkstoffe von Werkstück und Werkzeug. Rechts oben befindet sich ein Feld „Wirkpaar“. Dort sind Werkzeug und Werkstück dargestellt, und zwar das letztere möglichst vor und nach der Umformung. In der Wirkfuge, in der sich beide aufs innigste berühren, liegt die ganze Problematik der Reibung, des Verschleißes und der Verformung der Gebirgsform des Werkstücks [3]. Als „Meßstellen“ sind die Stellen angegeben, an denen die Tabellenwerte der Senkrechtmeßgrößen der Oberflächen (Rauhtiefen usw.) bestimmt worden sind. Außerdem sind die Entnahmestellen der Schliffbilder kenntlich gemacht.

Die *Rauheitsmeßwerte* sind für das neue und das verschlissene *Werkzeug* aufgeführt, damit der Einfluß des Werkzeugverschleißes deutlich wird. Die Rauheitsmeßwerte an den *Werkstücken* haben wir in den laufenden Fertigungen erst dann bestimmt, wenn sie aus einem verschlissenen Werkzeug kamen. Eine Ausnahme wurde nur bei zwei Glattwalzverfahren im Versuchsstadium gemacht. Die Oberflächenwandlung soll daran erkennbar sein, daß die Rauheitsmeßwerte vor und nach der Umformung angegeben sind.

Die rechte Seite enthält Draufsichten auf die Oberflächen von Werkzeugen und Werkstücken, die jeweils in zwei Richtungen gemachten Profilaufzeichnungen oder Tastschriebe und Gefügeschliffbilder; erst diese Anschauung gibt den Zahlenwerten ihren Sinn. Die in den Tafeln angegebenen Vergrößerungen beziehen sich auf die Druckwiedergabe; die Originalaufnahmen waren linear durchweg 1,4mal größer. Die Original-Profilschriebe sind auf $^3/_5$ verkleinert; hierin stellt der unter der Profillinie liegende Teil den Werkstoff dar; für einen unmittelbaren Vergleich zwischen dem Rauhprofil eines Werkzeuges und dem des damit gefertigten Werkstückes müßte man einen der beiden Tastschriebe auf den Kopf stellen.

Angaben über erzielte oder erzielbare Oberflächen müssen so ausführlich sein, weil sie von zahlreichen Einflüssen abhängen. Wer die Einflußfaktoren nicht kennt, kann die gefundenen Rauhtiefenwerte nicht auf andere Fälle übertragen.

Wie schon eingangs erwähnt, sollen alle Oberflächenergebnisse auf Tastungen in zwei Richtungen beruhen. Die herkömmlichen Bezeichnungen „quer“ und „längs“ für die beiden Haupttastrichtungen (bezogen auf die Rillenrichtung) können sowohl bei den Umformwerkzeugen als auch bei den umgeformten Werkstücken zu Irrtümern führen. — Weist z. B. die Zylinderfläche einer Ziehmatrize im neuen Zustand Polierrillen in Umfangrichtung auf, so wird man die axiale Richtung als Quertastung und die tangentiale oder Umfangstastung als Längstastung ansehen. Ist das Werkzeug aber einige Zeit in Benutzung und findet beim Umformen des Werkstoffs ein starkes Gleiten entlang der Werkzeugwand in axialer Richtung statt (z. B. beim Stabziehen), so wandelt sich die ursprüngliche Rauheit des Werkzeugs in axial verlaufende Gleitriefen. Nun müßte eine „Quertastung“ auf die Umfangsrichtung und eine „Längstastung“ auf die Achsrichtung bezogen werden, d. h. umgekehrt zu der Beziehung am neuen Werkzeug. Für das Werkstück können entsprechende Überlegungen angestellt werden. Am umgeformten Werkstück ist die Rauheitsrichtung oft von der an der Ausgangsform verschieden.

Daher geben wir die *Tastrichtung* im allgemeinen mit Bezug auf die Bewegungsrichtung im Wirkpaar an; bisweilen mußte aber davon abgesehen werden, z. B. bei den Gewindeflanken.

Bei den Messungen der Oberflächenfeingestalt werden angegeben: verwendetes Meßgerät, Prüflänge, Zahl der Messungen an einem Werkstück, Bezeichnung der vermessenen Fläche, sowie die benutzte Grenzwellenlänge (cut-off) (vgl. Abschnitt 3.3).

Die Zahl der Messungen je beobachtete Fläche beträgt in den meisten Fällen 10; dazu wurden durch Augenschein repräsentative Stücke und Stellen ausgesucht. Hieraus läßt sich mit ausreichender Zuverlässigkeit ein Rauheitsbereich angeben, der an der betrachteten Stelle für das in seinen Einzelheiten angegebene Verfahren repräsentativ ist. In Abschnitt 1.2.3 wurde auf die Kollektiveigenschaften der Oberfläche hingewiesen. Daher finden sich in den Tafeln nicht die arithmetischen Mittelwerte der Rauheitsmeßgrößen, sondern stets ein bzw. zwei für die Bezugstrecke gültige Wertebereiche.

Von den verschiedenen Senkrechtsmeßgrößen sind die Rauhtiefe R_t und die Glättungstiefe R_p bestimmt worden.

Der Mittenrauhwert R_a wurde zusätzlich gemessen, weil er in den anglo-amerikanischen Ländern benutzt wird und bisweilen Vergleiche mit ausländischen Meßergebnissen wünschenswert sind.

Eine wesentliche Auskunft über die Art der Rauheit geben die Quotienten aus der Glättungstiefe und der Rauhtiefe. Sie sind auf die größten Rauhtiefen bezogen und in den Tafeln als Profilleeregrade angegeben.

Erstmals ist bei den Rauheitsangaben auch der räumliche Leeregrad genannt, der im Abschnitt 1.2 erklärt ist, denn es ist häufig wissenswert, wieviel Raum innerhalb des ganzen von Rauhbergen eingenommenen „Schichtraumes“ leer ist. Dieser leere Raum erweist sich als aufnahmefähig für Schmiermittel oder Überzüge (vgl. Abschnitt 2.6). Damit erkannt werden kann, ob und an welchen Stellen die wirkliche Böschung steiler sein könnte, als aus dem Istprofil hervorgeht, oder ob gar eine Unterschneidung vorliegen kann, sind — soweit tunlich — an steilen Stellen der Tastschriebe zwei schräge Linien eingetragen, die nach Bild 1/24 den scheinbaren Neigungswinkel der Tastspitze angeben. Wo z. B. bei einem Perth-0-Meter-Schrieb (Tastkegelwinkel 90°) beide Böschungen parallel zu den eingezeichneten Mantellinien des Fühlkegels liegen, ist der wirkliche Öffnungswinkel des Tales 90°.

Die Tatsache, daß gemäß Abschnitt 2.3 die freie, von der Korngröße abhängige Umformung für die Wandlung von Oberflächen beim Umformen eine gewisse Bedeutung hat, war der Hauptanlaß, auf jeder Tafel die Schliffbilder der Werkstücke so herzustellen, daß sie den Rand enthalten, zumal dort unter dem Einfluß der Reibkräfte der Kornaufbau meist in anderer Weise geändert wird als im Inneren. Somit geben die Schliffbilder nicht nur Aufschluß über den jeweils benutzten Werkstoff und seine Korngröße, sondern auch über die Kornverformung in der Oberflächenschicht.

Es ist zu beachten, daß u. U. ganz verschiedene Gefügebilder sichtbar werden, je nachdem in welcher Ebene man das Werkstück schneidet (S. 61, Bild 5.2/9). Daher ist jeweils in einer Skizze im Feld „Wirkpaar" die Schnittebene angegeben, in der das auf der Bildseite wiedergegebene Schliffbild liegt.

Zur Herstellung der Schliffbilder der Werkstücke aus nicht oder schwach legierten Stählen wurde die sog. *Korngrenzenätzung* angewandt. Als Ätzmittel wurden für alle unlegierten und niedrig legierten Stähle, sowie für Gußeisen dreiprozentige alkoholische Salpetersäure verwendet. Der legierte Stahl X45 Co Si 9 3 (Tafel 2.2) wurde mit der sog. V 2 A Beize[1]) behandelt. Für die Aluminiumschliffe wurde einprozentige Natronlauge benutzt. Aus diesen Schliffbildern haben wir — soweit möglich — die mittlere Korngröße nach der üblichen Auszählmethode bestimmt. Wo globulare Körper verformt worden sind, entstehen ganz verschiedene Schliffbilder, je nachdem, in welcher Ebene man sie schneidet. Wir haben angestrebt, diejenige Ebene zu wählen, in der die stärkste Kornverformung am besten sichtbar ist [*107*]. Zu deren Ermittlung wurde bisweilen eine Hilfsrechnung aus den geometrischen Verhältnissen herangezogen (s. Abschnitt 1.4).

Wenn wir uns auch grundsätzlich auf die mikrogeometrische Betrachtung der Oberflächen beschränkt haben, so erfüllen wir mit der Darstellung der Oberflächenschicht zugleich wenigstens einen Teil der Forderung von *G. Schmaltz* [*93*], Oberflächenbetrachtungen grundsätzlich auf alle Eigenschaften der Oberflächenschicht zu erstrecken.

So haben wir auch die Umformgrade nicht nur zur Vervollständigung der Verfahrensangaben genannt, sondern auch in der Absicht, in ihrer Verbindung mit den Schliffbildern darauf hinzuweisen, was unter der Oberfläche vor sich geht (vgl. Abschnitt 1.4).

[1]) Siehe Ätzheft von *A. Schrader*, Berlin: Bornträger.

Die verwendeten Meßgeräte, über deren Bauart Abschnitt 3 Auskunft gibt, sind in den Tafeln abgekürzt wie folgt bezeichnet:

a) Leitz-Forster-Gerät = Tastschnittgerät nach Forster hergestellt von der Fa. E. Leitz, Wetzlar.

b) Perth-O-Meter = Fühlschnittgerät hergestellt von der Fa. Hommelwerke AG, Mannheim-Käfertal, nach Dr.-Ing. *Perthen*. Verwendeter Typ: Perth-O-Meter Universal.

Fühlsysteme: TK 25 (TK 250) = Pendelfühlsystem mit zwei kugeligen Gleitschuhen mit 25 μm (bzw. 250 μm) größter Meßtiefe.

HT 25 (HT 250) = Halbstarres Fühlsystem mit nur einem Gleitschuh mit 25 μm (bzw. 250 cm) größter Meßtiefe bisweilen zusammen mit einer Umlaufvorrichtung.

TR 25 (TR 250) = Rundfühlsystem in Reiterausführung für Außenmessungen in Umfangrichtung mit 25 μm (bzw. 250 μm) größter Meßtiefe.

c) Talysurf = Fühlschnittgerät der Fa. Rank, Taylor-Hobson, Leicester, England.

Von den verschiedenen Meßmöglichkeiten dieses Gerätes wurden die Fühlsysteme mit Bezugsebene („datum attachment") zur Aufzeichnung von Istprofilen benutzt. Hierbei stützt sich der Meßkopf entweder auf eine ebene Glasfläche, die in den Atlastafeln „Bezugsebene" genannt wird, oder auf eine Drehstütze ab, die in den Atlastafeln „gekrümmte Bezugslinie" genannt wird.

Kurze Zusammenfassung zum „Lesen" der Tafeln s. Abschnitt 7, S. 90.

4.2 Benutzung des Atlasses durch Besteller und Hersteller

Mit dem „Besteller" meinen wir sowohl den Konstrukteur, der durch seine Zeichnung bestimmte Anforderungen an die herstellende Werkstatt stellt, als auch denjenigen, der Halbzeuge oder Einzelteile bei einem anderen Betrieb bestellt.

Während man Abmessungen in den Zeichnungsmaßen festlegt und ihre zulässigen Ungenauigkeiten durch Grenzmaße einschränkt, verfügt man noch nicht über genügende Erfahrungen, um auch für zulässige oder gewünschte Rauheiten Zahlenangaben zu machen. Man gebraucht Ausdrücke wie

preßblank — glänzend — riß- und porenfrei —
frei von Riefen und Narben u. a.

Diese Begriffe unterliegen der subjektiven Beurteilung und bieten keine eindeutige Grundlage für eine Abnahme.

Wo man zu Maßangaben übergeht, ist man oft unsicher, was man angeben soll. Wir empfehlen grundsätzlich, zwei Werte der sog. „Senkrechtmaße" anzugeben, nämlich Rauhtiefe R_t *und* Glättungstiefe R_p.

Am ehesten wird der Praktiker die Rauhtiefe R_t anzugeben vermögen, da sie meist im Schrifttum genannt wird, und aus Tastschrieben (Profilaufzeichnungen) leicht zu ermitteln ist. Wenn er die Glättungstiefe nicht kennt, so ermittelt er sie leicht aus den in den Tafeln angegebenen Profilleeregraden. Es ist dann

$$R_p = R_t \times \text{Profilleeregrad.}$$

Bei Rauheiten, die nach der betreffenden Tafel ungerichtet sind, genügt je *ein* Zahlenwert für R_t und R_p.

Dasselbe gilt bei gerichteter Rauheit, sofern man die Zahlenwerte für die Richtung angibt, die nach der betreffenden Tafel die größere Rauhtiefe aufweist, und für die andere Richtung keine besondere Anforderung gestellt wird.

Bei Bezügen aus dem Ausland oder bei Lieferungen dorthin wird häufig der Mittenrauhwert angegeben; er ist bei den Herstellern beliebt, weil er schöne kleine Werte gibt. Aber man muß wissen, daß er wenig aussagt und nicht in Rauhtiefenwerte umgerechnet werden kann, da er je nach Profilform 1/3 bis 1/12 davon beträgt. Für alle Fälle haben wir die Mittenrauhwerte in den Tafeln zur Orientierung angegeben.

Im allgemeinen werden bei der Bestellung nur die *größtzulässigen* Werte für die Senkrechtmeßgröße genannt; es gibt jedoch auch Fälle, wo eine Mindestrauheit gefordert wird und daher auch eine Mindestrauhtiefe anzugeben ist.

Beispiel (s. Tafel 8—2); Stabstahl 10 × 20 mm:

Rauheit auf den breiten Seiten. Rauhtiefe in Ziehrichtung und quer dazu bis zu 20 μm. Glättungstiefe (berechnet als 20 . 0,16 bis zu 3 μm. Das bedeutet gemäß der Tafel eine Oberfläche, deren größter Teil sehr geringe Rauhtiefen aufweist, die aber durch einzelne Rillen oder Riefen unterbrochen sind. Außerdem bedeutet diese Angabe, daß der Besteller

a) etwas höhere Anforderungen stellt, als sie im Beispiel der Tafel 8—2 nach 1500 m Ziehlänge durch eine Hartmetallmatrize erzielt wurden;

b) diese Forderung auf die breiten Seiten des Flachstahls beschränkt hat und somit an den schmalen Seiten größere Rauhtiefen zuläßt.

Selbst wenn die Form der Angaben genormt sein wird, besteht — wahrscheinlich noch auf Jahre hinaus — eine große Unsicherheit über die Größe der anzugebenden Werte. Die Erfahrung mit Maßtoleranzen hat gelehrt, daß der Besteller allzu leicht geneigt ist, unnötig hohe Anforderungen zu stellen. Das aber bedeutet unnötigen Aufwand bei der Fertigung, der sich teils in einem zusätzlichen Arbeitsgang, teils in einer Verminderung der Standmenge[1]) der Werkzeuge auswirkt.

Gerade bei der Umformung ist es der Werkzeugverschleiß, der die Rauheit der Werkstückoberflächen vergrößert. *Eine kleine Rauheit verlangen, heißt daher, vom Hersteller fordern, daß er nach geringer Werkstückmenge ein neues Werkzeug einbaut.*

Das geht unmittelbar in die Herstellkosten und damit in den Preis ein. Daher wird in jeder Atlastafel die Menge angegeben, bei der das Werkzeug eine bestimmte Abnutzung erfahren und das Werkstück eine entsprechende Rauheit angenommen hat.

Wie soll nun der Oberflächen-Atlas benutzt werden?

Vom Besteller. Der Besteller hat i. a. irgendeine Erfahrung, nach der er eine Oberflächenrauheit „bestellt". Er möge z. B. 8000 durch Rückwärtsfließen erzeugte hohle Werkstücke benötigen. Dann sagen ihm die Blätter 7—1 bis 7—4 des Atlasses, die sich auf etwa die gleiche Menge beziehen, daß er an den verschiedenen Flächen folgende Senkrechtmaße erwarten kann:

	Rautiefen	Glättungstiefen
a) äußere Zylinderfläche	bis zu 20 μm	bis zu 3 μm
b) innere Zylinderfläche	bis zu 3 μm	bis zu 2 μm
c) äußere Bodenfläche	bis zu 15 μm	bis zu 3 μm
d) innere Bodenfläche	bis zu 12 μm	bis zu 4 μm

Man erschrecke nicht vor dieser denkbaren Weitschweifigkeit der Angaben. Im einzelnen praktischen Fall kommt es meist nur auf *eine* dieser Flächen an (bei einer abgespanten Welle pflegt man auch höchst selten von den Stirnflächen an den Enden und den Absätzen zu sprechen). Der Besteller tut immer gut daran, zu sagen, an welcher Stelle er die Rauhtiefe zu begrenzen und zu prüfen wünscht (vgl. Tafeln 12—1 bis 12—4 und 14—1 und 14—2)[2]). Wenn es z. B. auf die äußere Bodenfläche ankommt, so sieht der Besteller aus Tafel 7—3, daß in der rauheren Richtung die Rauhtiefe mit

3 . . . 4 und 7 . . . 15 μm

angegeben ist. Ein etwaiges Verlangen nach $R_t \lesssim 6\,\mu m$ müßte zwei Maßnahmen beim Hersteller nach sich ziehen. Zunächst müßte eine Ausgangsform mit geringerer Rauheit am Boden gewählt werden, denn sie allein ist daran schuld, daß die Werkstückrauhtiefe über 8 μm hinausgegangen ist. Sodann dürfte die Rauhtiefe am verschlissenen Werkzeug nicht bis auf 8 μm ansteigen, sondern müßte auf ≈ 5 μm beschränkt werden, sei es durch Wahl eines anderen Werkzeugstoffes, sei es durch eine frühzeitigere Nacharbeit oder Auswechslung. In dieser doppelten Weise führt in unserem Beispiel das Verlangen nach einer glatteren Bodenaußenfläche am Werkstück zu einer Verteuerung.

Anhand des Atlasses kann man sich die Sache auch vereinfachen, indem man z. B. schreibt:

„Die Rauheitswerte sollen die der Tafel 7—2 des „Atlas umgeformter metallischer Oberflächen von *Kienzle* und *Mietzner* nicht überschreiten."

Das geht natürlich nur dann, wenn der Werkstückstoff etwa derselbe ist und wenn die bestellten Mengen nicht größer sind als die dort angegebenen.

Wenn es sich um *Paßteile* handelt, sollte der Besteller bei der Festlegung der geforderten Rauhtiefen stets an das Funktionspaar denken. Wenn z. B. für Muttergewindeflanken Rauhtiefen bis zu 50 μm zugelassen werden, weil die Gewindebohrer nicht besser schneiden, dann wäre es wenig sinnvoll, Schrauben zu verlangen, deren Gewindeflanken eine gewalzte Rauhtiefe von weniger als 10 μm haben oder Schrauben zu verwerfen, die diesen Betrag um ein gewisses Maß überschreiten.

[1]) Unter Standmenge eines Werkzeugs versteht man diejenige Menge, ausgedrückt in Stückzahl, laufenden Metern oder Gewichten, bei der das Werkzeug — oft gerade hinsichtlich der Oberfläche am Werkstück — unbrauchbar geworden ist.

[2]) Auch bei Gußstücken wurde festgestellt, daß die Rauheit an verschiedenen Stellen (äußere, innere, senkrechte, waagerechte Flächen) ein und desselben Gußstücks sehr verschieden sind, und daß deshalb vor einer Abnahmeprüfung entschieden werden muß, welche Stelle eines gußeisernen Werkstücks maßgebend sein soll [*109*].

Vom Hersteller. Nimmt der Hersteller den erwähnten Auftrag auf 8000 Stück mit den in Blatt 7—3 genannten Oberflächenwerten an, so wird er zuerst prüfen, ob der bestellte *Werkstückstoff* dem im Atlasblatt genannten entspricht, oder ob er leichter oder schwerer preßbar ist, d. h. ob er das Werkzeug weniger oder mehr abnutzt.

Sodann stellt er fest, ob der von ihm in Aussicht genommene *Werkzeugstoff* dem im Atlasblatt vorausgesetzten gleichwertig ist. Ferner entnimmt er dem Blatt, mit welcher Oberflächenrauheit der Preßstempel herzustellen ist. Außerdem kann er prüfen, ob die Abnutzung des Werkzeugs etwa dem Atlasblatt entspricht.

Schließlich findet er in den Spalten „Werkstück" links die Rauhwerte, die am Rohling vor der Umformung eingehalten sein sollen und rechts die zugehörigen Bilder.

Beide, Besteller und Hersteller, können somit

a) feststellen, was nach den Voraussetzungen des Atlasblattes in der Fertigung erforderlich und im Ergebnis zu erwarten ist;

b) sich darüber verständigen, was bei höheren Anforderungen zu tun ist und wie dadurch Kosten und Preis beeinflußt werden.

An dieser Stelle sei nochmals auf die „Anleitung zum Lesen der Tafeln" (Abschnitt 7, S. 90) hingewiesen.

4.3 An den Oberflächen umgeformter Werkstücke gefundene Senkrechtmeßgrößen

Bei abgespanten Werkstücken entspringt die Rangordnung der Oberflächenrauheit weitgehend der Erfahrung, etwa in der Reihenfolge gedreht — geschliffen — gehont. Aber schon die feinere Unterteilung läßt sich nicht mehr ohne Messungen angeben.

Bei den Umformvorgängen ist die Erfahrung hinsichtlich der entstehenden Rauheiten viel weniger verbreitet, zumal wenn es sich um den Vergleich verschiedenartiger Verfahren handelt. Erst recht fehlt es an Vergleichen zwischen spanenden und umformenden Verfahren.

Daher haben wir in Bild 1/25 aus unseren Verfahrenstafeln in Teil II und anderen Unterlagen die ermittelten Rauhtiefen, Glättungstiefen und die räumlichen Leeregrade zusammengestellt.

Im Kopf sind die Maßstäbe in logarithmischer Stufung (in Normzahlen) angegeben und zwar in der oberen Zeile für die Senkrechtmeßgrößen Rauhtiefe R_t und Glättungstiefe R_p, in der unteren Zeile für den räumlichen Leeregrad $R_{pr} : R_t$, wobei R_{pr} die räumliche Glättungstiefe ist (s. Abschnitt 1.2.1, S. 10).

Für jedes Verfahren sind sodann die Bereiche für R_t und R_p je vor („v") und nach („n") der Umformung graphisch dargestellt. Der Einfachheit halber ist nicht zwischen den beiden Richtungen unterschieden, in denen diese Werte ermittelt wurden; vielmehr wurden jeweils die gröberen Werte der gefundenen Bereichsgrenzen je für R_t und R_p dargestellt, damit keinesfalls zu günstige Werte erscheinen. Daraus ist ihre Wandlung durch den Umformvorgang ersichtlich; aufschlußreich ist, daß i. a. R_t und R_p sich nicht im gleichen Maße verändern. Soweit dies zutrifft, wird auch der räumliche Leeregrad $R_{pr} : R_t$ verändert; dies ist jeweils auf der 5. Linie jedes Feldes, und zwar in einem viermal größeren Maßstab, dargestellt. Abermals sei darauf hingewiesen, daß der räumliche Leeregrad für sich nichts besagt und erst zusammen mit der Rauhtiefe eine nützliche Angabe über den leeren Raum im Oberflächengebirge darstellt.

Der in Bild 1/25 gegebene Vergleich spricht für sich selbst. Der Praktiker wird daraus manche Aufschlüsse entnehmen, z. B. daß der räumliche Leeregrad durch Kaltumformen meistens, aber nicht immer sinkt und daß er am weitestgehenden durch Glattwalzen und Rundkneten herabgesetzt werden kann. Wo man „nach Umformung" an einer und derselben Oberfläche geringe und daneben größere Rauhtiefen findet, nimmt man schon graphisch wahr, daß sich Tafelberge gebildet haben, die zwischen sich die Spuren der vormals rauhen Oberfläche aufweisen.

Als wesentlich erachten wir die folgenden allgemeinen Erkenntnisse:

a) Die glattesten Oberflächen, d. h. solche mit geringer Rauhtiefe und geringem räumlichen Leeregrad lassen sich durch bestimmte kalt ausgeführte Druckumformverfahren erzielen. Hierbei sind die Walzverfahren den Preßverfahren überlegen.

b) Unter den Preßverfahren führen diejenigen zu den glattesten Oberflächen, bei denen der Werkstoff über nicht zu kurze Wege unter hohem Druck an vorzüglichen Werkzeugen mit geringster Schmierung gleitet. (Beispiele Rundkneten — Innenfläche; Rückwärts-Napf-Fließpressen — Wand innen).

c) Bei den in a) und b) angedeuteten Verfahren liegen die Rauhtiefen im gleichen Bereich wie bei fein abgespanten Flächen; sie sind diesen aber in bezug auf den räumlichen Leeregrad überlegen. Diese Verfahren gehören somit zur Klasse der Feinbearbeitungsverfahren.

d) In einigen Fällen wird die Rauheit durch eine Kaltumformung größer, nämlich beim Tiefziehen im Anzug (Anschlag) und mit Absicht beim Nachwalzen von Blechband mit rauhen Walzen.

4.4 Rauhtiefen an den Wirkflächen der Werkzeuge

Die Umformwerkzeuge sind im allgemeinen geschliffen; für einige Aufgaben (z. B. Drahtziehen) sind sie überdies poliert. Es mag nun aufschlußreich sein, die Oberflächenrauheit der Werkzeuge in einer Übersicht Bild 1/26 zu vergleichen.

Die angewandten Schleifverfahren sind je nach der Werkzeugform verschieden. Während man runde Werkzeuge auf Rundschleifmaschinen bequem mit hoher Oberflächengüte schleifen kann, ist man bei anderen häufig auf das Schleifen mit dem von Hand geführten Schleifstift angewiesen, so bei Durchbrüchen von Formmatrizen, bei Schmiedegesenken und dgl. Wenn die damit erzielte Oberflächenrauheit und insbesondere die Welligkeit auch größer ist als beim Rundschleifen, so besteht doch andererseits die Möglichkeit, dieses Schleifverfahren im Zuge der Benutzung des Werkzeugs immer wieder als Nachschleifen einzusetzen und so die Rauheit durch Verschleiß nicht zu sehr anwachsen zu lassen.

Die vom Werkzeugstoff und der Schmierung abhängige Standmenge ist von größtem Einfluß auf die Herstellkosten. Während die meisten Umformwerkzeuge aus legiertem Stahl bestehen, enthalten unsere Tafeln auch solche aus unlegiertem Stahl, die durch Verchromen verschleißfest gemacht wurden (z. B. Tafel 10—1 Rohrziehen). Hartmetallwerkzeuge weisen auch nach großen Standmengen nur geringe Rauhtiefen auf; Beispiele finden sich in unseren Tafeln 4—2 (Flachprägen), 8—1 bis 9—4 (Ziehen von Stäben und Draht).

Wir geben in Bild 1/25 eine Übersicht über die Rauhtiefen der von uns vermessenen Werkzeuge in der Absicht, der Praxis da und dort Anregungen zu geben, ihre Schleifverfahren anhand des anderwärts Erreichten zu überprüfen.

Die Reihenfolge in der Übersicht ist dieselbe wie bei den Tafeln. Zu jedem Verfahren ist die Tafelnummer und die vermessene Werkzeug-Wirkfläche angegeben. Als Meßgröße haben wir nur die Rauhtiefe gewählt, weil sie uns für den Vergleich geschliffener Flächen genügend erscheint.

Die Rauhtiefen sind einmal in der Gleitrichtung des Werkstoffes an der Werkzeugfläche und zum anderen quer dazu angegeben, so wie sie in den Tafeln nebeneinander stehen. In jeder Richtung ist durch einen ausgezogenen Strich der Rauhtiefenbereich des neuen Werkzeugs, durch einen unterbrochenen Strich der des benutzten Werkzeugs angegeben. Werte, die nicht streuen, sind durch einen Punkt angegeben; Werte, die in zwei Teilbereichen streuen, z. B. „0,5...1 und 2...3,5“, sind durch zwei getrennte Striche gekennzeichnet.

In einigen Fällen sind die Werkzeuge mehrerer Tafeln zusammengefaßt, nämlich dann, wenn sie der gleichen Herstellung entstammen (Beispiel 9—1 bis 9—4 Ziehsteine); in diesen Fällen ist der Bereich angegeben, der sich aus den Teilbereichen aller Tafeln ergibt.

Da Schleifrichtung und Gleitrichtung bald zusammenfallen (z. B. bei Walzen), bald sich kreuzen (z. B. bei Ziehringen), so ist an den ausgezogenen Strichen für die neuen Werkzeuge durch die Buchstaben „l“ und „q“ kenntlich gemacht, ob der angegebene Rauhtiefenbereich längs den Schleifrillen oder quer dazu gilt.

Alle geschliffenen Flächen weisen, wie erwartet, in Schleifrichtung geringere Rauhtiefen auf als quer dazu; dasselbe gilt für polierte Wirkflächen von Dornen und Ringen. In bezug auf die Änderung der Rauhtiefen durch Verschleiß verzeichnen wir zwei überraschende Beobachtungen.

a) Nicht immer ist eine Rauhtiefe durch den Verschleiß schlechter geworden. Manchmal behalten Rillen, die in Gleitrichtung liegen, ihre Rauhtiefe lange Zeit.

b) In einem Fall, nämlich beim Vorwärts-Hohl-Fließpressen durch einen geschliffenen Preßkanal (Tafel 7—5) ist die Rauhtiefe in Preßrichtung sogar verringert worden. Hier wurden offensichtlich die umlaufenden Schleifrillen geglättet, bevor ein größerer Verschleiß eingesetzt hat. Anfänglich tritt dieser Fall nicht selten ein; d. h. es wird dann ein Minimum der Rauhtiefe durchlaufen.

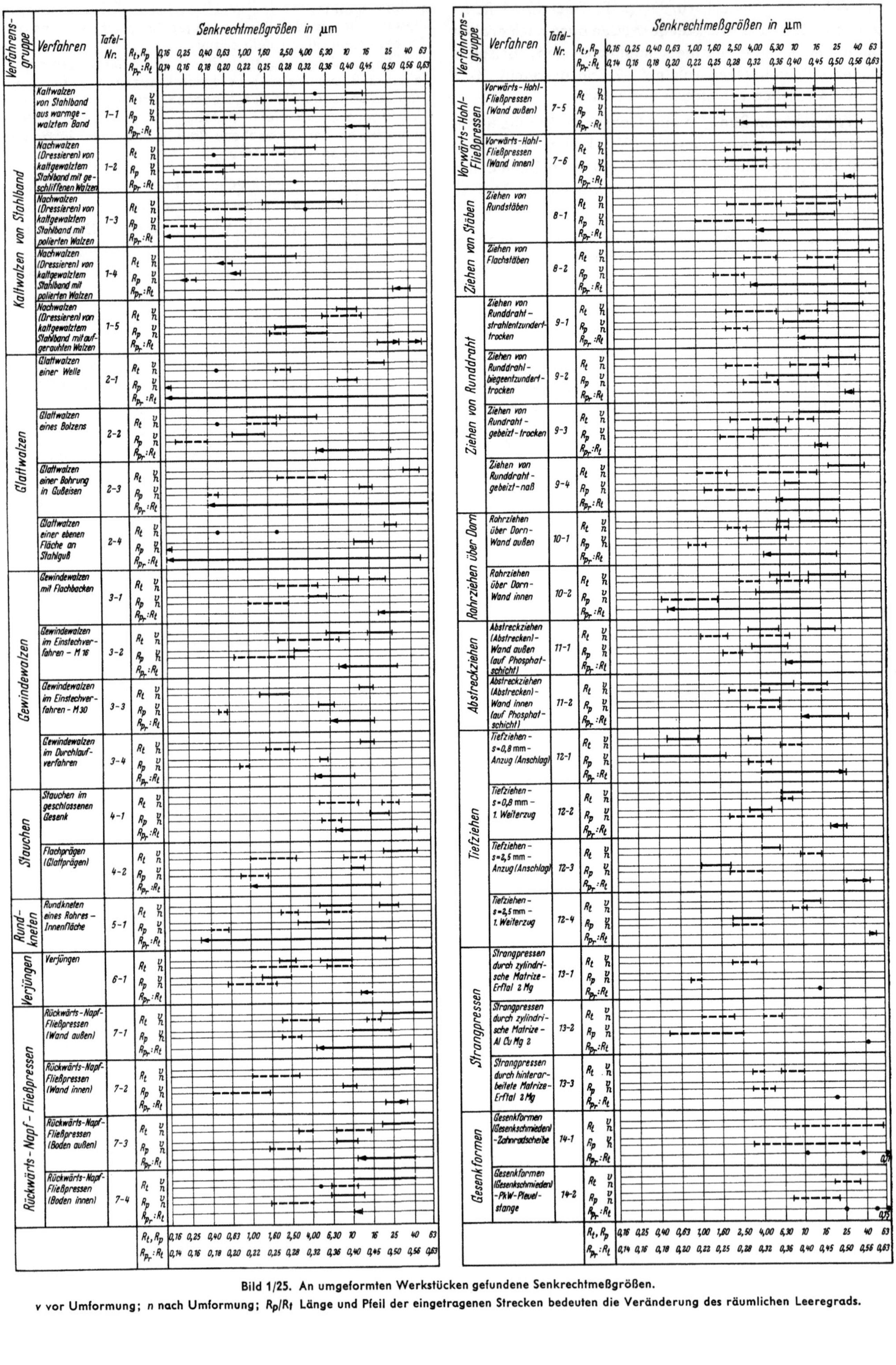

Bild 1/25. An umgeformten Werkstücken gefundene Senkrechtmeßgrößen.

v vor Umformung; *n* nach Umformung; R_p/R_t Länge und Pfeil der eingetragenen Strecken bedeuten die Veränderung des räumlichen Leeregrads.

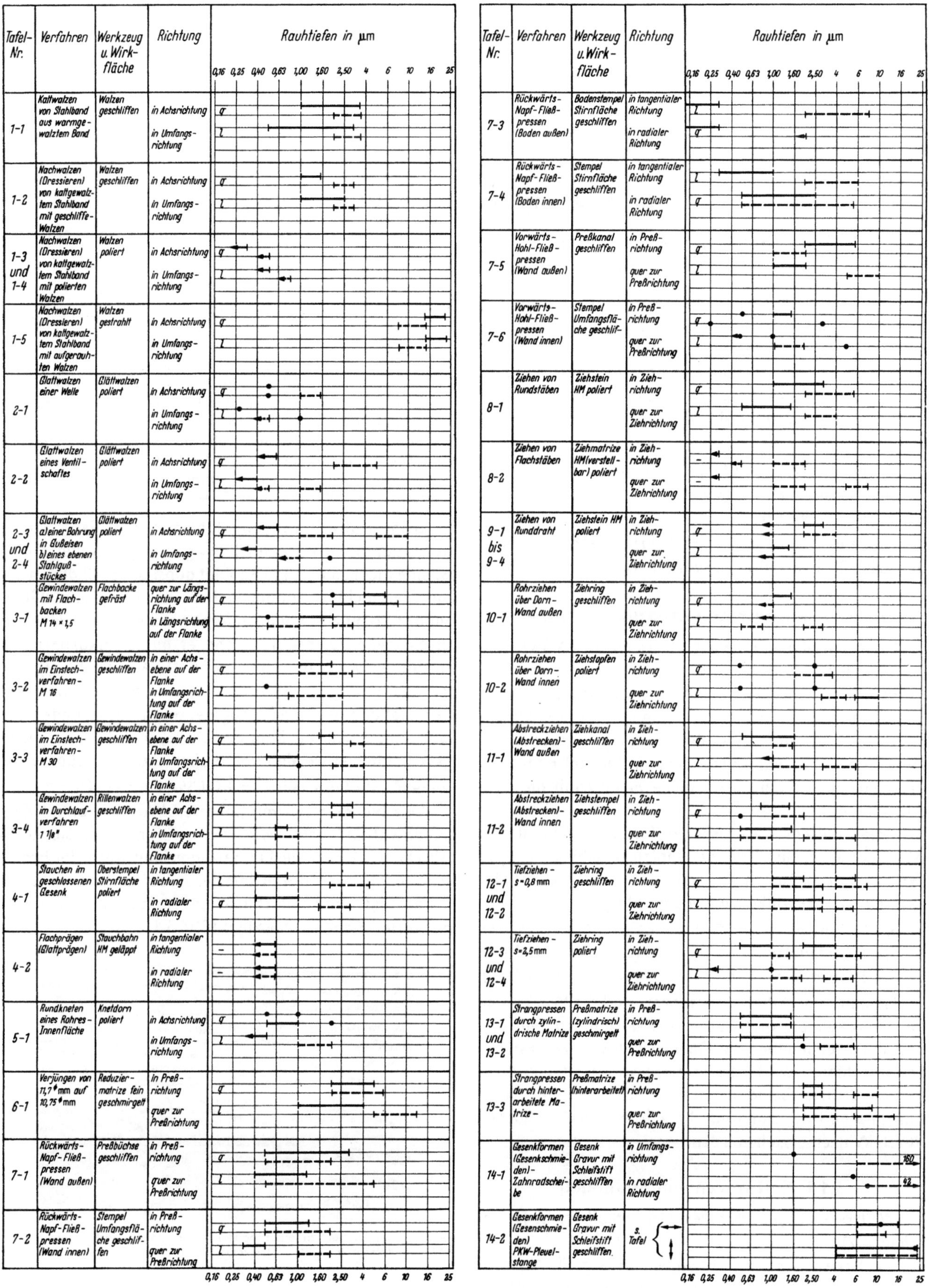

Bild 1/26. Rauhtiefen R_t der Wirkflächen der vermessenen Umformwerkzeuge.
l längs der Schleif- und der Polierrillen; *q* quer zu den Schleif- oder Polierrillen;
———— Bereich im neuen Zustand; — — — — Bereich im benutzten Zustand.

II. Teil

Erläuterungen zu den Atlastafeln

5 Oberflächenwandlungen bei verschiedenen Kalt-Umformverfahren

Die Benennung „Kalt-Umformverfahren" bedeutet, daß die umzuformenden Stücke vor dem Umformvorgang nicht über Raumtemperatur erwärmt werden; bei Stahl, worauf wir uns in diesem Abschnitt fast ausschließlich beschränken, ist Kaltumformen gleichbedeutend mit der Verarbeitung unterhalb der Rekristallisations-Temperatur. Wir behandeln

Druckumformen in Walzmaschinen,
Druckumformen in Pressen,
Zugdruckumformen

in 37 Tafeln. Daraus werden Eigenarten der entsprechenden Oberflächenrauheit hervorgehen.

5.1 Druckumformen in Walzmaschinen

Nach DIN-Entwurf 8583 [*20*] besteht das Wesen des Druckumformens darin, daß „das Fließen in der Umformzone überwiegend infolge Druckbeanspruchung eintritt, die durch von außen aufgebrachte Druckkräfte hervorgerufen wird". Von den hierzu gehörigen Walzverfahren haben wir solche ausgewählt, bei denen die Oberflächengüte eine wesentliche Eigenschaft des Produkts bildet.

Unter diesem Gesichtspunkt fassen wir in diesem Abschnitt die nachstehend genannten verschiedenartigen Walzverfahren zusammen, die man sonst nicht unter demselben Blickwinkel zu erfassen pflegt:

5.1.1 Kaltwalzen von Stahlband (Tafel 1—1 bis 1—5),
5.1.2 Glattwalzen (Tafel 2—1 bis 2—4),
5.1.3 Gewindewalzen (Tafel 3—1 bis 3—4).

Gemeinsam ist diesen Verfahren, daß die Werkzeuge (Walzen) beliebig glatt ausgeführt werden können und daß ihnen gegenüber die Oberflächen der Werkstücke vor und hinter der Fließscheide in verschiedenen Richtungen gleiten. Beide Tatsachen zusammen bewirken, daß innerhalb der Umformtechnik die besten Oberflächen durch Walzen erzielt werden.

5.1.1 Kaltwalzen von Stahlband

Weitere Angaben außer den hier enthaltenen s. [1, Abschnitt 4.2].

„Kaltgewalztes Band" ist ein weiter Begriff. Wir meinen damit Bänder in Breiten bis 2000 mm und aus Werkstoffen entsprechend DIN 1624 (August 1954) und DIN 1623 (August 1961). Was wir in diesen Normen und auch im DIN-Entwurf 1616 von 1965 über ihre Oberflächen finden, gibt subjektiven Auslegungen einen allzu weiten Spielraum. Daher verwundert es nicht, daß verschiedene Walzwerke unter derselben Bezeichnung Bleche mit recht unterschiedlichen Oberflächengüten liefern. Unsere Tafeln geben gemessene Werte aus der üblichen Fertigung von

Bändern, wie sie nach dem Kaltwalzen von warmgewalztem Band anfallen, 520 × 0,88 mm (Tafel 1—1),
Bändern, die zwischen geschliffenen Walzen nachgewalzt sind, 520 × 0,84 mm (Tafel 1—2),
Bändern, die zwischen polierten Walzen nachgewalzt sind, 510 × 2,05 mm und 230 × 0,3 mm (Tafeln 1—3 und 1—4),
Bändern, die zwischen aufgerauhten Walzen nachgewalzt sind, 1000 × 0,9 mm (Tafel 1—5).

Beim Kaltwalzen von Stahlband aus dem warmgewalzten Band werden Glühungen eingeschaltet. Dafür ist eine nicht zu geringe Rauheit günstig, damit die Lagen im Coil nicht zusammenkleben. Entsteht dabei Glühzunder, so muß er völlig entfernt werden. Dabei wird das Blech mehr aufgerauht, wenn es mit Stahlkörnern bestrahlt, als wenn es gebeizt wird ([*1*, Abschnitt 4.2]). Die Rauheit nimmt von Stich zu Stich ab. Deshalb kommt es der Glättung der Bänder zugute, wenn aus Gründen der Umformbarkeit die Zahl der Stiche groß ist, und geringere Rauheiten werden um so eher erzielt, je dünner die Bänder sind (vgl. Tafel 1—4 für 0,3 mm-Band).

Das Nachwalzen mit polierten Walzen kommt dem „Glattwalzen" nahe, wie wir es für massive Stücke in Abschnitt 5.1.2 finden. Die geringen Rauhwerte der Profilschriebe werden durch Interferenzaufnahmen an einer neuen und einer verschlissenen Walze und den damit gewalzten Bändern bestätigt (Bild 5.1/1).

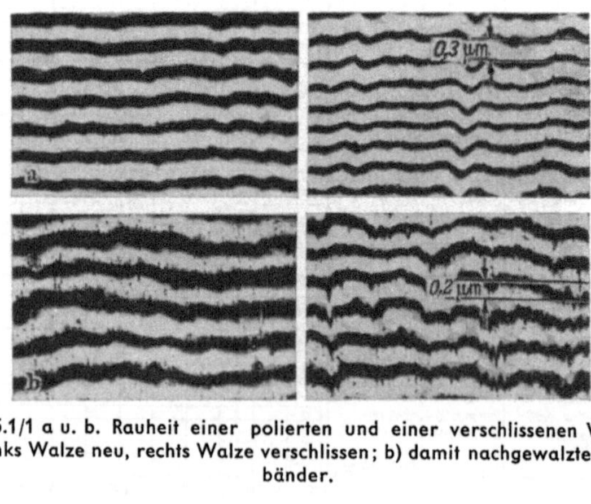

Bild 5.1/1 a u. b. Rauheit einer polierten und einer verschlissenen Walze. a) Links Walze neu, rechts Walze verschlissen; b) damit nachgewalzte Stahlbänder.

Erschmelzungsart und Vergießungsart beeinflussen zwar die Feingestalt der Oberflächen nicht, jedoch die Reinheit der Oberflächenschicht. Bei unberuhigtem Vergießen sammeln sich bekanntlich die Verunreinigungen im Innern des Blocks, so daß die Außenschicht auch beim ausgewalzten Blech (auch „Speckschicht" genannt) einen hohen Reinheitsgrad aufweist. Daher ist mit solchen Blechen je nach der Beizbehandlung ein hellglänzendes Aussehen zu erzielen, das besonders für galvanisierte Sichtflächen von Wert ist [22]. Über die Bedeutung des Schmierstoffs im Walzspalt hat *Pawelski* berichtet [*81*].

Ehe aus dieser hier nur angedeuteten Vielfalt der Einflüsse und Anforderungen eine objektive Norm für Oberflächenbeschaffenheiten von Blechen aufgestellt werden kann, sind noch viele Untersuchungen nötig. Unsere fünf Tafeln bedeuten die ersten Schritte auf diesem Weg [74]. Sicher ist, daß die Herstellkosten der Bleche mit höherer Oberflächengüte wachsen, wie dies auch bei anderen Fertigungsverfahren der Fall ist. Für den Verarbeiter kommt es dann darauf an, ob er durch höhere Oberflächengüte Kosten für Polieren u. ä. einsparen kann. In jedem Falle aber sollte er prüfen, ob er für seinen Verwendungszweck nicht eine zu hohe Güte fordert.

Zu der *Rauheit*, ausgedrückt in den Senkrechtmeßgrößen, ist folgendes zu sagen:

Die Ausgangsform für die kaltgewalzte Oberfläche ist das warmgewalzte Band. Der es bedeckende Zunder wird vor der Weiterverarbeitung durch Beizen oder Abstrahlen entfernt. Durch diesen Vorgang wird die Rauheit der Ausgangsoberfläche des Bandes nach Art und Größe wesentlich bestimmt. Nach beiden Entzunderungsarten ist die neue Oberfläche ungerichtet. Die Art des Profils ist aber verschieden. Die gebeizte Oberfläche ist „feinzackiger" als die gestrahlte. Eine gebeizte Oberfläche weist auch gelegentlich porenartige Vertiefungen auf; diese werden aber durch das Walzen eingeebnet, wenn sie nicht zu tief sind. Die durch das Entzundern gewonnene Ausgangsrauheit beeinflußt die erreichbare Glättung beim nächsten Stich; der Unterschied zwischen Abstrahlen und Beizen ist aber nicht groß.

Das Gleiten des Bandes an den Walzen erzeugt auf seiner Oberfläche eine leicht gerichtete Rauheit; in Walzrichtung ist eine geringere Rauheit zu erwarten als quer zu ihr; allerdings sind die Unterschiede durch Messen oft kaum feststellbar. Dies wurde durch die Messungen bestätigt, soweit die Walzen nicht aufgerauht sind [*64, 74*].

Auch die Rauheitsart ist unterschiedlich; die Querrauheit ist bei etwa gleichem Leeregrad „feinzackiger" als die Längsrauheit und weist auch keine Welligkeit auf. Die Streuung der Rauheit der fertig gewalzten Bleche ist beträchtlich, wie auch *Lueg* und *Krause* [*64*] gezeigt haben. Die Mittelwerte der Rauheit einer größeren Zahl untersuchter, nicht nachgewalzter Bänder lagen nach [74] bei

$$R_t = 2 - 4\,\mu\text{m},$$
$$R_p = 0{,}4 - 0{,}8\,\mu\text{m},$$
$$R_a = 0{,}2 - 0{,}4\,\mu\text{m}.$$

Dazu kommen Streuungen bis zu $\pm 40\%$. Man darf daher aus den Werten unserer Tafeln, obwohl sie Rauheitsbereiche von 10 Messungen an verschiedenen Bändern enthalten, keine zu weitgehenden Folgerungen ziehen. Sie zeigen, was praktisch sein kann, aber nicht, was immer so sein muß.

Wesentlich ist die Veränderung der Oberflächenart. Das offene Profil der warmgewalzten und entzunderten Oberfläche wird zu einem halboffenen umgeformt, womit der räumliche Leeregrad sinkt. Je weiter man walzt, desto größere Teile im Rauheitsgebirge werden eingeebnet, jedoch bleiben größere Vertiefungen oft noch bis zum letzten Nachwalzstich wahrnehmbar. Daraus geht hervor, daß die Rauhtiefe schon in möglichst frühen Stufen so weit wie möglich herabgesetzt werden muß, wenn am Ende ein glattes Band herauskommen soll, vgl. die Wandlung mit der Zahl der Stiche bei [*1, 74*]. Hier bestätigt sich der Satz, daß die Rauheit einer umgeformten Oberfläche von ihrer Geschichte abhängt. Die Rauheitsabnahme ist absolut und relativ beim ersten Stich am größten.

Einfluß der Walzenrauheit. Die Walzen sind feingeschliffen; nur für das Nachwalzen haben sie entweder glattere Oberflächen (poliert) oder rauhere (gestrahlt). Die Rauhtiefe der neuen geschliffenen Walzen liegt bei 2...3 μm und ist sehr gleichmäßig. Mit steigender Walzmenge nimmt i. a. die Walzenrauheit zu, allerdings nur wenig ($\Delta R_t = 1 \ldots 2\,\mu\text{m}$), solange die Walzmenge nicht zu groß ist; auch die Rauheitsart ändert sich kaum. Man hat auch schon verchromte Walzen eingesetzt [*98*]. Die Walzenoberfläche ist im neuen wie im schwach verschlissenen Zustand als nahezu ungerichtet anzusehen. Wenn die Walzmenge ein gewisses Maß überschreitet, wird die Oberfläche der Walzen grobwellig und narbig. Daher liegt es nahe, das Istprofil des Bleches als Maßstab für den Walzenverschleiß heranzuziehen [*91*].

Aber Walzenrauheit und Blechrauheit stimmen nicht genau überein. Wegen der Gleitung ist vielmehr zu erwarten, daß beim Walzen mit glatten Werkzeugen die Blechrauheit geringer wird als die Walzenrauheit, sofern durch eine genügend große Umformung die Reste der Ausgangsrauheit beseitigt werden, so z. B. in Tafel 1—1 und 1—2. Nur wenn dies nicht der Fall ist, sind die Bleche rauher als die Walzen, so z. B. in Tafel 1—3.

Schmiermittel. Schmiermittel dienen dazu, die Reibung und den Verschleiß der Werkzeuge zu vermindern. Eine Trennschicht zwischen Werkzeug und Werkstück wirkt sich jedoch nicht immer günstig aus. Glatte Oberflächen entstehen eher ohne Schmiermittel. Diese Erkenntnis macht man sich beim Nachwalzen zunutze und walzt trocken. Aus unseren Messungen ist zu erkennen, daß sich eine Walzölemulsion, die in den Walzspalt eindringt, verschlechternd auf die Blechrauheit auswirkt. Die Rauheitswerte aller naßgewalzten Proben lagen weit über dem Durchschnitt derer, die an trocken bzw. ölfeucht gewalzten Blechen gefunden wurden.

Zu Tafel 1—1. In den Tafeln 1—1 bis 1—4 finden sich keine Draufsichten auf die *Werkzeuge* (Walzen), weil die photographischen Schwierigkeiten in keinem Verhältnis zu der zu gewinnenden Erkenntnis stünden (vgl. Bild 5.1/1a). Die Walzen der Tafel 1—1 waren in üblicher Weise sauber geschliffen. Nach 2 km Walzlänge hatte die Rauhtiefe kaum zugenommen. Lediglich wurde das Rauheitsbild etwas anders; die feinen Erhebungen in Achsrichtung wurden abgestumpft, in Umfangsrichtung nahm die Rauhtiefe zu.

Bei der Beurteilung des *Bandes* ist stets die Ausgangsrauhtiefe vor dem betreffenden Walzvorgang zu beachten; sie betrug vor dem letzten Stich von 1,0 auf 0,88 mm noch 10 bis 15 μm und war nicht gerichtet. Durch die Umformung ging sie in Walzrichtung wesentlich mehr zurück als quer zu ihr. Schriebe und Ansichten zeigen eine gerichtete Oberfläche. Der räumliche Leeregrad ist im letzten Stich um 30% zurückgegangen.

Bei einem Vergleich der Schriebe, die vom Band vor und nach der Umformung angefertigt wurden, ist hier zu beachten, daß die letzteren gegenüber einer 25fachen Überhöhung vor der Umformung zur Verdeutlichung 100fach überhöht wurden.

Während sich die Zahlenwerte und Schriebe für die Senkrechtmeßgrößen „vor der Umformung" auf den Zustand vor dem letzten Stich beziehen, gilt das Gefügebild „vor der Umformung" für das Warmband von 3,1 mm Dicke.

Zu Tafel 1—2. Diese Tafel, wie auch die beiden folgenden, betrifft das Nachwalzen oder Dressieren [7]. Der Nachwalzgrad hängt einerseits vom Werkstoff und von den Fertigungsbedingungen ab, andererseits von dem Verwendungszweck der Bänder und Bleche. Für Tiefziehblech liegt er etwa zwischen 0,6 und 1,4% (in unserem Beispiel 1%), für dünne Verpackungsbänder zwischen 1 und 3%.

Die benutzten *Walzen* sind nach 4 km Walzlänge durch den Verschleiß rauher geworden, ohne daß indes eine bestimmte Richtung aufgetreten wäre. Sie bekommen eine narbige Fläche, wenn auch nur sehr geringer Rauhtiefe. Die Blechoberfläche wird durch das Nachwalzen trotz geringer Umformung stark verändert. Als Ausgangsoberfläche hätten wir die Endoberfläche von Tafel 1—1 angeben können; um aber immer wieder zu zeigen, wie die Senkrechtmeßgrößen schwanken, haben wir andere Bänder gemessen, die hier mit $R_t = 2...5$ μm rauher waren als jene. Die größten aufgefundenen Rauhtiefen sind auf 2,5 μm zurückgegangen. Auf den „Tafelbergen" ist die Rauhtiefe unter 0,5 μm; daher die Angabe „0,5 und 1 bis 2,5 μm" bzw. „0,1...0,3 und 1,5 μm". Die Waagerechtentfernungen der Rauhgipfel sind quer zur Walzrichtung etwa 15 μm. Längs zur Walzrichtung entfallen sie streckenweise, aber wo sie vorkommen, ist ihre Entfernung etwa die gleiche. Der Unterschied längs—quer ist mit dem Auge wahrnehmbar; geometrisch kann man die Oberfläche gerade noch „schwach gerichtet" nennen.

Wie immer beim Niederdrücken von Rauhgipfeln durch ein glattes Werkzeug nimmt auch beim Nachwalzen der *Bänder* die Glättungstiefe mehr (um 60 bis 70%) ab als die Rauhtiefe (um 50 bis 60%). Es werden eben die verstreut liegenden tiefen Stellen nur wenig flacher, obwohl die Weichheit des geglühten Bandes für die Einebnung günstig erscheint. Daher ändert sich auch der Leeregrad kaum, der ja auf die größte Rauhtiefe bezogen wird.

Zu Tafel 1—3. Gute Ergebnisse bezüglich der Glätte nachgewalzter (dressierter) *Bänder* liefert das Nachwalzen mit polierten Walzen.

Es mag überraschen, daß in unserem Beispiel das Ergebnis am Blech schlechter ist als in Tafel 1—2 mit geschliffenen Walzen. Die Ursache liegt darin, daß die Ausgangsrauheit der Bleche bis zum Doppelten des Wertes von Tafel 1—2 ging. Der räumliche Leeregrad ist erwartungsgemäß geringer geworden.

Tafel 1—4. In dieser Tafel geben wir ein zweites Beispiel eines mit polierten *Walzen* nachgewalzten Bleches, um im Vergleich mit Tafel 1—3 zu zeigen, daß Nachwalzen nicht gleich Nachwalzen ist. Die Walzenrauheit ist nach 67 km Walzlänge unter 0,8 μm Rauhtiefe geblieben. Das Ergebnis am *Band* mit einer Rauhtiefe von weniger als 1 μm ist aber auch der Tatsache zu verdanken, daß die Ausgangsrauhtiefe bereits sehr klein war. Der Werkstoff ist hier zwar ein anderer als in Tafel 1—3, jedoch führen wir den Unterschied im Walzergebnis nicht auf seine Zusammensetzung zurück; wohl mag das wesentlich feinere Korn einen günstigen Einfluß haben.

Eindrucksvoll ist der Unterschied der Querrauheit vor und nach dem Walzen. Aber auch in Walzrichtung geht die Rauheit im gleichen Verhältnis, nämlich etwa 1 : 3 zurück. Überraschenderweise ist der räumliche Leeregrad nicht verringert worden. Sein verhältnismäßig hoher Wert rührt davon her, daß er sich in Abwesenheit von Poren und Mulden auf die sehr geringe Rauhtiefe R_t bezieht und nicht auf tiefe Stellen wie in Tafel 1—3. Jeder Zahlenwert besagt eben nur etwas, wenn er zusammen mit anderen beurteilt wird. Im Mittel lag die Rauheit der mit polierten Walzen nachgewalzten Bändern in den Bereichen:

$$R_t = 0{,}5...1{,}5\ \mu\text{m},$$
$$R_p = 0{,}1...0{,}3\ \mu\text{m},$$
$$R_a = 0{,}05...0{,}2\ \mu\text{m}.$$

Lediglich Bänder mit einer großen Ausgangsrauheit sind rauher (s. Tafel 1—3).

Beim Vergleich mit der Tafel 1—2 fällt auf, daß bei nicht sehr verschiedener Ausgangsrauheit die polierte Walze ein wesentlich besseres Ergebnis liefert als die nur geschliffene; allerdings dürften dazu auch die geringere Blechdicke in Tafel 1—4 und vielleicht auch das feinere Korn beigetragen haben.

Zu Tafel 1—5. Im Gegensatz zu dem Bestreben, möglichst glatte Bleche zu erhalten, steht das Bedürfnis für bestimmte Zwecke Bleche mit einer gewissen Mindestrauheit zu haben.

Die *Walzen* werden durch Stahlstrahlen aufgerauht; die Rauhtiefe schwankt von Ort zu Ort zwischen 14 und 22 μm. Wie nicht anders zu erwarten, werden die Rauhberge der Walzen allmählich abgestumpft mit dem Ergebnis, daß die Rauhtiefe durchschnittlich auf ²/₃ der Ausgangsrauhtiefe zurückgeht (gemessen nach rund 90 km Walzlänge). In dieser Tafel ist versuchsweise ein Bild der Walze mittels eines Technovit-Abdruckes gemacht worden. Da photographisch Technovit andere Reflexe gibt als ein Metall, so darf diese mittelbare Draufsicht nicht mit den unmittelbaren Draufsichten des Bandes verglichen werden. Sie zeigt aber eine sehr gleichmäßige Rauheit der Walze.

Die Ausgangsform für das Nachwalzen ist ein in mehreren Stichen kaltgewalztes *Band*, das anschließend geglüht wurde. Da das Blech nur etwa 8 μm dünner wird (der Umformgrad wurde durch die Streckung zu 0,9% gemessen), bildet sich die Rauhtiefe der Walze von rd.

20 µm nicht in voller Tiefe auf dem Blech ab. Der Abdruckvorgang wird durch den Vergleich zwischen den Rauhprofilen von Walze und Blech verdeutlicht; überdies findet er seinen Ausdruck in den beiderseitigen Profilleeregraden, deren Summe theoretisch bei 1 liegen sollte. Das Blech braucht vorher natürlich nicht sehr glatt zu sein, ist aber mehr oder weniger glatter als die aufgerauhte Walze. So entsteht das Rauhgebirge des rauh gewalzten Bandes aus einer Überlagerung der Anfangsrauheit und der eingeprägten Rauheit. Immerhin hat man es mit der Walzenrauheit in der Hand, eine bestimmte Bandrauheit zu erzielen (vgl. die Profilschriebe in Bild 5.1/2).

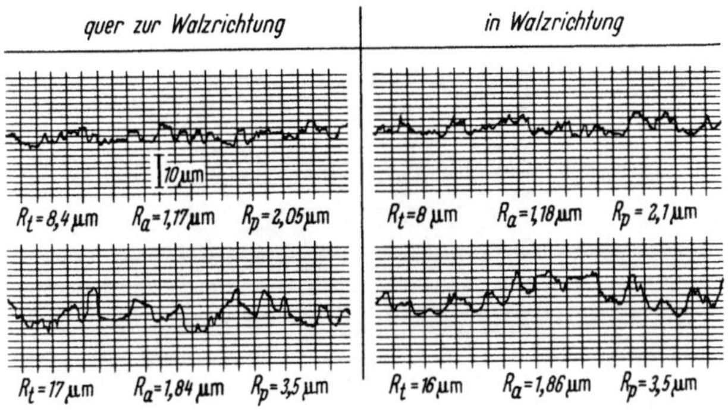

Bild 5.1/2. Rauhprofile von Bändern, die mit verschieden stark aufgerauhten Walzen nachgewalzt sind.

Gemäß dem Werkstoffhandbuch [*108*] werden Tiefziehbleche in folgenden Rauhtiefenstufen gefertigt

2,4 bis 6 — 6 bis 9 — 9 bis 12 — $>$ 12 µm

(Werte = Mittel aus mindestens 5 Einzelmessungen).

Abschließend sei darauf hingewiesen, daß man bei gleicher Rauhtiefe sehr wohl zwischen den Rauhresten eines vorher rauhen, dann bis zu einer gewissen Glättung gewalzten Bandes und den gewollten Rauhmulden in einer durch rauhe Walzen umgeformten Oberfläche unterscheidet.

Während die erstere die Tafelbergform mit geringen Leeregraden zeigt, finden wir bei den letzteren eine ziemlich offene Profilform mit einem ziemlich großen räumlichen Leeregrad (im Beispiel der Tafel bis zu 0,8).

Da wir in Abschnitt 1.2 den in amerikanischen Blechwalzwerken benutzten Kennwert „Gipfelanzahl je 25 mm Tastweg" erörtert haben, sei hier angegeben, daß unser rauhgewalztes Tiefziehblech in beiden Richtungen etwa 240 Gipfel auf 25 mm Tastweg aufweist; vergleichsweise wird dazu in [*35*] ein nahe dabei liegender Wert von beispielsweise 215 Gipfeln je Zoll als günstig bezeichnet.

5.1.2 Glattwalzen

Weitere Angaben außer den hier enthaltenen s. [*1, Abschnitt 4.1*].

Glattwalzen fällt unter den Oberbegriff „Feinwalzen" [*40, 95, 106*]; darunter werden Verfahren zusammengefaßt, mittels derer bestimmte Oberflächenteile massiver Werkstücke durch Walzen geglättet werden; es ist dies meist eine nur mikrogeometrische Umformung. Der Druck von Glättwalzen verändert zugleich den Aufbau einer unter der Oberfläche liegenden Schicht von einigen Zehntelmillimetern bis zu mehreren Millimetern Dicke, erhöht ihre Härte und erzeugt in ihr Druckeigenspannungen [*11, 28, 31*].

Je nach dem Zweck unterscheidet man Glattwalzen — früher auch Prägepolieren genannt — und Festwalzen. Beim *Glattwalzen* [*89*] kommt es vor allem auf die Glättung an; man erzielt an feingedrehten oder grob geschliffenen Flächen, d. h. an Flächen mit offenem Rauhprofil, Verringerungen der Rauhtiefe auf $^1/_{20}$ bis $^1/_5$. Rauhtiefen unter 1 µm, ja bei Sorgfalt unter 0,5 µm werden in der laufenden Fertigung erreicht. Oberflächen mit größerer Rauhtiefe und geringerem Traganteil lassen sich besser glattwalzen als solche mit geringerer Rauhtiefe mit hohem Traganteil. Bei unvollkommener Vorbearbeitung muß man aber damit rechnen, daß nicht alle ihre Spuren ganz beseitigt werden; es zeigen sich dann einzelne, allerdings seichte Rauhmulden zwischen breiten fein geglätteten Teilen, was seinen Ausdruck in Angaben findet, wie z. B. „0,5 und 2...3 µm" in Tafel 2—1. Die Härtesteigerungen an der Oberfläche sind fast stets willkommen, zumal sie einen erhöhten Verschleißwiderstand bedeuten.

Beim *Festwalzen* kommt es vor allem auf die Steigerung der Festigkeit in der Oberflächenschicht an; die damit verbundenen Druckeigenspannungen erhöhen die Dauerhaltbarkeit beträchtlich. Die Festwalzwerkzeuge haben ein gekrümmtes Profil; daher sind die örtlichen Walzdrücke beim Festwalzen höher als beim Glattwalzen; die Wirkung wird daher auf größere Tiefen ausgedehnt. Trotzdem kann durch Geringhaltung des Vorschubs parallel zur Werkstückachse bei geringer Rauheit (ebenfalls unter 1 µm) eine Welligkeit vermieden werden.

Wenn der Durchmesser eines Werkstücks gering ist (unter 20 mm), kann man durch Feinwalzen den ganzen Querschnitt bildsam verändern, dann haben wir ein „*Maßwalzen*" vor uns, mit dem man innerhalb enger Toleranzgrenzen ein bestimmtes Maß einhalten kann [*78, 79*]. Das gelingt auch bei kurzen Zylindern oder bei längeren durch Ringnuten unterbrochenen Zylindern, da hierbei der verdrängte Werkstoff nach der Seite ausweichen kann; s. a. Einstechwalzen S. 44.

Das *Glattwalzen* kann nicht nur auf volle Wellen [*57*], sondern auch auf hohle angewandt werden, deren Wanddicke mindestens $^1/_{10}$ des Außendurchmessers beträgt. Es setzt eine geometrisch korrekte Fläche (Ebene, Kreiszylinder von bestimmtem Durchmesser) voraus. Eine gewisse Maßänderung tritt ein, da die gewalzte Fläche gegenüber der vorbearbeiteten etwa um die räumliche Glättungstiefe zurücktritt. Beträgt der räumliche Leeregrad vorher z. B. 0,6, so wird ein Durchmesser etwa um $2 \times 0{,}6 \cdot R_t$ verringert; der Betrag kann bei nicht völliger Glättung etwas geringer sein.

Unter den Faktoren, die das Walzergebnis beeinflussen, steht an erster Stelle die Oberflächengüte der Walzwerkzeuge; sie sind durchweg feingeschliffen und poliert. Beim Glattwalzen *mit Vorschub* werden die Glättwalzen längs der Achse der zu glättenden Werkstücke vorgeschoben. Der Ausführung ihrer „Kanten" ist große

Sorgfalt zuzuwenden. Es kommt nämlich darauf an, an diesen örtliche Spannungsspitzen zu vermeiden, die Druckspuren hinterlassen würden. Daher hat die Werkzeugkante, die relativ zum ortsfest gedachten Werkstück vorauseilt, eine große Rundung, die völlig stufenfrei in den zylindrischen Teil übergeht (s. Tafeln 2—1 und 2—2); damit wird erreicht, daß die Übergangszone von der ungewalzten zur gewalzten Fläche verhältnismäßig breit und kein Vorschub markiert wird. Um auch an der im Sinne des Werkzeugvorschubes rückwärtigen Kante Druckspuren zu vermeiden, kippt man die Walzenachse in der mit der Werkstückachse gemeinsamen Ebene ein wenig, so daß eine tropfenförmige Berührfläche entsteht (Bild 5.1/3). Ihre Länge ist die „wirksame Walzenbreite"; sie ist geringer als die Länge des zylindrischen Teils am Werkzeug.

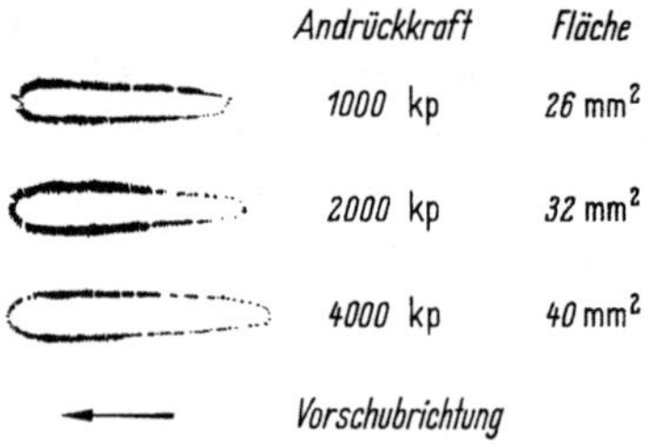

Bild 5.1/3. Wahre Berührfläche zwischen einer Stahlwelle 115 mm Durchmesser und einer Glättwalze von 120 mm Durchmesser mit stark gerundeter Kante bei einer Neigung von 30'. Richtung des Vorschubs des Werkzeuges nach links. (Nach *König* [56].)

Der Glättungseffekt ergibt sich, wie bei jedem Walzvorgang, dadurch, daß die Druckeinwirkung der Glättwalze von einer gewissen Umfangsgleitung begleitet wird (vgl. Abschnitt 5.1). Dieses Gleiten wird durch Schwenken der Walzenachse aus der mit der Werkstückachse gemeinsamen Ebene und durch den zur Werkstückachse parallelen Vorschub erhöht (vgl. Tafel 2—4, Schwenkwinkel 1...2°).

Das Ausmaß der Glättung ist außer von der geschilderten Stellung der Glättwalze von ihrem Durchmesser, ihrer Breite, ihrer Anpreßkraft und der Anzahl der Überwalzungen abhängig, die die einzelne Stelle des Werkstücks erfährt. Die Überwalzzahl ist gleich dem Verhältnis von wirksamer Walzenbreite zu Vorschub je Umdrehung mal der Walzenzahl.

Als Ergänzung zum Glattwalzen mit Längsvorschub ist in jüngerer Zeit das Glattwalzen im „Einstechverfahren" entwickelt worden [*80*]. Hierbei werden zylindrische Glättwalzen verwendet, deren Achsen parallel zur Werkstückoberfläche stehen. Ihre Kantenrundung kann äußerst gering sein, daher lassen sich damit Werkstücke mit Bunden und Absätzen bearbeiten. Da das axiale Gleiten entfällt, kommt es noch mehr auf die Oberflächengüte der Glättwalzen an. Ihre Rauhtiefe sollte 1 µm nicht überschreiten. Wegen des Umfangs-Gleiteffekts wird die Rauhtiefe des Werkstücks jedoch geringer. Es lassen sich Rauhtiefen bis herunter zu 0,1...0,2 µm erreichen.

Werkstücke mit Durchmessern bis etwa 20 mm lassen sich im Einstechverfahren auf Maß walzen, mit Toleranzen entsprechend IT 5...IT 6. Werden drei Glättwalzen in bestimmter Winkelanordnung verwendet, so lassen sich von der Vorbearbeitung herrührende Unrundheiten auf Beträge von 1...2 µm verringern. Bei großen Walzkräften können jedoch Abweichungen von der Zylinderform des Werkstückes auftreten.

Das Glattwalzen wirkt auf eine Oberflächenschicht von beachtlicher Dicke. *Krohn* [*80*] hat beim versuchsmäßigen Einstechglattwalzen von zylindrischen Werkstücken, die aus zwei Hälften längs zusammengelötet waren, die in Bild 5.1/4 gezeigte, aufs äußerste getriebene

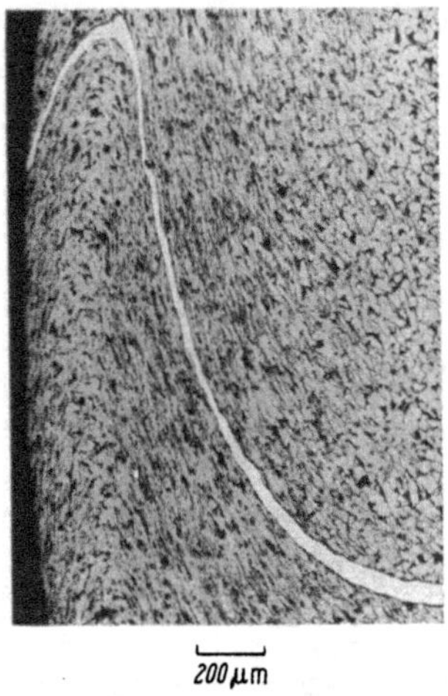

Bild 5.1/4. Bolzen 5 mm Durchmesser aus Ck 15 KN mit Silberlot hartgelötet, im Einstechverfahren glattgewalzt. Überwalzzahl = 105; bezogene Walzkraft 100 kp/mm. (Nach *Pahlitzsch* u. *Krohn* [79]).

tangentiale Verformung erreicht (bei weiterer Erhöhung der Überwalzzahl trat Abblättern ein). Beim praktischen Glattwalzen wird die Walzkraft in Abhängigkeit von der Festigkeit des Werkstückstoffes so hoch gewählt, daß das gewünschte Glattwalzergebnis eintritt (vgl. auch Bild 5.1/5). Der gewonnene „Einblick" weist darauf hin, daß jedem Werkstoff Walzkräfte und Überwalzzahlen angepaßt werden müssen.

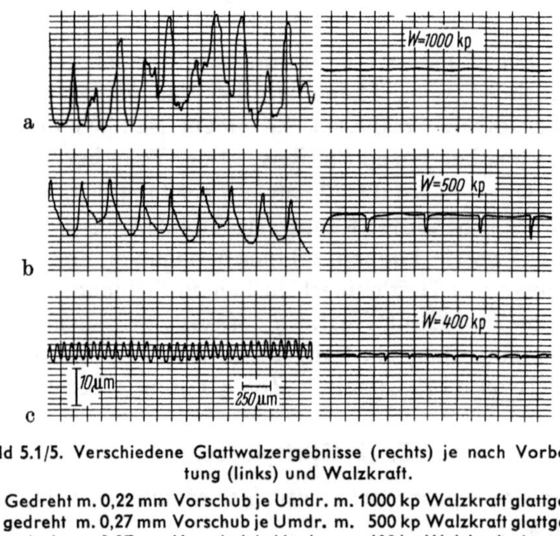

Bild 5.1/5. Verschiedene Glattwalzergebnisse (rechts) je nach Vorbearbeitung (links) und Walzkraft.

a) Gedreht m. 0,22 mm Vorschub je Umdr. m. 1000 kp Walzkraft glattgewalzt;
b) gedreht m. 0,27 mm Vorschub je Umdr. m. 500 kp Walzkraft glattgewalzt;
c) gedreht m. 0,07 mm Vorschub je Umdr. m. 400 kp Walzkraft glattgewalzt.

Ähnlich dem Einstechverfahren, wenn auch in der Ausführung etwas anders, ist der Glättvorgang bei dem von *Pahlitzsch* und Mitarbeitern für Durchmesser von 2 bis 20 mm entwickelten Verfahren mit schraubigem Glättwulst [*78, 79*].

Zu den Einflüssen von Werkzeug und Ausführung des Verfahrens treten diejenigen der *Vorbearbeitung*. Zumeist besteht sie im Überdrehen bzw. Ausdrehen; hierbei ist darauf zu achten, daß keine Aufbauschneiden auftreten, die auf die Werkstückoberfläche übergehen und das Walzergebnis beeinträchtigen [*56*]. Auch die Vorbearbeitung durch Grobschleifen wird benutzt, wobei die Kosten hierfür zuzüglich derer für das Glattwalzen nicht höher sind als für das Feinschleifen, das indes keine so tragfähige Oberfläche liefert [*89*].

Während die oben angegebene Rauhtiefe für Wellen in Gleitlagern empfohlen wird, wo sie das hydrodynamische Verhalten begünstigt, ist es für Kolbenstangen, die in Packungen längs verschoben werden, günstiger, ihre Oberfläche nicht ganz auszuwalzen, sondern eine Restrauhtiefe von 1 bis 2 μm zu belassen. In diesen ungerichteten Rauhmulden (vgl. Tafel 2—2) halten sich kleine Schmierstoffmengen.

Für manche anderen Zwecke sind größere Rauhtiefen zulässig, z. B. da wo die Überlegenheit gegenüber gedrehten oder geschliffenen Flächen nur im höheren Traganteil und in der Kaltverfestigung liegen soll. Andererseits werden gerade wegen der letzteren Eigenschaften bisweilen Oberflächen, die um der makrogeometrischen Genauigkeit willen geschliffen worden sind, durch Walzen geglättet, wobei Rauhtiefen bis herunter zu 0,2 μm erzielt werden.

Somit hat man es in der Hand, durch die Vorbearbeitung (Drehen mit verschiedenen Vorschüben, Schleifen mit verschiedenen Körnungen) und durch Anpreßkraft und Überwalzzahl glatteste Flächen oder solche mit verteilten Rauhmulden verschiedener Tiefe zu erzielen. Dafür zeigt Bild 5.1/5 einige Beispiele.

Schließlich sei noch der Einfluß der *Schmierung* erwähnt. Schmiermittel behindern die Glättung, eine Erfahrung, die auch beim Kaltwalzen von Blechen gemacht wird. Jedoch ist ein Film eines dünnflüssigen Öles¹), der die Walzen schont und zugleich eine willkommene Kühlwirkung ausübt, zulässig.

Die glattgewalzten Oberflächen sind die besten, die durch Umformen erzielt werden können. Beim gewöhnlichen Glattwalzen liegt ihre Rauhtiefe zwischen 1 und 4 μm, beim feinen Glattwalzen zwischen 0,2 und 1 μm. Dafür sind Tastschriebe nicht mehr die beste Wiedergabe; eher kommen Interferenzaufnahmen in Betracht [*1*, Abschnitt 4.1].

Das Glattwalzen ist das wirtschaftlichste Glättungsverfahren. Es tritt bei Wellen häufig an die Stelle des Schleifens und des Feinhonens, bei Bohrungen an die Stelle des Honens. Auch wird es in bestimmten Fällen zufolge der es begleitenden Kaltverfestigung an Stelle des Härtens angewandt (s. Abschnitt 2.7.2). Einen Wirtschaftlichkeitsvergleich mit dem Honen [*95*] zeigt Bild 5.1/6, aus dem zugleich ersichtlich ist, daß die Kosten des Glattwalzens erst unterhalb einer schon geringen Rauhtiefe (0,2 μm) steil anwachsen, aber erheblich unter denen des Feinhonens bleiben.

¹) Z. B. „Walzöl-grün" der Firma Houghton.

Das Verfahren wird durch Glattwalzgeräte mit 2 oder 3 Walzen in Drehbänken [*57*] ausgeführt. Auch setzt man Glättwalzen in Drehautomaten ein, um gedrehten Flächen die höchste Güte zu erteilen. Für die Massenfertigung von Schäften und Bolzen werden besondere, selbsttätige

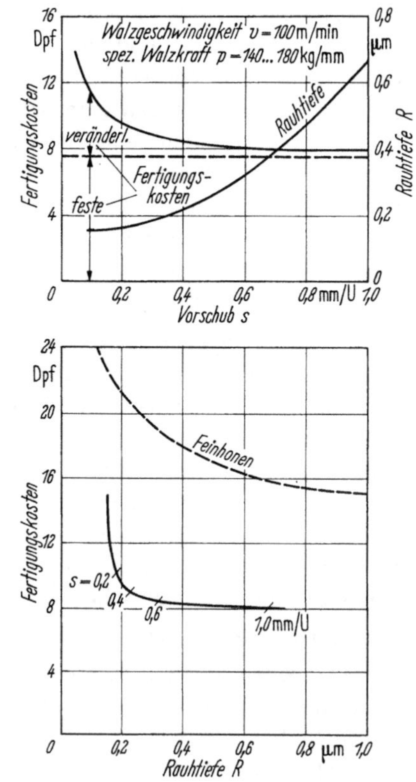

Bild 5.1/6. Vergleich der Fertigungskosten beim Honen und Glattwalzen von Bolzen (nach *Schuler* [*95*]) in Abhängigkeit von der erzielbaren Rauhtiefe.

Glattwalzmaschinen eingesetzt [*40*]. Das Glattwalzen von Bohrungen wird in üblichen Bohrmaschinen oder in Drehbänken für Futterarbeiten und Drehautomaten ausgeführt. Zum Glattwalzen ebener Flächen kann man steife Tischhobelmaschinen benutzen, in die Glattwalzgeräte eingesetzt werden [*43*].

Der *geometrische* Anwendungsbereich des Glattwalzens erstreckt sich auf zylindrische, kegelige und ebene Außenflächen sowie auf Ausrundungen von Bolzen und Wellen mit 2 bis 700 mm ⌀, ferner auf die Außenflächen von Hohlkörpern; dazu kommen zylindrische Innenflächen.

Verwandte Verfahren finden wir beim Nachwalzen kaltgewalzter Bleche (s. Abschnitt 5.1.1) und beim Richten gezogener Stäbe zwischen Walzen (s. Abschnitt 5.3.1).

Der *werkstoffmäßige* Anwendungsbereich umfaßt alle Stähle, Stahlguß und verschiedene Gußeisensorten [*30*]; es steht nichts entgegen, es auch auf NE-Metalle anzuwenden. Auswirkung des Glattwalzens auf das Funktionsverhalten s. Abschnitt 2.7.

Für die Tafeln haben wir folgende Beispiele ausgewählt:

Tafel 2—1 Glattwalzen einer Welle,
Tafel 2—2 Glattwalzen eines Bolzens (Ventilschaft),
Tafel 2—3 Glattwalzen einer Bohrung in Gußeisen,
Tafel 2—4 Glattwalzen einer ebenen Fläche an Stahlguß.

Zu Tafel 2—1. Hier handelt es sich um eine Aufgabe aus dem mittleren Maschinenbau. Eine durch Drehen geschlichtete *Welle* von 110 mm ⌀ wird zwischen zwei Glättwalzen von 145 mm ⌀ mit einer Überwalzzahl = 50 geglättet. Der Walzenvorschub je Werkstückumdrehung liegt unter der Grenze, jenseits der das Glättungsergebnis schlechter wäre. Eine geringe Schmierung mit Petroleum beeinträchtigt die Glättung nicht und hält den Verschleiß der Glättwalze hintan. Die Vorbearbeitung bestand im Schlichtdrehen mit einer Rauhtiefe zwischen 20 und 30 μm; die vorgedrehten Flächen hatten keine Ansätze von Aufbauschneiden. Während die erzielte Rauhtiefe des weit überwiegenden Flächenteils unter 0,5 μm liegt, wurden vereinzelte Spuren der Vorbearbeitung zugelassen; ihre Tiefe geht nicht über 2 bis 3 μm hinaus. Dies ist in den Rauhtiefenangaben zum Ausdruck gebracht.

Beachtlich ist die Verringerung des räumlichen Leeregrads durch das Glattwalzen. Bisweilen spricht man von einer Verdichtung der Oberfläche. Eine räumliche Verdichtung von gewalztem Stahl ist indes bis jetzt nicht bekanntgeworden, wohl aber kann man der gemeinten Verdichtung den Sinn unterlegen, daß in der Oberflächenschicht die Leerräume geringer geworden sind. Weder vom Drehvorschub noch vom Walzvorschub ist nach dieser Mikroumformung etwas zu sehen.

Zu Tafel 2—2. Das *Werkstück* ist ein Ventilschaft von 8 mm ⌀, der in großen Mengen in einer selbsttätigen Glattwalzmaschine[1]) gefertigt wird. Diese Schäfte sind spitzenlos vorgeschliffen und werden spitzenlos zwischen drei Walzen glattgewalzt, die im Verhältnis zum Werkstückdurchmesser sehr breit, aber trotzdem zum Werkstück hin gekippt sind; auch sind die Walzenachsen gegenüber ihren mit der Werkstückachse gemeinsamen Ebenen leicht geschwenkt, wodurch der axiale Vorschub zustande kommt. Bei einem Verhältnis wirksame Breite zu Vorschub = 5 und drei Walzen ergibt sich die Überwalzzahl jeder Stelle = 15. Dieser ist es zu verdanken, daß trotz eines beträchtlichen Walzenverschleißes (bis zu R_t = 5 μm) noch nach 75000 Werkstücken eine Glättung auf eine Rauhtiefe erreicht wird, die überwiegend unter 0,5 μm liegt. (Man beachte die sehr starke Höhenverzerrung in den Tastschrieben der Werkstücke!) Vereinzelt treten Rauhmulden auf, die in den Rauheitsmeßwerten eingeschlossen sind. Auf ihre Nützlichkeit ist oben hingewiesen. Hier erwies sich eine schwache Schmierung mit Walzöl-grün als günstig, denn dieses konnte aus den geringen Berührflächen im Wirkpaar leicht entweichen; aber die Werkzeuge wurden dadurch geschont.

Beachtlich ist auch hier die Verringerung des räumlichen Leeregrads, die zugleich eine Erhöhung des Traganteils bedeutet. Die Durchmesserverringerung liegt mit einem Mittelwert von 1,5 μm in der Größenordnung der doppelten Ausgangsglättungstiefe. Seit dem Zeitpunkt dieser Messungen sind weitere Fortschritte in bezug auf Glättung erzielt worden. Wesentlich bei diesen schlanken Schäften ist eine einwandfreie Entspannung vor dem Glattwalzen, die durch eine Warmbehandlung oder durch Walzen erzielt werden kann.

Zu Tafel 2—3. Das Glattwalzen von Bohrungen in gußeisernen Werkstücken ist seit mehreren Jahrzehnten bekannt. Dafür sind *Werkzeuge*[2]) entwickelt worden, die auf einem Tragdorn eine Anzahl von Glättwalzen tragen. Das Werkzeug wird während des Drehens vorgeschoben, so daß sich aus Walzenzahl, wirksamer Walzenbreite und Vorschub je Werkzeugumdrehung die Überwalzzahl ergibt, die für das Glättungsergebnis wesentlich ist [49].

An den Oberflächen *gußeiserner Körper* wird wegen der Graphiteinschlüsse nicht die gleich geringe Rauhtiefe wie bei Stahl erreicht, jedoch ist die erzielte Rauheitsart dieselbe: große tragende Flächenanteile mit verstreuten Rauhmulden [30]. Wesentlich ist die Glättungstiefe; diese ist am glattgewalzten Stück um so geringer, je geringer sie bei der Vorbearbeitung durch Drehen oder Reiben war, je größer die bezogene Walzkraft und je größer die Überwalzzahl ist. Die Glättung ist insofern von der Wanddicke des Werkstücks abhängig, als geringe Wanddicken keinen hohen Walzdruck zulassen. Ist die Wanddicke ungleich, so wird an den Stellen geringer Massenanhäufung die Glättung geringer, da dort die Wand elastisch mehr nachgibt; sonach kann die Rauhtiefe entlang dem Umfang oder parallel zur Achse ungleich ausfallen. Dieser Einfluß der Konstruktion des Werkstücks ist zu beachten.

Der Vorschub ist verhältnismäßig groß, da das Vorhandensein mehrerer Glättwalzen eine genügende Überwalzzahl ergibt. Dem ist auch die Tatsache zu verdanken, daß die Werkstückoberfläche besser wird als die Walzenoberfläche.

Das Ergebnis, das in dieser Tafel dargestellt ist, entspringt zwar einer Versuchsreihe, wird aber in ähnlichem Maß auch in der laufenden Fertigung erzielt. In dem verfügbaren Werkzeug hatten die Walzen eine Neigung, die eigentlich für Stahl paßt (26′), während uns für Gußeisen $\beta = 1{,}5°$ günstiger erscheint. Die Glättung ist bei diesem gewöhnlichen Gußeisen (Dauerformguß GG 18) im Verhältnis zur Ausgangsrauhtiefe gut — kann aber absolut verbessert werden, wenn die Vorbearbeitung und wenn der Werkstoff besser ist. Hier haben kleine Ausbrüche und leere Graphitadern die größeren Rauhtiefen hervorgerufen. Ein Gußeisen wird um so glatter gewalzt, je feiner sein Gefüge ist und je mehr sich die

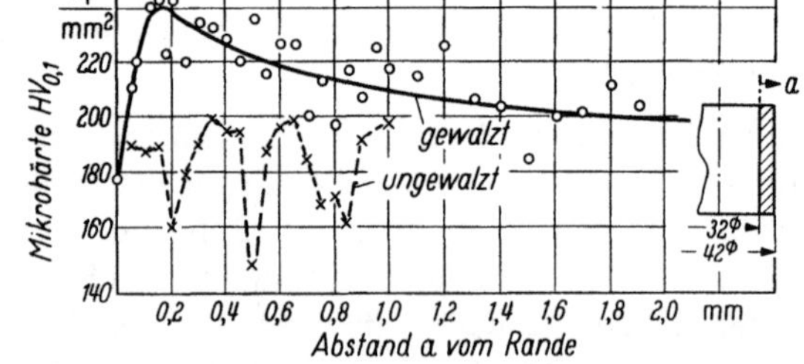

Bild 5.1/7. Härteverlauf in der Wand einer glattgewalzten Bohrung aus GG-18. Wanddicke 5 mm; Walzendurchmesser 8 mm; Vorschub je Umdrehung des Werkzeugs 0,1 mm; Zustellung insgesamt 180 μm; Überwalzzahl 100; Schmierung: Petroleum. (Nach *Kienzle* u. *Gerlach* [49].)

---

[1]) Hersteller: Wilhelm Hegenscheidt K.G., Erkelenz/Rhld.

[2]) Die Werkzeuge waren von Ing. *G. Preis* entwickelt und von der Firma H. J. Becker, Berlin-Charlottenburg, zur Verfügung gestellt worden.

Graphitnester der Kugelform nähern, weil sie dann die geringste Oberfläche beanspruchen.

Der Tiefeneinfluß des Walzens ist im Schliffbild zu erkennen. Die Steigerung der Härte ist im Beispiel der Tafel beachtlich; sie geht bis 1 mm Tiefe. Die größte Härte wird dicht unter der Oberfläche gefunden (Bild 5.1/7). Schmiermittel dürfen nicht verwendet werden, weil sie in den Poren Sprengwirkungen ausüben können. Jedoch hat sich eine Reinigung mit Petroleum zwecks Ausspülung des aus den Poren verdrängten Graphits als zweckmäßig erwiesen.

Zu Tafel 2—4. Das *Glattwalzen gehobelter Flächen* an gegossenen Werkstücken ist noch nicht üblich geworden. Nachdem aber die für die Glättung maßgebenden geometrischen Zusammenhänge grundsätzlich geklärt sind und der Erfolg des Verfahrens an Bohrungen in Gußeisen erwiesen ist, dürften sich mancherlei Anwendungsfälle in der Praxis ergeben, wo es auf glatte, tragfähige Flächen ankommt. Darauf hat zuerst *Iwascheff* im Hinblick auf Werkzeugmaschinenführungen hingewiesen [43]. *Kienzle* und *Gerlach* haben die Anwendung des Verfahrens aufgezeigt, indem sie Versuche auf einer Tischhobelmaschine mit einem kräftigen Querträger durchführten [49]. In dieser war ein Glattwalzgerät[1]) mit einer Glättwalze und zwei Stützwalzen eingebaut; dadurch konnte der Glättwalzendurchmesser klein und die Walzkraft auf eine schmale Kontaktzone konzentriert werden. Diesen Versuchen entstammt die Tafel 2—4. Die Walzenbreite war geringer als die Werkstückbreite; es wurde mit Seitenvorschub derart gearbeitet, daß sich die Walzbahnen überlappten. Die 0,45 mm breiten Hobelriefen waren nach dem Walzen wegen verschiedenen Glanzes des ehemaligen Rillenkamms und Rillengrunds zwar noch sichtbar, aber höhere Stufen als 2 μm in der Oberfläche konnte nicht gefunden werden. Der Seitenvorschub wurde jeweils *nach* dem Rückhub geschaltet, so daß bei diesem ein wiederholtes Überwalzen ohne Zustellung stattfand. Die Überwalzzahl lag zwischen 10 und 20; ihre Auswirkung zeigt sie u. a. darin, daß mit zunehmender Wiederholung die weniger tiefen Poren ausgeglättet werden.

Die Glättung bei diesen Stahlgußplatten üblicher Güte kam der von Stahl etwa gleich. Der räumliche Leeregrad wurde von 0,6 bei $R_t = 25\,\mu m$ auf 0,16 bei $R_t \approx 1\,\mu m$ verringert. Bei Gußeisen ist so eine Glättung nicht zu erwarten (vgl. a. Tafel 2—3). Geschmiert wurde mit Petroleum, jedoch lehren weitere Beobachtungen, daß man ohne Schmierung bessere Ergebnisse erzielt. Dazu kommt, daß bei Gußeisen jedes Zuviel an Schmiermitteln die Gefahr örtlich hoher hydraulischer Drücke und damit eines Lockerns oder eines Ausplatzens kleiner Teilchen mit sich bringt.

[1]) Hersteller: Wilhelm Hegenscheidt K.G., Erkelenz/Rhld.

5.1.3 Walzen von Gewinden

Weitere Angaben außer den hier gemachten s. [1, Abschnitt 4.3].

Das Element des Gewindewalzens [*105*] ist am Werkzeug ein Satz von Keilen oder Kämmen, die wälzend in das runde Werkstück eindringen und dort Rillen erzeugen [4]. Zwischen je zwei Walzkämmen steigt der verdrängte Werkstückstoff „in die Höhe". Er gleitet entlang der Flanken der Walzkämme und bildet zunächst Lippen (Bild 5.1/8). Der dazwischen liegende Teil erfährt eine *freie Umformung*, bis er schließlich den Raum zwischen den Walzkämmen ausfüllt und sich zu den Gewindespitzen schließt. Hier können Falten entstehen, die aber die Festigkeit der Schraube nicht beeinflussen, soweit sie innerhalb der Kopfrundung verlaufen. In welchem Maße sich die kleinen Falten schließen oder durch Kaltverschweißen verschwinden, hängt einmal vom sog. Auswalzungsgrad, zum anderen von der Reinheit der Oberfläche und der Neigung zur Kaltverschweißung ab. Der Auswalzungsgrad ist um so höher, je größer der Rohlingsdurchmesser ist und je stärker daher der Werkstoff in den Grund der Werkzeugrillen hineingedrückt wird.

Jenen radialen Gleitungen an den Walzenflanken überlagern sich Gleitungen zwischen Werkstück und Werkzeug in Umfangsrichtung. Diese beruhen teils auf der üblichen Walzgleitung (s. Abschnitt 5.1.1), teils auf den geometrisch begründeten, unterschiedlichen örtlichen Umfangsgeschwindigkeiten von Werkzeug und Werkstück. Während etwa in Flankenmitte diese Geschwindigkeiten gleich sind, treten die größten Unterschiede im Grund und an der Spitze auf. Hierbei heben sich die günstige, glättende Wirkung und der größere Verschleiß an den Walzwerkzeugen, der eben auf diese Gleitung zurückzuführen ist, mindestens teilweise auf. Außerdem entstehen am Grund und an der Spitze noch geringfügige Gleitungen quer zur Walzrichtung, weil dort die

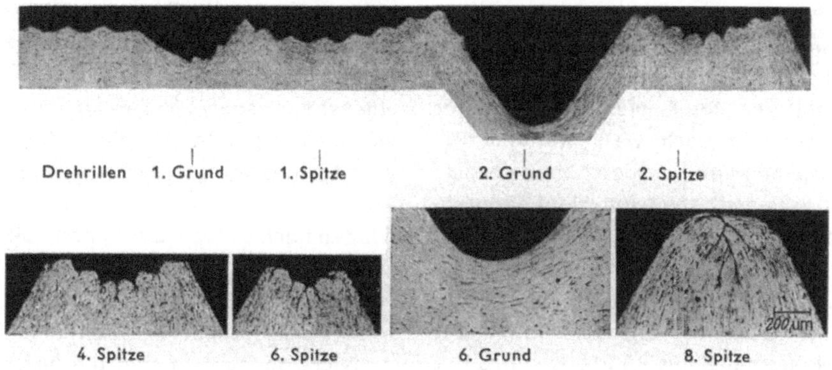

Bild 5.1/8. Allmähliche Ausbildung der Gewindekämme auf einem vorgedrehten Werkstück. (Nach *Kienzle* u. *Mietzner* [1].)

Steigungswinkel von Walzwerkzeug und gewalztem Gewinde verschieden sind. Dies ist beim Walzen mit Flachbacken [92] (Tafel 3—1) und mit Rillenwalzen (Tafel 3—4) weniger der Fall als bei Gewindewalzen.

Dem Eindringen der Kämme von Walzbacken oder von Gewindewalzen in die volle Tiefe des Werkstücks folgt eine Art „Nachwalzen", bei dem keine Umformung mehr bewirkt wird. Dabei wird die einzelne Stelle noch mehrere Male überwalzt (vgl. die Überwalzzahl beim Glattwalzen) und in Umfangsrichtung geglättet. Hierbei besteht die augenblickliche Berührfläche im Wirkpaar in einem schmalen, sich etwa radial erstreckenden Streifen, so daß sich nun auf der Werkstückflanke das radiale Flankenprofil des Walzwerkzeugs bis zu einem gewissen Grade abbildet. Besitzt dieses in Richtung des Kammes Riefen — sei es, daß sie vom Schleifen oder vom Verschleiß herrühren —, so zeigen sich deren Spuren auf der Werkstückflanke, wie beim radialen Abtasten in einer durch die Achse gehenden Ebene gefunden wird. Aber Rauheiten, die beim Abtasten des Walzwerkzeugs in Umfangsrichtung gefunden werden, finden sich wegen des Gleitens und des wiederholten Überwalzens am Werkstück kaum.

Die gewalzte Gewindeoberfläche pflegt daher gerichtet zu sein und glatter in Umfangsrichtung als in einer Achsebene. Die Rauheit über der Flanke in einer Achsebene gemessen ist nicht gleichmäßig; das äußere Drittel pflegt rauher zu sein als der innere Teil; einmal weil dort bis kurz vor dem Schließen des Kopfes ein geringerer Umformdruck herrscht und auch weil mit den sich bildenden Lippen Phosphatreste hinausgeschoben werden. Daher sollte man die Rauheit etwa am Flankendurchmesser vorschreiben.

Natürlich ist die Oberfläche der Werkstücke vor dem Walzen von Einfluß. In der Massenfertigung von Schrauben, besonders wenn, wie bei hochfesten Schrauben, der C-Gehalt des Werkstoffes höher als 0,15 % ist, wird der Werkstoff phosphatiert und beseift und bei Schaftgewindeschrauben meist in Hartmetallmatrizen auf den Gewindewalzdurchmesser verjüngt (reduziert, s. Tafel 6—1). Phosphatschichten [68] reagieren nicht nur mit dem Grundwerkstoff, sondern auch unter dem Druck und der Temperatur beim Verjüngen mit der aufgebrachten Seife zu Stearat (z. B. Zinkstearat), das als guter Schmiermittelträger wirkt. Eine solche Schmierung erweist sich für die Schonung der Werkzeuge als sehr wirkungsvoll, ohne die Glättung zu beeinträchtigen.

Für das Gewindewalzen selbst werden die verjüngten Bolzen in verschiedener Weise vorbereitet:

a) Durch Trommeln in Sägespänen. Dabei können Rauhmulden entstehen und Reste von Phosphatschichten bleiben. Diese Reste werden beim Gewindewalzen in das äußere Drittel der Gewindeflanken bis zu den Gewindespitzen verschoben. Die Rauhmulden lassen jedoch gemäß den Ergebnissen der Tafeln 3—1 und 3—2 keine optimalen Oberflächen erzielen.

b) Durch Beizen und Trommeln. Nach dem Beizen ist die Oberfläche aufgerauht, zumal der mit dem Metall verbundene Phosphatüberzug abgetragen wird. Die Oberfläche ist mehr oder weniger metallisch rein und gleichmäßig rauh. Sie ergibt glattere Gewindeflanken als bei a).

c) Durch Phosphatieren und Beseifen, sofern die Bolzen vergütet worden sind oder aus einem schwer umformbaren Werkstoff bestehen.

Andererseits konnten wir vergleichsweise feststellen, daß durch Schlichtdrehen vorbearbeitete Schafte glattere Gewindeflanken ergeben als die, die vorher verjüngt und getrommelt waren. Solche Fälle finden sich in den Tafeln 3—3 und 3—4. Es ist daher für das Gewindewalzen nicht ungünstig, wenn die Vorbearbeitung aus sonstigen Fertigungsgründen durch Drehen erfolgt; das ist z. B. bei großen Gewinden bis zu 150 mm Durchmesser oder bei Schrauben aus nickelhaltigen Werkstoffen der Fall, die der Genauigkeit der Außendurchmesser zuliebe abgespant werden.

Dies alles sind Hinweise darauf, daß die Oberflächengüte an den Gewindeflanken auch von der Sorgfalt bei der Vorbearbeitung abhängen. Fehler am Draht, wie Poren, Schuppen, Narben, große Böschungswinkel an einzelnen Stellen können sich an der gewalzten Fläche bemerkbar machen; sie sind aber im allgemeinen unschädlich.

Bei der Beurteilung der Schriebe in den entsprechenden Atlasblättern ist zu beachten, daß diese für die Tastrichtung längs der Flanke gekrümmt sind, weil die Bezugsfläche des Tastgeräts hierbei eine Ebene ist.

Für die *Verfestigung* und die Ausbildung von Druckeigenspannungen gilt das für das Glattwalzen und Festwalzen Gesagte in erhöhtem Maße, sofern nicht im Gewindegrund etwa durch übermäßigen Verschleiß der Walzen Riefen entstehen. Was man an gedrehten Gewinden nach *O. Föppl* durch Festwalzen im Gewindegrund erreicht [110], entsteht beim Gewindewalzen ins Volle von selbst. Die Tiefenwirkung am Gewindegrund erstreckt sich auf mehrere Zehntelmillimeter [96].

Nicht angegeben sind die bezogenen Formänderungen und die Umformgrade. Es wäre wenig sinnvoll, etwa die Zunahme des Außendurchmessers dafür zugrunde zu legen. Hier gilt, was schon an anderer Stelle erwähnt ist, daß es auf die örtliche Umformung ankommt. Diese aber ist mit den gegenwärtigen Mitteln nicht festzustellen, es sei denn, daß man sich mit Mikrohärtemessungen begnügt, wie sie beispielsweise in Tafel 3—1 angegeben sind.

Die verschiedenen Gewindewalzverfahren unterscheiden sich durch die Art ihrer Werkzeuge. Man unterscheidet das Gewindewalzen zwischen *Flachbacken* und *Walzen* und bei diesem das Einstechverfahren und das Durchlaufverfahren. Die Eigenheiten dieser Verfahren werden wir bei den einzelnen Tafeln schildern, für die wir die Beispiele so ausgewählt haben, daß die Unterschiedlichkeit der Verfahren in Erscheinung tritt:

Tafel 3—1 Gewindewalzen mit Flachbacken — Gewinde M 14×1,5 in Stahl 41 Cr 4,
Tafel 3—2 Gewindewalzen im Einstechverfahren — Gewinde M 16 in Stahl 41 Cr 4,
Tafel 3—3 desgl. — Gewinde M 30 in Stahl C 35,
Tafel 3—4 Gewindewalzen im Durchlaufverfahren — Gewinde 1 1/8″ in Stahl 24 Cr Mo 5.

Zu Tafel 3—1. Das allmähliche Formen des Gewindes wird dadurch bewirkt, daß die *Flachbacken* am Einlauf abgeschrägt sind. Die Länge des Einlaufs entspricht mindestens einem mittleren Umfang des Werkstücks, so daß das Gewinde nach wenig mehr als einer Umdrehung nahezu auf Fertigmaß gewalzt ist. Die Länge des Glättungsteiles liegt zwischen dem zwei- bis vierfachen, mittleren Umfang des Werkstücks. Ein leicht abgeschrägter Auslauf verhütet Beschädigungen des Gewindes beim Lösen aus dem Werkzeug.

Die Backen werden je nach den Anforderungen an die Gewinde gefräst oder geschliffen; letzteres erfolgt in zunehmendem Maße [92]. Die Rauheit der gefrästen Flachbacken wird durch die Fräsrillen längs der Flanken bestimmt. Mit zunehmender Walzzahl rauht sich das Werkzeug auf, wobei die Querrauheit stets größer bleibt als die Längsrauheit. Dies erklärt sich aus dem Gleiten des Werkstoffs, das etwa in der gleichen Richtung verläuft wie die Fräsriefen. Das Werkzeug wird am stärksten in der Einlaufzone aufgerauht, weil hier auf einer verhältnismäßig kurzen Walzstrecke die Außenschicht des Bolzens zum Gewinde umgeformt wird. In der Glättungszone wirken keine großen Kräfte mehr, so daß die Werkzeugrauheit mit der Benutzung weniger zunimmt. In der Auslaufzone findet sich noch nach langem Gebrauch annähernd die Ausgangsrauheit. Vergleicht man die Rauheit des Werkstücks mit der des Werkzeugs, so ergibt sich, daß die Gewinderauheit in der ersten Hälfte der Glättungszone gebildet wird.

Im Falle der Tafel 3—1 ist das neue Werkzeug recht gut; es hat sich nach einigen tausend Werkstücken nur wenig verschlechtert.

Die *Werkstücke* waren vor dem Gewindewalzen durch Umformen hergestellt, und zwar nach dem Verjüngen („Reduzieren") getrommelt, so daß ihre Rauheit beträchtlich war[1]). Die Rauhtiefen am Werkstück wurden dennoch etwa auf die der Walzbacken zurückgeführt. Wie man sieht, sind die Flanken in einer Achsebene rauher als in Umfangsrichtung.

Das Schliffbild am Gewindegrund läßt die für die Dauerhaltbarkeit günstige innere Verformung erkennen. An dieser Stelle ist auch die Verfestigung am größten, wie die Härtewerte ausweisen. Allerdings sind die für die verschiedenen Stellen der Gewindeflanken angegebenen Härtewerte HV 30 und HV 0,2 nicht ganz vergleichbar, weil man bei der Härtemessung nach Vickers mit abnehmender Prüflast höhere Härtewerte findet [97]. Es kann auch nicht behauptet werden, daß die angegebene Härteverteilung bei gewalzten Spitzgewinden allgemein zutrifft. Man hat gelegentlich beobachtet, daß die Verfestigung an der Spitze ebenso groß ist wie im Gewindegrund. Das mag der Fall sein, wenn der Auswalzungsgrad groß ist, wodurch die Gewindespitze einen höheren Umformdruck erfährt. In diesen Fällen sind auch kaum noch feinste Fältchen wahrzunehmen.

Die Gewindeflanke zeigt deutlich einen Formfehler, indem sie um rd. 10 μm hohl ist.

[1]) Wie aus Tafel 6—1 zu ersehen, können durch Verjüngen wesentlich bessere Oberflächen erzielt werden.

Zu Tafel 3—2. Zunächst sei einiges Grundsätzliche über das *Einstechverfahren zwischen Rundwerkzeugen* ausgeführt. Hierbei entsteht das Gewinde, indem die ortsbewegliche Walze gegen die feststehende radial bis auf Fertigmaß zugestellt wird. Bevor sich die Walzen wieder öffnen, wird das Werkstück in einigen Umdrehungen geglättet. Die Werkzeuge haben im Flankendurchmesser denselben Steigungswinkel wie das zu walzende Gewinde in seinem Flankendurchmesser; das Walzengewinde muß sich daher über die ganze Länge des zu walzenden Gewindes erstrecken. Sind die Flankendurchmesser der Walzen und des Werkstücks D_F bzw. d_F, so ist D_F/d_F eine ganze Zahl *A*. Ist das Werkstückgewinde eingängig, so hat das Walzengewinde *A* Gänge; es kommt daher bei diesem mehrfachen Werkzeuggewinde darauf an, daß es nicht nur genau die *A*-fache Steigung der Werkzeuggewindesteigung hat, sondern daß auch die Gangabstände genau gleich dieser sind. Fehler in dieser Hinsicht wirken sich am gewalzten Gewinde nicht nur als Formfehler, sondern auch als Oberflächenfehler aus.

Die *Gewindewalzen* werden nach dem Härten geschliffen; ihre Rauheit ist daher geringer als die der gefrästen Flachbacken. Auch nach einer großen Zahl gewalzter Gewinde verändert sie sich wenig.

Daß eine gute *Gewindefläche* von der Sorgfalt bei der Vorbehandlung abhängt, wurde schon oben erwähnt. Ebenso kommt es darauf an, vor dem Walzen Werkzeug und Werkstück zu reinigen und das Eindringen von Schmutzteilchen in das Wirkpaar hinanzuhalten. Günstig in dieser Hinsicht ist die Verwendung von dünnflüssigen Schmiermitteln, weil hierdurch die Schmutzteilchen und Phosphatreste herausgespült werden.

Die Tafel 3—2 gibt ein Bild von der üblichen Massenfertigung hochwertiger Schrauben (hier Qualität 12 K). Dabei hat die Gleichmäßigkeit der Gewindeoberfläche die Bedeutung, daß sie bei gleichen Anzugsmomenten eine gleichmäßige Vorspannung in der Schraubenverbindung gewährleistet [45]. Diese Gleichmäßigkeit wird nicht dadurch beeinträchtigt, daß der räumliche Leeregrad ziemlich hoch ist; denn die absolute Größe der Leerräume ist dennoch gering. Man muß in einer solchen Massenfertigung einen gewissen Verschleiß der Werkzeuge zulassen und auch mit den oben erwähnten Unsauberkeiten rechnen. Es ist immerhin bemerkenswert, daß nach dem Walzen von 150000 Werkstücken die Walzen noch ziemlich wenig abgenutzt sind. Das ist durch andere Beobachtungen bestätigt worden. Die Erhöhung der Flankenrauheit durch Verschleiß hat kaum Einfluß auf die Güte der gewalzten Gewindefläche, wenn die Standmenge der Walzen, wie das häufig der Fall ist, durch Ausbrüche begrenzt wird. Treten aber keine Ausbrüche aus, so wird der Verschleiß der Walzen an den Flanken schließlich bemerkbar; stets wird man im Durchschnitt bessere Gewindeoberflächen erzielen, wenn man die Walzen frühzeitig nachschleift.

Zu Tafel 3—3. Diese Tafel unterscheidet sich von der vorigen durch die Größe des Gewindes, das fast doppelt so breite Gewindeflanken hat, sowie durch das Schmieren und die gute Vorbearbeitung der *Bolzen*. Sie wurden auf der Drehbank geschlichtet und weisen Drehrillen auf, die weniger als 20 µm tief und in ihrer Längsrichtung sehr glatt sind. Da außerdem keine Phosphatreste und dgl. vorhanden sind, ist jede Voraussetzung für ein glattes Walzen gegeben. Selbst tiefere Drehrillen sind nicht schädlich, wenn sie nur glatt sind (vgl. Tafel 2—4). Hier entscheidet somit nur die Güte des Werkzeugs.

Von der größeren Gewindetiefe erwartet man einen stärkeren Gleitverschleiß; dieser wird aber durch das Schmieren hintangehalten. Die stärkere Gleitung wirkt wiederum glättend. Daher ist das Ergebnis besser als in Tafel 3—2.

Beachtlich sind wieder der günstige Kornaufbau im Gewindegrund und die Steigerung der Härte. Der Unterschied des Werkstoffs (C 35 statt 41 Cr 4 in Tafel 3—2) hat nach unseren Beobachtungen keinen Einfluß auf die Rauheit der Oberfläche.

Zu Tafel 3—4. Im Vergleich mit Tafel 3—3 ist in dieser Tafel die Gewindegröße etwa dieselbe. Lediglich die Gewinderundung ist größer; dies ist für das Walzergebnis im Gewindegrund günstig, weil es höhere Walzdrücke verlangt. Die Stäbe sind vorgedreht; sie können auch geschält sein.

Der wesentliche Unterschied liegt im Verfahren. Hier wurde im Gegensatz zum Einstechverfahren in Tafel 3—3 das *Durchlaufverfahren* angewandt, bei dem die Länge des Werkstücks nicht begrenzt ist[1]). Es arbeitet mit *Walzen*, deren Kämme in Ebenen senkrecht zur Achse verlaufen und deren Rillen daher nicht Schraubrillen, sondern Ringrillen sind. Die Rillenwalzen sind schräg entsprechend dem Steigungswinkel des Gewindes und radial auf sein Fertigmaß eingestellt. Dadurch kommt ein axialer Vorschub zustande. Diese Einstellung der Walzen bewirkt, daß nur die mittleren Gewindegänge auf volle Tiefe eingreifen. Auf der Einlaufseite sind die Walzen angeschrägt, wie Bild 5.1/9 erkennen läßt. Den vorderen Kämmen kommt die Aufgabe des Vorformens zu; sie werden am meisten beansprucht. Wir haben hier ähnlich wie beim Walzen mit Flachbacken einen verhältnismäßig langen Einlauf, aber der Glättungsteil und der Auslauf sind kurz. Die Standmenge, die die Walzen ertragen, wird nicht durch Verschleiß, sondern durch Ausbrechen dieser Ringkämme begrenzt (Bild 5.1/9b). Am benutzten Werkzeug ist in der Mitte der Walzenlänge nach 400 m Gewindelänge kaum ein Verschleiß wahrzunehmen. Zum Teil mag er dadurch ausgeglichen sein, daß die Schleifrauheit durch das Gleiten an den Werkstücken vermindert wird. Man übersehe aber nicht, daß sich ein Walzen-Flächenelement der Mitte der Werkstückflanke etwa senkrecht zu deren Längsverlauf nähert, d. i. quer zu seinen eigenen in Flankenrichtung verlaufenden Schleifrillen. Aber am zuerst eingreifenden Kamm ist, wie man sieht, ein Stückchen ausgebrochen.

Ein Nachwalzen wie in Tafel 3—3 erfolgt hier nicht, weil der dem tiefst eingreifenden Walzkamm folgende Kamm bereits weiter von der Werkstückachse entfernt ist.

Das *Walzergebnis* ist bei diesem Verfahren ebenso gut wie in Tafel 3—3. Daher bewähren sich Werkzeuge, die in einem ringförmigen Gehäuse mehrere Rillenwalzen enthalten, auch bei der Herstellung von Gewinden in Drehautomaten. Außerdem wird das Verfahren mit Erfolg auf Trapezgewindespindeln angewandt, bei denen es zwecks Geringhaltung der Reibung beim Gebrauch besonders auf die Glätte in Umfangrichtung ankommt (Rauhtiefe unter 0,5 µm). Dafür liefert Bild 5.1/10 ein aufschlußreiches Beispiel. Diese Feststellung berechtigt dazu, das Gewindewalzen zu den Feinbearbeitungsverfahren zu zählen.

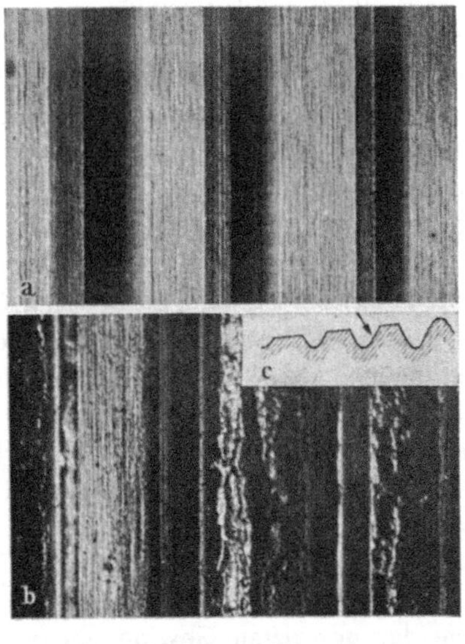

Bild 5.1/9 a—c. Einlaufzone einer Rillenwalze. a) Draufsicht auf neue Walze; b) desgl. auf verschlissene und ausgebrochene Walze; c) Einlaufprofil (Pfeil = Blickrichtung auf die Flanken).

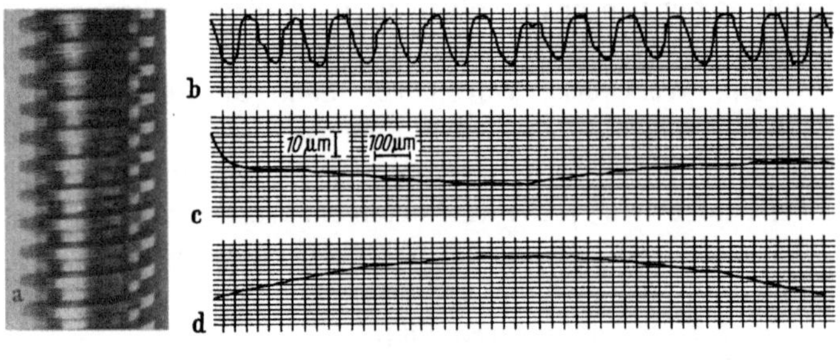

Bild 5.1/10 a—d. Spindel mit gewalztem Gewinde. a) Ansicht; b) Tastschrieb der mit 0,21 mm Vorschub/Umdr. gedrehten Ausgangsfläche; c) Tastschrieb der gewalzten Gewindefläche in einer Achsebene auf der Flanke; d) Tastschrieb der gewalzten Gewindefläche in Umfangsrichtung.

5.2 Druckumformen in Pressen

Die Druckumformverfahren sind nach DIN 8583 [20] sehr mannigfaltig. Wie bei den Walzverfahren wählten wir einige Kaltumformverfahren aus, bei denen es auf eine bestimmte Oberflächengüte ankommt, nämlich von den „Eindrückverfahren“

5.2.1 Flachstauchen (Tafel 4—1 und 4—2),
5.2.2 Rundkneten (Tafel 5—1)

und von den „Durchdrückverfahren“

5.2.3 Verjüngen (Reduzieren) (Tafel 6—1),
5.2.4 Fließpressen (Tafel 7—1 bis 7—6).

[1]) Bei einer Abwandlung des Verfahrens wird mit Gewindewalzen gearbeitet, deren Steigungswinkel nicht gleich dem des zu walzenden Gewindes ist.

5.2.1 Stauchen

Stauchen ist nach DIN 8583 „Vermindern einer Werkstückabnutzung zwischen ebenen parallelen Wirkflächen". Die damit verfolgten Zwecke sind verschiedenartig [*6*].

In der Fertigung von Kopfbolzen und Fließpreßteilen verbessert man durch Stauchen die beim Abscheren der Rohlinge entstandenen rauhen und unebenen Stirnflächen; dieser Vorgang wird auch „Setzen" genannt. Hierbei spielt die Oberflächenrauheit insofern eine Rolle, als von ihr bei weiterem Kaltumformen die Güte der Endoberfläche abhängt. Hiervon wird in der Tafel 4—1 die Rede sein.

Eine andere Aufgabe ist die Erzielung bestimmter Dickenmaße, z. B. an Augen von Gelenkstangen. Man spricht hierbei von „Flachprägen" und strebt eine Oberflächengüte an, die ein Fertigabspanen überflüssig macht. Dieser Fall wird in der Tafel 4—2 dargestellt. Gemeinsam ist den Stauchverfahren, daß sich zufolge der Dickenverringerung in der Stauchrichtung der Querschnitt vergrößert und demzufolge das Werkstück an der Stempelfläche radial gleitet. Das Einebnen der Rauhgipfel durch die reine Druckwirkung wird wie beim Walzen durch dieses Gleiten begünstigt. Mit fortschreitender Stauchung wird die Oberflächenrauheit immer geringer. Ein praktisches Beispiel vom Stauchen einer Sechskantmutter zeigt Bild 5.2/1.

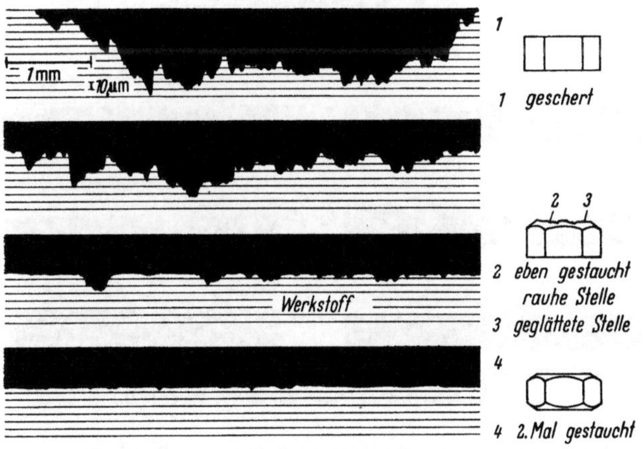

Bild 5.2/1. Glättung der Stirnfläche einer Sechskantmutter bei wiederholter Stauchung.

Voraussetzung für eine gute Endoberfläche ist, daß *Schmiermittel*, sofern sie überhaupt verwendet werden, dünnflüssig sind und nur in äußerst geringen Mengen aufgebracht werden. Wenn dies nicht der Fall ist, dann drücken die Schmierstoffe, die nicht entweichen können, beträchtliche Mulden in das Werkstück. Das wird durch Bild 5.2/2 verdeutlicht. Durch das sehr glatte Werkzeug wurde in Anwesenheit eines dicken Schmierfilms die vorher geschliffene Werkstückoberfläche nicht nur nicht verbessert, sondern erheblich aufgerauht [52], vgl. Bild 1/5.

Sind die Schmiermengen so reichlich oder so fest, daß sie jede Berührung zwischen Werkzeug und Werkstück verhindern, so bilden sie ein sog. „Schmierbett" [*1*, S. 55], innerhalb dessen eine freie Rauhung eintritt. Erfolgt das Stauchen schlagartig, so haben schon geringere oder niedrig-viskose Schmiermengen die gleiche Wirkung wie feste Schmierstoffe. Eingehende Untersuchungen hierüber haben *Wiegand* und *Kloos* angestellt [*123*].

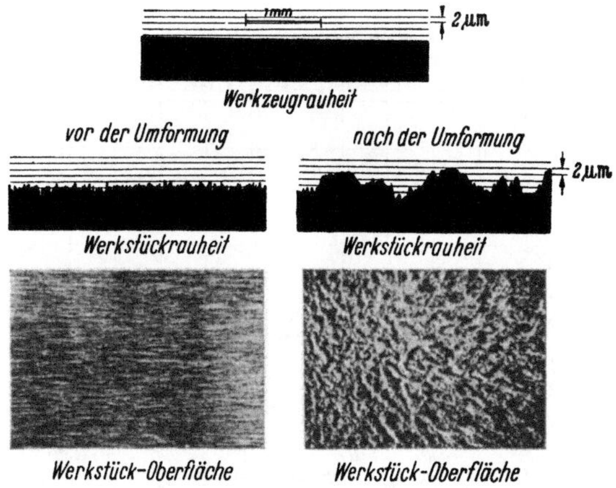

Bild 5.2/2. Bildung von Rauhmulden beim Glattprägen eines geschliffenen Stahlwerkstücks in Anwesenheit eines dicken Schmierfilms. (Nach *Kienzle* u. *Meier* [52].)

Zu Tafel 4—1. Hier handelt es sich um ein Setzen, durch das eine geeignete Zwischenform für das Rückwärts-Hohl-Fließpressen erzeugt wird. Ein abgesägter Rohling wird in einem geschlossenen Gesenk so weit gestaucht, bis sich seine Zylinderfläche an die Gesenkwand anlegt. Von der Rauheit der erzielten Stirnflächen hängen diejenigen innen und außen am Boden des daraus gefertigten Napfes ab (vgl. Tafeln 7—3 und 4).

Das *Werkzeug* — Stempel und Auswerfer — ist an den Stirnflächen poliert; aus den Draufsichten ersieht man, daß durch den Verschleiß radiale Riefen an die Stelle der kreisförmigen Polierrillen treten. Durch Begrenzung der Stückzahl und durch Wahl des Werkzeugstoffs kann man den Verschleiß verringern und an den Werkstücken bei günstigen Voraussetzungen (s. unten b) und c)) jede gewünschte Rauhtiefe bis herunter zu „2 . . . 3 und 8 . . . 12 µm" erreichen, wie sie lt. Tafel 4—2 zwischen polierten Hartmetall-Stauchbahnen etwa gewonnen wurden.

Das *Werkstück* war an den Stirnflächen sehr rauh. Grundsätzlich tritt bei der Umformung der gesägten oder gescherten Stirnflächen eine Wandlung des Rauheitsprofils von einem „offenen" zu einem „halboffenen" ein, d. h. die Glättungstiefe nimmt verhältnismäßig stärker ab als die Rauhtiefe. Erwartungsgemäß finden sich nach dem Umformen noch erhebliche Reste der Anfangsrauheit. Dies ist hier zulässig, da später eine Weiterumformung folgt, durch die die Bodendicke auf etwa 1/4 der Rohlingshöhe gestaucht und die Rauhtiefe stark verringert wird (vgl. Tafel 7—3 und 4).

Die untere Stirnfläche fällt ebenso aus wie die obere.

Zu Tafel 4—2. Dieser Arbeitsvorgang ist nach DIN 8583 ein Sonderfall des Stauchens. Sein Zweck ist, zwischen zwei ebenen parallelen Werkstückflächen, z. B. den Stirnflächen des Auges an einem Gelenkstück eine Dicke bestimmter Genauigkeit zu erzeugen [47, *104*]. Dieser Aufgabe haben sich *Kienzle* und *Meier* gewidmet [52] und folgende Einflüsse festgestellt:

a) bedingt durch das Werkzeug: Ausgangsrauheit und Verschleiß,

b) bedingt durch das Werkstück: Ausgangsrauheit, Form und Werkstoff (Fließkurve), bezogene Dickenänderung,

c) bedingt durch das Schmiermittel: Art und Menge (vgl. Bild 5.2.2).

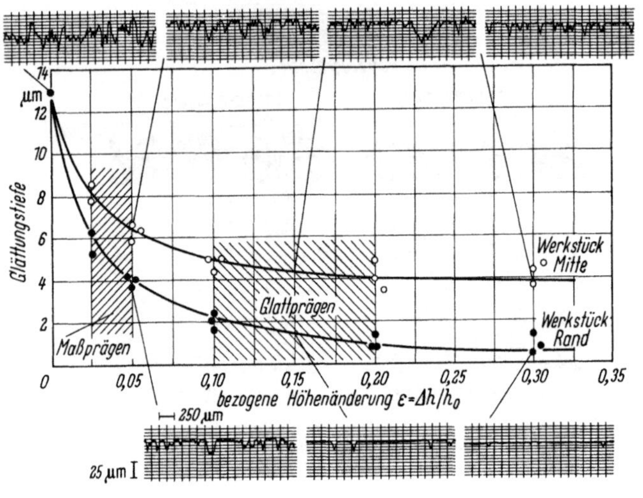

Bild 5.2/3. Oberflächenglättung beim Flachprägen ohne Schmierung. Werkzeug: Hartmetall geläppt $R_t \approx 0{,}3\,\mu m$; Werkstückstoff C 15 normalisiert. — Vor Umformen mit Stahlkies bestrahlt. — Anfangsdurchmesser 25 mm; Anfangshöhe 25 mm. (Nach *Kienzle* u. *Meier* [52].)

Bei zunehmender bezogener Dickenänderung wurden bei Benutzung geläppter Hartmetall-Stauchbahnen Rauheitsänderungen festgestellt, die in Bild 5.2/3 dargestellt sind. Die Anfangsrauheit, erzielt durch Bestrahlen mit feinem Stahlkorn, war gleichmäßig und ungerichtet. Für die gute Glättung bei der gegenüber Tafel 4—1 geringeren Stauchung war auch die Abwesenheit jeglichen Schmiermittels günstig. In den Tastschrieben dieses Bildes erkennt man mehrerlei:

Wandlung der Oberfläche zu einer halboffenen mit immer größerem Traganteil,

Abnahme der Rauhtiefen und der als Kriterium in der Ordinate aufgetragenen Glättungstiefe,

unterschiedliches Ausmaß der Glättung in der Werkstückmitte und am Rand, an dem die Gleitwege größer sind.

Außerdem ist bei diesen an einer Reihe von Werkstücken vorgenommenen Versuchen festgestellt worden, daß sich die geringste Dickenschwankung trotz beträchtlicher Schwankung der Ausgangsdicke schon bei einer ziemlich geringen Stauchung ($\varepsilon_h = -0{,}03 \ldots -0{,}05$) ergibt, während eine gute Oberfläche erst nach $\varepsilon_h = -0{,}1$ entsteht. Daher wurden zwei Bereiche unterschieden und „Maßprägen" bzw. „Glattprägen" genannt. Mit dem Praktikerausdruck „Kalibrieren" ist nur das erstere gleichbedeutend.

Betrachten wir nun die erzielbare Oberflächengüte, so stellen wir mit diesem Verfahren dem Glattwalzen ein *Glattprägen* zur Seite. Dieses kann man, wie das Schaubild zeigt, nicht nur durch die genannten Einflußgrößen steuern, sondern auch dadurch, daß man sich den großen Unterschied zwischen Mitte und Rand zunutze macht.

Während man für das Maßprägen zwecks Kraftersparnis vorzieht, an einem Auge die Mitte (z. B. an einem Schmiedestück) freizuhalten und nur eine Ringfläche zu prägen, ist es für das Glattprägen günstiger, die ganze Fläche zu prägen und die Dicke darnach freizuarbeiten. Außerdem ist zu beachten, daß bei gleichen bezogenen Dickenänderungen flache Stücke glatter werden als hohe. Die Erklärung liegt in den höheren Formänderungswiderständen und dem dadurch einsetzenden Steigen des Werkstoffs aus den Rauhtälern. Ein Beispiel zeigt Bild 5.2/4.

Bei großen Stauchungen tritt eine weitere Verschiedenheit auf der Stirnfläche auf. An ihrem Rande wälzt sich nämlich an die Stauchbahn eine Partie der Zylinderfläche heran und bildet einen Ring um die ursprüngliche Stirnfläche herum, der eine andere Feingestalt aufweist als jene. Der Unterschied rührt einmal davon her, daß die Außenfläche, aus der diese Ringfläche entstand, von anderer Natur war als die Ausgangsstirnfläche (nicht geschert oder gesägt, sondern gewalzt oder gezogen, vielleicht oxydiert) und zum anderen davon, daß sie vorher eine freie Aufrauhung (s. Abschnitt 2.3) erfahren hat und daß sie nicht an der Stauchbahn geglitten, sondern im Heranwälzen fast nur unter Normaldruck gekommen ist.

Wendet man das Glattprägen auf Gesenkschmiedestücke an, die trotz Entzunderung auf der Oberfläche noch Oxydreste tragen, so kann man sich bei einer Sichtprüfung täuschen, weil die sich dem Auge dar-

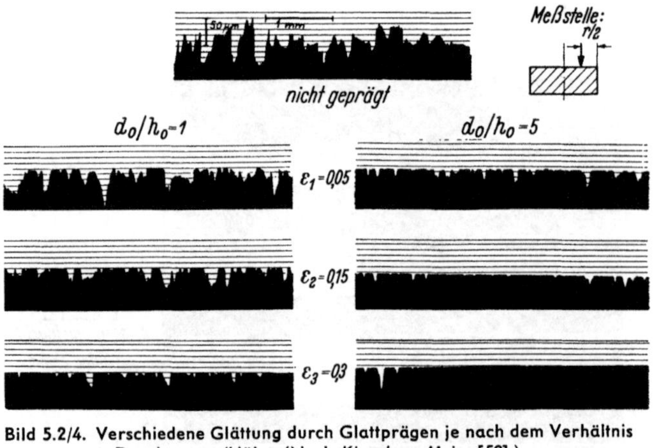

Bild 5.2/4. Verschiedene Glättung durch Glattprägen je nach dem Verhältnis Durchmesser/Höhe. (Nach *Kienzle* u. *Meier* [52].)

bietende Fläche aus hellen und dunklen Punkten zu bestehen scheint. Demgegenüber zeigt ein durch Abtasten gewonnenes Profil, daß die Rauheit kleiner ist als beim Schlichtdrehen oder Schlichtfräsen; dazu ist sie ungerichtet und bietet daher im Gebrauch zum Halten einer Schmierschicht (z. B. an den Stirnflächen eines geprägten Auges) im allgemeinen günstigere Voraussetzungen als eine gefräste Fläche.

Diese Tafel 4—2 beruht auf Versuchen an einer größeren Zahl von Werkstücken [52]. Das *Werkzeug* besitzt feingeläppte Stauchbahnen aus Hartmetall. Da Draufsichten hierauf nichts besagen, sind sie weggelassen; ein üblicher Tastschrieb ist zu einem geraden Strich geworden. Die bezogene Stauchung des *Werkstücks* $\varepsilon_h = -0{,}18$, liegt im Glattprägebereich des Bildes 5.2/3. Trotzdem ist die Ausgangsrauheit von ungefähr 40 µm nicht ganz beseitigt. Die Rauhtiefe nach der Umformung entspricht etwa der nach einem guten Fräsvorgang. Die Fläche ist aber besser als eine gefräste, weil sie einen außerordentlich kleinen räumlichen Leeregrad von etwa 0,2 hat. Die Tastbilder des Werkstückes zeigen in beiden Richtungen die gleiche Beschaffenheit, womit dargetan ist, daß auch die umgeformte Werkstückfläche ungerichtet ist.

5.2.2 Rundkneten

Beim Rundkneten — irrigerweise bisweilen Rundhämmern genannt — üben Paare von gegeneinander beweglichen Stempeln radiale Drücke auf eine runde Stange oder auf die Außenseite eines Rohres aus, indem sie zur Werkstückachse hin gleichzeitige, wegbegrenzte Hübe ausführen. Dadurch werden bei vollen Stäben die Außendurchmesser verringert und die Längen gedehnt; bei Rohren werden außerdem die Wanddicken verringert.

Das Rundkneten ohne vorherige Werkstückerwärmung wird für verschiedene Zwecke angewandt. Einer davon ist das sogenannte Anspitzen der Enden von Walzdraht, damit sie dünn genug werden, um für das Ziehen durch das Ziehhol gesteckt zu werden. Hierbei werden an die Oberflächengüte überhaupt keine Anforderungen gestellt, daher können die Maschinen hierfür von derber Art sein.

Im Gegensatz dazu können mit diesem Verfahren ziemlich genaue konstruktive Wellenabsätze erzeugt werden, ohne daß Werkstoff verlorengeht. Solche rundgekneteten Werkstücke werden häufig nicht mehr bearbeitet; ihre Oberflächengüte entspricht etwa einer durch Drehen geschlichteten Fläche. Das bedeutet Rauhtiefen und Wellentiefen von rd. 10 bis 20 μm. Das gleiche gilt für die Außenflächen von Rohren mit Durchmesserabsätzen, die ohne eingelegten Dorn rund geknetet werden. Mit Dorn lassen sich Außenflächen erzielen, deren Rauhtiefen bei 2 bis 3 μm liegen, und Innenflächen, deren Rauhtiefen nur noch 1 bis 2 μm betragen. Sie weisen einen geringen Leerheitsgrad auf, sind aber nicht frei von einzelnen Poren, die meist auf Rauhmulden der Ausgangsflächen zurückzuführen sind.

Dieser Umformvorgang hat eine gewisse Ähnlichkeit mit dem Abstrecken eines Rohres zwischen Rollenkaliber und Dorn [76]; obwohl hierbei — abweichend vom Rundkneten — der Dorn axial mitgeht, kommt es auch hier zum Gleiten infolge der Längung des Rohres und damit zu einer inneren Glättung.

Näheres über das Rundknetverfahren findet sich bei *Goszdziewski* [32] und bei *Uhlig* [101, 102]. Die Versuchsberichte, denen wir die nachstehenden Ergebnisse entnommen haben, entstammen Arbeiten von *K. Springmann* und *A. Uhlig*[1]) an einer Rundknetmaschine (Ringläufermaschine[2]) mit vier umlaufenden Werkzeugen und einem vom Institut angebauten mechanischen Längsvorschub).

[1]) Im Institut für Werkzeugmaschinen und Umformtechnik der Technischen Hochschule Hannover.

[2]) Bauart der Firma ALKETT GmbH, Berlin-Tegel.

Für die Beschaffenheit der Oberfläche, die außen an einem rund gekneteten Werkstück entsteht, sind die Form der Stempel und die Bewegung zwischen Werkstück und Stempel maßgebend. Ihre Anordnung ist aus Bild 5.2/5 ersichtlich. Wir denken uns statt des dort gezeichneten rohrförmigen Werkstücks *1* mit Dorn *6* zunächst eine massive Stange. Die Stempel 2 — 5 haben im Achsschnitt die Wirkform *ABCD*; *A* bildet einen Kegel, *BC* einen

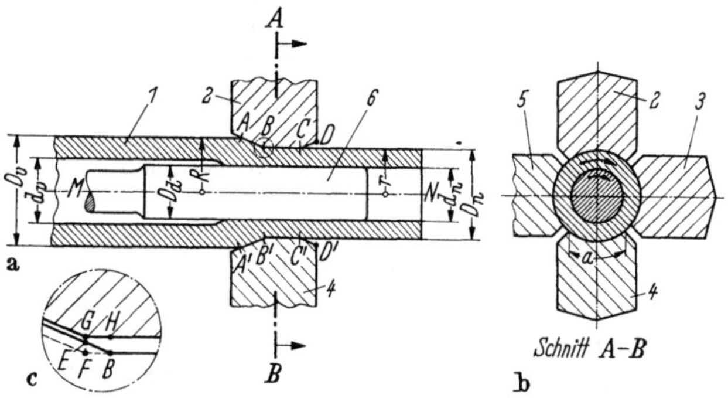

Bild 5.2/5 a—c. Anordnung von Werkstück und Werkzeugen beim Rundkneten. a) Längsschnitt; b) Querschnitt *A—B*; c) Einzelheit bei *B*.

genauen Zylinder; beider Achsen fallen mit der Achse MN des Werkstücks zusammen. *CD* ist im Schnitt ein Kreisbogen, der tangential aus der Geraden *BC* herauswächst. Das ungeknetete Werkstück *1* mit dem Durchmesser D_v wird von links hereingeführt und zuerst von den Stellen *A*, *A'* der Stempel berührt; bald entsteht an ihm der ganze Kegel *AB*; das Werkstück ist nun „angespitzt". Erst bei weiterem Längsvorschub wirken die zylindrischen Teile *BC*, *B'C'*, die die eigentlichen Wirkflächen der Werkzeuge darstellen.

Zwischen dem Abheben der Stempel und ihrem erneuten Arbeitshub wird das Werkstück außerdem gedreht. Nun ist der Längsvorschub s_L je Hub im Verhältnis zur axialen Wirklänge $L = BC$ der Stempel klein, auch der Rundvorschub s_R je Hub ist kleiner als der Werkzeugbogen a, wenn auch größer als s_L.

Somit wird jede Stelle des Werkstücks von einer und derselben Wirkfläche mehrmals glatt geprägt, und zwar immer wieder durch eine andere Zone derselben. Außerdem kommt jede Werkstückstelle hernach auch unter die anderen drei Stempel. Die Oberfläche erfährt somit ein

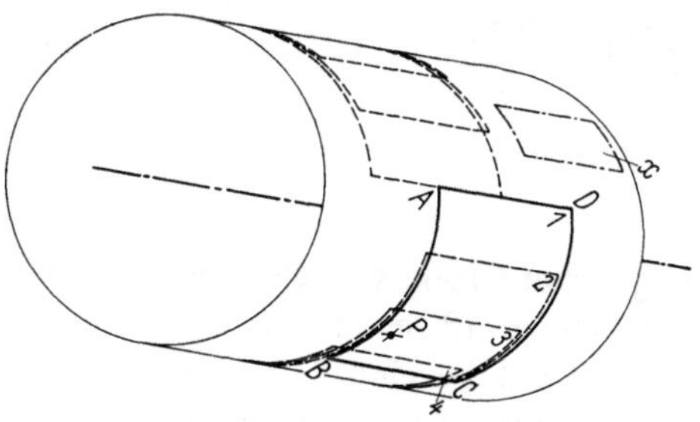

Bild 5.2/6. Schraubig fortschreitende, sich überlappende Prägeflächen, die von einem Stempel herrühren, s_L und s_R nicht maßstäblich. x = Lage von Bild 5.2/7.

schraubiges Fortschreiten sich überlappender Prägeflächen ähnlich Bild 5.2/6[1]). *Uhlig* [101] gelang es, dieses Fortschreiten der Druckflächen sichtbar zu machen. Er schmierte das Werkstück mit einer hauchdünnen graphitierten Ölschicht ein, so daß die bei jedem Stempeldruck verdrängte Ölschicht Ränder bildete, wie sie in Bild 5.2/7 erkennbar sind.

Die Zahl der Druckwiederholungen an einer Stelle bildet eine Parallele zu der Überwalzzahl beim Glattwalzen (s. Abschnitt 5.1.2). Von dieser Überlappung kann

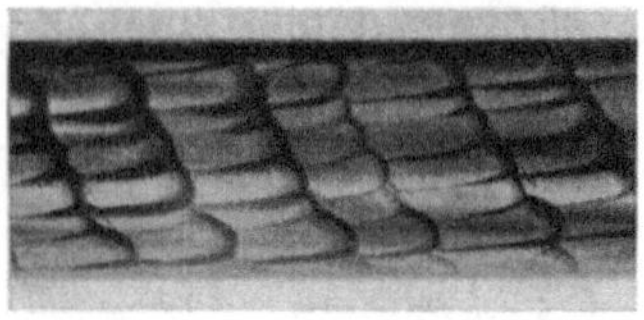

Bild 5.2/7. Druckspuren durch von den Stempeln verdrängtes graphitiertes Öl sichtbar gemacht. Schmiegung $S = 0{,}85$; Drehvorschubwinkel je Hub $\approx 15°$.

man eine gute Glättung erwarten, zumal, wie wir noch sehen werden, mit dem Pressen eine gewisse Gleitung verbunden ist.

Andererseits fragt man sich, ob die einzelnen Werkzeugeindrücke nicht Rauheitsspuren hinterlassen. Diese wurden bei unseren Messungen — wenn überhaupt — als sehr klein, nämlich in der Größenordnung der Rauhtiefen von 0,5...2 µm gefunden. Das wird erreicht, wenn außer einer glatten Wirkfläche an den Stempeln folgende Bedingungen erfüllt sind:

a) gleichmäßiges Eindringen aller vier Stempel,
b) gute Anschmiegung der Stempel,
c) Vorschübe nicht zu groß,
d) Vorschübe nicht in *a* bzw. *BC* ganzzahlig enthalten.

Bei unseren Versuchen waren die Wirkflächen der Stempel fein geschliffen; ihre Rauhtiefen lagen unter 1 µm. Während die Werkstücke in der laufenden Fertigung vor dem Rundkneten abgestrahlt werden, waren unsere Versuchsstücke fein gedreht (Bild 5.2/8a). Ihre Rauhtiefe war

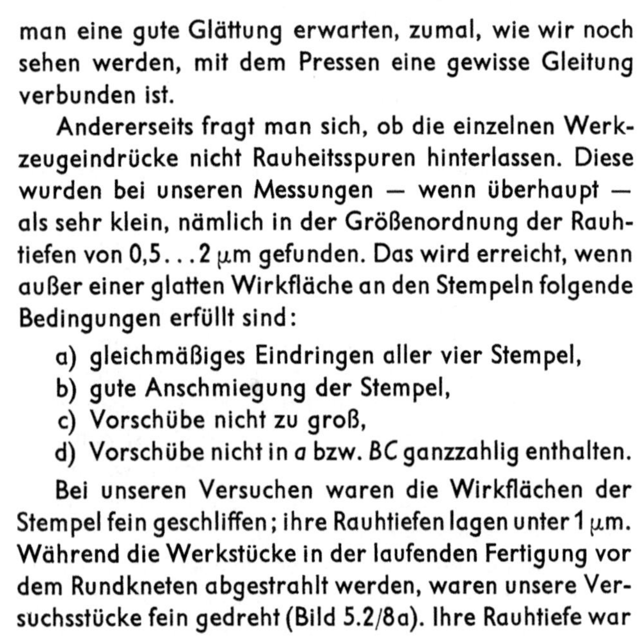

Bild 5.2/8 a u. b. Rauhtiefen eines feingedrehten, nachher außen rund gekneteten Stahlstabes bei $\varepsilon_L = 0{,}19$.

von etwa gleicher Größe wie beim Abstrahlen und betrug in Achsrichtung rd. 10 µm, in Umfangsrichtung rd. 6 µm. Sie verringerte sich bei einem Umformgrad $\varepsilon_L = 0{,}19$ im Durchschnitt zahlreicher Versuche auf 2 bis 3 µm bzw. 1,5 µm (Bild 5.2/8b).

Das wäre nicht wohl denkbar, wenn die Stempel lediglich ein gleitungsfreies Prägen ausführten. Tatsächlich findet aber infolge der Längsdehnung während des Umformens eine Längsgleitung unter Druck statt, ähnlich der radialen Gleitung an den Stirnflächen eines im Flachstauchvorgang befindlichen Stückes (vgl. Abschnitt 5.2.1).

Aber auch in Umfangsrichtung findet ein Gleiten statt, das sich folgendermaßen erklären läßt: Betrachten wir ein Element *EFB* in Bild 5.2/5c, so sehen wir, daß das Flächenelement *GH* des Stempels den dreieckigen Querschnitt *EFB* niederdrückt. Dabei verringert sich der Durchmesser von E, was mit einer winzigen tangentialen Gleitung am Stempel verbunden ist. Dazu kommt, daß ein Vorschubschlitten das Werkstück in langsamer Drehung hält. Die Stempel klemmen es zwar während des Umformens fest, so daß es wie eine Drehfeder zwischen Halter und Stempeln elastisch verdreht wird, aber sobald im Rückhub der Stempel der Normaldruck soweit vermindert ist, daß das Reibmoment dem Federmoment gleichkommt, gleitet das Werkstück in Umfangsrichtung noch unter einem gewissen Oberflächendruck, bis die elastische Verdrehung beseitigt ist. Diese Gleitung ist in hohem Maße von der Bauart der Maschine abhängig.

Die umgeformte Oberfläche ist ungerichtet. Die Unterschiede zwischen der Rauhtiefe in Achsrichtung und der in Umfangsrichtung sind gering, wie aus den Versuchspunkten des Bildes 5.2/9 hervorgeht. Mit diesem Bild

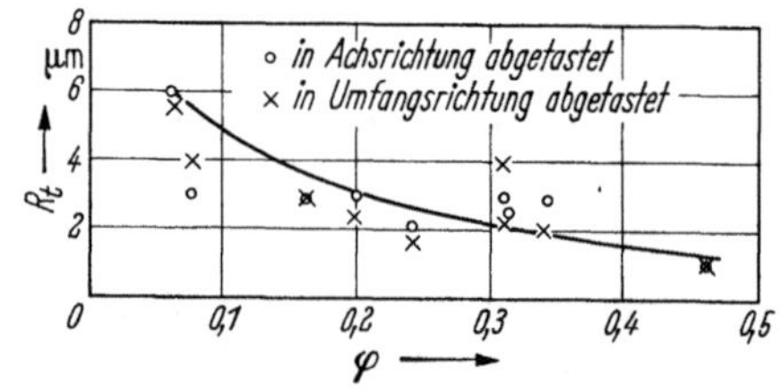

Bild 5.2/9. Abfall der Rauhtiefe mit zunehmendem Umformgrad φ an den Außenflächen sorgfältig rundgekneteter Werkstücke.

bestätigen wir die auch von anderen Umformverfahren bekannte Erscheinung, daß die Rauhtiefe um so geringer wird, je größer der Umformgrad φ ist.

Angesichts der Ungleichförmigkeit des Verfahrens erwartet man über den Umfang eine *Welligkeit*. Das wird durch die Beobachtung bestätigt. Die Bilder 5.2/10a und b[1]) zeigen zwei Beispiele. Während im ersten Fall Wellen-

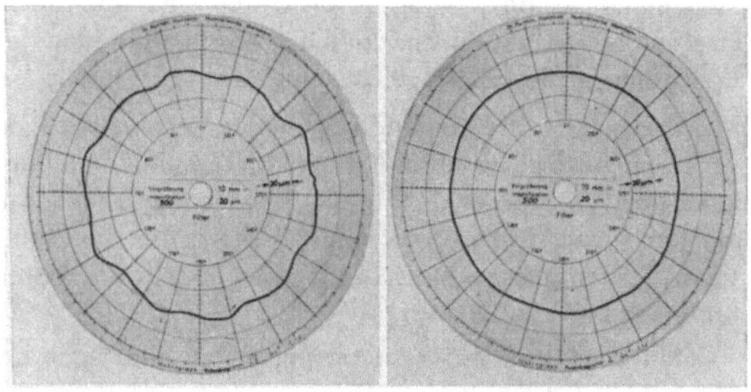

a b

Bild 5.2/10 a u. b. Welligkeit in Umfangsrichtung eines massiven Stabes bei einer Weiterdrehung des Werkstücks je Hub um 40°.
a) Bei einem Schmiegungsgrad $S = 0{,}85$;
b) bei einem Schmiegungsgrad $S = 0{,}97$.

tiefen von rd. 6 µm aufgetaucht sind, betragen sie im zweiten Fall nur noch rd. 2 µm. Das wurde durch einen besseren Schmiegungsgrad *S* [*101*] erreicht, d. h. durch

[1]) Hierin sind die Rauhprofile durch den Wellenabschneider unterdrückt.

das Verhältnis von Werkstückhalbmesser nach dem Rundkneten zum Werkzeughalbmesser. Zugleich waren die Vorschübe vermindert worden. Große Schmiegungsgrade sind allerdings nur bei kleinen Durchmesserverringerungen möglich, da sonst die Stempelkanten Spuren hinterlassen.

Nebenbei sei bemerkt, daß außer dem bisher behandelten Rundkneten eines axial durchlaufenden Werkstücks bisweilen ein rein radiales Rundkneten, d. h. ein Eindringen der Stempel in ein sich nicht vorschiebendes, sondern sich nur drehendes Werkstück angewandt wird. Hierbei sind größere Rauhtiefen und Wellen zu erwarten.

Feingestalt der inneren Oberflächen rund gekneteter Rohre

a) *Ohne Dorn.* Wenn statt einer vollen Stange ein Rohr ohne einen Dorn im Innern rundgeknetet wird, so wird die Außenfläche nicht so glatt wie bei der vollen Stange, weil die Drücke geringer sind. Die Innenfläche wird in Umfangsrichtung frei gestaucht und daher gemäß den in Abschnitt 2.3 dargestellten Erkenntnissen um so rauher, je stärker der Umformgrad ist. Dieses Verfahren, das meist zum Herstellen von Durchmesserstufen der Außenfläche angewandt wird, ist am Platze, wenn die Oberflächengüte im Innern keine Rolle spielt.

Um wenigstens einen Zahlenwert anzugeben, betrachten wir ein über einen Stopfen gezogenes Rohr, dessen innere Rauhtiefe in Umfangsrichtung 20 μm beträgt. Wird der Innendurchmesser z. B. von 28 auf 20 mm verringert ($\varepsilon_h = -0{,}28$, $\varphi_h = -0{,}35$), so dürfte die Rauhtiefe im Innern in Umfangsrichtung auf rd. 35...40 μm steigen (vgl. Bild 1/10).

b) *Mit Dorn.* Hierfür gilt die Werkzeuganordnung gemäß Bild 5.2/5. In der Maschine[1]) ist der Werkzeugdorn 6 ortsfest angeordnet; er kann sich mit dem Werkstück drehen. Seine Wirkfläche ist in Achsrichtung so lang, daß sie über den von den Stempeln beeinflußten Umformbereich hinausreicht. Durch Längsverstellung können frische Dornpartien zur Wirkung kommen. Das Rohr mit den Durchmessern D_v, d_v vor der Umformung läßt sich mit beträchtlichem Spiel über den Dorn schieben. Bis der Spalt zwischen beiden überbrückt ist, unterliegt das Rohrinnere einer freien Umformung, die zunächst die Anfangsrauheit um ein geringes vergrößert; weil eine solche freie Rauhung umso geringer ist, je kleiner die Stauchung ist, erscheint es zweckmäßig, das Spiel zwischen Rohr und Dorn klein zu halten. Nach diesem Stauchen wird der Werkstoff zwischen Stempeln und Dorn gequetscht. Die Oberfläche des gehärteten und feingeschliffenen Dorns glättet die Innenfläche des Rohres schon durch Glattprägen, aber ihre weitere Einebnung ist der Längsgleitung unter hohem Umformdruck zu verdanken.

Obwohl es anfänglich schien, als ob das Rundkneten über einen Dorn seine Hauptbedeutung in der Gewinnung makrogeometrischer Formen habe [32], zeigt es sich, daß bei einfachen zylindrischen Formen gerade die Erzielung einer auf keine andere Weise erzielbaren Oberflächenglätte für die Wahl des Verfahrens entscheidend ist.

Diese Rohre werden in Gebrauchslängen abgeschnitten und in vielerlei Anwendungsgebieten als hydraulische und pneumatische Hub- oder Arbeitszylinder eingesetzt. Die Glätte der Oberfläche und ihre Kaltverfestigung begünstigen eine hohe Lebensdauer. Sofern für bestimmte Zwecke galvanische Überzüge erforderlich werden, können diese ohne mechanische Bearbeitung aufgebracht werden.

Wenn auch Glanz nicht mit Glätte verwechselt werden darf, so vermittelt doch Bild 5.2/11 einen Eindruck von der Oberflächengüte im Innern eines über einen Dorn rundgekneteten Stahlrohres.

Bild 5.2/11. Glanz in einem durch Rundkneten über Dorn umgeformten Rohr.

Wird statt eines runden Dorns ein vier- oder sechskantiger verwendet, so ist die Oberflächenrauheit ringsum nicht gleich. Da, wo die stärkste Gleitung stattfindet, ist die Glättung am besten. Das ist in Kantennähe der Fall, wo auch die Umfangsstauchung und damit die freie Rauhung am geringsten sind.

Natürlich spielt die Rauhtiefe vor dem Rundkneten eine Rolle. Je größer sie ist, desto eher hinterläßt sie Spuren nach dem Rundkneten; dies gilt namentlich für Mulden und Rillen mit großem Böschungswinkel.

Das Kapitel „Rundkneten" ist ein gutes Beispiel dafür, wie fruchtbar das in [1] dargelegte Prinzip der Verfahrensanalyse ist, wenn es sich darum handelt, eine Oberflächenwandlung zu klären, um sie beeinflussen zu können.

Abschließend ist zu sagen, daß beim Rundkneten mit fein geschliffenen Werkzeugen bessere Oberflächen entstehen als beim Stauchen; das ist der Gleitung unter Druck zu verdanken.

Zu Tafel 5—1. Der Gegenstand dieser Tafel ist das kalte Rundkneten von gezogenen Stahlrohren auf einem zylindrischen Dorn mit dem Ziel, eine Innenfläche von hoher Genauigkeit und Glätte zu erzeugen (Funktionen s. Abschnitt 2.7). Diese Rohre werden in Gebrauchslängen abgeschnitten; viele davon werden als hydraulische und pneumatische Hub- oder Arbeitszylinder in vielseitigen Anwendungen eingesetzt.

Das *Werkzeug* besteht aus Knet-Dorn und Knetbacken. Der Knet-Dorn ist hart verchromt und poliert; seine Polierrillen weisen eine Rauhtiefe von rd. 1 μm auf. Er könnte, wenn nötig, ohne Schwierigkeiten mit $R_t = 0{,}5\,\mu$m ausgeführt werden. Es ist auch bekannt, daß Dorne aus Hartmetall verwendet werden. Obwohl sich der Dorn mit dem Werkstück drehen kann, bedeutet das nicht, daß er sich beim ruckweisen Drehen des Werkstücks in

[1]) Bauart der Firma ALKETT GmbH, Berlin-Tegel.

jedem Augenblick synchron mitdreht. Diese zusätzliche Gleitung ohne radialen Druck ist ihm indes nicht abträglich, zumal der Dorn geschmiert ist. Ist die Ölschicht nicht hauchdünn, so wirkt sie aufrauhend (vgl. Abschnitt 5.2.1). Im vorliegenden Beispiel ist das, wie der Rauhtiefenvergleich zwischen Dorn und Werkstück zeigt, nicht der Fall.

Die Abnutzung des Dorns ist gering, obwohl das Rohr unter dem Umformdruck auf ihm gleitet. Wie die Draufsicht zeigt, sind nach 1100 m Rohrlänge noch die anfänglichen Polierrillen zu sehen, die aber nun von Verschleißkratzern gekreuzt werden; diese zeigen nur an einigen Stellen Rauhtiefen von rd. 2 µm.

Das *Werkstück* war vor dem Rundkneten kalt gezogen und wies ziemlich tiefe Stellen auf, deren Rauhtiefen fast bis 30 µm gingen. Daher ist es nicht verwunderlich, daß an dem über dem Dorn gekneteten Rohr einzelne Spuren davon zurückgeblieben sind, die bis zu 12 µm gehen. Eine Verbesserung kann demnach nur durch eine bessere Ausgangsoberfläche erzielt werden. Andererseits werden die weit verteilten Poren, die die Tragfläche kaum verringern, als günstig für das Halten eines Ölfilmes angesehen.

Ob ein paar solcher Schriebe ein einigermaßen zutreffendes Bild von der Rauheit einer solchen Oberfläche gibt, kann man beurteilen, wenn man mehrere Schriebe anfertigt. Wir zeigen in Bild 5.2/12 von der erzielten

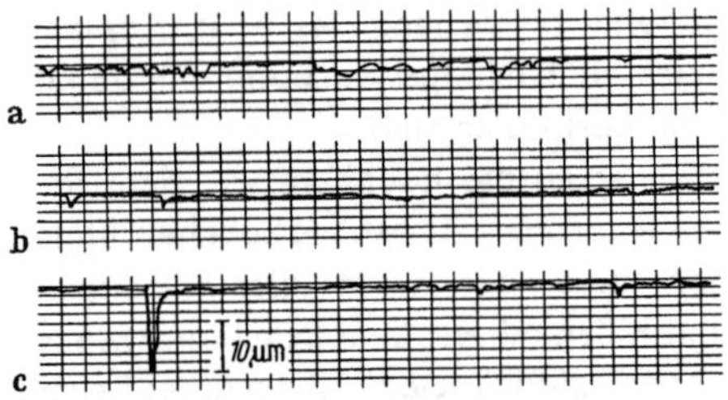

Bild 5.2/12 a—c. Tastschriebe der Innenfläche eines auf Dorn rundgekneteten Stahlrohres mit Innendurchmesser 110 mm, Wanddicke 12,5 mm aus St 55.4; aufgenommen auf einer Ringfläche von 25 mm Breite.

Innenfläche „nach Umformung in Umfangsrichtung" drei weitere Tastschriebe, die am gleichen Rohrstück innerhalb einer Länge von 25 mm gemacht worden sind. Würde man sie einzeln auswerten, so würde man keine Werte erhalten, die für die ganze Fläche kennzeichnend sind. Die vergleichbaren Schriebe in Tafel 5—1, die derselben Rohrfläche entstammen, bilden einen guten Durchschnitt. Die Zahlenwerte auf der linken Tafelseite entstammen einer größeren Anzahl von Tastschrieben; doch können selbst jenseits dieser Grenzwerte noch Ausreißer wie in Bild 5.2/12c mit 18 µm Tiefe vorkommen, die aber als nicht typisch nicht genannt werden. Die vorherrschende Rauhtiefe von 2...3 µm entspricht der einer geschliffenen Fläche, aber der Traganteil ist, wie die Draufsicht und die Schriebe zeigen, besser als bei dieser, deren Charakter in Achsrichtung dem des neuen Werkzeugs ähnlich ist (s. obersten Tastschrieb). Auch ist dies an dem geringen räumlichen Leeregrad zu erkennen. Die Kornverformung ist angesichts des kleinen Umformgrades gering.

5.2.3 Verjüngen (Reduzieren) von Bolzen

Das Verjüngen (Reduzieren[1])) ist ein Umformverfahren, bei dem ein Bolzen mit vollem Querschnitt oder ein Rohrstück durch eine Matrize engeren Durchmessers gedrückt wird, so daß der Querschnitt des Werkstücks abnimmt und seine Länge entsprechend zunimmt. Das Verfahren ist dasselbe wie das sog. Einstoßen von langen Stäben; es ähnelt dem Vorwärts-Voll-Fließpressen (s. Abschnitt 5.2.4), unterscheidet sich von diesem aber dadurch, daß der nicht verjüngte Schaftteil nicht in seiner ganzen Länge von einer Preßbuchse umfaßt wird. Dadurch wird das Verjüngen auf Durchmesserabnahmen etwa bis zu $\varepsilon_d = -0{,}16$, bzw. $\varepsilon_F = -\varepsilon_L = -0{,}3$ beschränkt, weil darüber der Schaftteil ausknicken oder sich aufstauchen würde [*6*]. Immerhin wird der Schaft, wie in der Wirkpaarskizze auf Tafel 6—1 zu sehen ist, auf eine gewisse Länge (i. allg. gleich dem halben Durchmesser) aus mehreren Gründen in der Reduziermatrize geführt:

a) die beim Abscheren entstandene Stirnfläche ist gewöhnlich weder eben noch liegt sie senkrecht zur Achse; das würde sonst zu Schwierigkeiten beim Einstoßen führen;

b) oberhalb des Verjüngungskanals würde ein Formfehler in Gestalt eines Wulstes auftreten, wenn er nicht durch die Führung hinangehalten würde;

c) die Werkstückachse soll mit der Matrizenachse möglichst genau fluchten.

Das Verjüngen wird besonders bei der Herstellung von Stahlschrauben angewandt. Die vom Draht abgeschnittenen Schafte werden im Gewindeteil verjüngt. Die bezogene Durchmesseränderung beträgt üblicherweise je nach Gewinde $\varepsilon_d = -0{,}06$ bis $-0{,}13$, die Querschnittsverringerung bzw. Längsdehnung $\varepsilon_L = 0{,}12$ bis 0,25.

Zum Verjüngen müssen die Werkstücke geschmiert werden; zu diesem Zweck werden sie im allgemeinen vorher phosphatiert, beseift und zusätzlich mit Maschinenöl geschmiert. Sie tragen daher nach dem Verjüngen einen Phosphatüberzug, der eine andere Rauheit aufweist als die darunterliegende metallische Oberfläche [*1*, Abschnitt 6.8]. Es ist daher jeweils zu entscheiden, ob der Phosphatüberzug bleiben kann — dann ist seine Rauheit maßgebend — oder ob er entfernt wird.

Oberflächengestalt. Auf die Rauheit reduzierter Flächen wirken nach Größe und Art die Ausgangsrauheit, die Werkzeugrauheit, die Form der umformenden Werkzeugkante, der Umformgrad, der Werkstoff und die Schmierung.

Die Oberfläche vor dem Verjüngen ist meist die eines geglühten kaltgezogenen Drahtes; sie wird durch das Verjüngen in ihrer Rauheit im Mittel wenig verändert, wenn die Verjüngungsmatrize nicht noch glatter ist als der vorher benutzte Ziehstein. Es sei aber darauf hin-

[1]) Der Ausdruck „Reduzieren" ist zwar in einzelnen Bereichen der Umformtechnik üblich gewesen; aufs Ganze betrachtet ist er aber zu allgemein, um ein einzelnes Verfahren zu bezeichnen. Er wird daher in den DIN-Normen durch „Verjüngen" ersetzt [*20*].

gewiesen, daß bei mangelndem Fluchten das Werkstück nicht gleichmäßig an die Matrizenwand gedrückt wird. Infolgedessen findet man oft in einer einzigen zur Achse senkrechten Ebene sehr verschiedene Rauheiten, wie aus Bild 5.2/13 hervorgeht.

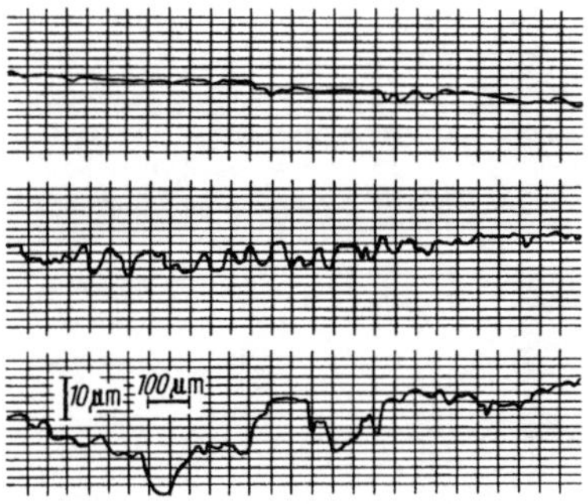

Bild 5.2/13. Rauhtiefenverteilung am verjüngten Schaft eines Schraubenrohlings in einer Ebene senkrecht zur Achse (auf der Phosphatschicht getastet).

Um den Verschleiß gering zu halten, werden in der Massenfertigung häufig Matrizen aus Hartmetall verwendet.

Zu Tafel 6—1. Das Beispiel entstammt der Schraubenfertigung. Die *Matrize* ist nicht geschliffen, sondern nur feingeschmirgelt und hat im neuen Zustand eine Rauhtiefe bis zu 5 µm. Durch Verschleiß ist sie längsriefig geworden. Den Verschleißfortschritt nimmt man daran wahr, daß die Werkstücke nach dem halben Verschleiß (Werkstücke gemessen nach 2100 Stücken, Werkzeug gemessen nach 4300 Stücken) noch keine so tiefen Preßriefen haben wie das Werkzeug; auch daran kann man die geringe Größe des Verschleißes ermessen, daß nach 4300 Werkstücken (d. i. eine Umformlänge von rd. 100 m) die beim Schmirgeln entstandenen 4 bis 5 µm tiefen Kreuzrillen noch sichtbar sind. Die Rauhtiefe am verschlissenen Werkzeug entspricht ziemlich genau der eines Hartmetallziehsteins nach einer hundertmal größeren Ziehlänge beim Ziehen von Rundstäben in einem Zug (vgl. Tafel 8—1).

Die Ausgangsrauheit des *Werkstücks*, die etwa der eines in einem Zug gezogenen Stabs gleich ist, ist durch das Verjüngen trotz des verhältnismäßig rauhen Werkzeugs etwas verbessert worden. Nach wie vor weist sie Ziehriefen auf. Die erzielte Rauheit wurde auf der Phosphatschicht festgestellt; sie ist geringer als die, die man mit feinem Schlichtdrehen erzielt.

Oft aber werden in der Schraubenfertigung getrommelte verjüngte Schafte verarbeitet. Deren Oberfläche ist dann erheblich rauher (s. Tafel 3—1 und 3—2).

5.2.4 Fließpressen von Hohlteilen (Stahl)

Weitere Angaben außer den hier gemachten s. [1, Abschnitt 6].

Nach DIN-Entwurf 8583 (1966) fällt das Fließpressen unter den Oberbegriff *Durchdrücken*, nämlich aus einem „Aufnehmer" durch eine Öffnung beliebiger Form. Die hauptsächlichen Arten des Fließpressens heißen

Vorwärts-Voll-Fließpressen (zur Erzeugung abgesetzter Schäfte),

Rückwärts-Napf-Fließpressen (zur Erzeugung von Näpfen),

Vorwärts-Hohl-Fließpressen (zur Erzeugung von dünnwandigen Hülsen, bisher auch Hooker- oder Neumeyer-Verfahren genannt).

Die Wörter „vorwärts" und „rückwärts" bedeuten „in" bzw. „entgegen" der Richtung der Werkzeugbewegung; je nach Lage des Falls können zum gleichen Zweck diese Richtungen umgekehrt werden. Daneben gibt es Kombinationen dieser Verfahren und Verbindungen mit anderen Verfahren der Umformtechnik. Eine Reihe von Beispielen finden sich in [*26*, *103*].

Die Ausgangsformen für die Verfahren können Stangenabschnitte, Blechscheiben, Rohrabschnitte oder Näpfe sein.

Die hohen Drücke und Reibspannungen machen die sichere Aufrechterhaltung einer Schmierschicht erforderlich. Dafür war die Singersche Erfindung maßgebend, nach der die Oberfläche des Rohlings mit einer Phosphatschicht von 5...10 µm Dicke versehen wird, die als Träger für das eigentliche Schmiermittel dient. Das Schmiermittel ist je nach Umformgrad und Werkstoff ein festes Schmiermittel (Graphit oder Molybdändisulfid) oder eine „Metallseife" wie die bekannte „Bonderlube", oder Fett oder Talg [*25*, *68*].

Bei der Beurteilung der Oberflächen fließgepreßter Werkstücke ist zusätzlich zu dem, was in Abschnitt 2 allgemein über das Wesen umgeformter Oberflächen gesagt wurde, noch folgendes zu beachten:

1. Je mehr eine Gestalt gegliedert ist, desto unterschiedlicher sind die Bedingungen bezüglich Umformgrad, Gleitung, Schmierung usw. und desto mehr Verschiedenheiten finden sich auf den Teiloberflächen.

2. Die Fertigungsbedingungen selbst innerhalb eines Loses können nicht völlig konstant gehalten werden. Abgesehen von Unterschieden beim Beizen, Phosphatieren und Schmieren können auch Ungleichmäßigkeiten der Ausgangsform einen Einfluß ausüben (Werkstoff, Höhe und Durchmesser sowie Form, Lage und Rauheit der Schnittfläche).

3. Die Rauheit auf dem fließgepreßten phosphatierten Werkstück unterscheidet sich wesentlich von der nach dem Ablösen der Phosphat-Schmierstoff-Schicht. Grundsätzlich zeigt der metallische Werkstoff die größere Rauheit (vgl. Bild 5.3/10 und 5.3/11).

Die am einfachsten zu übersehende Oberflächenwandlung liegt beim *Vorwärts-Voll-Fließpressen* vor, weil dort die Außenfläche des Rohlings zur Außenfläche des durchgedrückten Schaftes wird. Wir glauben indes auf die Darstellung dieses Falles verzichten zu können, weil diese Oberflächenwandlung aus anderen hier dargestellten Verfahren abgeleitet werden kann. Wenn nämlich die Querschnittsverringerung gering ist, haben wir das Verjüngen oder Reduzieren vor uns, dem der Abschnitt 5.2.3 mit Tafel 6—1 gewidmet ist.

Sind die Querschnittsveränderungen größer, so kann man das Ziehen von Stäben (Abschnitt 5.3.1) zum Vergleich heranziehen; hierbei sind jedoch Unterschiede der

Werkzeugform, der Umformgeschwindigkeit und der Schmierung zu berücksichtigen[1])

Dieser Abschnitt ist dem Fließpressen von stählernen *Hohlkörpern* gewidmet, einmal weil diese die wichtigsten Erzeugnisse des Fließpressens sind, zum andern, weil wir hierbei mehr Fertigungsstufen finden als bei irgendeiner anderen Umformung von einer Ausgangsform zu einer Endform [54]. Dabei findet eine mehrmalige Wandlung der Oberfläche statt, so daß die Endoberfläche schließlich die Spuren einer Reihe von Fertigungsstufen aufweist. Ihre „Geschichte" beginnt mit dem Stauchen oder Setzen des Stangenabschnitts. Sie kann darnach verschieden lang fortgesetzt werden, je nachdem der Napf oder die vorwärts fließgepreßte Hülse oder die abgestreckte Hülse die Endform bildet.

Eine weitere Mannigfaltigkeit ergibt sich daraus, daß die einzelnen Flächenteile ganz verschiedene Umformungen erleiden, innen anders als außen, nahe der Öffnung anders als nahe dem Boden, am Boden anders als am Mantel.

Eine Übersicht über dieses verschiedenartige Geschehen bietet Bild 5.2/14 an Hand einer Verfahrensanalyse. Dazu wurden in einer Versuchsreihe, die die übliche Fertigung durchlaufen hat, Rohlinge eingesetzt, deren Oberflächen nicht unmittelbar dem Warmwalzen entstammen, sondern die mit etwa gleicher Rauhtiefe überdreht worden waren. Dadurch wurde es möglich, die Oberflächenwandlung besser zu beobachten [*1*, Abschnitt 6].

Beim Stauchen, das in Abschnitt 5.2.1 und Tafel 4—1 behandelt ist, entstehen die ersten Ungleichförmigkeiten der zylindrischen Außenfläche. Da es hierbei darauf ankommt, aus den unregelmäßig anfallenden Ausgangsformen erste Zwischenformen von gleichem Durchmesser in einem geschlossenen Gesenk in einer Kurbelpresse herzustellen, berühren die meisten Rohlinge wegen Schwankung des Volumens nur teilweise die Wand, an der sie unter wachsendem Druck oben mehr, unten weniger entlanggleiten. So entstehen zwei Flächenteile von verschiedener Rauheitsart, *C* mit geglätteten Gipfeln, *B* mit durch die Stauchung zusätzlich frei gerauhten Gipfeln. Die letztere Rauheit ist auch bei allen folgenden Fertigungsstufen sichtbar, und oft gelingt es nicht mehr, sie beim darauffolgenden Napfpressen ganz zu beseitigen.

[1]) Inzwischen hat *E. Dannenmann* [*17*] eine Studie an vorwärts fließgepreßten Bolzen aus Messing mit den Korndurchmessern 50 und 200 µm und Umformgraden $\varphi = 0{,}36 \ldots 1{,}4$ gemacht. Er fand am Kopf keine typisch umgeformte Oberfläche und schließt daraus auf geringere radiale Drücke als bisher angenommen.

An der Schulter fand er eine behinderte freie Umformung, die auf radiales Stauchen zurückzuführen ist und zu einer großen Rauheit führt. Bei den beiden Messingsorten verhalten sich dort die Rauhtiefen etwa wie die Korngrößen (vgl. Abschnitt 2.3).

Aus dieser rauhen Schulter entsteht der Schaft mit typischen Tafelbergen, die in sich Rauhtiefen von 1 . . . 4 µm aufweisen. Dazwischen finden sich als Spuren der Schulterrauheit tiefe Täler von 4 bzw. 14 µm Tiefe. Interessant ist, daß die Glättung mit dem Umformgrad nicht stetig zunimmt, sondern bei mittleren Umformgraden (auch bei Stahl) am geringsten ist.

Bei Entstehung der zweiten Zwischenform, dem rückwärts fließgepreßten Napf, tritt eine dritte Teilfläche *A*

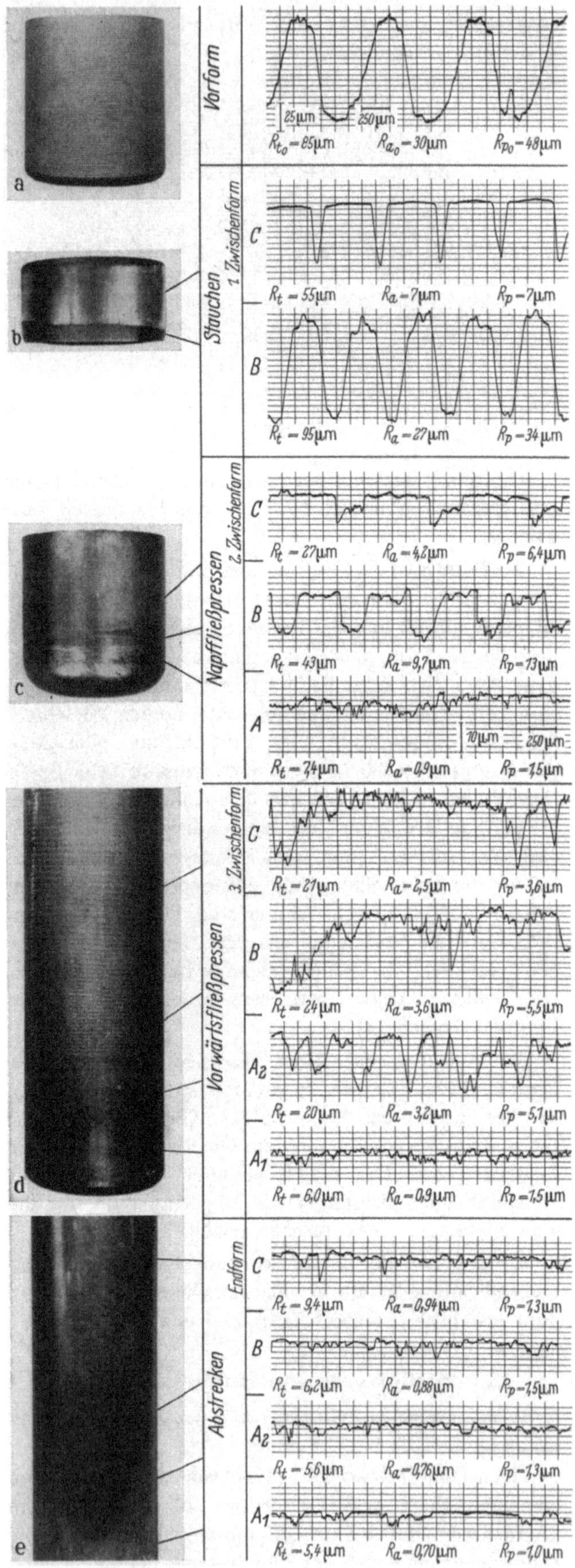

Bild 5.2/14 a—e. Oberflächenwandlung beim Fließpressen vom Stangenabschnitt bis zur abgestreckten Hülse. Tastschriebe auf der zylindrischen Außenfläche in axialer Richtung nach Ablösen der Phosphatschicht. (Nach *Kienzle* u. *Mietzner* [1].)

in Erscheinung, die von dem bereits eingeebneten Boden des Rohlings an die Außenfläche herangeglitten ist und dabei weiterhin geglättet wurde. Der Unterschied zwischen den Zonen *B* und *A* ist wesentlich; er geht Hand in Hand mit der Verschiedenheit der Umformgrade unmittelbar oberhalb der in Bild 5.2/14 gut sichtbaren Grenzlinie zwischen *B* und *A*. Dies ist aus einem Vergleich der Schliffbilder, Bild 5.2/15, ersichtlich.

Bild 5.2/15 a u. b. Schliffe an der Außenfläche eines fließgepreßten Napfes aus Stahl C 15. a) Oberhalb; b) unterhalb der Grenzlinie zwischen den Zonen *B* und *A* gemäß Bild 5.2/14.

In der dritten Zwischenform, der vorwärts fließgepreßten Hülse, finden sich nicht nur die immer noch unterschiedlichen Teilflächen *C*—*B*, sondern es ist ein weiterer Teil der Bodenfläche in die Außenfläche gewandert, wodurch die glatte Zone A_1 entstand; andererseits ist die Zone A_2 des Napfes wieder aufgerauht worden, weil der Werkstoff, der anfänglich von dem am Boden anliegenden Stempel durch die Öffnung gezogen wird, nunmehr von der Schulter des Werkzeugs hindurchgedrückt wird. In diesem Fall war das Ausmaß der Rauhung durch ein beim vorausgegangenen Glühen entstandenes grobes Korn gesteigert.

Erst in der Endform dieser Reihe, die durch Abstrecken (s. Abschnitt 5.3.4) gewonnen wurde, finden wir über die ganze Länge der Außenfläche etwa die gleichen Rauhtiefen, jedoch in der Zone A_1 entsprechend der vorausgegangenen Bildung unverkennbar die deutlich ausgebildeten Tafelberge.

Die Tatsache, daß man die Spuren der Ausgangsform noch bei der Hülse wahrnimmt, läßt die Frage entstehen, wieweit eine sehr geringe anfängliche Rauhtiefe von günstiger Wirkung ist. Dazu stellen wir in Bild 5.2/16 einen Vergleich der Zonen *C* an. Während rechts wie in Bild 5.2/14 von einer Ausgangsrauhtiefe $R_{t_0} = 85\ \mu m$ ausgegangen ist, sind links Tastschriebe wiedergegeben, die von einer durch Schleifen gewonnenen Rauhtiefe $R_{t_0} = 10\ \mu m$ ausgehen. Das Ergebnis ist, daß die Unterschiede mit jeder Umformstufe geringer werden, aber selbst an der dritten Zwischenform, der Hülse, noch merklich sind. Das ist auch der Grund dafür, daß man häufig nicht von gewalzten, sondern von geschälten Stangen ausgeht (vgl. die günstigen Ergebnisse beim Walzen von Gewinden auf gedrehten bzw. geschälten Rohlingen). Erst beim Abstrecken verschwindet der Einfluß der Ausgangsrauheit.

Die innere Zylinderfläche ist viel einheitlicher ausgebildet, ist aber auch von Stufe zu Stufe verschieden, wie aus den Tafeln 7—2, 7—6 und 11—2 hervorgeht.

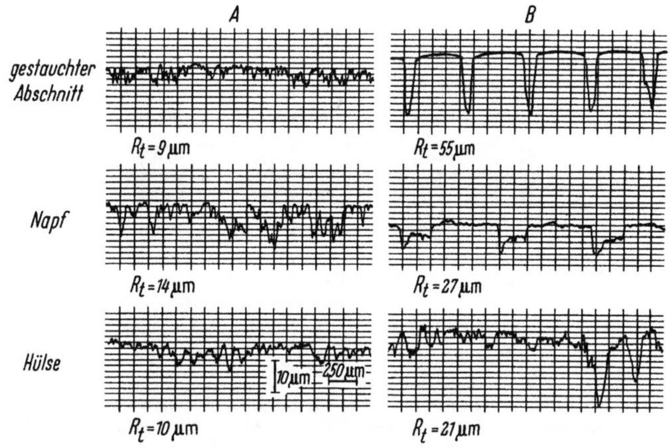

Bild 5.2/16. Einfluß der Oberflächengüte der Ausgangsform (Stababschnitt) auf die Rauheit der 1. bis 3. Zwischenform (Zone *C* des Bildes 5.2/14). *A*: Ausgangsrauhtiefe $R_{t_0} = 10\ \mu m$; *B*: Ausgangsrauhtiefe $R_{t_0} = 85\ \mu m$. Tastschriebe auf der zylindrischen Außenfläche in axialer Richtung nach Ablösen der Phosphatschicht.

Einfach ist die Oberflächenwandlung an der Außenfläche und der Innenseite des Bodens, die durch das Napf-Fließpressen bestimmt wird (s. Tafel 7—3 und 7—4). Aber auch hierbei ist der Einfluß der Rauheit der Ausgangsform zu beachten. An gescherten Rohlingen entstehen u. U. beim Stauchen (Setzen) sehr rauhe Reißpartien, ja auch Falten, die beim Fließpressen zu Ausschuß führen. Daher sind Untersuchungen angesetzt worden, die bessere Scherflächen anstreben [*55, 126*]. Wer jener Gefahr entgehen will, zieht zur Zeit noch das Absägen der Rohlinge vor (s. Tafel 4—1).

Phosphatschicht. Wie eingangs erwähnt wurde, erfordert das Kaltfließpressen von Stahl das Aufbringen einer *Phosphatschicht*, die sich auf Grund von chemischen Reaktionen so fest mit der Metallfläche verbindet, daß sie beim Gleiten an einer Werkzeugwand nicht abreißt. Sie ist umformbar und macht die makrogeometrischen Flächenänderungen mit, ohne aufzureißen. Durch Beizen und Phosphatieren wird eine ursprünglich glatte Oberfläche ungerichtet rauh.

Bei Angaben über die Rauheit fließgepreßter Werkstücke sollte stets vermerkt werden, ob auf der Phosphat-Schmierstoffschicht oder auf der metallischen Oberfläche gemessen wurde. Ein allgemein gültiges Verhältnis der Rauhtiefe auf der Phosphatschicht zur Rauhtiefe des Grundwerkstoffes kann nicht angegeben werden, denn die Schichtdicke ist ungleichmäßig und abhängig von der Pressung, von der Gleitung, von Art, Größe und Richtung der Rauheit des Metalls, von der Schmiermittelmenge und von Art und Größe der Umformung.

Obwohl wir hier von Kaltformung sprechen, ist doch bei Stahl mit erheblichen Temperaturen bis zu 400 °C zu rechnen, die im Inneren durch die Umformarbeit und außen durch die Reibarbeit hervorgerufen werden. Daher ist es wissenswert, ob eine Temperaturerhöhung die entstehenden Rauhtiefen beeinflußt. Hierzu liegt eine Untersuchung von *Bühler* und *Grotz* beim Vorwärts-Voll-

Fließpressen vor, der Bild 5.2/17 entnommen ist. Darnach ist bei 400 °C eher mit geringeren Rauhtiefen zu rechnen als im kalten Zustand; erst darnach nimmt die Rauheit zu.

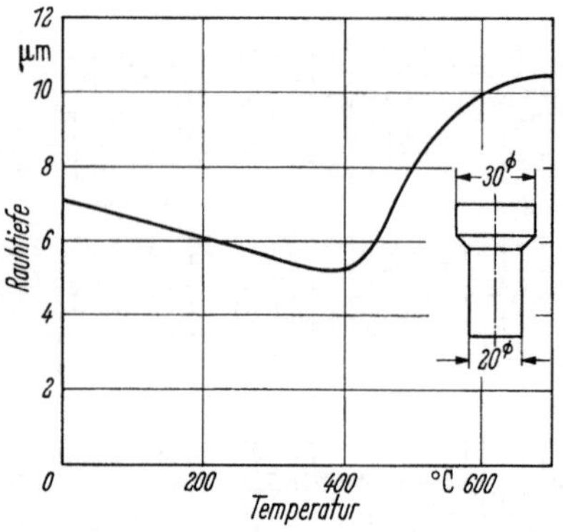

Bild 5.2/17. Rauhtiefen nach dem Vorwärts-Voll-Fließpressen von Stahl C 15 bei verschiedenen Temperaturen. (Nach einer unveröffentlichten Untersuchung von *Bühler* u. *Grotz*.)

Zu den Tafeln 7—1 bis 6. Angesichts der erwähnten Fertigungsstufen und der getrennten Bedeutung von Außen- und Innenflächen am zylindrischen Teil und am Boden, haben wir eine Reihe von Tafeln zusammengestellt, um eine Auskunft über die bei stählernen Fließpreßteilen zu erwartenden Rauhprofile zu geben. Der Zusammenhang der Tafeln und nochmals die Geschichte dieser vielstufigen Umformung zeigt Bild 5.2/18. Hierin sind auch

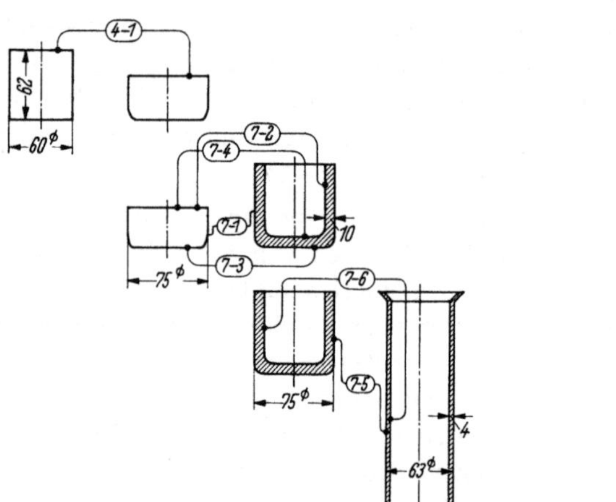

Bild 5.2/18. Arbeitsfolge einer stählernen Hülse. (Die eingerahmten Zahlenangaben sind die Nummern der Atlastafeln, auf denen die betreffende Oberflächenwandlung dargestellt ist.)

das voraufgegangene Stauchen (Setzen) und das bisweilen nachfolgende Abstreckziehen enthalten. Die zugehörigen Zahlenwerte sind wegen der Abhängigkeitsfolge aus den Atlastafeln entnommen und in Zahlentafel 5.2/1 zusammengestellt.

Folgende Tafeln sind in diesem Abschnitt enthalten:

Tafel 7—1 Rückwärts-Napf-Fließpressen; Wand außen,
Tafel 7—2 Rückwärts-Napf-Fließpressen; Wand innen,
Tafel 7—3 Rückwärts-Napf-Fließpressen; Boden außen,
Tafel 7—4 Rückwärts-Napf-Fließpressen; Boden innen,
Tafel 7—5 Vorwärts-Hohl-Fließpressen; Wand außen,
Tafel 7—6 Vorwärts-Hohl-Fließpressen; Wand innen.

Tabelle 5.2/1. *Wandlung der Oberflächenrauheit beim Fließpressen und Abstrecken von stählernen Hülsen.* (Die Zahlenwerte entstammen den angegebenen Atlastafeln; es sind die größeren der in zwei Tastrichtungen gefundenen Werte, die oberen gelten vor, die unteren nach Umformung).

Meß-stelle	Tafel	Umform-vorgang	R_t	R_p	räuml. Leere-grad
Wand außen	7—1	Rückw.-Napf-Flp.	20...65 2...20	8...20 2...3	0,56 0,33
	7—5	Vorw.-Hohl-Flp.	8...22 2,5...15	3...8 1...2	0,52 0,28
	11—1	Abstreck-ziehen	3...22 1...8	2,5...7,5 1,8...2,6	0,43 0,38
Wand innen	7—2	Rückw.-Napf-Flp.	10...40 1...3	8...11 0,4...1,5	0,48 0,54
	7—6	Vorw.-Hohl-Flp.	4...11 2...10	2...3 1...3,5	0,55 0,51
	11—2	Abstreck-ziehen	4...18 2...18	4...6 3...6	0,48 0,38
Boden außen	4—1	Stauchen	40...65 5...30	6...23 5...8	0,58 0,37
	7—3	Rückw.-Napf-Flp.	20...40 3...15	7...11 1,5...3	0,62 0,42
Boden innen	4—1	Stauchen	40...65 5...30	6...23 5...8	0,58 0,37
	7—4	Rückw.-Napf-Flp.	10...40 3...11	6...12 1,5...4	0,42 0,40

Gemeinsam zu diesen Tafeln ist folgendes zu sagen:

a) Die Darstellung der verschiedenen Oberflächenwandlungen ist in noch stärkerem Grade als Ausschnitt aus einem weiten Streubereich anzusehen als bei den anderen Tafeln, weil hier sehr viele Faktoren von Einfluß sind. Wir haben die Proben während mehrwöchiger Beobachtungen[1]) der laufenden Fertigung entnommen; sie gelten als repräsentativ nicht für das, was man bei besonderer Sorgfalt erzielen kann, sondern für das, was man im großen Durchschnitt bei einer Lieferung erwarten kann.

b) In der Fertigung sind gemäß Bild 5.2/18 zwar die Ausgangsformen eines Arbeitsganges mit den Endformen des vorausgegangenen identisch, aber die dazwischen geschalteten Glühprozesse haben die vorher entstandenen Oberflächen verändert.

c) Auch ist dadurch die beim einzelnen Arbeitsgang eingetretene Kaltverfestigung jeweils rückgängig gemacht worden.

[1]) An dieser Stelle danken wir der Firma Kabel- und Metallwerke AG (früher Neumeyer), Nürnberg, die uns diese Untersuchung in ihrer Fließpresserei ermöglicht hat.

d) Tastschriebe und Schliffe sind nur an *einer* Stelle entnommen; hinsichtlich der Verschiedenheit der Rauheit entlang einer Mantellinie müssen Schlüsse aus Bild 5.2/14 gezogen werden.

e) Alle Tastungen an den Werkstücken sind auf den phosphatierten Oberflächen gemacht. Die darunter liegenden Metalloberflächen sind rauher.

Zu den Tafeln 7—1 und 2. Beim Napf-Fließpressen erzeugen die beiden *Werkzeuge*, Preßbüchse und Stempel, zwei verschiedene zylindrische Flächen, die Außenfläche und die Innenfläche. Die Werkzeuge sind rund und können gut geschliffen werden. Im vorliegenden Fall wurden ihre Schleifrillen durch das Durchdrücken von 7800 Werkstücken geglättet, während in Achsrichtung Verschleißrillen entstanden.

Trotzdem weisen die *Werkstückflächen* auf der Phosphatschicht eine bessere Glättung auf als man nach der Werkzeugrauheit erwartet. Die Mantel-Außenfläche weist, wie oben ausgeführt, Flächenteile mit verschiedener Rauheit auf. Die in Tafel 7—1 gegebenen Werte beziehen sich auf den mittleren und damit den rauhesten Teil des Mantels. Oberhalb und noch mehr unterhalb, besonders nahe der Kantenrundung, ist die Oberfläche glatter.

Von den beiden Flächen ist die innere die wesentlich bessere. Gemäß Tafel 7—2 ist sie kaum als schwach gerichtet anzusehen, obwohl die verformten Kristallite eine deutliche Textur aufweisen. Die Ausgangsrauheit ist nach Form und Tiefe völlig beseitigt. Das ist nicht nur darauf zurückzuführen, daß der Stempel vor und nach Benutzung geringere Rauhtiefen aufwies als die Preßbuchse, sondern weit mehr darauf, daß die sich aus der Bodenfläche des Rohlings bildende Innenfläche größere Gleitwege unter höherem Druck als die Außenfläche zurücklegt. Dies wird durch die Verformung der Körner anschaulich, die an keiner anderen Stelle so stark ist. Sie ist zahlenmäßig durch die größte Formänderung in radialer Richtung ausgedrückt. Dies wird in Bild 5.2/19 sichtbar

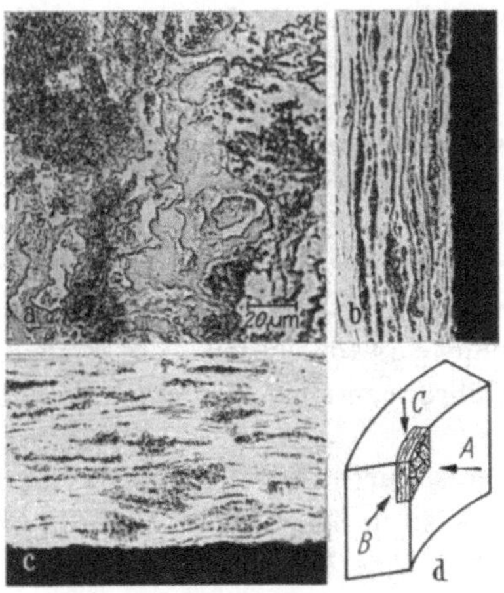

Bild 5.2/19 a—d. Stark verformte Korngruppe an der Innenwand eines kalt fließgepreßten Napfes aus Stahl Ck 15. (Nach *Kienzle* u. *Mietzner* [*1*].)

gemacht, das eine Korngruppe an der Innenfläche in etwa 1/3 der Napfhöhe in dreidimensionaler Darstellung zeigt. Dem entspricht auch die größere Kaltverfestigung im Verhältnis zu der an der Außenfläche. Es erscheint gerade für das Kaltfließpressen aufschlußreich, die Umformwirkungen auf Oberfläche, Kornform und Verfestigung miteinander in Beziehung zu bringen.

Zu den Tafeln 7—3 und 4. Betrachtet man den Boden für sich, so macht er eine sehr starke Stauchung durch, die wegen des Widerstandes des zylindrischen Teils und wegen des beträchtlichen Wegfließens des Stoffes in die Wand unter höherem Druck vor sich geht als ein übliches Stauchen.

Das wandelt an den *Werkzeugen* — Stempel und Gegenstempel — die Richtung der Rillen. Obwohl es oft nicht auf eine hohe Oberflächengüte am Boden ankommt, ist es doch für den Fließvorgang vorteilhaft, die Werkzeugstirnflächen bestens zu bearbeiten.

Die Ausgangsstirnflächen der gestauchten Vorform sind nicht mit den Endflächen des vorher gestauchten Stückes identisch, denn sie sind durch Beizen und Glühen aufgerauht worden, bevor sie einen neuen Phosphatüberzug erhielten. Der *Boden* ist nach dem Umformen wesentlich glatter als vorher, und zwar auch bei ziemlich weit abgenutztem Werkzeug. Die wenigen tiefen Stellen sind weit verteilt.

Da von der Bodendicke meist keine hohe Maßgenauigkeit verlangt wird, braucht sie angesichts der geringen Rauhtiefe, die auch nach Ablösen der Phosphatschicht noch im Bereich einer Drehbearbeitung liegt, nicht mehr abgespant zu werden. Eine gewisse Bedeutung hat sie auch, wenn der Napf weiter umgeformt wird, denn dabei wird sie kaum noch geändert. Nicht übersehen werden darf, daß jedes Zuviel an Schmiermitteln die Güte der Bodenflächen, insbesondere der inneren beeinträchtigt, denn es drückt sich in den Boden ein, wie aus Bild 1/5 hervorgeht.

Zu den Tafeln 7—5 und 6. In dieses Vorwärts-Hohl-Fließpressen treten Außen- und Innenflächen nicht nur in verschiedenem Zustand ein, sondern sie erfahren auch wiederum eine verschiedene Umformung [*1*, Bild 103].

Außen ist es zuerst ein Ziehen, dann ein Durchdrücken durch die *Preßbuchse*, die dadurch zuerst weniger, dann mehr beansprucht wird. Ihre Abnutzung wandelt auch hier die umlaufenden Schleifrillen in achsparallele Verschleißrillen, deren Rauheit hier in Wellen übergegangen ist.

Der *Stempel* wird in seiner Zylinderfläche erst nach Beginn des Durchdrückens beansprucht; die sich verlängernde Werkstückfläche gleitet an ihm unter dem Druck entlang, der in der augenblicklichen Umformzone wirkt.

Die *Werkstückaußenfläche* ist aus der verhältnismäßig rauhen Außenfläche des Napfes entstanden; sie erfuhr zunächst eine zusätzliche Aufrauhung durch Glühen, Beizen und das erneute Phosphatieren. Daher ist sie beim Vorwärts-Fließpressen gegenüber dem Napf nur wenig glatter geworden, aber sie wurde „dichter", d. h. ihr räumlicher Leeregrad hat sich verringert. Die Oberfläche ist nun, wie die Draufsicht zeigt und auch die Profilschriebe längs und quer bestätigen, schwach gerichtet. Das Rauhgebirge ist wiederum nur an einer Stelle bestimmt worden und zwar in der oberen Hälfte, wo die Ausgangsfläche am wenigsten gut war. Im übrigen ist die Außenfläche nicht einheitlich, wie aus Bild 5.2/14 hervorgeht; ihre unteren Teile sind besser als die oberen. Im Ganzen ist die Glättung beträchtlich.

Bei der Beurteilung der *Innenfläche* muß man berücksichtigen, daß die Ausgangsfläche nach dem Napfpressen ebenfalls durch Glühen, Beizen und erneutes Phosphatieren aufgerauht ($R_t \approx 10\,\mu m$) worden war. Die Formänderung und der Gleitweg am Werkzeug ist geringer als vorher beim Napfpressen. Die Innenfläche ist nach 7200 Stücken verhältnismäßig rauh und zwar wegen des nicht unterdrückten freien tangentialen Stauchens ähnlich wie im Napf. Oberhalb und unterhalb der gemessenen Stelle (Mitte) ist die Fläche etwas glatter als in der Tafel dargestellt. Sonst ist sie von oben bis unten recht gleichmäßig, wie der Napf und die stetige Umformung erwarten lassen; auch ist sie immer noch weniger rauh als die Außenfläche.

Der *Boden* hat durch die Zwischenbehandlung eine Aufrauhung erfahren ($R_t = 15\ldots22\,\mu m$) und hat diese Rauheit behalten.

5.3 Zug-Druck-Umformen

Unter dem Begriff „Zug-Druck-Umformen" wird nach dem DIN-Entwurf 8584 [20] ein Umformen verstanden, bei dem das Fließen in der Umformzone infolge Zusammenwirkens von Zug- und Druckbeanspruchungen eintritt, die durch von außen aufgebrachte Zug- oder Druckkräfte hervorgerufen werden.

Darnach fallen unter „Zug-Druck-Umformen" u. a. folgende Verfahren, die hier behandelt werden:

in Abschnitt 5.3.1	Ziehen von Stäben	(Tafel 8—1 und 8—2),
in Abschnitt 5.3.2	Ziehen von Runddraht	(Tafel 9—1 bis 9—4),
in Abschnitt 5.3.3	Ziehen von Stahlrohr über festen Stopfen	(Tafel 10—1 und 10—2),
in Abschnitt 5.3.4	Abstreckziehen	(Tafel 11—1 und 11—2),
in Abschnitt 5.3.5	Tiefziehen	(Tafel 12—1 bis 12—4).

Den ersten vier Gruppen ist gemeinsam, daß die Werkstückoberflächen unter hohem Druck an den Innenflächen von Ziehwerkzeugen gleiten, wobei die einzelne Stelle in einem trichterförmigen Hohlraum ihre Verschmälerung und Längung erfährt, um dann noch einen Gleitweg in einem Hohlzylinder zurückzulegen, der gleich dessen Länge ist. Unsere Beispiele beziehen sich auf Stahl, zumal hierbei die Erzielung geringer Rauhtiefen schwieriger ist als bei den weicheren NE-Metallen.

5.3.1 Ziehen von Stäben (Stahl)

Weitere Angaben außer den hier enthaltenen [1, s. Abschnitt 5.1].

Ausgangsform und Verfahren. Die Ausgangsform für das Verfahren ist das warmgewalzte runde oder kantige Profil. Sie wird vor dem Ziehen durch Abstrahlen oder Beizen entzundert; dabei ist wichtig, daß keine Zunderreste bleiben. Die warmgewalzte und gebeizte Oberfläche ist ungerichtet; sie ist sehr rauh und narbig, bisweilen auch wellig (bis 100 µm Wellentiefe) [72]. Ihr Charakter ist aus den Tafeln 8—1 und 8—2 ersichtlich. Sie ist auch oft mit Fehlstellen behaftet, die sich aus dem Walzvorgang ergeben. Es können dies Schalen, Riefen, Überwalzungen, Risse, Poren, Narben, Schuppen u. a. sein. Im Walzwerk sind diese Fehler nicht immer zu vermeiden; sie beeinflussen die gezogene Oberfläche in starkem Maße.

Das Verfahren ist an sich einfach; jedoch wirken eine ganze Reihe von Einflüssen auf die Güte der gezogenen Oberfläche ein, wie Ziehwinkel, Ziehgeschwindigkeit, Schmiermittel u. a. Den stärksten Einfluß hat die Querschnittsabnahme in einem oder in mehreren Zügen: hierauf wird weiter unten eingegangen.

Die Rauheit des eigentlich formgebenden, zylindrischen Teils des Ziehsteins (Ziehhols) ist geringer als die des Ziehguts und beeinflußt dessen Rauheit kaum. Treten am Ziehstein jedoch Anfressungen auf, so wird das Ziehgut riefig und damit unbrauchbar. Ein solcher Verschleiß ist bei Ziehsteinen aus Hartmetall gering.

In einem Fall haben wir beobachtet, daß sich die Ausgangsrauhtiefe des aus Hartmetall bestehenden Ziehhols nach 10 km Ziehlänge (40 t) bei einem Rundstahl St 37 von 25 mm Durchmesser im Mittel nur verdoppelte (s. Tafel 8—1). Neben anderen Einflüssen scheint es wesentlich zu sein, daß die Achse des Einlaufkegels mit der des zylindrischen Teils des Ziehsteins zusammenfällt, denn nur dann liegt die Schnittlinie von Kegel und Zylinder in einer zur Achse senkrechten Ebene.

Erwartungen. Von gezogenen Oberflächen der verschiedenen Blank-Stahlsorten erwartet man gemäß den DIN-Normen bestimmte Eigenschaften. Dafür werden aber bis jetzt nur qualitative Wertangaben gemacht [*1*, S. 95].

Damit tritt das Bedürfnis nach Zahlenwerten deutlich zutage. Untersuchungen in der Ziehpraxis sind indes erst durch *Lueg* und *Krause* [*64, 65*] angestellt und durch *Mietzner* [72] fortgesetzt worden.

Bisweilen sucht man nach Beziehungen zwischen der Oberflächenrauheit und der Durchmessertoleranz. Verschiedene Toleranzqualitäten, nämlich IT 8, IT 9 und IT 11 sind in den DIN-Normen 668 bis 671 für gezogene oder abgespante Stäbe festgelegt. Da für die höheren Maßgenauigkeiten die letzten Züge mit geringeren Dickenabnahmen vor sich gehen, können auch glattere Flächen erzielt werden [*1*, Bild 84]. Dennoch ist mit einer größeren Maßgenauigkeit nicht zwangsläufig eine bestimmte Rauhtiefe gewährleistet. Diese ist, soweit handelsübliche Ausführungen nicht genügen, besonders zu vereinbaren.

Umgeformte, durch Ziehen erzeugte Oberflächen an Rundstäben treten in besonderem Maße in Wettbewerb mit abgespanten (gedrehten, geschälten oder geschliffenen), wo Stababschnitte als Maschinenteile dienen. Bei ihrer Fertigbearbeitung bleiben ihre Oberflächen ganz oder teilweise erhalten: ganz, wenn die Stäbe nur zu Wellen oder Paßbolzen abgestochen werden, teilweise, wenn Ansätze angedreht oder Köpfe angestaucht werden. Die dabei erhalten gebliebenen Oberflächen müssen hinsichtlich ihrer Rauheit den Bedingungen der Spiel- und

Preßpassungen entsprechen. Ihre Rauhtiefen können nicht ohne weiteres mit denen abgespanter Flächen verglichen werden, denn wegen der typischen Tafelbergform gehören zu gleichen Rauhtiefen viel geringere Leerheitsgrade, mit anderen Worten, die gezogenen Oberflächen weisen höhere Traganteile auf.

Rauheitsart der kaltgezogenen Staboberfläche. Die gezogene Staboberfläche ist entgegen der üblichen Meinung im allgemeinen ungerichtet, soweit die Ziehabnahme von üblichem Ausmaß und das Werkzeug nicht stark verschlissen ist, d. h. nach unserer Definition des Begriffs „ungerichtet" sind die Rauheitsmeßgrößen längs und quer gleich groß. Man lasse sich nicht durch das Aussehen der Stäbe täuschen, bei denen das Auge „Riefen" in Ziehrichtung wahrnimmt. Ihre Tiefe ist gegenüber der Grundrauheit klein und beeinflußt die Rauheitsmeßgrößen kaum. Das zeigen auch die Tafeln 8—1 und 8—2. Wird jedoch die Umformung größer oder bilden sich infolge unzureichender Schmierung Anfressungen am Werkzeug, so können beträchtliche Riefen in Ziehrichtung auftreten. In einem solchen Fall ist aber das Ziehgut meist Ausschuß.

Angaben über die Rauheit gezogener Flächen sind nicht so einfach zu geben wie etwa bei einer abgespanten Fläche. Wir müssen uns folgende Tatsachen vor Augen halten:

a) Wenn der gewalzte und gebeizte Stab einmal durch einen Ziehstein gezogen ist, so sind die Rauhberge zu Tafelbergen geglättet, aber die tiefen Täler sind noch da. Selbst wenn man bei der Beurteilung solcher Flächen Fehlstellen ausschließt, erkennt man leicht, welchen großen Rauheitsbereich eine gezogene Stange umfaßt. Die Tastschriebe in Bild 5.3/1 stellen in a) die mittlere

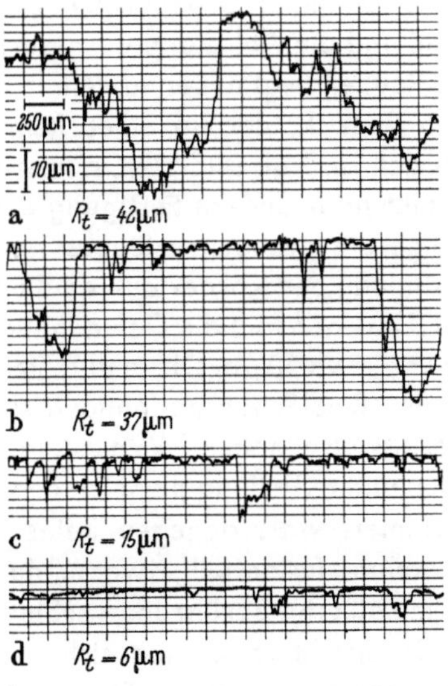

Bild 5.3/1 a—d. Verschiedene Rauheiten an einem und demselben gezogenen Stab 25 mm Durchmesser aus St 37; $\varepsilon_F = -0{,}12$; Tastung in Ziehrichtung. a) Gewalzter und gebeizter Stab vor dem Ziehen: Stelle mittlerer Rauheit; b) — d) einmal gezogen, und zwar b) rauhe Stelle, c) mittelrauhe Stelle, d) glatte Stelle.

Rauheit der gewalzten und gebeizten Ausgangsform dar, in b) bis d) die Oberfläche der gezogenen Stäbe, wobei b) den rauhesten, c) den mittelrauhen, d) den wenigst rauhen Bereich an einem und demselben Stab beschreiben. Sieht man von der Größe der Rauheit ab, so ist ihre Art überall ähnlich: glatt mit zahlreichen Vertiefungen, d. h. das Profil ist „halboffen"[1]).

b) Daher wäre eine Oberfläche gemäß Bild 5.3/1, z. B. b), durch wenigstens zwei Rauheitsbereiche zu kennzeichnen, R_t = „2 bis 6 µm und 15 bis 40 µm". Auch die „rauhen" Stellen weisen zwischen tiefen Tälern ziemlich glatte Tafelberge auf. Dies zeigt wiederum, wie groß die Streuung der Rauhtiefe bei einem Umformverfahren sein kann.

c) Zwischen Längs- und Querrichtung tritt in Bezug auf Rauhtiefe kein wesentlicher Unterschied auf, doch ist in Ziehrichtung der Anteil der geglätteten Tafelberge etwas größer. Während bei Rundstäben die Rauheit rundum die gleiche ist, ist dies bei kantigen Stäben nicht der Fall. Nahe den Ecken eines gezogenen Stabes ist die Oberfläche glatter als in der Mitte, wie der Tastschrieb

Bild 5.3/2. Unterschiedliche Rauheit auf der Breitseite eines gezogenen Flachstabes 35 × 20 mm aus St 37. Links: Stelle nahe dem Rand; rechts: Stelle in der Mitte.

Bild 5.3/2 zeigt. Erklärlich ist dies durch die stärkere Umformung der am Rande liegenden Werkstoffteile (vgl. Bild 5.3/4).

Im großen Durchschnitt lassen sich Angaben machen, die sowohl für runde als auch für Vier- und Sechskantquerschnitte gelten. Da innerhalb eines normalen Abzuges ($\varepsilon_F = -0{,}1\ldots0{,}2$) kein wesentlicher Rauheitsunterschied zwischen zylindrischen Flächen und den Mitten ebener Flächen kantiger Profile besteht, kann man die Werte der drei Rauheitsmeßgrößen je in einer Häufigkeitskurve zusammenfassen, die folgende Rauheitsbereiche aufweist:

	5% unter	50% unter	95% unter
Rauhtiefe R_t	5	12	30
Glättungstiefe R_p	0,6	1,4	3,6
Mittenrauhwert R_a	0,4	1,1	2,8

Nicht unerwähnt bleibe, daß Unterschneidungen vorkommen können, die durch das Umlegen steiler Flanken beim Ziehen entstehen. *Krause* hat sie an Sechskantstäben öfter beobachtet [60]. Nach unseren Schrieben sind sie offenbar selten; bei unseren Angaben der Leerheitsgrade blieben sie unberücksichtigt. Unsere Messungen decken sich mit Ergebnissen von *Lueg* und *Krause* [65], die für gezogene Stäbe Mittelwerte der Rauhtiefe im Bereich von 10 bis 20 µm feststellten, wovon in 95% der

[1]) Jüngst wurde für das Ziehen von Drähten und Stäben eine weitere Untersuchung über den Einfluß der Umformbedingungen auf die Wandlung der Oberfläche von *N. Hansen* [34] durchgeführt. Darin wurde neben den Rauheitsgrößen der Form der Profile ein besonderes Augenmerk zugewandt.

Fälle Streuungen bis ± 30% hinzukommen können. Durch Mehrfachziehen konnten bei ihren Versuchen Rauhtiefen bis herunter zu 5 µm erzielt werden.

Wesentlich bei dieser Umformung ist die Verringerung des räumlichen Leeregrads, der bei der gewalzten Oberfläche zwischen 0,4 und 0,6 liegt und beim ersten Zug auf rd. 0,3 heruntergeht. Durch weitere Züge läßt er sich weiter verringern. Der damit verbundene hohe Traganteil macht die Oberfläche für manche Zwecke besser geeignet als eine abgespante von gleicher Rauhtiefe.

Stärkere Glättung durch mehrere Züge. Wenn man eine bestimmte Querschnittsverringerung anstatt in *einem* Zug in zwei Zügen ausführt, erzielt man geringere Rauhtiefen [*1*, S. 102]. Jeder weitere Zug vermag die Rauhtiefen weiter zu verringern. So lassen sich durch einen zweiten Zug ($\varepsilon_F = -0{,}1\ldots0{,}2$) Rauhtiefen, die zu 95% unter 30 µm gelegen waren, auf unter 22 µm bringen; die zugehörigen Glättungstiefen verringern sich von „unter 10 µm" auf „unter 2,5 µm". Schließlich lassen sich Rauhtiefen und Glättungstiefen erzielen, die zu 95% unter 5 bis 6 µm bzw. unter 1,5 µm liegen. Das entspricht im Traganteil einer geschliffenen Fläche. Wir heben das hervor, weil wir für unsere Tafeln nicht extrem feine Oberflächen, sondern nur einfach gezogene ausgesucht haben. Wenn die darin ausgewiesene Rauheit zu groß ist, so ist zwecks weiterer Glättung Weiterziehen am Platz.

Hier verdient das von *Bühler* entwickelte und mehrfach beschriebene Nachziehen zur Verringerung der Eigenspannungen im gezogenen Stab Erwähnung [*12, 13*]. Dabei wird der Querschnitt um geringe Beträge verringert, die teils unter 1% liegen und höchstens bis 3% gehen. Besonders wirtschaftlich wird dieses Verfahren dadurch, daß man die Ziehringe für den Hauptzug und den Nachzug so anordnet, daß der Stab in einem Zug beide Ziehringe hintereinander durchläuft (sogenannte Tandem-Anordnung). Für die entstehende Oberfläche ist es dabei von Bedeutung, daß vor dem Nachziehring frisches Schmiermittel aufgebracht werden kann. Nach unseren Beobachtungen beim Weiterziehen mit Querschnittsabnahmen von 1% ist davon eine Verringerung der Oberflächenrauheit zu erwarten. *Bühler* und *Schulz* [*13*] sowie *Bühler* und *Peiter* [*12*] haben das bestätigt. Damit erscheint das Nachziehen geeignet, nicht nur die Eigenspannungen zu verringern, sondern auch die Oberfläche zu verbessern.

Rauheitswandlungen durch Richten mittels Walzen. An das Kaltziehen runder Stangen schließt sich oft ein Richten in Walzmaschinen an, bei dem im Unterschied zum Richten in einer Richtpresse oder durch freien Zug das Werkstück plastisch hin und her gebogen und gleichzeitig in *schraubiger* Bewegung zwischen sich drehenden Walzen oder Scheiben hindurchgeführt wird.

Das Richten beeinflußt auch die Oberflächenbeschaffenheit. Hierbei handelt es sich aber nicht, wie oft fälschlicherweise gesagt wird, um ein „Polieren", vielmehr steht dieses Richten dem „Glattwalzen" näher. Die Glättung ist hauptsächlich von der Bauart der Richtmaschine und ihrer Einstellung sowie von der Oberflächenbeschaffenheit, der Vorbehandlung und dem Werkstoff der Stangen abhängig. Der Tastschrieb Bild 5.3/3 zeigt beispielsweise die Glättung beim Richten zwischen Walzen. Charakteristisch dabei ist, daß die Rauhtiefe verhältnismäßig mehr abnimmt als die Glättungstiefe. Dies läßt sich daraus erklären, daß das „Glattwalzen" der schon

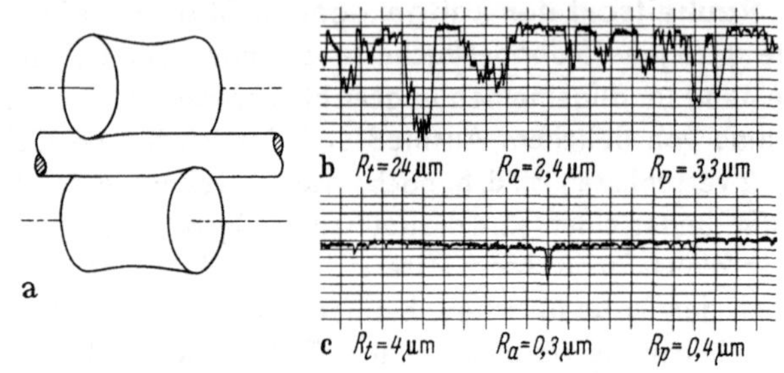

Bild 5.3/3 a—c. Oberflächenwandlung eines Stahlstabes von 52 mm Durchmesser durch Richten zwischen Walzen. Tastung in Ziehrichtung; Meßwerte sind Mittelwerte. a) Anordnung der Walzen; b) Oberfläche vor dem Richten; c) Oberfläche nach dem Richten.

ziemlich glatten Tafelberge in die Tiefe wirkt und die Täler anhebt.

Beim Richten ist der räumliche Leeregrad der Ziehgutoberfläche weiter gefallen.

Zu Tafel 8—1. Das Beispiel stellt ein übliches, einmaliges Ziehen gewalzter und durch Beizen entzunderter Rundstäbe aus St 37 unbeschadet eines späteren Richtens dar. Der *Hartmetallziehstein* hat bereits 10 km Ziehlänge hinter sich und ist noch nicht unbrauchbar. Die Draufsichten auf den zylindrischen Teil der Wirkfläche im Ziehstein sind durch Abdrücke aus Technovit gewonnen; man sieht die Wandlung des Oberflächencharakters von rundum laufenden Schleifriefen in längs verlaufende Ziehriefen, die indes von äußerst geringer Tiefe sind.

Der *Stab* vor der Umformung weist, ohne Walzfehler zu haben, die grobe Rauheit und Welligkeit vom Walzen her auf; sie ist von feinen Beizspuren überlagert. Die für die Draufsicht und die Abtastung ausgesuchte Stelle war typisch. Ihre Rauheit liegt mitten in dem in der Tafel 8—1 angegebenen Bereich, der an einer Reihe von Stäben ermittelt worden ist. Vgl. Bild 1/23, mittlere Häufigkeitskurve, die einer ganz andern Fertigung entstammt.

Das Gefüge des gezogenen Stabes weist eine kaum merkliche Längung der Körner auf, da die Dehnung nur 12% beträgt. Dagegen fällt die Gefügeänderung in einer Randschicht von etwa 50 µm Dicke auf; sie dürfte auf die dort wirksamen Reib-Schubspannungen zurückzuführen sein. Vergleichsweise haben *Wiegand* und *Kloos* [*123*] beim Stauchen unter Gleitung dasselbe beobachtet, wenn mit Öl geschmiert war, dagegen keine solche Randschichtverformung festgestellt, wenn durch Lithiumstearat jede metallische Berührung verhindert wurde.

Bei der Draufsicht lasse man sich nicht durch die starke Vergrößerung täuschen. Entscheidend sind die langen glatten Partien der Tafelberge, die durch die Zahlenangabe von zwei Rauhtiefen-Bereichen gekennzeichnet sind.

Die Verringerung des räumlichen Leeregrades kennzeichnet den 1. Zug; eine weitere Verringerung ist durch einen 2. Zug sowie durch Richten zwischen Walzen ohne weiteres möglich.

In den Schrieben nach der Umformung in Tafel 8—1 finden sich einige sehr steile Stellen; sie weisen darauf hin, daß hier Unterschneidungen vorliegen könnten.

Zu Tafel 8—2. Dieses Beispiel ist dem vorigen vergleichbar, weil es auch das Ergebnis eines üblichen, einmaligen Ziehens eines gewalzten Stabes darstellt. Jedoch war hier die Ziehlänge und damit der Verschleiß des Ziehsteins wesentlich geringer.

Bei dem Schrieb am verschlissenen *Werkzeug* in Ziehrichtung ist der mittlere, rauhere Teil am Einlauf abgenommen worden; im prismatischen Teil (links davon) ist keine Abnutzung wahrzunehmen. In Querrichtung ist die Werkzeugrauheit an der Einlaufkante aufgenommen, wo sie naturgemäß vereinzelte größere Rauhtiefen aufweist. Die Draufsicht nach 1500 m Ziehlänge zeigt in ihrer hellen Partie die Einlaufkante.

Vom *Werkstück* sehen wir in Bild 5.3/4 einen Querschliff, der zeigt, wie der Werkstoff in die Ecke hineingedrückt wurde; dort sind die Rauhtiefen geringer als in den Mitten der Seitenflächen. Die Tastschriebe haben wir

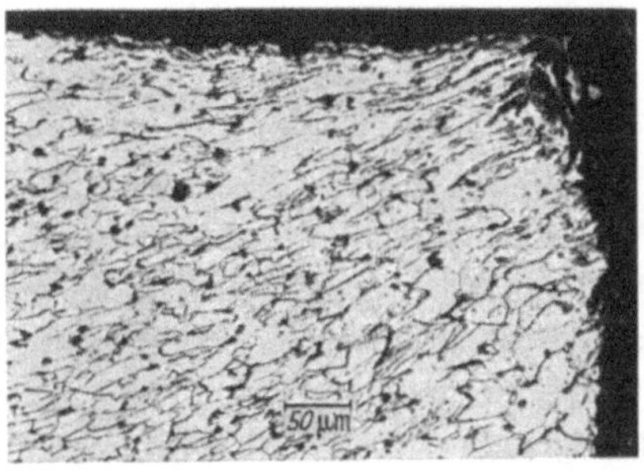

Bild 5.3/4. Kornverformung in der Ecke eines gezogenen Flachstabes 35 × 10 mm aus St 37; $\varepsilon_F = -0{,}2$.

indes der rauheren Partie in der Mitte der breiten Seite entnommen, da sie für die Staboberfläche maßgebend ist. Obwohl die Formänderung (der Abzug) größer ist als beim Rundstab in Tafel 8—1, ist die Glättung nicht besser.

Man kann sagen, daß die Unterschiede zwischen den Tafeln 8—1 und 8—2 in einen gemeinsamen Streubereich fallen; insofern bestätigen sie sich gegenseitig.

5.3.2 Ziehen von Runddraht

Weitere Einzelheiten außer den hier erwähnten s. [1, Abschnitt 5.2].

Verfahren. Das Drahtziehen ist dem Stabziehen ähnlich, aber seine Fertigungsbedingungen sind andere [84]. Der Draht wird meist in mehreren hintereinander geschalteten Zügen umgeformt. Dabei ist die Querschnittsabnahme je Zug größer als beim Stabziehen und die Ziehgeschwindigkeit liegt höher. Deshalb spielt die Schmierung eine große Rolle. Über ihren Einfluß beim Ziehen von Stahldrähten haben *Lueg* und *Treptow* Untersuchungen angestellt [66].

Nach der Schmierart werden in DIN 1653 sogar die Oberflächen handelsüblicher Stahldrähte benannt, z. B.: trockenblank (durch konsistente Schmiermittel gezogen, naßblank (durch wässerige Lösung gezogen), verkupfert usw. Indes geht die Unterscheidung der Drähte nach ihren vielerlei Zwecken noch viel weiter.

Zahlenwerte für die Rauheit haben erstmals *Lueg* und *Krause* [64] bestimmt. Sie zeigten in Häufigkeitskurven, daß die Rauheit von Stahldrähten noch mehr streut, als wir es bei den Stäben gefunden haben. Später haben *Bleilöb* und *Born* [8] die Rauheit gezogener Stahldrähte gemessen und dabei besonders den Ausgangszustand, gebeizt oder gestrahlt, berücksichtigt.

Die ungerichtete Oberfläche der warmgewalzten und entzunderten Ausgangsform wird in tangentialer Richtung gestaucht und in axialer gestreckt. Fehler, die sich in der warmgewalzten Ausgangsform finden, können sich in nichtgeglätteten Poren, umgelegten Schalen, Abblätterungen und Überwalzungen, Zundereindrücken u. a. m. auswirken.

Nach den Unterschieden zwischen der gebonderten und der nackten Oberfläche, die wir bei Fließpreßteilen (Abschnitt 5.2.4) kennen gelernt haben, könnte man fragen, ob ähnliche Unterschiede auch an gezogenen Drähten bestehen, je nachdem, ob das Schmiermittel noch darauf haftet oder durch Reinigen entfernt worden ist. *Lueg* und *Krause* [64] haben dies untersucht und geringe Unterschiede gefunden, jedoch im umgekehrten Sinne; die nackte Drahtoberfläche wies etwas geringere Rauhtiefen auf. „Wahrscheinlich" — so schreiben sie — „setzt sich das Schmiermittel beim Ziehvorgang auf der Oberfläche fest und vergrößert die Rauhtiefe."

Rauheitsart der gezogenen Drahtoberfläche. Für die Drahtoberfläche trifft sinngemäß das zu, was in Abschnitt 5.3.1 über die gezogenen Stäbe gesagt wurde, namentlich hinsichtlich der Verringerung des Leeregrads durch den Ziehvorgang. Jedoch entsteht bei den Drähten infolge der größeren Umformung eine deutlichere Richtungsabhängigkeit der Rauheit. Was dem Auge als „Ziehriefen" erscheint, ist im allgemeinen klein gegenüber der Grundrauheit; gerade deshalb sind Meßergebnisse wichtig. Eigentlich tiefe Ziehriefen treten jedoch nicht auf, sofern das Werkzeug nicht beschädigt ist.

Die durch das Ziehen entstandenen Drahtoberflächen sind durchaus nicht gleichartig. Es bestehen Unterschiede zwischen einem trocken und einem naß gezogenen Draht. Allen gemeinsam ist jedoch die große Streuung der Rauhmaße, besonders über den Umfang der Drähte, sowie die mit steigender Umformung wachsende Einebnung und zunehmende Richtungsabhängigkeit der Rauheit.

Mit Vorbehalt glauben die Verfasser folgendes aus vorliegenden Messungen schließen zu dürfen:

1. Eine geringe Ausgangsrauheit wirkt sich günstig auf die Endrauheit aus. Bei gleicher Ausgangsrauheit und gleichen Fertigungsbedingungen scheinen gestrahlte Drähte eine geringere Endrauheit aufzuweisen als gebeizte [10]. Eine mögliche Ursache hierfür könnte in der Auffaltung von steilen Profilformen (Beizstellen) liegen.

2. Die Schmierung wirkt sich sehr stark aus. Bei den untersuchten Drähten trat absolut und relativ die größte Glättung bei der naßgezogenen Probe ein. Die trockengezogenen Drähte verhalten sich untereinander ähnlich.

3. Auch auf den Einfluß des Ziehsteinverschleißes sei ein kurzer Blick geworfen, weil er häufig überschätzt wird. Solange beim Ziehen keine Anfressungen am

Werkzeug auftreten, ändert sich die Rauheit der Ziehsteine wenig. Je nach Bearbeitungsart liegt die Rauhtiefe der neuen Werkzeuge zwischen 0,5 und 2 μm. Im zylindrischen Teil des Ziehsteins findet meist eine gewisse Glättung der ursprünglichen Oberfläche statt, während der Einlauf rauher wird (Bild 5.3/5). Die Werkzeugrauheit ist auch nach Verschleiß klein gegenüber der

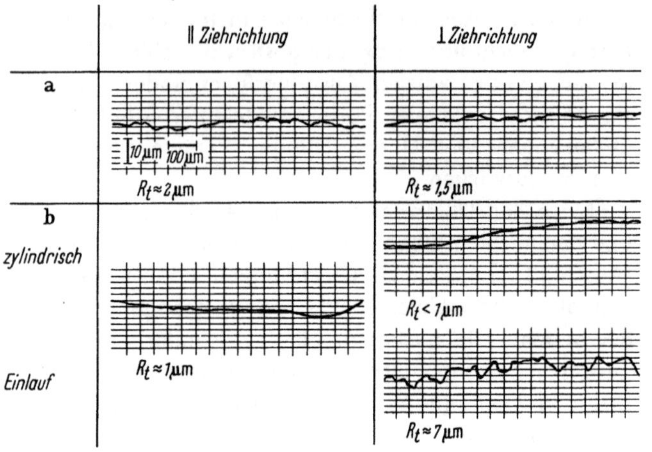

Bild 5.3/5 a u. b. Verschleiß eines Ziehsteins aus Hartmetall GT 10 nach trockenem Ziehen biegeentzunderten Stahldrahts TD 12—2 im 2. Zug von 4,6 auf 3,9 mm Durchmesser.
a) Ziehstein neu; b) Ziehstein nach rd. 100000 m Ziehlänge.

Drahtrauheit. An den Drähten ist daher kein wesentlicher Unterschied zu erkennen, seien sie mit neuen oder mit alten Werkzeugen gezogen, sofern nicht durch Aufschweißungen am Ziehring Riefen am Draht auftreten.

Es scheint, daß häufig das Verschleißkriterium nicht in der Verschlechterung der Drahtoberfläche besteht, sondern in den Maß- und Formfehlern des Drahtes.

Im Ganzen gesehen [*1, 8, 64*], liegen die größten Rauhtiefen und Glättungstiefen

bei trocken gezogenen, unlegierten Drähten bei „2 ... 4 und 10 ... 20 μm",

bei naß gezogenen Drähten bei „1 ... 2 und 6 ... 14 μm".

Auch bei den schwer zu ziehenden Drähten aus nichtrostendem Stahl wurden nach Entfernung der Schmiermittelträger Rauhtiefen in diesem Bereich gefunden [*62*]. Nahm man hierbei als Schmiermittelträger eine Kochsalz-Kalkschicht, so betrug nach zwei Zügen die Rauhtiefe rd. 15 μm, nahm man eine Schicht aus „Edelstahlbonder 188", so betrug sie rd. 20 μm; nach sechs Zügen waren die Werte 7 und 10 μm.

An dieser Stelle sei darauf hingewiesen, daß das Beizen nicht nur die Oberfläche rauher macht, sondern auch die Oberflächenschicht beeinflußt. Nach jüngeren Beobachtungen[1]) diffundiert Wasserstoff in die Kristallite hinein, und zwar am einzelnen Rauhberg von allen Seiten; dadurch entsteht eine gewisse Versprödung.

Bei der Umformung werden somit härtere Körner in die weichere Grundmasse eingedrückt und nehmen in geringerem Maße an der Kornverformung teil als die darunter liegenden Körner. Dadurch wird der physikalische Charakter einer umgeformten Oberfläche, die vorher gebeizt war, etwas anders, als wenn sie vorher abgestrahlt war.

[1]) Angaben von Professor Dr.-Ing. *Erdmann-Jesnitzer*, Hannover.

Bedeutung der Oberflächengüte für die Weiterverarbeitung. Die Drahtoberfläche tritt unverändert an Schraubenschäften zwischen den angestauchten Köpfen und den verjüngten Gewindeteilen auf, ebenso an Bolzen, die aus dem gerichteten Draht abgeschnitten werden. Das gilt auch für Messingdrähte.

Viele Drahtstücke werden gebogen. Dabei verändert sich ihre Längsrauheit. Die Rauhberge werden an der Außenseite der Biegung gestreckt, an der Innenseite zusammengeschoben. Bei hochbeanspruchten Teilen können dadurch gefährliche Kerbwirkungen entstehen; in diesen Fällen ist eine geringe Längsrauheit wesentlich, wie sie in Tafel 9—4 zutage tritt.

Zu den Tafeln 9—1 bis 9—4. Die von uns ausgewählten Beispiele beziehen sich auf das Ziehen von Stahldrähten, deren Oberflächen vor dem Ziehen in verschiedener Weise behandelt sind, und die teils trocken, teils naß gezogen worden sind.

Tafel 9—1 Ziehen von Runddraht — strahlentzundert — trocken,
Tafel 9—2 Ziehen von Runddraht — biegeentzundert — trocken,
Tafel 9—3 Ziehen von Runddraht — gebeizt — trocken,
Tafel 9—4 Ziehen von Runddraht — gebeizt — naß.

Die Durchmesser der gezogenen Drähte liegen im Bereich von 3,4 bis 4,1 mm. Die Werkstoffe und die Anzahl der Züge sind verschieden. Die Formänderung ist wie meist üblich als ε_F = Wert auf den Querschnitt bezogen, für die Längenänderung gilt der gleiche Zahlenwert mit umgekehrten Vorzeichen. Gelegentlich wird die Formänderung auch durch die bezogene Durchmesserabnahme ε_d ausgedrückt, die in folgender Beziehung mit ε_F steht

$$\varepsilon_F = \varepsilon_d\,(2 + \varepsilon_d).$$

Die Oberflächengüte der neuen Ziehsteine — sämtlich aus Hartmetall — war annähernd gleich; um sie festzustellen, wurden die Ziehsteine aufgebrochen. Bei den Trockenzügen gemäß Tafeln 9—1 bis 9—3 waren beträchtliche Ziehsteinreisen zurückgelegt als die Werkzeuge und die durch sie gezogenen Drähte aufgenommen wurden.

Bei Betrachtung der Schriebe der Drahtoberfläche beachte man, daß wegen der starken Wandlung die Höhenvergrößerung „vor und nach Umformung" verschieden ist (240 bzw. 600:1).

Der räumliche Leeregrad, der vor dem Ziehen bei 0,5 lag, hat sich z. T. kaum verringert, gilt aber nun für eine verringerte Rauhtiefe. Die in Achsebenen an den Rändern entnommenen Schliffbilder lassen die Kornverformung an den Oberflächen deutlich erkennen. Das in den Tafeln angegebene Ausmaß der Kornverformung ist indes aus der Formänderung berechnet worden (s. S. 13).

Zu Tafel 9—1. In drei Zügen wurde die Rauhtiefe des Walzdrahts quer zur Ziehrichtung auf „2...6 und 12...20 μm" verringert. Ringsum zeigt der *Draht* zwischen Partien mit feinzackigen Riefen sporadisch tiefere Riefen, obwohl die Oberfläche des Ziehhols noch sehr gut ist. Diese Riefen sind aber, wie die Draufsicht zeigt, kurz und laufen nicht durch; sie sind die Spuren ungeglättet gebliebener tiefer Rauhstellen des Walzdrahtes. Die Oberfläche ist deutlich gerichtet, denn in Ziehrichtung ist sie glatter.

Zu Tafel 9—2. Bei dem biegeentzunderten *Draht* ist eine Richtungsabhängigkeit der Rauheit kaum zu erkennen. Es können aber sehr wohl flächenhafte Vertiefungen auftreten, die davon herrühren, daß beim Biegen eine dicke Zunderschicht herausgebrochen und diese Mulde beim Umformen durch Anheben des Werkstoffgrundes nicht vollständig ausgefüllt wurde. Das ist wohl auch der Grund dafür, daß sich am gezogenen Draht, der in nur zwei Zügen gezogen ist, die Rauheiten in und quer zur Ziehrichtung nur wenig unterscheiden. Doch sind auch hier die Profile in Umfangsrichtung feinzackiger als in Längsrichtung. Die gegenüber Tafel 9—1 viel geringere Korngröße scheint keinen Einfluß auszuüben.

Zu Tafel 9—3. Hier macht sich die große Zahl der Züge und das Beizen bemerkbar. Bei dem geringen letzten Abzug ($\varepsilon_F = -0{,}134$) ist das *Ziehol* nach einer Ziehreise von 275 km noch sehr gut erhalten. Die Oberflächenrauheit ist wesentlich geringer; namentlich herrschen in Ziehrichtung die kleinen Rauhtiefen weit stärker vor als bei den Profilen der Tafeln 9—1 und 9—2. Dies gibt der *Drahtoberfläche* einen gewissen Richtungscharakter, obwohl die Oberfläche entsprechend der Gleichheit der Rauhtiefen längs und quer unter die ungerichteten fällt. In Betracht zu ziehen ist auch das feine Korn, der höhere C-Gehalt und die große Ausgangshärte.

Zu Tafel 9—4. Im Gegensatz zu den Trockenzügen in den Tafeln 9—1 bis 9—3 handelt es sich hier um einen *Naßzug*. In Bezug auf die Anzahl der Züge und den Umformgrad ist diese Tafel mit der Tafel 9—2 zu vergleichen. Wenn auch das Ziehhol erst eine Ziehreise von 12 km hinter sich hat, so ist doch das nicht der Grund für die gute Drahtoberfläche, denn wie die anderen Werkzeug-Rauhprofile zeigen, dürfte das Ziehhol sich nach einer weit längeren Ziehreise kaum verschlechtern.

Wie auch *Lueg* und *Krause* [64], gefunden haben, weisen die naßgezogenen Drähte die geringsten Rauheiten auf. Wir haben hier in Längsrichtung eine Rauhtiefe, wie sie sonst nur durch Schleifen erreicht wird, aber mit geringerem Profilleeregrad als jene. Auch quer zur Ziehrichtung herrschen die geringen Rauhtiefen vor.

5.3.3 Kaltziehen von nahtlosem Stahlrohr über festen Stopfen (DIN 2391)

Bestimmte Anforderungen an die Oberflächengüte von Stahlrohren pflegt man im allgemeinen nur zu stellen, wenn es sich um kaltgezogene Präzisionsstahlrohre nach DIN 2391 handelt. In diesen Normen selbst sind hinsichtlich der Oberflächengüte nur allgemein gehaltene Gesichtspunkte aufgeführt. Rohre mit höheren Anforderungen an die Oberfläche gelten als Sondergüten, deren Mindestgütewerte jeweils zwischen Hersteller und Besteller zu vereinbaren sind. Die Anforderungen können sich bald auf die Außenfläche, bald auf die Innenfläche beziehen.

Die Rauheit dieser Oberflächen hängt einerseits von der „Geschichte" des Rohres, andererseits von der Führung des Ziehvorganges selbst ab. Der Werdegang ist gerade im Hinblick auf die Oberflächenwandlung von *Mühlenweg* eingehend beschrieben worden [76]. Beispielsweise befindet sich das Rohr nach der Warmumformung im Ehrhardt-Verfahren (Lochen, Stoßen u. U. noch Reduzieren) im geglühten Zustand. Bedenkt man noch die Hilfsarbeitsgänge wie Wärmen, Entzundern, Reelen, so sind sechs Stufen von Oberflächenrauheiten entstanden. Deren Spuren trägt die Ausgangsoberfläche vor dem Kaltziehen in sich. Diese kann man dadurch günstig beeinflussen, daß gewisse Zwischenformen abgespant werden; die Reihe der Zwischenformen ist dann beispielsweise

Walzknüppel — Knüppel geschält mit vorgebohrtem Loch — Lochstück verzundert — Lochstück abgespant — ausgewalzte Luppe verzundert — geputzte Luppe — kaltumgeformtes Rohr.

Das ausgewalzte und aus der Walzhitze abgekühlte Rohr (Luppe) wird durch Entzundern (Beizen) — Phosphatieren (Bondern) und Beseifen mit einer Metallseife für das Kaltziehen vorbereitet.

Es ist nun aufschlußreich, zu beobachten, welchen Einflüssen die Oberfläche während des Ziehens ausgesetzt ist. Wir betrachten einen üblichen Stopfenzug gemäß den Tafeln 10—1 und 10—2. Hierbei handelt es sich um eine Kombination zwischen einem reinen Hohlzug, bei dem die Durchmesser verringert werden, und einem „reinen" Stopfenzug, bei dem nur die Wand verdünnt wird [76].

Nach *Mühlenweg* zeigt Bild 5.3/6a fünf Stellen *A* bis *E*, an denen die *Außen-Oberfläche* beim Eintritt in den Ziehring beim Gleiten an seiner Innenkegelwandung und beim Austritt Wandlungen erfährt. Beim „Einbiegen" des Rohrprofils vor *A* tritt eine freie Umformung auf, die die Anfangsrauhtiefen vergrößert. Bei *A* ist die Stelle stärksten Werkzeugverschleißes, der ebenfalls aufrauhend wirkt.

Dann folgt zwischen *B* und *C* ein Gleiten, bei dem eine durch das Umfangstauchen veranlaßte, weitere freie

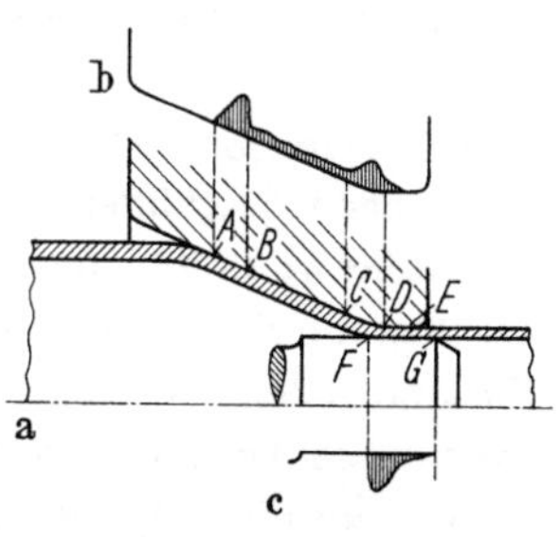

Bild 5.3/6 a—c. Stellen verschiedener Einflüsse auf die sich wandelnde Oberfläche. a) Wirkpaar; b) Verschleiß am Ziehring; c) Verschleiß am festen Stopfen.

Aufrauhung durch die herrschenden Radialspannungen unterdrückt wird und sogar eine Glättung der vorher entstandenen freien Aufrauhung stattfindet. Zwischen *C* und *D* findet wieder eine Umlenkung statt, die die Außenfasern staucht und die Innenfasern dehnt; dann setzt die Hauptumformung ein, indem das Rohr in den Ziehspalt zwischen Ziehring und Stopfen einläuft, an denen beiden eine gute Oberfläche vorausgesetzt werden darf. Die Radialspannung steigt an und die Oberfläche wird außen und innen gut geglättet, zumal das Schmiermittel in der Phosphatschicht in den Spalt mitgenommen wird. Gegen Ende des Ziehspalts sinkt die Radialspannung auf Null und zwar umso eher, je größer die Längsspannung ist. Bei sehr großer Anstrengung, d. h. bei starker Verminderung von Durchmesser und Wanddicke kann nach *Mühlenweg* außen nunmehr ein Nachfließen, d. h. eine Längsdehnung eintreten, das eine geringe freie Rauhung bewirkt.

Die Innenfläche erfährt andere Einflüsse. Auf der Strecke, die den Außenstellen *A* bis *C* gegenüber liegt, wird sie ohne Berührung mit dem Werkzeug längs gedehnt und quer gestaucht; das bewirkt eine erhebliche freie Rauhung. Am Einlauf *F* in den Ziehspalt beginnt die Glättung, die aber durch den kolkartigen Verschleiß des Stopfens an dieser Stelle beeinträchtigt wird. Aber das weitere Gleiten über den Stopfen, dessen Verschleiß in Ziehrichtung immer geringer wird, bewirkt schließlich eine sehr gute Glättung.

Bild 5.3/7 zeigt Profilaufnahmen der verschiedenen Stellen der Außenfläche und beleuchtet damit die Ober-

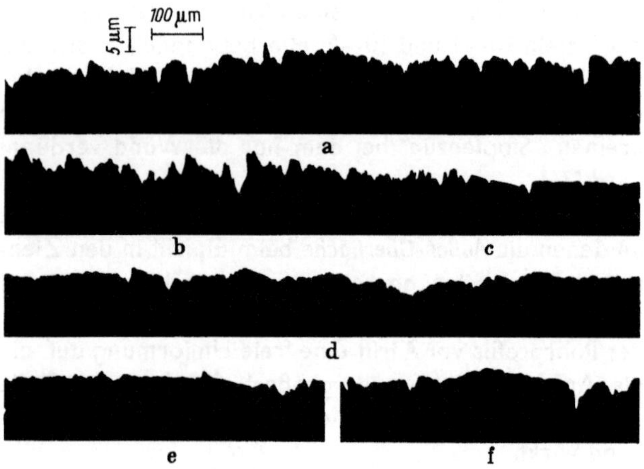

Bild 5.3/7 a—f. Profilschriebe an der Außenfläche eines im Hohlzug befindlichen Stahlrohrs (nach Ablösen der Phosphatschicht) in Längsrichtung. a) Ausgangsrohr; b) freie Umformzone vor *A*; c) erste Berührung mit dem Ziehring (*A*); d) Rauhtiefenzunahme im kegeligen Ziehringteil (*B C*); e) Ausglätten an der Ziehringrundung (*D*); f) Nachfließen — fertiges Rohr.

flächenwandlung im Ziehvorgang. Das vorliegende Rohr hat man vor dem Ziehen geschliffen, um eine gleichmäßige Ausgangsoberfläche zu erzielen.

Wie man sieht, liegt durchaus keine einfache Wandlung von einem Zustand in den anderen vor. Daraus wird der Fachmann bestimmte Fertigungs-Maßnahmen ableiten können, wenn er vor die Aufgabe gestellt wird, für bestimmte Zwecke Rohre mit einer besonders geringen Oberflächenrauheit zu liefern. Vor allem kommt es auf vorzügliche Werkzeugoberflächen an, die zugleich eine hohe Verschleißfestigkeit aufweisen. Ziehringe und Stopfen werden gewöhnlich aus unlegiertem Werkzeugstahl hergestellt, verchromt und poliert. Die beim Rohrziehen übliche Verwendung verchromter Werkzeuge hat neben geringen Verschleißrauheiten den Vorteil, weniger zum Aufschweißen von Ziehgutteilchen zu neigen. Ziehringe werden auch aus Kokillenhartguß hergestellt. Die größte Lebensdauer haben feinpolierte Hartmetall-Ziehringe, die besonders für die Massenfertigung kleinerer Rohre angewandt werden.

Verchromte Stopfen werden poliert oder fein gehont („superfinish"); für besondere Ansprüche an die Oberfläche werden die Stopfen aus Hartmetall gefertigt.

Ein Mittel zur Erzielung geringer Rauheiten besteht in der Unterteilung eines Zuges in mehrere Züge ohne Zwischenbehandlung. Dabei werden ebenso wie beim Stabziehen [*1*, Abschnitt 5.1], glattere Oberflächen erzielt. Bei der Rohraußenfläche kommt aber noch hinzu, daß bei den kleineren Längsspannungen in den unterteilten Zügen die freie Aufrauhung hinter *E* entfällt.

Die allgemeinen Beobachtungen über den günstigen Einfluß eines größeren Gleitwegs lassen darauf schließen, daß der zylindrische Teil des Ziehringes nicht zu kurz sein soll, zumal er auch die Länge des Gleitens unter Druck am Stopfen bestimmt. Wird die Länge zu groß, so wird der Schmierfilm gefährdet und es entstehen bei sehr dünnen Schmierstoffschichten stark längs gerichtete Oberflächen.

Die Frage, ob die Innenflächen geringere Rauhtiefen aufweisen als die Außenflächen, kann nur statistisch beantwortet werden. Aus einer laufenden Fertigung stammt das Bild 5.3/8, wonach an der Außenfläche als häufigster

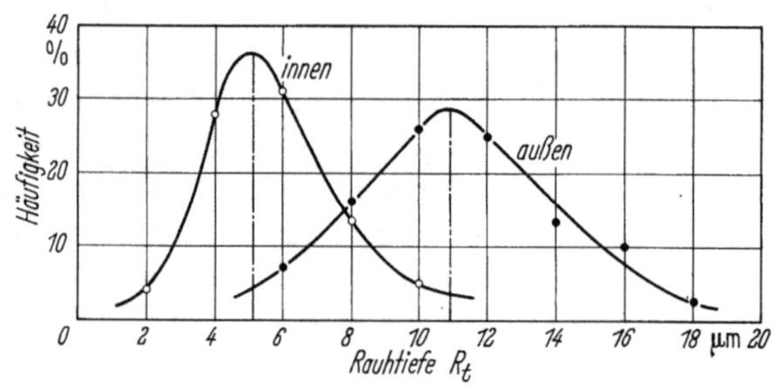

Bild 5.3/8. Häufigkeitsverteilung der Rauhtiefe R_t auf der äußeren und der inneren Oberfläche eines geschweißten, kalt gezogenen Rohres 40 mm Durchmesser × 2 mm, St 37. Werkzeug benutzt. (Nach *U. Krause*.)

Wert $R_t = 11$ µm, an der Innenfläche $R_t = 5$ µm gefunden wurde.

Bei dem dem Rohrziehen nahestehenden Abstreckziehen (s. Abschnitt 5.3.4) sind einige vergleichende Betrachtungen angestellt. Vergleichen wir mit anderen Verfahren, so finden wir, daß die Rohraußenfläche glatter ist als die eines üblich gezogenen Stabes. Sie kann jedoch durch Rundkneten an Glätte übertroffen werden.

Wenn wir in den Tafeln 10—1 und 10—2 die Außenfläche und die Innenfläche eines nahtlosen Stahlrohres darstellen, so ist das nach dem Gesagten nur ein einziges Beispiel aus den vielerlei Varianten des Kaltziehens von Rohren. Es ist aber repräsentativ und zeigt, daß man in der laufenden Fertigung Außenflächenrauheiten unter 10...15 µm Rauhtiefe erzielen kann; d. h. die gröbsten Rauhstellen, die man auch als Ausreißer bezeichnet, liegen unter dieser Grenze, während der größte Teil der Oberfläche wesentlich glatter ist.

Ein typisches Profil ist das in Bild 5.3/9 wiedergegebene, dessen Rauhtiefenwerte mit 2...3 und 8...18 µm anzugeben wären (vgl. auch Bild 5.2/12 c der Innenfläche eines rund gekneteten Rohres). Dies zeigt wiederum, daß nur Doppelangaben einen brauchbaren Begriff geben. So wird denn auch in der Praxis so verfahren, daß man anbietet: z. B. „Rohr-Innenfläche für hydraulische Zylinder $R_t = 6\,\mu m$, Ausreißer bis $15\,\mu m$, wobei auf 1 mm nicht mehr als beispielsweise zwei Ausreißer kommen dürfen.“ Die Prüfung eines solchen Rohres erfordert

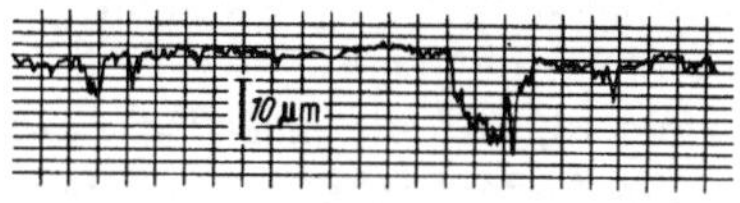

Bild 5.3/9. Axialer Profilschrieb der Innenfläche eines kaltgezogenen Stahlrohrs 25 mm Durchmesser × 2 mm, Rauhtiefe 2 ... 3 und 8 ... 18 µm.

daher zuerst ein visuelles Betrachten zum Herausfinden rauher Stellen, sodann dort die Rauheitsmessung.

Die hier und in den Tafeln genannten Zahlenangaben beziehen sich auf dünnwandige Rohre; bei dickwandigen (Wanddicke über 5 mm) ist mit größeren Rauhtiefen zu rechnen.

Zu Tafel 10—1 (Außenfläche). Die durch Verchromen und Polieren veredelte Oberfläche des *Ziehrings* zeigt nach 900 m Ziehlänge in Längsrichtung keine meßbare Aufrauhung; der Verschleiß macht sich maßgeblich in Umfangsrichtung bemerkbar. Das nach dem Ehrhard-Verfahren erzeugte *Rohr* erfährt eine erhebliche Umformung und Kaltverfestigung und zufolge der sich daraus ergebenden hohen Radialspannungen eine Glättung von rund $20\,\mu m$ auf rund $8\,\mu m$ Rauhtiefe.

Nun kommt es darauf an, ob die durch das Ziehen entstandene Oberfläche auf der Phosphatschicht oder nach deren Entfernung abgetastet wird. Eine feste Phosphatschicht sitzt so widerstandsfähig in den Rauhtälern, daß sie ein Glätten der metallischen Rauhberge in gewissem Grade verhindern. Einen Vergleich zeigt Bild 5.3/10. Nicht selten wird die Phosphatschicht belassen,

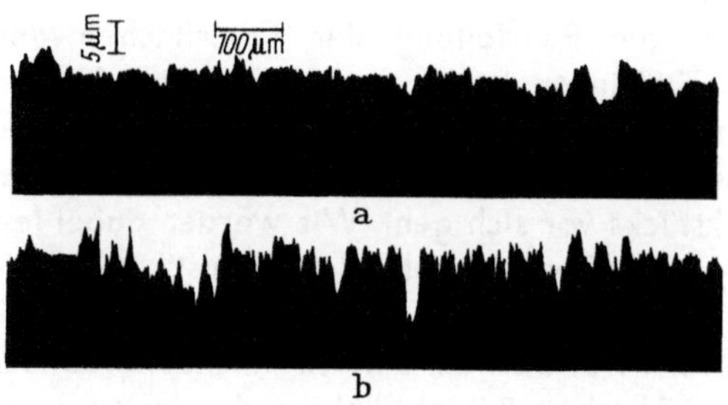

Bild 5.3/10 a u. b. Vergleich der Rauhprofile der Außenfläche eines Stahlrohrs in Längsrichtung. a) Auf der Phosphatschicht $R_t = 1 \ldots 2$ und $4 \ldots 7\,\mu m$; b) nach Ablösen der Phosphatschicht $R_t = 3 \ldots 4$ und $8 \ldots 14\,\mu m$.

wenn sie nicht stört, zumal sie einen gewissen Rostschutz bildet und gute Einlaufeigenschaften besitzt. Im vorliegenden Fall ist das Rohr auf der Phosphatschicht abgetastet worden. Der größte Teil der Außenfläche weist daher Rauhtiefen von weniger als $3\,\mu m$ und einen geringen räumlichen Leeregrad auf.

Tastschriebe von gezogenen Stahlrohren ohne Phosphatschicht s. im Abschnitt 5.2.2. Rundkneten, Tafel 5—1.

Zu Tafel 10—2 (Innenfläche). Auch hier liegt der günstige Fall vor, daß das *Werkzeug*, der Stopfen, rund ist und durch Schleifen und Polieren mit geringen Kosten auf eine hohe Oberflächengüte gebracht werden kann. Man beachte im Zusammenhang mit Bild 5.3/6c, daß die Profilschriebe des Werkzeugs an der Stelle größten Verschleißes aufgenommen sind, während an der Austrittsstelle die Stopfenfläche wesentlich glatter ist.

Durch Verwendung von Hartmetall hätte man auch im vorliegenden Fall den Stopfenverschleiß noch geringer halten können; das ist umso wichtiger, als sich seine Rauheit in Umfangsrichtung in gewissem Maße an der Rohrinnenfläche abbildet. Die Abbildung der Werkzeugrauheit ist umso ausgeprägter, je geringer der Feststoffanteil der Schmierschicht ist. Zum Vergleich sei auf den verchromten Knetdorn in Tafel 5—1 verwiesen, dessen Rauhtiefe zu $0{,}5 \ldots 1\,\mu m$ angesetzt werden kann.

Auch in dieser Tafel ist die *Innenfläche* nicht von der Phosphatschicht befreit worden, weil ihr Belassen z. B. bei Stoßdämpferbuchsen günstig ist. (Näheres s. Abschnitt 2.7.)

Über die Längserstreckung eines gezogenen Rohres bleibt die Rauheit gleichmäßig. Korngröße und Härte an der Innenfläche sind im Vergleich mit der Außenfläche häufig viel mehr verschieden als in den Tafeln 10—1 und 10—2, weil die beiderlei Flächen von der Ofenatmosphäre verschieden beeinflußt werden.

Ein Vergleich der Innenflächen mit rund gekneteten Rohrstücken (Tafel 5—1) zeigt eine recht gute Übereinstimmung der erzielten Rauheitswerte und des Charakters der fertigen Oberflächen.

5.3.4 Abstreckziehen

Weitere Einzelheiten außer den hier erwähnten s. [1, Abschnitt 6.6].

Das Abstreckziehen einer hohlen Zwischenform mit Boden (Becher) steht dem *Rohrziehen über losen Stopfen* (Dorn) verfahrensmäßig nahe; beide Verfahren fallen unter den Oberbegriff Durchziehen [*20*]. Die äußere Kraft wird durch den rohrförmigen Teil (Zarge) in die Umformzone übertragen. Bei gleicher Wanddickenverringerung ist der Umformgrad verschieden, je nachdem, ob dabei der Innendurchmesser erhalten bleibt oder verringert wird (wie beim Rohrziehen lt. Abschnitt 5.3.3 und Tafeln 10—1 und 10—2, und beim Abstreck-Tiefziehen im Weiterzug lt. Abschnitt 5.3.5 und Tafel 12—2). Daher sind bezogene Formänderung und Umformgrad auf die Länge oder auf den Querschnitt zu beziehen.

Im vorliegenden Fall handelt es sich um die Zwischenform einer Hülse, die dem Vorwärts-Hohl-Fließpressen (s. Tafel 7—5 und 7—6) entstammt und deren Innendurchmesser unverändert bleibt. Dieses Abstreckziehen bildet somit eine Verlängerung der Geschichte von Oberflächen, die mit dem Stauchen im geschlossenen Gesenk lt. Tafel 4—1 angefangen hat. Dem Abstreckziehen werden auch Hülsen unterworfen, die dem Tiefziehen entstammen.

Die in den Tafeln 11—1 und 11—2 hergestellten Hülsen sind vor dem Abstreckziehen geglüht, gebeizt und phosphatiert worden. Dadurch haben sich ihre Rauhgebirge vergröbert und ihre Härten verringert. Beim Abstreckziehen wurden die Hülsen mit einer wässerigen

Seifenlösung geschmiert. Ihre Oberflächen sind außen und innen verbessert worden.

In Ziehrichtung erfahren die Oberflächenprofile ihre kennzeichnende Glättung zu „Tafelbergen". Die entstandenen Oberflächen sind in Ziehrichtung gerichtet. Der anfänglichen gebundenen Umformung folgt in geringem Grade eine freie Umformung durch Zug im Zargenteil, die aber innerhalb der Streuung der Meßwerte keine meßbare Rauheitsänderung hervorruft. Bei großen Dickenabnahmen kann dieser Einfluß größer sein, weil dann der Normaldruck an der Austrittseite des Ziehrings geringer ist, so daß eine freiere Umformung auftritt (vgl. das Nachfließen beim Ziehen von Rohren S. 68).

Zu Tafel 11—1 (Außenfläche). Das *Werkzeug* ist eine einfacher Ziehring mit kegeligem Einlauf und polierter Wirkfläche. Auf einen Profilschrieb entlang den Polierriefen konnte verzichtet werden. Der Verschleiß führt nicht nur zur Bildung von Rillen in Ziehrichtung, sondern auch zu einer Welligkeit, die sich auf das Werkstück überträgt.

Die Tastschriebe des *Werkstücks* sind auf der Phosphatschicht gewonnen; daher rührt die hervorragende Glättung in Ziehrichtung. Welche Unterschiede auftreten, wenn die Phosphatschicht abgelöst wird, zeigt Bild 5.3/11

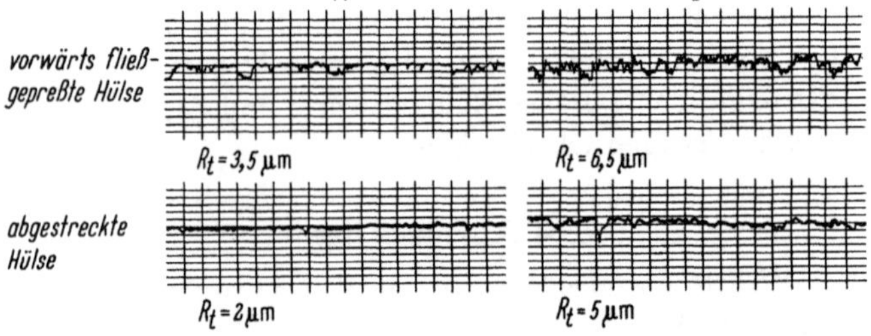

Bild 5.3/11. Unterschiede von Rauhprofilen, die aus einer Ausgangsrauhtiefe von 10 µm entstanden sind. *A*: Auf der Phosphatschicht; *B*: nach Ablösen der Phosphatschicht. Tastschriebe auf der zylindrischen Außenfläche in axialer Richtung in der Zone A_1 des Bildes 5.2/14.

im Zusammenhang mit einem voraufgegangenen Vorwärts-Fließpreß-Vorgang (s. Abschnitt 5.2.4, Bild 5.2/14). Die Rauhtiefen nehmen, wie weitere Messungen zeigen, vom Boden zur Öffnung hin ab, wenn man von einzelnen Poren absieht, die von vorausgegangenen Arbeitsgängen herrühren. Nach Ablösen der Phosphatschicht nehmen die Rauhtiefen um 20...50% zu, sind aber dann über die ganze Werkstücklänge von etwa gleicher Größe; die Spuren ursprünglicher Unterschiede zwischen den verschiedenen Zonen sind verschwunden [*1*, Abschnitt 6.6]. Auffallend ist die Welligkeit quer zur Ziehrichtung, die offenbar vom Werkzeugverschleiß herrührt. Sicherlich spielen auch die Verschleißrillen im Ziehring eine Rolle; daraus schließen wir, daß bei Verchromung oder Schonung des Werkzeugs, d. h. bei geringen Stückzahlen, oder bei Benutzung von Hartmetall Oberflächen mit hohem Traganteil erzielt werden können.

Zu Tafel 11—2 (Innenfläche). Die Oberflächenwandlung an der Innenfläche ist der an der Außenfläche nicht gleich. An der letzteren ist der Normaldruck wegen der Verringerung des Außendurchmessers größer, die Gleitgeschwindigkeit ist groß (= Dorngeschwindigkeit), der Gleitweg der einzelnen Stelle klein, nämlich gleich der Länge der Wirkfläche des Ziehrings.

Demgegenüber ist an der Innenfläche der Normaldruck kleiner; die Gleitgeschwindigkeit am mitgehenden Dorn entspricht nur der Streckgeschwindigkeit. Daher nützt es der Glättung wenig, daß der am Dorn nach oben hin zunehmende Gleitweg wesentlich größer ist als außen. An unserem Meßpunkt in halber Höhe betrug er etwa $^1/_2 \cdot (290 - 230) = 30$ mm. Aber Messungen in verschiedener Höhe zeigten, daß nahe dem offenen Ende die Oberfläche etwas glatter ist.

Der Erfolg ist, daß die *Innenfläche* weniger geglättet wurde als die Außenfläche. Sie ist aber in sich gleichmäßiger und läßt kaum noch örtliche Unterschiede erkennen. Wie auf Tafel 11—1 ist die Fläche auf der Phosphatschicht abgetastet worden. Nach deren Entfernung war die Rauhtiefe quer zur Ziehrichtung um die Hälfte größer und die Rauhtiefe in Ziehrichtung jener etwa gleich [*1*, Abschnitt 6.6].

5.3.5 Tiefziehen

Zur Herstellung von napfförmigen Blechwerkstücken aus Blechronden bedient man sich des Tiefziehens mit Niederhalter im „Erstzug" (Anschlag) und im „Weiterzug"[1]) (Weiterschlag) und des Tiefziehens ohne Niederhalter. Dabei ist im Gegensatz zum Abstreck-Tiefziehen (s. Abschnitt 5.3.4) der zwischen Ziehring und Stempel gebildete Ziehspalt größer als die dickste Stelle der Zarge. Dazu treten neuerdings eine Reihe von Sonderverfahren vor allem hydraulischer Art. Wir betrachten hier nur die beiden ersten, die die am weitesten verbreiteten sind, und zwar in der einfachen Form kreiszylindrischer Teile. Wir nehmen ferner kaltgewalzte Bleche mit einer Ausgangsrauhtiefe von rd. 5...10 µm (s. Abschnitt 5.1.1) mit einem nicht starr aufsitzenden Niederhalter an, der in der Lage ist, der während des Tiefzuges eintretenden Flanschverdickung zwischen Ziehring und Niederhalter auszuweichen.

Für die Beurteilung der Oberflächenwandlungen beim Tiefziehen ist es nach Abschnitt 1.3 ratsam, die makrogeometrische Umformung heranzuziehen und zu sehen, was an den einzelnen Stellen eines tiefgezogenen Werkstücks vor sich geht. Wir werden dabei feststellen, daß gewisse Teile der Oberfläche „frei", andere teils frei, teils gebunden und ein dritter Teil nur gebunden umgeformt wird. Deshalb spielen die Rauheitsänderungen, die in Abschnitt 2.3 als Folgen des freien Umformens beschrieben sind, eine erhebliche Rolle.

Tiefziehen im Erstzug (Anschlag). Anhand der Bilder 5.3/12 und 5.3/13a und b verfolgen wir den Tiefziehvorgang im Hinblick auf die Oberflächenwandlungen. Der Stempel *St* sei zunächst bis *A* eingedrungen; der Rand hat sich unter den radial angreifenden Zugspannungen von *B* nach *C* verschoben und die dabei erzeugten tangentialen Druckspannungen haben am Rondenrand *C* ihren Größtwert angenommen. Beide Spannungen bewirken, daß ein dort sitzendes Element 12 länger, schmaler und

[1]) Die Ausdrücke Erstzug, Erstziehen, Weiterzug usw. entstammen dem DIN-Entwurf DIN 8584 [*20*].

etwas dicker wird. Deshalb drückt dort der nachgebende Niederhalter bei *CD* ringsum gleichmäßig auf den Rand; aber an dem Ringteil *DE*, der den Elementen *11*, *12* in

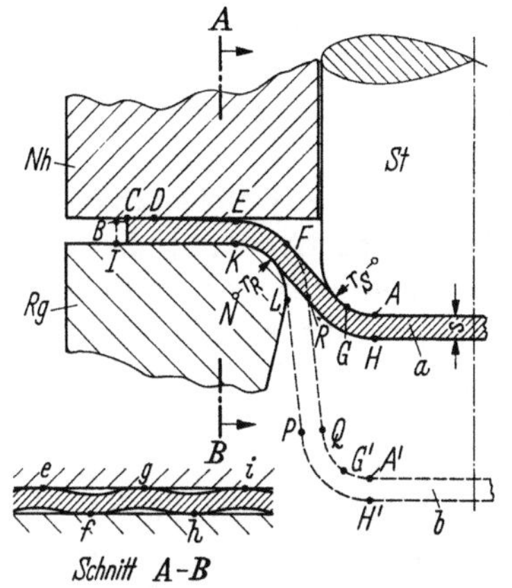

Bild 5.3/12. Der Tiefziehvorgang — Erstzug. *St* Ziehstempel; *Rg* Ziehring; *N* Niederhalter nicht starr.

Bild 5.3/13 entspricht, liegt er nicht an, obwohl sich auch dort unter den kleineren Tangentialspannungen entsprechend der Durchmesserverringerung eine allerdings geringere Verdickung vollzogen hat. Dementsprechend können sich im Bereich *DE* neben einer freien Rauhung leichte Wellen ausbilden, die ohne Niederhalter zu Falten erster Art würden. Diese Wellen legen sich an ihren oberen (bei e, *g*, *i*) und unteren Teilen (bei *f*, *h*) an Nieder-

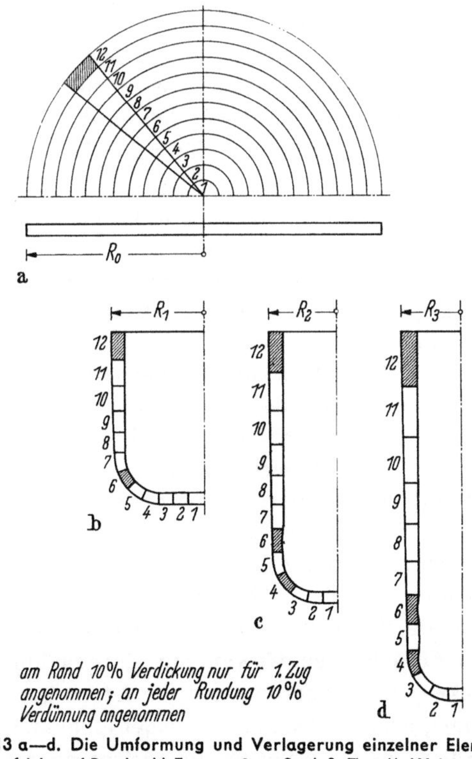

Bild 5.3/13 a—d. Die Umformung und Verlagerung einzelner Elemente, z. B. a) Draufsicht auf Ronde; b) Erstzug $\beta_1 = 2$; c) 2. Zug (1. Weiterzug) $\beta_2 = 1{,}4$; d) 3. Zug (2. Weiterzug) $\beta_3 = 1{,}3$.

halter *Nh* und Ziehring *Rg* an. An diesen Berührstellen gleiten sie unter der Druckkraft des Niederhalters. Nun folgt das Einbiegen bei *E F*; dabei werden die keilförmig radial verlaufenden Wellenberge und -täler schmaler und bleiben auch noch als schmale Spuren der vorausgegangenen Gleitung an Niederhalter und Ziehring erkennbar. Die bei *E* schon entstandene Rauheit wird durch die Streckung im Biegebogen *E*, *F* unter zunehmender Verfestigung wieder vermindert (vgl. die Minderung einer Rauheit durch Strecken in [*1*, S. 45]. Dann folgt unterhalb *F* eine Rückbiegung, wodurch die Rauhtiefen wieder zunehmen. Zugleich vollzieht sich von *F* bis *G* ein weiteres tangentiales Stauchen mit einer beidseitig freien Rauhung.

Diese derart gerauhten Flächen kommen, auch wenn der Stempel weiter bis *A'* eindringt, kaum zur Anlage am Stempelmantel. So ist die sogenannte Ziehrauhung der Zargen-Innenfläche als Summe der genannten freien Rauhungen entstanden.

An der Unterfläche der Ronde, der späteren Zargen-Außenfläche, geht die Umformung ebenfalls teils frei, teils gebunden vor sich. Beim Eintritt in die Ziehringrundung *K* — *L* wächst je nach dem Verhältnis des Halbmessers der Ziehringrundung r_R zur Blechdicke *s* der Reaktionsdruck des Ziehrings. Um die Biegespannungen zu begrenzen, geht man in der Praxis nicht unter einen Wert $r_R/s = 8$. Bei diesem Verhältnis ist der senkrecht zur Ziehringrundung wirkende Druck groß genug um die Biegerauhung zu unterdrücken und sogar eine gewisse Glättung herbeizuführen.

Dem so entstandenen Rauhzustand überlagert sich bei verschlissenem Ziehring der Einfluß seiner Verschleißrillen, der aber verhältnismäßig gering bleibt [*88*]. Beim Weiterwandern der werdenden Zarge tritt unterhalb *L* keine Rauheitsänderung mehr ein, es sei denn daß sich ein gewisses Nachfließen bemerkbar macht. Damit ist der Verlauf der Ziehrauheit (sog. Apfelsinenhaut) der Zargen-Außenfläche in Richtung der Mantellinien erklärt. Daneben sind auch Ungleichförmigkeiten in Umfangsrichtung festzustellen. Wenn bei anisotropen Blechen Zipfel entstehen, dann ist die Wand zwischen den Zipfeln etwas dicker als unter den Zipfeln[1]); das wirkt sich auch auf die Rauheit aus. Wegen eines möglichen Einflusses der Walzrichtung des Bleches s. Bild 5.3/15.

Die Ziehrauhung entspricht unseren Ausführungen über die freie Rauhung, wonach Stellen größeren Umformgrads rauher sind als solche geringerer Umformung (Abschnitt 2.3 und [*1*]). Eine zahlenmäßige Untersuchung über die Ziehrauhung hat *M. Reihle* an Messingbechern angestellt [*88*]. Seine Beobachtungen über das allmähliche Zunehmen der Rauhtiefen von der Bodenrundung zur Öffnung hin, d. h. von *P* nach *L* stimmen qualitativ mit den unsrigen überein.

Wie nach dem Hergang zu erwarten und wie ebenfalls von *Reihle* bestätigt wird, ist die Innenfläche der Zarge rauher als ihre Außenfläche. Er hat gezeigt, daß man die Rauhung der Zarge eines tiefgezogenen Werkstücks nach der Rauheitsbestimmung an im Zugversuch umgeformten Streifen abschätzen kann. Wir haben diesen Zusammenhang weiter erforscht und eine sog. Rauhleiter entwickelt, die für Werkstoffe mit Kaltverfestigung

[1]) Diese Beobachtung verdanken wir Herrn Professor Dr.-Ing. *K. Lange*, Institut für Umformtechnik d. Technischen Hochschule Stuttgart.

in einem Zugversuch die freie Rauhung von der Ausgangsrauhtiefe bis zum größten Wert erkennen läßt. Näheres s. Abschnitt 2.5.1.

Bekannt ist daneben der Vergleich mit derjenigen freien Rauhung, die man an der Außenfläche der Kuppe bei einem Tiefungsversuch nach *Erichsen* (Bild 5.3/14)

Bild 5.3/14. Freie Rauhung an der Kuppe einer Erichsen-Tiefziehprobe; Korndurchmesser 32 µm.

findet, allerdings sind dabei die Rauhberge hauptsächlich auf das Gleiten ganzer Korngruppen zurückzuführen, während die einzelne Korngleitung kaum wahrnehmbar ist [*1*, S. 52].

Dieser Zusammenhang zwischen Formänderung und Rauhung läßt auch erkennen, daß, wenn man die Rauhtiefe nur an einer Stelle, z. B. in halber Höhe mißt, man auf die größere Rauhtiefe am oberen Rand und auf die kleinere nahe der Bodenrundung mindestens qualitativ schließen kann.

Zum Schluß seien noch die verschiedenen Stellen am Boden erwähnt. Der ebene Boden dehnt sich radial und tangential je nach Ziehverhältnis, Blechdicke, Werkstoff und Stempelrundung bei Stahl um 1 bis 8%, bei Messing um bis zu 12%. Nahe der Bodenrundung zieht indes die Biegung den Rand der ebenen Bodenaußenfläche in Mitleidenschaft. Die Bodenrundung ist außen (Bogen *PH'* in Bild 5.3/12) frei gebildet und daher rauh. Innen hätte sie zwar als konkave Biegekante bei freier Umformung zu noch stärkerer Aufrauhung geneigt, aber infolge des Nachgleitens an der Stempelrundung unter Druck ist sie im Bogen *A' Q* ziemlich glatt geblieben.

Wir stellen somit fest, daß an einem Tiefziehteil, selbst wenn es nur *einen* Zug erfahren hat, eine *beträchtliche Anzahl verschiedener Rauheiten* zu beobachten ist. Eine zahlenmäßige Forderung wird man im allgemeinen auf die Zarge beziehen und zwar entweder auf die größte Rauhtiefe außen, d. i. nahe dem Rand, oder auf die größte Rauhtiefe innen, oder auf eine „mittlere" Rauhtiefe außen, z. B. in halber Höhe, oder auf die Rauhtiefe in halber Höhe innen.

Innerhalb dieser Mannigfaltigkeit der Rauheit an einem und demselben Stück einen eindeutigen Meßort festzustellen, ist eine Aufgabe der Normung.

Noch einige Bemerkungen seien angeschlossen:

a) Wenn man nur mit einem kleinen Ziehverhältnis arbeitet — sog. Schonzug — und dem Niederhalter eine größere Anpreßkraft verleiht als zur Vermeidung der Falten erster Art nötig wäre, so wird die Außenfläche nach oben hin nicht nur nicht rauher, sondern u. U. etwas geglättet — dies deshalb, weil unter dieser erhöhten Niederhalterpressung die Formänderung in Dickenrichtung weitgehend unterbleibt und somit auch in der inneren Rondenumformzone *D—E* eine weitgehend gebundene Umformung vor sich geht. Vom Spannungszustand und vom Stofffluß her kann man geradezu von einer „Abstreckwirkung" zwischen Niederhalter und Ziehring sprechen. —

b) Beim Tiefziehen wird üblicherweise mit flüssigen Schmiermitteln gearbeitet, damit die Reibkräfte klein bleiben. Diese haben aber, wie an anderen Stellen gezeigt [*1*, *116*, *120*] auf die Ausbildung der Oberflächenrauheit keine günstige Wirkung, denn die Schmiermittelschicht ermöglicht eine freie Rauhung bis zu einer Rauhtiefe, die ihrer eigenen Dicke entspricht ([*1*, Abschnitt 2.6], Schmierbett). Außerdem setzt die Schmierung den Druck an der Ziehringrundung herab und vermindert dadurch die Glättung an den Ziehkanten. Diese wird außerdem vermutlich auch hier durch winzige eingeschlossene Schmiermittelmengen hintangehalten.

c) Wenn man auf das Blech beidseitig einen sog. Ziehfilm aufbringt, so wird zwar die metallische Berührung mit dem Werkzeug verhindert, aber die Oberfläche kann sich im Ziehfilm weitgehend frei verändern, weil dessen Dicke von rd. 30 µm meist größer ist als die größten Rauhtiefen; die Glättung an der Ziehkante entfällt. Man hat daher nicht eine glattere, sondern eine rauhere Oberfläche ohne Ziehrillen zu erwarten, die zwar in jeder zur Achse senkrechten Schnittebene ringsum die gleiche Rauhtiefe aufweist, jedoch entsprechend dem Umformgrad vom Boden zur Öffnung hin rauher wird.

d) Beim Hydroformziehen ist etwa die gleiche Ziehrauhung zu erwarten. *Reihle* hat dies für die Außenfläche des Hohlkörpers, nicht aber für seine Innenfläche bestätigt [*88*].

Zur Gewinnung glatterer Oberflächen stehen u. a. folgende Wege zur Verfügung:

a) Wahl eines feinkörnigen Bleches, denn nach Abschnitt 2.3 geht die freie Rauhung mit der Korngröße etwa proportional zurück;

b) Wahl eines kleineren Halbmessers der Ziehringrundung, weil damit der senkrecht zu ihr wirksame Druck ansteigt und glättend wirkt (begrenzt durch das jeweils verlangte Ziehverhältnis);

c) Wahl eines engeren Ziehspalts z. B. $= 1 \ldots 1{,}15 \times s_0$, so daß der durch die tangentiale Stauchung am meisten verdickte obere Zargenteil, der ja der rauheste ist, geglättet wird (dies hat bekanntlich noch einige andere Vorteile wie Vergrößerung des Ziehverhältnisses, darüber hinausgehenden Gewinn an Zargenlänge durch Abstrecken, Verminderung der für Längsrisse gefährlichen tangential wirksamen Zugeigenspannungen).

Wird mit dem Tiefziehen ein Abstrecken der Zarge verbunden, so wird die äußere Oberfläche infolge der starken *Gleitung* an der Ziehringrundung unter hohem Druck verbessert. Dagegen genügt dieser Druck zumal bei größeren Blechdicken und geringen Abstreckgraden beim geringen Gleiten der Innenfläche am Stempel nicht, um auch deren Rauheit nennenswert zu verringern; immerhin ist diese Glättung in der Nähe der Ziehteilöffnung in der Regel größer als nahe dem Boden, und zwar weil die größere Zargendicke nicht nur einen höheren Druck, sondern auch eine größere axiale Dehnung und damit eine größere Gleitung am Stempel zur Folge hat. Bei dünnwandigen Abstreckziehteilen und hohen Dickenformänderungen wird die Innenoberfläche des Ziehteiles im gewissen Maße der des Stempelschaftes entsprechen (vgl. Abschnitt 5.3.4).

Nun ist noch ein Wort zur Auswirkung der Walzrauheit zu sagen. Wir betrachten in Bild 5.3/15 zwei Rondensektoren *A* und *B*, die in Walzrichtung und quer zu ihr liegen. Im tiefgezogenen Werkstück finden wir an

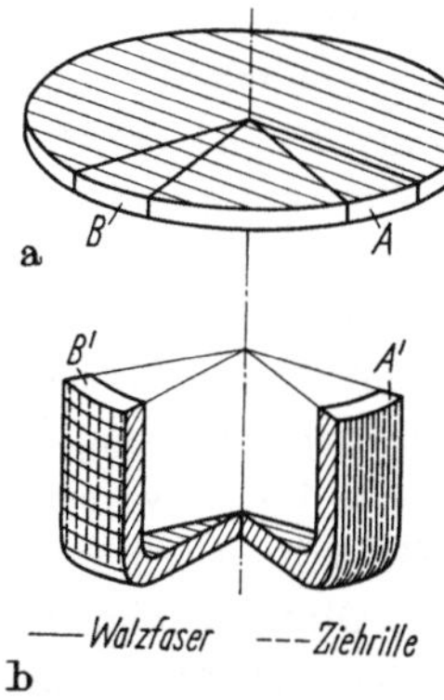

Bild 5.3/15 a u. b. Die extremen Richtungen von Walzfasern und Ziehrillen am tiefgezogenen Werkstück.

diesen Sektoren *A'*, *B'* verschiedene Beziehungen zwischen Walzrichtung und Richtung der Ziehriefen: bei *A'* laufen sie gleich, bei *B'* kreuzen sie sich. Das kann sich bemerkbar machen, wenn die Rauhtiefen beider etwa von der gleichen Größenordnung sind. Bei sehr glatten und bei aufgerauhten Blechen spielt diese Erscheinung hinsichtlich der Oberfläche keine Rolle, wohl aber kann diese sich ringsum bemerkbar machende Inhomogenität anderweitig von Einfluß sein, z. B. bei der Entnahme von Schliffbildern (vgl. Tafel 12—1 und 12—3).

Tiefziehen im Weiterzug (Weiterschlag). Hierbei sind die Oberflächenarten noch etwas mannigfaltiger, weil schon die diesem Arbeitsgang zugeführte Zwischenform eine inhomogene Oberfläche hat.

Wiederum verfolgen wir den Umformvorgang anhand eines Bildes, das verschiedene Augenblicksformen zeigt. Wir gehen gemäß Bild 5.3/16a von einer „erstgezogenen" Zwischenform aus, die anstelle einer Bodenrundung von viertelkreisförmigem Querschnitt einen Kegel mit Übergangsrundungen hat, wenn wegen der Labilität des Ziehteiles noch mit Niederhalter gezogen werden muß. Der Stempel *St* setzt gerade zum Weiterzug an; der Niederhalter *Nh* drückt das erstgezogene Teil bei *IM* gegen den Weiterzug-Ziehring R_g. Bild 5.3/16b zeigt den Stempel so weit eingedrungen, daß die zylindrische Weiterzugzarge fast vollständig ausgebildet ist. In Bild 5.3/13c und d ist die Streckung der Ringelemente dargestellt. War schon bei der Zwischenform die Rauheit oben größer als unten, so kommt hier dazu, daß die tangentiale Stauchung bei dem verhaltnismäßig geringen Druck des Niederhalters eine Zunahme der auch hier behinderten freien Rauhung bewirkt.

Neu gegenüber dem Erstzug ist die Umformung des Bodenkegels *RR'* bis *II'*; er wird nun Zarge. Dabei hinterläßt die Stelle *II'*, die an der Rundung des Erstzugstempels gelegen war und daher dünner ist als ihre Um-

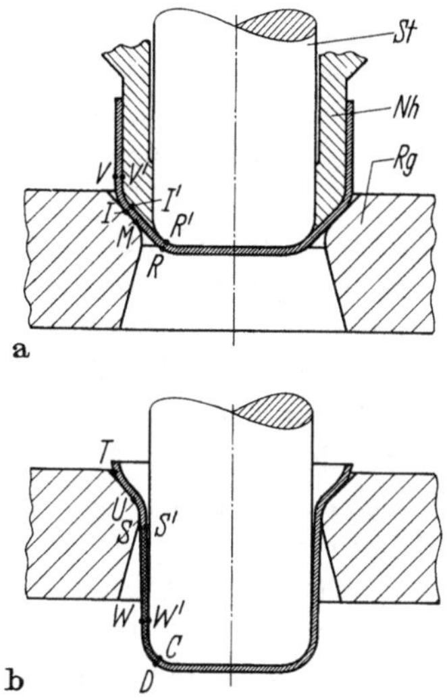

Bild 5.3/16 a u. b. Weiterzug. a) Beginn; b) kurz vor Beendigung.

gebung — wie weiter unten näher erklärt wird — eine Markierung bei *S* und *S'* (Bild 5.3/16b). Man darf nicht übersehen, daß die „Umformgeschichte" des Teils oberhalb *SS'* eine andere ist als unterhalb; dort Biegung bei *T*, Rückbiegung bei *U*, sowie eine dem Weiterziehverhältnis entsprechende tangentiale Stauchung, hier Umformung eines Kegels mit oben auslaufender Rundung zum Zylinder bei *WW'*. Die Markierung ist innen stärker als außen; sie besteht gemäß Bild 5.3/13c in einer örtlichen Welle 6 und ist umso deutlicher, je kleiner der Halbmesser am Erstzugstempel im Verhältnis zur Blechdicke und je größer das Weiterziehverhältnis ist. Erfolgen noch mehr Weiterzüge, so hinterläßt jeder eine solche rundum verlaufende Oberflächenmarkierung. Diese Markierungen sind Formfehler und verdienen besondere Aufmerksamkeit; sie seien daher anhand der Bilder 5.3/13 und 5.3/17 genauer erklärt. Das Element 6 in der Bodenrundung

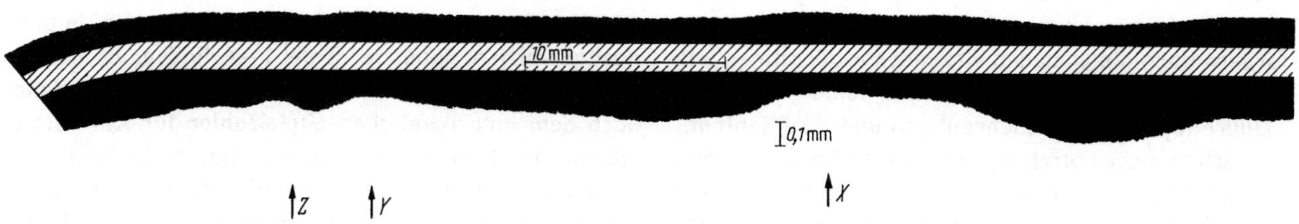

Bild 5.3/17. Ringsum laufende Wellen (Stellen verringerter Wanddicke) an einer Hülse nach dem 4. Zug; schwarz = Werkstoff (Senkrechtmaße gegen Waagrechtmaße 10fach verzerrt, Dicke des schraffierten Werkstoffteils nicht maßstäblich).

ist durch den 1. Zug dünner geworden als es in der Ronde war, weil es — zumal bei nicht zu kleinem Erstzug-Ziehverhältnis — an der Stempelrundung nachgeglitten ist. Dieses verdünnte Element wandert beim 2. Zug in die Zarge (Bild 5.3/13c). Beim 3. Zug wandert auch das Element 4, das beim 2. Zug (allerdings weniger) verdünnt wurde, ebenfalls in die Zarge (Bild 5.3/13d). Wir finden dort daher zwei Wellen, aus denen man vom fertigen Teil aus auf die Folge der Züge schließen kann. Dies erschien uns für unsere Betrachtungen so wichtig, daß wir mit einem Tastschnittgerät nach Leitz-Forster die Aufnahme Bild 5.3/17 hergestellt haben; in diesem Fall liegen die Wellen hauptsächlich in der inneren Fläche. *X*, *Y* und *Z* kennzeichnen wie in Bild 5.3/13 die Stellen, die bei den voraufgegangenen Zügen in den Bodenrundungen saßen. Hier waren starke Ziehverhältnisse angewandt worden: beim 1. Zug 2,07, beim 2. Zug 1,41, beim 3. Zug 1,3 und beim 4. Zug 1,18. Bei kleineren Ziehverhältnissen wie in den Tafeln 12—1 bis 12—4 sind die Markierungen wesentlich geringer.

Außer von den in diesen Tafeln erfaßten Stahlwerkstücken besitzen wir von Bechern aus Ms 63 190 ⌀ × 1 mm (Korngröße unbekannt) folgende Werte

Ausgangsrauhtiefe	2... 3 μm	
nach dem 1. Zug	8...12 μm	außen
nach dem 2. Zug	10...14 μm	und
nach dem 3. Zug	14...20 μm	innen.

Hieraus könnte man Widersprüche zu einigen unserer Ausführungen ableiten. Unsere Erfahrung sagt uns aber, daß man damit vorsichtig sein soll. Wir haben immer wieder gefunden, daß, wenn man nur die jeweiligen Verhältnisse genau verfolgt, sich alle Oberflächenwandlungen zwanglos durch die Grunderscheinungen Dehnung, Stauchung, Korngröße, Ziehkantenrundung, Gleitungen unter kleineren oder größeren Normaldrücken, freie Umformstrecken u. a. erklären lassen.

Angesichts der zahlreichen Varianten innerhalb der praktisch geübten Tiefziehverfahren können alle diese Angaben nur Hinweise sein. So wollen auch die Tafeln 12—1 bis 12—4 verstanden sein.

Eine der unwillkommenen Folgen der Ziehrauhung liegt darin, daß Tiefziehteile, die außen lackiert sein müssen, nicht aus lackierten Blechen gezogen werden können, weil sich im Lackfilm die Ziehrauheit ausbilden und außen bemerkbar machen kann. Weiterhin stört die Ziehrauheit, wenn das Werkstück glatt sein soll; sie muß dann durch Schleifen oder Polieren beseitigt werden. Dies aber ist umso teurer, je größer sie ist. Andererseits erfordern auch die entgegenwirkenden Maßnahmen wie Schonzüge und Abstreckzüge einen erhöhten Aufwand.

Überhaupt birgt die Ziehrauhung und ihre Behinderung noch manche Forschungsaufgabe. So haben wir den beim Tiefziehen als wichtig erkannten Anisotropiefaktor (r = Verhältnis der Breitenkontraktion zur Dickenkontraktion im Zugversuch) nur gestreift, weil wir keine Unterlagen über seinen vermutlich vorhandenen Einfluß auf die Ziehrauhung besitzen (vgl. indes Abschnitt 2.5.1, Rauhleiter).

Zweifellos hängt der ausschußfreie Ablauf des Tiefziehens stark mit der *Oberflächengestalt der Tiefziehbleche* zusammen. Das gilt vor allem für die Schmierung, der *Wiegand* und *Kloos* eine Reihe von Untersuchungen gewidmet haben [*115, 119, 121*].

Die Haftung von Schmierstoffen während des Tiefziehens ist eng mit der Tiefe der Form des Rauhgebirges verknüpft; sehr glatte Bleche lassen sich schlecht tiefziehen. Daher benutzt man rauhgewalzte Bleche, aber man besitzt noch kein endgültiges Kriterium für die günstigste Gebirgsform. Auf der Suche darnach haben *Fischer* und Mitarbeiter [27] untersucht, bei welchen Rauhtiefen und „Traganteilen" das Tiefziehen ohne Ausschuß zwischen den Gefahrenzonen „Reißen" und „Faltenbildung" abläuft. Zunächst fielen die Bleche mit Rauhtiefen unter 3 μm aus; sodann zeigte sich, daß gar nicht allein die Ausgangsrauheit R_t, sondern ihr Verhältnis zum Mittenrauhwert R_a eine entscheidende Rolle spielt. War dieses Verhältnis bei einer Ausgangsrauhtiefe von > 5 μm $6{,}2 < R_t/R_a < 8{,}9$, so war der Erfolg gut.

Die Form des Rauhgebirges erfaßten die Verfasser noch auf einem zweiten Weg. Sie bestimmten die tragenden Längen (s. DIN 4762, Anhang S. 3) im

Abstand $c = 1{,}5$ μm vom Bezugsprofil

und fanden gute Tiefziehbarkeit, wenn dort der tragende Anteil = 0,15 war. Diese Ergebnisse bringen sie in Zusammenhang mit dem Einsinken eines an der Stirnfläche glatten Prüfstempels unter bestimmter Anpreßkraft, denn das Maß des Niederdrückens der Gipfel (ein Teil der Glättungsgröße R_p) ist ein Kennwert für deren Form und Anzahl.

Als weiteres Kriterium hat man in den Vereinigten Staaten von Nordamerika die Gipfelanzahl je 25 mm Länge untersucht und in die Praxis eingeführt [*90*], s. a. Abschnitt 1.2.1.

Wir haben uns zur Kennzeichnung der Oberflächengestalt darauf beschränkt, neben der Rauhtiefe R_t die Angabe der Glättungstiefe und den räumlichen Leeregrad vorzuschlagen, meinen aber, daß gerade für Tiefziehbleche dazu noch eine Waagerechtmeßgröße erforderlich sei (s. Abschnitt 1.2.1). Weitere Untersuchungen sind gerade hierüber erwünscht.

Im Zusammenhang mit dem Tiefziehen dürfte das Abstreckziehen interessieren, da hierdurch rauhe Flächen weitgehend geglättet werden, sofern die Wanddicke erheblich verringert wird; dazu s. Abschnitt 5.3.4, Tafel 11—1 und 11—2.

Zu den Tafeln 12—1 bis 12—4. Von den verwendeten Tiefziehblechen hat das eine mit 0,78 mm Dicke (Tafel 12—1) eine ziemlich glatte Oberfläche, wie wir sie beim nachgewalzten Band der Tafel 1—4 finden. Es hat auf 25 mm Taststrecke nur 30 bis 40 Gipfel und wäre daher nach dem amerikanischen Gipfelzahlen für Karosserieteile nicht gut brauchbar. Dagegen liegen die Rauhtiefen beim 2,5 mm dicken Blech gemäß Tafel 12—3 zwischen denen eines mit geschliffenen Walzen gewalzten Bleches (Tafel 1—1 und 1—2) und denen eines rauhgewalzten Bleches wie in Tafel 1—5. Die Anzahl der Gipfel auf 25 mm Taststrecke beträgt hier 180 bis 220 und entspricht amerikanischen Werten.

Bei den Tiefziehteilen haben wir uns angesichts der oben beschriebenen Mannigfaltigkeit ihrer Oberflächenrauheit in den Atlas-Tafeln auf einen häufigen Fall beschränkt, nämlich die Darstellung der Rauheit an der Wand außen in mittlerer Höhe zweier runder Tiefziehteile aus Stahl je nach dem Erstzug und nach einem Weiterzug. Beim einen Teil (Tafel 12—1 und 12—2) aus Breitband R St 13 04 DIN 1623 und 0,78 mm Blechdicke war das gesamte Ziehverhältnis nur etwa 1,8, beim anderen aus Kaltband M U St 3 DIN 1624 und 2,5 mm Blechdicke (Tafel 12—3 und 12—4) betrug es 2,1. Beide Teile waren in einer Stufenpresse mit verhältnismäßig kleinen Ziehverhältnissen gezogen, so daß die Ziehrauhung verhältnismäßig gering ist.

Für die Entnahme der Schliffe und die Beobachtung der Kornverformungen sei auf folgendes hingewiesen:

Die Angaben der Tastrichtungen
vor der Umformung in Walzrichtung und
nach der Umformung in Ziehrichtung,
vor Umformung quer zur Walzrichtung,
nach Umformung quer zur Ziehrichtung.

die wir in den Tafeln 12—1 und 12—3 über die „Erstzüge" benutzen, können in Anbetracht des Bildes 5.3/15 *nicht* besagen, daß diese Begriffe paarweise zusammengehören; vielmehr ist damit ausgedrückt, daß wir die Meßstellen und Schliffentnahmestellen am Sektor *A'* gewählt haben. Daher erscheinen in den Schliffbildern der Werkstücke die vom Walzen her bereits gereckten Körner in noch mehr verlängerter Form. Würden die Schliffbilder an Stellen *B'* des Bildes 5.3/15 b entnommen, so würden wir eine gegenüber der Walzreckung verkürzte Kornform wahrnehmen, weil dort die Ziehreckung quer zu ihr verläuft.

Zu Tafel 12—1. Hier handelt es sich um ein kleines Werkstück, das der Feinwerktechnik zuzurechnen ist und in Losen zu 50000 Stück gefertigt wird. Es wird mit engem Ziehspalt gezogen, der den oberen Teil der Zarge (etwa von halber Höhe ab) *abstreckt. Das Werkzeug* hat sich nach 50000 Zügen nur wenig abgenutzt; an die Stelle der Polierrillen sind nur an der Ziehkante feine Verschleißriefen getreten, was u. a. auf das geringe Ziehverhältnis $\beta_1 = 1{,}44$ zurückzuführen ist. Bei dieser großen Stückzahl kam es uns darauf an, die Unsicherheit hinanzuhalten, die durch verschiedene Blechwerkstoffeigenschaften entstehen könnte. Daher wurden zu Beginn der Untersuchung 70 Ronden aus einem bestimmten Band ausgeschnitten und nach je 5000 Zügen einige davon eingelegt und der Oberflächenmessung unterzogen.

Die Tastschriebe an den *Werkstücken* sind in halber Zargenhöhe gemacht, wo die Abstreckglättung noch nicht eingetreten ist, und die tangentiale Stauchung $\varepsilon = -0{,}2$ beträgt; dort findet sich nach dem „Erstzug" nur eine geringe Rauhung, die bis zu Rauhtiefen von nicht mehr als 10 µm geht. Der darüber liegende, der Öffnung zugewandte Teil ist wegen des Abstreckens nicht nur nicht rauher, sondern nach oben hin zunehmend geglättet. Erst bei höheren Stückzahlen führt die Abnutzung des Werkzeugs an der Ziehkante zu Riefen bis zu 40 µm Tiefe. Die dadurch verursachten Rauhberge an der Zarge werden aber offensichtlich durch das Abstrecken im verengten Ziehspalt im wesentlichen beseitigt. Dagegen machen sich einzelne, ebenfalls auf den Verschleiß zurückzuführende Aufschweißungen am Werkzeug als Ziehriefen am Napf bemerkbar; sonst wäre die größte Rauhtiefe geringer.

Die entstandene Oberfläche ist — abgesehen von einzelnen Ziehriefen — nicht gerichtet und weist auf die oben erläuterte freie Rauhung hin. Beachtlich sind seichte Wellen, die man beim Abtasten in Achsrichtung findet.

Die starke Kaltverfestigung von HV 30 = 127 auf 192 kp/mm² in der oberen Hälfte ergibt sich zum Teil aus der Abstreckung und nicht nur aus der der Durchmesserformänderung entsprechenden Verfestigung. Dies bietet die Möglichkeit, einen einfachen und billigen Blechwerkstoff ohne Ausschußgefahr zu verwenden. Die Kornstreckung, die beim kaltgewalzten Blech trotz Glühens noch mit 2,5 : 1 vorhanden war, hat sich auf 4 : 1 erhöht; man beachte die durch Bild 5.3/15 erläuterte und in der Wirkpaarskizze angegebene Lage der Schliffentnahmestelle!

Zu Tafel 12—2. Das *Werkzeug* ist von dem dünnwandigen, ohne Niederhalter gezogenen Topf wenig verschlissen worden. Nur an der Ziehrundung zeigt die Draufsicht Ziehriefen, deren Profile im Tastschrieb zu erkennen sind. In Ziehrichtung (in Achsebene) sind die vormaligen Schleifrillen etwas geglättet.

Am *Werkstück* ist durch den 1. Weiterzug die Rauheit verringert, doch spielen auch hier Ziehriefen als Folge von Aufschweißungen am Werkzeug hinein. Immerhin wird die Oberfläche „dichter", m. a. W. der Leeregrad nimmt ab, wie ein Vergleich der Tastschriebe lehrt. Hier sei auch auf die Formfehler hingewiesen. Der Napf als Ausgangsform weist wohl noch Reste der oben erwähnten rundum laufenden Wellen auf. Andere Formfehler liegen in der ungleichen Wanddicke der Zarge entlang der Mantellinie. Im Bild 5.3/16 ist klar gemacht worden, daß die an der Rundung des Napfes verdünnte Stelle II' nach SS' wandert. Wenn man nun wie im Beispiel der Tafeln 12—1 und 12—2 das an sich in einem Zug mögliche Gesamtziehverhältnis β ges = 1.78 in 1,44 × 1,23 aufteilt, so fallen die Verdünnungen aus dem Erstzug und dem 1. Weiterzug geringer aus. Bei einem solchen sogenannten Schonzug ist eine Markierung überhaupt nicht mehr wahrnehmbar. Die Kornform hat sich beim Weiterzug, vor dem nicht geglüht wurde, von 4 : 1 auf 4,5 : 1 verlängert.

Zu Tafel 12—3. Dieser Topf hat im Vergleich zu Tafel 12—1 etwa die dreifachen Abmessungen, wird aber im Unterschied dazu mit weitem Ziehspalt gezogen. Dies geschieht zwar auch in einer Stufenpresse, aber mit wesentlich größerem Ziehverhältnis.

Zunächst sei der *Ziehring* betrachtet. Seine Stirnfläche ist durch 16000 Werkstücke so wenig verändert worden, daß die rundum laufenden Polierrillen noch sichtbar sind. Der Verschleiß tritt am Einlauf der Ziehrundung etwa bei Punkt *K* in Bild 5.3/12 mit einer gewissen Plötzlichkeit auf; am Auslauf der Ziehrundung (Punkt *L*) sind Verschleißrillen kaum sichtbar (der weiße Teil der Ringbilder bedeutet nicht Glätte, sondern Spiegelung).

Diese Verschleißrillen, die dem Auge sehr auffallen, sind indes nach 16000 *Werkstücken* nur 8...12 µm tief und beeinflussen die Oberfläche, die zufolge der freien Rauhung eine Rauhtiefe von 8 bis 16 µm aufweist, kaum.

Mit anderen Worten, die an sich vorhandene Rauhung durch die Verschleißrillen des Ziehrings geht in der zwar behinderten, aber dennoch starken freien Rauhung unter, die wegen des größeren Ziehverhältnisses größer ist als in Tafel 12—1. Das zeigt sich auch daran, daß auf der Draufsicht auf das 16000. Werkstück kaum eine Vorzugsrichtung der Rauheit festzustellen ist. Die Zarge ist auch nach den Tastschrieben axial und in Umfangsrichtung gleich rauh. In der Rauhung ist natürlich auch die schwache Ausgangsrauheit des Bleches untergegangen. Hätte man statt des zwischen geschliffenen Walzen gewalzten Blechs eines genommen, das zwischen aufgerauhten Walzen nachgewalzt wurde (vgl. Tafel 1—5), so hätte das an der Endrauheit der Zarge vermutlich nichts geändert.

In Bezug auf die Nebenerscheinungen sei die starke Kaltverfestigung von HV 30 = 110 kp/mm² auf 150 kp/mm² (nahe dem Rand gemessen) hervorgehoben. Die Kornform, die vom Walzen her etwas gestreckt war (rd. 1,7 : 1) hat sich an der Entnahmestelle auf rd. 2,5 : 1 gestreckt. Bei der Betrachtung dieser Kornverformung ist wieder die Lage der Walzfaser zur Mantellinie zu beachten.

Zu Tafel 12—4. Das *Werkzeug* ist angesichts des geringen Ziehverhältnisses ohne Niederhalter ausgeführt. Der polierte Ziehring ist in Umfangsrichtung so glatt, daß sich ein Tastschrieb eigentlich erübrigt; in Achsrichtung zeigt er leichte Wellen, die für die Haltung des Schmiermittels nicht ungünstig sind. Der Verschleiß setzt an der Schulter des Ziehrings an und ist größer als beim Erstzug. Trotzdem sieht man nach 16000 Werkstücken an einem Teil der Ziehkantenrundung noch die ursprünglichen Polierrillen. Von einer Beeinflussung der Oberflächenrauheit durch den Werkzeugverschleiß kann bei dieser Stückzahl auch in diesem Fall kaum die Rede sein. Erst bei viel höheren Stückzahlen pflegen störende Verschleißriefen an der Ziehkante aufzutreten.

An der Außenfläche der *Ziehteile* ist keine Zunahme der Rauheit festzustellen. Soweit überhaupt eine weitere freie Rauhung im Weiterzug eintritt, wird sie durch die Glättung an der Ziehkante ungefähr aufgehoben; das schließen wir aus dem Tastschrieb.

Der Druck an der Ziehringrundung ist bei diesem blechhalterlosen Weiterzug so gering, daß es nicht wie in Tafel 12—2 zur Abplattung der Rauhberge und damit zur Ausbildung von engen Vertiefungen zwischen Tafelbergen kommt (daher der große Leeregrad).

Vergleich der Rauheiten bei den verschiedenen Zügen. Aus zahlreichen Messungen an den Ziehteilen der Tafeln 12—3 und 12—4, die hier nicht alle wiedergegeben werden können, haben wir festgestellt:

a) Es ist kaum ein Unterschied zwischen den Flächen der Werkstücke festzustellen, die aus dem neuen und dem durch 16000 Züge verschlissenen kommen. In beiden Fällen liegt die Rauhtiefe der eingeebneten Partien bei 2...5 µm; daneben sind in Ziehrichtung und quer dazu vereinzelte Vertiefungen bis zu etwa 15 µm zu finden. Die Ziehriefen sind nicht tiefer als die Mulden der behinderten freien Aufrauhung.

b) Zwischen der Rauheit an den Zargen aus dem 1. Zug und dem 2. Zug (Weiterzug) ist kein signifikanter Unterschied festzustellen.

c) Im 3. Zug (2. Weiterzug), der mit einem Ziehverhältnis $\beta_2 = 1{,}2$ durchgeführt wurde, ändert sich das Bild. Die Oberfläche — wiederum ungerichtet — wird besser; die Rauhtiefe 2 bis 4 µm herrscht in wesentlich stärkerem Maße vor als nach den ersten beiden Zügen.

Das verwendete Schmiermittel hat, wenn man andere Untersuchungen [*58, 116*] heranzieht, die Berührung zwischen Werkstück und Werkzeug sicher nicht verhindert. Das wird durch das Vorherrschen der behinderten freien Rauhung bestätigt.

d) Von den *Innenflächen* der Ziehteile wurde oben allgemein erwähnt, daß sie auf Grund der geometrischen und technischen Verhältnisse rauher werden müssen als die Außenflächen und daß die Rauhtiefen von unten nach oben zunehmen. Beides wird durch unsere Messungen bestätigt, die wir an denselben Teilen vorgenommen haben, für die die Tafeln 12—3 und 12—4 gelten. Während beim 1. Zug (Erstzug) der Unterschied noch nicht groß ist (Rauhtiefen innen axial 3...6 und 8...12 µm) gegen außen axial 8...15 µm, treten beim 2. Zug (1. Weiterzug) innen wesentlich tiefere Rauhmulden auf, die auch einen breiteren Raum einnehmen und den räumlichen Leeregrad steigen lassen. Beim 3. Zug ist der Unterschied zwischen außen und innen noch frappanter. Während die Außenrauheit abgenommen hat, sind die Innenrauhtiefen etwa gleich geblieben, jedoch zeigen sie geglättete Partien an einzelnen Tafelbergen.

Abschließend zeigen wir in Bild 5.3/18 zum Vergleich einige repräsentative Tastschriebe, die an den Zargen

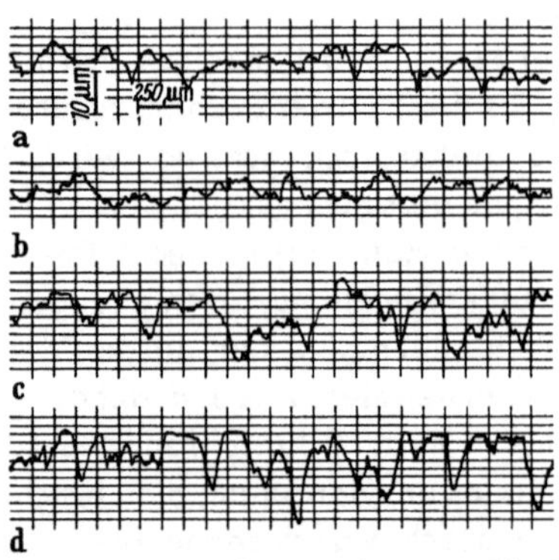

Bild 5.3/18 a—d. Vergleich von äußeren und inneren Oberflächen an den Zargen tiefgezogener Teile aus Werkzeugen nach 16000 Stücken (Werkstoff wie in Tafel 12—3 und 4) — Tastschriebe in halber Höhe in Achsrichtung.

a) Von der Außenfläche nach dem 1. oder 2. Zug;
b) von der Außenfläche nach dem 3. Zug;
c) von der Innenfläche nach dem 2. Zug;
d) von der Innenfläche nach dem 3. Zug.

derselben Ziehteile wie in Tafel 12—3 und 12—4 in halber Höhe in Achsrichtung gewonnen wurden.

a) an der *Außenfläche* (gilt für den 1. und 2. Zug) $R_t = 2...5$ und $8...12$ µm,

b) an der *Außenfläche* nach dem 3. Zug $R_t = 2...4$ und $6...9$ µm,

c) an der *Innenfläche* nach dem 2. Zug $R_t = 3...8$ und $10...20$ µm,

d) an der *Innenfläche* nach dem 3. Zug $R_t = 1...3$ und $18...20$ µm.

Damit ist gezeigt, wie sehr verschiedene Oberflächen beim Tiefziehen in mehreren Zügen auftreten können.

6 Oberflächenwandlungen bei Umformverfahren oberhalb der Rekristallisations-Temperaturgrenze

6.1 Strangpressen von Aluminium-Legierungen[1])

Weitere Einzelheiten außer den hier erwähnten s. [1, Abschnitt 7].

Die Ausgangsform für ein stranggepreßtes Profil ist meist ein im Strangguß hergestellter Zylinder (Bolzen oder Block genannt). In vielen Fällen wird er abgedreht, um maßhaltig und von den Verunreinigungen in der Gußhaut befreit zu sein. Im Gegensatz zu fast allen anderen Umformverfahren entsteht beim üblichen Strangpressen[2]), bei dem der Block nicht geschmiert wird, oberhalb eines bestimmten Umformgrads die Oberfläche des Profiles aus dem *Werkstoffinnern* des Blockes und nur zum Teil aus seiner Oberfläche. Die Oberfläche entsteht also *neu* und wird — abgesehen von den metallurgischen Einflüssen — nicht durch die Geschichte des Werkstückes bestimmt. Der Block wird unter sehr starker Querschnittsverkleinerung durch eine Matrize gedrückt, deren Kanalform für die Oberflächenrauheit maßgebend ist, soweit man im Bereich üblicher Blocktemperaturen und Preßgeschwindigkeiten bleibt. Die Rauheitsart einer stranggepreßten Oberfläche ist gerichtet; sie ähnelt zwar Geräten verwendet, so verlangt man eine gute Sichtfläche. Es gibt z. B. Anforderungen wie die folgende:

„Kleinste Fehler und Riefen sind zulässig, wenn sie in einer Entfernung von 1 m und mehr mit dem unbewaffneten Auge unter senkrecht einfallendem Licht nicht erkannt werden können."

Ja, häufig wird die Sichtfläche poliert und chemisch geglänzt; dann ist es von wirtschaftlicher Bedeutung, daß die Oberfläche schon vorher ziemlich glatt ist und vor allem, daß sie keine Fehler, wie z. B. sog. Krähenfüße

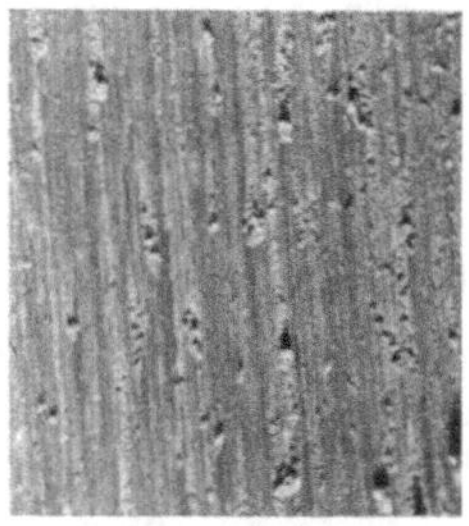

Bild 6.1/1. Krähenfüße an einem stranggepreßten Leichtmetallprofil — Draufsicht.

(aufgeschweißte Teilchen hinter Mulden mit Höhen bis 20 μm, Bild 6.1/1 aufweist [1, Bild 130].

Was beim mechanischen Polieren erreicht werden kann, zeigt der Profilschrieb Bild 6.1/2 am Beispiel einer

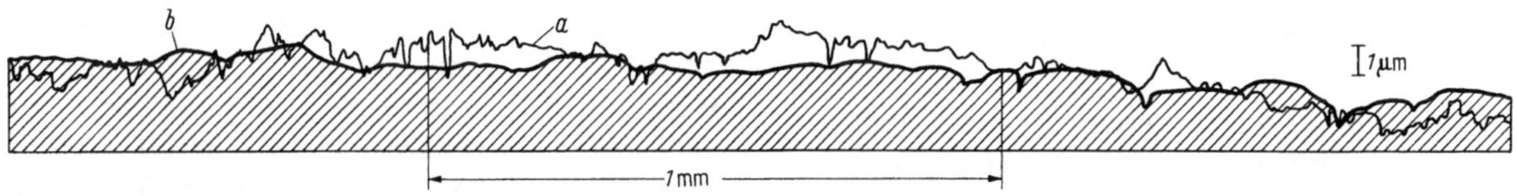

Bild 6.1/2. Änderung der Rauheit eines Profils aus Al Mg 3 quer zur Preßrichtung durch einmaliges mechanisches Polieren. *a* Profilschrieb nach dem Pressen durch ein zylindrisches Werkzeug mit 3 mm Führungslänge; *b* Profilschrieb nach einmaligem mechanischem Polieren.

der einer abgespanten Oberfläche, besitzt aber einen geringeren Leerheitsgrad als diese.

Von starkem Einfluß ist die Klebneigung des Werkstoffes an der Matrize. Eine Schmierung an der Matrizenoberfläche soll sie möglichst verringern. Das kann durch ein flüssiges bis pastenförmiges Schmiermittel oder auch durch eine zwischen Block und Matrize gelegte Scheibe aus Reinaluminium geschehen. Diese ergibt eine gute Oberfläche und verleiht dem Strang einen dünnen Überzug, der am Stranganfang am dicksten, am Ende des Stranges nur noch in Spuren zu finden ist.

Die Oberflächenrauheit eines stranggepreßten Metallprofils ist je nach dem Zweck von sehr verschiedener Wichtigkeit. Gar keine Rolle spielt sie, wenn von dem Profil Stücke abgeschnitten werden, die man nachher warm umformt. Ebenso kommt es kaum auf die Rauheit an, wenn man Maschinen- und Apparateteile (Lagerböckchen, Tragkörper u. a.) vom Profil absägt, bohrt und anschraubt. Werden die Profile aber zu Leisten außen an mittelschwer preßbaren Legierung. Dabei ist das geglättete Profil in Bezug auf seine Höhenlage zum gepreßten Profil in willkürlicher Lage eingezeichnet.

Den Erfolg des dem Polieren folgenden chemischen Glänzens mag die Interferenzaufnahme Bild 6.1/3 eines Strangs aus dem leicht und glatt preßbaren AlMgSi 0,5 zeigen. Für so hervorragende Oberflächen ist natürlich eine hohe Glätte der aus der Pressung kommenden Oberfläche Voraussetzung.

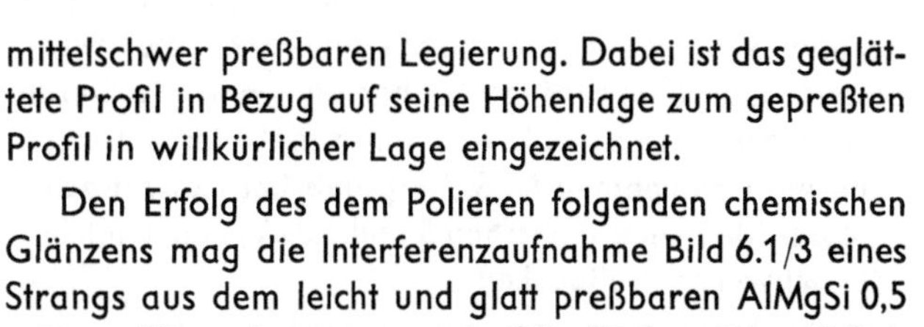

Bild 6.1/3 a u. b. Interferenzaufnahmen einer polierten und chemisch geglänzten Strangoberfläche aus Al Mg Si 0,5. a) Interferenzstreifen quer zur Preßrichtung — $R_t < 1\ \mu$m; b) desgl. in Preßrichtung — $R_t < 0{,}2\ \mu$m.

Einfluß des Werkstoffes. Beim Strangpressen verhalten sich die verschiedenen Al-Legierungen nicht gleich. Man versucht daher, sie nach der Preßbarkeit zu ordnen. Als leicht preßbar gilt ein Stoff, wenn im bewährten Tem-

[1]) Zu diesem Abschnitt hat Herr Dipl.-Ing. *K. H. Steinmetz* im Rahmen seiner Diplomarbeit beigetragen.

[2]) Neuerdings ist nach *Akeret* [2] ein Verfahren mit einer hochwertigen Schmierung entwickelt worden, bei dem die Blockoberfläche in die Strangoberfläche übergeht.

peraturbereich die Preßkraft gering ist und wenn eine gute Oberfläche entsteht. Beide Erfordernisse ergeben fast die gleiche Rangfolge, mit steigender Preßkraft und zunehmender Rauheit nämlich:

Al Mg Si 0,5,
Al Mg Si 1,
Al Zn Mg 1,
Erftal 2 Mg (s. Tafel 13—1 und 13—3),
Al Mg 3
Al Cu M,g 2 (s. Tafel 13—2).

Einfluß des Werkzeugs. Am Werkzeug ist es nicht die Gleitfläche, die unmittelbar für die Strangrauheit maßgebend ist, sondern die auf dem Werkzeug entstehende Verklebungsschicht, die sich aus dem Strangwerkstoff bildet.

Die Klebschicht ist für verschiedene Werkstoffpaarungen unterschiedlich; auch zeigt sie recht verschiedene Formen, je nachdem wie der Werkzeugdurchbruch gestaltet und wie fein er bearbeitet ist. Bei einer *hinterarbeiteten* Matrize (Tafel 13—3) wird die Klebschicht dicker und unregelmäßiger als bei einer *zylindrischen* (Tafeln 13—1 und 13—2), wo sie dünn und gleichmäßig ist. Beim hinterarbeiteten Werkzeug wird die Rauheit des Stranges kurz hinter der Preßkante, bei zylindrischem Durchbruch nahe dem äußeren Ende der Gleitfläche gebildet. Daraus dürfte sich erklären, daß geringe Längenunterschiede des zylindrischen Kanalteils (3 bis 5 mm) keine Rolle spielen.

Hat sich die Klebschicht erst einmal voll ausgebildet — was oft bereits beim ersten Strang geschicht — so ist die nun folgende Rauheitsänderung auf der Klebschicht und am Strang gering. Eine Querwelligkeit im Werkzeugprofil überträgt sich mehr oder weniger auf das Strangprofil.

Der Einfluß der Durchbruchgestaltung ist eindeutig: Bei allen Werkstoffen sind die mit hinterarbeiteten Werkzeugen gepreßten Stränge rauher als wenn die Durchbrüche zylindrisch sind. Aus unseren Untersuchungen kann man entnehmen [*1*, S. 149], daß bei Außenflächen 90% der Meßwerte (zwischen 5 und 95%) je nach leichter oder schwerer Preßbarkeit

bei zylindrischen Werkzeugen bei $R_t = 1$ bis 6 µm,
bei hinterarbeiteten Werkzeugen bei $R_t = 2$ bis 10 µm

liegen. Zum Aufzeigen dieses Einflusses unterschiedlicher Kanalformen sind für gleichen Werkstoff die Tafeln 13—1 und 13—3 aufgestellt. Die Rauhtiefen am Strangende sind i. allg. denen am übrigen Strang nicht gleich. Bei Hohlprofilen ist i. allg. die Innenfläche etwas rauher als die Außenfläche.

Einfluß der Querschnittsform (Profilform). Der vom Stempel herangedrückte Werkstoff des runden Blockes fließt am gleichmäßigsten durch einen runden Matrizendurchbruch aus. Wenn aber die Profilöffnung eckig und unsymmetrisch ist oder gar konkave Teile enthält, so treten Ungleichmäßigkeiten im Fluß auf. Das Metall bevorzugt den bequemeren Weg durch breite Teile des Matrizendurchbruchs. Dieser ungleiche Werkstoff-Fluß ist mit Temperaturunterschieden und Verschiedenheiten der Klebschicht der Schmierwirkung verbunden. Es ist daher nicht zu erwarten, daß alle Teilflächen des Profils gleiche Rauheit haben. Bild 6.1/4 zeigt die unterschiedliche Rauheit an verschiedenen Stellen eines Winkelprofils.

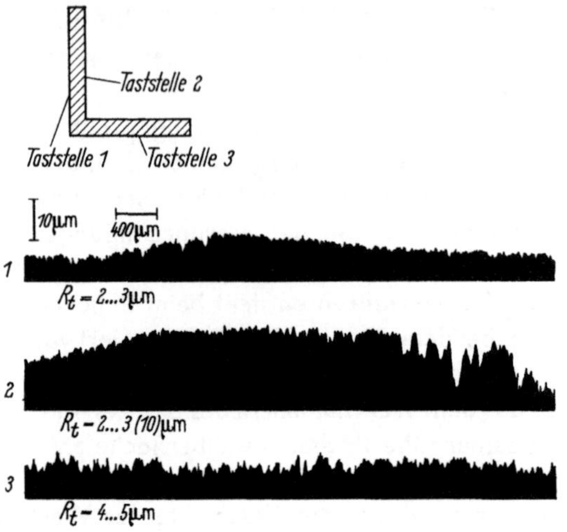

Bild 6.1/4. Unterschiedliche Rauheit an den Teilflächen eines Winkelprofils aus AlMgSi1. Werkzeug hinterarbeitet nach Durchpressen von 2 Strängen — Schmierung an der Matrize Al 99,5 (Scheibe) und Mineralwachs mit 20% halbkolloidalen Graphits. (Nach *Kienzle* u. *Mietzner* [*1*].)

Einfluß der Nachbehandlung. Nach dem *Aushärten* der vergütbaren Legierungen Al Mg Si 0,5, Al Mg Si 1, Al Cu Mg 2 Al Zn Mg 1 traten keine Rauheitsunterschiede gegenüber vorher auf, gleichgültig ob sie mit Luft oder Wasser an der Maschine abgeschreckt oder im Salzbad vergütet werden. Lediglich das Aussehen wird etwas anders: in Luft abgeschreckte Stränge zeigen eine spiegelnde, glänzende; in Wasser abgeschreckte eine matte, samtene und im Salzwasser vergütete eine fleckige Oberfläche.

Beim *Richten* der Stränge durch Recken um 0,5 bis 2% tritt keine meßbare *Rauheits*änderung durch freie Umformung auf. Es ist jedoch möglich, daß geringe *Wellig*keiten von der Größenordnung der Rauhtiefe neu auftreten. Anders ist es, wenn das Werkstück zwecks Richtens durch ein Werkzeug gezogen wird [73].

Das *Beizen* in HNO_3 verändert die Oberfläche nicht, es werden nur Schmutz- und Fettschichten gelöst. Dagegen greift Natronlauge das Metall an, so daß sich die Oberfläche im Beizbad NaOH völlig verändert; die beim Strangpressen entstandene gerichtete Oberfläche ist nunmehr ungerichtet.

Zu den Tafeln 13—1 bis 13—3. Von den zahlreichen Al-Legierungen haben wir eine leicht und eine schwer preßbare ausgewählt und bei der leicht preßbaren den unterschiedlichen Einfluß der Kanalform der Matrize aufgenommen

Tafel 13—1	Erftal 2 Mg	Matrizendurchbruch zylindrisch,
Tafel 13—2	Al Cu Mg 2	
Tafel 13—3	Erftal 2 Mg	Matrizendurchbruch hinterarbeitet.

In allen Tafeln ist das Strangprofil dasselbe, nämlich ein Rechteck 20×5 mm².

Für die benutzten *Werkzeuge* ist der Oberflächenzustand schon nach wenigen Strängen angegeben. Wie oben beschrieben, ist für die Rauheitsbildung die Klebschicht am Matrizendurchbruch maßgebend; sie hält sich über eine gewisse Zeit unverändert und wird, bevor sie sich ungünstig verändert, jeweils wieder geputzt, d. h. der Hauptteil der Klebschicht wird mit Stahldrahtbürsten oder durch Schmirgeln entfernt. Dabei ist es unvermeidlich, daß auch die Stahlmatrize selbst angegriffen wird. Der dargestellte Werkzeugzustand ist etwa der, mit dem man dauernd rechnen muß.

Die Oberflächen *stranggepreßter Profile* sind, wie schon erwähnt, gerichtet und zwar ist, wie die Tafeln ausweisen, die Querrauheit stets größer als die Längsrauheit. Es genügt daher im Verkehr zwischen Hersteller und Besteller, nur die erstere zu vereinbaren.

Da die Oberfläche des Ausgangsblocks bei dem von uns beobachteten Verfahren ohne Einfluß ist, wurden davon weder Profilschriebe noch Draufsichten gemacht. Die bezogene Formänderung ε_F ist nur zur Orientierung in Klammern angegeben, dagegen nicht der Umformgrad φ_F, da er bei dieser Art des Strangpressens ohne jede Bedeutung ist. Die von uns gefundenen Rauheitsmeßwerte sind durch anderweitige Messungen bestätigt worden.

Zu Tafel 13—1. Der dargestellte Zustand des *Werkzeugs* ist der nach dem Schmirgeln. Bei dieser Handarbeit lassen sich Rillen in Preßrichtung nicht vermeiden. Man lasse sich aber nicht durch die Profilform (Wellen) in den Profilschrieben täuschen. Bei einer Wellenhöhe von rd. 50 µm kann man durchaus von einer zylindrischen Führung sprechen. Die Draufsicht auf die Kanalwand des Werkzeugs nach 84 m Stranglänge zeigt in ihrem oberen Teil die Klebschicht.

Für die Rauheitsbildung mag es aufschlußreich sein, den Zustand des Matrizenkanals an verschiedenen Stellen darzustellen und damit das Rauheitsprofil des darin gepreßten Stranges zu vergleichen; das ist in den Bildern 6.1/5 und 6.1/6 geschehen.

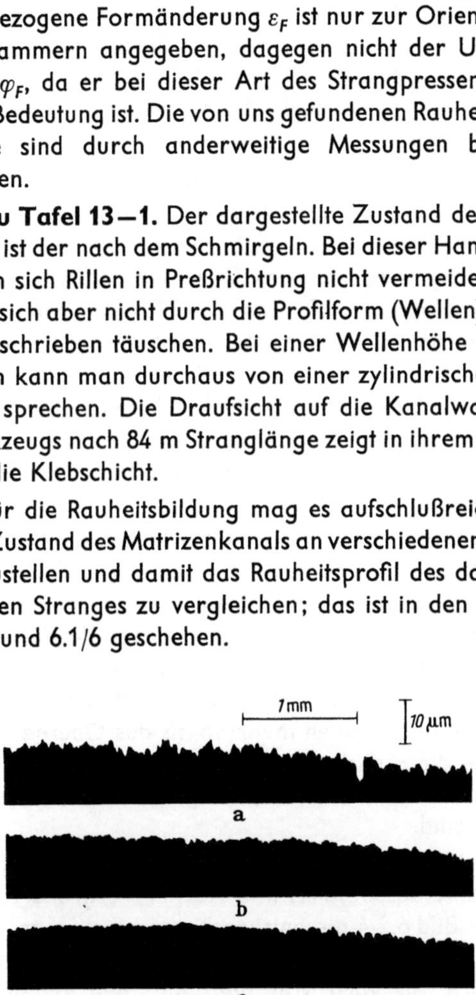

Bild 6.1/5 a—c. Profilschriebe des 3 mm langen zylindrischen Teils des Matrizenkanals quer zur Preßrichtung nach 4maliger Nachbearbeitung. a) An der Preßkante R_t = 3 ... 3,5 und 5 µm; b) in der Mitte der Gleitfläche R_t = 1,5 µm; c) am Ende der Gleitfläche R_t = 1 ... 1,5 µm.

Bild 6.1/6. Profilschrieb des 12. durch das Werkzeug nach Bild 6.1/5 gepreßten Stranges aus Erftal 2 Mg — Strangende — R_t = 1 ... 1.5 µm (Werkstoff oben).

Beim *Werkstück* zeigt die Aufnahme quer zur Preßrichtung in Übereinstimmung mit der Draufsicht eine Rillenstruktur und damit eine gerichtete Oberfläche von allerdings sehr geringer Rauheit. Bei der Legierung AlMgSi 0,5 fanden wir innerhalb der natürlichen Streuung die gleichen Rauheitsmeßgrößen.

Zu Tafel 13—2. Im Gegensatz zu Tafel 13—1 handelt es sich hier um eine *schwer preßbare* Legierung nach einer größeren Preßlänge. Die Klebschicht ist viel ungleichmäßiger und die Rauhtiefe am Strang geht bis zum doppelten. Beachtlich sind die punktförmigen Aufschweißungen, die aus der Draufsicht und den Schrieben zu ersehen sind; die letzteren zeigen solche Punkte in Gestalt von hochstehenden „Spitzen" an. Man lasse sich in beiden Bildern nicht durch die Größe dieser Erscheinungen täuschen; sie sind in der Draufsicht 28mal vergrößert und im Schrieb 40fach überhöht.

Zu Tafel 13—3. In dieser Tafel wird am gleichen Werkstoff wie in Tafel 13—1 die Wirkung der *anderen Form des Matrizendurchbruchs* gezeigt. Während er dort zylindrisch war, ist er hier hinterarbeitet. Das neue Werkzeug wurde quer zur Preßrichtung auf der Kante der Matrize mit einer Schneide abgetastet. Es wurde somit ihre Schartigkeit gemessen und nicht die Rauheit einer Fläche. Die Längstastung zeigt erwartungsgemäß das gleiche Bild wie bei den zylindrischen Werkzeugen; sie liegt natürlich entsprechend der Hinterarbeitung schräg zur Achse. Am abgenutzten Werkzeug, an dem die Klebschicht an der Kante anfängt, wurde ebenfalls die Kante abgetastet.

Das Ergebnis am Strang ist eine zwar in Rillenrichtung ziemlich glatte, aber quer zu ihr doch wesentlich rauhere Fläche als bei den zylindrischen Durchbrüchen.

6.2 Gesenkschmieden

Die folgenden Ausführungen beziehen sich hauptsächlich auf Gesenkschmiedestücke aus Stahl; jedoch werden am Schluß noch einige Bemerkungen über Gesenkschmiedestücke aus Aluminiumlegierungen gemacht. Die maßliche Güte von Schmiedestücken wird heute nicht mehr allein nach Maß- und Formgenauigkeit, sondern bisweilen auch nach der Feingestalt ihrer Oberflächen beurteilt. Zum Teil sollen diese unbearbeitet bestimmte Funktionen erfüllen (z. B. Griffflächen von Zangen, Keilflächen in den Schloßtaschen von Grubenstempeln, Blätter von Turbinenschaufeln, Zahnflanken von Kegelzahnrädern), zum Teil werden sie eben oder auf Maß geprägt (z. B. Augen und Stege von Pleuelstangen für Kraftwagen); zum größten Teil werden sie abgespant. In allen diesen Fällen werden Anforderungen an die Oberflächengüte gestellt, die entweder direkt vom Verwendungszweck bestimmt werden (Haftreibung bei Keilverbindung, Kerbfreiheit bei Lenkungs- und Antriebsteilen von Kraftfahrzeugen, Laufruhe bei Zahnrädern, Wirkungsgrad bei Turbinenschaufeln) oder vom Gesichtspunkt der sauberen und guten Bearbeitbarkeit (keine schwarzen Flekken nach Abheben der Spanschicht, Schonung des Werkzeugs beim Abspanen) ausgehen. In letzterer Hinsicht müssen wir auch an solche Schmiedestücke denken, die wie z. B. Schraubenschlüssel verchromt und zu diesem Zweck vorher gepließt werden. Auf die Schleifarbeit ist natürlich die Rauheit der Oberfläche von unmittelbarem Einfluß.

Die Oberfläche eines Gesenkschmiedestücks ist, soweit Zunder vermieden ist, in gewissem Grade ein Abbild der Gesenkoberfläche. Häufig aber befinden sich zwischen Werkstück und Gesenk Zunderteile, die zwar nachher abfallen, aber doch Vertiefungen, die sog. Zundernarben oder Zundereinschläge, hinterlassen. Diese werden in der Praxis oft besonders erwähnt, weil sie von anderer Natur sind als die eigentliche Flächenrauheit. Nach einer englischen Nachricht billigt man ihnen an Bearbeitungsflächen einen gewissen Anteil (bis zu 50%) an der Mindestspanschicht zu; an unbearbeiteten Flächen bringt man sie in Beziehung zur Maßtoleranz (z. B. 15...20% davon).

Unsere Ermittlungen, die in sorgfältig arbeitenden Betrieben angestellt wurden, zeigen, daß alle Gesenkrauhtiefen über 2 bis 3 μm am Werkstück getreu abgebildet werden. Daher wenden wir unser Augenmerk zunächst der Oberfläche der Gesenkgravur zu.

Gravuroberfläche. Es ist bekannt [*33*, *63*], daß infolge der örtlich unterschiedlichen Werkstoffbewegung während des Umformvorganges im Gesenk drei Beanspruchungszonen zu unterscheiden sind, die nach längerer Schmiedung am verschlissenen Oberflächenprofil zu erkennen sind. Wir zeigen das in dem grundsätzlichen Bild 6.2/1, das immer wieder in den verschiedensten Gravuren gefunden wird [*46*]:

a) die *Druckzone*, in der reiner Druck herrscht und in der am ehesten Gesenkrisse auftreten [*9*],

b) die *Schubdruckzone*, in der zum Druck eine Schubbeanspruchung tritt und Haftreibung ohne Gleiten herrscht, gekennzeichnet durch eine Schuppenbildung,

c) die *Gleitreibungszone*, in der der Werkstückstoff an der Gravurwand entlang gleitet und mit fortschreitender Stückzahl Verschleißriefen in Gleitrichtung hervorruft.

Bild 6.2/1 läßt erkennen, wie die drei Zonen (*a* Druckzone, *b* Schubdruckzone, *c* Gleitreibungszone) ineinander übergehen. Mit diesen ist, entsprechend dem Oberflächen-

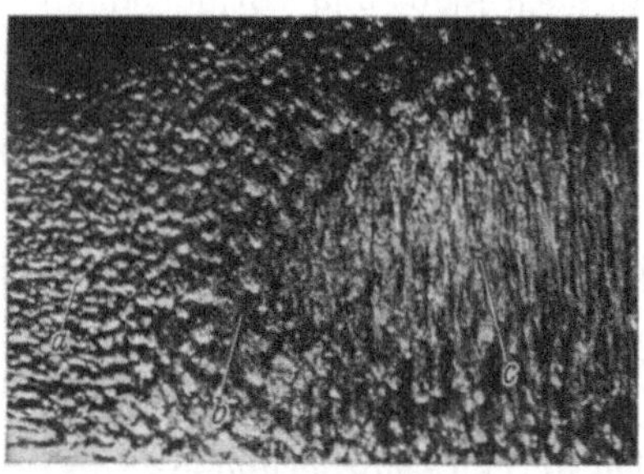

Bild 6.2/1. Übergang zwischen den 3 Rauheitszonen an einer Gesenkfläche.

abdruck, auch an den Gesenkschmiedestücken grundsätzlich zu rechnen (vgl. Bild 6.2/22 und 6.2/23). Immerhin gelingt es bei günstiger Ausbildung von Zwischenformen die Gleitreibungswege an der Fertigform klein zu halten, womit die Tiefe der Gleitriefen stark zurückgeht (vgl. Bild 6.2/14, Kegelrad und 6.2/15, Turbinenschaufel).

Verzunderung. Nach ihrer zeitlichen Entstehung sind zwei Zunderarten zu unterscheiden: der Primärzunder, der sich unter dem Einfluß der Ofenatmosphäre bei der Erwärmung bildet, und der Sekundärzunder, der hernach aus der Raumluft entsteht. Nicht entfernte Reste des Primärzunders schlagen sich in die Werkstückoberfläche ein und können, wenn sie nicht sorgfältig beseitigt werden, bei der spanenden Bearbeitung Werkzeugverschleiß hervorrufen. Der während des Schmiedens gebildete Sekundärzunder „1. Grades“ muß durch Lüften des Schmiedeteils und Ausblasen der Gravur entfernt werden. Der nach dem Ablegen des Werkstücks entstehende Sekundärzunder „2. Grades“ überzieht das Werkstück mit einer dünnen Schicht. Er sitzt meist nur lose auf der Oberfläche und läßt sich abbürsten, bisweilen haftet er aber sehr fest und kann — zusammen mit den Resten der erstgenannten Zunderarten — nur durch Beizen oder Abstrahlen entfernt werden. Auch die Zunderbildung bei der Wärmebehandlung ist zu beachten. Der Zunder vom Normalglühen sitzt sehr oft besonders fest auf dem Gesenkschmiedestück. Beim Vergüten in Wasser springt der Zunder im allgemeinen beim Abschrecken leichter ab als bei Ölvergütung. Durch das Entzundern wird die Struktur der Werkstückoberfläche verändert. Tiefe Verschleißriefen des Gesenks bleiben jedoch auch danach noch sichtbar.

Die folgende Betrachtung[1]) soll den Zusammenhang zwischen Gesenk- und Werkstückoberfläche sowie die Wandlung der Werkstückoberfläche durch die Nachbehandlung verdeutlichen. Dazu werden anhand von photographischen Aufnahmen und Profilschnitten Oberflächenausschnitte von neuen und von abgenutzten Gesenken und den zugehörigen Werkstücken miteinander verglichen. Außerdem wird die Beschaffenheit von Werkstückoberflächen im Schmiedezustand, im kaltgeprägten (kalibrierten) Zustand und im abgestrahlten Zustand gezeigt.

Als erstes seien einige Oberflächenausschnitte an einem Kurbelwellengesenk vor Beginn der Schmiedung und nach Erliegen der Gravur und an jeweils einem diesen Gesenkzuständen entsprechenden Werkstück betrachtet. Bild 6.2/2 zeigt das Untergesenk im abgenutzten Zustand. Wegen der größeren Wärmeaufnahme nutzt es sich im allgemeinen mehr ab als das Obergesenk. In ihm sind die Ausschnitte gekennzeichnet, die sowohl im Gesenk wie am Werkstück photographiert und abgetastet worden sind.

In Bild 6.2/3 sind die in Bild 6.2/2 gekennzeichneten Ausschnitte des Gesenks in 6,5facher Vergrößerung gezeigt, in Bild 6.2/4 die entsprechenden Stellen an Werkstücken. Da die Oberfläche des neuen Gesenkes ziemlich einheitlich ist, wird von ihm und dem zugehörigen Schmiedestück nur ein einziger Ausschnitt wiedergegeben. Vom abgenutzten Gesenk und entsprechenden Werkstücken dagegen werden Ausschnitte der drei typischen Beanspruchungszonen gezeigt.

Die noch unbenutzte Gravur (Bild 6.2/3a) weist durch die dem Fräsen folgende Nachbearbeitung mittels Handschleifmaschine feine Rillen auf, deren Rauhtiefe in beiden Richtungen etwa 16 μm beträgt. Beim abgenutzten Ge-

[1]) Die grundlegenden Untersuchungen hierüber wurden im Institut für Werkzeugmaschinen und Umformtechnik der Technischen Hochschule Hannover von Dr.-Ing. *H. J. Huwendiek* durchgeführt [*51*].

senk besitzt der gleiche Ausschnitt, der in der *Druckzone* liegt, in waagerechter Richtung („waagerecht" in Bezug auf die Aufnahme Bild 6.2/3b) eine Rauhtiefe von nur 6 μm, da die Schleifrillen eingeebnet wurden. Infolge von Oberflächenrissen kann sie jedoch örtlich stark ansteigen.

In der *Schubdruckzone* des Ausschnitts 2 (Bild 6.2/3c) hat sich das charakteristische schuppenförmige Profil ausgebildet, dessen Rauhtiefe etwa 75 μm beträgt. Am Ausschnitt 3 (Bild 6.2/3d) in der *Gleitreibungszone* sind Gleitriefen entstanden. Die Rauhtiefe steigt hier auf über 100 μm an.

Hier sei bemerkt, daß im praktischen Betrieb die Rauheiten eines Gesenks im Bedarfsfall einige Male bis zum Erliegen des Gesenkes mittels einer Handschleifmaschine auf unter 20 μm geglättet werden. Durch das Nachschleifen wird zugleich in vielen Fällen die Standmenge eines Gesenkes erhöht, das sonst wegen zu großer Rauheiten an den Werkstücken ausfallen würde.

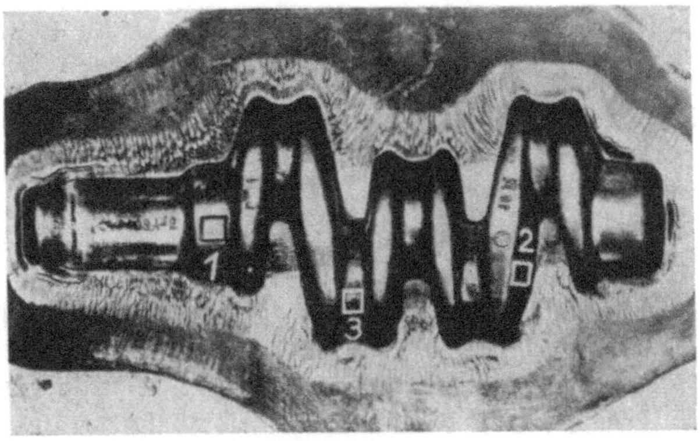

Bild 6.2/2. Betrachtete Oberflächenausschnitte an Kurbelwellen-Untergesenk und -Rohteil.

Gesenkwerkstoff: 56 Ni Cr Mo V 7
Gesenkfestigkeit: 120—140 kp/mm²
Werkstückstoff: Ck 45
Gesenkschmiermittel: Sägemehl
geschmiedete Stückzahl: 3300 (Gravuroberfläche nach rd. 2000 Stück mit Handschleifmaschine geglättet.)

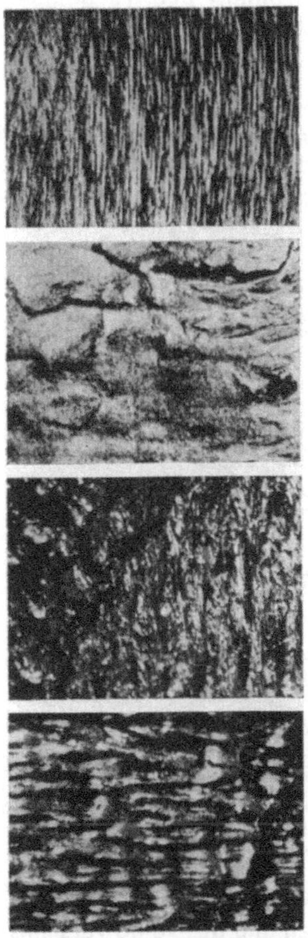

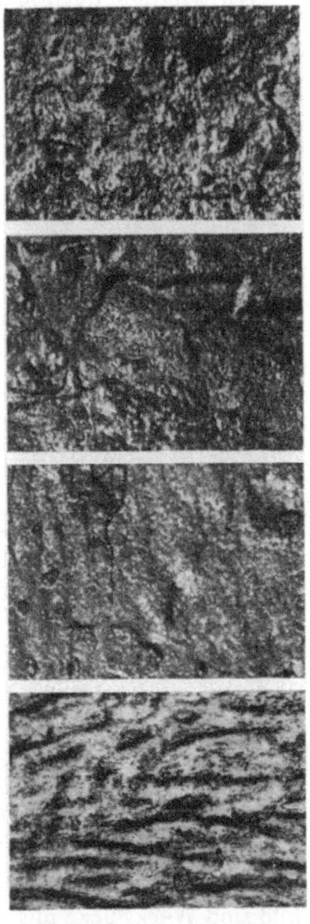

a
b
c
d

Bild 6.2/3 a—d. Oberflächengestalten in dem Kurbelwellen-Gesenk Bild 6.2/2.

a) Neues Gesenk, Ausschnitt 1;
b) Ausschnitt 1 } des abgenutzten Gesenks.
c) Ausschnitt 2 }
d) Ausschnitt 3 }

Bild 6.2/4 a—d. Oberflächengestalten an einem Kurbelwellen-Rohteil aus Gesenk Bild 6.2/2.

a) Werkstück aus neuem Gesenk, Ausschnitt 1;
b) Ausschnitt 1 } Werkstück aus abgenutztem Gesenk.
c) Ausschnitt 2 }
d) Ausschnitt 3 }

In Bild 6.2/4a—d folgen die entsprechenden Oberflächenaufnahmen am *Werkstück*. Gemäß Bild 6.2/4a ist die Oberfläche des Werkstücks aus dem neuen Gesenk schlechter als die des Gesenks. Das ist in diesem Falle auf eine dicke Zunderschicht zurückzuführen, die offensichtlich in die Fläche eingeschlagen ist. Der gleiche Ausschnitt am Werkstück aus dem *abgenutzten* Gesenk (Bild 6.2/4b) weist an den Stellen erhabene Grate auf, wo an der entsprechenden Gesenkstelle im Verlauf des Schmiedens Risse in der Gravur entstanden sind. Die Abbildungsgenauigkeit ist in diesem Falle hoch, weil kaum Zunder da war. Am Ausschnitt 2 (Bild 6.2/4c) ist durch die Zunderschicht hindurch das Rauhprofil des Gesenks noch zu erkennen, und am Ausschnitt 3 (Bild 6.2/4d) schließlich ist der Zusammenhang zwischen Werkzeug- und Werkstückfläche deutlich. Die Rauhtiefen liegen alle zwischen 40 und 100 μm. Wir erkennen, daß man bei den Oberflächen von Gesenkschmiedestücken noch weniger als an anderen umgeformten Oberflächen von einer über das ganze Stück einheitlichen Rauheit sprechen kann. Die Rauheiten an den verschiedenen Stellen eines und desselben Werkstücks sind sehr unterschiedlich, daher ist es auch nicht sinnvoll, Mittelwert und Streuung der Meßgrößen über das ganze Stück hinweg zu bestimmen. Man kann sie vielmehr nur für einige charakteristische Ausschnitte angeben — wie das im soeben besprochenen Beispiel geschehen ist — und in dieser Weise den Bereich abstecken, innerhalb dessen sie schwanken.

Die Oberflächen-Meßgeräte sind in ihrem Meßbereich im allgemeinen nicht auf die großen Rauhtiefen an Gesenkschmiedestücken zugeschnitten; dazu kommt, daß diese häufig ständig wechselnde Krümmungen aufweisen. Am besten geeignet für ihre Prüfung erschien uns das Leitz-Forster-Gerät, mit dem die Schriebe für die Bilder 6.2/10 und 6.2/11, sowie für die Tafeln angefertigt wurden. Die neben den Draufsichten stehenden Rauhtiefenwerte wurden jeweils vom zugehörigen Schrieb abgenommen. Erst bei den feineren Schmiedeflächen (vgl. Bild 6.2/14 und 6.2/15) konnte auch das Talysurf-Gerät benutzt werden.

Wenn man in der Praxis von leicht und schwer schmiedbaren Stählen spricht, berührt man zugleich Oberflächenfragen; darauf weisen ihr unterschiedliches Fließen in die Ecken und der Gesenkverschleiß hin und es besteht die Vermutung, daß verschiedene Werkstoffe verschieden gute Oberflächen ergeben. Wir schmiedeten daher je 40 runde Stücke gemäß Bild 6.2/5 aus den Stählen CK 15, 16 Mn Cr 5 und X 20 Cr 13 an einem und demselben Gesenk, dessen Oberteil neu (gedreht und geschmirgelt) und dessen Unterteil verschlissen war. Ihre

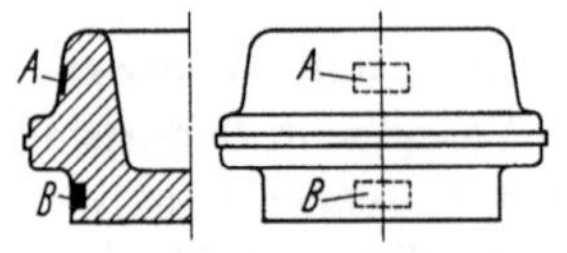

Bild 6.2/5. Meßstellen an Gesenkschmiedestücken aus verschiedenen Werkstoffen. *A* aus einem neuen Obergesenk; *B* aus einem verschlissenen Untergesenk (bei *B* ist auch das Schliffbild 6.2/8 entnommen).

Härten waren HV 30 = 150 bzw. 180 bzw. 530 kp/mm². Die Tastschriebe (Bild 6.2/6 und 6.2/7) zeigen folgendes:

Bild 6.2/6: an der Meßstelle *A*, die im neuen Obergesenk gebildet wurde, betragen die größten Rauhtiefen

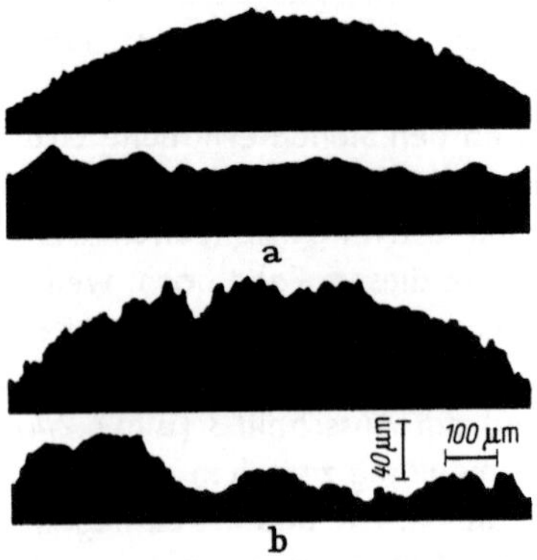

Bild 6.2/6 a u. b. Profilaufzeichnungen in Umfangs- und Achsrichtung an Meßstelle *A* von Bild 6.2/5. a) Werkstoff 16 Mn Cr 5 (Wst. Nr. 1.7131); b) Werkstoff X 20 Cr 13 (Wst. Nr. 1.4021).

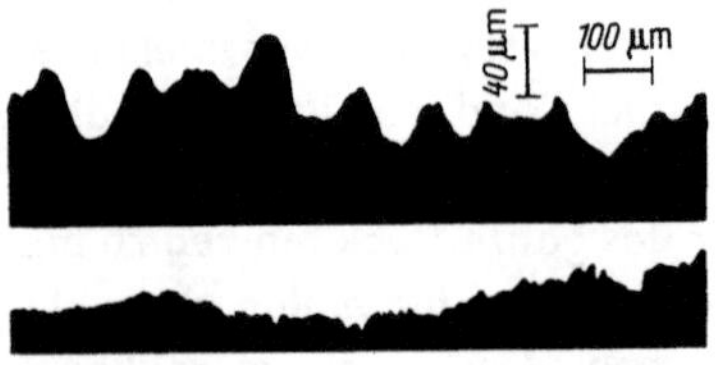

Bild 6.2/7. Profilaufzeichnungen in Umfangs- und Achsrichtung an Meßstelle *B* von Bild 6.2/5; repräsentativ für 3 Werkstoffe.

in *Umfangsrichtung*, d. h. parallel zu den Schleifrillen des Gesenks

a) bei C 15 und 16 Mn Cr 5 4...10 µm,
b) bei X 20 Cr 13 bis 28 µm.

An derselben Stelle in *Achsrichtung* sind die Rauhtiefen

a) bei C 15 und 16 Mn Cr 5 etwa 15 µm,
b) bei X 20 Cr 13 (rauhe Stelle) bis zu 40 µm (an anderen Stellen nur 10 µm).

Die hier entstandenen Rauheitsunterschiede sind offenbar von der Werkzeugrauheit ganz unabhängig.

In Bild 6.2/7 an der Meßstelle *B*, die im verschlissenen Untergesenk gebildet wurde, sind die Spuren der durch Verschleiß entstandenen Riefen an den Werkstücken in *Umfangsrichtung* bei allen Stoffen gleich tief, etwa 40 bis 50 µm. An derselben Meßstelle sind in Achsrichtung, wo die Verschleißreifen glatt sind, die Rauhtiefen bei allen drei Werkstoffen gleich gering, nämlich etwa 8 bis 15 µm. Das Schliffbild 6.2/8 von dem austenitischen Stahl X 20 Cr 13 an der Stelle *B* läßt erkennen, wie in der Oberflächenschicht die Rauheit mit der Kornverformung zusammenhängt. Dieses Ergebnis kann wie folgt zusammengefaßt werden:

Wird in *neuen* Werkzeugen geschmiedet, so bildet sich eine gute Gesenkoberfläche bei C 15 und bei 16 Mn Cr 5 besser ab als bei X 20 Cr 13. Hat aber das Werkzeug grobe Verschleißriefen, so bilden sie sich bei allen drei

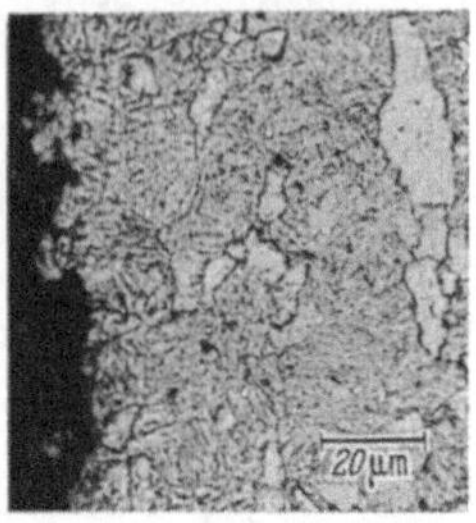

Bild 6.2/8. Schliffbild der Stelle *B* von Bild 6.2/5; Werkstoff X 20 Cr 13.

Werkstoffen in gleicher Stärke ab. Diese wenigen Beobachtungen mögen als Hinweis auf mögliche Verschiedenheiten in der Oberflächenausbildung verschiedener Werkstoffe dienen; zu einer allgemein gültigen Aussage reichen sie nicht aus, zumal auch Temperaturunterschiede hereinspielen können. Außerdem ist zu berücksichtigen, daß der Verschleißzustand des Gesenks, der bei allen drei Werkstoffen derselbe war, bei den hochlegierten Schmiedestählen früher herbeigeführt wird als bei den unlegierten.

Wir werden auch bei Turbinen- und Turboladerschaufeln (Bild 6.2/16—18) Werkstoffeinflüsse kennenlernen.

Ein weiterer Einfluß, den man zunächst nicht vermutet, geht von der Größe der Schmiedestücke aus. Bei einer Untersuchung von *H. Bühler* und *Schulze-Horn* wurde gemäß Bild 6.2/9 eine Tendenz zum Ansteigen der

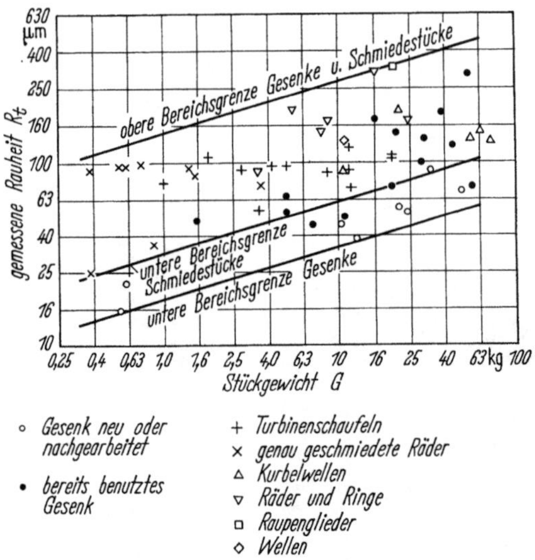

Bild 6.2/9. Größte Rauheit der gemessenen Schmiedestücke und Gesenke in Abhängigkeit vom Stückgewicht. (Nach einer noch nicht veröffentlichten Untersuchung von *H. Bühler* und *H. Schulze-Horn*.)

Rauhtiefen mit dem Gewicht gefunden. In diesem Gesamtbild sind Werkstücke aus neuen und aus völlig verschlissenen Gesenken erfaßt und verschiedene Werkstückarten gekennzeichnet. An jedem Stück wurden nach Sicht 8 Stellen größter Rauheit aufgesucht.

In das Schaubild wurde jeweils die größte aufgefundene Rauhtiefe eingetragen. Diese lag in etwa 50% aller

Fälle in den Schubdruckzonen, in rd. 40% der Fälle in den Gleitzonen und bei den restlichen Fällen in den reinen Druckzonen, wo sie hauptsächlich als Zundereinschläge auftraten. Dieser Anstieg der Rauhtiefen mit dem Gewicht dürfte in einer ganzen Reihe von Einflüssen begründet sein. Zunächst sind große Gravuren im allgemeinen weniger fein bearbeitet als kleine. Die größeren Werkstücke haben längere Wärmzeiten und verzundern schon primär stärker. Sodann haben sie längere Liegezeiten, wodurch sie weiter verzundern. Schließlich steigern auch die größeren Gleitwege, die während längerer Druckberührzeiten zurückgelegt werden, den Verschleiß und verschlechtern die Oberfläche.

Kalte Nachbehandlung. Die Einflüsse der Warmbehandlung von Gesenkschmiedestücken lagen außerhalb des Rahmens unserer Untersuchungen; wir verweisen lediglich auf den Einfluß, den das ein- oder zweimalige Glühen mit seiner Verzunderung hat. Wir fassen indes das Abstrahlen und das Kaltprägen näher ins Auge.

Gute Schmiedestücke werden nach dem Schmieden mit Stahlkorn abgestrahlt, wodurch sich die Oberfläche mehr oder weniger verändert; doch sind tiefe Rillen des Schmiedezustandes auch nachher noch wahrnehmbar.

Ein Beispiel, das vom Rohteil für ein Getrieberad stammt, ist in Bild 6.2/10 gezeigt. Das beim Schmieden entstandene rauhe Profil (a), das der Gleitreibungszone entstammt, wird durch das Abstrahlen wenig verändert (b); es sind lediglich auf den Rauhbergen durch das Abstrahlen feinere Zacken entstanden.

Um immer wieder deutlich zu machen, daß einzelne Draufsichten und Schriebe nicht verallgemeinert werden dürfen, zeigen wir in Bild 6.2/11, eine glatte Stelle einer geschmiedeten Fläche (a) und eine rauhere, aber abgestrahlte Stelle (b). Die senkrechten Linienstücke in den Tastschrieben sind häufig zu beobachten; sie bedeuten, daß die Tastnadel dort in Vertiefungen „gefallen" ist. Die Oberfläche kann an diesen Stellen auch *unterschnitten* sein (s. Abschnitt 1.2.1). Damit ist insbesondere in der Schubdruckzone zu rechnen.

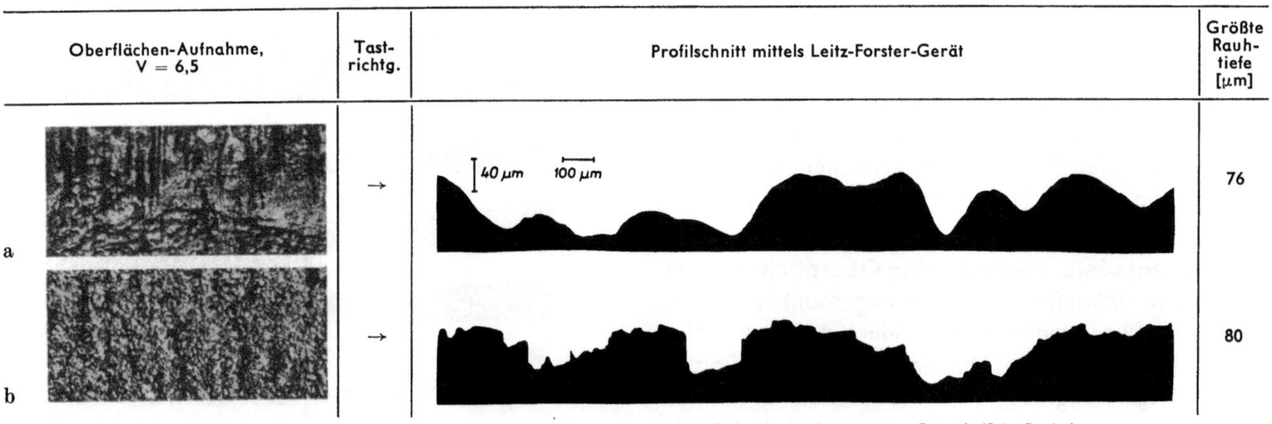

Bild 6.2/10 a u. b. Oberflächenwandlung an einem Getrieberad-Rohteil aus abgenutztem Gesenk (Stirnfläche).
a) Schmiedezustand; b) vergütet und abgestrahlt.

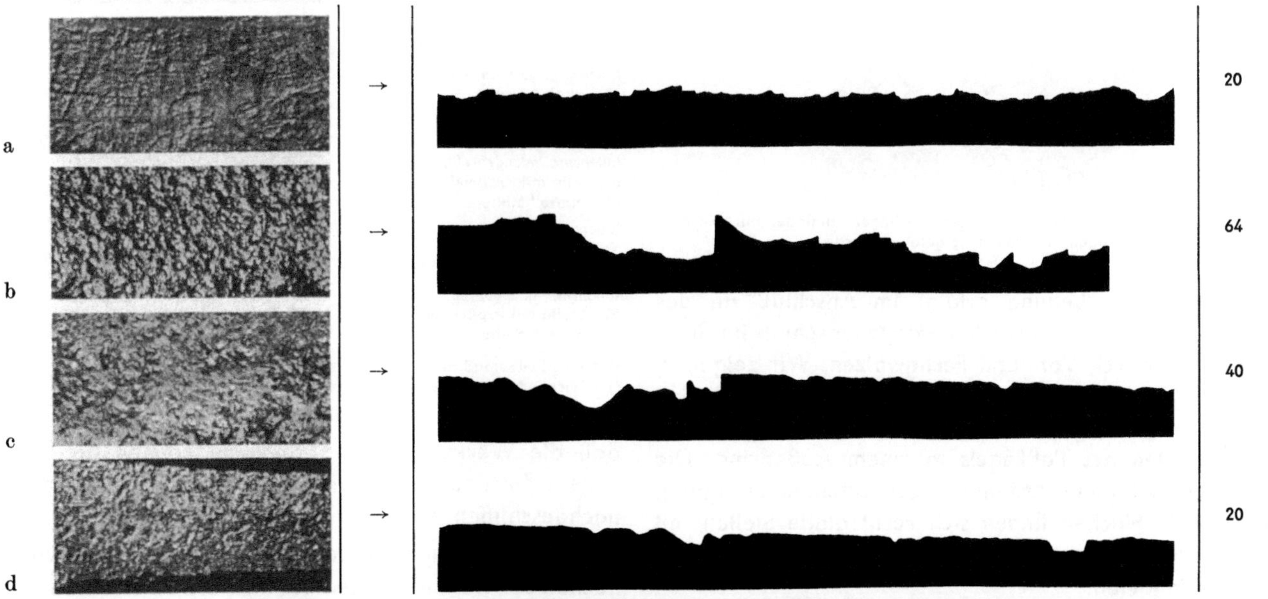

Bild 6.2/11 a—d. Oberflächenwandlung an einem Pleuelstangen-Rohteil aus abgenutztem Gesenk.

a) Schmiedezustand
b) vergütet und abgestrahlt } Auge;
c) geprägt
d) geprägt (Rand).

Die Bilder 6.2/11 c und d führen uns zu einer weiteren Nachbehandlung, dem Kaltprägen. An der Pleuelstange (s. Tafel 14—2) ist das kleine Auge (c) nur wenig, der schmale Rand des Doppel-T-Profils (d) mehr geprägt. Das Pleuelauge wurde nur schwach kalibriert, d. h. geringfügig gestaucht; daher ist die Oberfläche auch nur unvollständig eingeebnet. Sowohl aus der Aufnahme wie aus dem Profilschnitt (c) ist zu erkennen, daß Mulden in der Fläche geblieben sind. Dieses Prägen diente lediglich einer gleichmäßig geringen Bearbeitungszugabe.

Stärker geprägt — und zwar zwecks Richtens — und damit besser geglättet werden dagegen die Stege des Pleuelschaftes, die bei der Erstbearbeitung als Aufnahmeflächen dienen. Ihre Rauhtiefe ist unter einem Stauchstempel aus Werkzeugstahl auf 20 µm zurückgegangen. Draufsicht und Tastschrieb in Bild 6.2/11 d lassen erkennen, daß selbst hier noch kleine Mulden in der Fläche zurückbleiben. Die Rauhtiefe, die ja den Abstand zwischen Bezugs- und Istprofil angibt, ist wegen dieser vereinzelten Löcher noch relativ groß, obwohl die Fläche streckenweise sehr glatt geworden ist.

Über das *Flachprägen* (Glattprägen) s. auch Abschnitt 5.2.1 und Tafel 4—2! Dort ist angegeben, daß man bequem eine Rauhtiefe von 15 µm erreichen kann, wenn die Stauchbahnen aus Hartmetall bestehen und genügend gestaucht wird [52].

Geschmiedete, einbaufertige Oberflächen. Oberflächen an einbaufertigen, nicht abgespanten Gesenkschmiedestücken ziehen die besondere Aufmerksamkeit des Verwenders auf sich. Wir nennen als erstes Beispiel die Uerdinger Ringfeder (*R*), deren Außen- und Innenringe sich in Kegelflächen berühren und bei Änderung der Beanspruchung in diesen gleiten (Bild 6.2/12).

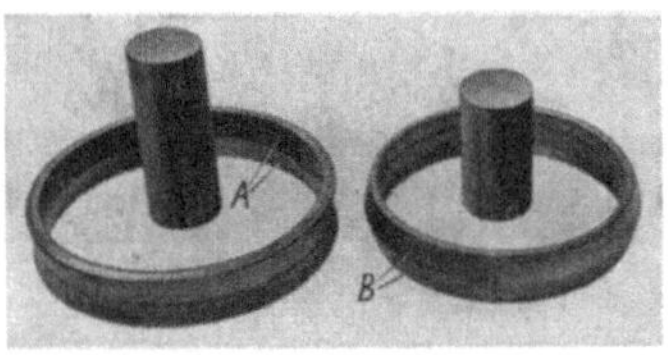

Bild 6.2/12. Außen- und Innenring einer Uerdinger Ringfeder mit den Rohlingen, aus denen sie geformt wurden.

Ihre Warmbearbeitung erfolgt im Anschluß an das Schmieden aus einem runden Stangenabschnitt im Ringwalzwerk durch Vor- und Fertigwalzen. Wir zeigen in Bild 6.2/13a bis e die Tastschriebe verschiedener Stellen des Außenpaßkegels eines gewalzten Innenrings¹), in f) bis i) Stellen des Paßkegels in einem Außenring. Die vermessenen Ringe entstammen der laufenden Fertigung, an beiden Flächen finden sich recht glatte Stellen mit guten Traganteilen, daneben rauhere und auch Stellen mit tiefen Riefen.

Das Beispiel zeigt wieder, wie viele Bilder nötig sind, um von solchen Flächen einen Eindruck zu vermitteln.

Die genannten Flächen, die durch die Walzwerkzeuge entstehen, werden durch Nachpressen in der Schmiedewärme (Kalibrieren) verbessert. Dies zeigen für Innen- bzw. Außenringe die Tastschriebe d) und e), sowie h) und i). Man ersieht daraus, daß die glatten Stellen kaum weiter geglättet werden; andererseits vermag man mit den Kalibrierstempeln die Riefen nicht zu beseitigen. Im Mittel werden die Flächen aber geglättet und erhalten einen größeren Traganteil. Dies entspricht auch anderweitigen Erfahrungen. Dem Verfahren kommt es zugute,

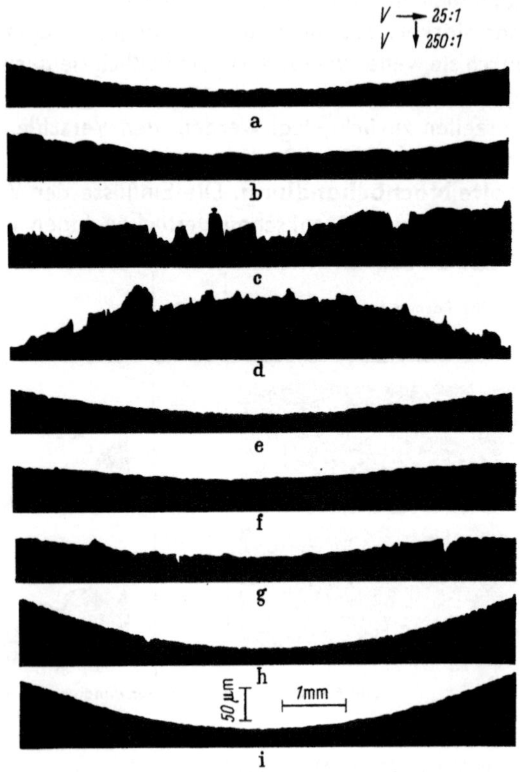

Bild 6.2/13. Oberflächenmessungen an Uerdinger Ringfederelementen.

	Tastrichtung	Rauhtiefe [µm]
Innenring, gewalzt, Außenseite		
a) „glatte“ Stelle	in Achsrichtung¹)	3 ... 5 u. 12 ... 20
b) „rauhe“, zunderbehaftete Stelle	in Achsrichtung¹)	5 ... 10 u. 20 ... 35
c) „riefige“ Stelle	in Achsrichtung¹)	8 ... 12 u. 30 ... 50
Innenring, nachgepreßt, Außenseite		
d) Stelle mit Preßriefen	in Umfangsrichtung²)	5 ... 8 u. 20 ... 45
e) „glatte“ Stelle	in Achsrichtung¹)	3 ... 5
Außenring, gewalzt, Innenseite		
f) „glatte“ Stelle	in Umfangsrichtung²)	3 ... 5 u. 15 ... 25
g) „rauhe“, „narbige“ Stelle	in Achsrichtung¹)	5 ... 8 u. 30 ... 50
Außenring, nachgepreßt, Innenseite		
h) „Stelle mit Preßriefen“	in Umfangsrichtung²)	5 ... 7 u. 10 ... 20
i) „glatte“ Stelle	in Umfangsrichtung²)	3 ... 5

¹) Gleichbedeutend mit „quer zur Walzrichtung“.
²) Gleichbedeutend mit „quer zu den Preßriefen“.

daß die Werkzeuge rund sind, sie können daher in neuem Zustand geschliffen und im Zuge der Abnutzung nachgeschliffen werden.

Schließlich zeigen wir noch einige hochwertige Oberflächen der Gesenkschmiedetechnik, die durch besondere Sorgfalt in der Vorbereitung der Stücke, insbesondere hinsichtlich zunderfreien Wärmens, und in der Gesenkpflege erreicht werden; das sind Maßnahmen, die natürlich höhere Kosten verursachen.

Bei dem Kegelrad (Bild 6.2/14) von etwa 70 mm Außendurchmesser, das mitten aus der Fertigung, mithin einem abgenutzten Gesenk entnommen ist, werden die Zahnflanken nicht mehr abgespant. Die Zunderbildung wird durch Erwärmen in Schutzgas weitgehend unterbunden. Die Zahnflanken weisen Rauhtiefen bis etwa 20 µm auf.

¹) Die axialen Tastschriebe von den Innenringen lassen eine geringe Hohlheit der Kegelmantellinien erkennen; diese rührt von der Abnutzung der Werkzeuge her und ist zum Halten von Schmiermitteln nicht unwillkommen.

Das genügt z. B. für ihre Verwendung als Planetenräder im Differentialgetriebe eines Traktors.

Die höchsten Anforderungen an die Oberflächengüte stellt man an Turbinen- und Laderschaufeln. Zunächst zeigen wir in Bild 6.2/15 eine in Schutzgas erwärmte Turbinenschaufel, deren Blatt einbaufähig ist, mit Draufsicht und Profilschrieb des Blattes und des zugehörigen Gesenkes. Die Rauhtiefen des Blattes bleiben in beiden Richtungen unter etwa 5 μm. Allerdings ist damit zu rechnen, daß sich dazwischen einzelne Vertiefungen befinden, die man nach dem verzerrten Tastbild „Löcher" zu nennen geneigt ist, obwohl sie nur 12 μm tief sind. Es folgen zwei Paare von Profilschrieben 6.2/16 (Werkstoff X 22 Cr Mo V 12 1) und 6.2/17 (Werkstoff X 6 Cr Ni W Nb 16) von Laderschaufelblättern, die der gleichen Fertigung entstammen und einbaufertig geschmiedet wurden. Einen starken Einfluß des Werkstoffs zeigt ein Vergleich mit Bild 6.2/18, das eine Dampf-Turbinenschaufel aus Remanit X 20 Cr 13 zeigt. Dieser Werkstoff läßt sich zwar wegen seiner geringeren Umformfestigkeit leichter verschmieden als ATS 2b, aber er neigt während der Erwärmung und des Schmiedens stärker zur Zunderbildung als austenitische oder martensitische Werkstoffe. Daher lassen sich bei Remanit bei weitem keine so hohen Oberflächengüten erzielen wie bei anderen Stählen; es wird ein allseitiges Abspanen notwendig.

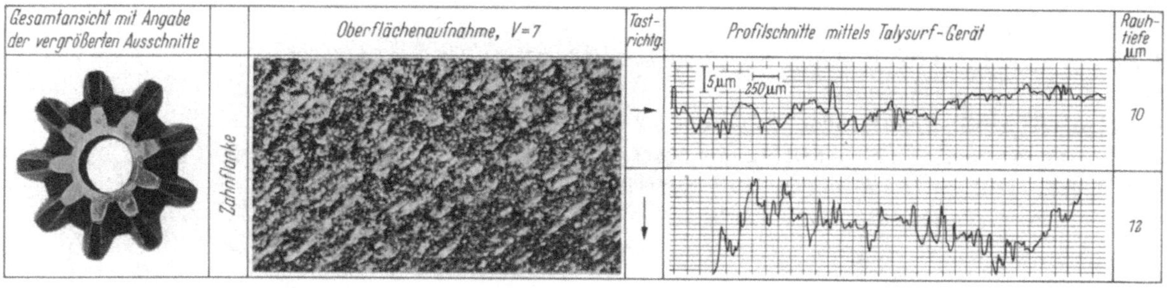

Bild 6.2/14. Oberfläche eines Kegelrad-Rohteils mit einbaufertigen Zahnflanken.

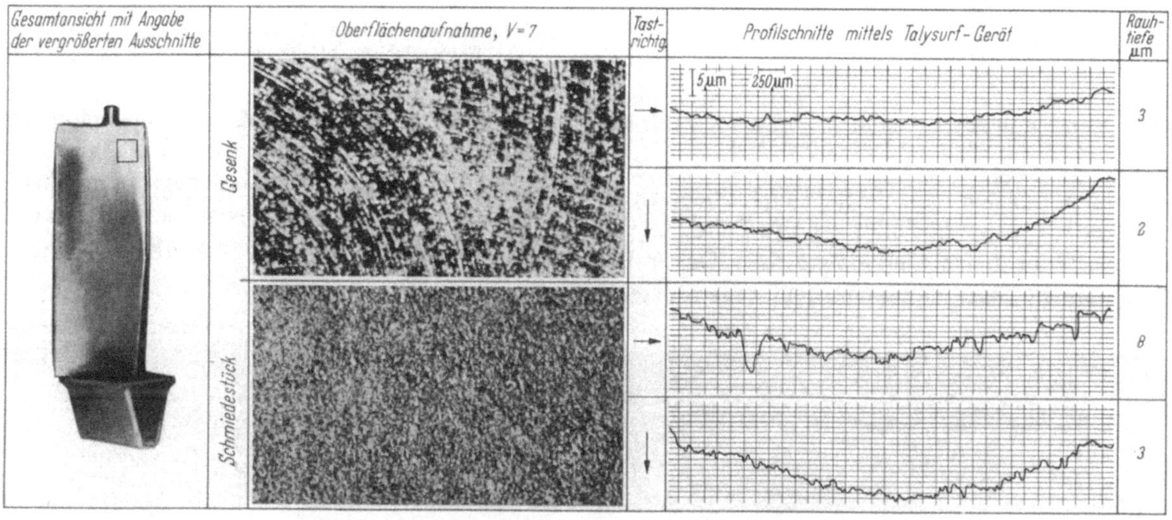

Bild 6.2/15. Oberfläche eines Gesenks für eine im Blatt einbaufertige Turbinenschaufel sowie Oberfläche ihres Blattes.

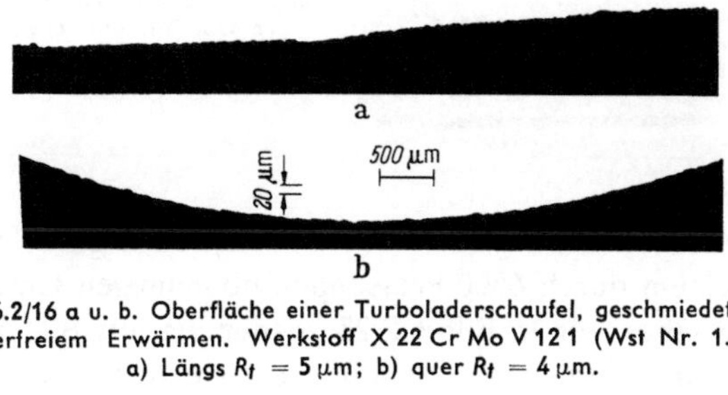

Bild 6.2/16 a u. b. Oberfläche einer Turboladerschaufel, geschmiedet nach zunderfreiem Erwärmen. Werkstoff X 22 Cr Mo V 12 1 (Wst Nr. 1.4922). a) Längs $R_t = 5$ μm; b) quer $R_t = 4$ μm.

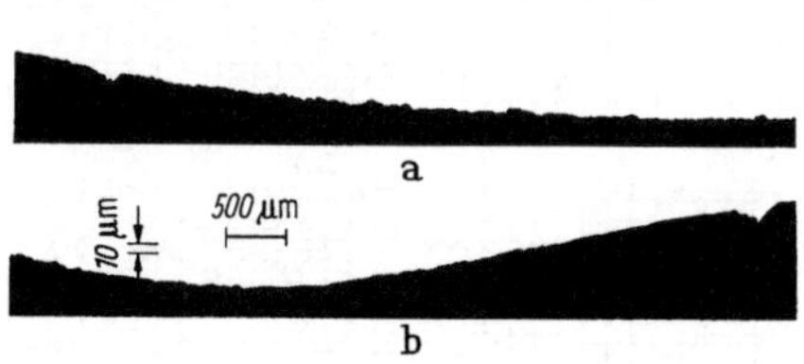

Bild 6.2/17 a u. b. Oberfläche einer Turboladerschaufel. Werkstoff X 6 Cr Ni W Nb 16 (Wst. Nr. 1.4945). a) Längs $R_t = 5$ μm; b) quer $R_t = 3$ μm.

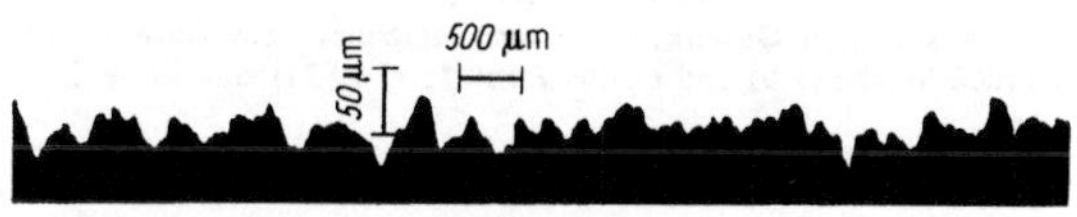

Bild 6.2/18. Tastschriebe von Turbinenschaufeln aus Remanit, Werkstoff X 20 Cr 13 (Wst. Nr. 1.4021), abgestrahlt (Längstastung).

Gesenkschmiedestücke aus NE-Metallen. Auch bei diesen wirkt angesichts der engen Beziehung zwischen Gesenkoberfläche und Werkstückoberfläche natürlich alles auf die letztere ein, was von der Reibung im Gesenk und vom Verschleiß am Gesenk ausgeht.

In der weiten Skala vom leicht formbaren Aluminium- über Kupferlegierungen zu den neuen Metallen sind daher sehr unterschiedliche Einflüsse der Werkstückstoffe auf die Oberflächenrauheit zu erwarten. Daher würde die Beschränkung auf stählerne Gesenkschmiedestücke unsere Anschauung allzusehr einengen. Wir fügen deshalb noch zwei Fälle[1]) an und zwar:

a) Hebel aus Al Mg Si 1 als Muster eines im Gesenk leicht formbaren Werkstücks,

b) Platte aus Al Bz 10 Fe als Muster eines im Gesenk schwieriger formbaren Werkstücks.

Hebel aus Al MgSi — hierzu Bilder 6.2/19 und 6.2/20. Das Werkstück wird aus einem runden Stangenabschnitt geformt; dieses wird am Auge am meisten gebreitet.

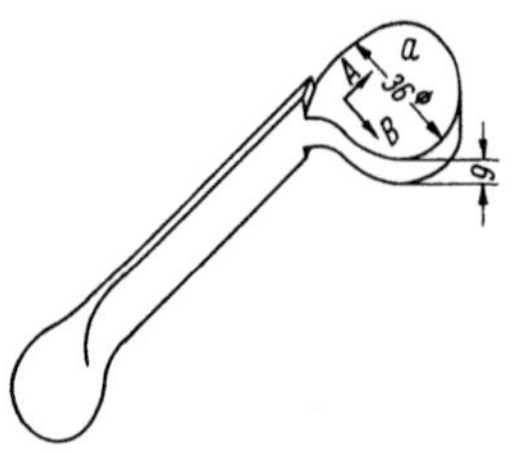

Bild 6.2/19. Hebel aus Al Mg Si 1 in 1 Hub in einer Schwungrad-Spindelpresse geformt. Schmiermittel: Bienenwachs.

Daher sind auf dessen Außenfläche Unterschiede zu erwarten, wie wir sie aus Bild 6.2/1 kennen. Zone *1* ist eine Druckzone, Zone *2* eine Gleitreibungszone. Das in Bild 6.2/20a gezeigte Stück entstammt dem neuen Gesenk;

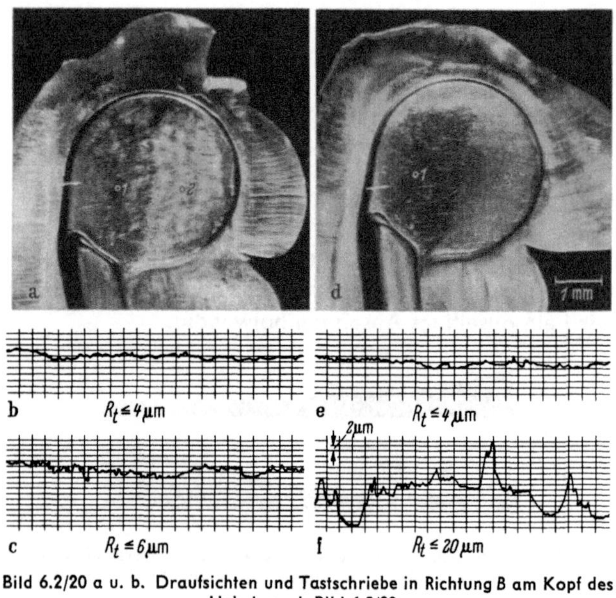

Bild 6.2/20 a u. b. Draufsichten und Tastschriebe in Richtung B am Kopf des Hebels nach Bild 6.2/20.
a—c) Aus neuem Gesenk; d—f) aus verschlissenem Gesenk nach 11000 Stücken; b) und e) aus Zone *1*; c) und f) aus Zone *2*.

die Tastschriebe beider Zonen weisen daher nur geringe Unterschiede auf. Nach dem Pressen von 11000 Werkstücken hat sich die Zone *1* nicht geändert; an ihr sind am Rande noch die ursprünglichen Spuren der Gesenkbearbeitung zu sehen. Hingegen ist die Zone 2 (Tastschrieb f) stark verändert.

[1]) Die Angaben und Bilder hierzu entstammen der Diplomarbeit von Herrn *Günther Hahn*, 1959.

Platte aus Aluminiumbronze — hierzu Bilder 6.2/21 bis 23. Das Pressen einer Platte in einem Gesenk ist hinsichtlich der Oberflächenrauheit schwierig; man kann alles andere erwarten als eine gleichmäßige Rauheit, denn das Gleiten geht verschieden und unter hohem Druck vor sich. Wir benutzen diesen Fall (Bild 6.2/21), um daran Erscheinungen zu zeigen, die bisher nicht erwähnt waren.

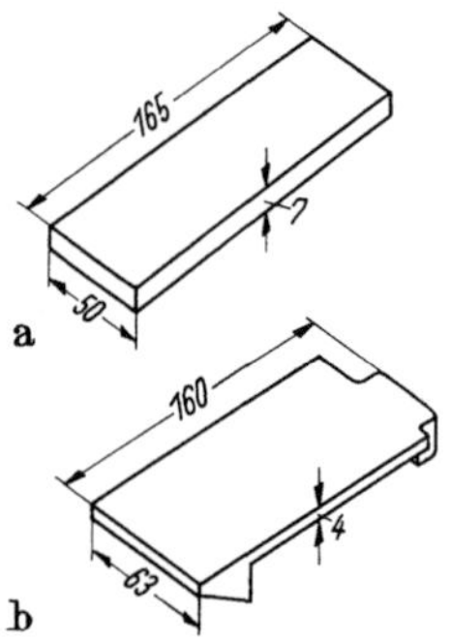

Bild 6.2/21 a u. b. Flaches Gesenkschmiedestück aus Al Bz 10 Fe.
a) Flacher Rohling; b) geschmiedetes und abgegratetes Stück.

Bild 6.2/22 zeigt einen Teil der Plattenoberfläche. Die Oberfläche in a) entstammt dem neuen Gesenk. Die Ursache dafür, daß sie trotzdem rauh geraten ist, liegt darin, daß zu viel Schmiermittel vorhanden war, das nicht entweichen konnte. Daher entstand eine Rauheit aus Schmier-

Bild 6.2/22 a—c. Gesenkschmiedestück aus Al Bz 10 Fe. a) Aus flachem Rohling in neuem Gesenk geformt, aber mit Schmiermitteleindrücken; b) aus flachem Rohling in verschlissenem Gesenk (nach 6500 Stücken); c) aus rundem Rohling geformt in anderem, verschlissenem Gesenk.

mitteleindrücken (vgl. Bild 1/5). Bild 6.2/22 b zeigt ein Stück aus einem durch 6500 Pressungen abgenutzten Gesenk. Dazu sehen wir in Bild 6.2/23 wieder die aus Bild 6.2/1 bekannten Zonen a = Schubdruckzone und c = Gleitreibungszone, während die reine Druckzone nicht abgebildet ist; b ist eine Übergangszone zwischen a und c. Die Tastschriebe zeigen die von Zone zu Zone zunehmende Rauhtiefe. (Beachte die verschiedenen Höhenmaßstäbe!)

Ist somit das Gleiten des Werkstückstoffs an der Gesenkwand von so wesentlichem Einfluß, so muß sich auch die Form des Rohlings bemerkbar machen. Das wird aus dem Vergleich der Bilder 6.2/22b und c ersichtlich. Während bei b) ein plattenförmiger Rohling nach Bild 6.2/21a benutzt wurde, war der Rohling zu c) ein runder Stangenabschnitt. Sein Gleiten ist in der Mitte stärker als beim plattenförmigen Rohling. Gerade da, wo dieser eine recht gute Oberfläche ergab (Bild 6.2/23, Schrieb a), ent-

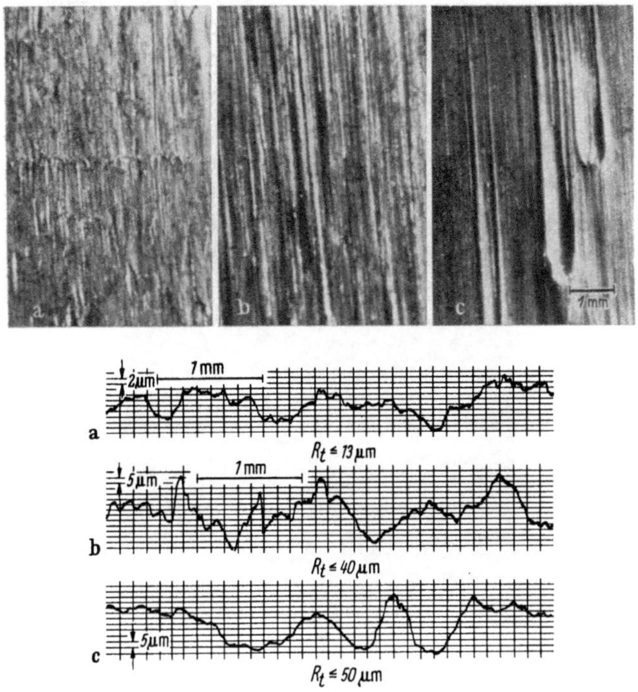

Bild 6.2/23 a—c. Draufsichten und Tastschriebe zu Bild 6.2/22b.
a) Zone *1* (Schubdruckzone);
b) Zone *2* (Übergangszone);
c) Zone *3* (Gleitreibungszone).

steht nun eine starke Rauheit. Dagegen ist an den äußeren Seiten das Gleiten geringer, da sich der Rohling beim Pressen an die ebene Gesenkfläche heranwälzt.

Aus diesen und anderen Gründen lohnt sich oft eine Besprechung zwischen Konstrukteur und Hersteller. Wenn der erstere in der Lage ist, seine Ansprüche an die Oberfläche nach den verschiedenen Stellen eines Werkstücks zu differenzieren, so kann der Hersteller durch die Wahl der Rohlingsform in gewissem Grade die Rauheit der Gleitzonen beeinflussen. Gerade bei den Al- und Cu-Legierungen können leicht beliebige Profile für Rohlinge hergestellt werden.

Zu den Tafeln 14—1 und 14—2. Diese Tafeln sind anders aufgebaut als die bisherigen; einmal, weil die Ausgangsoberfläche keine Rolle spielt, zum anderen weil — wie aus dem oben Gesagten hervorgeht — bei Gesenkschmiedestücken die Oberfläche keineswegs als Ganzes einheitlich beurteilt werden kann.

Wegen der Rekristallisation begnügen wir uns mit einem Schliffbild auf der linken Tafelseite. Auf der rechten Tafelseite sind die Draufsichten und Tastschriebe, einmal aus dem neuen Gesenk, zum anderen aus drei Stellen des verschlissenen Gesenks dargestellt. Die Rauheitsmeßwerte haben wir in der gleichen Vollständigkeit angegeben wie bei den anderen Tafeln[1]). Beide Tafeln lehren, daß man bei Gesenkschmiedestücken nicht schlechthin von einer zulässigen oder erreichbaren Rauheit sprechen kann. Man täte ihnen Unrecht, wollte man nur die an den rauhesten Stellen angeben und man würde zuviel verlangen, wenn die vorherrschenden geringeren Rauhtiefen nirgends überschritten werden dürften.

Wo es auf die Rauheit wirklich ankommt, ist sie für bestimmte Stellen anzugeben. Man beachte, daß das, was wir — in Übereinstimmung mit der Praxis — Rauheit nennen, zum Teil von einer anderen Größenordnung ist als bei anderen ungeformten Oberflächen. Stellen wie die Meßstelle *3* in Tafel 14—1, wo die Gipfel mehr als 1 mm auseinanderliegen und die Täler 75 µm tief sind, müßte man nach den Definitionen der Norm eigentlich Welligkeit nennen. Der Einfachheit halber sind aber die Senkrechtmeßgrößen wie in den anderen Tafeln als Rauhtiefe und Glättungstiefe bezeichnet. Bei Oberflächen von Gesenkschmiedestücken würde indes das, was sich als Rauheit der Welligkeit überlagert, ganz ohne Belang sein.

Zu Tafel 14—1. Da die Oberflächen von Drehteilen gut bearbeitet werden können, ist die Rauhtiefe des neuen *Gesenks* gering; sie beträgt geschmirgelt nur 6 µm. Beim abgenutzten Gesenk ist sie in der Druckzone (Stelle *2*) wenig verändert. In der Schubdruckzone am Zapfen des Gesenks (Stelle *3*) steigt sie auf etwa 80 µm. Tiefe Rillen weist die Gleitreibungszone (Stelle *4*) besonders am Übergang zur Schulter auf. Die Rauhtiefe geht bis zu 180 µm; in ihrer Längsrichtung sind die Verschleißrillen recht glatt. Was den Verschleiß anbelangt, so sind wir mit 2800 Stücken aus dem schwer schmiedbaren Chromstahl bis zu dem schlechtesten Zustand gegangen.

Die Oberflächengebirge der gezeigten Ausschnitte am *Werkstück* stimmen ziemlich gut mit denen der Gravur überein, obwohl beim Abtasten nicht genau die gleichen Stellen gefunden werden. Die Meßstellen an den Werkstücken wurden innerhalb einer Teilfläche nach Augenschein so ausgewählt, daß sie der mittleren Rauheit der betreffenden Teilfläche entsprechen.

Bei solchen Teilen spielt die Oberflächenrauheit so gut wie keine Rolle, wenn sie allseitig bearbeitet werden. In Wirklichkeit brauchen aber an einem Zahnradkörper die Stege, die Innenfläche des Zahnkranzes und die Außenfläche der Nabe überhaupt nicht abgespant zu werden, wenn die Maßabweichungen infolge Gesenkverschleißes nicht zu groß sind und sich Schmiedefehler im Werkstück trotz größerer Rauhtiefen noch vor der Bearbeitung feststellen lassen.

Beachtlich ist die gute Oberfläche am Nabenrand (Stelle *2*); das ist die Folge einer Art Prägen. Beim Lochvorgang liegt das Stück an diesem verhältnismäßig schmalen Rand auf und wird unter der Schneidkraft

[1]) In diesem Zusammenhang erscheint es wissenswert, daß man neuerdings auch den Oberflächen an gußeisernen Werkstücken nachgeht. Nach schwedischen Untersuchungen [*109*] hat man ebenfalls zwei Rauheitsmeßgrößen gewählt, nämlich die Rauhtiefe R_t und den Profilvölligkeitsgrad (= 1 — λ_p in unserer Darstellung [*1*]).

gegen die Werkzeugaufnahmefläche gedrückt und an den Rauhgipfeln geglättet.

Zu Tafel 14–2. Bei dieser Pleuelstange für einen Kraftwagenmotor handelt es sich um eine hochentwickelte Massenfertigung in einer Gesenkschmiede. Die Gesenke sind gefräst und mit der Handschleifmaschine nachbearbeitet. Wenn im Laufe des Schmiedens einzelne Gravurstellen durch Rauheit auffallen, werden sie in gleicher Weise wieder geglättet.

Dem günstigen Fließen und damit einer Schonung der *Gesenk*oberfläche dienen verschiedene Maßnahmen, nämlich einmal die Massenverteilung im Rohling durch Walzen einer Zwischenform und das Schmieden eines Doppelstückes in symmetrischer Anordnung. Dadurch wird die Gleitzone begrenzt, wie u. a. aus Draufsicht und Tastschrieb der Meßstelle *3* im Gesenk hervorgeht. Daß diese Stelle am Werkstück weniger gut ausgefallen ist, liegt daran, daß sie noch von einem Zunderrest bedeckt war.

Der Ausschnitt *1* ist repräsentativ für die ganze neue Gravurfläche. Die Rauheit des Gesenks ist beim Bearbeiten mit der Handschleifmaschine verblieben. Die Werkstücke aus dem neuen Gesenk haben eine ziemlich gute Oberfläche; sie sind gebürstet und wurden auf den darnach verbliebenen Zunderresten abgetastet.

Der Ausschnitt *2*, der im Gesenk tief liegt, bildet eine Druckzone, in der feine Risse entstanden sind, die zum Teil am Werkstück trotz der dünnen, da und dort durchlöcherten Zunderschicht abgebildet werden.

Der Ausschnitt *3* ist im Gesenk eine Ansicht seitlich auf den die Pleuelstangenhöhlung bildenden Dorn. Dies ist zwar eine ausgesprochene Gleitfläche. Wenn trotzdem nach 5500 Schmiedestücken keine größere Rauhtiefe eingetreten ist, so liegt dies einerseits an der günstigen Zwischenform, die in das Gesenk gelegt wird, andererseits daran, daß das Gesenk im Zuge der Benutzung nachgeschliffen worden ist. Eine dünne Zunderschicht überdeckt feinere Gesenkspuren; an einigen Stellen ist sie aufgerissen.

Der Ausschnitt *4* auf dem Steg am Übergang zum großen Pleuelauge — ebenfalls eine Gleitreibungszone — zeigt einen wesentlich stärkeren Verschleiß im Gesenk und starke Gleitspuren am Werkstück, wenn auch nicht an genau derselben Stelle.

Am Werkstück lassen die senkrechten Partien des Rauhprofils Unterschneidungen vermuten, die beim Gleiten aus umgelegten Erhebungen entstanden sein können. Das Werkstück trägt überdies, obwohl durch Bürsten vom losen Zunder befreit, noch Zunderreste. Die Oberfläche wird hernach durch Abstrahlen in eine ungerichtete gewandelt, indem hervorstehende Spitzen geglättet, dafür aber glatte Partien feinzackig aufgerauht werden (vgl. Bild 6.2/10).

Während das auf der linken Tafelseite enthaltene Schliffbild die Oberflächenschicht an einer beliebigen ausgewählten Stelle zeigt, wollen wir nicht versäumen, darauf hinzuweisen, wie diese Schicht an der kalt abgegrateten Stelle aussieht. Dies ist aus dem Schliffbild 6.2/24 zu sehen. Bekanntlich ist der Scherschnitt mit einer beträchtlichen Verformung der Grenzschicht[1]) verbunden. Nur ein Schliffbild zeigt, wie keine andere Methode, was sich an Kornverformung unter der Oberfläche verbirgt.

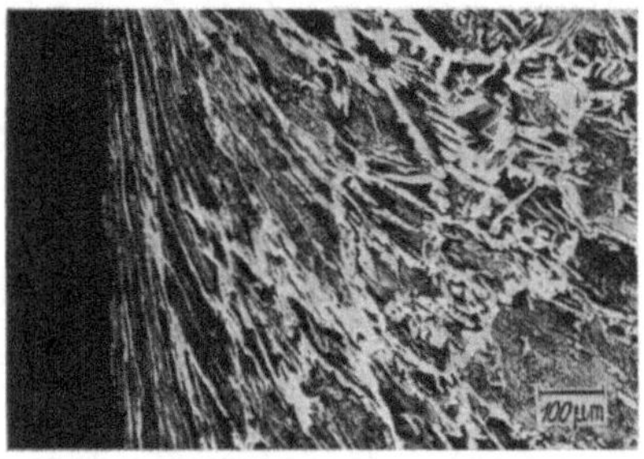

Bild 6.2/24. Gefüge an der kalt abgegrateten Stelle (*b*) einer Pleuelstange (Stahl Cf 35).

[1]) Nach einer Untersuchung von *H. K. Tönshoff* [*100*] finden sich an gehobelten Oberflächen von Stahlwerkstücken ähnliche Kornverformungen; sie nehmen mit dem Übergang von positiven zu negativen Spanwinkeln (beim Scherschnitt vergleichsweise = 0°) tangential und in der Tiefe zu.

III. Teil

Die Atlastafeln

Anleitung zum Lesen der Tafeln siehe Rückseite

7 Anleitung zum Lesen der Tafeln

Beschreibung des Aufbaus der Tafeln s. Abschnitt 4.1

Verfahren. Die Überschrift gibt das Fertigungsverfahren nur knapp an, jedoch soweit, daß die Tafeln deutlich voneinander unterschieden werden. Die näheren Angaben beziehen sich auf

die Ausgangsform,

die Formänderung,

die Art der Schmierung im Wirkpaar, d. h. zwischen Werkzeug und Werkstück,

die Fertigungsgüte, je nach dem Fall „üblich" oder „mit besonderer Sorgfalt" (z. B. bei Versuchsbedingungen),

Bemerkungen, z. B. den Zusammenhang mit anderen Tafeln, wenn es sich um aufeinanderfolgende Umformvorgänge handelt.

Der angegebene *Umformgrad* stellt jeweils die Hauptformänderung, d. h. die größte Formänderung an einem Volumelement dar; er ist meist als bezogene Formänderung ε angegeben, nämlich beim Stauchen und Walzen als

$$\varepsilon_h = \frac{h_1 - h_0}{h_0}$$

bisweilen auch auf ein anderes Maß (z. B. Wanddicke) bezogen, oder gemäß der Gepflogenheit der Praxis als

$$\varepsilon_F = \frac{F_1 - F_0}{F_0} \text{ (beim Stab- und Drahtziehen).}$$

Außerdem ist für wissenschaftliche Betrachtungen der logarithmierte Umformgrad φ angegeben

$$\varphi = ln \frac{a_1}{a_0} \text{ (}a_0\text{ Größenwert vor, }a_1\text{ nach der Umformung).}$$

Die Vorzeichen + oder − sind so angegeben, wie sie sich aus diesen Formeln ergeben. Diese Werte sind bei einfachen Umformungen, wie Blechwalzen, Stauchen und Ziehen, auf die gesamten Körper, d. h. ihre Höhen oder ihre Querschnitte bezogen. Bei den anderen Verfahren, wie Fließpressen usw., dagegen auf die Meßstellen, an denen die Tastschriebe bzw. die Schliffbilder gemacht wurden.

Das Ausmaß der örtlichen Umformung ist auch aus den Schliffbildern und den Korngrößenangaben zu erkennen.

Werkzeug. Das Werkzeug ist seinem Wesen nach in der Skizze des Wirkpaares gezeigt; ein Hauptmaß erleichtere dem Benutzer den Vergleich mit seinen eigenen Problemen.

Anstelle der jeweils benutzten Werkstoffmarke ist ein entsprechender DIN-Werkstoff genannt. Werkstoff und Härte sind zur Beurteilung des Verschleißes angegeben. Die Rauheitsmaße und Profilleeregrade sind je für ein neues und ein durch eine angegebene Erzeugungsmenge verschlissenes Werkzeug in zwei zueinander ungefähr senkrechten Richtungen angegeben. Die für den Verschleißzustand angegebene Erzeugungsmenge braucht nicht die Standmenge zu sein, bei der das Werkzeug unbrauchbar geworden ist. Verdeutlicht werden die Rauheitsmeßgrößen durch die Draufsichten und Tastschriebe auf der rechten Seite. Dabei ist die Meßstelle zu beachten, die aus der Wirkpaarskizze ersichtlich ist. Die Tastrichtungen sind, soweit angängig, auf die Bewegungsrichtungen im Wirkpaar (Pressen, Ziehen, Walzen) bezogen, sonst auf die Stirnflächen, Zylinderflächen oder Flankenflächen.

Werkstück. Die *Werkstoffe* sind nach den DIN-Normen bezeichnet. Die dem Umformvorgang vorausgegangene Behandlung ist angegeben. Durch die Angabe der *Rauheitsart* vor und nach der Umformung wird die *Wandlung der Oberfläche* in ihrem Charakter angegeben.

Das Wort „ungerichtet" bedeutet, daß die Rauhtiefen in zwei zueinander senkrechten Tastrichtungen etwa gleich sind. Gerichtete Oberflächen sind solche, bei denen sich die Rauhtiefen in den beiden Richtungen merklich unterscheiden. Näheres s. Abschnitt 2.1.

Deutlicher geht die Oberflächenwandlung aus den Draufsichten, aus den Tabellenwerten der wiederholten Tastungen und aus den Profilschrieben hervor.

Am wichtigsten für jeden Vergleich sind die

Rauhtiefe R_t und Glättungstiefe R_p

in ihren absoluten Größen und in ihrem Verhältnis, das durch den Profilleeregrad ausgedrückt ist.

Die Tabellenwerte nennen die Bereiche der *Anzeigen* am elektrischen Teil jener Geräte. Diese Bereiche ergaben sich meist aus 10 Messungen an einer repräsentativen Stelle eines Werkstücks und durch Stichprobenvergleich mit Messungen an mindestens drei anderen Werkstücken. Diese Zahlenwerte werden durch die zugehörigen Tastschriebe auf der rechten Seite in entscheidender Weise ergänzt; sie sind aber nicht allein aus diesen ermittelt, weswegen Unterschiede zu diesen nicht verwunderlich sind.

Viele Profile zeigen zweierlei Rauhtiefen, nämlich feine, die für kleine Strecken (vor allem Tafelberge) kennzeichnend sind, und grobe, die zwischen den feinen Strecken verteilt sind. Dieser Erscheinung ist gemäß S. 31 dadurch Rechnung getragen, daß, soweit tunlich, zweierlei Rauhtiefen oder Rauhtiefenbereiche angegeben sind, z. B. in Tafel 1—1 „1 und 1,5 . . . 3 µm."

Die Profilschriebe sind aus längeren Streifen so ausgeschnitten, daß sie für das betreffende Stück repräsentativ sind. Die Taststrecke richtete sich nach der Rauheitsart und betrug meist 5 mm, bei grobwelligen Profilen 10 mm. Bei allen Profilschrieben sei man sich der Verzerrung bewußt, die durch die Verschiedenheit der Vergrößerung in der Höhe und in der Tastrichtung eingetreten ist. Außerdem wechseln die Maßstäbe, bisweilen sogar auf einer und derselben Tafel. Die in einem Profilschrieb eingetragenen Maßstäbe gelten auch für die darunter befindlichen Schriebe. Der Vergleich der Rauhprofile bei neuem und bei benutztem Werkzeug läßt erkennen, in welchem Ausmaß ein Verschleiß im Hinblick auf die für einen bestimmten Verwendungszweck gerade noch brauchbare Rauheit zugelassen werden kann.

Die Profilleeregrade R_p/R_t sind nicht rein arithmetisch aus den Tabellenwerten errechnet. Vielmehr wurden die wiedergegebenen und zahlreiche weitere Profilschriebe dazu herangezogen. Der *räumliche Leeregrad* ist aus den Profilleeregraden nach den in [1] und auf S. 10 angegebenen Regeln berechnet; er macht anschaulich, wieviel Raum innerhalb des ganzen von Rauhbergen eingenommenen „Schichtraums" leer ist.

Die in die Tastschriebe der Werkstücke eingezeichneten Paare von schrägen Geraden bedeuten folgendes: Wo eine Profilflanke im Tastschrieb ebenso steil ist wie eine dieser Geraden, *kann* in Wirklichkeit die Böschung noch steiler sein oder eine Unterschneidung vorliegen.

Die *Schliffbilder* sind an den bildlich auf der linken Seite angegebenen Stellen entnommen, und zwar jeweils am Rand in einer Schnittebene, die senkrecht zur Oberfläche steht. Daraus ist, soweit möglich, die Korngröße ermittelt, die auf der linken Seite vor und nach der Umformung angegeben ist; bei dieser Angabe, z. B. 1070 μm^2 (4,2 : 1) bedeuten die in Klammern gesetzten Zahlen das Verhältnis von Kornlänge zu Kornbreite. Zu deren Ermittlung ist z. T. auch die Verformungsberechnung gemäß S. 13/14 benutzt worden.

Die *Härtewerte* vor und nach der Umformung zeigen die eingetretene Kaltverfestigung; sie verstehen sich mit der in DIN 50150 angegebenen mittleren Meßunsicherheit.

Verzeichnis der Tafeln

Tafel 1—1 Kaltwalzen von Stahlband aus warmgewalztem Band

Verfahrensangaben

Ausgangsform: *warmgewalztes Band*
bezogene Formänderung: $\varepsilon_h = -0{,}72$ } *auf Warmband*
Umformgrad (logarithmiert): $\varphi_h = -1{,}28$ } *bezogen*
Art der Schmierung: *Walzölemulsion*
Fertigungsgüte: *üblich*
Bemerkungen: *gesamte Dickenabnahme in 5 Stichen*

Wirkpaar

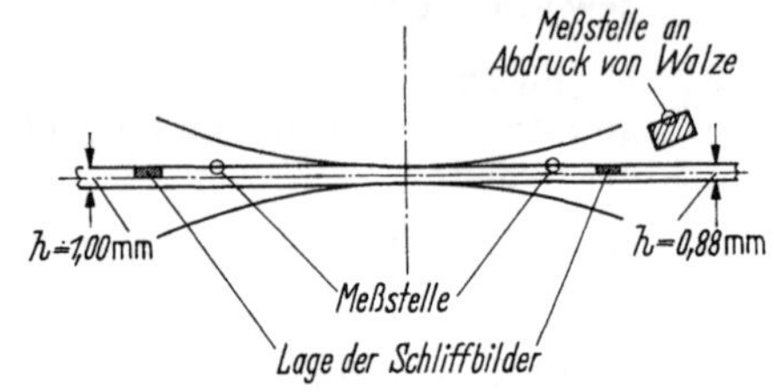

Breite des Bandes: *520 mm*
Dicke des Warmbandes: *3,1 mm*
Dicke nach d. letzten Stich: *0,88 mm*

Werkzeug

Benennung: *Walzen im Vierwalzen-Gerüst*
Werkstoff: *84 Cr V 7*[1] *(Wst.-Nr. 1.2237)*
Härte: *63 HRC*
Rauheitsart am neuen Werkzeug: *Schleifrillen in Umfangsrichtung*
am benutzten Werkzeug: *Schleifrillen noch sichtbar*
Bemerkungen: [1] *0,82—0,87 C; 0,15—0,30 Si; 0,25—0,40 Mn*
0,35 P; 0,35 S; 1,60—1,80 Cr; 0,07—0,12 V

Tastung:	in Achsrichtung				in Umfangsrichtung			
Oberflächenmaße	Rauhtiefe R_t [µm]	Mittenrauhwert R_a [µm]	Glättungstiefe R_p [µm]	Profil-Leeregrad $\frac{R_p}{R_t}$	Rauhtiefe R_t [µm]	Mittenrauhwert R_a [µm]	Glättungstiefe R_p [µm]	Profil-Leeregrad $\frac{R_p}{R_t}$
Werkzeug neu	*1...3,5*	—	—	—	*0,5...3*	—	—	—
Werkzeug nach *2000 m Walzlänge*	*2...3,5*	—	—	—	*2...3,5*	—	—	—

Lage der ausgewählten Fläche: *Walzenmitte*
Meßgerät: *Perth-O-Meter* Tastsystem: *TK 25* Prüflänge: *5 mm* Grenzwellenlänge: *0,75 mm* (cut-off)
Anzahl der Messungen je Meßstelle: *10, Werte aus Abdrücken ermittelt*

Werkstück

Werkstoff: *MR St 3 (DIN 1624, Tiefziehgüte)*
Legierung: *max. 0,1 C; 0,03—0,15 Si; 0,20—0,45 Mn*
P und S je max. 0,04
Behandlung vor Umformung: *gebeizt,*
Rauheitsart vor Umformung: *ungerichtet*
nach Umformung: *in Walzrichtung gerichtet*
Bemerkungen:

Korngröße vor Umformung: *480 µm²*
nach Umformung: *480 µm² (12,5:1)*
Härte vor Umformung: *HV 30 = 105 kp/mm²*
nach Umformung: *HV 30 = 200 kp/mm²*

Tastung:	quer zur Walzrichtung				in Walzrichtung				räuml. Leeregrad
Oberflächenmaße	Rauhtiefe R_t [µm]	Mittenrauhwert R_a [µm]	Glättungstiefe R_p [µm]	Profil-Leeregrad $\frac{R_p}{R_t}$	Rauhtiefe R_t [µm]	Mittenrauhwert R_a [µm]	Glättungstiefe R_p [µm]	Profil-Leeregrad $\frac{R_p}{R_t}$	
vor Umformung	*4 u. 10...15*	*1,6...2*	*3,3...5*	≈ *0,38*	*5 u. 8...15*	*1,7...2,1*	*3...4,2*	≈ *0,36*	≈ *0,57*
nach Umformung	*1 u. 1,5...3*	*0,18...0,24*	*0,4...0,8*	≈ *0,3*	*0,3 u. 1...3*	*0,11...0,18*	*0,25...0,5*	≈ *0,16*	≈ *0,4*

Messung nach der Herstellung von *2000 m Band (≙ 7 t)*
Lage der ausgewählten Fläche: *gesamte Bandbreite*
Meßgerät: *Perth-O-Meter* Tastsystem: *TK 250/TK 25* Prüflänge: *5 mm (für R_t vor Umformung 10 mm)*
Anzahl der Messungen je Meßstelle: *10* Grenzwellenlänge: *0,75 mm (2,5 mm)* (cut-off)

Kaltwalzen von Stahlband aus warmgewalztem Band — Tafel 1–1

Oberflächengestalt des Werkzeugs

Werkzeug neu

Draufsichten auf die Walzenoberflächen konnten nicht angefertigt werden.

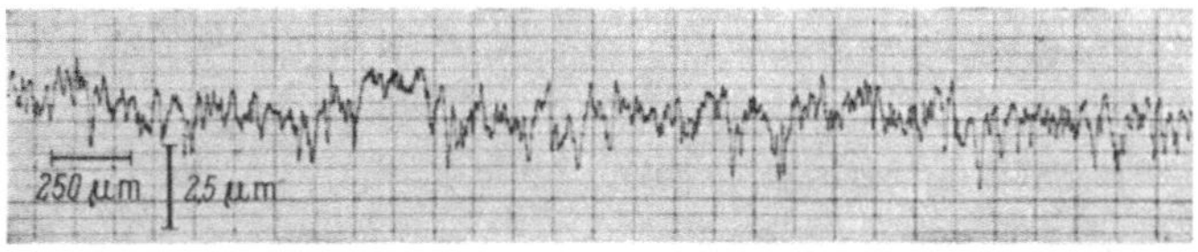

in Achsrichtung V ↑ = 2400:1 V → = 24:1

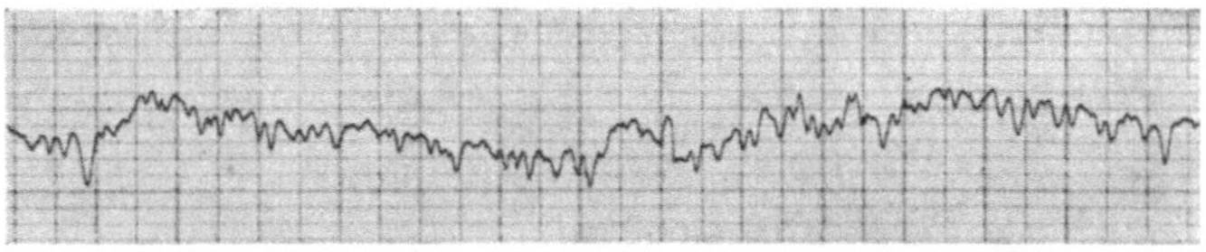

in Umfangsrichtung V ↑ = 2400:1 V → = 24:1

Werkzeug nach *2000 m Walzlänge*

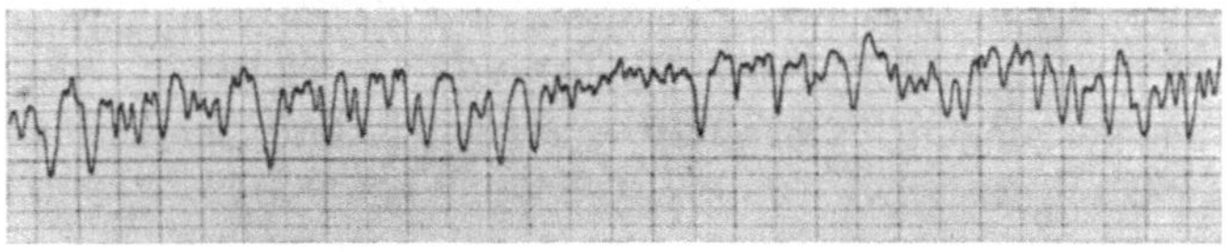

in Achsrichtung V ↑ = 2400:1 V → = 24:1

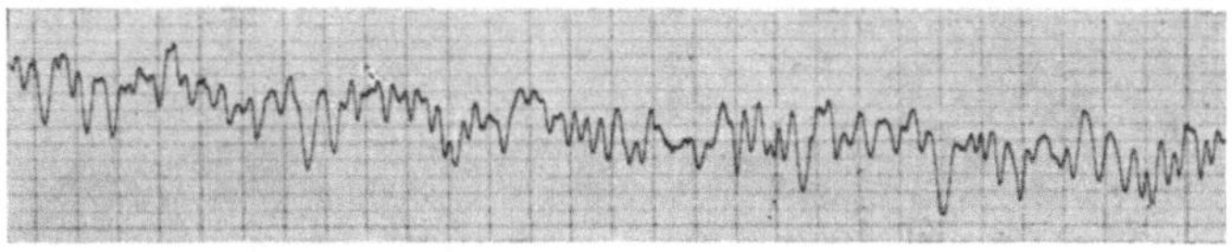

in Umfangsrichtung V ↑ = 2400:1 V → = 24:1

Oberflächengestalt des Werkstücks

vor Umformung *im letzten Stich*

Draufsicht V = 7:1

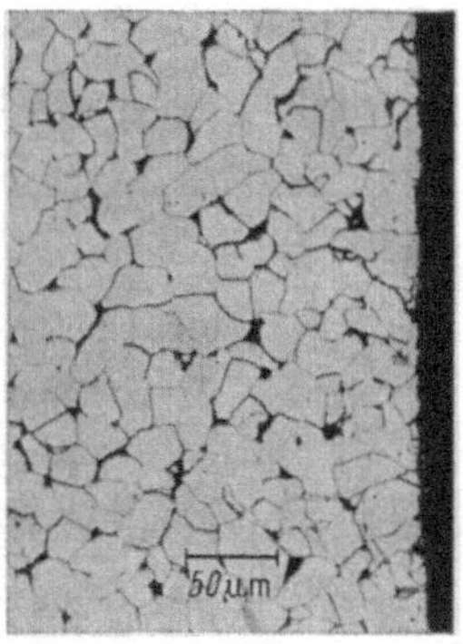

Gefüge V = 140:1

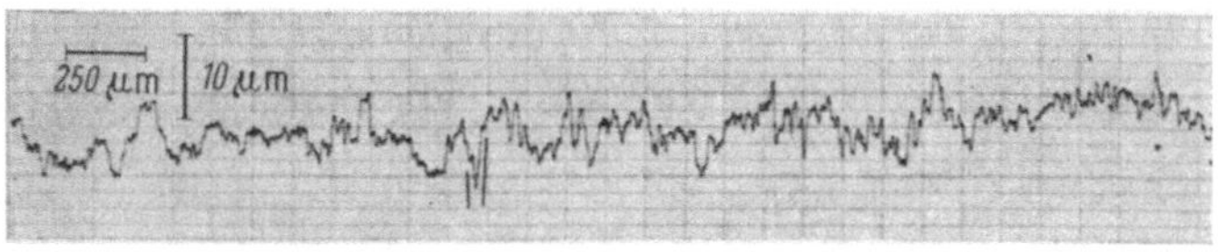

quer zur Walzrichtung V ↑ = 600:1 V → = 24:1

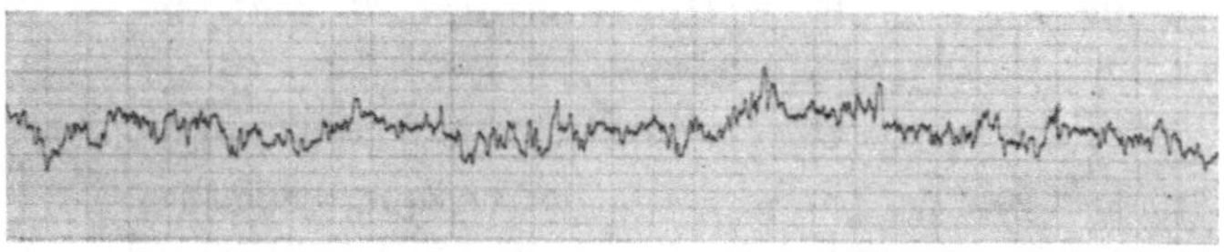

in Walzrichtung V ↑ = 600:1 V → = 24:1

nach Umformung: *2000 Bandmeter*

Draufsicht V = 7:1

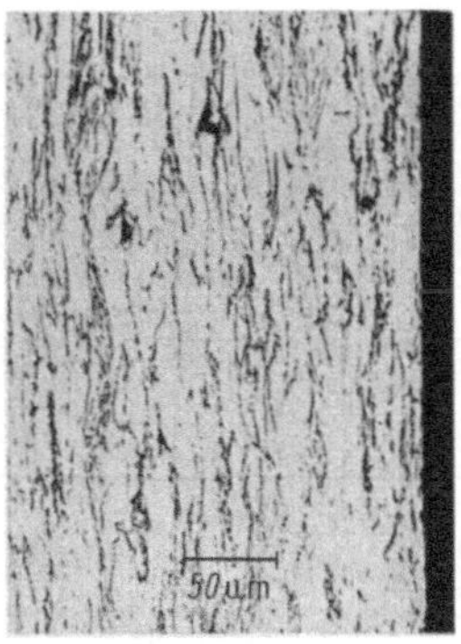

Gefüge V = 140:1

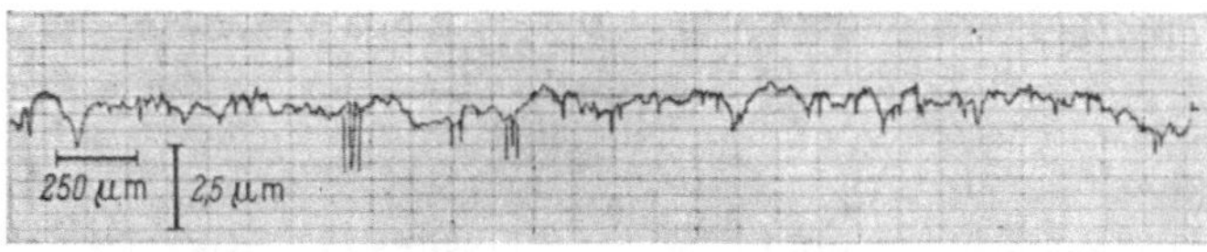

quer zur Walzrichtung V ↑ = 2400:1 V → = 24:1

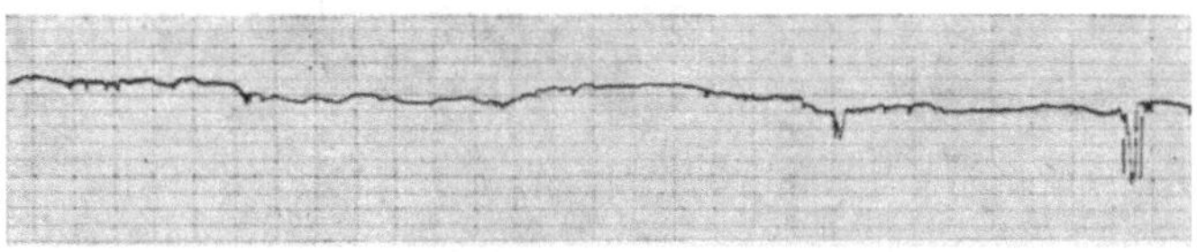

in Walzrichtung V ↑ = 2400:1 V → = 24:1

Allgemeiner Text zu diesem Umformverfahren s. S. 40.
Erläuterung zu dieser Tafel s. S. 41.

Tafel 1—2 Nachwalzen (Dressieren) von kaltgewalztem Stahlband mit geschliffenen Walzen

Verfahrensangaben

Ausgangsform: *kaltgewalztes Band*
Bezogene Formänderung: $\varepsilon_h = -0{,}01$
Umformgrad (logarithmiert): $\varphi_h = -0{,}01$
Art der Schmierung: *keine*
Fertigungsgüte: *üblich*
Bemerkungen:

Wirkpaar

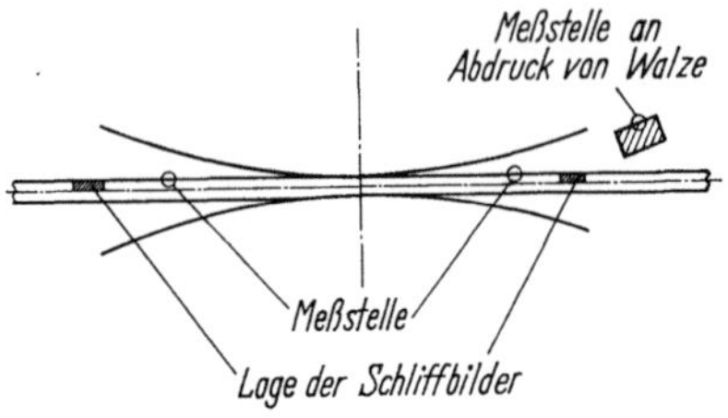

Breite des Bandes: *520 mm*
Dicke des Bandes: *0,84 mm*

Werkzeug

Benennung: *Walzen im Zweiwalzen-Gerüst*
Werkstoff: *84 Cr V 7*[1] *(Wst.-Nr. 1.2237)*
Härte: *67 HRC*
Rauheitsart am neuen Werkzeug: *Schleifrillen in Umfangsrichtung*
am benutzten Werkzeug: *ungerichtet*
Bemerkungen: [1] *0,82—0,87 C; 0,15—0,30 Si; 0,25—0,40 Mn; 0,35 P; 0,35 S; 1,60—1,80 Cr; 0,07—0,12 V*

Tastung:	*in Achsrichtung*				*in Umfangsrichtung*			
Oberflächenmaße	Rauhtiefe R_t [µm]	Mittenrauhwert R_a [µm]	Glättungstiefe R_p [µm]	Profil-Leeregrad $\frac{R_p}{R_t}$	Rauhtiefe R_t [µm]	Mittenrauhwert R_a [µm]	Glättungstiefe R_p [µm]	Profil-Leeregrad $\frac{R_p}{R_t}$
Werkzeug neu	*1,0...1,5*	—	—	—	*1,0...2,5*	—	—	—
Werkzeug nach *4000 m Walzlänge*	*2...3*	—	—	—	*2...3*	—	—	—

Lage der ausgewählten Fläche: *Walzenmitte*
Meßgerät: *Perth-O-Meter* Tastsystem: *TK 25* Prüflänge: *5 mm* Grenzwellenlänge: *0,75 mm* (cut off)
Anzahl der Messungen je Meßstelle: *10, Werte aus Abdrücken ermittelt*

Werkstück

Werkstoff: *MR St 3 (DIN 16 24) Tiefziehgüte*
Legierung: *max. 0,1 C; 0,03—0,15 Si; 0,20—0,45 Mn P und S je 0,04 max.*
Behandlung vor Umformung: *kaltgewalzt und zur Rekristallisation in Schutzgas geglüht*
Rauheitsart vor Umformung: *in Walzrichtung schwach gerichtet*
nach Umformung: *in Walzrichtung schwach gerichtet*
Bemerkungen:

Korngröße vor Umformung: *450 µm² (2:1)*
nach Umformung: *450 µm² (2:1)*
Härte vor Umformung: *HV 30 = 87 kp/mm²*
nach Umformung: *HV 30 = 92 kp/mm²*

Tastung:	*quer zur Walzrichtung*				*in Walzrichtung*				räuml. Leeregrad
Oberflächenmaße	Rauhtiefe R_t [µm]	Mittenrauhwert R_a [µm]	Glättungstiefe R_p [µm]	Profil-Leeregrad $\frac{R_p}{R_t}$	Rauhtiefe R_t [µm]	Mittenrauhwert R_a [µm]	Glättungstiefe R_p [µm]	Profil-Leeregrad $\frac{R_p}{R_t}$	
vor Umformung	*0,8...5*	*0,2...0,4*	*0,5...1,5*	*≈ 0,3*	*2...4*	*0,2...0,4*	*0,4...0,8*	*≈ 0,2*	*≈ 0,42*
nach Umformung	*0,5 u. 1...2,5*	*≈ 0,15*	*0,2...0,4*	*≈ 0,16*	*0,1...0,3 u. 1,5*	*≈ 0,1*	*0,2...0,4*	*≈ 0,3*	*≈ 0,4*

Messung nach der Herstellung von *4000 m Band (≙ 14 t)*
Lage der ausgewählten Fläche: *gesamte Bandbreite*
Meßgerät: *Perth-O-Meter* Tastsystem: *TK 25* Prüflänge: *5 mm* Grenzwellenlänge: *0,75 mm* (cut-off)
Anzahl der Messungen je Meßstelle: *10*

Nachwalzen (Dressieren) von kaltgewalztem Stahlband
mit geschliffenen Walzen

Tafel 1–2

Oberflächengestalt des Werkzeugs

Werkzeug neu

Draufsichten auf die Walzenoberflächen konnten nicht angefertigt werden.

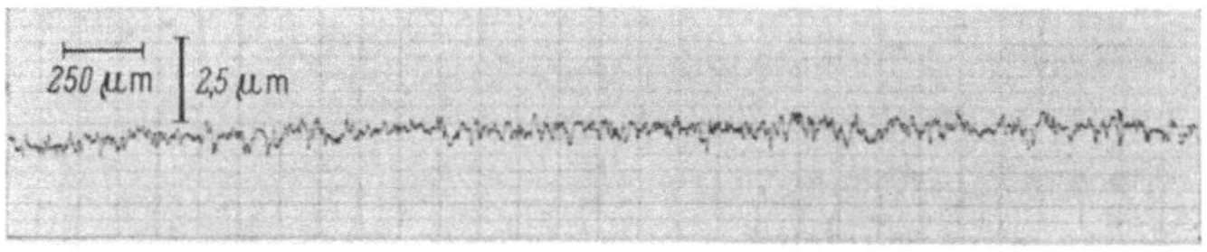

in Achsrichtung V ↑ = 2400 : 1 V → = 24 : 1

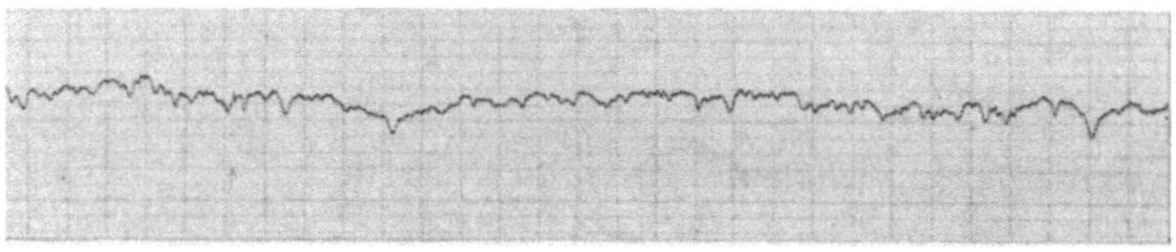

in Umfangsrichtung V ↑ = 2400 : 1 V → = 24 : 1

Werkzeug nach *4000 m Walzlänge*

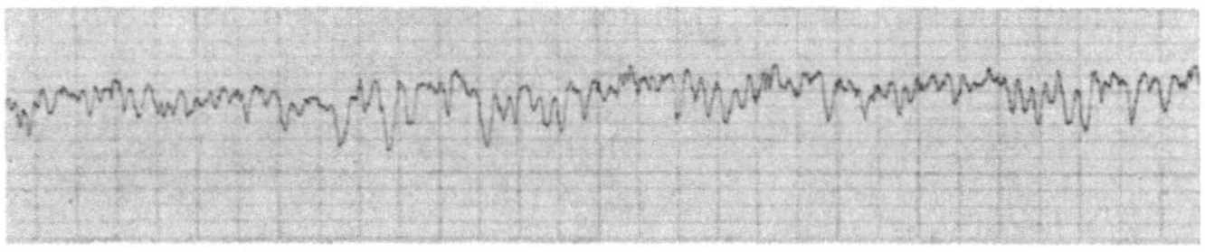

in Achsrichtung V ↑ = 2400 : 1 V → = 24 : 1

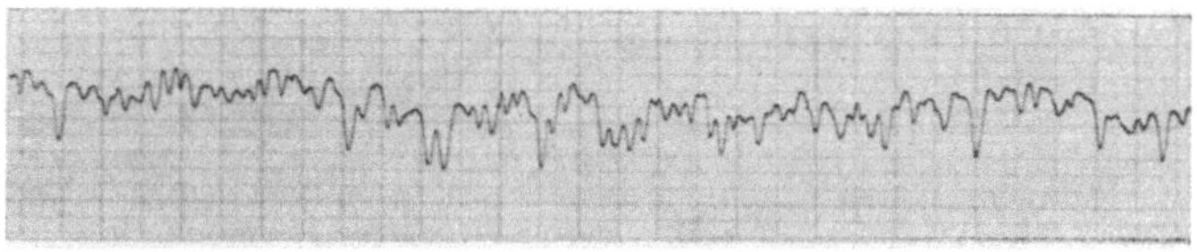

in Umfangsrichtung V ↑ = 2400 : 1 V → = 24 : 1

Oberflächengestalt des Werkstücks

vor Umformung

Draufsicht V = 7 : 1

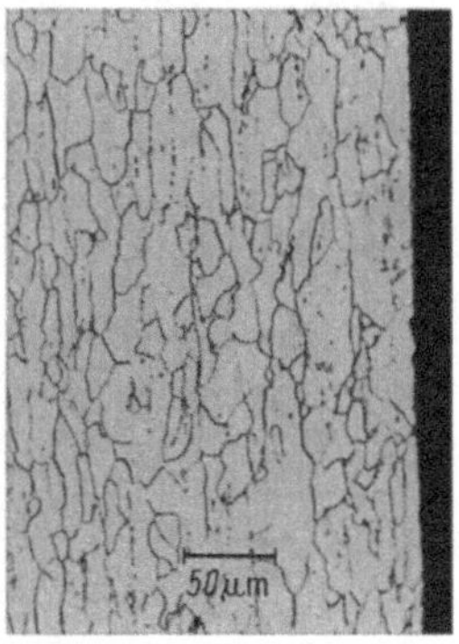

Gefüge V = 140 : 1

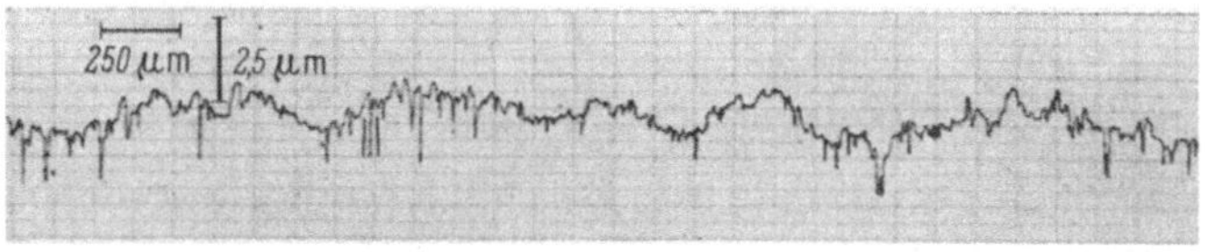

quer zur Walzrichtung V ↑ = 2400 : 1 V → = 24 : 1

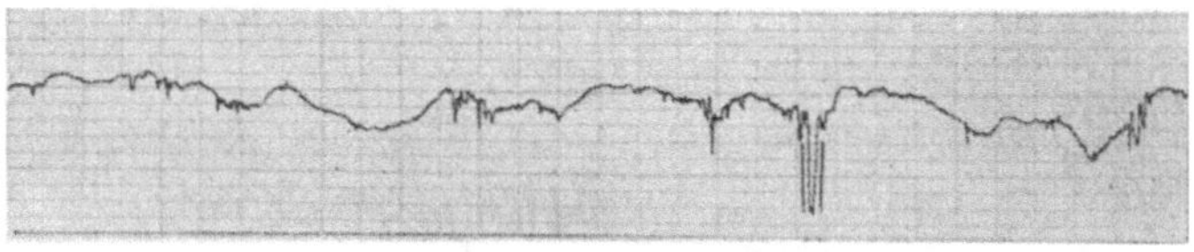

in Walzrichtung V ↑ = 2400 : 1 V → = 24 : 1

nach Umformung: *4000 Bandmeter*

Draufsicht V = 7 : 1

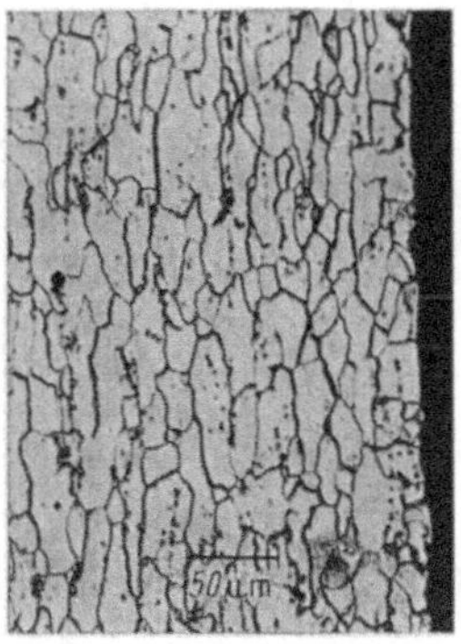

Gefüge V = 140 : 1

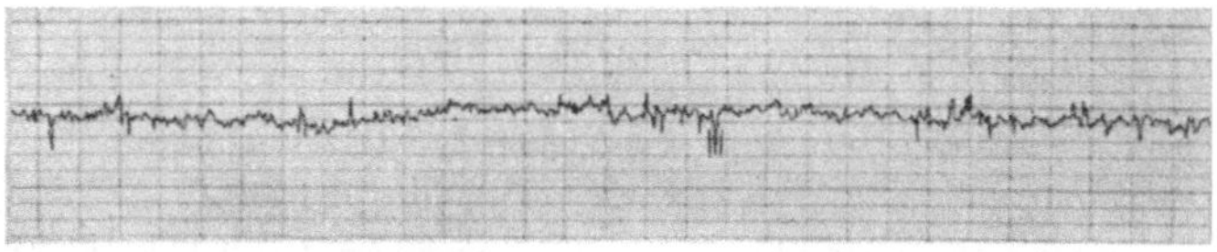

quer zur Walzrichtung V ↑ = 2400 : 1 V → = 24 : 1

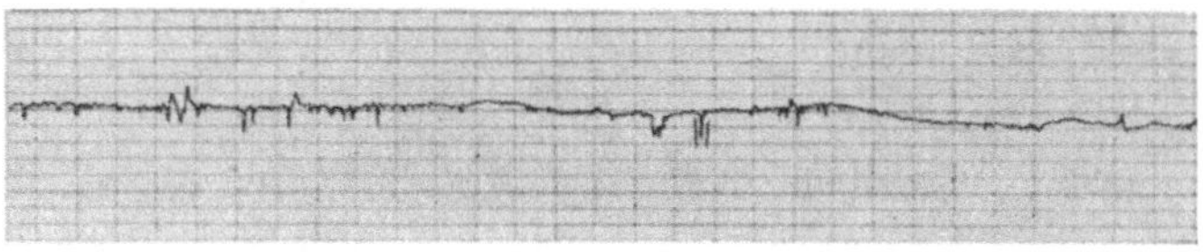

in Walzrichtung V ↑ = 2400 : 1 V → = 24 : 1

Allgemeiner Text zu diesem Umformverfahren s. S. 40.
Erläuterung zu dieser Tafel s. S. 42.

Tafel 1—3 Nachwalzen (Dressieren) von kaltgewalztem Stahlband mit polierten Walzen

Verfahrensangaben

Ausgangsform: *kaltgewalztes Band*
Bezogene Formänderung: $\varepsilon_h = -0{,}015$
Umformgrad (logarithmiert): $\varphi_h = -0{,}015$
Art der Schmierung: *keine*
Fertigungsgüte: *üblich*
Bemerkungen:

Wirkpaar

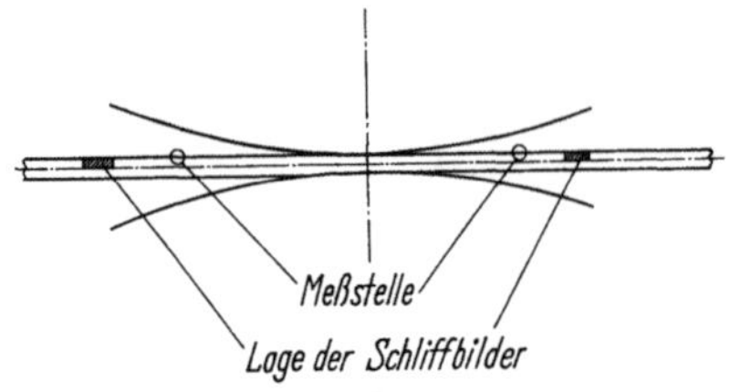

Breite des Bandes: 510 mm
Dicke des Bandes: 2,05 mm

Werkzeug

Benennung: *Walzen im Zweiwalzen-Gerüst*
Werkstoff: *84 Cr V 7*[1] *(Wst.-Nr. 1.2237)*
Härte: *67 HRC*
Rauheitsart am neuen Werkzeug: *Polierspuren in Umfangsrichtung*
am benutzten Werkzeug: *ungerichtet*
Bemerkungen: [1] *0,82—0,87 C; 0,15—0,30 Si; 0,25—0,40 Mn; 0,35 P; 0,35 S; 1,60—1,80 Cr; 0,07—0,12 V*

Tastung:	*in Achsrichtung*				*in Umfangsrichtung*			
Oberflächenmaße	Rauhtiefe R_t [µm]	Mittenrauhwert R_a [µm]	Glättungstiefe R_p [µm]	Profil-Leeregrad $\frac{R_p}{R_t}$	Rauhtiefe R_t [µm]	Mittenrauhwert R_a [µm]	Glättungstiefe R_p [µm]	Profil-Leeregrad $\frac{R_p}{R_t}$
Werkzeug neu	$< 0{,}3$	—	—	—	$< 0{,}5$	—	—	—
Werkzeug nach *2000 m Walzlänge*	$< 0{,}5$	—	—	—	$< 0{,}8$	—	—	—

Lage der ausgewählten Fläche: *Walzenmitte*
Meßgerät: *Interferenzgerät nach Kohaut* Tastsystem: — Prüflänge: — *mm* Grenzwellenlänge: — *mm* (cut-off)

Anzahl der Messungen je Meßstelle: *3*

Werkstück

Werkstoff: *MU St 4 (DIN 16 24)*
Legierung: *max. 0,10 C; 0,03—0,10 Si; 0,20—0,45 Mn max. 0,03 P; max. 0,035 S*
Behandlung vor Umformung: *kaltgewalzt und zur Rekristallisation in Schutzgas geglüht*
Rauheitsart vor Umformung: *in Walzrichtung schwach gerichtet*
nach Umformung: *ungerichtet; Walzrichtung nur mit Auge wahrnehmbar*
Bemerkungen:

Korngröße vor Umformung: *900 µm²*
nach Umformung: *900 µm²* *(am Rand 125 µm²)*
Härte vor Umformung: *HV 30 = 83 kp/mm²*
nach Umformung: *HV 30 = 91 kp/mm²*

Tastung:	*quer zur Walzrichtung*				*in Walzrichtung*				räuml. Leeregrad
Oberflächenmaße	Rauhtiefe R_t [µm]	Mittenrauhwert R_a [µm]	Glättungstiefe R_p [µm]	Profil-Leeregrad $\frac{R_p}{R_t}$	Rauhtiefe R_t [µm]	Mittenrauhwert R_a [µm]	Glättungstiefe R_p [µm]	Profil-Leeregrad $\frac{R_p}{R_t}$	
vor Umformung	1...9	0,3...0,8	0,6...1	≈ 0,12	1,5...8	0,3...0,7	0,4...0,8	≈ 0,1	≈ 0,2
nach Umformung	0,4...1 u. 4	0,09...0,17	0,1...0,2	≈ 0,08	0,2...0,5 u. 4	0,07...0,2	0,1...0,3	≈ 0,08	≈ 0,16

Messung nach der Herstellung von *2000 m Band (≙ 16 t)*
Lage der ausgewählten Fläche: *gesamte Bandbreite*
Meßgerät: *Perth-O-Meter* Tastsystem: *TK 25* Prüflänge: *5 mm* Grenzwellenlänge: *0,75 mm* (cut-off)
Anzahl der Messungen je Meßstelle: *10*

Nachwalzen (Dressieren) von kaltgewalztem Stahlband mit polierten Walzen

Tafel 1–3

Oberflächengestalt des Werkzeugs

Werkzeug neu

Draufsichten und Tastschriebe an den Walzenoberflächen konnten nicht angefertigt werden.

Vgl. Interferenzaufnahme Bild 5.1/1

Werkzeug nach *2000 m Walzlänge*

Oberflächengestalt des Werkstücks

vor Umformung

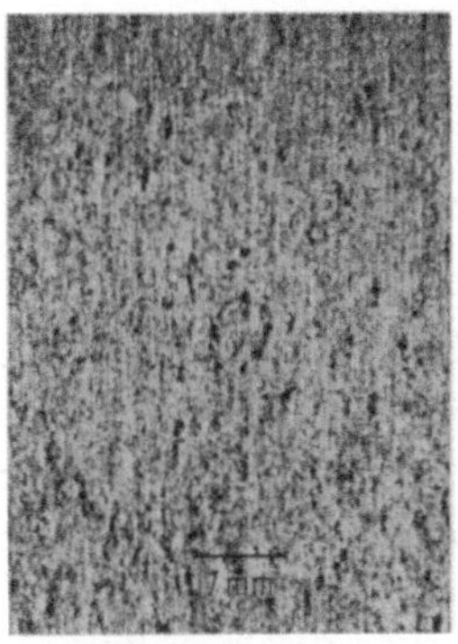

Draufsicht V = 7:1

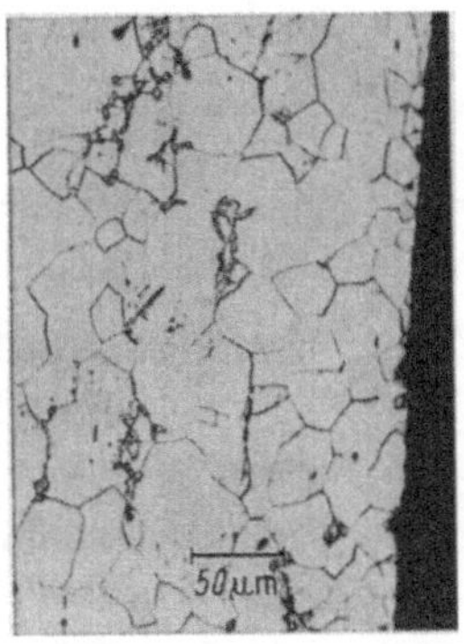

Gefüge V = 140:1

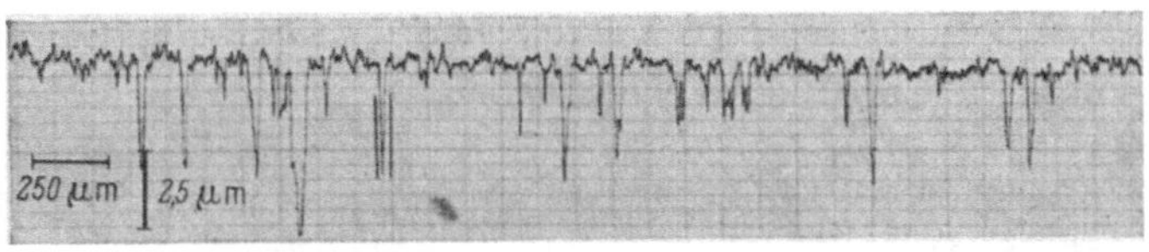

quer zur Walzrichtung V ↑ = 2400:1 V → = 24:1

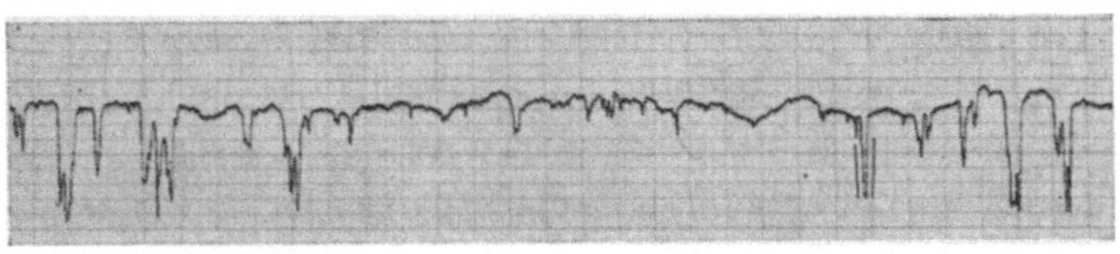
in Walzrichtung V ↑ = 2400:1 V → = 24:1

nach Umformung: *2000 Bandmeter*

Draufsicht V = 7:1

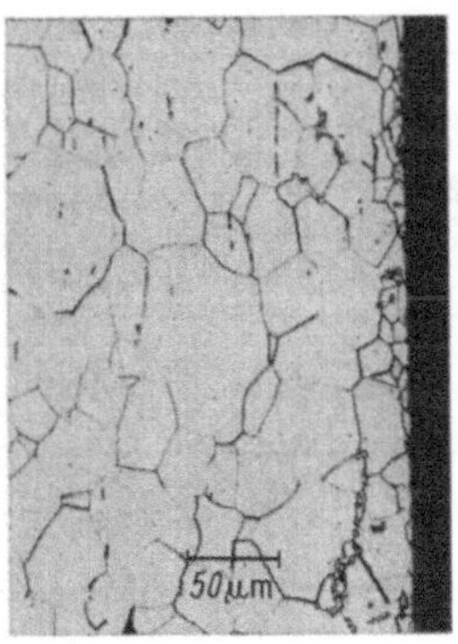

Gefüge V = 140:1

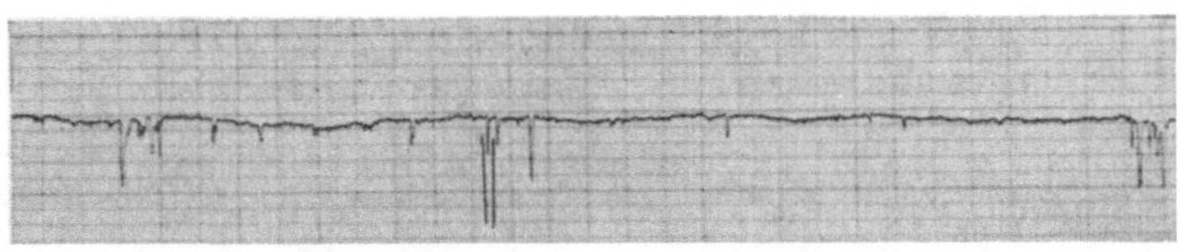
quer zur Walzrichtung V ↑ = 2400:1 V → = 24:1

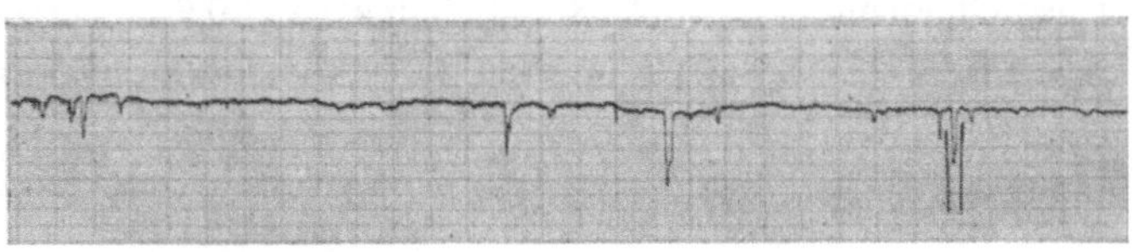
in Walzrichtung V ↑ = 2400:1 V → = 24:1

Allgemeiner Text zu diesem Umformverfahren s. S. 40.
Erläuterung zu dieser Tafel s. S. 42.

Tafel 1—4 Nachwalzen (Dressieren) von kaltgewalztem Stahlband mit polierten Walzen

Verfahrensangaben

Ausgangsform: *kaltgewalztes Band*
Bezogene Formänderung: $\varepsilon_h = -0{,}01$
Umformgrad (logarithmiert): $\varphi_h = -0{,}01$
Art der Schmierung: *keine*
Fertigungsgüte: *üblich*
Bemerkungen:

Wirkpaar

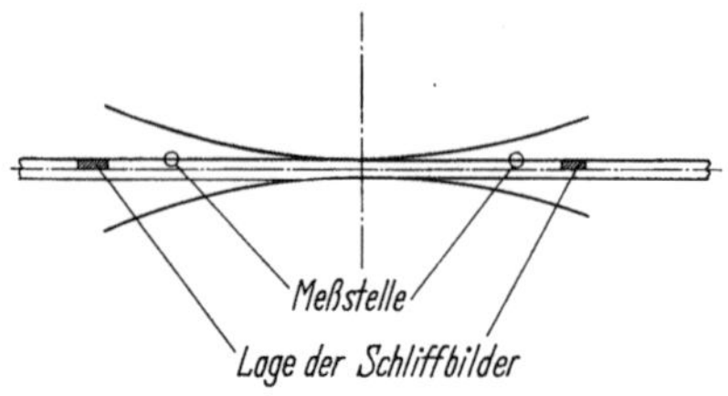

Breite des Bandes: 230 mm
Dicke des Bandes: 0,3 mm

Werkzeug

Benennung: *Walzen im Zweiwalzen-Gerüst*
Werkstoff: *84 Cr V 7*[1] *(Wst.-Nr. 1.2237)*
Härte: *65 HRC*
Rauheitsart am neuen Werkzeug: *Polierspuren in Umfangsrichtung*
am benutzten Werkzeug: *ungerichtet*
Bemerkungen: [1] *0,82—0,87 C; 0,15—0,30 Si; 0,25—0,40 Mn; 0,35 P; 0,35 S; 1,60—1,80 Cr; 0,07—0,12 V*

Tastung:	in Achsrichtung				in Umfangsrichtung			
Oberflächenmaße	Rauhtiefe R_t [µm]	Mittenrauhwert R_a [µm]	Glättungstiefe R_p [µm]	Profil-Leeregrad $\frac{R_p}{R_t}$	Rauhtiefe R_t [µm]	Mittenrauhwert R_a [µm]	Glättungstiefe R_p [µm]	Profil-Leeregrad $\frac{R_p}{R_t}$
Werkzeug neu	$< 0{,}3$	—	—	—	$<0{,}5$	—	—	—
Werkzeug nach *67000 m Walzlänge*	$< 0{,}5$	—	—	—	$< 0{,}8$	—	—	—

Lage der ausgewählten Fläche: *Walzenmitte*
Meßgerät: *Interferenzgerät nach Kohaut* Tastsystem: — Prüflänge: — *mm* Grenzwellenlänge: — *mm* (cut-off)
Anzahl der Messungen je Meßstelle: *3*

Werkstück

Werkstoff: *T St 10 (DIN 16 23)*
Legierung: *max. 0,15 C; 0,35 Mn; max. 0,08 P; max. 0,06 S*
Behandlung vor Umformung: *kaltgewalzt und zur Rekristallisation in Schutzgas geglüht*
Rauheitsart vor Umformung: *in Walzrichtung gerichtet*
nach Umformung: *Walzrichtung nur mit Auge wahrnehmbar*
Bemerkungen:

Korngröße vor Umformung: *85 µm² (2:1)*
nach Umformung: *85 µm² (2:1)*
Härte vor Umformung: *HV 30 = 94 kp/mm²*
nach Umformung: *HV 30 = 101 kp/mm²*

Tastung:	quer zur Walzrichtung				in Walzrichtung				räuml. Leeregrad
Oberflächenmaße	Rauhtiefe R_t [µm]	Mittenrauhwert R_a [µm]	Glättungstiefe R_a [µm]	Profil-Leeregrad $\frac{R_p}{R_t}$	Rauhtiefe R_t [µm]	Mittenrauhwert R_a [µm]	Glättungstiefe R_p [µm]	Profil-Leeregrad $\frac{R_p}{R_t}$	
vor Umformung	*1...3*	$\leq 0{,}4$	$\leq 0{,}9$	$\approx 0{,}45$	*0,5...1 u. 2*	$\leq 0{,}2$	$\leq 0{,}7$	$\approx 0{,}3$	$\approx 0{,}57$
nach Umformung	$\leq 0{,}7$	$\leq 0{,}1$	$\leq 0{,}3$	$\approx 0{,}35$	$\leq 0{,}7$	$\leq 0{,}08$	$\leq 0{,}2$	$\approx 0{,}3$	$\approx 0{,}52$

Messung nach der Herstellung von *67000 m Band (≙ 36 t)*
Lage der ausgewählten Fläche: *gesamte Bandbreite*
Meßgerät: *Perth-O-Meter* Tastsystem: *TK 25* Prüflänge: *5 mm* Grenzwellenlänge: *0,75 mm* (cut-off)
Anzahl der Messungen je Meßstelle: *10*

Nachwalzen (Dressieren) von kaltgewalztem Stahlband
mit polierten Walzen

Tafel 1–4

Oberflächengestalt des Werkzeugs

Werkzeug neu

Draufsichten und Tastschriebe an den Walzenoberflächen konnten nicht angefertigt werden.

Vgl. Interferenzaufnahme Bild 5.1/1

Werkzeug nach *67 000 m Walzlänge*

Oberflächengestalt des Werkstücks

vor Umformung

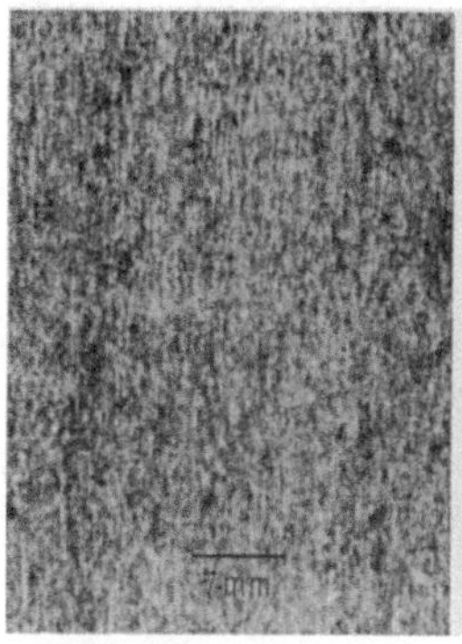

Draufsicht V = 7 : *1*

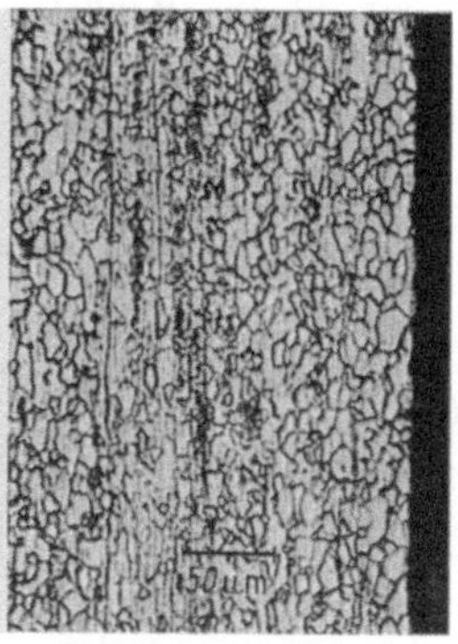

Gefüge V = *140 : 1*

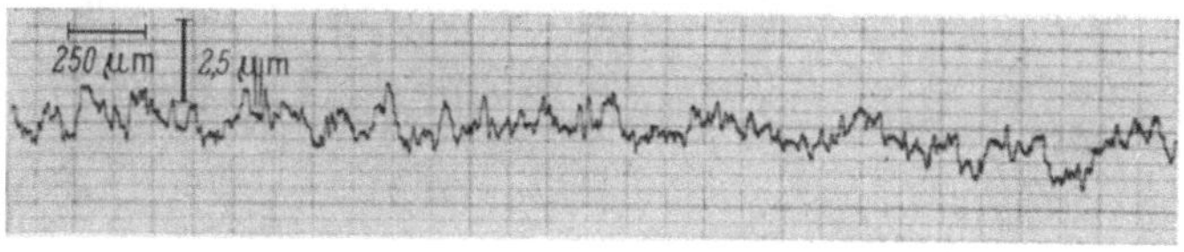

quer zur Walzrichtung V ↑ = *2400 : 1* V → = *24 : 1*

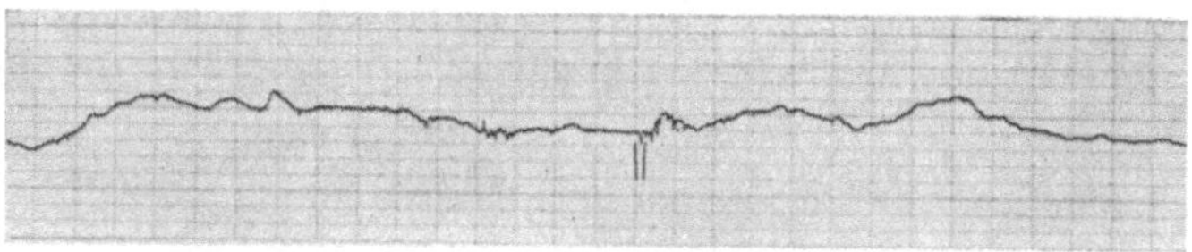

in Walzrichtung V ↑ = *2400 : 1* V → = *24 : 1*

nach Umformung: *67 000 Bandmeter*

Draufsicht V = 7 : *1*

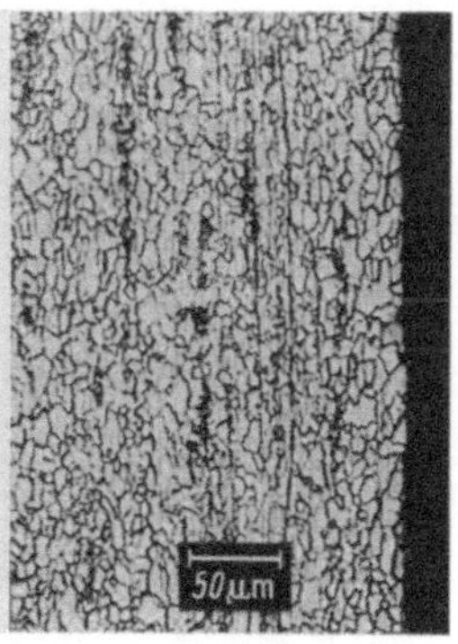

Gefüge V = *140 : 1*

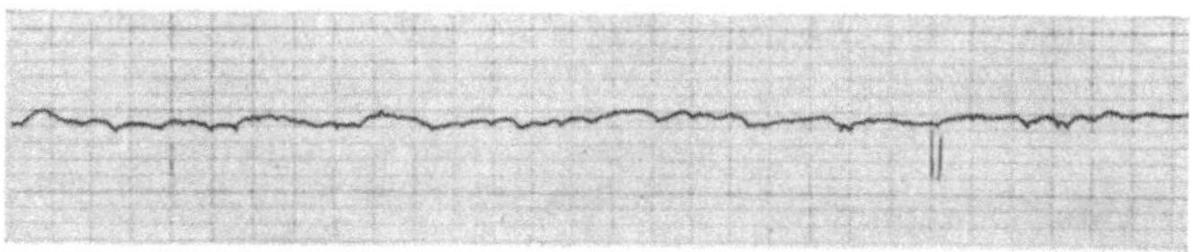

quer zur Walzrichtung V ↑ = *2400 : 1* V → = *24 : 1*

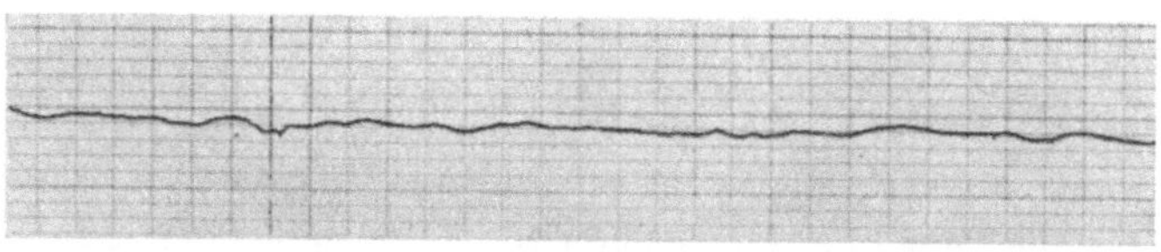

in Walzrichtung V ↑ = *2400 : 1* V → : *24 : 1*

Allgemeiner Text zu diesem Umformverfahren s. S. 40.
Erläuterung zu dieser Tafel s. S. 42.

Tafel 1—5 Nachwalzen (Dressieren) von kaltgewalztem Stahlband mit aufgerauhten Walzen

Verfahrensangaben

Ausgangsform: *kaltgewalztes Band*
Bezogene Formänderung: $\varepsilon_h = -0{,}009$
Umformgrad (logarithmiert): $\varphi_h = -0{,}009$
Art der Schmierung: *keine*
Fertigungsgüte: *üblich*
Bemerkungen:

Wirkpaar

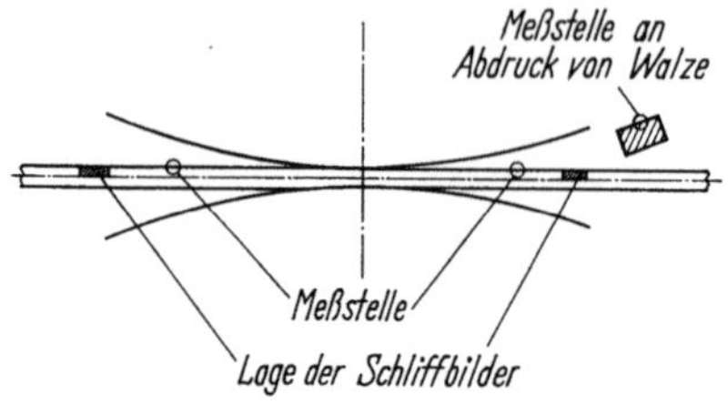

Breite des Bandes: *1000 mm*
Dicke des Bandes: *0,9 mm*

Werkzeug

Benennung: *Walzen im Zweiwalzen-Gerüst*
Werkstoff: *84 Cr V 7*[1] *(Wst.-Nr. 1.2237)*
Härte: *65 HRC*
Rauheitsart am neuen Werkzeug: *ungerichtet, gestrahlt*
am benutzten Werkzeug: *ungerichtet*
Bemerkungen: [1] *0,82—0,87 C; 0,15—0,30 Si; 0,25—0,40 Mn; 0,35 P; 0,35 S; 1,60—1,80 Cr; 0,07—0,12 V*

Tastung:	*in Achsrichtung*				*in Umfangsrichtung*			
Oberflächenmaße	Rauhtiefe R_t [µm]	Mitten-rauhwert R_a [µm]	Glättungs-tiefe R_p [µm]	Profil-Leeregrad $\frac{R_p}{R_t}$	Rauhtiefe R_t [µm]	Mitten-rauhwert R_a [µm]	Glättungs-tiefe R_p [µm]	Profil-Leeregrad $\frac{R_p}{R_t}$
Werkzeug neu	14...22	1,8...2,6	3...8	$\approx 0{,}4$	14...22	1,8...2,6	5...7	$\approx 0{,}35$
Werkzeug nach *89500 m Walzlänge*	8...14	1,5...1,8	3...5	$\approx 0{,}3$	8...14	1,5...1,8	3...5	$\approx 0{,}3$

Lage der ausgewählten Fläche: *Walzenmitte (Oberwalze)*
Meßgerät: *Perth-O-Meter* Tastsystem: *TK 25* Prüflänge: *5 mm (für R_t: 10 mm)* Grenzwellenlänge: *0,75 mm* (cut-off) *(2,5 mm)*

Anzahl der Messungen je Meßstelle: *10*

Werkstück

Werkstoff: *MR St 4 (DIN 16 24, Sondertiefziehgüte)*
Legierung: *0,1 C; 0,03—0,10 Si; 0,2—0,45 Mn; max 0,3 P max 0,35 S*
Behandlung vor Umformung: *kaltgewalzt und zur Rekristallisation in Schutzgas geglüht*
Rauheitsart vor Umformung: *ungerichtet*
nach Umformung: *ungerichtet*
Bemerkungen:

Korngröße vor Umformung: *460 µm² (2,2:1)*
nach Umformung: *460 µm² (2,2:1)*
Härte vor Umformung: *HV 30 = 110 kp/mm²*
nach Umformung: *HV 30 = 135 kp/mm²*

Tastung:	*quer zur Walzrichtung*				*in Walzrichtung*				räuml. Leere-grad
Oberflächenmaße	Rauhtiefe R_t [µm]	Mitten-rauhwert R_a [µm]	Glättungs-tiefe R_p [µm]	Profil Leeregrad $\frac{R_p}{R_t}$	Rauhtiefe R_t [µm]	Mitten-rauhwert R_a [µm]	Glättungs-tiefe R_p [µm]	Profil-Leeregrad $\frac{R_p}{R_t}$	
vor Umformung	4...12	1,1...1,5	2...4	$\approx 0{,}5$	4...10	1,3...1,5	2,5...4	$\approx 0{,}55$	$\approx 0{,}7$
nach Umformung	6...14	1...1,2	4...6	$\approx 0{,}65$	6...14	1...1,2	2...7	$\approx 0{,}6$	$\approx 0{,}8$

Messung nach der Herstellung von *89500 m Band (≙ 63 t)*
Lage der ausgewählten Fläche: *Bandmitte*
Meßgerät: *Perth-O-Meter* Tastsystem: *TK 25* Prüflänge: *5 mm (für R_t: 10 mm)* Grenzwellenlänge: *0,75 mm* (cut-off) *(2,5 mm)*

Anzahl der Messungen je Meßstelle: *10*

Nachwalzen (Dressieren) von kaltgewalztem Stahlband mit aufgerauhten Walzen

Tafel 1–5

Oberflächengestalt des Werkzeugs

Werkzeug neu

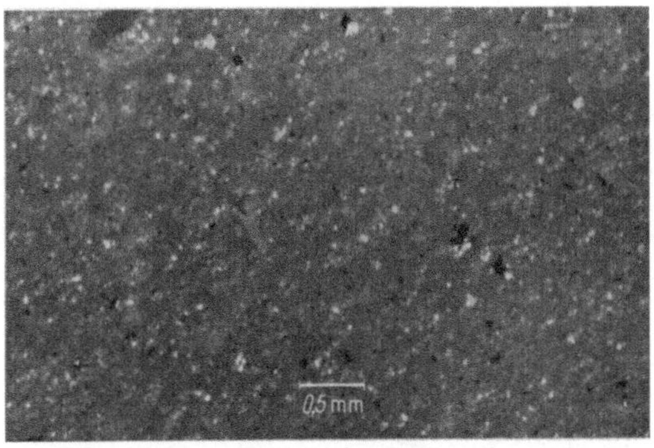

Draufsicht V = *14:1*

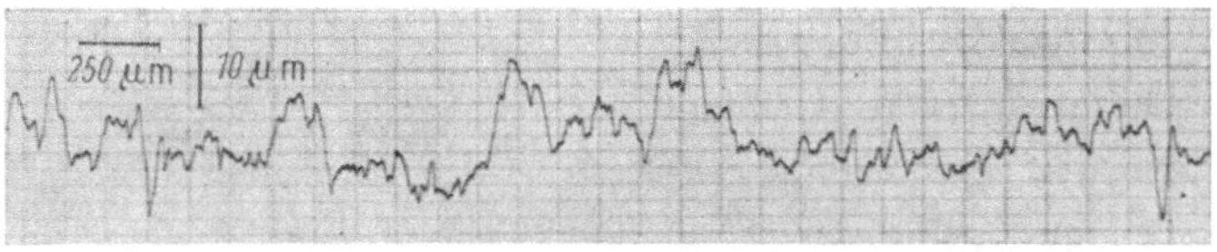

in Achsrichtung V ↑ = *600:1* V → = *24:1*

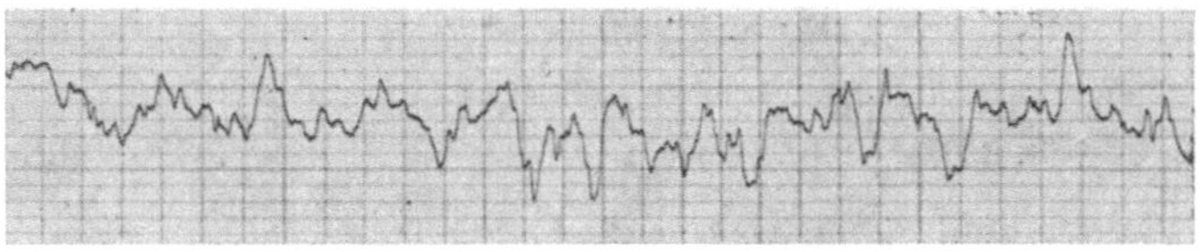

in Umfangsrichtung V ↑ = *600:1* V → = *24:1*

Werkzeug nach *89 500 m Walzlänge*

Draufsicht (Abdruck) V = *14:1*

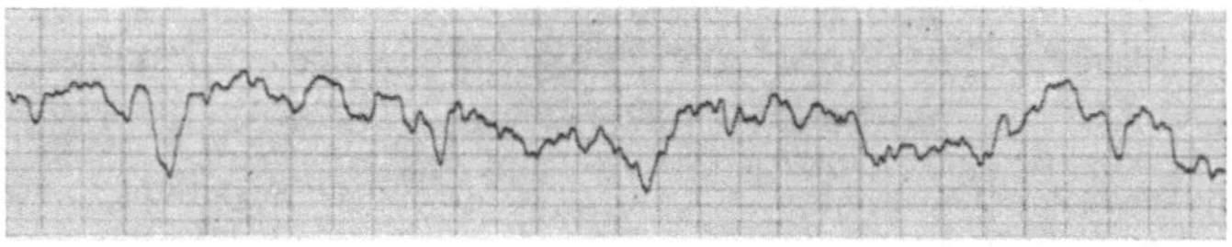

in Achsrichtung V ↑ = *600:1* V → = *24:1*

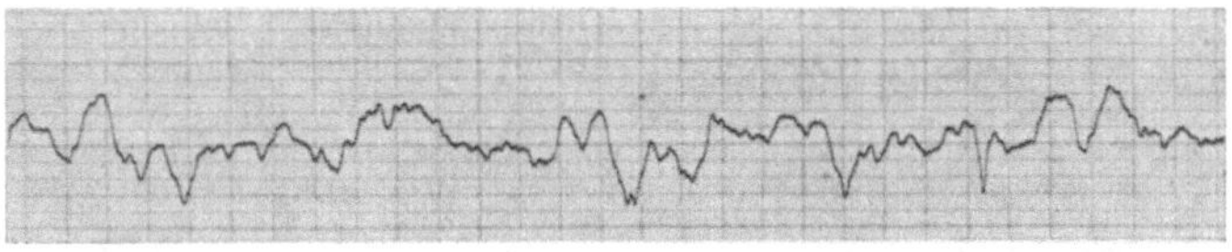

in Umfangsrichtung V ↑ = *600:1* V → = *24:1*

Oberflächengestalt des Werkstücks

vor Umformung

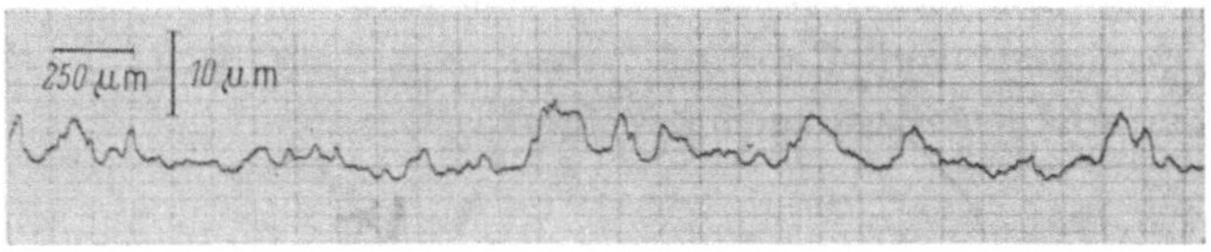

quer zur Walzrichtung V ↑ = *600:1* V → = *24:1*

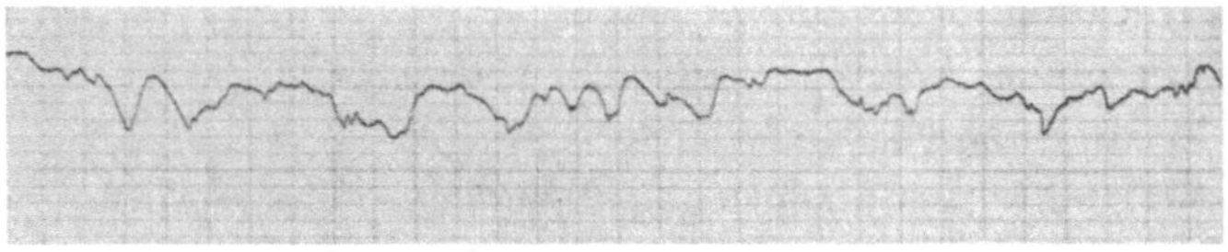

Draufsicht V = *7:1* Gefüge V = *140:1*

in Walzrichtung V ↑ = *600:1* V → = *24:1*

nach Umformung: *89 500 Bandmeter*

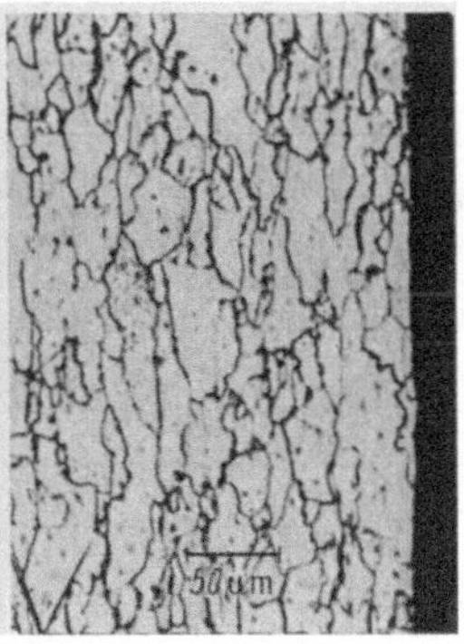

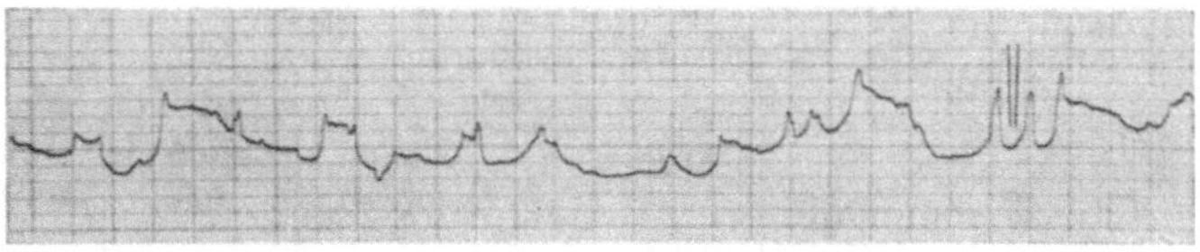

quer zur Walzrichtung V ↑ = *600:1* V → = *24:1*

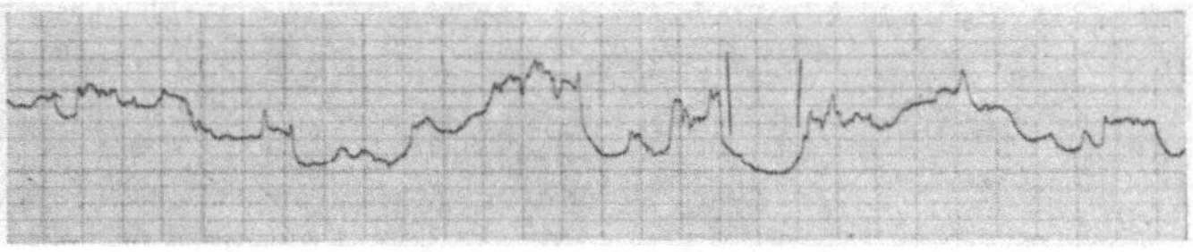

Draufsicht V = *7:1* Gefüge V = *140:1*

in Walzrichtung V ↑ = *600:1* V → = *24:1*

Allgemeiner Text zu diesem Umformverfahren s. S. 40.
Erläuterung zu dieser Tafel s. S. 42.

Tafel 2—1	**Glattwalzen einer Welle**

Verfahrensangaben

Ausgangsform: *Welle geschlichtet*
Bezogene Formänderung: —
Umformgrad (logarithmiert): —
Art der Schmierung: *Petroleum*
Fertigungsgüte: *üblich*
Bemerkungen: *Walzvorschub ≤ 0,5 mm/U*
wirksame Walzbreite ≈ 10 mm,
Überwalzzahl = 50

Wirkpaar

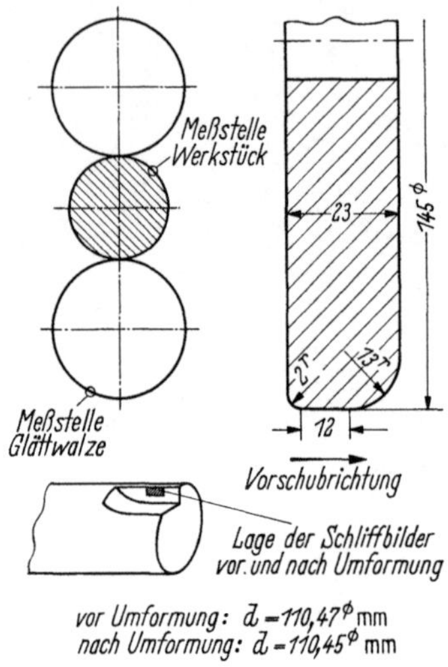

Werkzeug

Benennung: *Glättwalze*
Werkstoff: *90 Cr 3 (Wst.-Nr. 1.2056)*
Härte: *61 HRC*
Rauheitsart am neuen Werkzeug: *Polierrillen in Umfangsrichtung*
am benutzten Werkzeug: *feine Verschleißriefen in Umfangsrichtung*
Bemerkungen:

Tastung:	*in Achsrichtung*				*in Umfangsrichtung*			
Oberflächenmaße	Rauhtiefe R_t [µm]	Mitten-rauhwert R_a [µm]	Glättungs-tiefe R_p [µm]	Profil-Leeregrad $\frac{R_p}{R_t}$	Rauhtiefe R_t [µm]	Mitten-rauhwert R_a [µm]	Glättungs-tiefe R_p [µm]	Profil-Leeregrad $\frac{R_p}{R_t}$
Werkzeug neu	*≈ 0,5*	*≈ 0,07*	*≈ 0,15*	*≈ 0,3*	*≈ 0,3*	*≈ 0,03*	*≈ 0,07*	*≈ 0,24*
Werkzeug nach *340 Werkstücken*	*0,5 u. 1...1,5*	*≈ 0,15*	*≈ 0,2*	*≈ 0,35*	*< 0,5 u. 1*	*≈ 0,06*	*≈ 0,1*	*≈ 0,2*

Lage der ausgewählten Fläche: *Kantennähe*
Meßgerät: *Perth-O-Meter* Tastsystem: *TK 25/TR 25* Prüflänge: *5 mm* Grenzwellenlänge: *0,75 mm* (cut-off)
Anzahl der Messungen je Meßstelle: *10*

Werkstück

Werkstoff: *St 60 (DIN 17 100)*
Legierung: *≈ 0,40 C; ≤ 0,08 P; ≤ 0,05 S*
Behandlung vor Umformung: —
Rauheitsart vor Umformung: *Drehrillen in Umfangsrichtung*
nach Umformung: *geglättete Rillen*
Bemerkungen:

Korngröße vor Umformung: *1400 µm²*
nach Umformung: *1400 µm²*
Härte vor Umformung: *HV 30 = 198 kp/mm²*
nach Umformung: *HV 30 = 215 kp/mm²*

Tastung:	*quer zur Walzrichtung*				*in Walzrichtung*				räuml. Leere-grad
Oberflächenmaße	Rauhtiefe R_t [µm]	Mitten-rauhwert R_a [µm]	Glättungs-tiefe R_p [µm]	Profil-Leeregrad $\frac{R_p}{R_t}$	Rauhtiefe R_t [µm]	Mitten-rauhwert R_a [µm]	Glättungs-tiefe R_p [µm]	Profil-Leeregrad $\frac{R_p}{R_t}$	
vor Umformung	*16...24*	*2,7...3,8*	*8...12*	*≈ 0,55*	*6...12*	*0,4...0,7*	*0,8...2 (6)*	*≈ 0,28*	*≈ 0,6*
nach Umformung	*0,5 u. 2...3*	*0,09...0,14*	*≈ 0,1*	*≈ 0,1*	*0,3 u. 1...2*	*0,1...0,2*	*≈ 0,1*	*≈ 0,1*	*≈ 0,2*

Messung nach der Herstellung von *340 Werkstücken*
Lage der ausgewählten Fläche: *gesamter Umfang*
Meßgerät: *Perth-O-Meter* Tastsystem: *TK 25/TR 25* Prüflänge: *5 mm* Grenzwellenlänge: *0,75 mm* (cut off)
Anzahl der Messungen je Meßstelle: *10*

Glattwalzen einer Welle

Tafel 2—1

Oberflächengestalt des Werkzeugs

Werkzeug neu

Draufsicht V = *14:1*

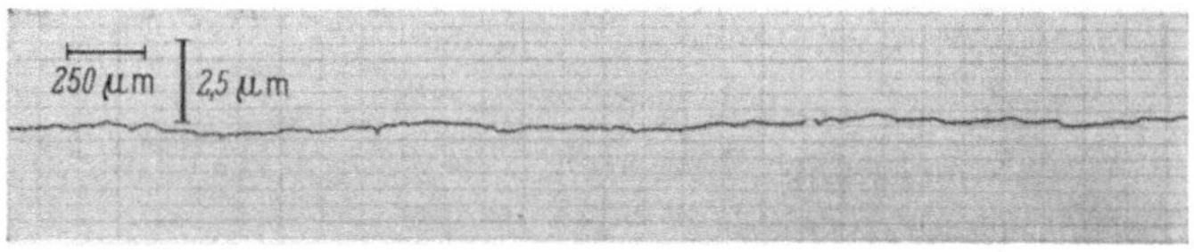

in Achsrichtung V ↑ = *2400:1* V → = *24:1*

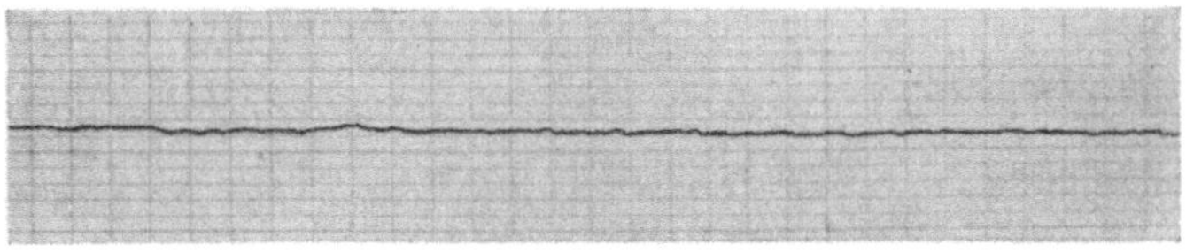

in Umfangsrichtung V ↑ = *2400:1* V → = *24:1*

Werkzeug nach *340 Werkstücken*

Draufsicht V = *14:1*

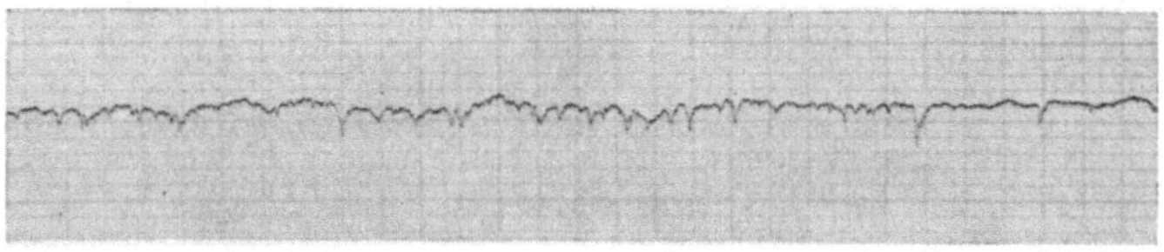

in Achsrichtung V ↑ = *2400:1* V → = *24:1*

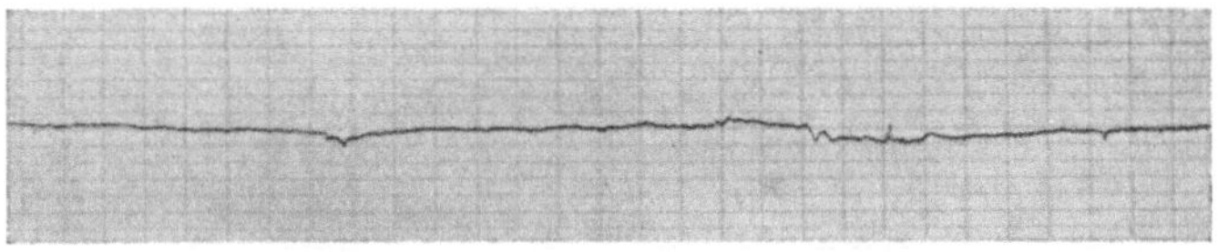

in Umfangsrichtung V ↑ = *2400:1* V → = *24:1*

Oberflächengestalt des Werkstücks

vor Umformung

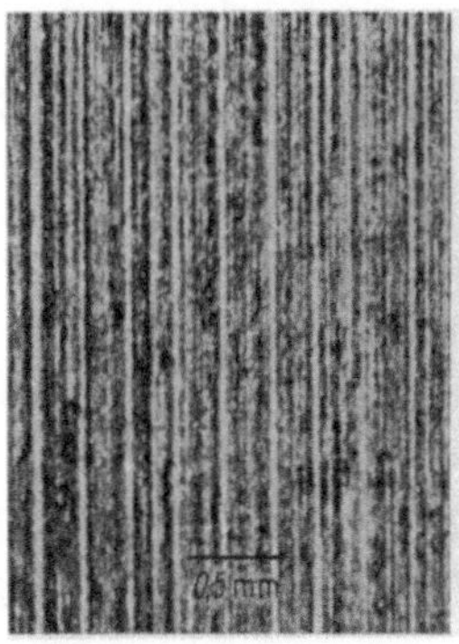

Draufsicht V = *14:1*

Gefüge V = *140:1*

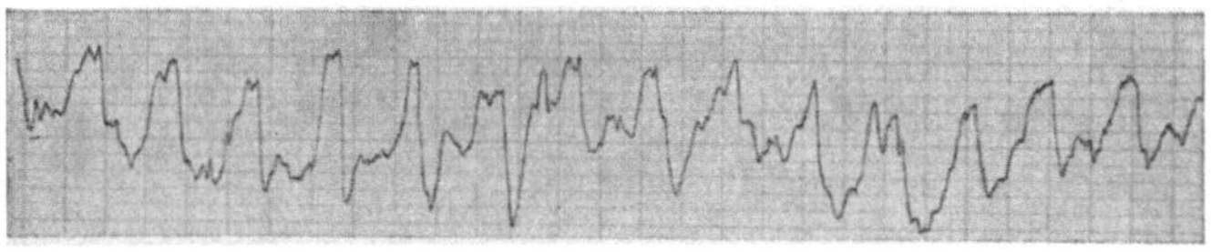

quer zur Walzrichtung V ↑ = *600:1* V → = *24:1*

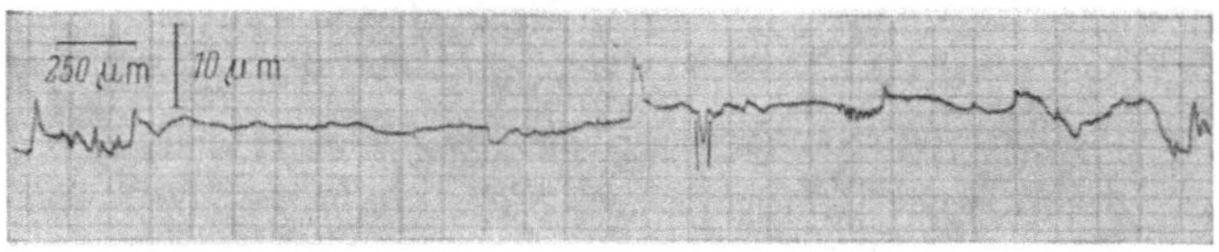

in Walzrichtung V ↑ = *600:1* V → = *24:1*

nach Umformung: *340. Werkstück*

Draufsicht V = *14:1*

Gefüge V = *140:1*

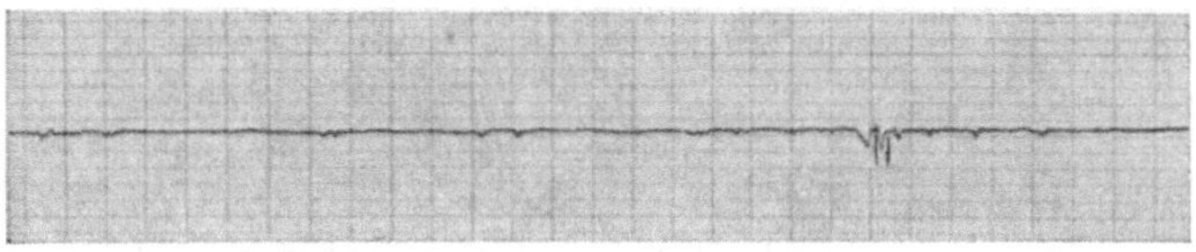

quer zur Walzrichtung V ↑ = *600:1* V → = *24:1*

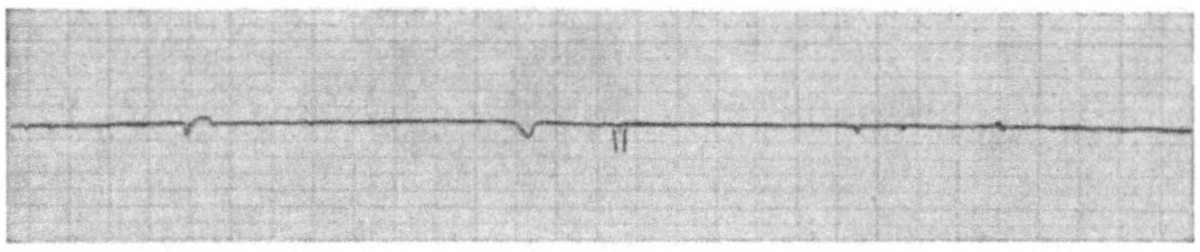

in Walzrichtung V ↑ = *600:1* V → = *24:1*

Allgemeiner Text zu diesem Umformverfahren s. S. 43.
Erläuterung zu dieser Tafel s. S. 46.

Tafel 2—2 Glattwalzen eines Bolzens

Verfahrensangaben

Ausgangsform: *Ventilschaft geschliffen*
Bezogene Formänderung: —
Umformgrad (logarithmiert): —
Art der Schmierung: *Dieselkraftstoff*
Fertigungsgüte: *üblich*
Bemerkungen: *Vorschub = 2,5 mm/U, Überwalzzahl = 15*

Wirkpaar

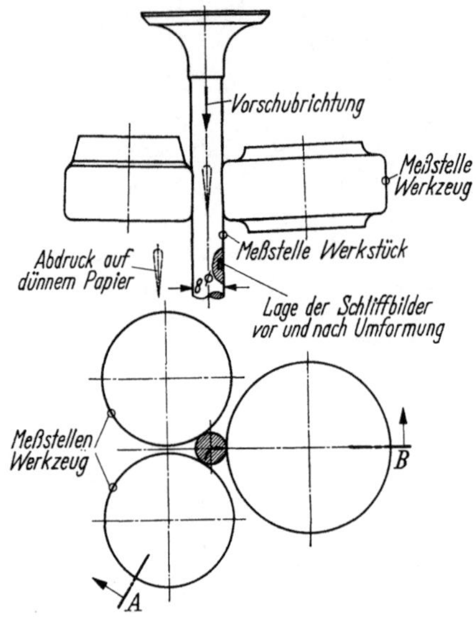

Werkzeug

Benennung: *Glättwalze*
Werkstoff: *100 Cr 6 (Wst.-Nr. 1.2067)*
Härte: *62 HRC*
Rauheitsart am neuen Werkzeug: *ganz feine Polierrillen in Umfangsrichtung*
am benutzten Werkzeug: *Verschleißriefen in Umfangsrichtung*
Bemerkungen:

Tastung:	in Achsrichtung				in Umfangsrichtung			
Oberflächenmaße	Rauhtiefe R_t [μm]	Mittenrauhwert R_a [μm]	Glättungstiefe R_p [μm]	Profil-Leeregrad $\frac{R_p}{R_t}$	Rauhtiefe R_t [μm]	Mittenrauhwert R_a [μm]	Glättungstiefe R_p [μm]	Profil-Leeregrad $\frac{R_p}{R_t}$
Werkzeug neu	$< 0{,}6$	$\approx 0{,}05$	$\approx 0{,}15$	$\approx 0{,}2$	$< 0{,}4$	$\approx 0{,}05$	$\approx 0{,}1$	$\approx 0{,}2$
Werkzeug nach 75 000 Werkstücken	2...5	$\approx 0{,}5$	$\approx 0{,}8$	$\approx 0{,}25$	< 0,5 u. 1...1,5	$\approx 0{,}15$	$\approx 0{,}25$	$\approx 0{,}3$

Lage der ausgewählten Fläche: *in Kantennähe*
Meßgerät: *Perth-O-Meter* Tastsystem: *TR 25/HT 25* Prüflänge: *5 mm* Grenzwellenlänge: *0,75 mm* (cut-off)
Anzahl der Messungen je Meßstelle: *10*

Werkstück

Werkstoff: *X 45 Cr Si 9 3 (Wst.-Nr. 1.4718)*
Legierung: *0,40—0,50 C; 3,00 Si; 0,45 Mn; 9,00 Cr*
Behandlung vor Umformung: *spannungsfrei geglüht*
Rauheitsart vor Umformung: *Schleifrillen in Umfangsrichtung*
nach Umformung: *eingeebnete Rillen in Umfangsrichtung*
Bemerkungen:

Korngröße vor Umformung: —
nach Umformung: —
Härte vor Umformung: *HV 30 = 313 kp/mm²*
nach Umformung: *HV 30 = 393 kp/mm²*

Tastung:	quer zur Walzrichtung				in Walzrichtung				räuml. Leeregrad
Oberflächenmaße	Rauhtiefe R_t [μm]	Mittenrauhwert R_a [μm]	Glättungstiefe R_p [μm]	Profil-Leeregrad $\frac{R_p}{R_t}$	Rauhtiefe R_t [μm]	Mittenrauhwert R_a [μm]	Glättungstiefe R_p [μm]	Profil-Leeregrad $\frac{R_p}{R_t}$	
vor Umformung	1...2 u. 3...4	0,4...0,5	0,7...1,5	$\approx 0{,}4$	0,5...1 u. 2...5	0,3...0,4	0,4...1	$\approx 0{,}45$	$\approx 0{,}62$
nach Umformung	0,5 u. 1...2	0,1...0,15	0,2...0,4	$\approx 0{,}25$	0,5 u. 2	0,08...0,14	0,16...0,4	$\approx 0{,}18$	$\approx 0{,}37$

Messung nach der Herstellung von *75 000 Werkstücken (vor Unbrauchbarwerden des Werkzeuges)*
Lage der ausgewählten Fläche: *gesamte Werkstücklänge*
Meßgerät: *Perth-O-Meter* Tastsystem: *TK 25 mit Rundlaufvorrichtung* Prüflänge: *5 mm* Grenzwellenlänge: *0,75 mm* (cut-off)
Anzahl der Messungen je Meßstelle: *10*

Glattwalzen eines Bolzens

Tafel 2–2

Oberflächengestalt des Werkzeugs

Werkzeug neu

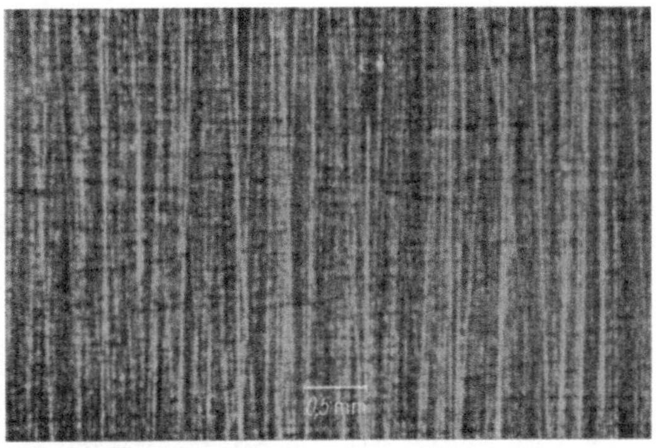

Draufsicht V = *14:1*

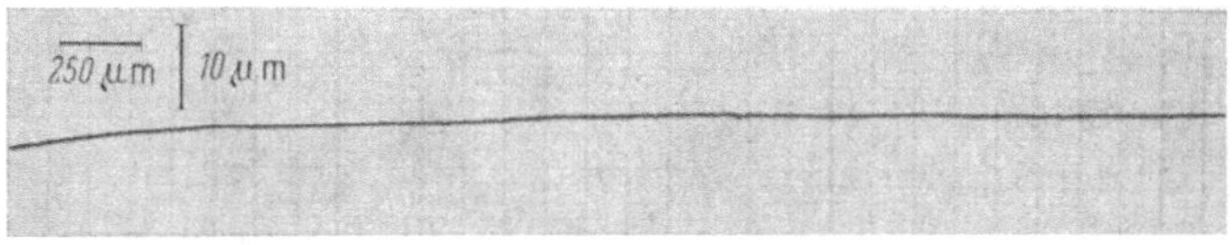

in Achsrichtung V ↑ = *600:1* V → = *24:1*

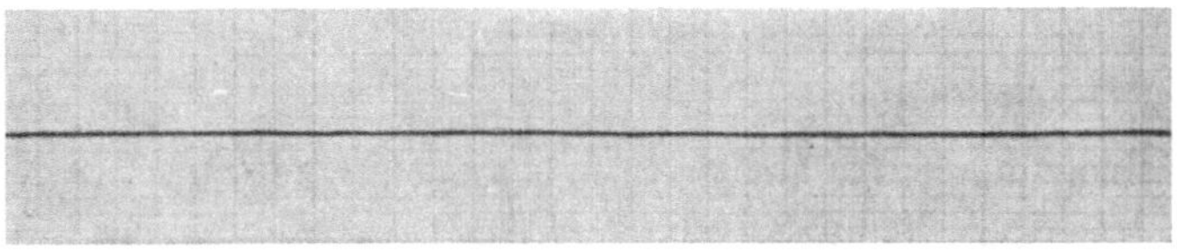

in Umfangsrichtung V ↑ = *600:1* V → : *24:1*

Werkzeug nach 75 000 Werkstücken

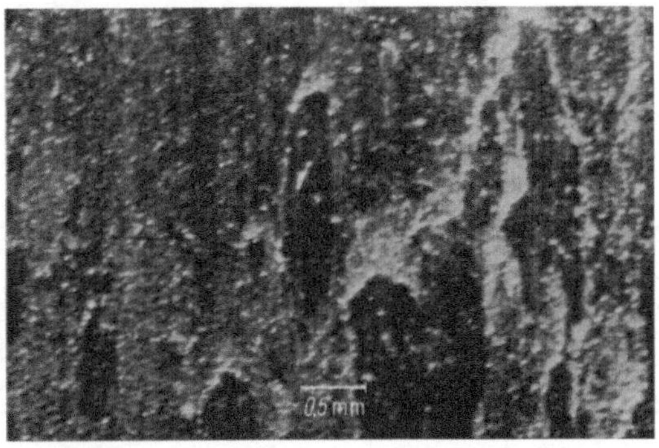

Draufsicht V = *14:1*

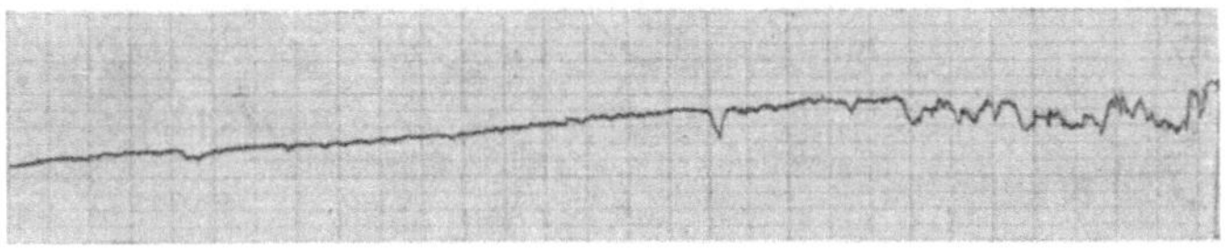

in Achsrichtung V ↑ = *600:1* V → = *24:1*

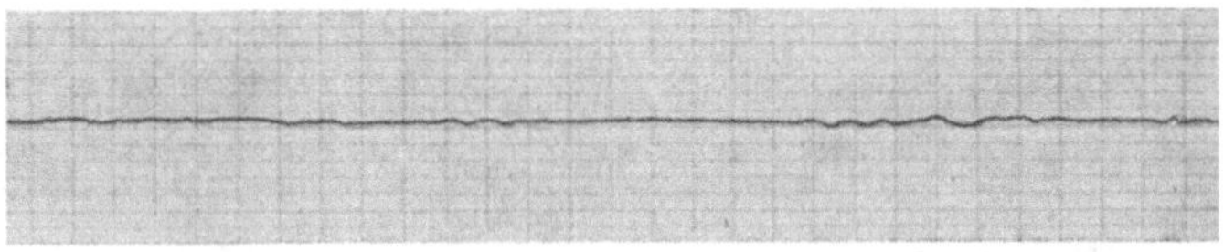

in Umfangsrichtung V ↑ = *600:1* V → = *24:1*

Oberflächengestalt des Werkstücks

vor Umformung

Draufsicht V = *14:1*

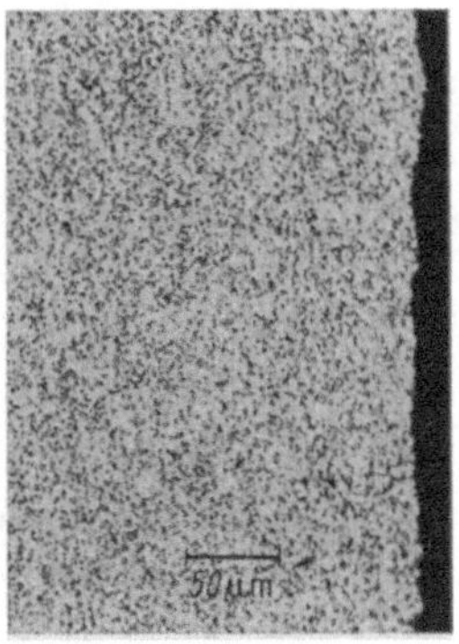

Gefüge V = *140:1*

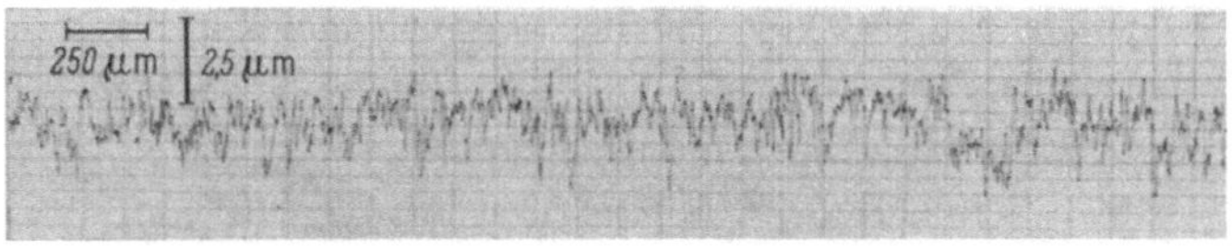

quer zur Walzrichtung V ↑ = *2400:1* V → = *24:1*

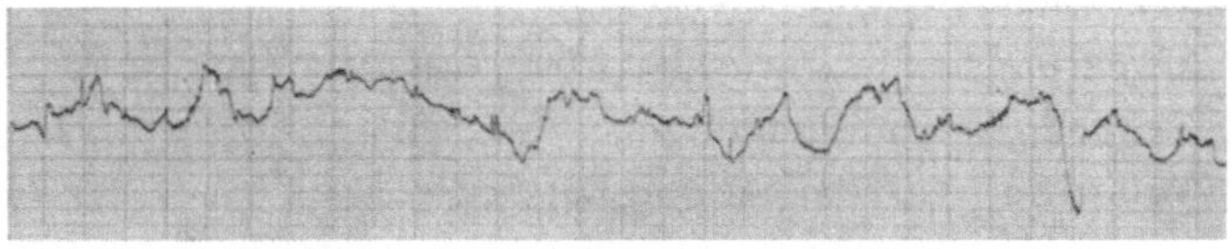

in Walzrichtung V ↑ = *2400:1* V → = *24:1*

nach Umformung: 75 000. Werkstück

Draufsicht V = *14:1*

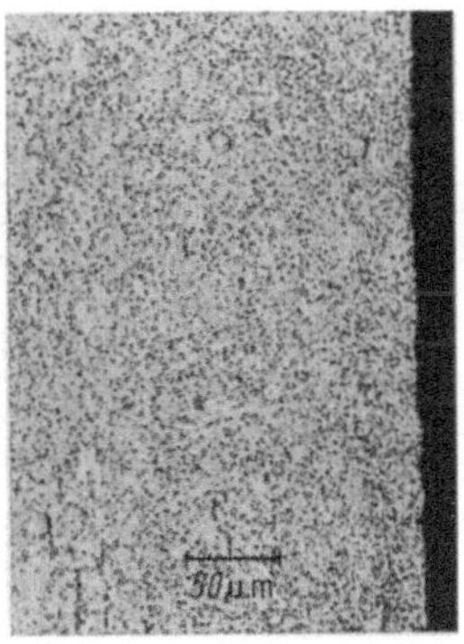

Gefüge V = *140:1*

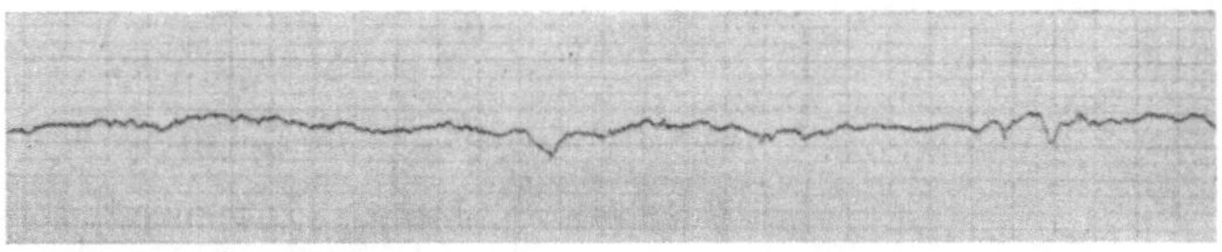

quer zur Walzrichtung V ↑ = *2400:1* V → = *24:1*

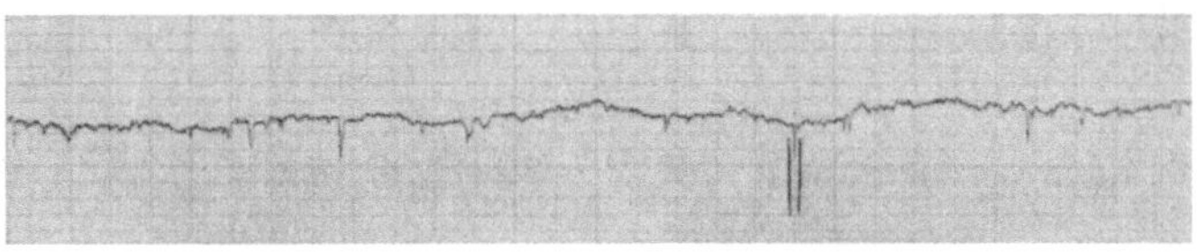

in Walzrichtung V ↑ = *2400:1* V → = *24:1*

Allgemeiner Text zu diesem Umformverfahren s. S. 43.
Erläuterung zu dieser Tafel s. S. 46.

Tafel 2—3 Glattwalzen einer Bohrung in Gußeisen

Verfahrensangaben

Ausgangsform: *Hohlzylinder, innen ausgedreht*
Bezogene Formänderung: —
Umformgrad (logarithmiert): —
Art der Schmierung: *Petroleum*
Fertigungsgüte: *besondere Sorgfalt (Versuchsbedingungen)*
Bemerkungen: *Vorschub 0,25 mm/U, Überwalzzahl = 40*

Wirkpaar

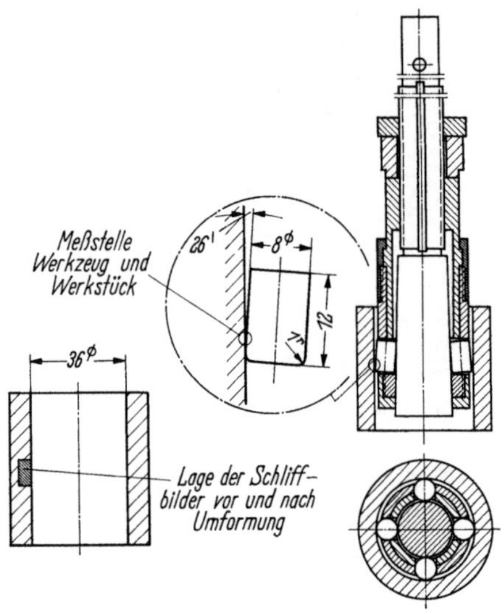

Werkzeug

Benennung: *Glättwalzen eines Innenglattwalzgeräts*
Werkstoff: *100 Cr 6 (Wst.-Nr. 1.2067)*
Härte: *64 HRC*
Rauheitsart am neuen Werkzeug: *Polierrillen in Umfangsrichtung*
am benutzten Werkzeug: *Verschleißriefen in Umfangsrichtung*

Bemerkungen:

Tastung:	*in Achsrichtung*				*in Umfangsrichtung*			
Oberflächenmaße	Rauhtiefe R_t [µm]	Mitten-rauhwert R_a [µm]	Glättungs-tiefe R_p [µm]	Profil-Leeregrad $\frac{R_p}{R_t}$	Rauhtiefe R_t [µm]	Mitten-rauhwert R_a [µm]	Glättungs-tiefe R_p [µm]	Profil-Leeregrad $\frac{R_p}{R_t}$
Werkzeug neu	$\leq 0{,}6$	$\leq 0{,}1$	$\leq 0{,}1$	$\approx 0{,}2$	$\leq 0{,}2$	$\leq 0{,}1$	$\approx 0{,}1$	$\approx 0{,}2$
Werkzeug nach 200 Werkstücken	*1...2 u. 5...10*	*0,4...0,65*	*0,4...1,5*	$\approx 0{,}25$	< 1	*0,15...0,25*	$< 0{,}3$	$\approx 0{,}25$

Lage der ausgewählten Fläche: *in Kantennähe*
Meßgerät: *Perth-O-Meter* Tastsystem: *TK 25/TR 25* Prüflänge: *5 mm* Grenzwellenlänge: *0,75 mm* (cut-off)
Anzahl der Messungen je Meßstelle: *10*

Werkstück

Werkstoff: *GGL-20 (DIN 16 91)*
Legierung: *3,3—3,5 C; 1,8—2,0 Si; 0,6—0,8 Mn;* $P < 0{,}5$; $S < 0{,}12$
Behandlung vor Umformung: —
Rauheitsart vor Umformung: *Drehrillen*
nach Umformung: *eingeebnete Rillen*
Bemerkungen: *Durchmesservergrößerung der Bohrung von 36,02 auf 36,22 mm*

Korngröße vor Umformung: —
nach Umformung: —
Härte vor Umformung: *HB 30/5 = 180 kp/mm²*
nach Umformung: *HB 30/5 = 240 kp/mm²* *(in 0,2 mm Tiefe)*

Tastung:	*quer zur Walzrichtung*				*in Walzrichtung*				räuml. Leere-grad
Oberflächenmaße	Rauhtiefe R_t [µm]	Mitten-rauhwert R_a [µm]	Glättungs-tiefe R_p [µm]	Profil-Leeregrad $\frac{R_p}{R_t}$	Rauhtiefe R_t [µm]	Mitten-rauhwert R_a [µm]	Glättungs-tiefe R_p [µm]	Profil-Leeregrad $\frac{R_p}{R_t}$	
vor Umformung	*35...50*	*6,5...8,5*	*13...17*	$\approx 0{,}55$	*20...30*	*3...5*	*5...7*	$\approx 0{,}4$	$\approx 0{,}62$
nach Umformung	*2...6*	*0,15...0,35*	*0,4...0,45*	$\approx 0{,}12$	*1,5...4*	—	*0,2...0,5*	$\approx 0{,}12$	$\approx 0{,}2$

Messung nach der Herstellung von *200 Werkstücken*
Lage der ausgewählten Fläche: *gesamte Bohrungslänge*
Meßgerät: *Perth-O-Meter* Tastsystem: *TR 25/HT 250/HT 25* Prüflänge: *5 mm* Grenzwellenlänge: *0,75 mm* (cut-off)
Anzahl der Messungen je Meßstelle: *10*

Glattwalzen einer Bohrung in Gußeisen

Tafel 2–3

Oberflächengestalt des Werkzeugs

Werkzeug neu

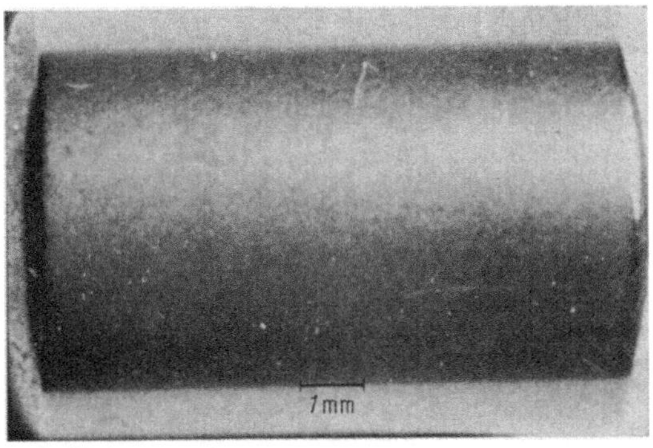

Draufsicht V = *7:1*

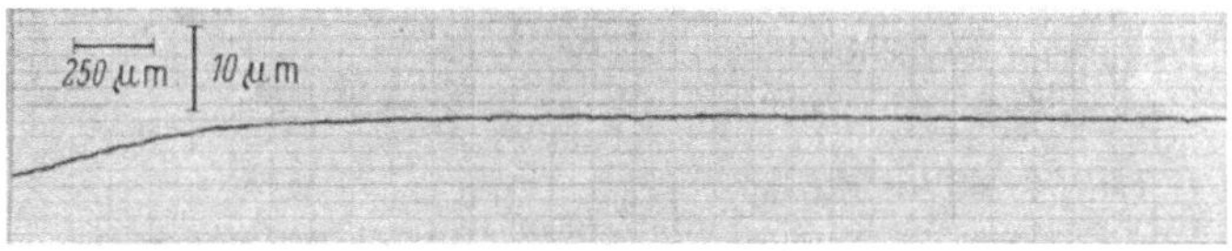

in Achsrichtung V ↑ = *600:1* V → = *24:1*

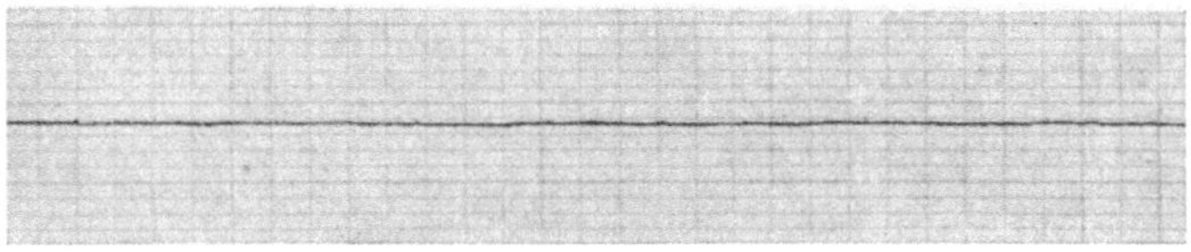

in Umfangsrichtung V ↑ = *600:1* V → = *24:1*

Werkzeug nach 200 Werkstücken

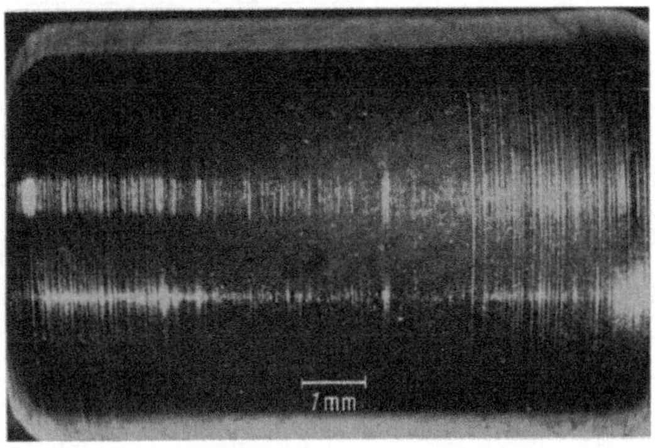

Draufsicht V = *7:1*

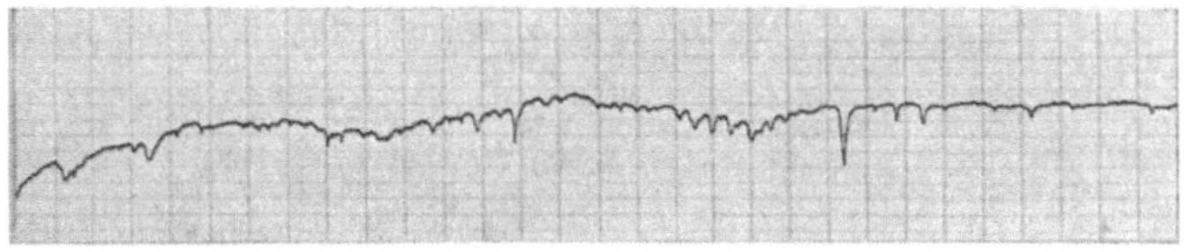

in Achsrichtung V ↑ = *600:1* V → = *24:1*

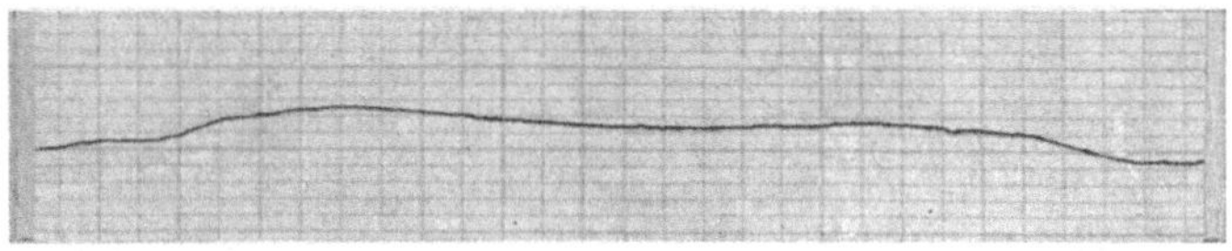

in Umfangsrichtung V ↑ = *600:1* V → = *24:1*

Oberflächengestalt des Werkstücks

vor Umformung

Draufsicht V = *14:1*

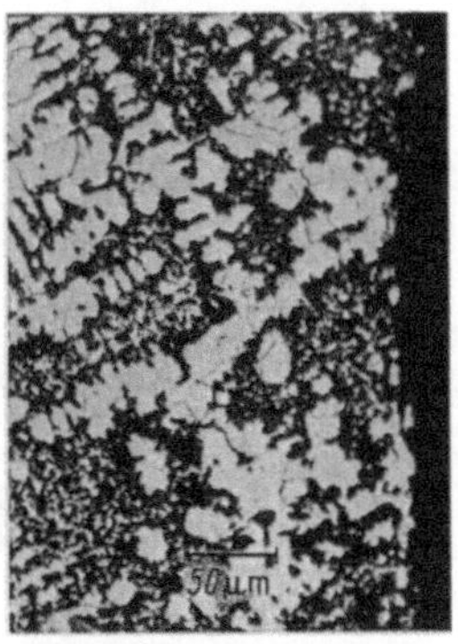

Gefüge *V* = *140:1*

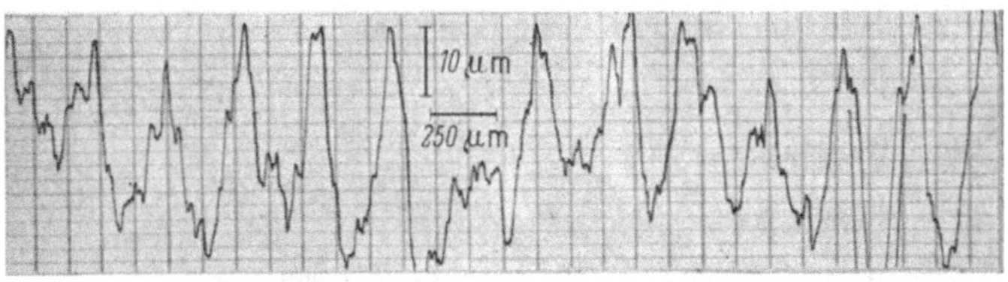

quer zur Walzrichtung V ↑ = *600:1* V → = *24:1*

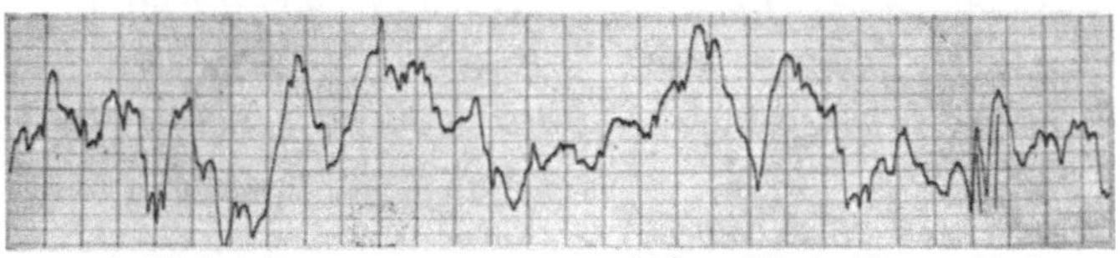

in Walzrichtung V ↑ = *600:1* V→ = *24:1*

nach Umformung: *200. Werkstück*

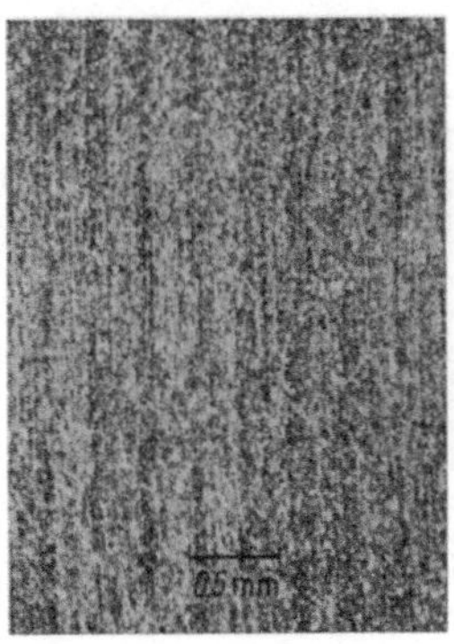

Draufsicht V = *14:1*

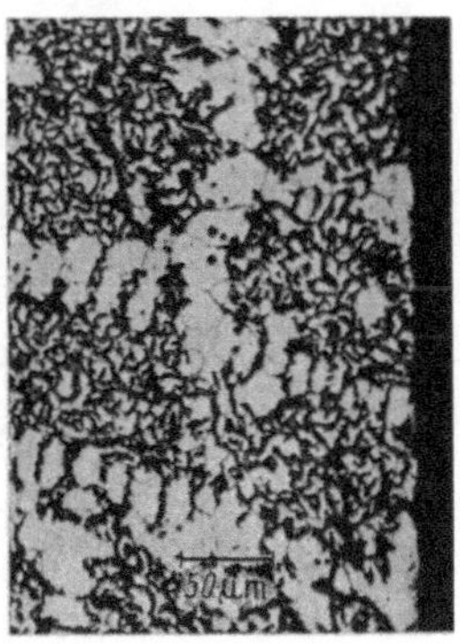

Gefüge V = *140:1*

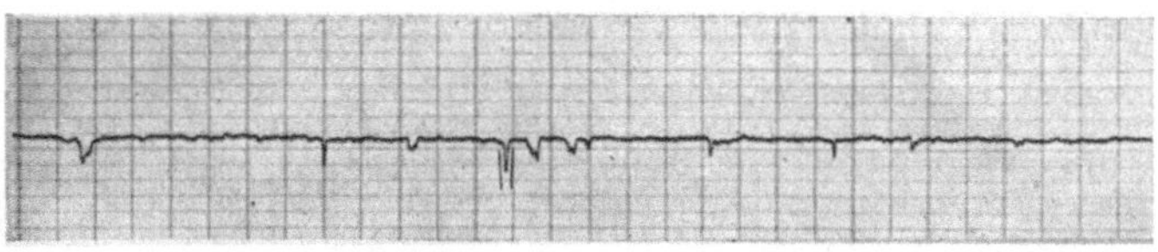

quer zur Walzrichtung V ↑ = *600:1* V → = *24:1*

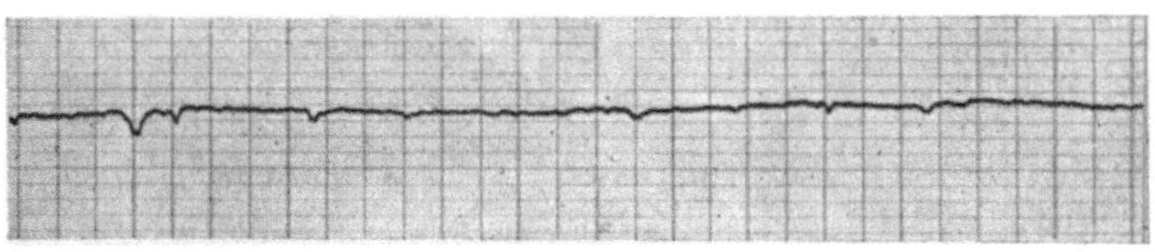

in Walzrichtung V ↑ = *600:1* V → = *24:1*

Allgemeiner Text zu diesem Umformverfahren s. S. 43.
Erläuterung zu dieser Tafel s. S. 46.

Tafel 2—4 Glattwalzen einer ebenen Fläche an Stahlguß

Verfahrensangaben

Ausgangsform: *gehobelte Platte*
Bezogene Formänderung: —
Umformgrad (logarithmiert): —
Art der Schmierung: —
Fertigungsgüte: *besondere Sorgfalt (Versuchsbedingungen)*
Bemerkungen: *Vorschub 0,3 mm/Hub*
Überwalzzahl 18

Wirkpaar

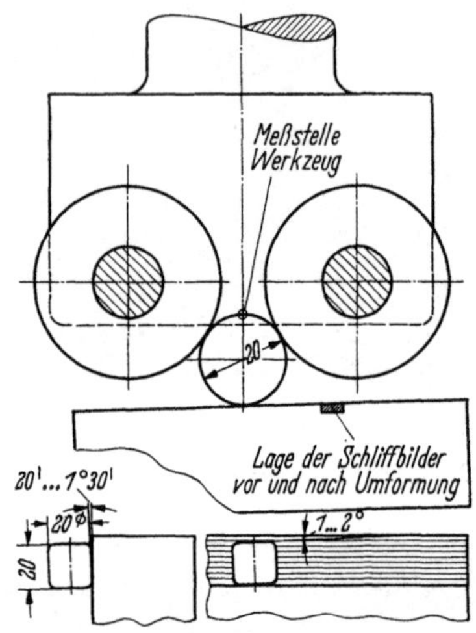

Werkzeug

Benennung: *Glättwalze*
Werkstoff: *100 Cr 6 (Wst.-Nr. 1.2067)*
Härte: *61 HRC*
Rauheitsart am neuen Werkzeug: *Polierrillen in Umfangsrichtung*
am benutzten Werkzeug: *Polierrillen in Umfangsrichtung*
Bemerkungen: *infolge der geringen Zahl der gewalzten Werkstücke keine wesentlichen Rauheitsänderungen am Werkzeug*

Tastung:	in Achsrichtung				in Umfangsrichtung			
Oberflächenmaße	Rauhtiefe R_t [µm]	Mittenrauhwert R_a [µm]	Glättungstiefe R_p [µm]	Profil-Leeregrad $\frac{R_p}{R_t}$	Rauhtiefe R_t [µm]	Mittenrauhwert R_a [µm]	Glättungstiefe R_p [µm]	Profil-Leeregrad $\frac{R_p}{R_t}$
Werkzeug neu	$< 0{,}6$	$\approx 0{,}05$	$\approx 0{,}15$	$\approx 0{,}25$	$< 0{,}4$	$\approx 0{,}05$	$\approx 0{,}1$	$\approx 0{,}2$
Werkzeug nach 20 Werkstücken	1...1,5	0,10...0,20	0,25...0,4	$\approx 0{,}25$	<1 u. 2	0,1...0,2	0,15...0,3	$\approx 0{,}25$

Lage der ausgewählten Fläche: *in Kantennähe*
Meßgerät: *Perth-O-Meter* Tastsystem: *HT 25/TR 25* Prüflänge: *5 mm* Grenzwellenlänge: *0,75 mm* (cut-off)
Anzahl der Messungen je Meßstelle: *10*

Werkstück

Werkstoff: *GS-45 (DIN 16 81)*
Legierung: *0,25 C; 0,3—0,5 Si; 0,4—0,7 Mn*
Behandlung vor Umformung: *geglüht (4 h 900 °C/Luft + 8 h 650 °C/Luft)*
Rauheitsart vor Umformung: *Hobelrillen in Längsrichtung des Werkstücks, 0,45 mm breit*
nach Umformung: *Hobelrillen eingeebnet*
Bemerkungen: *seitlicher Vorschub mit Überlappung*
[1] *ohne Welligkeit*

Korngröße vor Umformung: *730 µm²*
nach Umformung: *800 µm²*
Härte vor Umformung: *HB 30 = 120 kp/mm² in 0,2 mm Tiefe*
nach Umformung: *HB 30 = 180 kp/mm²*

Tastung:	quer zur Walzrichtung				in Walzrichtung				räuml. Leeregrad
Oberflächenmaße	Rauhtiefe R_t [µm]	Mittenrauhwert R_a [µm]	Glättungstiefe R_p [µm]	Profil-Leeregrad $\frac{R_p}{R_t}$	Rauhtiefe R_t [µm]	Mittenrauhwert R_a [µm]	Glättungstiefe R_p [µm]	Profil-Leeregrad $\frac{R_p}{R_t}$	
vor Umformung	22...30	4,5...5	11...17	$\approx 0{,}58$	1...2; Welle 3,5	0,15...0,35	1...2[1]	$\approx 0{,}5$	$\approx 0{,}6$
nach Umformung	0,5 und 2	0,06...0,1	$\approx 0{,}1$	$\approx 0{,}1$	0,2 und 1,5	0,04...0,1	$\approx 0{,}1$	$\approx 0{,}08$	$\approx 0{,}16$

Messung nach der Herstellung von *20 Werkstücken*
Lage der ausgewählten Fläche: *gesamte Werkstücklänge*
Meßgerät: *Perth-O-Meter* Tastsystem: *TK 250/TK 25* Prüflänge: *5 mm* Grenzwellenlänge: *0,75 mm* (cut-off)
Anzahl der Messungen je Meßstelle: *10*

Glattwalzen einer ebenen Fläche an Stahlguß | Tafel 2—4

Oberflächengestalt des Werkzeugs

Werkzeug neu

Draufsicht V = *14:1*

V ↑ = V → =

V ↑ = V → =

Werkzeug nach 20 Werkstücken

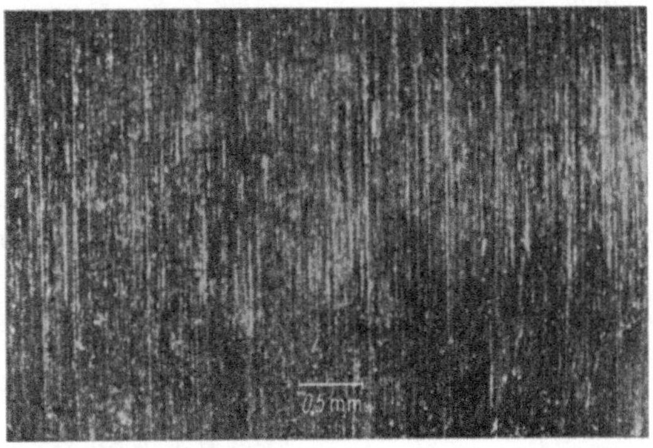

Draufsicht V = *14:1*

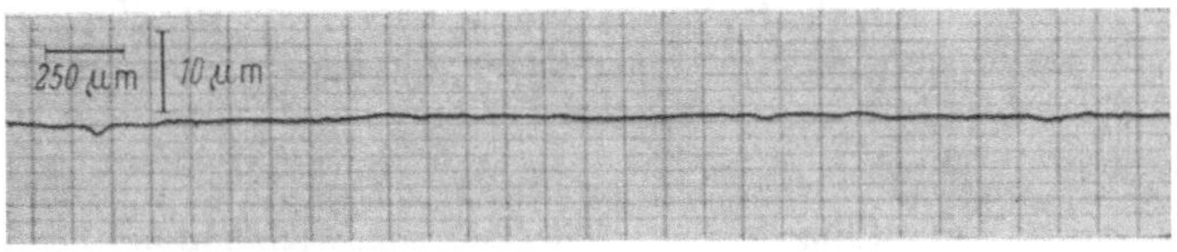

in Achsrichtung V ↑ = *600:1* V → = *24:1*

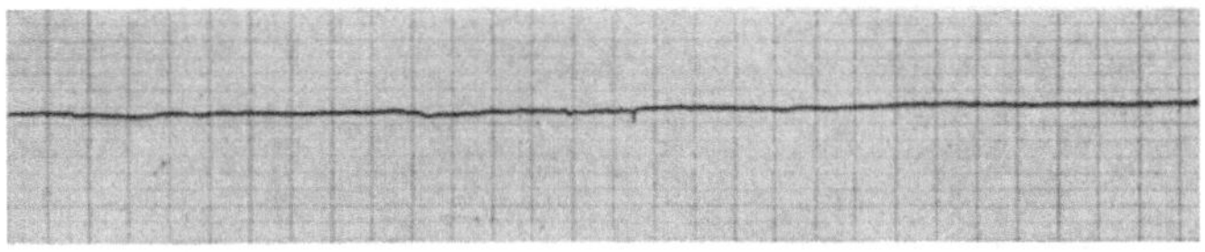

in Umfangsrichtung V ↑ = *600:1* V → = *24:1*

Oberflächengestalt des Werkstücks

vor Umformung

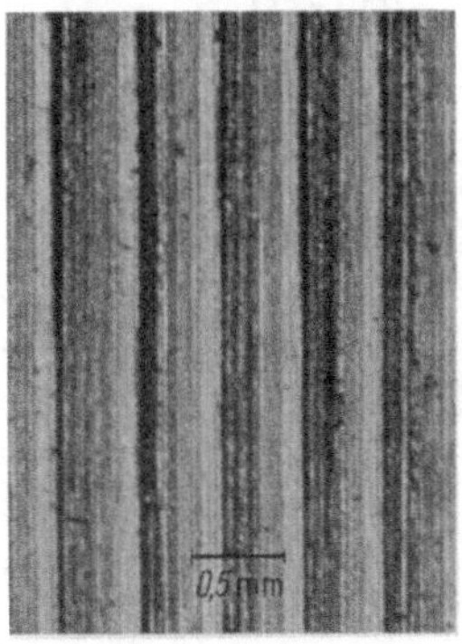

Draufsicht V = *14:1*

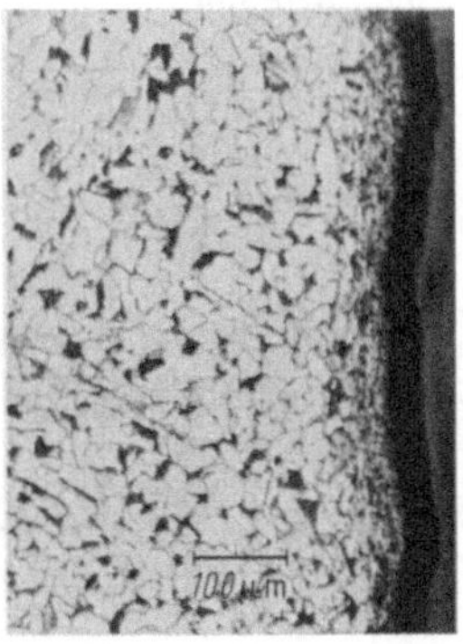

Gefüge V = *70:1*

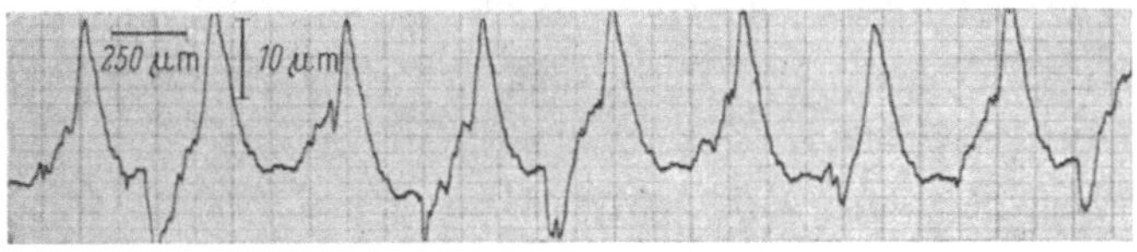

quer zur Walzrichtung V ↑ = *600:1* V → = *24:1*

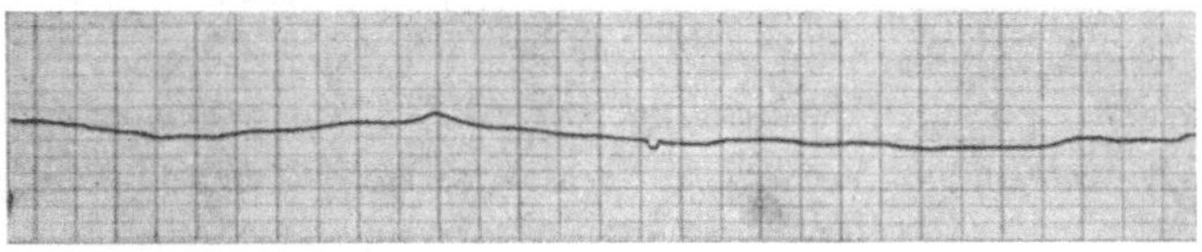

in Walzrichtung V ↑ = *600:1* V → = *24:1*

nach Umformung: 20. Werkstück

Draufsicht V = *14:1*

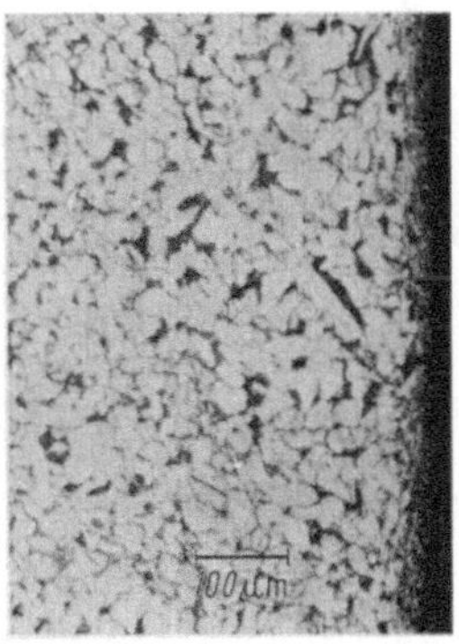

Gefüge V = *70:1*

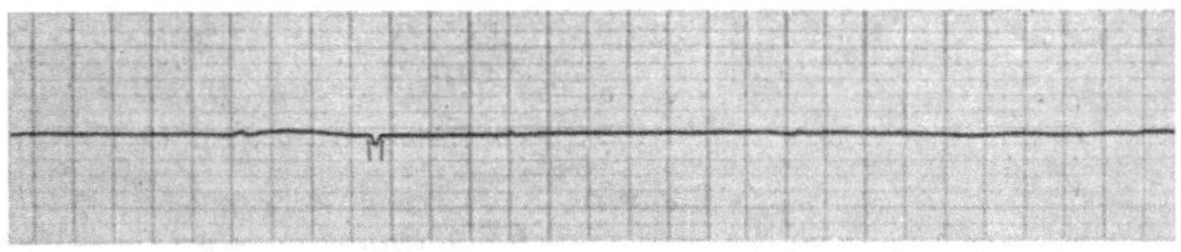

quer zur Walzrichtung V ↑ = *600:1* V → = *24:1*

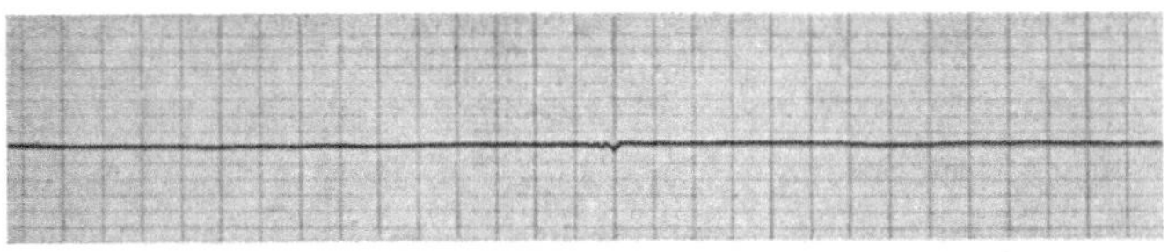

in Walzrichtung V ↑ = *600:1* V → = *24:1*

Allgemeiner Text zu diesem Umformverfahren s. S. 43.
Erläuterung zu dieser Tafel s. S. 47.

Tafel 3—1 Gewindewalzen mit Flachbacken

Verfahrensangaben

Ausgangsform: *verjüngter (reduzierter) Schaft*
Bezogene Formänderung: —
Umformgrad (logarithmiert): —
Art der Schmierung: *keine*
Fertigungsgüte: *üblich*
Bemerkungen:

Wirkpaar

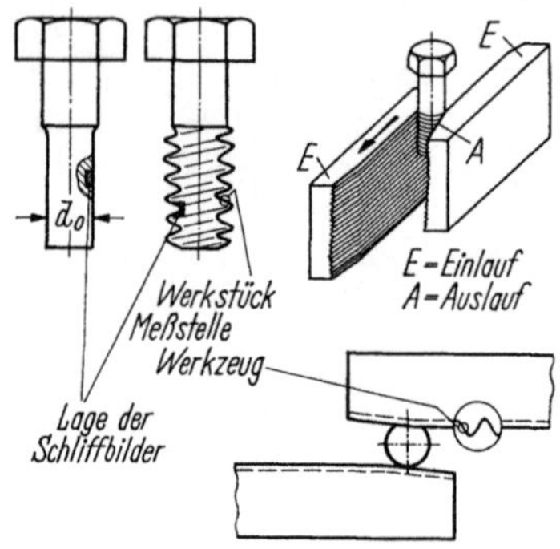

vor Umformung: $d_0 = 13{,}0\,\phi$ mm
nach Umformung: metrisches Gewinde M 14 × 1,5

Werkzeug

Benennung: *Flachbacke*
Werkstoff: *X 165 Cr V 12 (Wst.-Nr. 1.2201)*
Härte: *60 HRC*
Rauheitsart am neuen Werkzeug: *Fräsrillen in Längsrichtung*
am benutzten Werkzeug: *Verschleißriefen in Längsrichtung*
Bemerkungen: *Auf Draufsicht heller Streifen = Gewindespitze*

Tastung:	*quer zur Längsrichtung auf der Flanke*				*in Längsrichtung auf der Flanke*			
Oberflächenmaße	Rauhtiefe R_t [µm]	Mitten-rauhwert R_a [µm]	Glättungs-tiefe R_p [µm]	Profil-Leeregrad $\frac{R_p}{R_t}$	Rauhtiefe R_t [µm]	Mitten-rauhwert R_a [µm]	Glättungs-tiefe R_p [µm]	Profil-Leeregrad $\frac{R_p}{R_t}$
Werkzeug neu	*2 u. 4...6*	—	*1,8...2,2*	*≈ 0,4*	*0,5 u. 1...2*	—	*0,4...0,8*	*≈ 0,3*
Werkzeug nach *3500 Werkstücken*	*2..3 u. 4...8*	—	*1...3*	*≈ 0,4*	*0,5...1 u. 2...3*	—	*0,3...0,8 u. 2,5...3,0*	*≈ 0,3*

Lage der ausgewählten Fläche: *Flankenmitte in der Mitte der Glättungszone*
Meßgerät: *Talysurf* Tastsystem: geradliniges Bezugssystem Prüflänge: *2 mm* Grenzwellenlänge (cut-off): —
Anzahl der Messungen je Meßstelle: *10, Meßwerte aus Tastschrieben ermittelt*

Werkstück

Werkstoff: *41 Cr 4 (Nr. 17035)*
Legierung: *0,38—0,44 C; 0,25 Si; 0,7 Mn; 1,05 Cr*
Behandlung vor Umformung: *phosphatierte Preßlinge vor dem Walzen in Sägespänen getrommelt*
Rauheitsart vor Umformung: *Riefen in axialer Richtung*
nach Umformung: *Riefen in Umfangsrichtung auf der Flanke*
Bemerkungen: *Werkstücke vor dem Messen in NaOH gereinigt*
Meßwerte aus Tastschrieben ermittelt
[1] *außerdem Trommelmulden bis 60 µm Tiefe*
[2] *ohne Welligkeit*

Korngröße vor Umformung: —
nach Umformung: —
Härte: vor Umformung: *HV 30 = 205 kp/mm²*
nach Umformung:
HV 0,2 { *Gewindespitze 280 kp/mm²*; *Mitte Flanke 285 kp/mm²*; *Gewindegrund 336 kp/mm²* }

Tastung:	*in Achsrichtung bzw. in einer Achsebene auf der Flanke*				*in Umfangsrichtung auf der Zylinderfläche bzw. auf der Flanke*				räuml. Leere-grad
Oberflächenmaße	Rauhtiefe R_t [µm]	Mitten-rauhwert R_a [µm]	Glättungs-tiefe R_p [µm]	Profil-Leeregrad $\frac{R_p}{R_t}$	Rauhtiefe R_t [µm]	Mitten-rauhwert R_a [µm]	Glättungs-tiefe R_p [µm]	Profil-Leeregrad $\frac{R_p}{R_t}$	
vor Umformung	*8...22*[1]	*1,5...3*	*4...6*	*≈ 0,45*	*4...12 u. 16...24*[1]	*2...4*	*4...6*	*≈ 0,27*	*≈ 0,56*
nach Umformung	*2...5; Welle 10*	*1...2*	*1...2,5*[2]	*≈ 0,4*	*2...3*	*0,4...0,6*	*0,4...1*	*≈ 0,25*	*≈ 0,47*

Messung nach der Herstellung von *3500 Werkstücken*
Lage der ausgewählten Fläche: *Flankenmitte*
Meßgerät: *Talysurf* Tastsystem: *geradliniges und gekrümmtes Bezugssystem* Prüflänge: *2 mm* Grenzwellenlänge (cut-off): *∞ mm*
Anzahl der Messungen je Meßstelle: *10*

Gewindewalzen mit Flachbacken

Tafel 3–1

Oberflächengestalt des Werkzeugs

Werkzeug neu

Draufsicht V = *14:1*

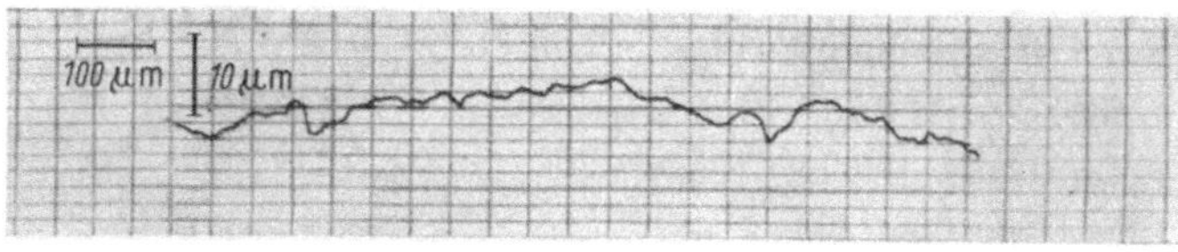

quer zur Längsrichtung auf der Flanke V ↑ = *600* V → = *60*

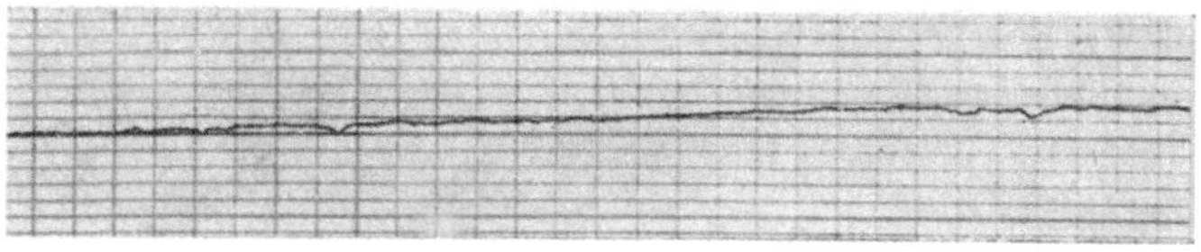

in Längsrichtung auf der Flanke V ↑ = *600* V → = *60*

Werkzeug nach 3500 Werkstücken

Draufsicht V = *14:1*

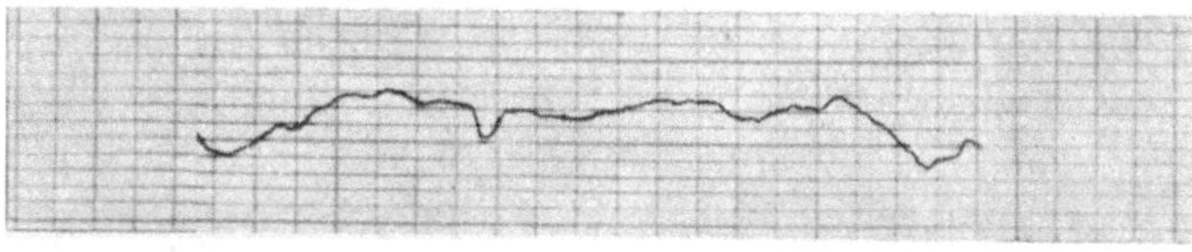

quer zur Längsrichtung auf der Flanke V ↑ = *600* V → = *60*

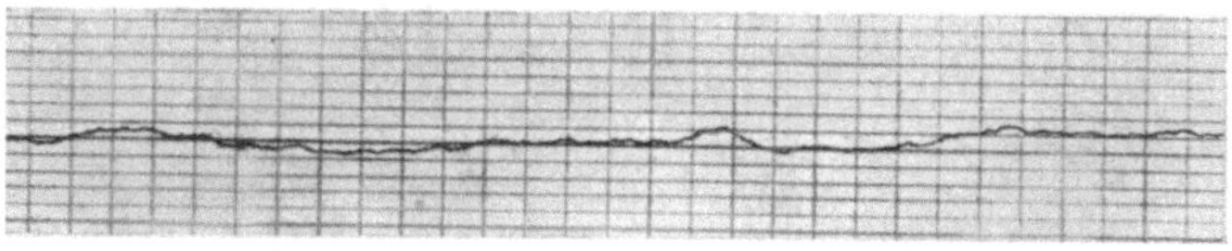

in Längsrichtung auf der Flanke V ↑ = *600* V → = *60*

Oberflächengestalt des Werkstücks

vor Umformung

Draufsicht V = *14:1*

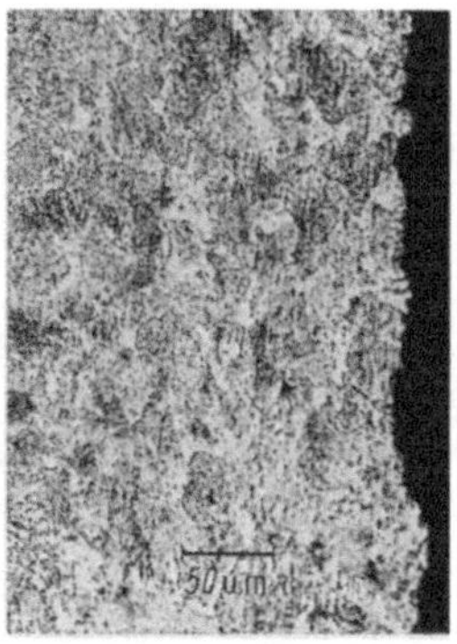

Gefüge V = *140:1*

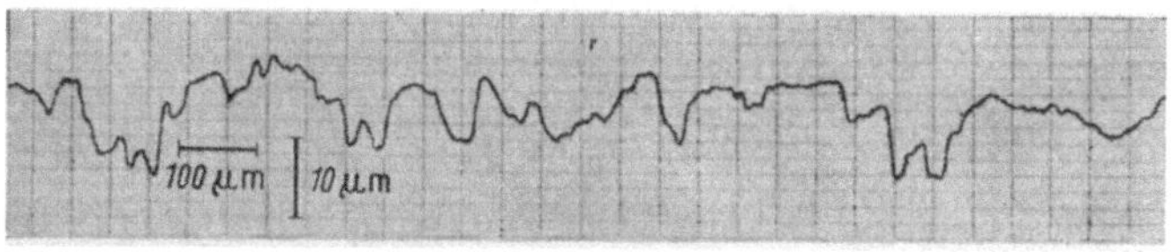

in Achsrichtung V ↑ = *600* V → = *60*

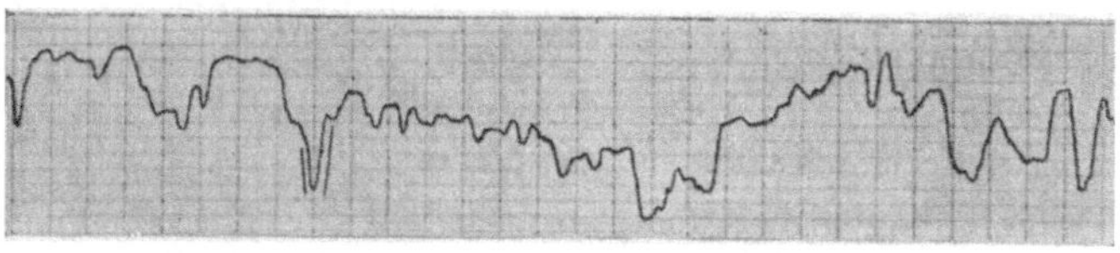

in Umfangsrichtung V ↑ = *600* V → = *60*

nach Umformung: *3500. Werkstück*

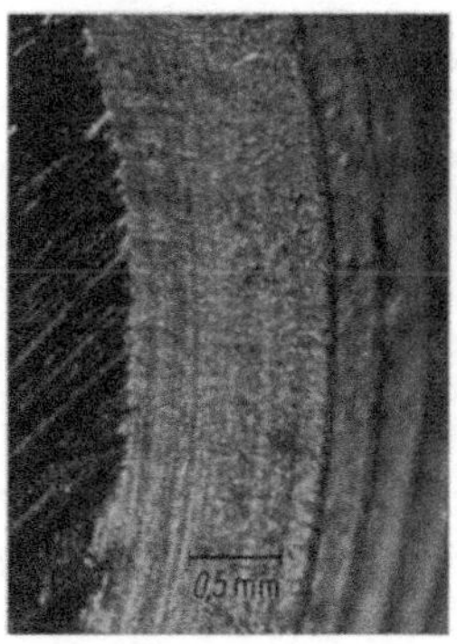

Draufsicht V = *14:1*

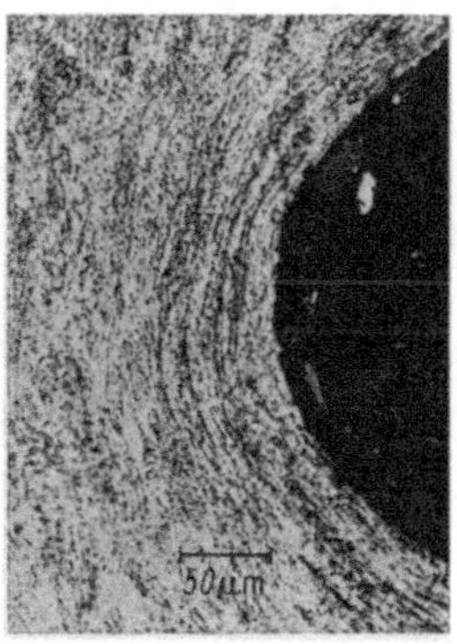

Gefüge V = *140:1*

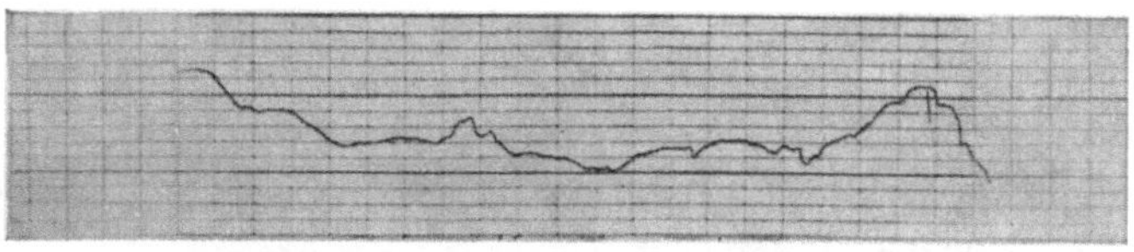

in einer Achsebene auf der Flanke V ↑ = *600* V → = *60*

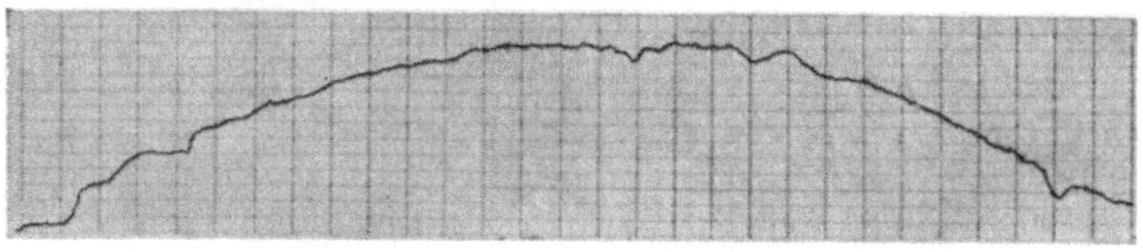

in Umfangsrichtung auf der Flanke V ↑ = *600* V → = *60*

Allgemeiner Text zu diesem Umformverfahren s. S. 47.
Erläuterung zu dieser Tafel s. S. 49.

Tafel 3—2	**Gewindewalzen im Einstechverfahren — M 16**

Verfahrensangaben

Ausgangsform: *verjüngter (reduzierter) Bolzen*
Bezogene Formänderung: —
Umformgrad (logarithmiert): —
Art der Schmierung: *keine*
Fertigungsgüte: *üblich*
Bemerkungen:

Wirkpaar

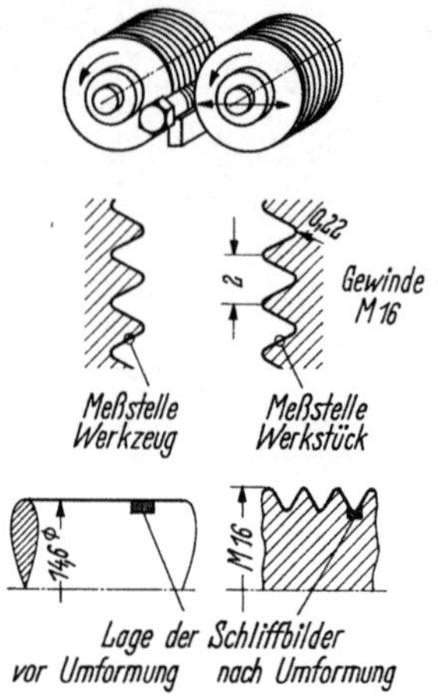

Werkzeug

Benennung: *Gewindewalzen*
Werkstoff: *X 165 Cr V 12 (Wst.-Nr. 1.2201)*
Härte: *60 HRC*
Rauheitsart am neuen Werkzeug: *Schleifrillen in Umfangsrichtung*
am benutzten Werkzeug: *Verschleißriefen in Umfangsrichtung*
Bemerkungen: *Meßwerte aus Tastschrieben ermittelt.*
auf Draufsicht heller Streifen = Gewindespitze

Tastung:	*in einer Achsebene auf der Flanke*				*in Umfangsrichtung auf der Flanke*			
Oberflächenmaße	Rauhtiefe R_t [µm]	Mittenrauhwert R_a [µm]	Glättungstiefe R_p [µm]	Profil-Leeregrad $\frac{R_p}{R_t}$	Rauhtiefe R_t [µm]	Mittenrauhwert R_a [µm]	Glättungstiefe R_p [µm]	Profil-Leeregrad $\frac{R_p}{R_t}$
Werkzeug neu	*1...2*	—	*0,3...0,5*	*0,35*	*≈ 0,5*	—	*0,15*	*0,3*
Werkzeug nach *150 000 Werkstücken*	*1...3*	—	*0,6...1*	*0,42*	*0,8...2,5*	—	*0,2...0,4*	*0,25*

Lage der ausgewählten Fläche: *Flankenmitte*
Meßgerät: *Talysurf* Tastsystem: *geradliniges Bezugssystem* Prüflänge: *1—2 mm* Grenzwellenlänge (cut-off): —
Anzahl der Messungen je Meßstelle: *10*

Werkstück

Werkstoff: *41 Cr 4 (Wst.-Nr. 17035)*
Legierung: *0,38—0,44 C; 0,25 Si; 0,7 Mn; 1,05 Cr*
Behandlung vor Umformung: *phosphatierte Preßlinge vor dem Walzen in Sägespänen getrommelt*
Rauheitsart vor Umformung: *Riefen in axialer Richtung auf Grund des Reduzierens*
nach Umformung: *Riefen in Umfangsrichtung*
Bemerkungen: *Werkstücke vor dem Messen in NaOH gereinigt, Meßwerte aus Tastschrieben ermittelt*
[1] *außerdem Trommelmulden bis 60 µm Tiefe*

Korngröße vor Umformung: —
nach Umformung: —
Härte vor Umformung: *HV 30 = 200 kp/mm² in Flankenmitte*
nach Umformung: *HV 30 = 240 kp/mm² in Flankenmitte*

Tastung:	*in Achsrichtung bzw. in einer Achsebene auf der Flanke*				*in Umfangsrichtung auf der Zylinderfläche bzw. auf der Flanke*				räuml. Leeregrad
Oberflächenmaße	Rauhtiefe R_t [µm]	Mittenrauhwert R_a [µm]	Glättungstiefe R_p [µm]	Profil-Leeregrad $\frac{R_p}{R_t}$	Rauhtiefe R_t [µm]	Mittenrauhwert R_a [µm]	Glättungstiefe R_p [µm]	Profil-Leeregrad $\frac{R_p}{R_t}$	
vor Umformung	*3...4 u. 12...18*[1]	—	*2...3,5*	*≈ 0,3*	*6...10 u. 15...26*[1]	—	*3...4 (10)*	*≈ 0,35*	*≈ 0,52*
nach Umformung	*2...8*	*0,5...0,8*	*0,7...3*	*≈ 0,35*	*0,5...2,5*	*0,2...0,4*	*0,2...1,2*	*≈ 0,22*	*≈ 0,38*

Messung nach der Herstellung von *5000 Werkstücken*
Lage der ausgewählten Fläche: *Flankenmitte*
Meßgerät: *Talysurf* Tastsystem: *geradliniges und gekrümmtes Bezugssystem* Prüflänge: *2 mm* Grenzwellenlänge (cut-off): *∞ mm*
Anzahl der Messungen je Meßstelle: *10*

Gewindewalzen im Einstechverfahren — M 16 | Tafel 3—2

Oberflächengestalt des Werkzeugs

Werkzeug neu

Draufsicht V = *14:1*

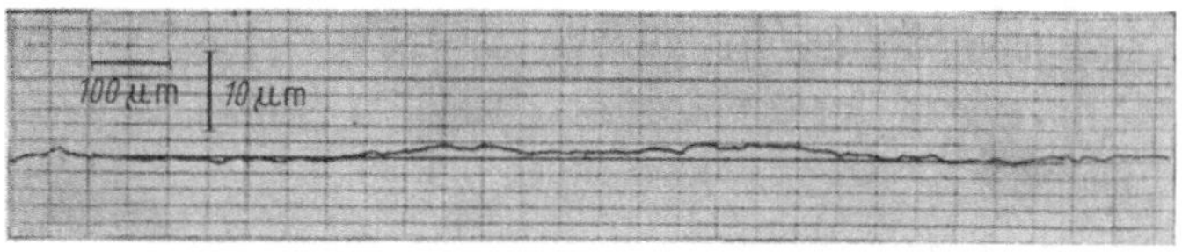

in einer Achsebene auf der Flanke V ↑ = *600* V → = *60*

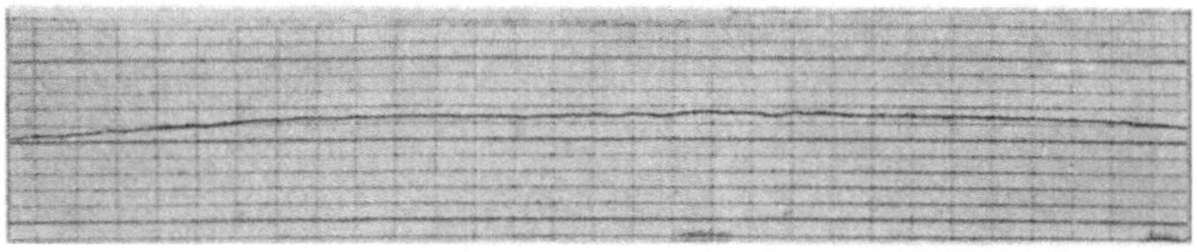

in Umfangsrichtung auf der Flanke V ↑ = *600* V → = *60*

Werkzeug nach *ca. 150 000 Werkstücken*

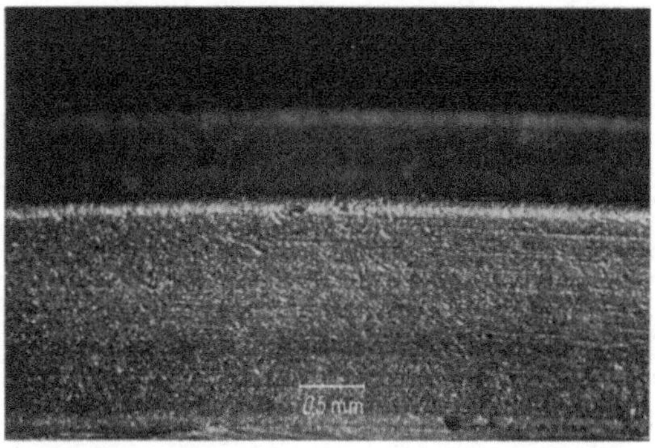

Draufsicht V = *14:1*

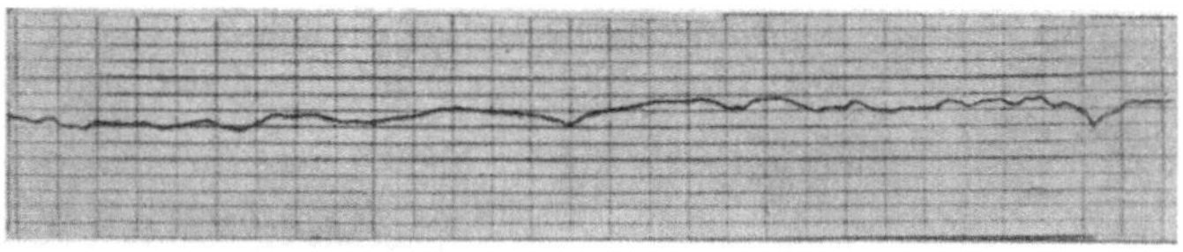

in einer Achsebene auf der Flanke V ↑ = *600* V → = *60*

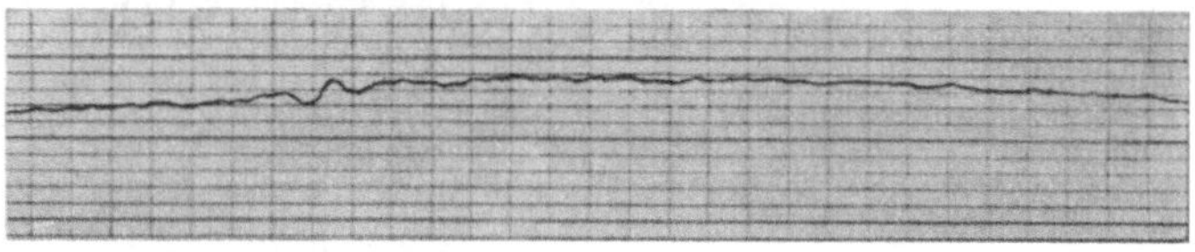

in Umfangsrichtung auf der Flanke V ↑ = *600* V → = *60*

Oberflächengestalt des Werkstücks

vor Umformung

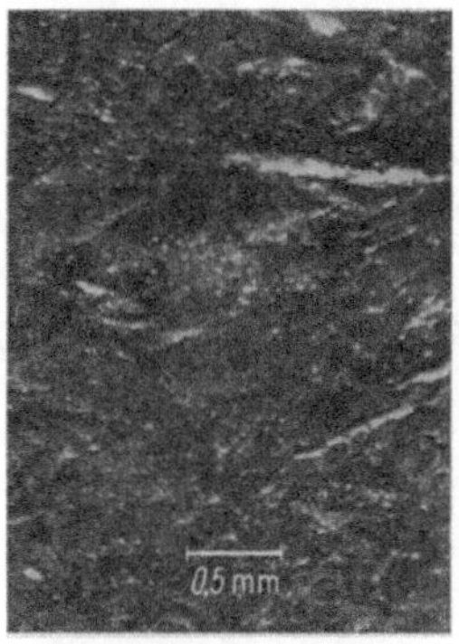

Draufsicht V = *14:1*

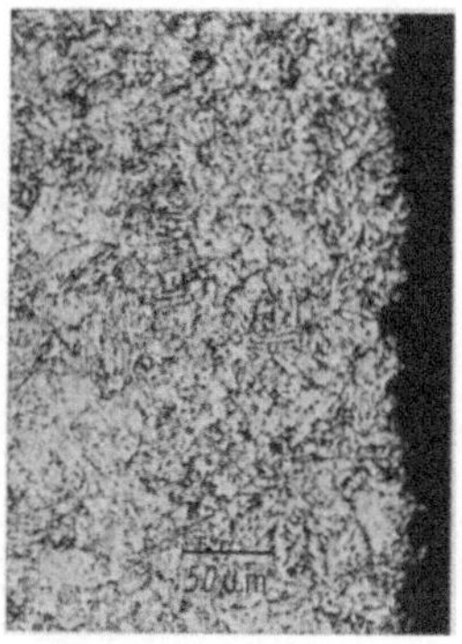

Gefüge V = *140:1*

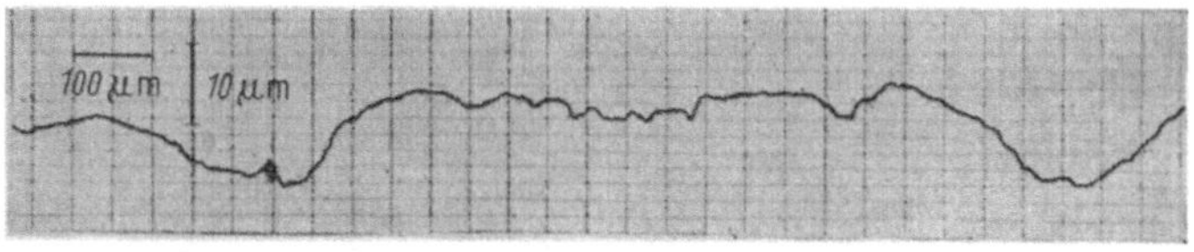

in Achsrichtung V ↑ = *600* V → = *60*

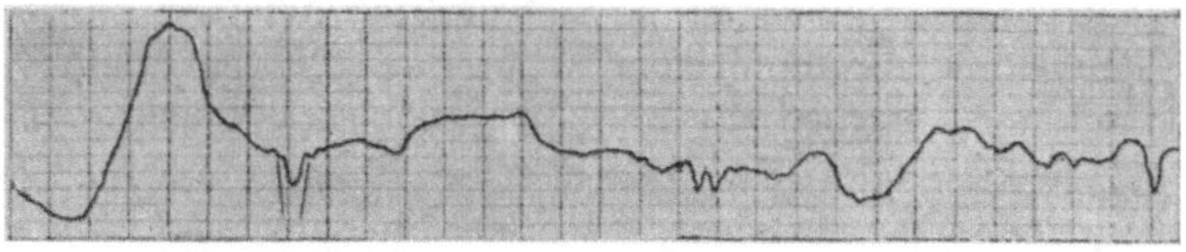

in Umfangsrichtung V ↑ = *600* V → = *60*

nach Umformung: *5000. Werkstück*

Draufsicht V = *14:1*

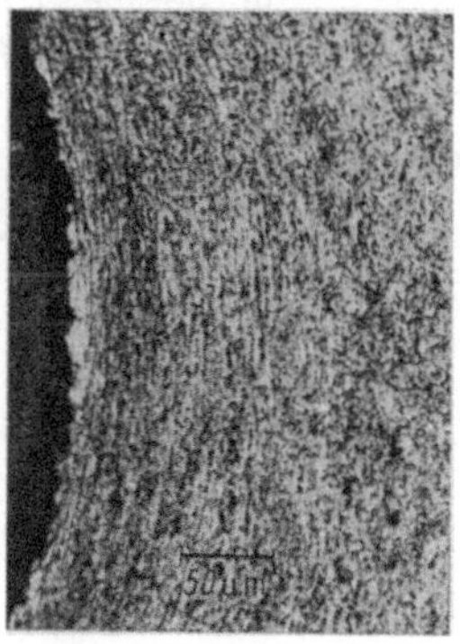

Gefüge V = *140:1*

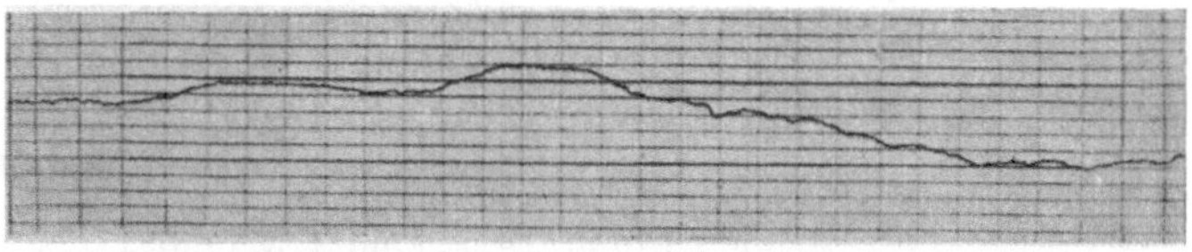

in einer Achsebene auf der Flanke V ↑ = *600* V → = *60*

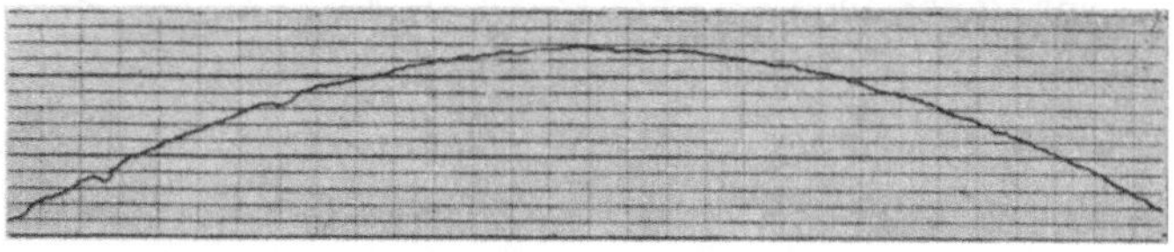

in Umfangsrichtung auf der Flanke V ↑ = *600* V → = *60*

Allgemeiner Text zu diesem Umformverfahren s. S. 47.
Erläuterung zu dieser Tafel s. S. 49.

Tafel 3—3 Gewindewalzen im Einstechverfahren — M 30

Verfahrensangaben

Ausgangsform: *gedrehter Bolzen*
Bezogene Formänderung: —
Umformgrad (logarithmiert): —
Art der Schmierung: *Maschinenöl*
Fertigungsgüte: *üblich*
Bemerkungen:

Wirkpaar

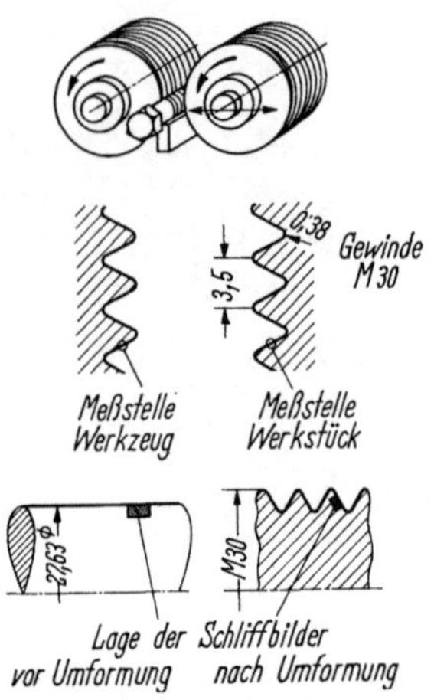

Werkzeug

Benennung: *Gewindewalzen*
Werkstoff: *X 165 Cr V 12 (Wst.-Nr. 1.2201)*
Härte: *60 HRC*
Rauheitsart am neuen Werkzeug: *Schleifrillen in Umfangsrichtung*
am benutzten Werkzeug: *Gleitspuren und Grübchen*
Bemerkungen: *Meßwerte aus Tastschrieben ermittelt. Auf Draufsicht heller Streifen = Gewindespitze*

Tastung:	*in einer Achsebene auf der Flanke*				*in Umfangsrichtung auf der Flanke*			
Oberflächenmaße	Rauhtiefe R_t [µm]	Mitten-rauhwert R_a [µm]	Glättungs-tiefe R_p [µm]	Profil-Leeregrad $\frac{R_p}{R_t}$	Rauhtiefe R_t [µm]	Mitten-rauhwert R_a [µm]	Glättungs-tiefe R_p [µm]	Profil-Leeregrad $\frac{R_p}{R_t}$
Werkzeug neu	*1,5...2,0*	—	*≈ 0,5*	*≈ 0,3*	*0,5...1,0*	—	*0,1...0,2*	*≈ 0,25*
Werkzeug nach *100 000* Werkstücken	*3,0...4,0*	—	*1...1,5*	*≈ 0,4*	*1 u. 2...4*	—	*0,3..0,8.*	*≈ 0,3*

Lage der ausgewählten Fläche: *Flankenmitte*
Meßgerät: *Talysurf* Tastsystem: *geradliniges Bezugssystem* Prüflänge: *2 mm* Grenzwellenlänge: — (cut-off)
Anzahl der Messungen je Meßstelle: *10*

Werkstück

Werkstoff: *C 35 (DIN 172 40)*
Legierung: *0,32—0,40 C; 0,25 Si; 0,55 Mn; P und S je 0,045 max.*
Behandlung vor Umformung: *abgeschreckt (840 °C, Wasser) angelassen (640 °C),*
Rauheitsart vor Umformung: *Drehrillen 0,14 mm breit*
nach Umformung: *Riefen in Flankenrichtung*
Bemerkungen: *Meßwerte für die Gewinderauheit aus Tastschrieben ermittelt*

Korngröße vor Umformung: —
nach Umformung: —
Härte vor Umformung: *HV 30 = 180 kp/mm² in Flankenmitte*
nach Umformung: *HV 30 = 250 kp/mm² in Flankenmitte*

Tastung:	*in Achsrichtung bzw. in einer Achsebene auf der Flanke*				*in Umfangsrichtung auf der Zylinderfläche bzw. auf der Flanke*				räuml. Leere-grad
Oberflächenmaße	Rauhtiefe R_t [µm]	Mitten-rauhwert R_a [µm]	Glättungs-tiefe R_p [µm]	Profil-Leeregrad $\frac{R_p}{R_t}$	Rauhtiefe R_t [µm]	Mitten-rauhwert R_a [µm]	Glättungs-tiefe R_p [µm]	Profil-Leeregrad $\frac{R_p}{R_t}$	
vor Umformung	*12...17*	*3...4*	*5...7*	*≈ 0,45*	*0,5...2,5*	*0,2...0,5*	*0,3...0,5*	*≈ 0,2*	*≈ 0,46*
nach Umformung	*1,3...2*	*0,6...0,8*	*0,5...0,6*	*≈ 0,35*	*≤ 0,5*	*0,1...0,2*	*≤ 0,2*	*≈ 0,4*	*≈ 0,4*

Messung nach der Herstellung von *100 000 Werkstücken*
Lage der ausgewählten Fläche: *Flankenmitte*
Meßgerät: *Talysurf* Tastsystem: *geradliniges Bezugssystem* Prüflänge: *2 mm* Grenzwellenlänge: — (cut-off)
Anzahl der Messungen je Meßstelle: *10*

Gewindewalzen im Einstechverfahren — M 30 | Tafel 3—3

Oberflächengestalt des Werkzeugs

Werkzeug neu

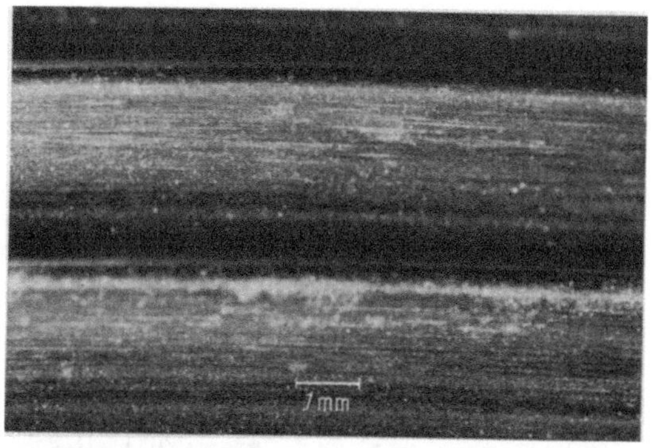

Draufsicht V = 7:1

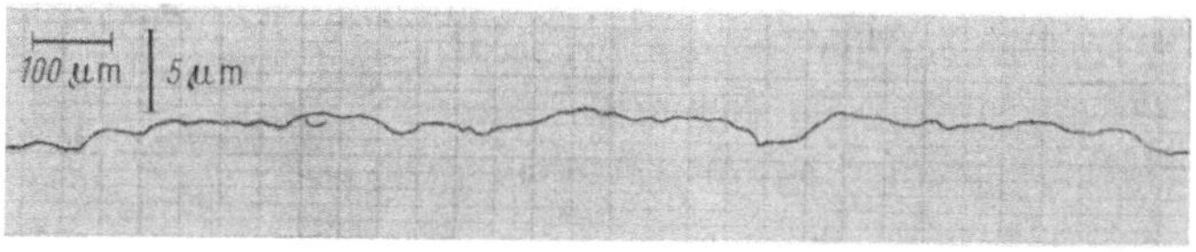

in einer Achsebene auf der Flanke V ↑ = 1200 V → = 60

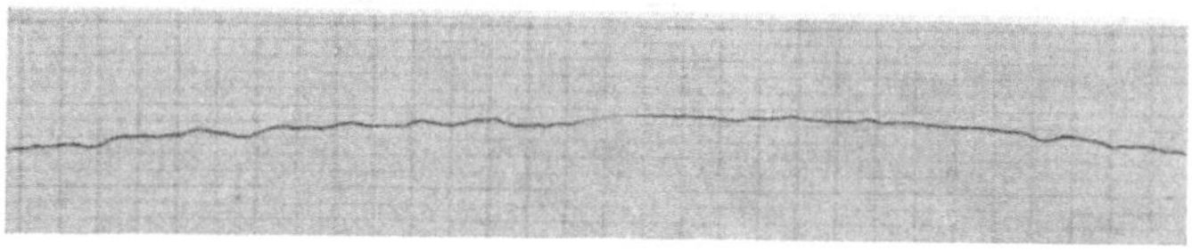

in Umfangsrichtung auf der Flanke V ↑ = 1200 V → = 60

Werkzeug nach *100 000 Werkstücken*

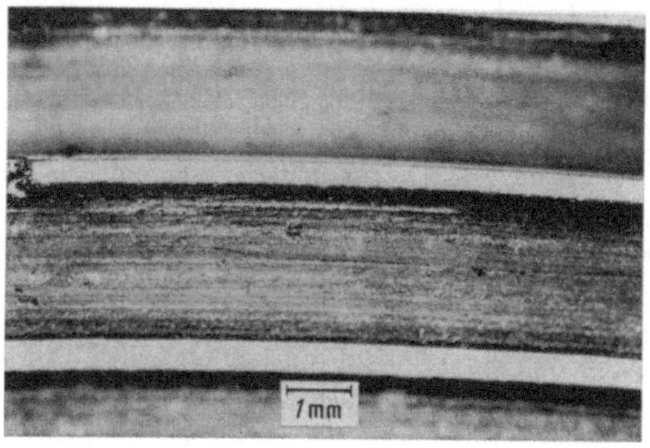

Draufsicht V = 7:1

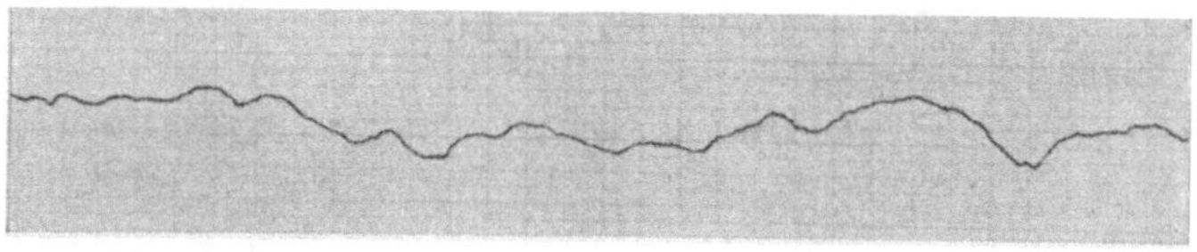

in einer Achsebene auf der Flanke V ↑ = 1200 V → = 60

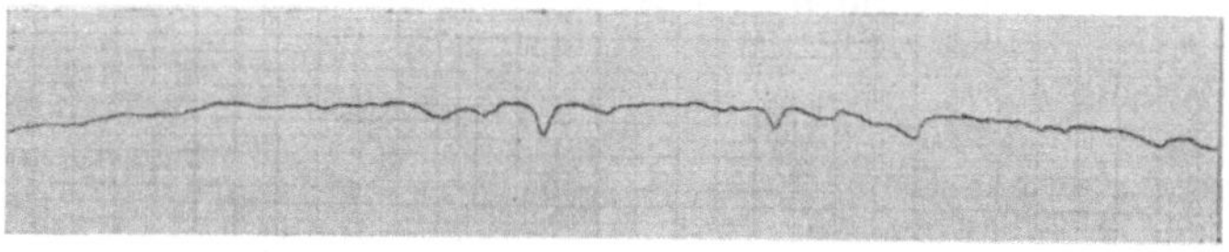

in Umfangsrichtung auf der Flanke V ↑ = 1200 V → = 60

Oberflächengestalt des Werkstücks

vor Umformung

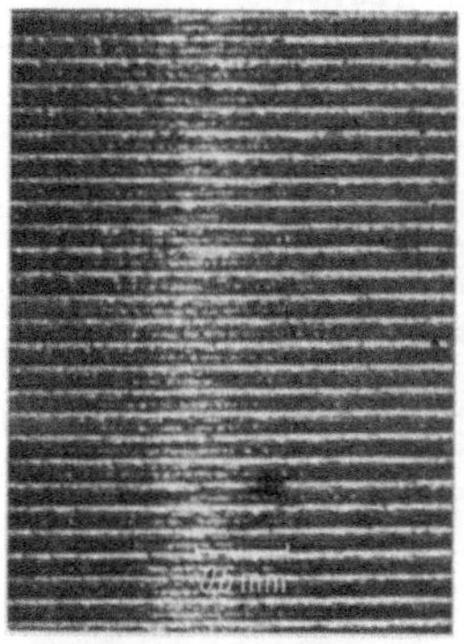

Draufsicht V = 12:1

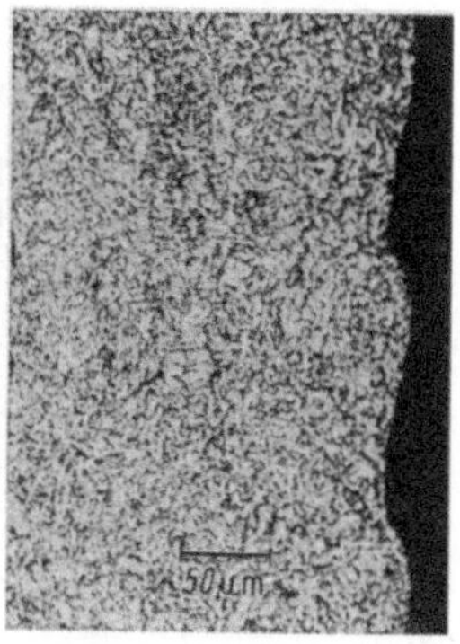

Gefüge V = 140:1

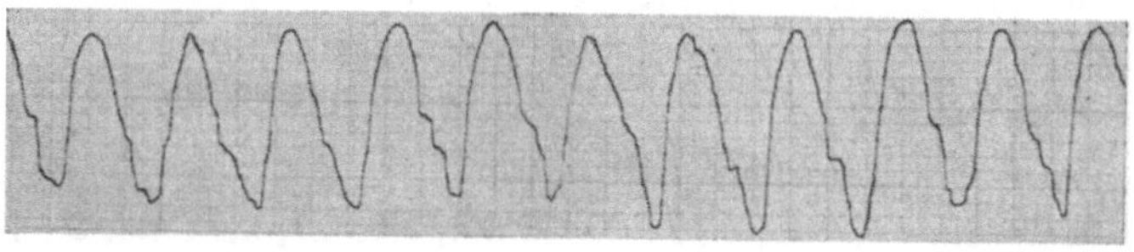

in Achsrichtung V ↑ = 1200 V → = 60

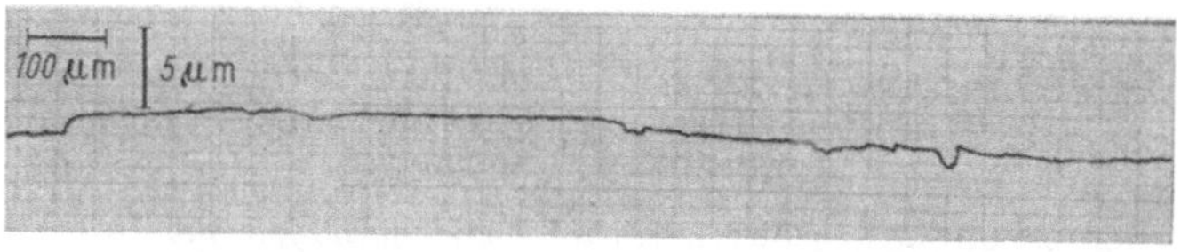

in Umfangsrichtung V ↑ = 1200 V → = 60

nach Umformung: *100 000. Werkstück*

Draufsicht V = 12:1

Gefüge V = 140:1

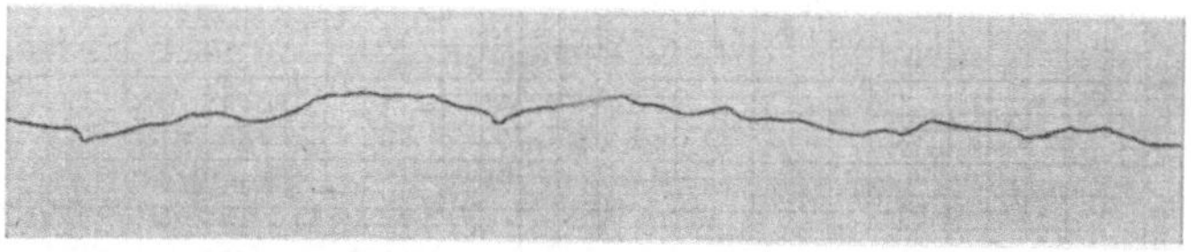

in einer Achsebene auf der Flanke V ↑ = 1200 V → = 60

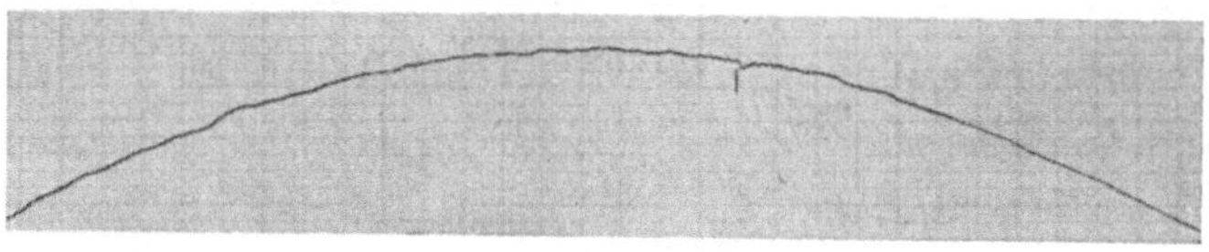

in Umfangsrichtung auf der Flanke V ↑ = 1200 V → = 60

Allgemeiner Text zu diesem Umformverfahren s. S. 47.
Erläuterung zu dieser Tafel s. S. 49.

Tafel 3—4 — Gewindewalzen im Durchlaufverfahren

Verfahrensangaben

Ausgangsform: *gedrehter Stab*
Bezogene Formänderung: —
Umformgrad (logarithmiert): —
Art der Schmierung: *Maschinenöl*
Fertigungsgüte: *üblich*
Bemerkungen:

Wirkpaar

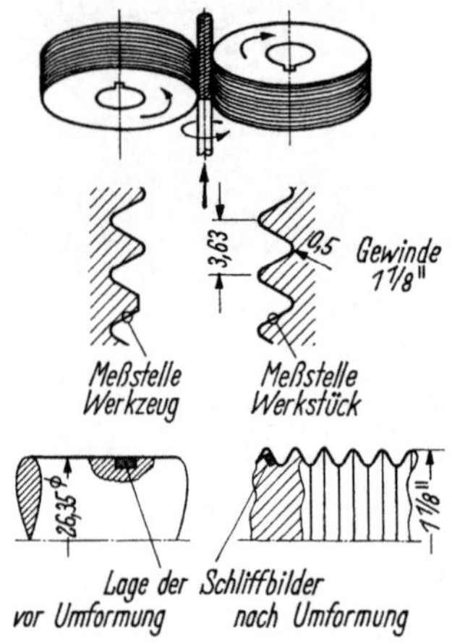

Werkzeug

Benennung: *Walzen mit Rillen in achssenkrechten Ebenen*
Werkstoff: *X 165 Cr V 12 (Wst.-Nr. 1.2201)*
Härte: *60 HRC*
Rauheitsart am neuen Werkzeug: *Schleifrillen in Umfangsrichtung*
am benutzten Werkzeug: *Riefen in Umfangsrichtung*
Bemerkungen: *Meßwerte aus Tastschrieben ermittelt.*
Auf Draufsicht heller Streifen = Gewindespitze

Tastung:	*in einer Achsebene auf der Flanke*				*in Umfangsrichtung auf der Flanke*			
Oberflächenmaße	Rauhtiefe R_t [μm]	Mitten-rauhwert R_a [μm]	Glättungs-tiefe R_p [μm]	Profil-Leeregrad $\frac{R_p}{R_t}$	Rauhtiefe R_t [μm]	Mitten-rauhwert R_a [μm]	Glättungs-tiefe R_p [μm]	Profil-Leeregrad $\frac{R_p}{R_t}$
Werkzeug neu	2...3	0,3...0,5	0,7...1	≈ 0,35	0,4...0,8	≈ 0,1	≈ 0,2	≈ 0,3
Werkzeug nach *400 m Gewindelänge*	2...3	0,3...0,5	0,7...1	≈ 0,3	0,6...1,2	≈ 0,1	0,2...0,3	≈ 0,25

Lage der ausgewählten Fläche: *Flankenmitte*
Meßgerät: *Talysurf* Tastsystem: *geradliniges Bezugssystem* Prüflänge: *2 mm* Grenzwellenlänge (cut-off): —
Anzahl der Messungen je Meßstelle: *10*

Werkstück

Werkstoff: *24 Cr Mo 5 (DIN 17006)*
Legierung: *0,24 C; 0,25 Si; 0,65 Mn; 1,05 Cr; 0,25 Mo; 0,6 Ni; 0,035 P; 0,0035 S*
Behandlung vor Umformung: *abgeschreckt (840 °C, Wasser) angelassen (640 °C)*
Rauheitsart vor Umformung: *Drehrillen 0,14 mm breit*
nach Umformung: *Riefen in Umfangsrichtung auf der Flanke*
Bemerkungen: *Meßwerte für die Gewinderauheit aus Tastschrieben ermittelt*
[1] *ohne Welligkeit*

Korngröße vor Umformung: —
nach Umformung: —
Härte vor Umformung: *HV 30 = 195 kp/mm² in Flankenmitte*
nach Umformung: *HV 30 = 260 kp/mm² in Flankenmitte*

Tastung:	*in Achsrichtung bzw. in einer Achsebene auf der Flanke*				*in Umfangsrichtung auf der Zylinderfläche bzw. auf der Flanke*				räuml. Leere-grad
Oberflächenmaße	Rauhtiefe R_t [μm]	Mitten-rauhwert R_a [μm]	Glättungs-tiefe R_p [μm]	Profil-Leeregrad $\frac{R_p}{R_t}$	Rauhtiefe R_t [μm]	Mitten-rauhwert R_a [μm]	Glättungs-tiefe R_p [μm]	Profil-Leeregrad $\frac{R_p}{R_t}$	
vor Umformung	12...17	3...4	5...6	≈ 0,4	0,5...2	0,2...0,4	0,3...0,5	≈ 0,25	≈ 0,41
nach Umformung	1,5...3; Welle 5...6	0,6...0,8	0,8...1[1]	≈ 0,33	0,35...0,45	0,1...0,15	0,12...0,16	≈ 0,3	≈ 0,36

Messung nach der Herstellung von *400 m Gewindelänge*
Lage der ausgewählten Fläche: *Flankenmitte*
Meßgerät: *Talysurf* Tastsystem: *geradliniges Bezugssystem* Prüflänge: *2 mm* Grenzwellenlänge (cut-off): —
Anzahl der Messungen je Meßstelle: *10*

Gewindewalzen im Durchlaufverfahren — Tafel 3–4

Oberflächengestalt des Werkzeugs

Werkzeug neu

Draufsicht V = *7:1*

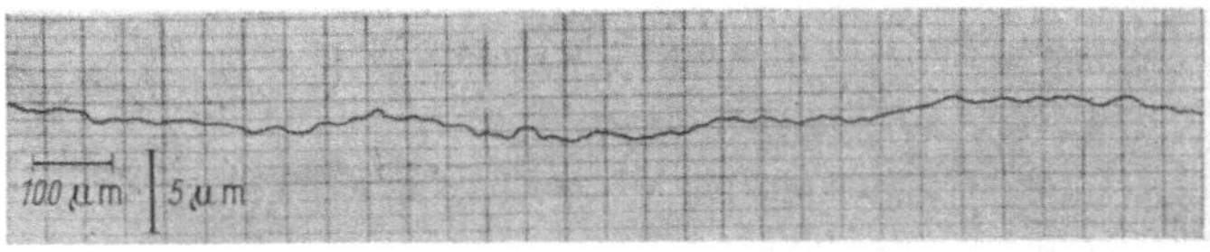

in einer Achsebene auf der Flanke V ↑ = *1200* V → = *60*

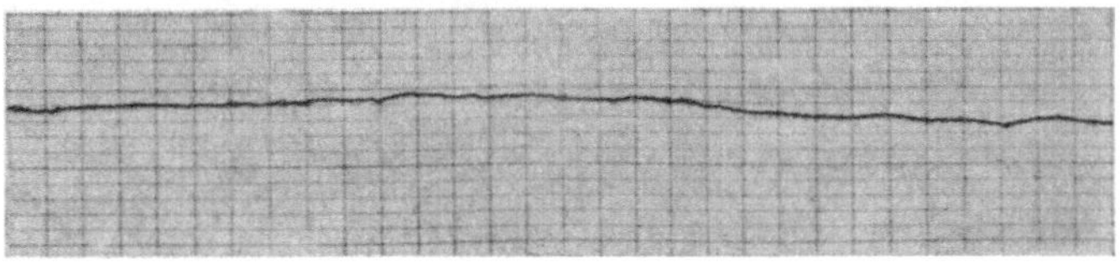

in Umfangsrichtung auf der Flanke V ↑ = *1200* V → = *60*

Werkzeug nach *400 m Gewindelänge*

Draufsicht V = *7:1*

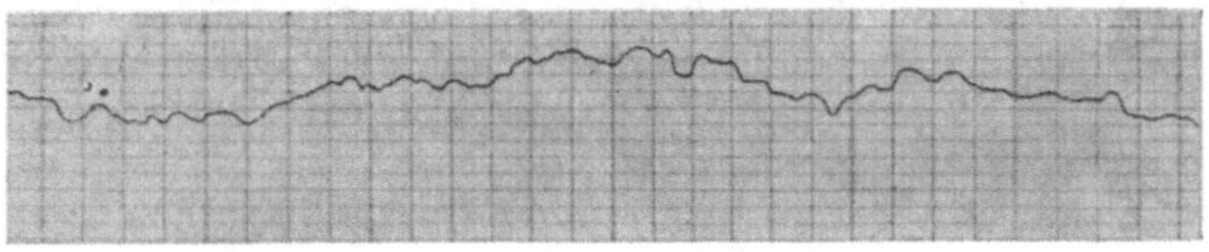

in einer Achsebene auf der Flanke V ↑ = *1200* V → = *60*

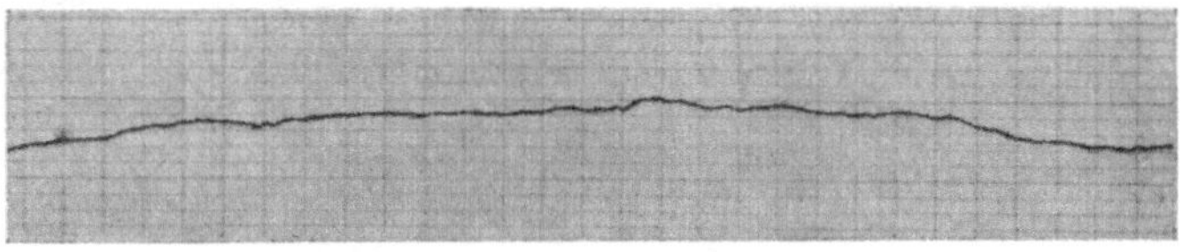

in Umfangsrichtung auf der Flanke V ↑ = *1200* V → = *60*

Oberflächengestalt des Werkstücks

vor Umformung

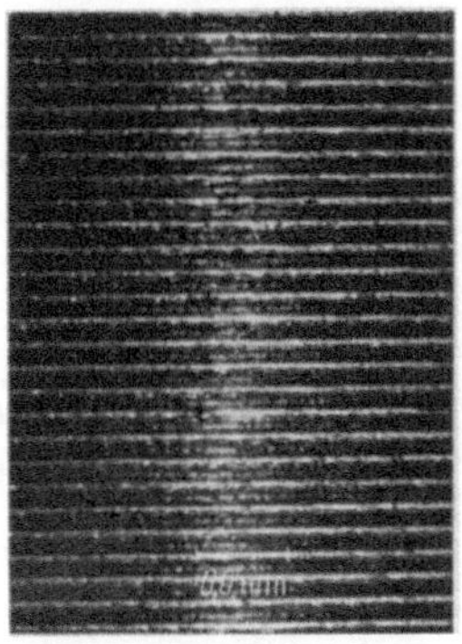

Draufsicht V = *12:1*

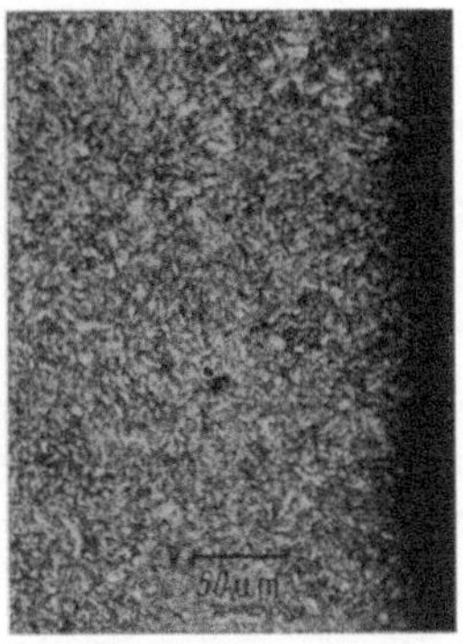

Gefüge V = *140:1*

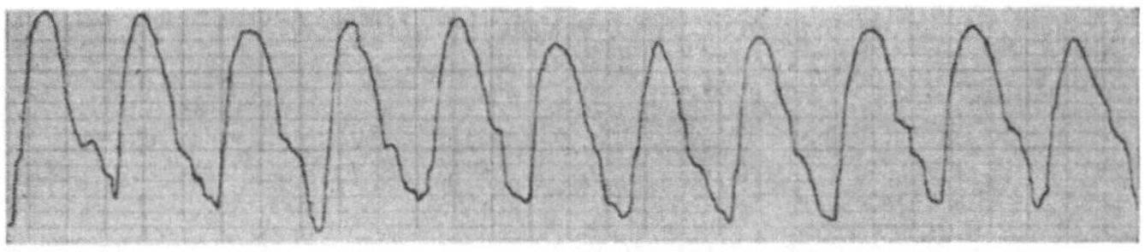

in Achsrichtung V ↑ = *1200* V → = *60*

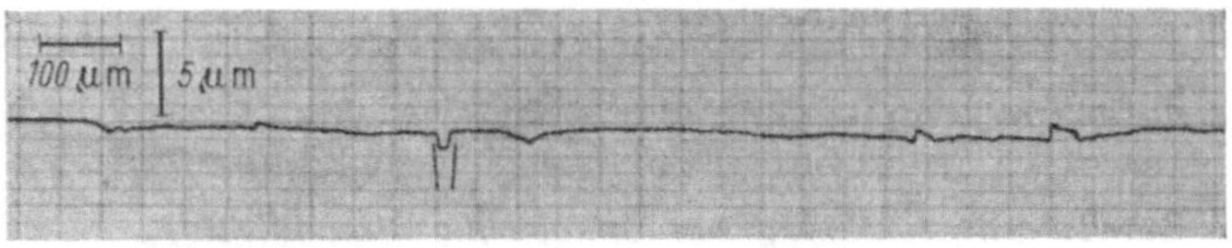

in Umfangsrichtung V ↑ = *1200* V → = *60*

nach Umformung: *400. Gewindemeter*

Draufsicht V = *12:1*

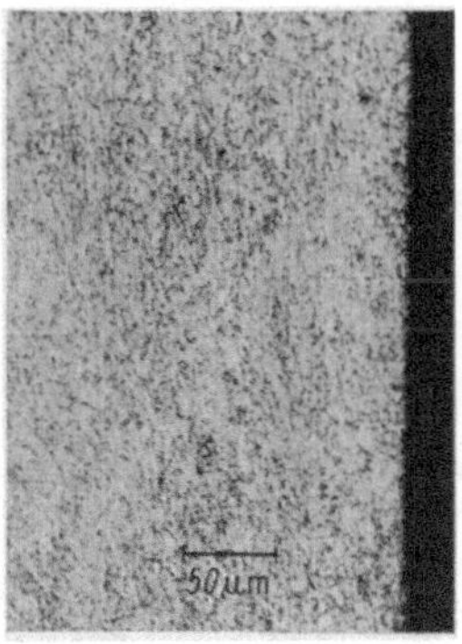

Gefüge V = *140:1*

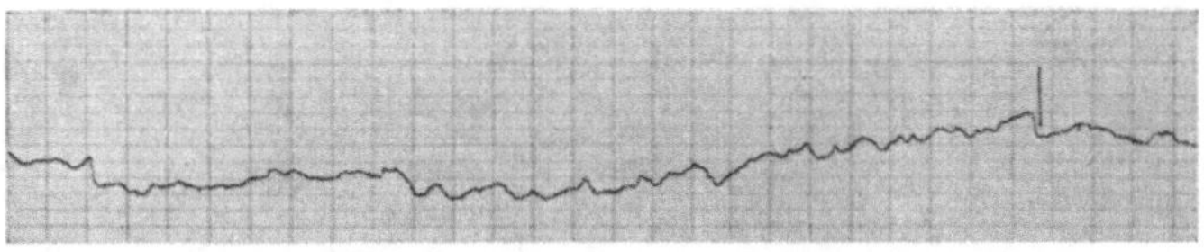

in einer Achsebene auf der Flanke V ↑ = *1200* V → = *60*

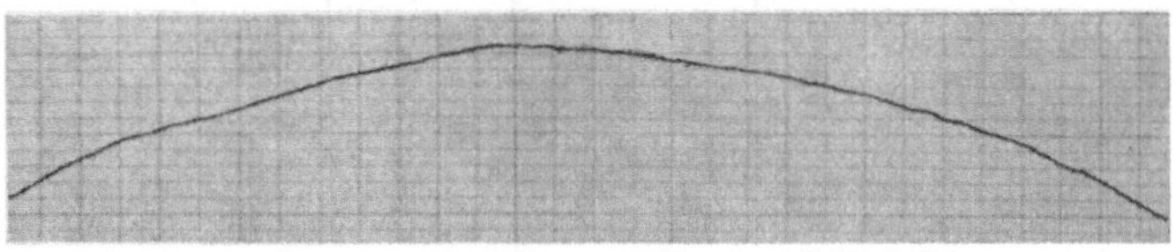

in Umfangsrichtung auf der Flanke V ↑ = *1200* V → = *60*

Allgemeiner Text zu diesem Umformverfahren s. S. 47.
Erläuterung zu dieser Tafel s. S. 50.

Tafel 4—1 Stauchen im geschlossenen Gesenk (Stirnfläche)

Verfahrensangaben

Ausgangsform: *runder Stababschnitt*
Bezogene Formänderung: $\varepsilon_h = -0{,}36$
Umformgrad (logarithmiert): $\varphi_h = -0{,}44$
Art der Schmierung: *phosphatiert und beseift*
Fertigungsgüte: *üblich*
Bemerkungen: *Die Endform dieses Arbeitsganges ist die Ausgangsform zu den Tafeln 7-1 bis 7-4.*

Wirkpaar

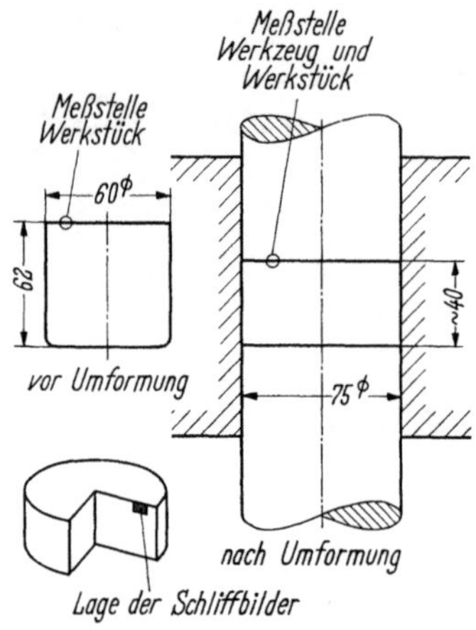

Werkzeug

Benennung: *Oberstempel*
Werkstoff des Stempels: *X 210 Cr 12 (Wst.-Nr. 1.2080)*
Härte: *62 HRC*
Rauheitsart am neuen Werkzeug: *ringförmig verlaufende Polierrillen*
am benutzten Werkzeug: *radial verlaufende Verschleißriefen*
Bemerkungen:

Tastung:	in tangentialer Richtung				in radialer Richtung			
Oberflächenmaße	Rauhtiefe R_t [μm]	Mittenrauhwert R_a [μm]	Glättungstiefe R_p [μm]	Profil-Leeregrad $\frac{R_p}{R_t}$	Rauhtiefe R_t [μm]	Mittenrauhwert R_a [μm]	Glättungstiefe R_p [μm]	Profil-Leeregrad $\frac{R_p}{R_t}$
Werkzeug neu	0,4...0,8	0,07...0,11	0,14...0,22	≈ 0,3	0,4...1,0	0,08...0,12	0,2...0,3	≈ 0,4
Werkzeug nach 5000 Werkstücken	2...4,5	0,3...0,4	0,5...0,9	≈ 0,25	1,5...3	0,2...0,4	0,5...1,5	≈ 0,5

Lage der ausgewählten Fläche: *Stirnfläche in Randnähe*
Meßgerät: *Perth-O-Meter* Tastsystem: *HT 25* Prüflänge: *5 mm* Grenzwellenlänge: *0,75 mm* (cut-off)
Anzahl der Messungen je Meßstelle: *10*

Werkstück

Werkstoff: *CK 15 (DIN 17 210)*
Legierung: *0,12—0,18 C; 0,25 Si; 0,37 Mn P u. S je 0,035 max.*
Behandlung vor Umformung: *gebeizt, phosphatiert, beseift*
Rauheitsart vor Umformung: *Sägerillen mit dünner Phosphatschicht*
nach Umformung: *geglättet, leicht gerichtet*
Bemerkungen: *Gefüge vor Umformung rekristallisiert. Rand am Schliffbild „vor Umformung" zeigt Spuren des Sägens*

Korngröße vor Umformung: *530 μm²*
nach Umformung: *420 μm² (1,6:1)*
Härte vor Umformung: *HV 30 = 110 kp/mm²*
nach Umformung: *HV 30 = 180 kp/mm²*

Tastung:	längs den Sägerillen				quer zu den Sägerillen				räuml. Leeregrad
Oberflächenmaße	Rauhtiefe R_t [μm]	Mittenrauhwert R_a [μm]	Glättungstiefe R_p [μm]	Profil-Leeregrad $\frac{R_p}{R_t}$	Rauhtiefe R_t [μm]	Mittenrauhwert R_a [μm]	Glättungstiefe R_p [μm]	Profil-Leeregrad $\frac{R_p}{R_t}$	
vor Umformung	15 und 40	3...6	6...20	≈ 0,6	40...65	7...9	15...23	≈ 0,4	≈ 0,58
nach Umformung	5...10 u. 10...20	3...4	5...7	≈ 0,27	5...12 u. 20...30	3,5...4,5	5...8	≈ 0,3	≈ 0,47

Messung nach der Herstellung von *5000 Werkstücken*
Lage der ausgewählten Fläche: *Stirnfläche in Randnähe*
Meßgerät: *Perth-O-Meter* Tastsystem: *TK 250* Prüflänge: *5 mm* Grenzwellenlänge: *0,75 mm* (cut-off)
Anzahl der Messungen je Meßstelle: *10*

Stauchen im geschlossenen Gesenk (Stirnfläche) — Tafel 4—1

Oberflächengestalt des Werkzeugs

Werkzeug neu

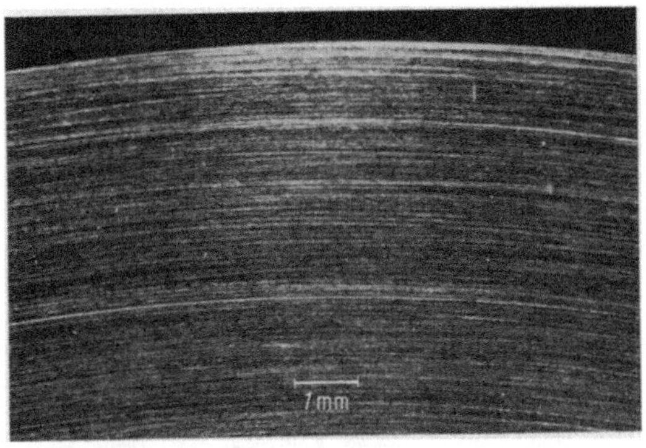

Draufsicht V = 7:1

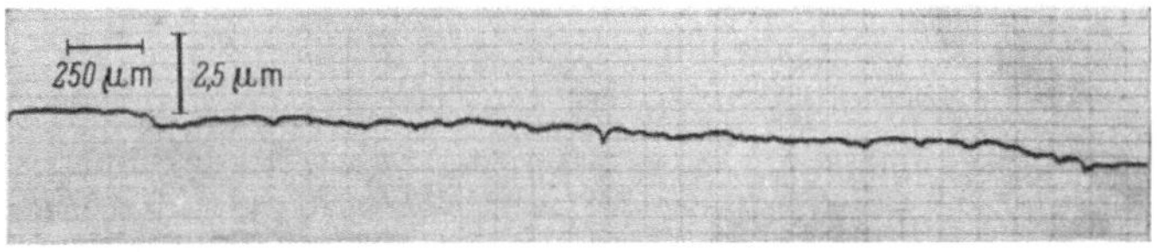

in tangentialer Richtung V ↑ = 2400:1 V → = 24:1

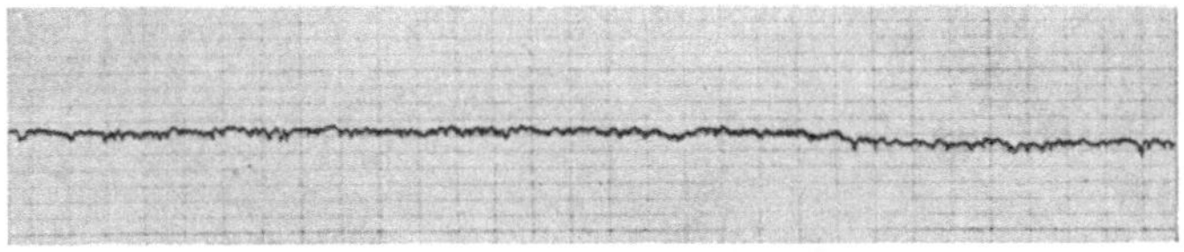

in radialer Richtung V ↑ = 2400:1 V → = 24:1

Werkzeug nach *5000 Werkstücken*

Draufsicht V = 7:1

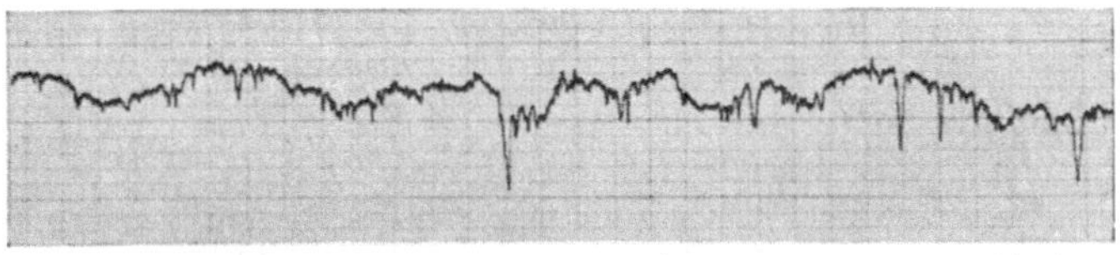

in tangentialer Richtung V ↑ = 2400:1 V → = 24:1

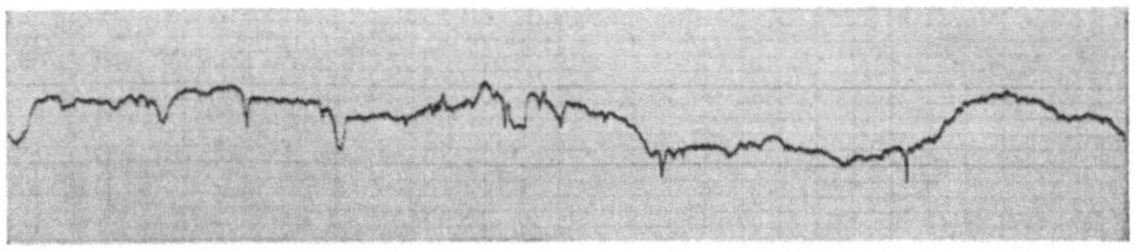

in radialer Richtung V ↑ = 2400:1 V → = 24:1

Oberflächengestalt des Werkstücks

vor Umformung

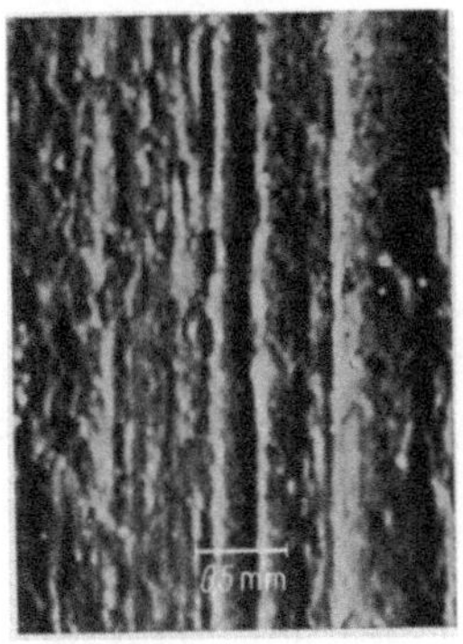

Draufsicht V = 14:1

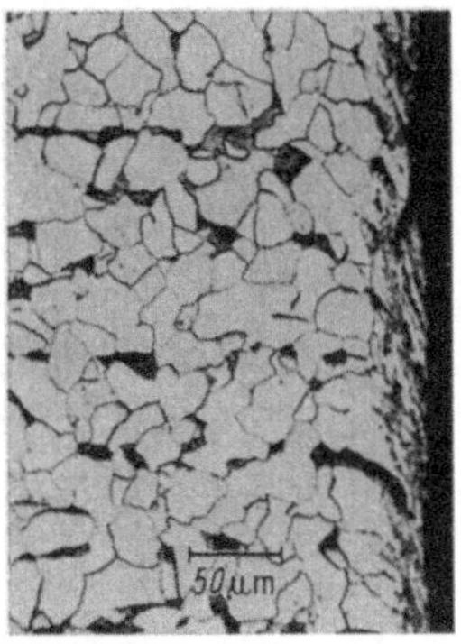

Gefüge V = 140:1

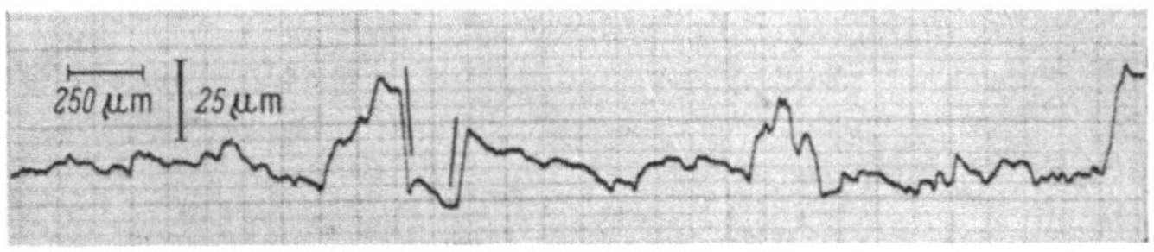

längs den Sägerillen V ↑ = 240:1 V → = 24:1

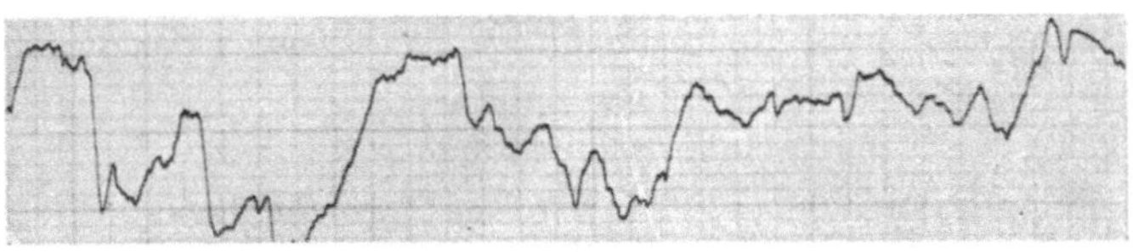

quer zu den Sägerillen V ↑ = 240:1 V → = 24:1

nach Umformung: *5000. Werkstück*

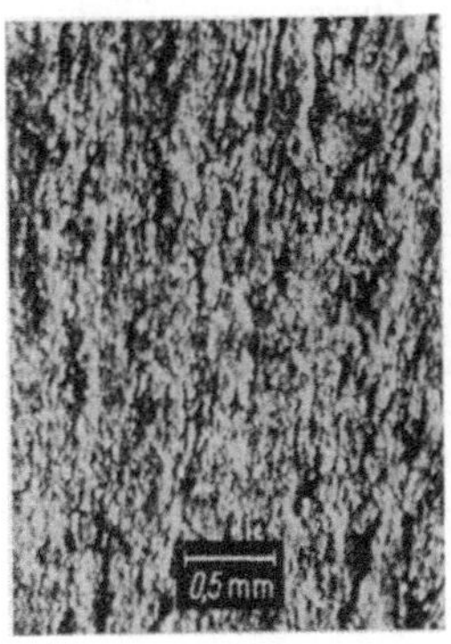

Draufsicht V = 14:1

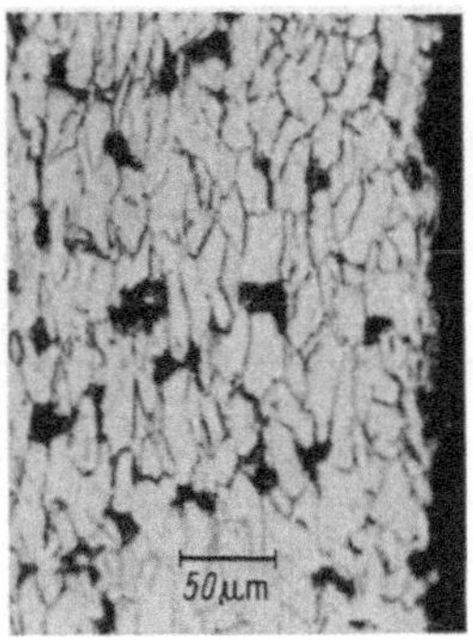

Gefüge V = 140:1

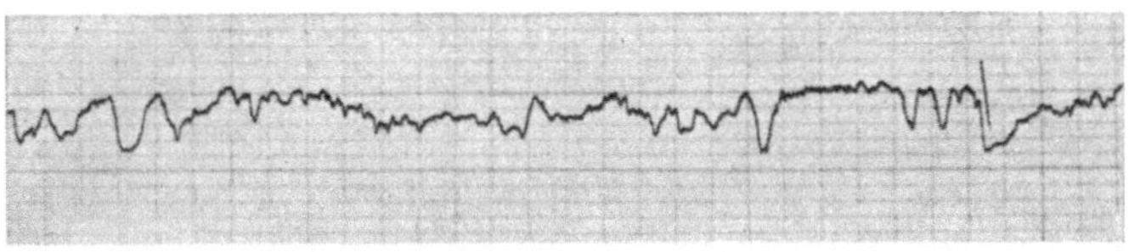

längs den Sägerillen V ↑ = 240:1 V → = 24:1

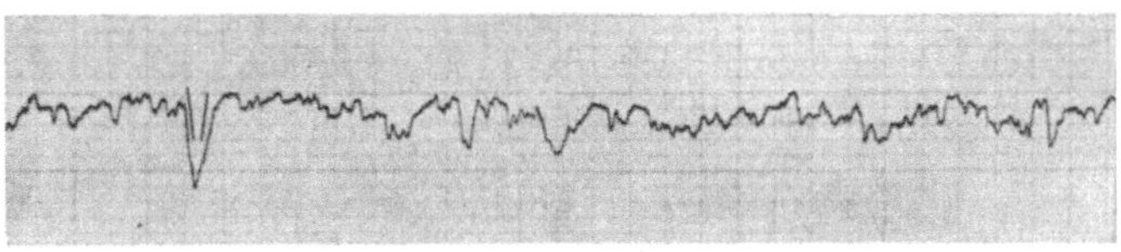

quer zu den Sägerillen V ↑ = 240:1 V → = 24:1

Allgemeiner Text zu diesem Umformverfahren s. S. 51.
Erläuterung zu dieser Tafel s. S. 51.

Tafel 4—2 Flachprägen (Glattprägen)

Verfahrensangaben

Ausgangsform: *runder Stababschnitt*
Bezogene Formänderung: $\varepsilon_h = -0{,}18$
Umformgrad (logarithmiert): $\varphi_h = -0{,}2$
Art der Schmierung: *keine*
Fertigungsgüte: *besondere Sorgfalt (Versuchsbedingungen)*
Bemerkungen:

Wirkpaar

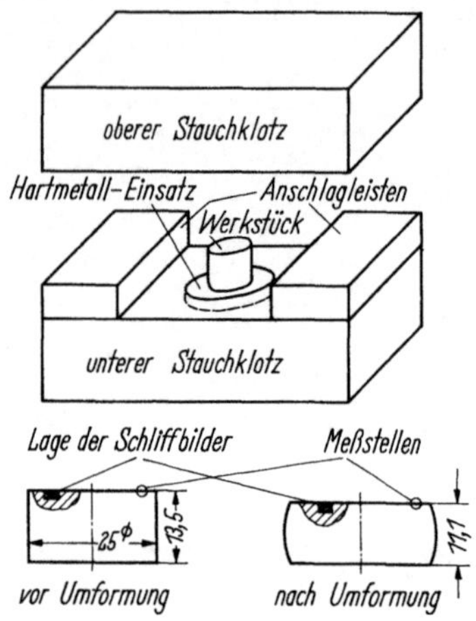

Werkzeug

Benennung: *Stauchbahn*
Werkstoff: *Hartmetall GT 50*
Härte: *HV 30 = 1000 kp/mm²*
Rauheitsart am neuen Werkzeug: *geläppt; ungerichtet*
am benutzten Werkzeug: *Abnutzung kaum wahrnehmbar.*
Bemerkungen: —

Tastung:	in tangentialer Richtung				in axialer Richtung			
Oberflächenmaße	Rauhtiefe R_t [μm]	Mittenrauhwert R_a [μm]	Glättungstiefe R_p [μm]	Profil-Leeregrad $\frac{R_p}{R_t}$	Rauhtiefe R_t [μm]	Mittenrauhwert R_a [μm]	Glättungstiefe R_p [μm]	Profil-Leeregrad $\frac{R_p}{R_t}$
Werkzeug neu	$\leq 0{,}6$	$\leq 0{,}07$	$\approx 0{,}2$	$\approx 0{,}3$	$\leq 0{,}6$	$\leq 0{,}07$	$\approx 0{,}2$	$\approx 0{,}3$
Werkzeug nach *300 Werkstücken*	$\leq 0{,}6$	$\leq 0{,}07$	$\approx 0{,}2$	$\approx 0{,}3$	$\leq 0{,}6$	$\leq 0{,}07$	$\approx 0{,}2$	$\approx 0{,}3$

Lage der ausgewählten Fläche: *Stirnfläche in Randnähe*
Meßgerät: *Perth-O-Meter* Tastsystem: *HT 25* Prüflänge: *5 mm* Grenzwellenlänge: *0,75 mm* (cut-off)
Anzahl der Messungen je Meßstelle: *10*

Werkstück

Werkstoff: *C 15 (DIN 17 210)*
Legierung: *0,12—0,18 C; 0,25 Si; 0,37 Mn; P u. S je 0,045 max.*
Behandlung vor Umformung: *vor dem Prägen sandgestrahlt*
Rauheitsart vor Umformung: *ungerichtet*
nach Umformung: *ungerichtet*
Bemerkungen: *Rauhtiefe in der Mitte der geprägten Stirnfläche* $R_t = 15 \ldots 25$ μm

Korngröße vor Umformung: *550 μm²*
nach Umformung: *600 μm²*
Härte vor Umformung: *HV 30 = 135 kp/mm²*
nach Umformung: *HV 30 = 185 kp/mm²*

Tastung:	in tangentialer Richtung				in radialer Richtung				räuml. Leeregrad
Oberflächenmaße	Rauhtiefe R_t [μm]	Mittenrauhwert R_a [μm]	Glättungstiefe R_p [μm]	Profil-Leeregrad $\frac{R_p}{R_t}$	Rauhtiefe R_t [μm]	Mittenrauhwert R_a [μm]	Glättungstiefe R_p [μm]	Profil-Leeregrad $\frac{R_p}{R_t}$	
vor Umformung:	20...45	4,5...6,5	10...13	$\approx 0{,}3$	20...45	4,5...6,5	10...13	$\approx 0{,}28$	$\approx 0{,}47$
nach Umformung	1...3 u. 8...13	0,5...0,9	0,8...1,5	$\approx 0{,}12$	1...3 u. 7...13	0,5...0,9	0,8...1,5	$\approx 0{,}12$	$\approx 0{,}22$

Messung nach der Herstellung von *300 Werkstücken*
Lage der ausgewählten Fläche: *Stirnfläche in Randnähe*
Meßgerät: *Perth-O-Meter* Tastsystem: *TK 250*[1]*/TK 25*[2] Prüflänge: *5 mm* Grenzwellenlänge: *0,75 mm* (cut-off)
Anzahl der Messungen je Meßstelle: *10*
[1] vor Umformung [2] nach Umformung

Flachprägen (Glattprägen) — Tafel 4–2

Oberflächengestalt des Werkzeugs

Werkzeug neu

Fein geläppt

V ↑ = V → =

Draufsicht V =

V ↑ = V → =

Werkzeug nach 300 Werkstücken

Abnutzung nicht wahrnehmbar

in tangentialer Richtung V ↑ = *600:1* V → = *24:1*

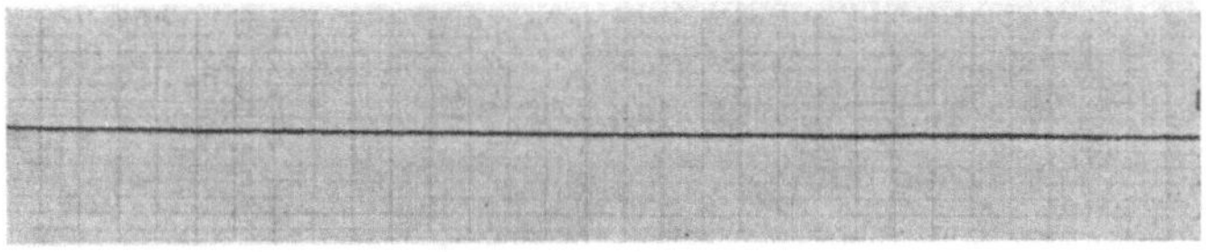

Draufsicht V =

in radialer Richtung V ↑ = *600:1* V → = *24:1*

Oberflächengestalt des Werkstücks

vor Umformung

Draufsicht V = *14:1*

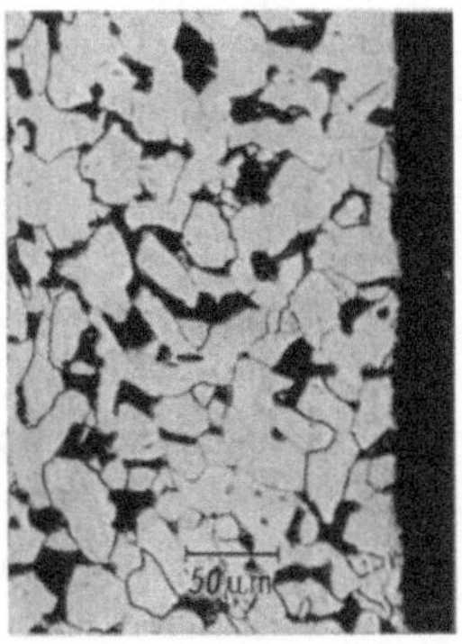

Gefüge V = *140:1*

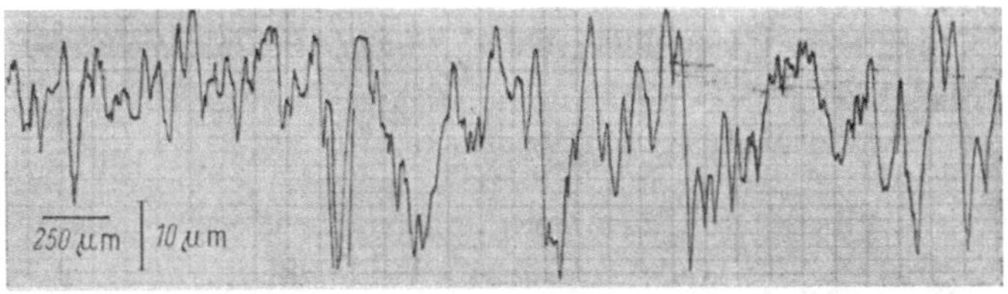

in tangentialer Richtung V ↑ = *600:1* V → = *24:1*

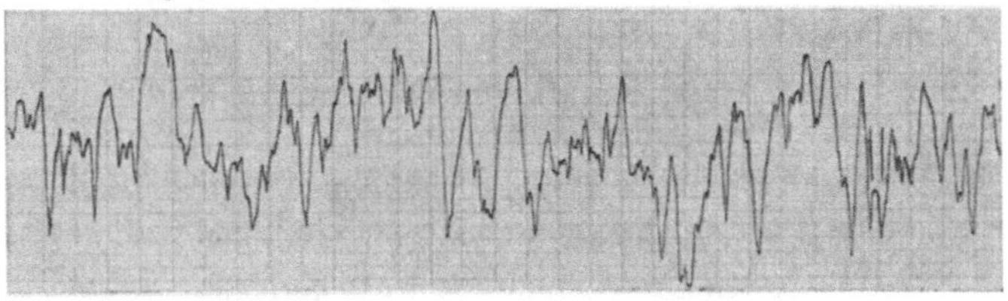

in radialer Richtung V ↑ = *600:1* V → = *24:1*

nach Umformung: 300. Werkstück

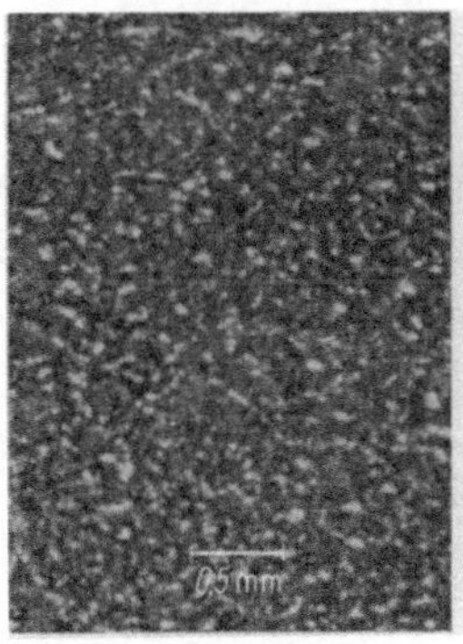

Draufsicht V = *14:1*

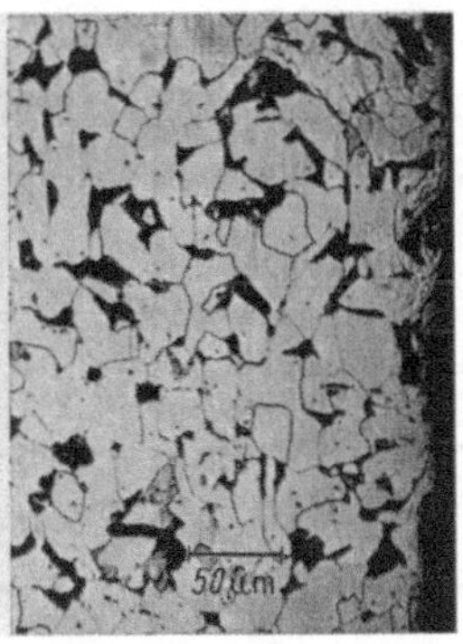

Gefüge V = *140:1*

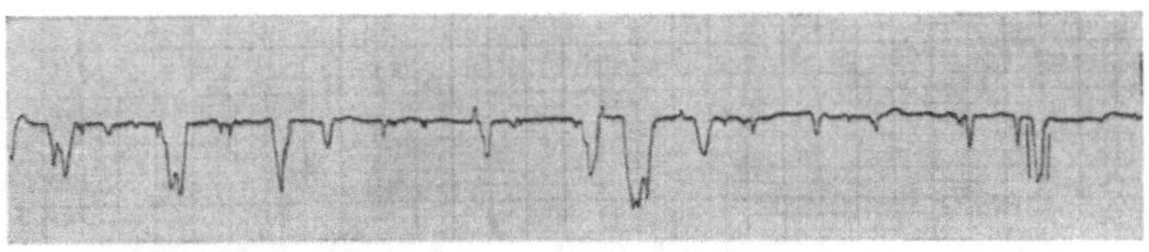

in tangentialer Richtung V ↑ = *600:1* V → = *24:1*

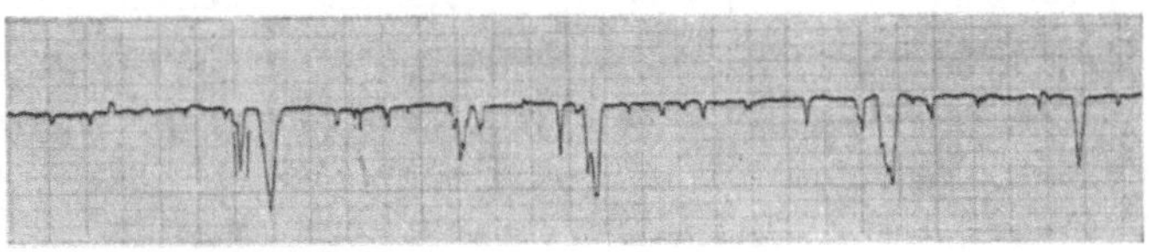

in radialer Richtung V ↑ = *600:1* V → = *24:1*

Allgemeiner Text zu diesem Umformverfahren s. S. 51.
Erläuterung zu dieser Tafel s. S. 51.

Tafel 5—1 | Rundkneten eines Rohres — Innenfläche

Verfahrensangaben

Ausgangsform: *nahtlos gezogenes Rohr*
Bezogene Formänderung: $\varepsilon_L = 0{,}11$
Umformgrad (logarithmiert): $\varphi_L = 0{,}11$
Art der Schmierung: *Maschinenöl, hauchdünn aufgetragen*
Fertigungsgüte: *üblich*
Bemerkungen: *Knetdorn sorgfältig rein gehalten*

Wirkpaar

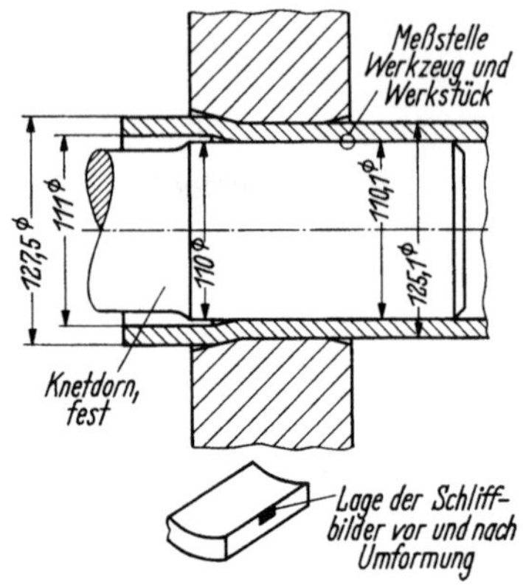

Werkzeug

Benennung: *Knetdorn*
Werkstoff: *X 210 Cr W 12 (Wst.-Nr. 1.2436) hart verchromt*
Härte: *HRC = 62 kp/mm² (vor Verchromen)*
Rauheitsart am neuen Werkzeug: *Polierrillen in Umfangsrichtung*
am benutzten Werkzeug: *desgl. mit überlagerten Verschleißriefen*
Bemerkungen:

Tastung:	in Achsrichtung				in Umfangsrichtung			
Oberflächenmaße	Rauhtiefe R_t [μm]	Mittenrauhwert R_a [μm]	Glättungstiefe R_p [μm]	Profil-Leeregrad $\frac{R_p}{R_t}$	Rauhtiefe R_t [μm]	Mittenrauhwert R_a [μm]	Glättungstiefe R_p [μm]	Profil-Leeregrad $\frac{R_p}{R_t}$
Werkzeug neu	*0,5 u. 1*	$\leq 0{,}1$	$\approx 0{,}2$	$\approx 0{,}25$	$\leq 0{,}5$	$\leq 0{,}08$	$\approx 0{,}1$	$\approx 0{,}2$
Werkzeug nach *1100 m Rohrlänge*	*0,5...1 u. 2*	$\approx 0{,}1$	$\approx 0{,}2$	$\approx 0{,}3$	*1...2*	$\approx 0{,}12$	$\approx 0{,}15$	$\approx 0{,}25$

Lage der ausgewählten Fläche: *beliebige Stelle der Wirkfläche*
Meßgerät: *Perth-O-Meter* Tastsystem: *TK 25/TR 25* Prüflänge: *5 mm* Grenzwellenlänge: *0,75 mm* (cut-off)
Anzahl der Messungen je Meßstelle: *10*

Werkstück

Werkstoff: *St 55.4 (DIN 1629)*
Legierung: *0,32—0,38 C; 0,15—0,35 Si; 0,5—0,7 Mn*
P und S je 0,05 max.
Behandlung vor Umformung: *kaltgezogen, geglüht bei 580 . . . 620°*
Rauheitsart vor Umformung: *schwach gerichtet*
nach Umformung: *schwach gerichtet*
Bemerkungen: —

Korngröße vor Umformung: *380 μm² (1,6:1)*
nach Umformung: *400 μm² (1,8:1)*
Härte vor Umformung: *HV 30 = 178 kp/mm²* *innen und außen*
nach Umformung: *HV 30 = 202 kp/mm²* *innen und außen*

Tastung:	in Achsrichtung				in Umfangsrichtung				räuml. Leeregrad
Oberflächenmaße	Rauhtiefe R_t [μm]	Mittenrauhwert R_a [μm]	Glättungstiefe R_p [μm]	Profil-Leeregrad $\frac{R_p}{R_t}$	Rauhtiefe R_t [μm]	Mittenrauhwert R_a [μm]	Glättungstiefe R_p [μm]	Profil-Leeregrad $\frac{R_p}{R_t}$	
vor Umformung	*5...10 u. 20...28*	*0,8...2,3*	*1,3...5,3*	$\approx 0{,}3$	*2...6 u. 10...20*	*1,1...1,7*	*3...6*	$\approx 0{,}3$	$\approx 0{,}43$
nach Umformung	*1...2 u. 4...8*	*0,25...0,55*	*0,3...0,5*	$\approx 0{,}12$	*2...3 u. 6...12*	*0,25...0,7*	*0,4...0,6*	$\approx 0{,}07$	$\approx 0{,}15$

Messung nach der Herstellung von *1100 m Rohrlänge*
Lage der ausgewählten Fläche: *beliebige Stelle in der Bohrung*
Meßgerät: *Perth-O-Meter* Tastsystem: *TK 25 u. Umlaufvorrichtung* Prüflänge: *5 mm* Grenzwellenlänge: *0,75 mm* (cut-off)
Anzahl der Messungen je Meßstelle: *10*

Rundkneten eines Rohres — Innenfläche

Tafel 5—1

Oberflächengestalt des Werkzeugs

Werkzeug neu

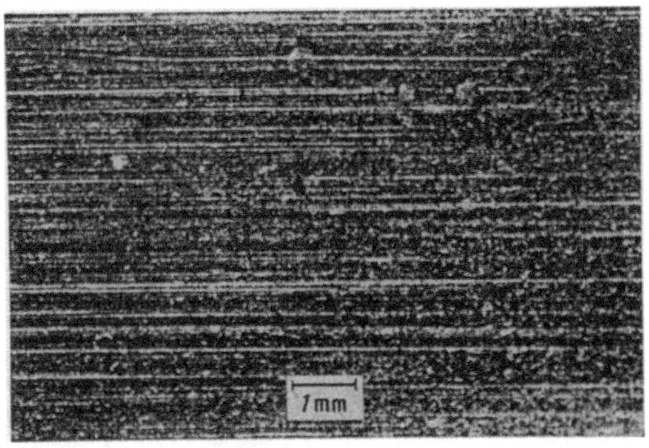

Draufsicht V = *7:1*

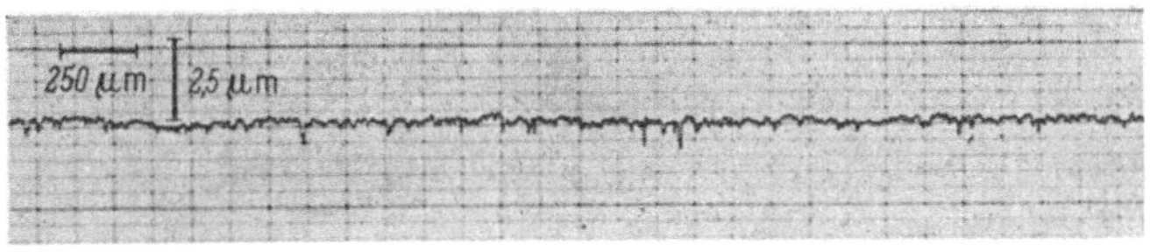

in Achsrichtung V ↑ = *2400:1* V → = *24:1*

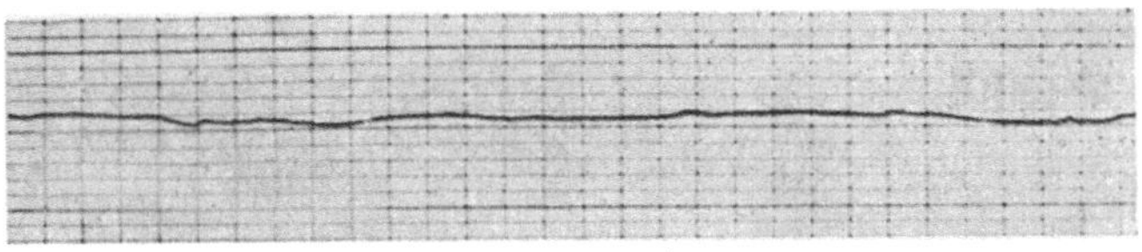

in Umfangsrichtung V ↑ = *2400:1* V → = *24:1*

Werkzeug nach *1100 m Rohrlänge*

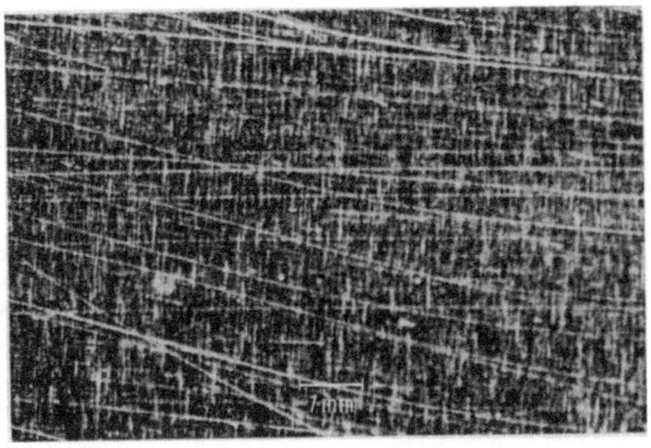

Draufsicht V = *7:1* ↕ Polierrillen

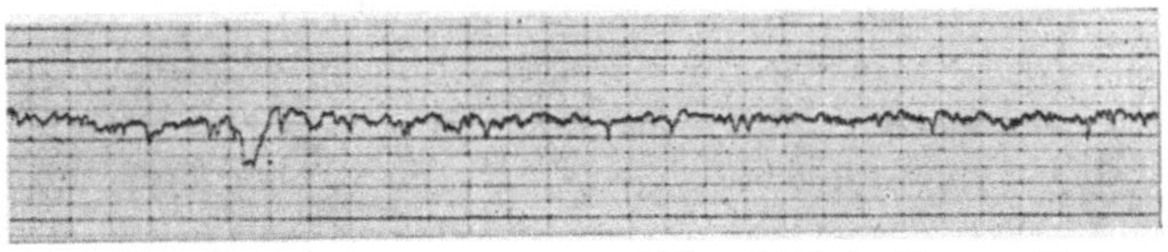

in Achsrichtung V ↑ = *2400:1* V → = *24:1*

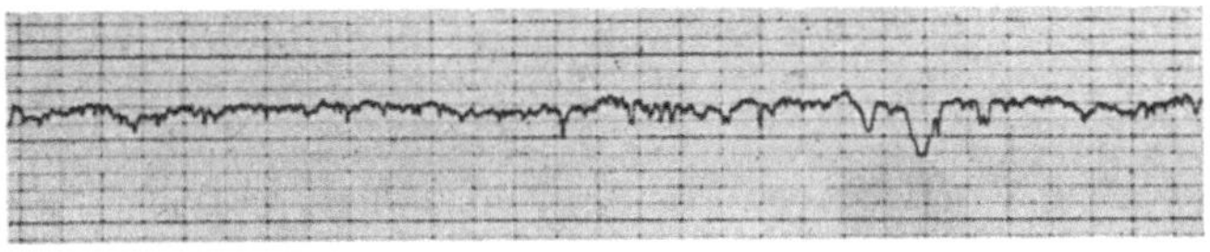

in Umfangsrichtung V ↑ = *2400:1* V → = *24:1*

Oberflächengestalt des Werkstücks

vor Umformung

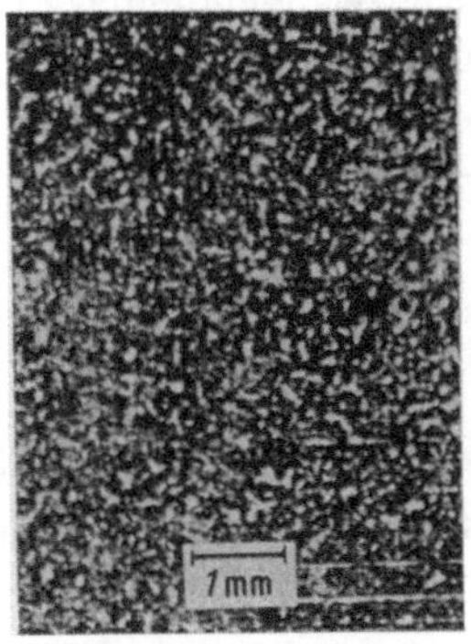

Draufsicht V = *7:1*

Gefüge V = *140:1*

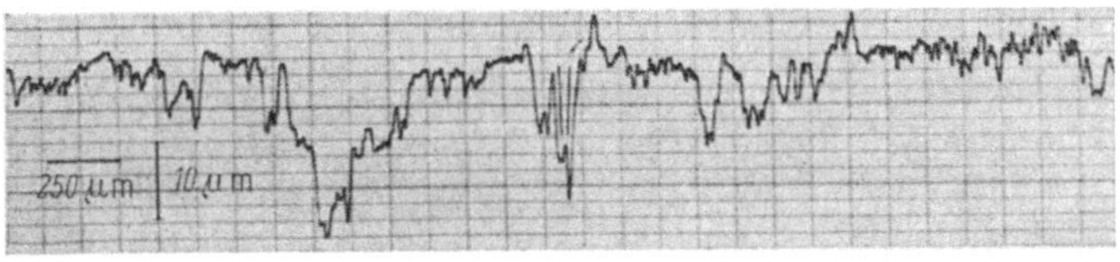

in Achsrichtung V ↑ = *600:1* V → = *24:1*

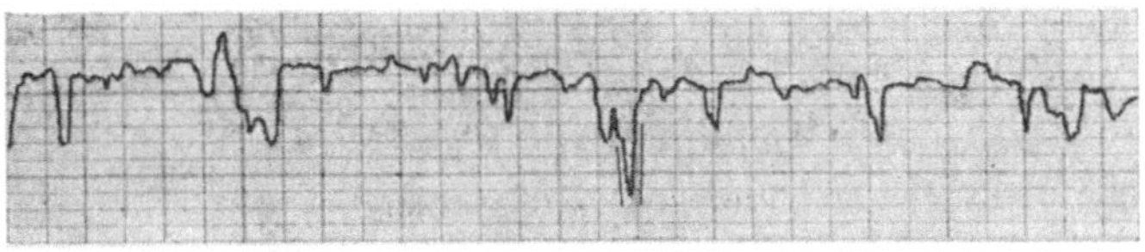

in Umfangsrichtung V ↑ = *600:1* V → = *24:1*

nach Umformung: *1100. Rohrmeter*

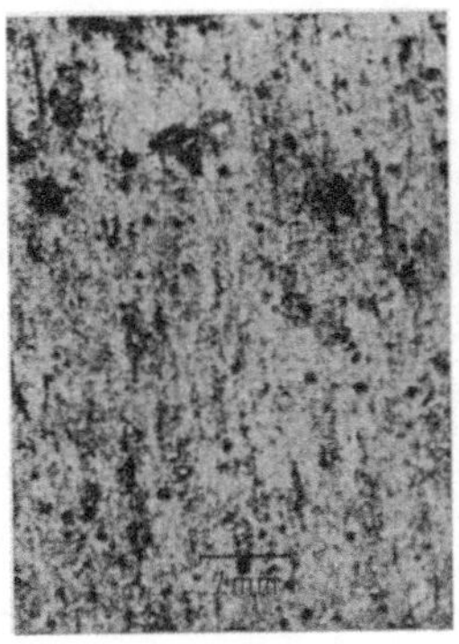

Draufsicht V = *7:1*

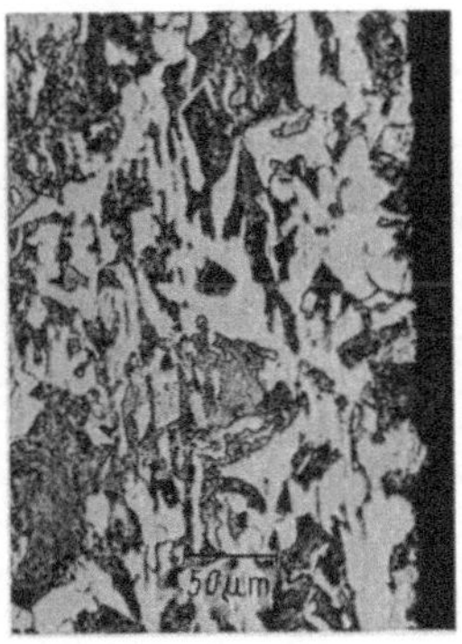

Gefüge V = *140:1*

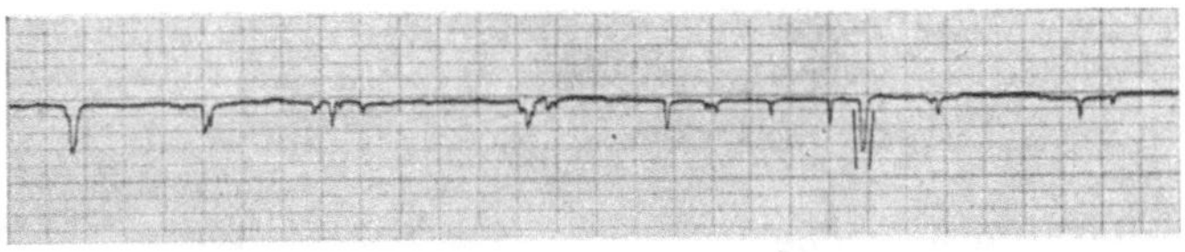

in Achsrichtung V ↑ = *600:1* V → = *24:1*

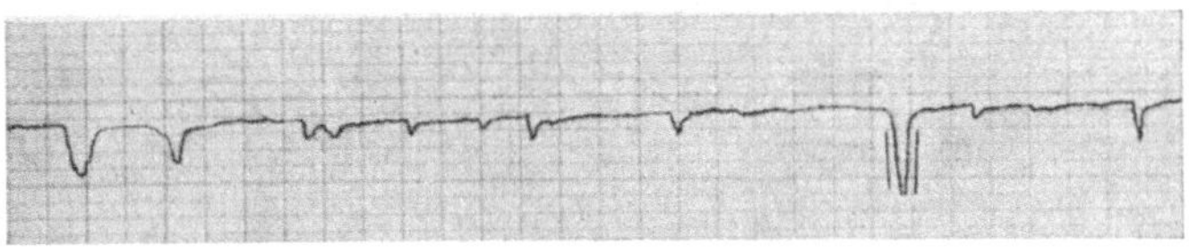

in Umfangsrichtung V ↑ = *600:1* V → = *24:1*

Allgemeiner Text zu diesem Umformverfahren s. S. 53.
Erläuterung zu dieser Tafel s. S. 55.

Tafel 6—1 Verjüngen (Reduzieren) von Bolzen

Verfahrensangaben

Ausgangsform: *gezogener Draht*
Bezogene Formänderung: $\varepsilon_F = -0{,}16$
Umformgrad (logarithmiert): $\varphi_F = -0{,}18$
Art der Schmierung: *phosphatiert, Maschinenöl*
Fertigungsgüte: *üblich*
Bemerkungen: —

Wirkpaar

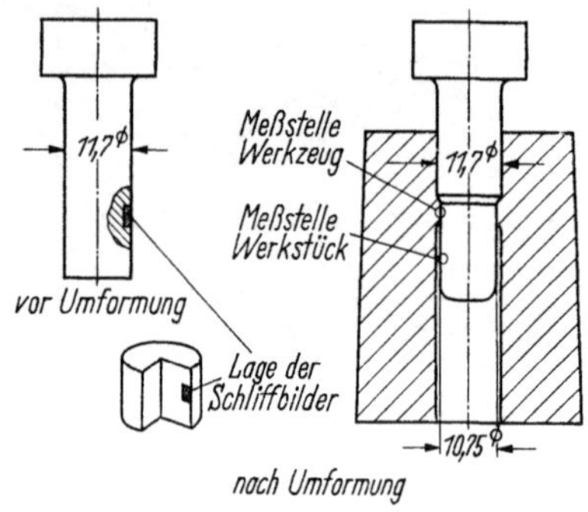

Werkzeug

Benennung: *Reduziermatrize*
Werkstoff: *100 V 1 (Wst.-Nr. 1.2833)*
Härte: *58 HRC*
Rauheitsart am neuen Werkzeug: *von Hand geschmirgelt*[1]
am benutzten Werkzeug: *Verschleißriefen in Preßrichtung*
Bemerkungen: [1] *Rillen sich kreuzend*

Tastung: Oberflächenmaße	*in Preßrichtung* Rauhtiefe R_t [µm]	Mitten-rauhwert R_a [µm]	Glättungs-tiefe R_p [µm]	Profil-Leeregrad $\frac{R_p}{R_t}$	*quer zur Preßrichtung* Rauhtiefe R_t [µm]	Mitten-rauhwert R_a [µm]	Glättungs-tiefe R_p [µm]	Profil-Leeregrad $\frac{R_p}{R_t}$
Werkzeug neu	*1...2 u. 4*	*≈ 0,3*	*≈ 0,4*	*≈ 0,2*	*1...3 u. 5*	*≈ 0,4*	*≈ 0,8*	*≈ 0,35*
Werkzeug nach *4300* Werkstücken	*1 u. 2...4*	*≈ 0,3*	*≈ 0,5*	*≈ 0,25*	*2...4 u. 7...12*	*≈ 1*	*≈ 1,5*	*≈ 0,3*

Lage der ausgewählten Fläche: *Mitte des Reduzierkanals*
Meßgerät: *Perth-O-Meter* Tastsystem: *HT 25 u. Umlaufvorrichtung* Prüflänge: *5 mm* Grenzwellenlänge: *0,75 mm* (cut off)
Anzahl der Messungen je Meßstelle: *10*

Werkstück

Werkstoff: *Cq 45 (DIN 1654)*
Legierung: *0,42—0,5 C; 0,15—0,35 Si; 0,65 Mn*
P und S je 0,04 max.
Behandlung vor Umformung: *weichgeglüht, phosphatiert u. geölt*
Rauheitsart vor Umformung: *schwach gerichtet*
nach Umformung: *gerichtet, axiale Preßriefen*
Bemerkungen: —

Korngröße vor Umformung: —
nach Umformung: —
Härte vor Umformung: *HV 30 = 202 kp/mm²*
nach Umformung: *HV 30 = 241 kp/mm²*

Tastung: Oberflächenmaße	*in Preßrichtung* Rauhtiefe R_t [µm]	Mitten-rauhwert R_a [µm]	Glättungs-tiefe R_p [µm]	Profil-Leeregrad $\frac{R_p}{R_t}$	*quer zur Preßrichtung* Rauhtiefe R_t [µm]	Mitten-rauhwert R_a [µm]	Glättungs-tiefe R_p [µm]	Profil-Leeregrad $\frac{R_p}{R_t}$	räuml. Leere-grad
vor Umformung	*2 u. 4...10*	*0,7...1,1*	*1...2*	*≈ 0,25*	*2...3 u. 5...10*	*0,8...1,8*	*1,2...2,5*	*≈ 0,3*	*≈ 0,45*
nach Umformung	*1...2 u. 4*	*0,2...0,5*	*0,4...1,8*	*≈ 0,3*	*1...4 u. 6...10*	*0,3...0,8*	*0,6...1,8*	*≈ 0,22*	*≈ 0,32*

Messung nach der Herstellung von *2100* Werkstücken
Lage der ausgewählten Fläche: *gesamter Umfang*
Meßgerät: *Perth-O-Meter* Tastsystem: *TK 25/TR 25* Prüflänge: *5 mm* Grenzwellenlänge: *0,75 mm* (cut-off)
Anzahl der Messungen je Meßstelle: *10*

Verjüngen (Reduzieren) von Bolzen — Tafel 6–1

Oberflächengestalt des Werkzeugs

Werkzeug neu

Draufsicht V = *14 : 1 → Preßrichtung*

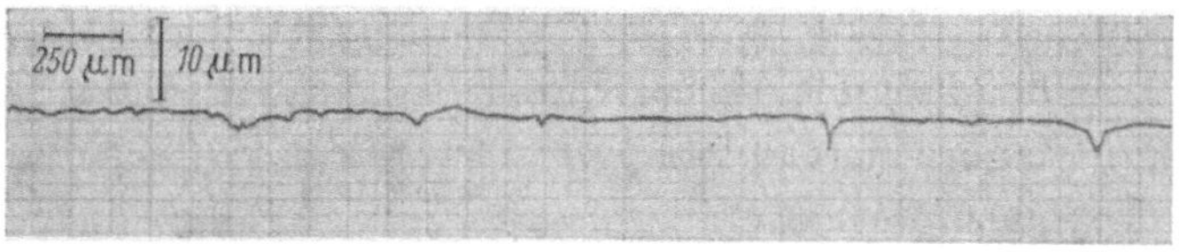

in Preßrichtung V $\uparrow$ = *600 : 1* V $\rightarrow$ = *24 : 1*

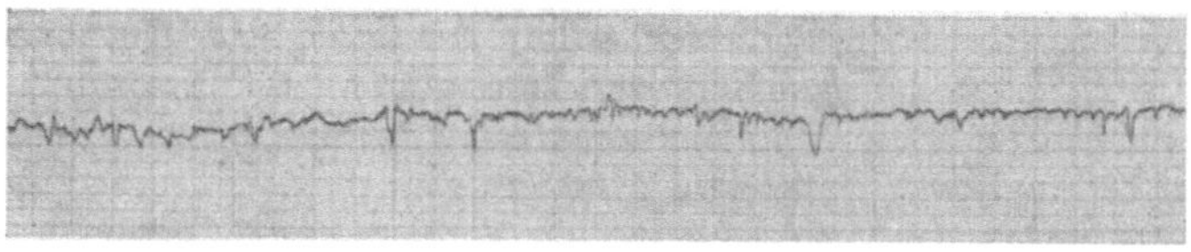

quer zur Preßrichtung V $\uparrow$ = *600 : 1* V $\rightarrow$ = *24 : 1*

Werkzeug nach *4300 Werkstücken*

Draufsicht V = *14 : 1 → Preßrichtung*

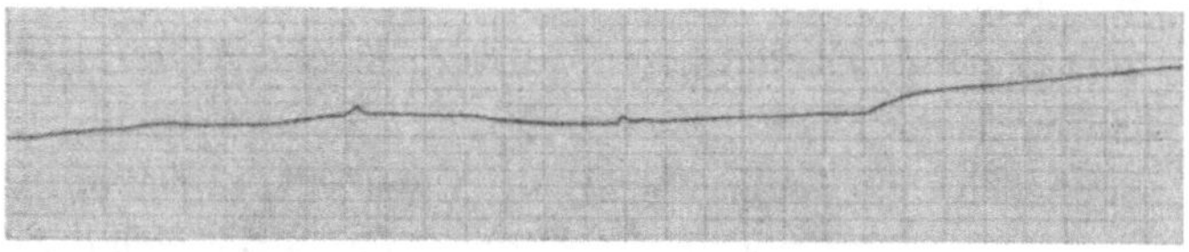

in Preßrichtung V $\uparrow$ = *600 : 1* V $\rightarrow$ = *24 : 1*

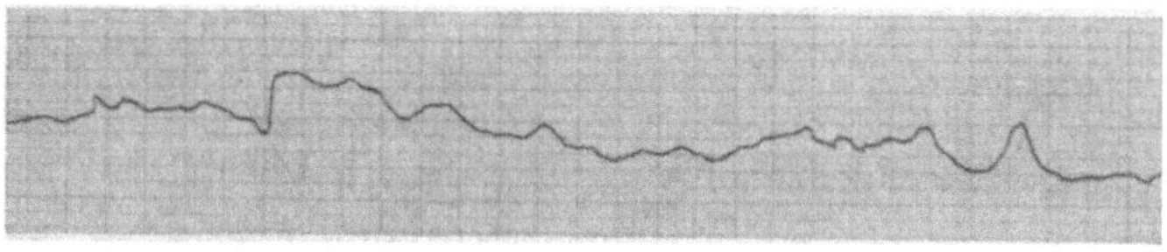

quer zur Preßrichtung V $\uparrow$ = *600 : 1* V $\rightarrow$ = *24 : 1*

Oberflächengestalt des Werkstücks

vor Umformung

Draufsicht V = *7 : 1*

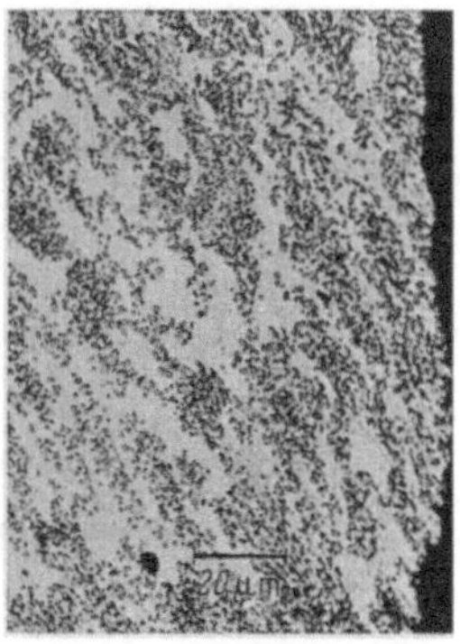

Gefüge V = *350 : 1*

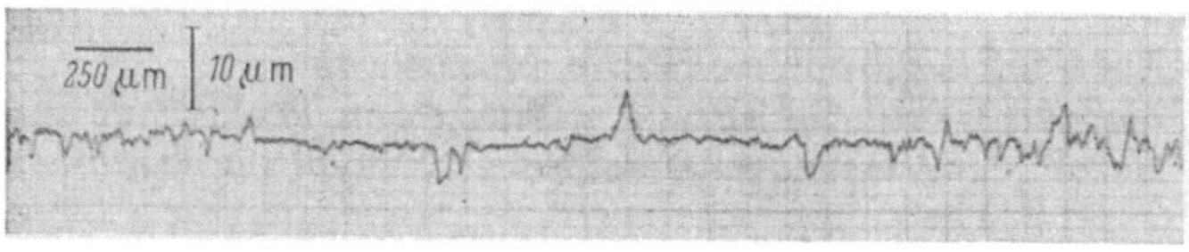

in Preßrichtung V $\uparrow$ = *600 : 1* V $\rightarrow$ = *24 : 1*

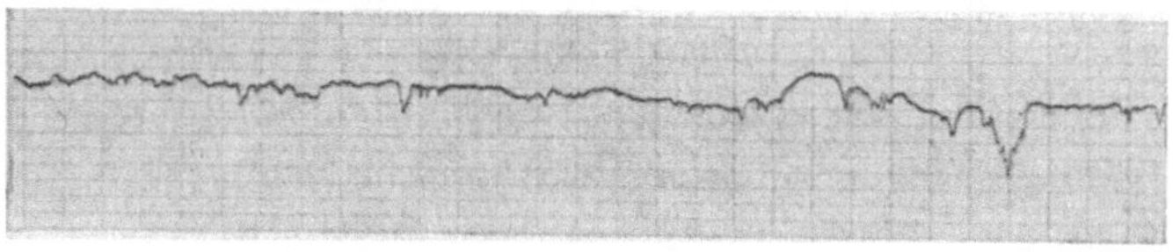

quer zur Preßrichtung V $\uparrow$ = *600 : 1* V $\rightarrow$ = *24 : 1*

nach Umformung: *2100. Werkstück*

Draufsicht V = *7 : 1*

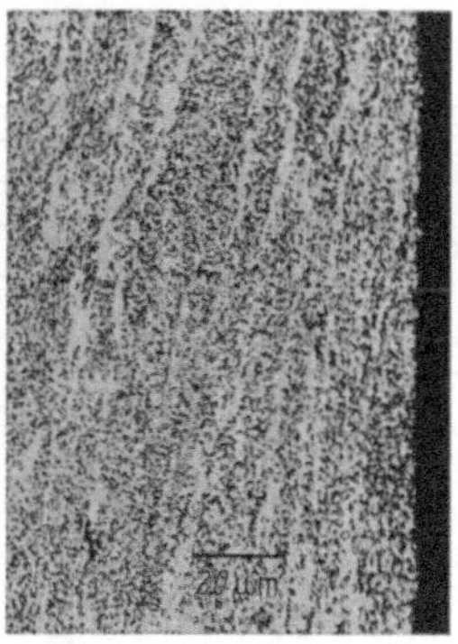

Gefüge V = *350 : 1*

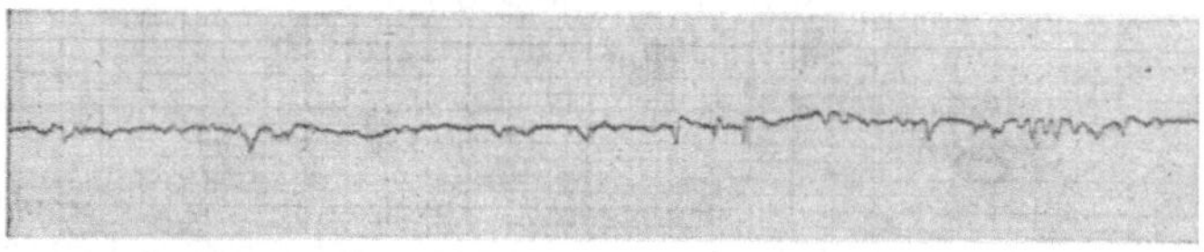

in Preßrichtung V $\uparrow$ = *600 : 1* V $\rightarrow$ = *24 : 1*

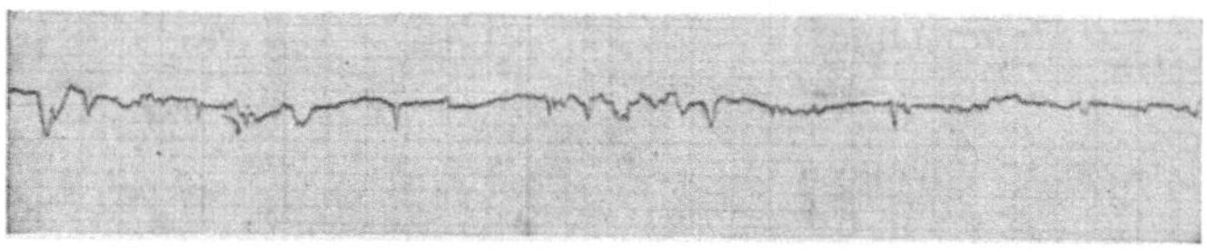

quer zur Preßrichtung V $\uparrow$ = *600 : 1* V $\rightarrow$ = *24 : 1*

Allgemeiner Text zu diesem Umformverfahren s. S. 56.
Erläuterung zu dieser Tafel s. S. 57.

Tafel 7—1 Rückwärts-Napf-Fließpressen (Wand außen)

Verfahrensangaben

Ausgangsform: *gestauchter (gesetzter) Rohling*

Bezogene Formänderung: $\varepsilon_s = -0{,}65$[1] } *größte Formänderung*
Umformgrad (logarithmiert): $\varphi_s = -1{,}06$ } *in radialer Richtung*

Art der Schmierung: *phosphatiert und beseift*

Fertigungsgüte: *üblich*

Bemerkungen: [1] *nach Kienzle-Mietzner, Grundlagen einer Typologie umgeformter Oberflächen, ist die gemessene Streckung in Achsrichtung $\varepsilon = 0{,}7$ ($\varphi = 0{,}53$).*
Die Ausgangsform zu diesem Arbeitsgang ist die Endform von Tafel 4-1.
Die Endform dieses Arbeitsganges ist die Ausgangsform zu Tafel 7-5.

Wirkpaar

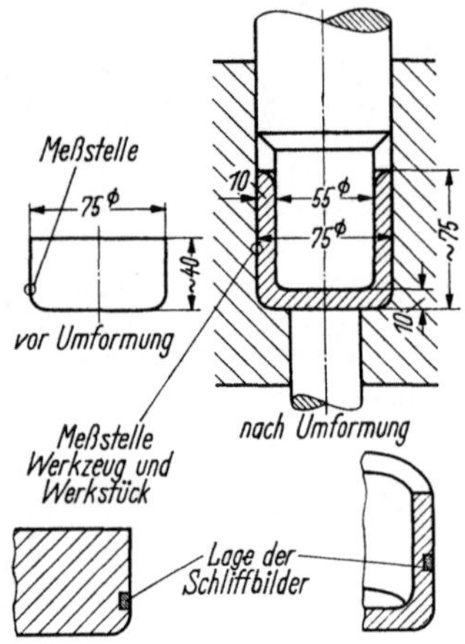

Werkzeug

Benennung: *Preßbüchse*

Werkstoff der Preßbüchse: *X 45 Ni Cr Mo 4 (Wst.-Nr. 1.2767)*

Härte: *56 HRC*

Rauheitsart am neuen Werkzeug: *Schleifrillen in Umfangsrichtung*
am benutzten Werkzeug: *Verschleißriefen in Achsrichtung*

Bemerkungen: *Senkrecht-Meßgrößen aus Abdrücken ermittelt*

Tastung:	in Preßrichtung				quer zur Preßrichtung			
Oberflächenmaße	Rauhtiefe R_t [µm]	Mittenrauhwert R_a [µm]	Glättungstiefe R_p [µm]	Profil-Leeregrad $\frac{R_p}{R_t}$	Rauhtiefe R_t [µm]	Mittenrauhwert R_a [µm]	Glättungstiefe R_p [µm]	Profil-Leeregrad $\frac{R_p}{R_t}$
Werkzeug neu	*0,5...3*	*0,20...0,25*	*0,30...0,35*	*≈ 0,13*	*0,4...1,2*	*0,08...0,2*	*0,1...0,3*	*≈ 0,25*
Werkzeug nach 7800 Werkstücken	*1...2*	*0,15...0,25*	*0,2...0,6*	*≈ 0,3*	*2...5*	*0,2...0,5*	*1...2*	*≈ 0,3*

Lage der ausgewählten Fläche: *halbe Napfhöhe*
Meßgerät: *Perth-O-Meter* Tastsystem: *TK 25/TR 25* Prüflänge: *5 mm* Grenzwellenlänge: *0,75 mm* (cut-off)
Anzahl der Messungen je Meßstelle: *5, Werte aus Abdrücken ermittelt*

Werkstück

Werkstoff: *Ck 15 (DIN 17210)*

Legierung: *0,12—0,18 C; 0,25 Si; 0,37 Mn*
P und S je 0,035 max.

Behandlung vor Umformung: *geglüht (720 °C, 2 h)*[1] [3]

Rauheitsart vor Umformung: *schwach gerichtet*
nach Umformung: *schwach gerichtet*[2]

Bemerkungen: [1] *gebeizt, phosphatiert und beseift*
[2] *Rauheit auf Phosphatschicht gemessen*
[3] *Schliffbild vor dem Glühen entnommen*

Korngröße vor Umformung: *510 µm²*
nach Umformung: *280 µm² (6:1)*
Härte vor Umformung: *HV 30 = 105 kp/mm²*
nach Umformung: *HV 30 = 170 kp/mm²*

Tastung:	in Preßrichtung				quer zur Preßrichtung				räuml. Leeregrad
Oberflächenmaße	Rauhtiefe R_t [µm]	Mittenrauhwert R_a [µm]	Glättungstiefe R_p [µm]	Profil-Leeregrad $\frac{R_p}{R_t}$	Rauhtiefe R_t [µm]	Mittenrauhwert R_a [µm]	Glättungstiefe R_p [µm]	Profil-Leeregrad $\frac{R_p}{R_t}$	
vor Umformung	*20...65*	*4...7*	*8...18*	*≈ 0,4*	*20...55*	*4...6*	*5...20*	*≈ 0,38*	*≈ 0,56*
nach Umformung	*1...2 u. 8...20*	*1...2*	*0,8...3*	*≈ 0,15*	*2...5 u. 15...19*	*1,4...2,2*	*2...3*	*≈ 0,24*	*≈ 0,33*

Messung nach der Herstellung von *7800 Werkstücken*
Lage der ausgewählten Fläche: *halbe Napfhöhe*
Meßgerät: *Perth-O-Meter* Tastsystem: *TK 25/TR 25* Prüflänge: *5 mm* Grenzwellenlänge: *0,75 mm* (cut-off)
Anzahl der Messungen je Meßstelle: *10*

Rückwärts-Napf-Fließpressen (Wand außen) — Tafel 7–1

Oberflächengestalt des Werkzeugs

Werkzeug neu

Innenaufnahme war nicht möglich.

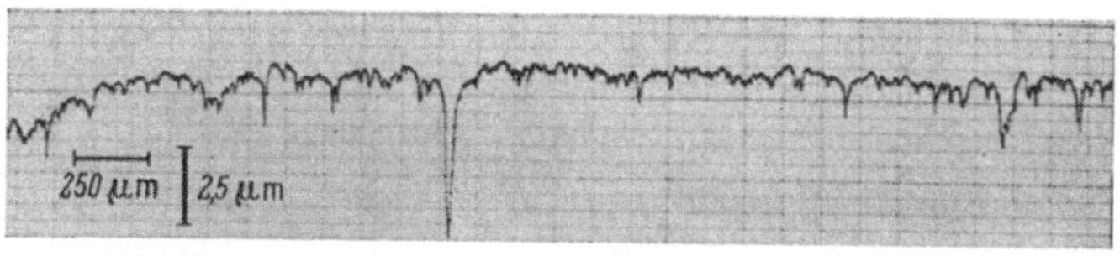

in Preßrichtung V ↑ = *2400 : 1* V → = *24 : 1*

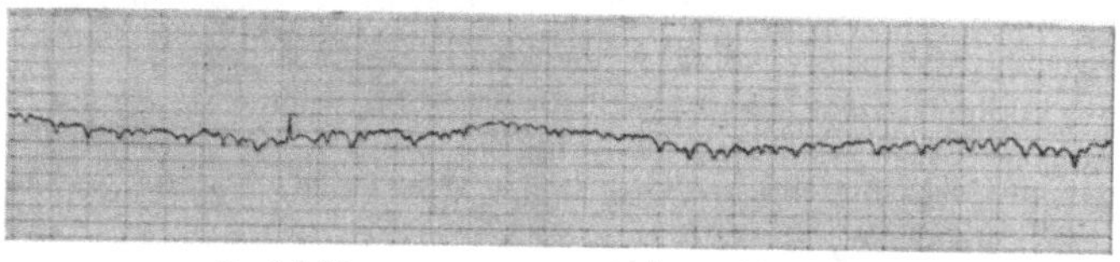

quer zur Preßrichtung V ↑ = *2400 : 1* V → = *24 : 1*

Werkzeug nach 7800 Werkstücken

Desgl.

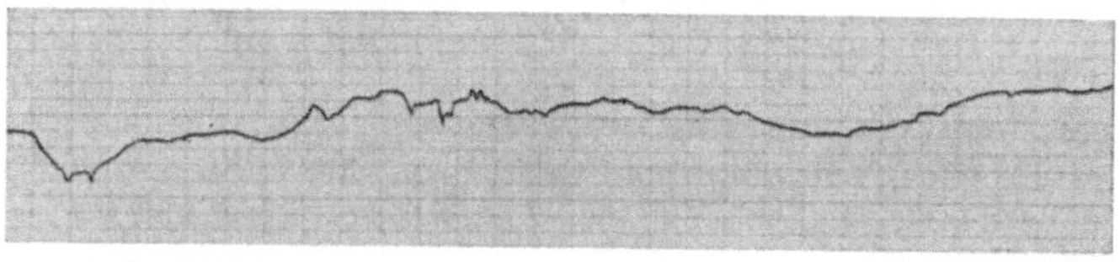

in Preßrichtung V ↑ = *2400 : 1* V → = *24 : 1*

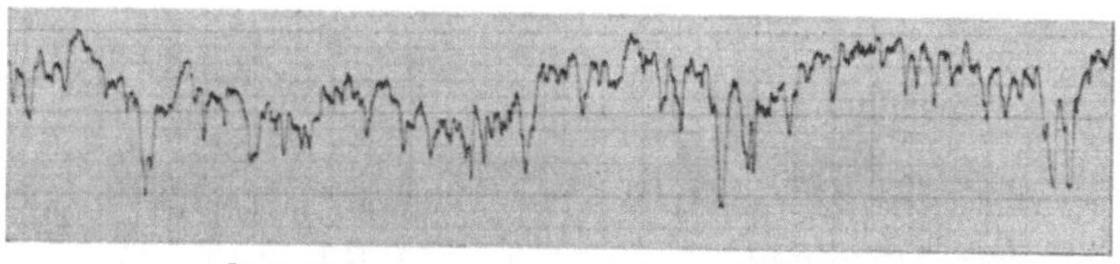

quer zur Preßrichtung V ↑ = *2400 : 1* V → = *24 : 1*

Oberflächengestalt des Werkstücks

vor Umformung

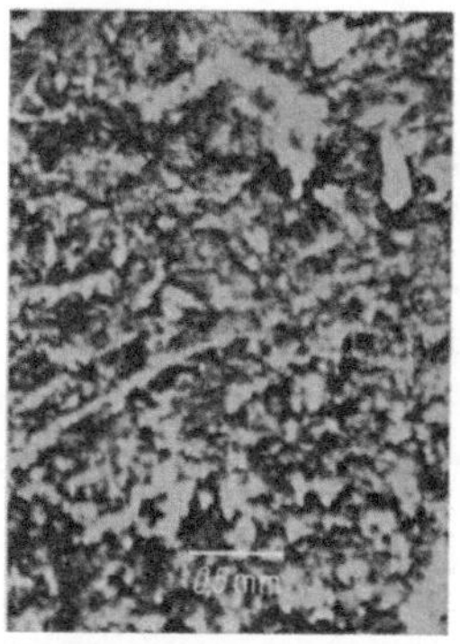

Draufsicht V = *14 : 1*

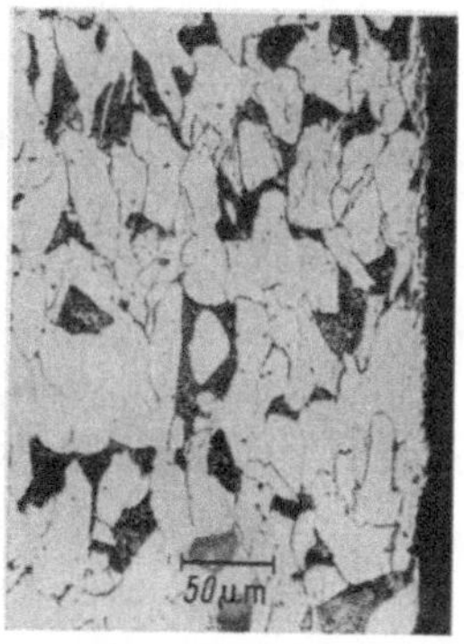

Gefüge V = *140 : 1*

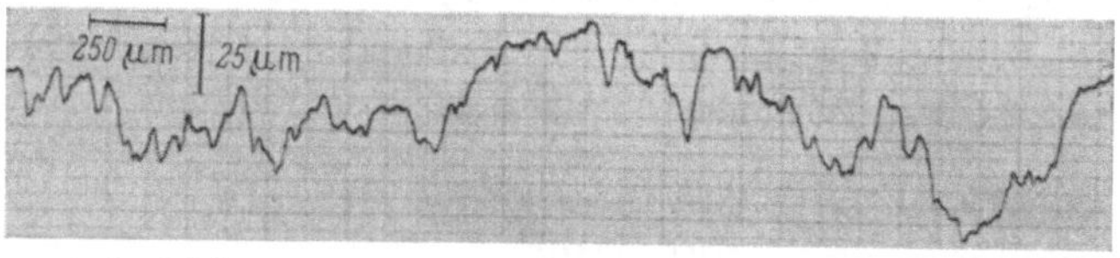

in Preßrichtung V ↑ = *240 : 1* V → = *24 : 1*

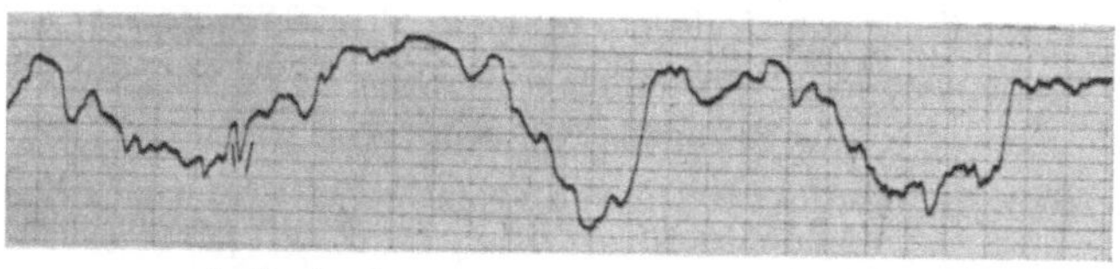

quer zur Preßrichtung V ↑ = *240 : 1* V → = *24 : 1*

nach Umformung: 7800. Werkstück

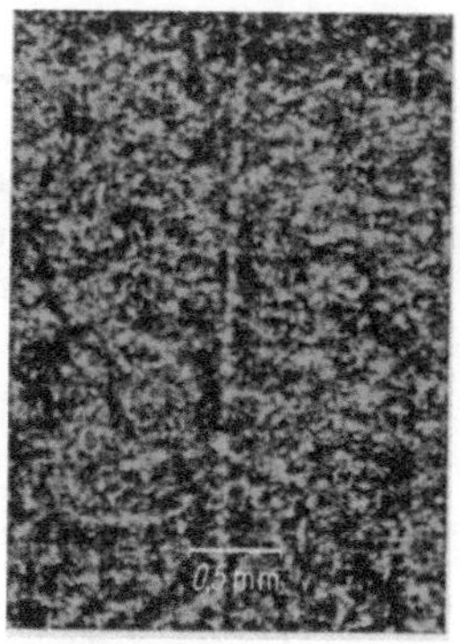

Draufsicht V = *14 : 1*

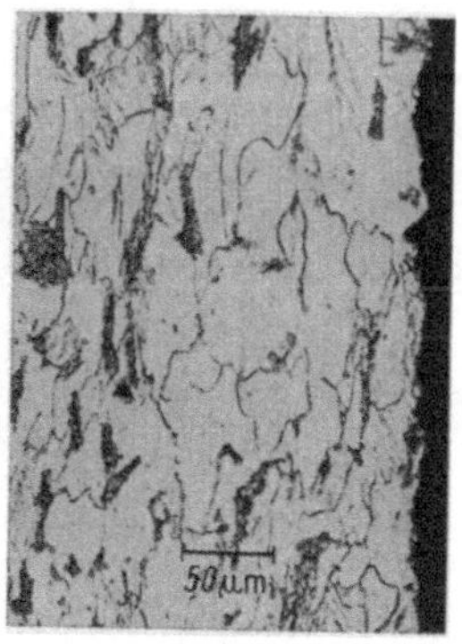

Gefüge V = *140 : 1*

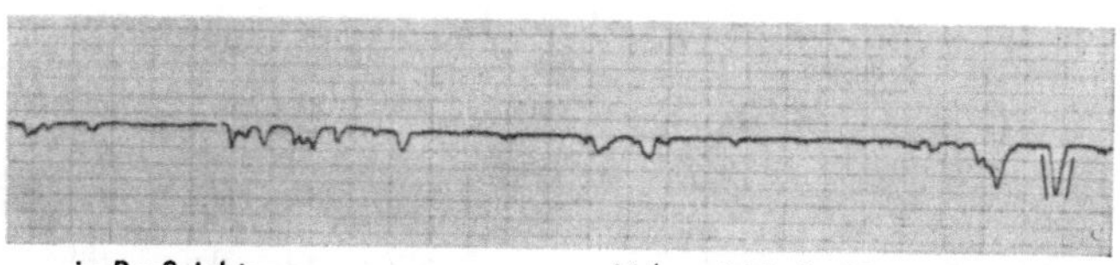

in Preßrichtung V ↑ = *240 : 1* V → = *24 : 1*

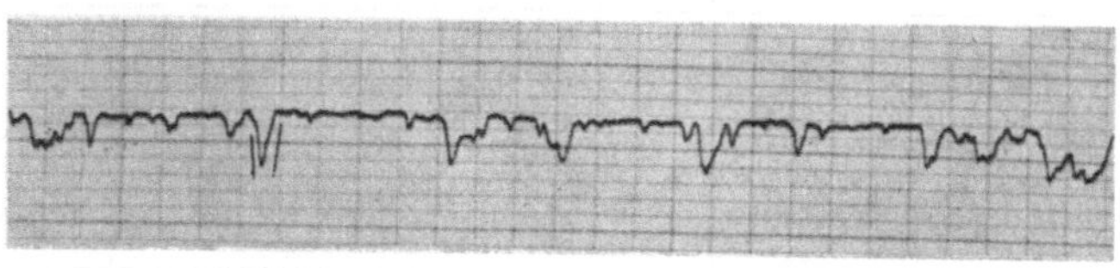

quer zur Preßrichtung V ↑ = *240 : 1* V → = *24 : 1*

Allgemeiner Text zu diesem Umformverfahren s. S. 57.
Erläuterung zu dieser Tafel s. S. 61.

Tafel 7—2 Rückwärts-Napf-Fließpressen (Wand innen)

Verfahrensangaben

Ausgangsform: *gestauchter (gesetzter) Rohling*

Bezogene Formänderung: $\varepsilon_s = -0{,}85$[1] } *größte Formänderung*
Umformgrad (logarithmiert): $\varphi_s = -1{,}92$ } *in radialer Richtung*

Art der Schmierung: *phosphatiert und eingeseift*

Fertigungsgüte: *üblich*

Bemerkungen: [1] *aus Umformung und Schliffbild berechnet (vgl. Text, S. 14).*
Die Ausgangsform zu diesem Arbeitsgang ist die Endform von Tafel 4-1.
Die Endform dieses Arbeitsganges ist die Ausgangsform zu Tafel 7-6.

Wirkpaar

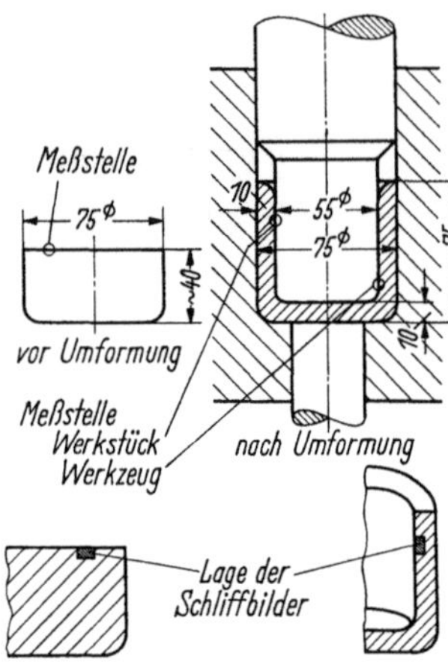

Werkzeug

Benennung: *Stempel*

Werkstoff des Stempels: *X 210 Cr 12 (Wst.-Nr. 1.2080)*

Härte: *62 HRC*

Rauheitsart am neuen Werkzeug: *Schleifrillen*
am benutzten Werkzeug: *Schleifrillen durch Verschleißriefen überlagert*

Bemerkungen: —

Tastung:	*in Preßrichtung*				*quer zur Preßrichtung*			
Oberflächenmaße	Rauhtiefe R_t [µm]	Mittenrauhwert R_a [µm]	Glättungstiefe R_p [µm]	Profil-Leeregrad $\frac{R_p}{R_t}$	Rauhtiefe R_t [µm]	Mittenrauhwert R_a [µm]	Glättungstiefe R_p [µm]	Profil-Leeregrad $\frac{R_p}{R_t}$
Werkzeug neu	*0,5...1,3*	*0,1...0,18*	*0,2...0,4*	*≈ 0,3*	*0,3...0,5*	*0,06...0,08*	*0,09...0,13*	*≈ 0,3*
Werkzeug nach *7800 Werkstücken*	*0,5...2*	*0,2...0,3*	*0,2...0,6*	*≈ 0,25*	*1...2*	*0,2...0,3*	*0,2...0,8*	*≈ 0,3*

Lage der ausgewählten Fläche: *Zylinderfläche*

Meßgerät: *Perth-O-Meter* Tastsystem: *HT 25/TR 25* Prüflänge: *5 mm* Grenzwellenlänge: *0,75 mm* (cut-off)

Anzahl der Messungen je Meßstelle: *5*

Werkstück

Werkstoff: *Ck 15 (DIN 17210)*

Legierung: *0,12—0,18 C; 0,25 Si; 0,37 Mn, P und S je 0,035 max.*

Behandlung vor Umformung: *geglüht (720 °C, 2 h)*[1] [5]

Rauheitsart vor Umformung: *schwach gerichtet (Spuren der Sägerillen)*
nach Umformung: *ungerichtet*[2]

Korngröße vor Umformung: *510 µm²*
nach Umformung: *320 µm² (10:1)*

Härte vor Umformung: *HV 30 = 105 kp/mm²*
nach Umformung: *HV 30 = 225 kp/mm²*

Bemerkungen: [1] *gebeizt, phosphatiert und beseift*
[2] *Rauheit auf Phosphatschicht gemessen*
[3] *außerdem Poren bis 80 µm Tiefe*
[4] *außerdem Poren bis 10 µm Tiefe*
[5] *Schliffbild vor dem Glühen entnommen*

Tastung:	vor Umf.: *längs den Sägerillen* nach Umf.: *in Preßrichtung*				vor Umf.: *quer zu den Sägerillen* nach Umf.: *quer zur Preßrichtung*				räuml. Leeregrad
Oberflächenmaße	Rauhtiefe R_t [µm]	Mittenrauhwert R_a [µm]	Glättungstiefe R_p [µm]	Profil-Leeregrad $\frac{R_p}{R_t}$	Rauhtiefe R_t [µm]	Mittenrauhwert R_a [µm]	Glättungstiefe R_p [µm]	Profil-Leeregrad $\frac{R_p}{R_t}$	
vor Umformung	*10...35*[3]	*3...4*	*8...11*	*≈ 0,35*	*10...40*[3]	*3,5...5,5*	*8...10*	*≈ 0,3*	*≈ 0,48*
nach Umformung	*1...3*[4]	*0,2...0,4*	*0,4...1,5*	*≈ 0,4*	*1...3*[4]	*0,2...0,4*	*0,2...1,2*	*≈ 0,3*	*≈ 0,54*

Messung nach der Herstellung von *7800 Werkstücken*

Lage der ausgewählten Fläche: *Wand innen, obere Hälfte*

Meßgerät: *Perth-O-Meter* Tastsystem: *HT 250/HT 25* Prüflänge: *5 mm* Grenzwellenlänge: *0,75 mm* (cut-off)

Anzahl der Messungen je Meßstelle: *10* *(Abdrücke an Wand innen)*

Rückwärts-Napf-Fließpressen (Wand innen) | Tafel 7–2

Oberflächengestalt des Werkzeugs

Werkzeug neu

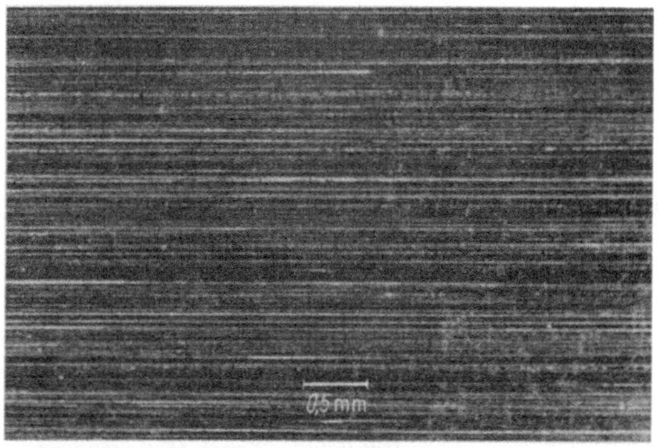

Draufsicht V = *14:1*

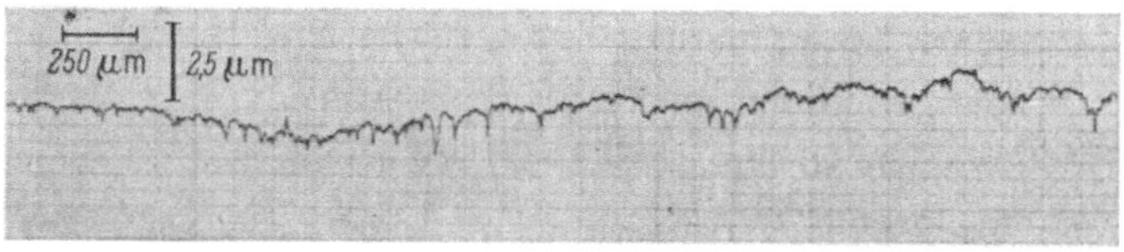

in Preßrichtung V ↑ = *2400:1* V → = *24:1*

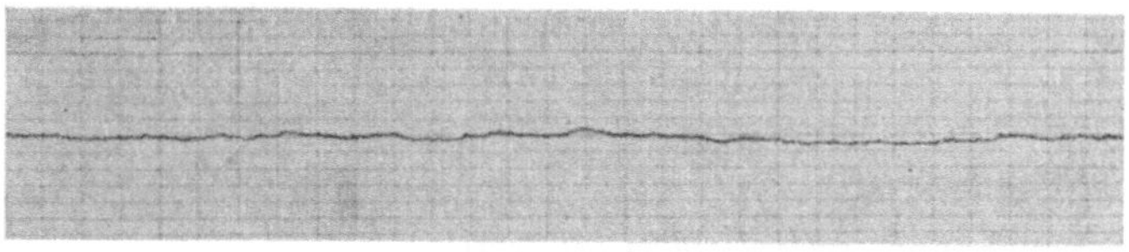

quer zur Preßrichtung V ↑ = *2400:1* V → = *24:1*

Werkzeug nach *7800 Werkstücken*

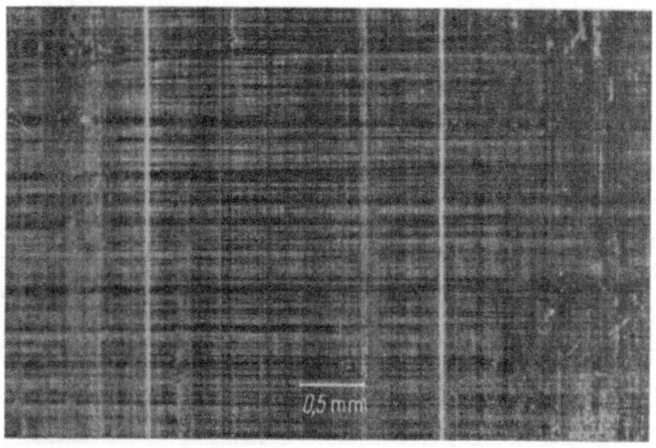

Draufsicht V = *14:1*

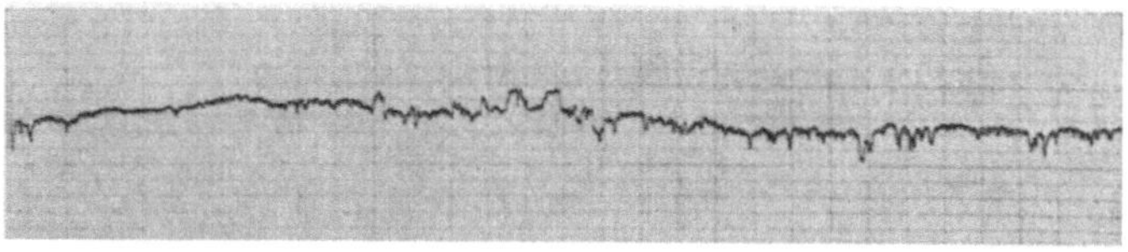

in Preßrichtung V ↑ = *2400:1* V → = *24:1*

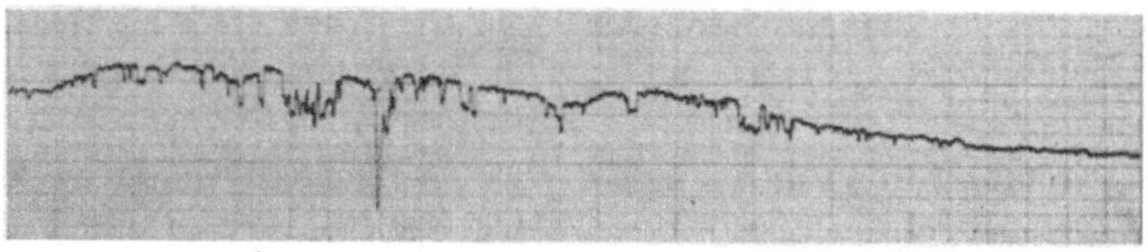

quer zur Preßrichtung V ↑ = *2400:1* V → = *24:1*

Oberflächengestalt des Werkstücks

vor Umformung

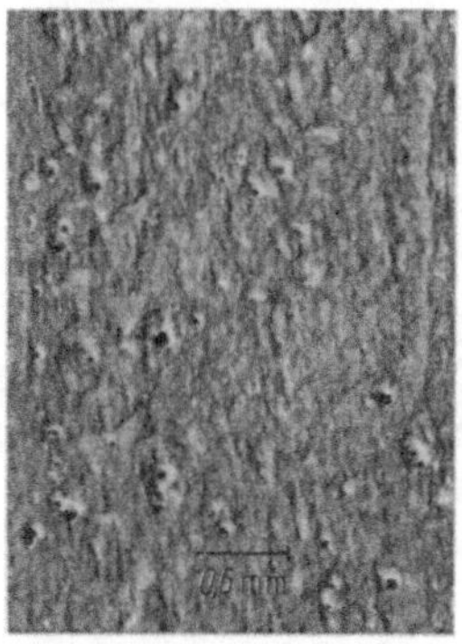

Draufsicht V = *10:1*

Gefüge V = *140:1*

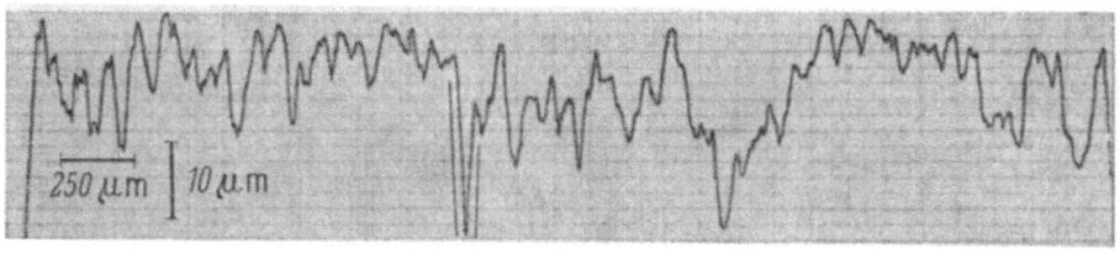

längs den Sägerillen V ↑ = *600:1* V → = *24:1*

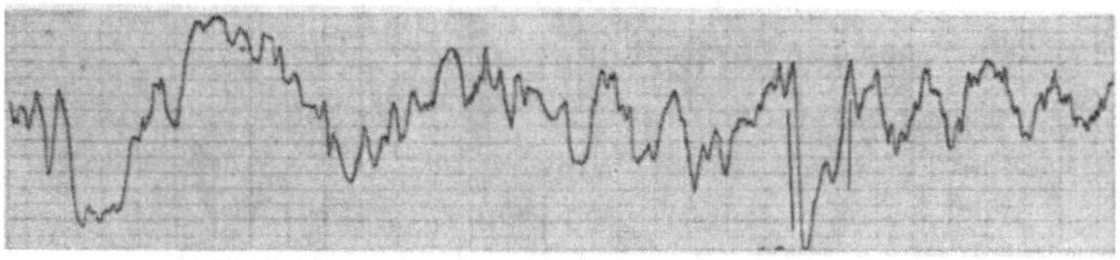

quer zu den Sägerillen V ↑ = *600:1* V → = *24:1*

nach Umformung: *7800. Werkstück*

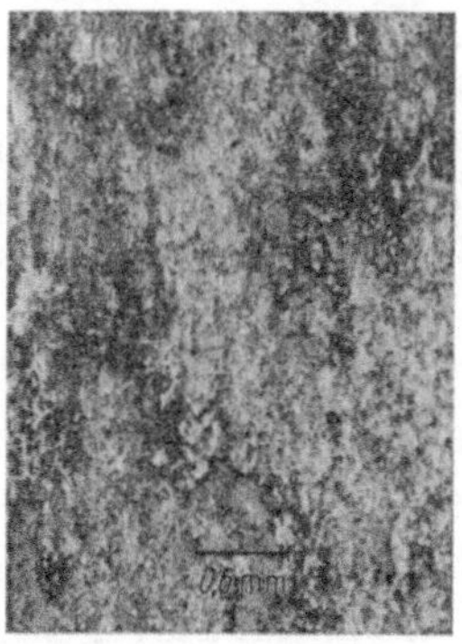

Draufsicht V = *10:1*

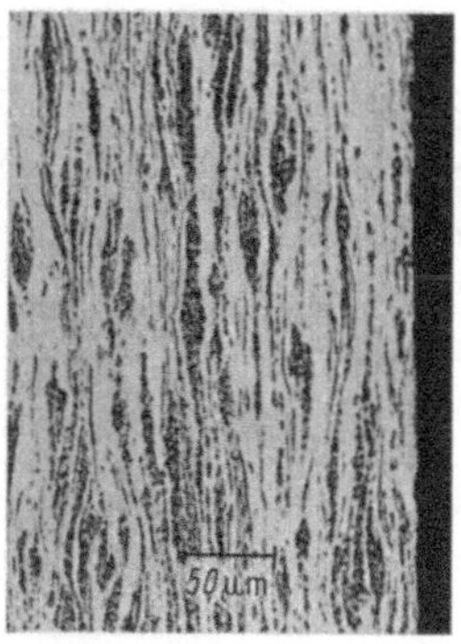

Gefüge V = *140:1*

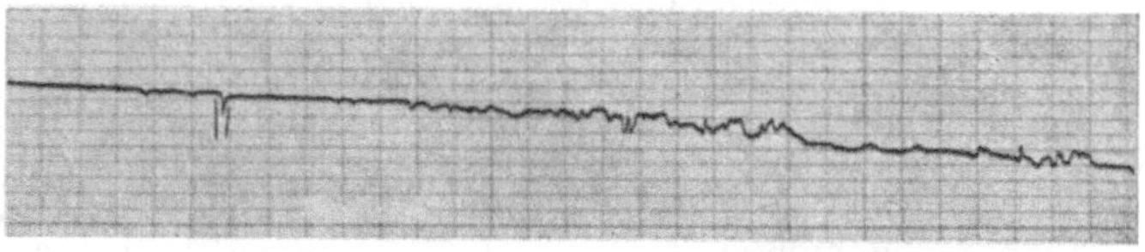

in Preßrichtung V ↑ = *600:1* V → = *24:1*

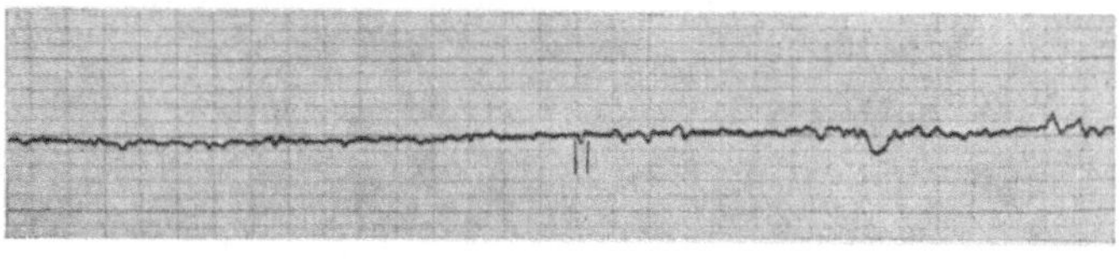

quer zur Preßrichtung V ↑ = *600:1* V → = *24:1*

Allgemeiner Text zu diesem Umformverfahren s. S. 57.
Erläuterung zu dieser Tafel s. S. 61.

Tafel 7–3 Rückwärts-Napf-Fließpressen (Boden außen)

Verfahrensangaben

Ausgangsform: *gestauchter (gesetzter) Rohling*
Bezogene Formänderung: $\varepsilon_h = -0{,}75$
Umformgrad (logarithmiert): $\varphi_h = -1{,}4$
Art der Schmierung: *phosphatiert und beseift*
Fertigungsgüte: *üblich*
Bemerkungen: ε_h und φ_h *aus der Stauchung von 40 mm auf 10 mm Bodendicke errechnet.*
Die Ausgangsform zu diesem Arbeitsgang ist die Endform von Tafel 4-1.

Wirkpaar

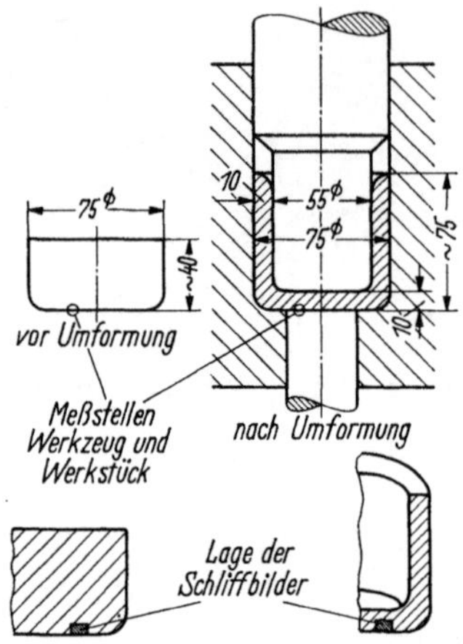

Werkzeug

Benennung: *Bodenstempel (Auswerfer)*
Werkstoff des Auswerfers: *50 Ni Cr 13 (Wst.-Nr. 1.2721)*
Härte: *58 HRC*
Rauheitsart am neuen Werkzeug: *Schleifrillen*
am benutzten Werkzeug: *radiale Verschleißriefen*
Bemerkungen: —

Tastung:	in tangentialer Richtung				in radialer Richtung			
Oberflächenmaße	Rauhtiefe R_t [μm]	Mittenrauhwert R_a [μm]	Glättungstiefe R_p [μm]	Profil-Leeregrad $\frac{R_p}{R_t}$	Rauhtiefe R_t [μm]	Mittenrauhwert R_a [μm]	Glättungstiefe R_p [μm]	Profil-Leeregrad $\frac{R_p}{R_t}$
Werkzeug neu	*0,1...0,3*	$< 0{,}03$	$< 0{,}08$	$\approx 0{,}3$	*0,1...0,3*	$< 0{,}02$	$< 0{,}05$	$\approx 0{,}3$
Werkzeug nach *7800 Werkstücken*	*2...8*	*0,7...0,9*	*1,5...2,5*	$\approx 0{,}35$	< 2	—	$\approx 0{,}06$	$\approx 0{,}3$

Lage der ausgewählten Fläche: *in Randnähe*
Meßgerät: *Perth-O-Meter* Tastsystem: *TK 25* Prüflänge: *5 mm* Grenzwellenlänge: *0,75 mm* (cut-off)
Anzahl der Messungen je Meßstelle: *5*

Werkstück

Werkstoff: *Ck 15 (DIN 17210)*
Legierung: *0,12—0,18 C; 0,25 Si; 0,37 Mn*
P und S je 0,035 max.
Behandlung vor Umformung: *geglüht (720 °C, 2 h)*[1 4]
Rauheitsart vor Umformung: *schwach gerichtet (Spuren der Sägerillen)*
nach Umformung: *ungerichtet*[2]
Bemerkungen: [1] *gebeizt, phosphatiert und beseift*
[2] *Rauheit auf Phosphatschicht gemessen*
[3] *außerdem Poren bis 100 μm Tiefe.*
[4] *Schliffbild vor dem Glühen entnommen*

Korngröße vor Umformung: *510 μm²*
nach Umformung: *130 μm² (4:1)*
Härte vor Umformung: *HV 30 = 105 kp/mm²*
nach Umformung: *HV 30 = 215 kp/mm²*

Tastung:	vor Umf.: *längs den Sägerillen* nach Umf.: *in tangentialer Richtung*				vor Umf.: *quer zu den Sägerillen* nach Umf.: *in radialer Richtung*				räuml. Leeregrad
Oberflächenmaße	Rauhtiefe R_t [μm]	Mittenrauhwert R_a [μm]	Glättungstiefe R_p [μm]	Profil-Leeregrad $\frac{R_p}{R_t}$	Rauhtiefe R_t [μm]	Mittenrauhwert R_a [μm]	Glättungstiefe R_p [μm]	Profil-Leeregrad $\frac{R_p}{R_t}$	
vor Umformung	*15...35*[3]	*2,5...3,5*	*5...7*	$\approx 0{,}4$	*20...40*[3]	*4...6*	*7...11*	$\approx 0{,}5$	$\approx 0{,}62$
nach Umformung	*3...4 u. 7...15*	*0,5...0,7*	*1,5...3*	$\approx 0{,}3$	*1...2 u. 5...10*	*0,7...0,9*	*0,5...3*	$\approx 0{,}26$	$\approx 0{,}42$

Messung nach der Herstellung von *7800 Werkstücken*
Lage der ausgewählten Fläche: *in Randnähe*
Meßgerät: *Perth-O-Meter* Tastsystem: *HT 250/TK 25* Prüflänge: *5 mm* Grenzwellenlänge: *0,75 mm* (cut-off)
Anzahl der Messungen je Meßstelle: *10*

Rückwärts-Napf-Fließpressen (Boden außen) | Tafel 7–3

Oberflächengestalt des Werkzeugs

Werkzeug neu

Draufsicht V = 7:1

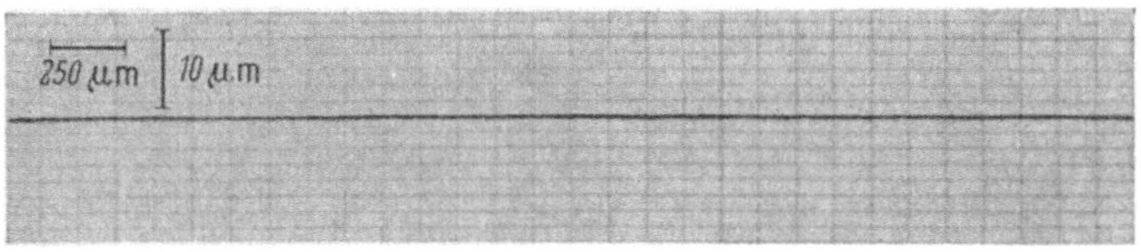

in tangentialer Richtung V ↑ = 600:1 V → = 24:1

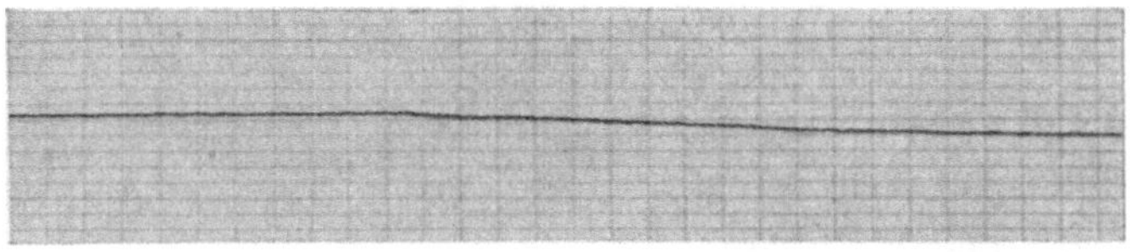

in radialer Richtung V ↑ = 600:1 V → = 24:1

Werkzeug nach 7800 Werkstücken

Draufsicht V = 7:1

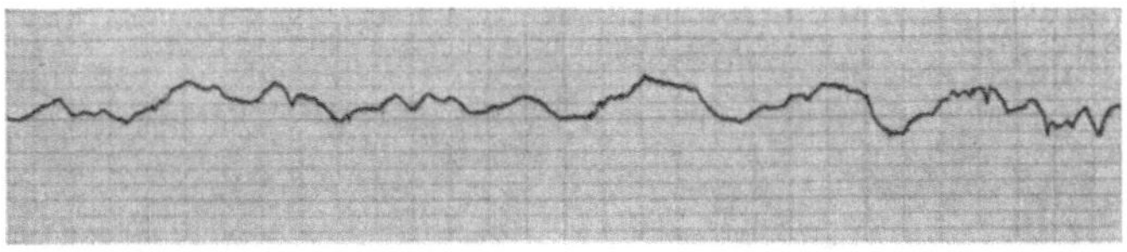

in tangentialer Richtung V ↑ = 600:1 V → = 24:1

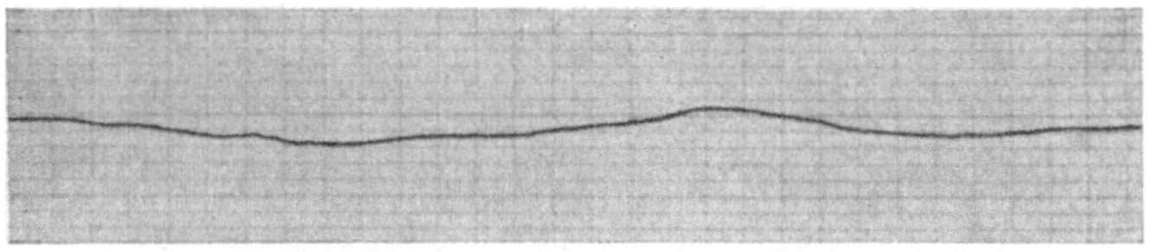

in radialer Richtung V ↑ = 600:1 V → = 24:1

Oberflächengestalt des Werkstücks

vor Umformung

Draufsicht V = 14:1

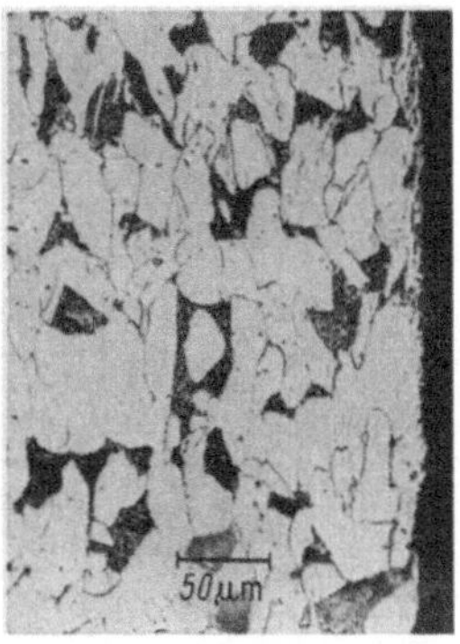

Gefüge V = 140:1

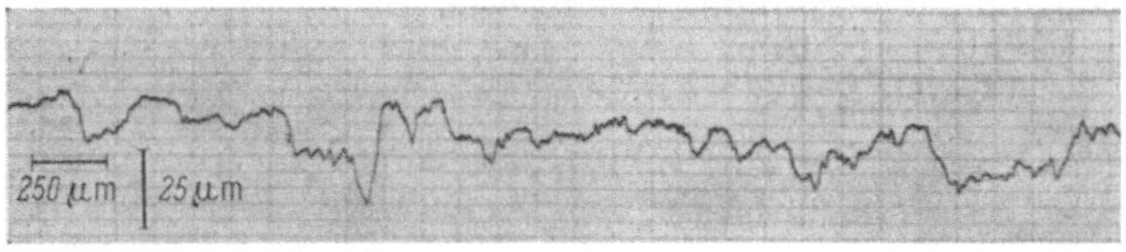

längs den Sägerillen V ↑ = 240:1 V → = 24:1

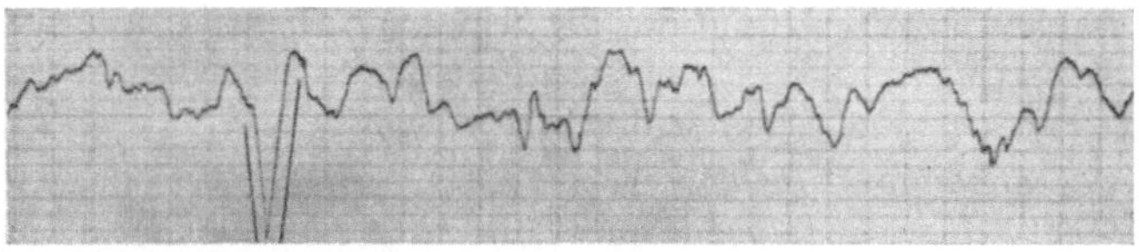

quer zu den Sägerillen V ↑ = 240:1 V → = 24:1

nach Umformung: 7800. Werkstück

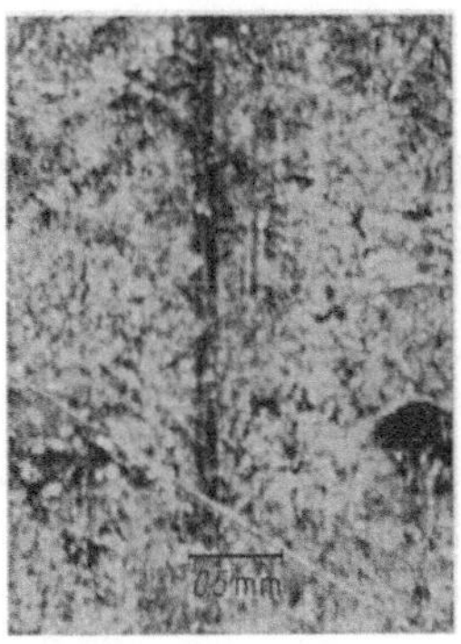

Draufsicht V = 14:1

Gefüge V = 140:1

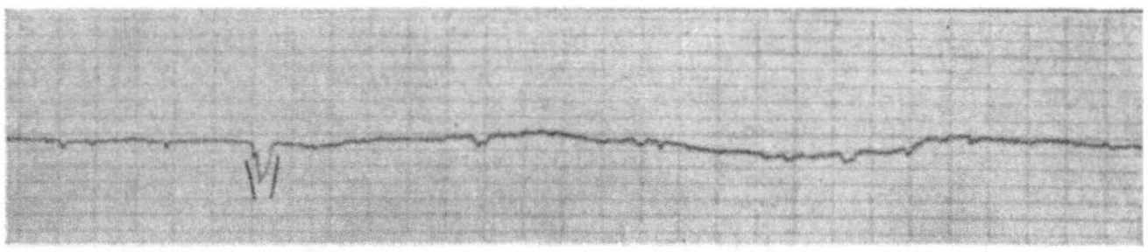

in tangentialer Richtung V ↑ = 240:1 V → = 24:1

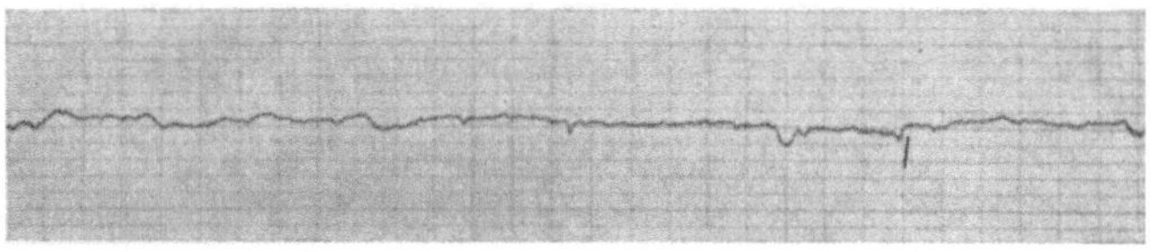

in radialer Richtung V ↑ = 240:1 V → = 24:1

Allgemeiner Text zu diesem Umformverfahren s. S. 57.
Erläuterung zu dieser Tafel s. S. 61.

Tafel 7—4 Rückwärts-Napf-Fließpressen (Boden innen)

Verfahrensangaben

Ausgangsform: *gestauchter (gesetzter) Rohling*
Bezogene Formänderung: $\varepsilon_h = -0{,}75$
Umformgrad (logarithmiert): $\varphi_h = -1{,}4$
Art der Schmierung: *phosphatiert und beseift*
Fertigungsgüte: *üblich*
Bemerkungen: ε_h *und* φ_h *aus der Stauchung von 40 mm auf 10 mm Bodendicke errechnet.*
Die Ausgangsform zu diesem Arbeitsgang ist die Endform von Tafel 4-1.

Wirkpaar

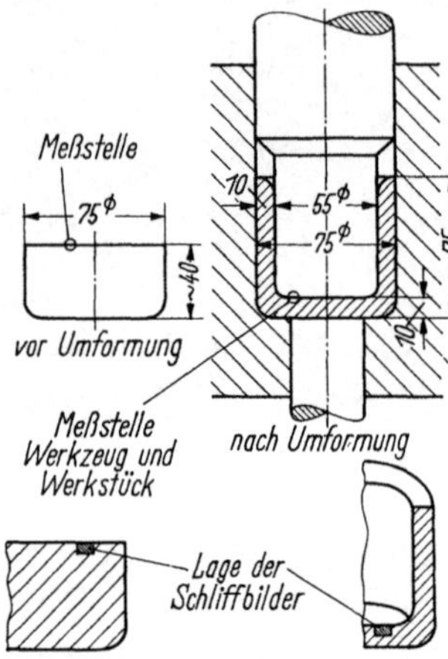

Werkzeug

Benennung: *Stempel*
Werkstoff des Stempels: *X 210 Cr 12 (Wst.-Nr. 1.2080)*
Härte: *62 HRC*
Rauheitsart am neuen Werkzeug: *Schleifrillen*
am benutzten Werkzeug: *radiale Verschleißriefen*
Bemerkungen: —

Tastung:	in tangentialer Richtung				in radialer Richtung			
Oberflächenmaße	Rauhtiefe R_t [µm]	Mittenrauhwert R_a [µm]	Glättungstiefe R_p [µm]	Profil-Leeregrad $\frac{R_p}{R_t}$	Rauhtiefe R_t [µm]	Mittenrauhwert R_a [µm]	Glättungstiefe R_p [µm]	Profil-Leeregrad $\frac{R_p}{R_t}$
Werkzeug neu	*0,3...1*	*0,1...0,2*	*0,1...0,4*	≈ *0,3*	*0,5...2,5*	*0,25...0,35*	*0,4...0,8*	≈ *0,3*
Werkzeug nach *7800 Werkstücken*	*2...6,5*	*0,3...0,5*	*0,6...1,0*	≈ *0,3*	*1,5...3,5*	*0,2...0,4*	*0,4...1,0*	≈ *0,2*

Lage der ausgewählten Fläche: *in Randnähe*
Meßgerät: *Perth-O-Meter* Tastsystem: *HT 25* Prüflänge: *5 mm* Grenzwellenlänge: *0,75 mm* (cut-off)
Anzahl der Messungen je Meßstelle: *10*

Werkstück

Werkstoff *Ck 15 (DIN 17210)*
Legierung: *0,12—0,18 C; 0,25 Si; 0,37 Mn*
P und S je 0,035 max.
Behandlung vor Umformung: *geglüht (2 h, 720 °C)*[1] [4]
Rauheitsart vor Umformung: *schwach gerichtet (Spuren der Sägerillen)*
nach Umformung: *ungerichtet*[2]
Bemerkungen: [1] *gebeizt, phosphatiert und beseift*
[2] *Rauheit auf Phosphatschicht gemessen*
[3] *außerdem Poren bis 100 µm Tiefe, bei* R_p *nicht berücksichtigt.*
[4] *Schliffbild vor dem Glühen entnommen*

Korngröße vor Umformung: *510 µm²*
nach Umformung: *110 µm² (6:1)*
Härte vor Umformung: *HV 30 = 105 kp/mm²*
nach Umformung: *HV 30 = 210 kp/mm²*

Tastung:	vor Umf.: *längs den Sägerillen* nach Umf.: *in tangentialer Richtung*				vor Umf.: *quer zu den Sägerillen* nach Umf.: *in radialer Richtung*				räuml. Leeregrad
Oberflächenmaße	Rauhtiefe R_t [µm]	Mittenrauhwert R_a [µm]	Glättungstiefe R_p [µm]	Profil-Leeregrad $\frac{R_p}{R_t}$	Rauhtiefe R_t [µm]	Mittenrauhwert R_a [µm]	Glättungstiefe R_p [µm]	Profil-Leeregrad $\frac{R_p}{R_t}$	
vor Umformung	*6 u. 10...35*	*3...5*	*4,5...7,5*	≈ *0,22*	*10...40*[3]	*3...6*	*6...12*	≈ *0,3*	≈ *0,42*
nach Umformung	*3 u. 6...10*	*0,4...0,6*	*1...4*	≈ *0,26*	*2 u. 5...11*	*0,6...1*	*1,5...3*	≈ *0,22*	≈ *0,4*

Messung nach der Herstellung von *7800 Werkstücken*
Lage der ausgewählten Fläche: *in Randnähe*
Meßgerät: *Perth-O-Meter* Tastsystem: *HT 250* Prüflänge: *5 mm* Grenzwellenlänge: *0,75 mm* (cut-off)
Anzahl der Messungen je Meßstelle: *10 (Werte tangential aus Abdrücken ermittelt)*

Rückwärts-Napf-Fließpressen (Boden innen) | Tafel 7—4

Oberflächengestalt des Werkzeugs

Werkzeug neu

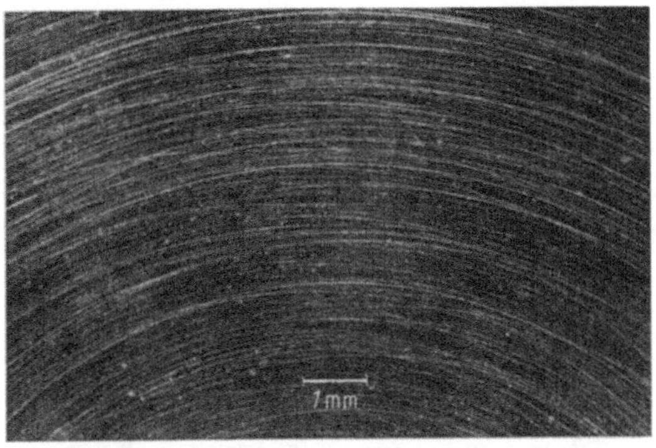

Draufsicht $V = 7:1$

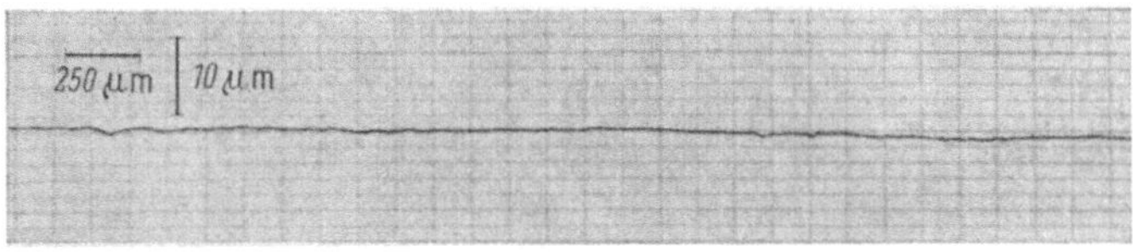

in tangentialer Richtung $V\uparrow = 600:1$ $V\rightarrow = 24:1$

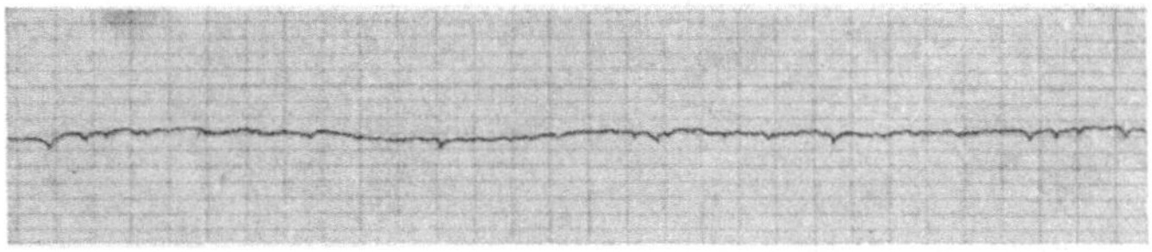

in radialer Richtung $V\uparrow = 600:1$ $V\rightarrow = 24:1$

Werkzeug nach *7800 Werkstücken*

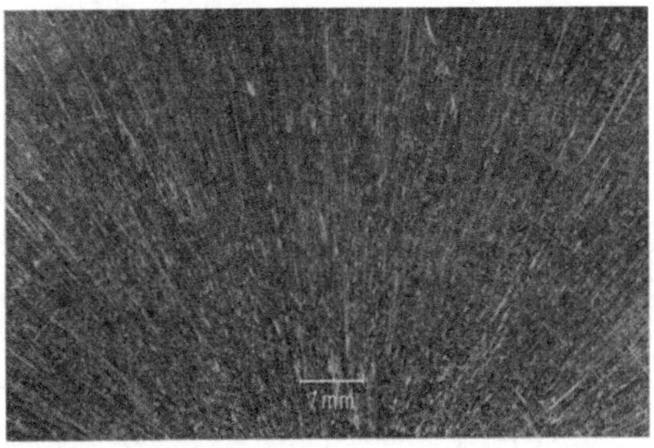

Draufsicht $V = 7:1$

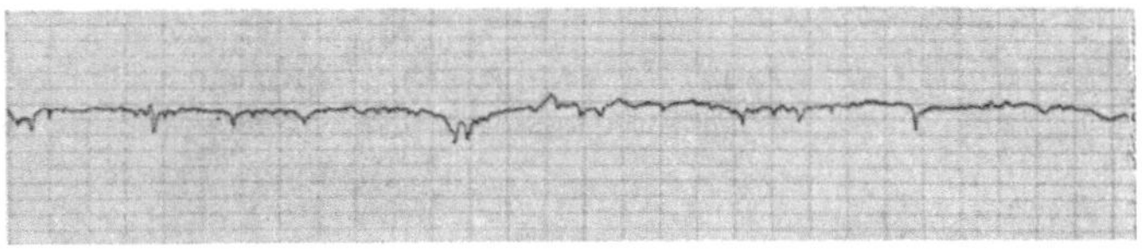

in tangentialer Richtung $V\uparrow = 600:1$ $V\rightarrow = 24:1$

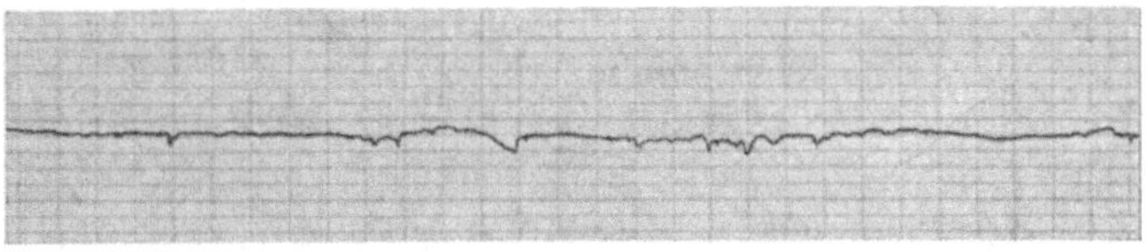

in radialer Richtung $V\uparrow = 600:1$ $V\rightarrow = 24:1$

Oberflächengestalt des Werkstücks

vor Umformung

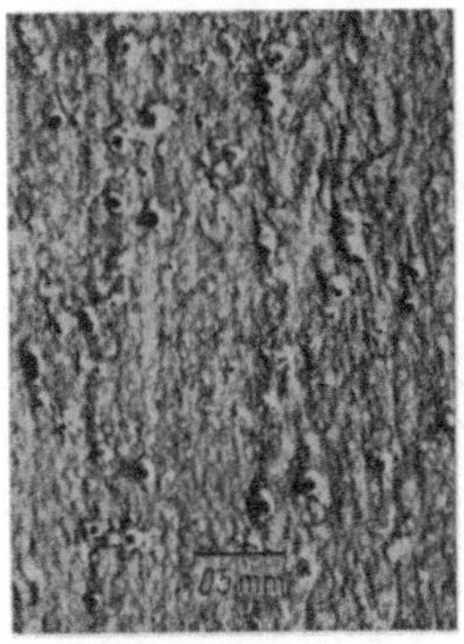

Draufsicht $V = 14:1$

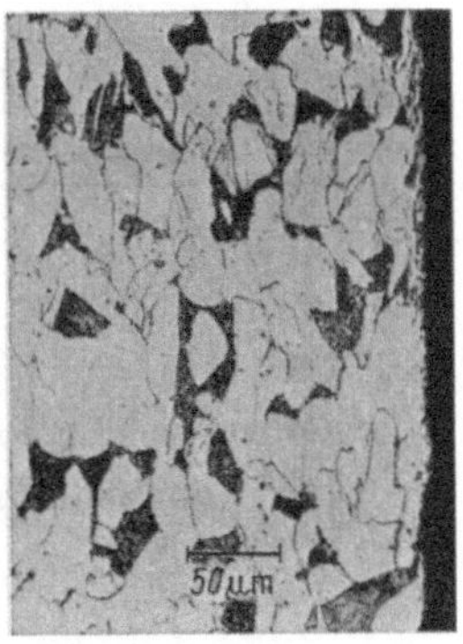

Gefüge $V = 140:1$

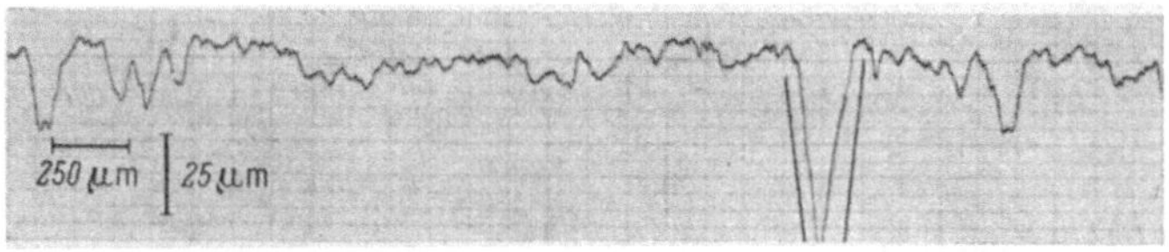

längs den Sägerillen $V\uparrow = 240:1$ $V\rightarrow = 24:1$

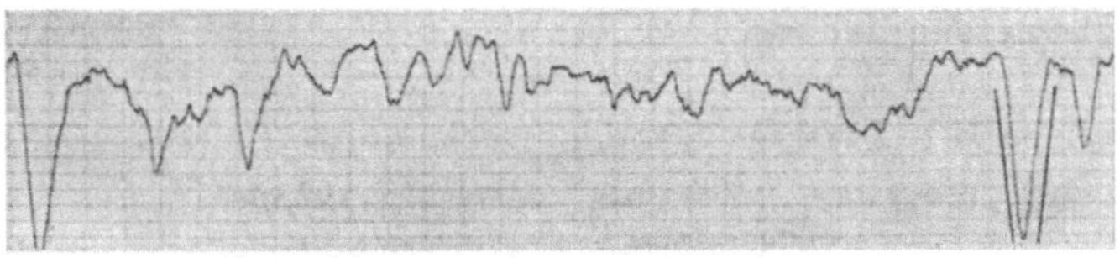

quer zu den Sägerillen $V\uparrow = 240:1$ $V\rightarrow = 24:1$

nach Umformung: *7800. Werkstück*

Draufsicht $V = 14:1$

Gefüge $V = 140:1$

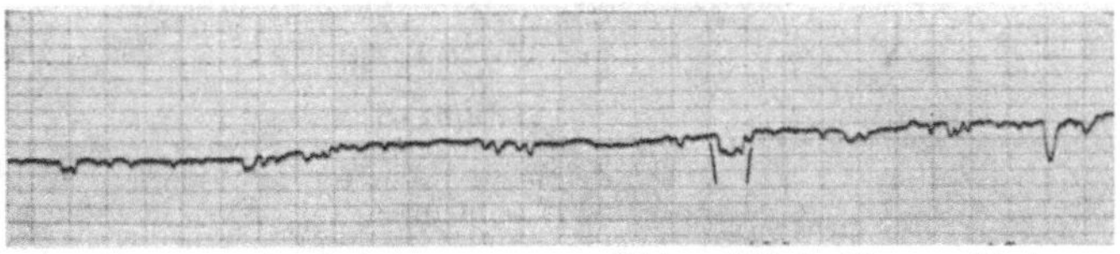

in tangentialer Richtung $V\uparrow = 240:1$ $V\rightarrow = 24:1$

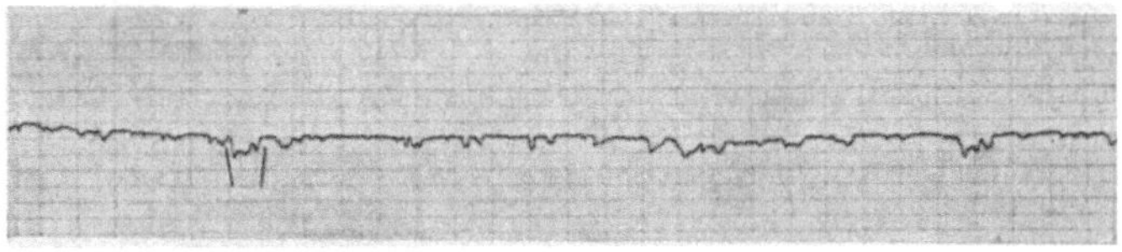

in radialer Richtung $V\uparrow = 240:1$ $V\rightarrow = 24:1$

Allgemeiner Text zu diesem Umformverfahren s. S. 57.
Erläuterung zu dieser Tafel s. S. 61.

Tafel 7—5 Vorwärts-Hohl-Fließpressen (Wand außen)

Verfahrensangaben

Ausgangsform: *Napf*

Bezogene Formänderung: $\varepsilon_L = 2{,}5$ } *Größte Formänderung*
Umformgrad (logarithmiert): $\varphi_L = 1{,}23$ } *in Achsrichtung*

Art der Schmierung: *phosphatiert und beseift*

Fertigungsgüte: *üblich*

Bemerkungen: *Die Ausgangsform zu diesem Arbeitsgang ist die Endform von Tafel 7-1.*
Die Endform dieses Arbeitsganges ist die Ausgangsform zu Tafel 11-1.

Wirkpaar

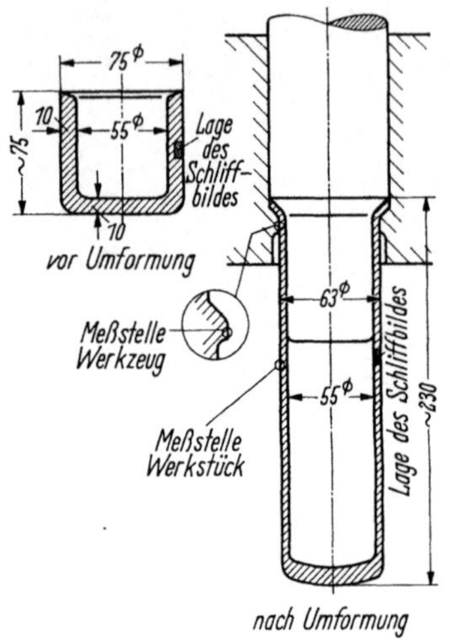

Werkzeug

Benennung: *Preßbüchse*

Werkstoff der Preßbüchse: *X 45 Ni Cr Mo 4 (Wst.-Nr. 1.2767)*

Härte: *56 HRC*

Rauheitsart am neuen Werkzeug: *Schleifrillen quer zur Preßrichtung*
am benutzten Werkzeug: *Verschleißriefen in Preßrichtung*

Bemerkungen: —

Tastung:	*in Preßrichtung*				*quer zur Preßrichtung*			
Oberflächenmaße	Rauhtiefe R_t [µm]	Mitten-rauhwert R_a [µm]	Glättungs-tiefe R_p [µm]	Profil-Leeregrad $\frac{R_p}{R_t}$	Rauhtiefe R_t [µm]	Mitten-rauhwert R_a [µm]	Glättungs-tiefe R_p [µm]	Profil-Leeregrad $\frac{R_p}{R_t}$
Werkzeug neu	2...6	0,4...0,8	1...2	≈ 0,3	1...2	0,15	0,2	≈ 0,15
Werkzeug nach *7200 Werkstücken*	1...2	0,15	0,3	≈ 0,25	5...10	0,4...1	1...4	≈ 0,3

Lage der ausgewählten Fläche: *Preßkanal nahe Austritt*

Meßgerät: *Perth-O-Meter* Tastsystem: *TK 25/TR 25* Prüflänge: *5 mm* Grenzwellenlänge: *0,75 mm* (cut-off)

Anzahl der Messungen je Meßstelle: *5, Werte „quer" aus Abdrücken ermittelt*

Werkstück

Werkstoff: *Ck 15 (DIN 17210)*

Legierung: *0,12—0,18 C; 0,25 Si; 0,37 Mn*
P und S je 0,035 max.

Behandlung vor Umformung: *geglüht (610 °C, 2 h)*[1]

Rauheitsart vor Umformung: *schwach gerichtet*
nach Umformung: *schwach gerichtet*[2]

Bemerkungen: [1] *gebeizt, phosphatiert und beseift*
[2] *Rauheit auf Phosphatschicht gemessen*

Korngröße vor Umformung: *480 µm²*
nach Umformung: *530 µm² (6:1)*

Härte vor Umformung: *HV 30 = 108 kp/mm²*
nach Umformung: *HV 30 = 205 kp/mm²*

Tastung:	*in Preßrichtung*				*quer zur Preßrichtung*				räuml. Leere-grad
Oberflächenmaße	Rauhtiefe R_t [µm]	Mitten-rauhwert R_a [µm]	Glättungs-tiefe R_p [µm]	Profil-Leeregrad $\frac{R_p}{R_t}$	Rauhtiefe R_t [µm]	Mitten-rauhwert R_a [µm]	Glättungs-tiefe R_p [µm]	Profil-Leeregrad $\frac{R_p}{R_t}$	
vor Umformung	6...10 u. 15...22	1,3...2,1	1,8...8	≈ 0,32	8...18	1,6...2,2	3...6	≈ 0,42	≈ 0,52
nach Umformung	2,5...4 u. 8...15	0,6...1,4	0,7...2	≈ 0,2	1...3 u. 5...10	0,8...1,2	1...1,5	≈ 0,16	≈ 0,28

Messung nach der Herstellung von *3800 Werkstücken*

Lage der ausgewählten Fläche: *Wand außen, obere Hälfte*

Meßgerät: *Perth-O-Meter* Tastsystem: *HT 250/TR 250* Prüflänge: *5 mm* Grenzwellenlänge: *0,75 mm* (cut-off)

Anzahl der Messungen je Meßstelle: *15*

Vorwärts-Hohl-Fließpressen (Wand außen) | Tafel 7–5

Oberflächengestalt des Werkzeugs

Werkzeug neu

Innenaufnahme war nicht möglich

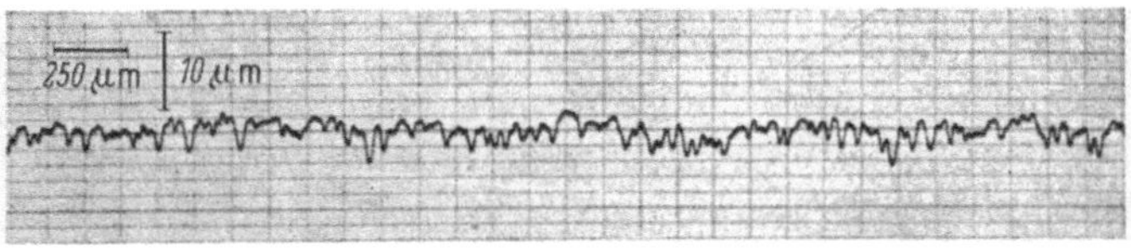

in Preßrichtung V ↑ = *600:1* V → = *24:1*

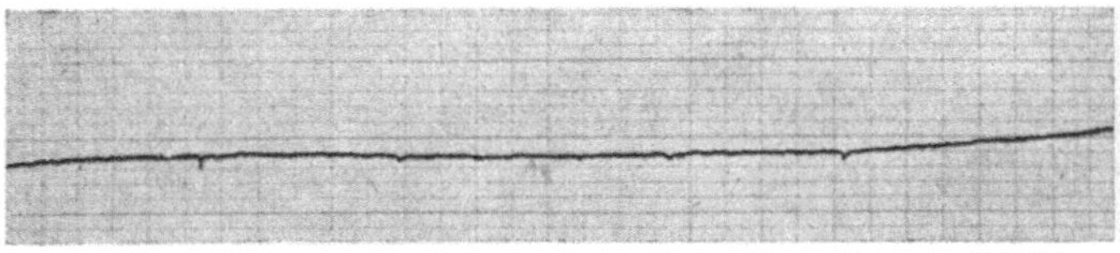

quer zur Preßrichtung V ↑ = *600:1* V → = *24:1*

Werkzeug nach 7200 Werkstücken

Desgl.

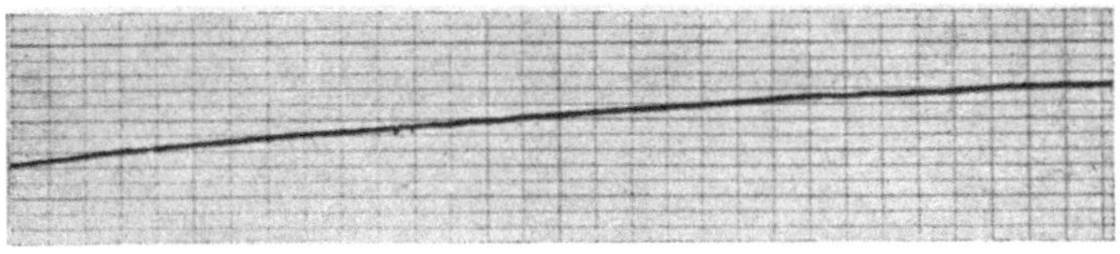

in Preßrichtung V ↑ = *600:1* V → = *24:1*

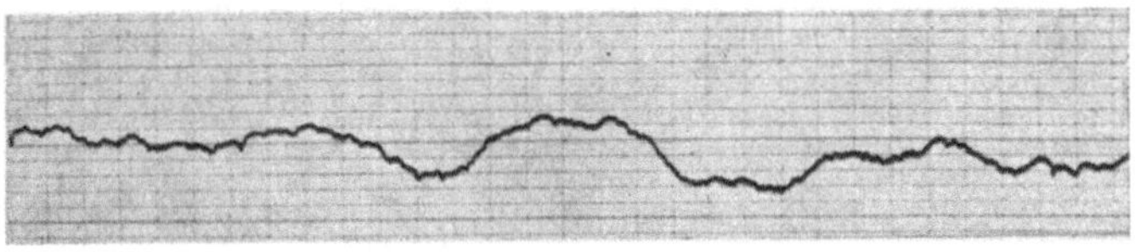

quer zur Preßrichtung V ↑ = *600:1* V → = *24:1*

Oberflächengestalt des Werkstücks

vor Umformung

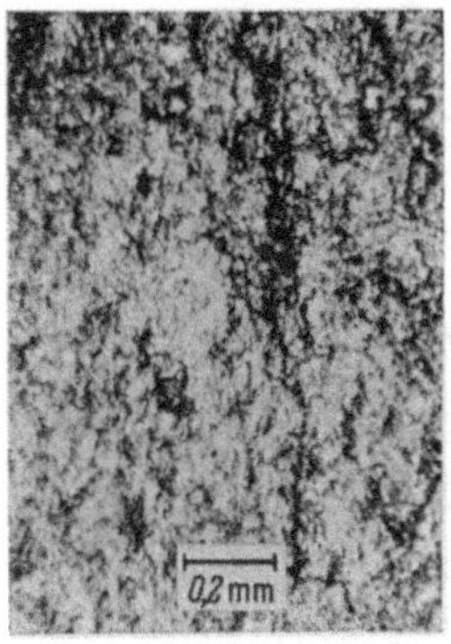

Draufsicht V = *35:1*

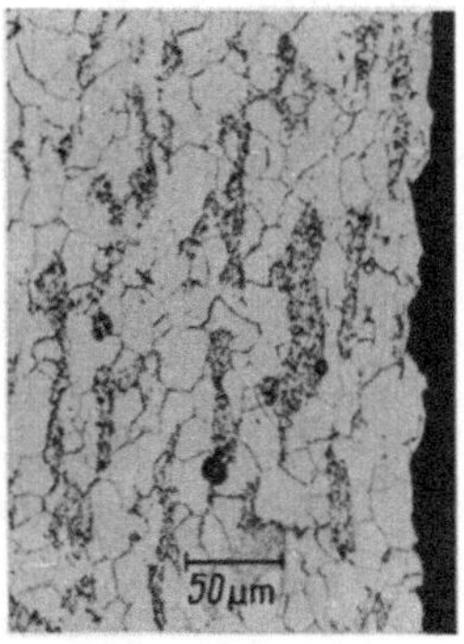

Gefüge V = *140:1*

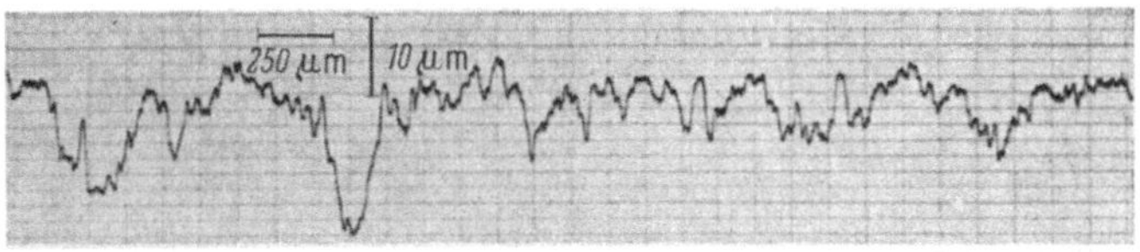

in Preßrichtung V ↑ = *600:1* V → = *24:1*

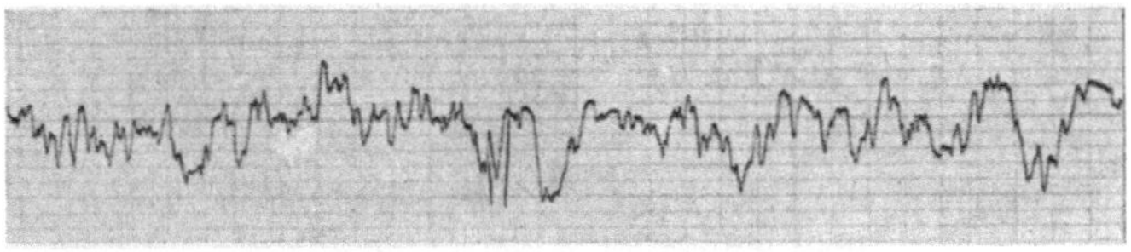

quer zur Preßrichtung V ↑ = *600:1* V → = *24:1*

nach Umformung: 3800. Werkstück

Draufsicht V = *35:1*

Gefüge V = *140:1*

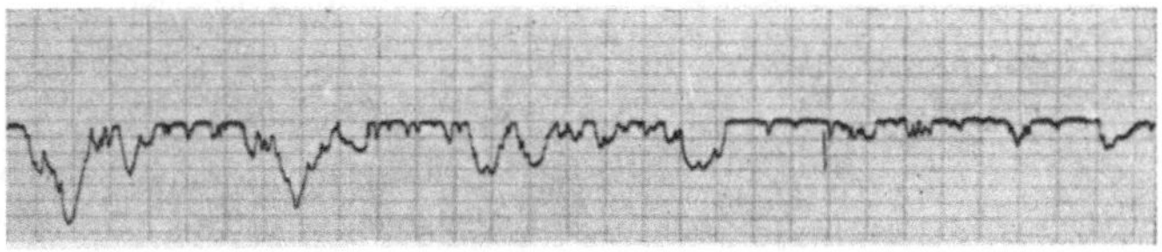

in Preßrichtung V ↑ = *600:1* V → = *24:1*

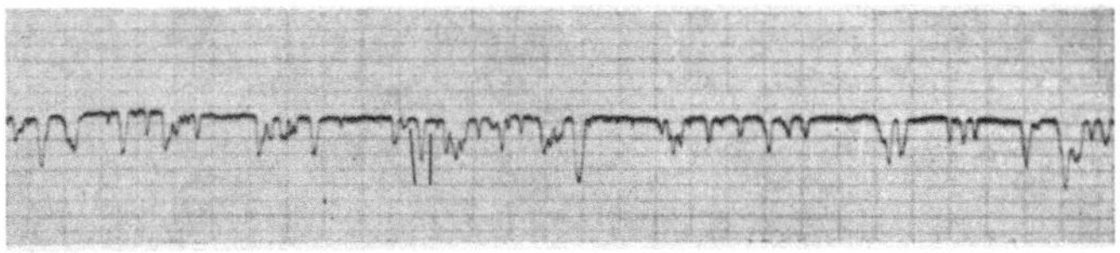

quer zur Preßrichtung V ↑ = *600:1* V → = *24:1*

Allgemeiner Text zu diesem Umformverfahren s. S. 57.
Erläuterung zu dieser Tafel s. S. 61.

Tafel 7–6 Vorwärts-Hohl-Fließpressen (Wand innen)

Verfahrensangaben

Ausgangsform: *Napf*

Bezogene Formänderung: $\varepsilon_L = 2{,}5$ } *größte Formänderung*
Umformgrad (logarithmiert): $\varphi_L = 1{,}23$ } *in Achsrichtung*

Art der Schmierung: *phosphatiert und beseift*

Fertigungsgüte: *üblich*

Bemerkungen: *Die Ausgangsform zu diesem Arbeitsgang ist die Endform von Tafel 7-2.*
Die Endform dieses Arbeitsganges ist die Ausgangsform zu Tafel 11-2.

Wirkpaar

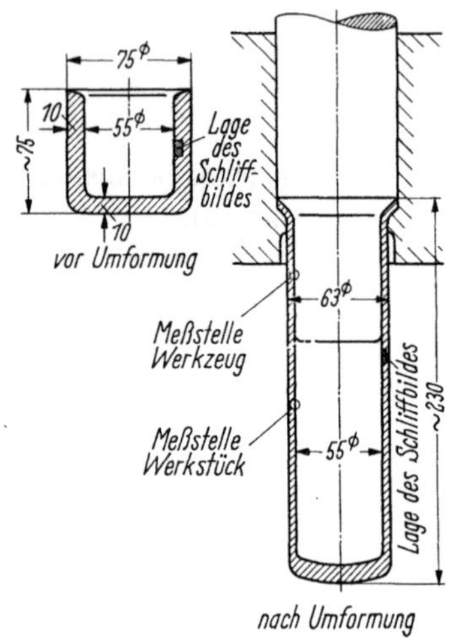

Werkzeug

Benennung: *Stempel*

Werkstoff des Stempels: *50 Ni Cr 13 (Wst.-Nr. 1.2721)*

Härte: *56 HRC*

Rauheitsart am neuen Werkzeug: *Polierrillen quer zur Preßrichtung*
am benutzten Werkzeug: *Verschleißriefen in Preßrichtung*

Bemerkungen: —

Tastung:	*in Preßrichtung*				*quer zur Preßrichtung*			
Oberflächenmaße	Rauhtiefe R_t [μm]	Mittenrauhwert R_a [μm]	Glättungstiefe R_p [μm]	Profil-Leeregrad $\frac{R_p}{R_t}$	Rauhtiefe R_t [μm]	Mittenrauhwert R_a [μm]	Glättungstiefe R_p [μm]	Profil-Leeregrad $\frac{R_p}{R_t}$
Werkzeug neu	*0,5 u. 1...1,5*	*0,08...0,12*	*0,1...0,2*	*0,3*	*0,5...1*	*0,16...0,2*	*0,2...0,3*	*0,2*
Werkzeug nach *7200 Werkstücken*	*0,25...3*	*0,47...0,63*	*0,1...0,5*	*0,25*	*1...2 u. 5*	*0,1...0,2*	*0,6...0,8*	*0,4*

Lage der ausgewählten Fläche: *Stempel in halber Höhe*
Meßgerät: *Perth-O-Meter* Tastsystem: *HT 25/TR 25* Prüflänge: *5 mm* Grenzwellenlänge: *0,75 mm* (cut-off)
Anzahl der Messungen je Meßstelle: *5*

Werkstück

Werkstoff: *Ck 15 (DIN 17210)*
Legierung: *0,12—0,18 C; 0,25 Si 0,37 Mn*
P und S je 0,035 max.
Behandlung vor Umformung: *geglüht (610 °C, 2 h)*[1]
Rauheitsart vor Umformung: *schwach gerichtet*
nach Umformung: *ungerichtet*[2]
Bemerkungen: [1] *gebeizt, phosphatiert und beseift*
[2] *Rauheit auf Phosphatschicht gemessen*

Korngröße vor Umformung: *480 μm²*
nach Umformung: *530 μm² (6:1)*
Härte vor Umformung: *HV 30 = 110 kp/mm²*
nach Umformung: *HV 30 = 210 kp/mm²*

Tastung:	*in Preßrichtung*				*quer zur Preßrichtung*				räuml. Leere-grad
Oberflächenmaße	Rauhtiefe R_t [μm]	Mittenrauhwert R_a [μm]	Glättungstiefe R_p [μm]	Profil-Leeregrad $\frac{R_p}{R_t}$	Rauhtiefe R_t [μm]	Mittenrauhwert R_a [μm]	Glättungstiefe R_p [μm]	Profil-Leeregrad $\frac{R_p}{R_t}$	
vor Umformung	*2...11*	*0,3...1,4*	*2...3*	*≈ 0,38*	*4...8*	*0,7...1,1*	*1,5...3*	*≈ 0,35*	*≈ 0,55*
nach Umformung	*2...3 u. 6...9*	*0,7...1,3*	*2...3,5*	*≈ 0,38*	*2...5 u. 8...10*	*0,6...1,4*	*1...2,5*	*≈ 0,3*	*≈ 0,5*

Messung nach der Herstellung von *3800 Werkstücken*
Lage der ausgewählten Fläche: *Mitte*
Meßgerät: *Perth-O-Meter* Tastsystem: *TK 25/TR 25* Prüflänge: *5 mm* Grenzwellenlänge: *0,75 mm* (cut-off)
Anzahl der Messungen je Meßstelle: *10, (Werte „quer" aus Abdrücken ermittelt)*

Vorwärts-Hohl-Fließpressen (Wand innen) — Tafel 7–6

Oberflächengestalt des Werkzeugs

Werkzeug neu

Draufsicht V = *14:1*

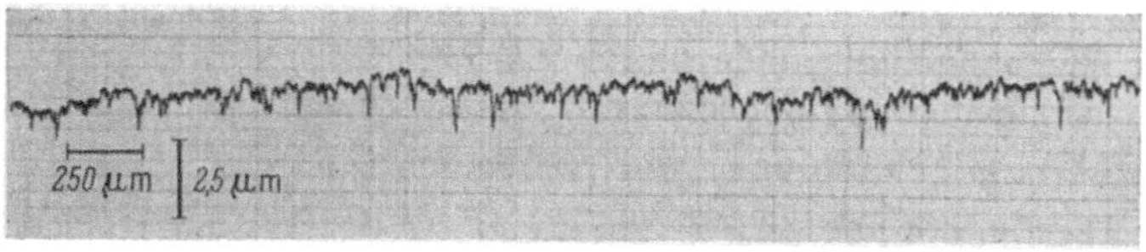

in Preßrichtung V ↑ = *2400:1* V → = *24:1*

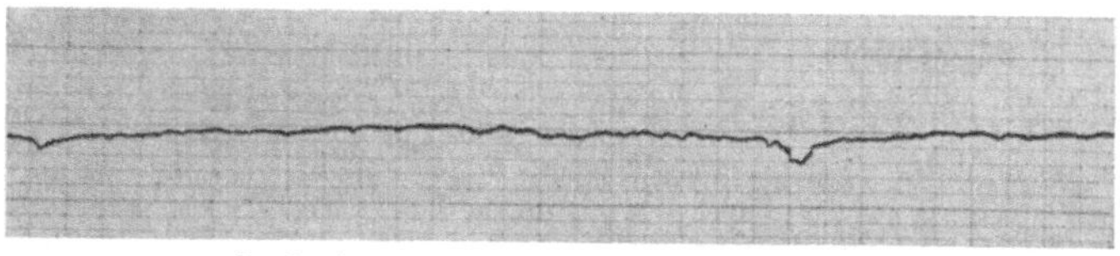

quer zur Preßrichtung V ↑ = *2400:1* V → = *24:1*

Werkzeug nach 7200 Werkstücken

Draufsicht V = *14:1*

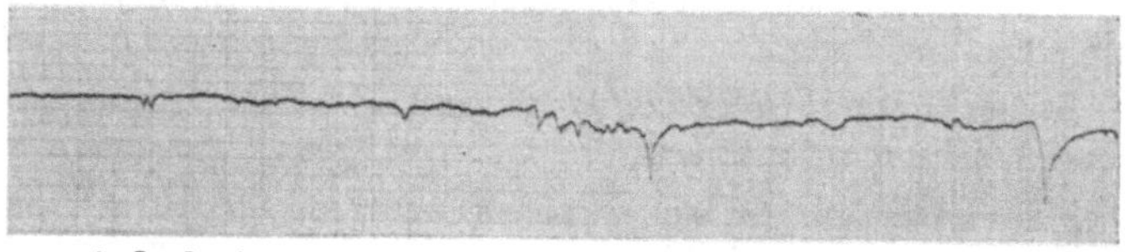

in Preßrichtung V ↑ = *2400:1* V → = *24:1*

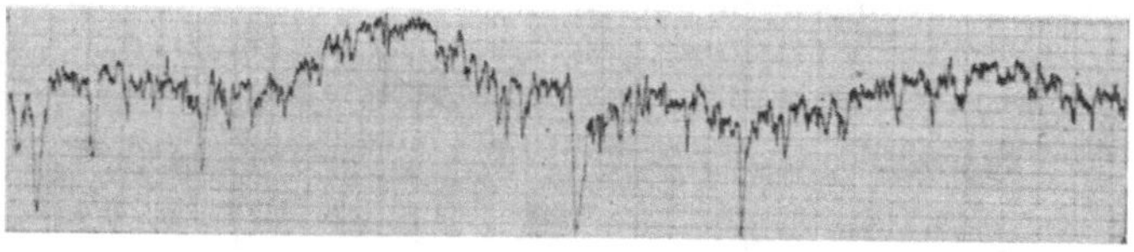

quer zur Preßrichtung V ↑ = *2400:1* V → = *24:1*

Oberflächengestalt des Werkstücks

vor Umformung

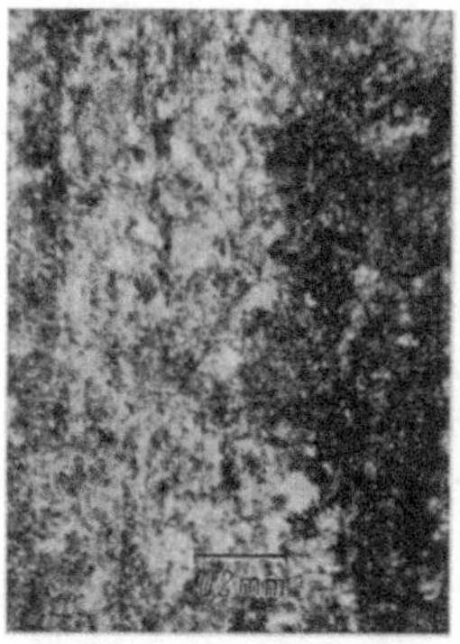

Draufsicht V = *35:1*

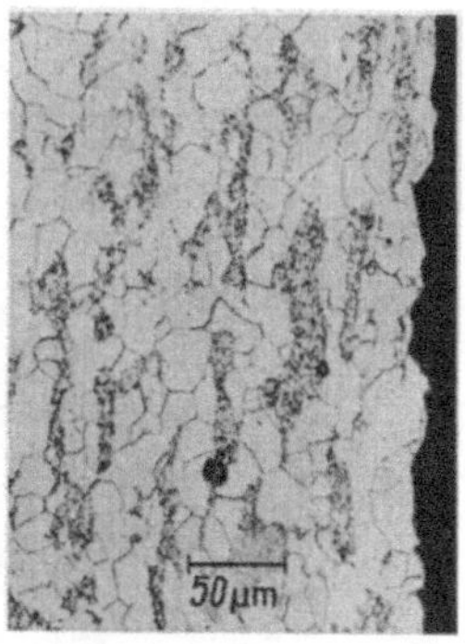

Gefüge V = *140:1*

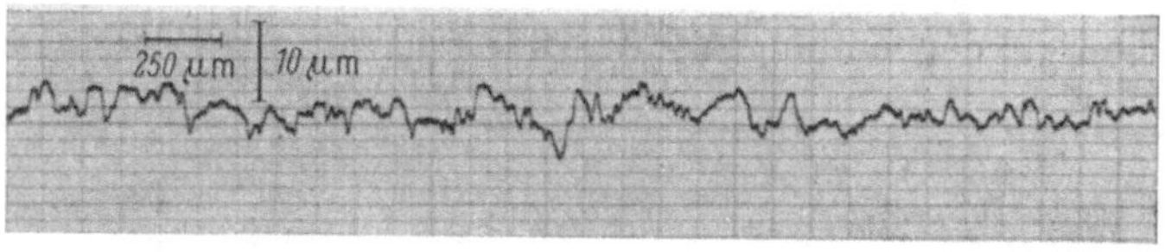

in Preßrichtung V ↑ = *600:1* V → = *24:1*

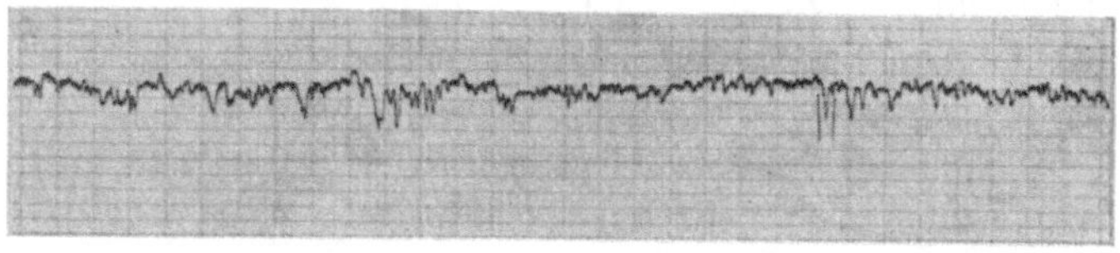

quer zur Preßrichtung V ↑ = *600:1* V → = *24:1*

nach Umformung: *3800. Werkstück*

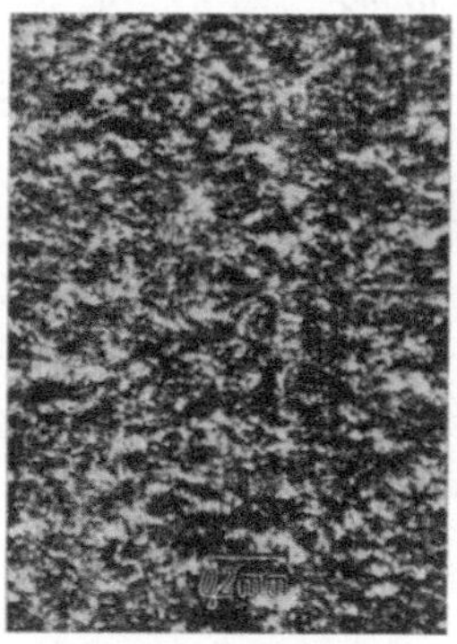

Draufsicht V = *35:1*

Gefüge V = *140:1*

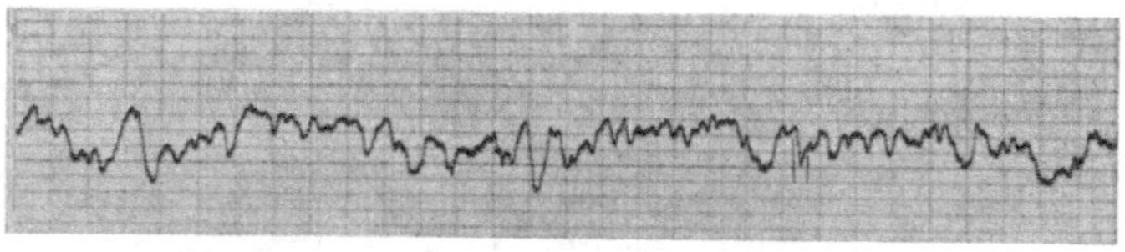

in Preßrichtung V ↑ = *600:1* V → = *24:1*

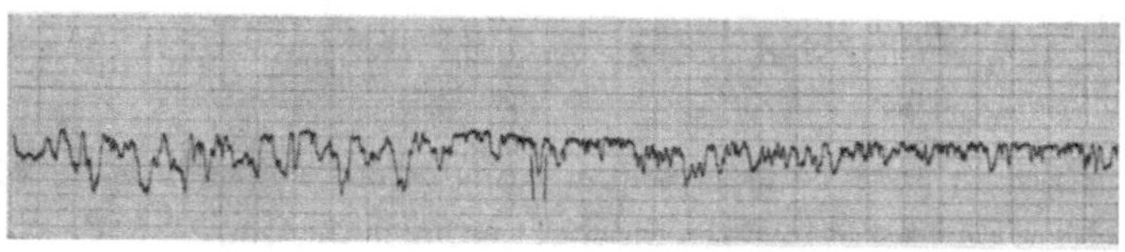

quer zur Preßrichtung V ↑ = *600:1* V → = *24:1*

Allgemeiner Text zu diesem Umformverfahren s. S. 57.
Erläuterung zu dieser Tafel s. S. 61.

Tafel 8—1 — Ziehen von Rundstäben

Verfahrensangaben

Ausgangsform: *Warmgewalzter Stab*

Bezogene Formänderung: $\varepsilon_F = -0{,}12$ } *in 1 Zug*
Umformgrad (logarithmiert): $\varphi_F = -0{,}13$ }

Art der Schmierung: *Kalküberzug, mit Öl*

Fertigungsgüte: *üblich*

Bemerkungen: —

Wirkpaar

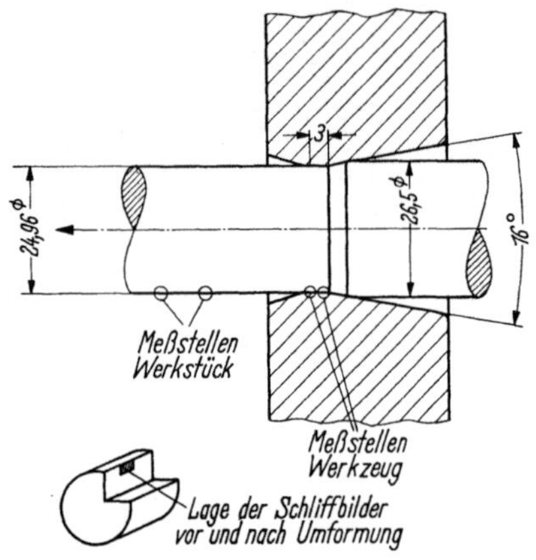

Werkzeug

Benennung: *Ziehstein*

Werkstoff: *Hartmetall GT 20*

Härte: *HV 30 = 1300 kp/mm²*

Rauheitsart am neuen Werkzeug: *Polierrillen quer zur Ziehrichtung*
am benutzten Werkzeug: *geringe Auskolkungen mit einzelnen Riefen in Ziehrichtung*

Bemerkungen: *Werkzeug im dargestellten Zustand noch nicht aufgebraucht*

Tastung:	in Ziehrichtung				quer zur Ziehrichtung			
Oberflächenmaße	Rauhtiefe R_t [µm]	Mittenrauhwert R_a [µm]	Glättungstiefe R_p [µm]	Profil-Leeregrad $\frac{R_p}{R_t}$	Rauhtiefe R_t [µm]	Mittenrauhwert R_a [µm]	Glättungstiefe R_p [µm]	Profil-Leeregrad $\frac{R_p}{R_t}$
Werkzeug neu	1...3	$\leq 0{,}3$	$\leq 0{,}5$	$\approx 0{,}3$	0,5...1,5	$\leq 0{,}2$	$\leq 0{,}4$	$\approx 0{,}2$
Werkzeug nach 10 000 m Ziehlänge	2...6	$\leq 0{,}5$	≤ 1	$\approx 0{,}3$	2...4	$\leq 0{,}5$	≤ 1	$\approx 0{,}3$

Lage der ausgewählten Fläche: *zylindrischer Teil (bei Tastung in Ziehrichtung nahe Einlauf)*

Meßgerät: *Perth-O-Meter* Tastsystem: *HT 25/TR 25* Prüflänge: *5 mm* Grenzwellenlänge (cut-off): *0,75 mm*

Anzahl der Messungen je Meßstelle: *10, Werte aus Abdrücken ermittelt*

Werkstück

Werkstoff: *St 37 (DIN 17100)*

Legierung: $\leq 0{,}2$ *C*; $\leq 0{,}08$ *P*; $\leq 0{,}05$ *S*

Behandlung vor Umformung: *warmgewalzt*[1]

Rauheitsart vor Umformung: *ungerichtet und offen*
nach Umformung: *ungerichtet und halboffen*

Bemerkungen: [1] *in H_2SO_4 mit Inhibitor gebeizt und gekalkt*

Korngröße vor Umformung: *830 µm²*
nach Umformung: *880 µm² (1,2:1)*

Härte vor Umformung: *HV 30 = 90 kp/mm²*
nach Umformung: *HV 30 = 150 kp/mm²*

Tastung:	in Ziehrichtung				quer zur Ziehrichtung				räuml. Leeregrad
Oberflächenmaße	Rauhtiefe R_t [µm]	Mittenrauhwert R_a [µm]	Glättungstiefe R_p [µm]	Profil-Leeregrad $\frac{R_p}{R_t}$	Rauhtiefe R_t [µm]	Mittenrauhwert R_a [µm]	Glättungstiefe R_p [µm]	Profil-Leeregrad $\frac{R_p}{R_t}$	
vor Umformung	5...15 u. 30...70	4...9	7...18	$\approx 0{,}4$	10...25 u. 30...70	4...8	8...14	$\approx 0{,}4$	$\approx 0{,}6$
nach Umformung	2...6 u. 10...26	0,6...2,3	1...3,5	$\approx 0{,}2$	2...7 u. 10...26	0,6...2,4	1...3,6	$\approx 0{,}16$	$\approx 0{,}32$

Messung nach der Herstellung von *10 000 m Ziehlänge (≙ 40 t)*

Lage der ausgewählten Fläche: *gesamter Umfang*

Meßgerät: *Perth-O-Meter* Tastsystem: *TK 250/TR 250* Prüflänge: *10 mm*[1]*/5 mm*[2] Grenzwellenlänge (cut-off): *2,5 mm/0,75 mm*

Anzahl der Messungen je Meßstelle: *20*

[1] vor Umformung [2] nach Umformung

Ziehen von Rundstäben — Tafel 8–1

Oberflächengestalt des Werkzeugs

Werkzeug neu

Draufsicht V = *14 : 1*

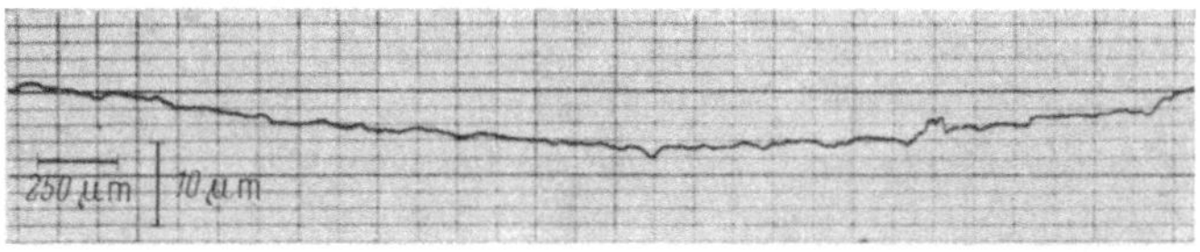

in Ziehrichtung V ↑ = *600 : 1* V → = *24 : 1*

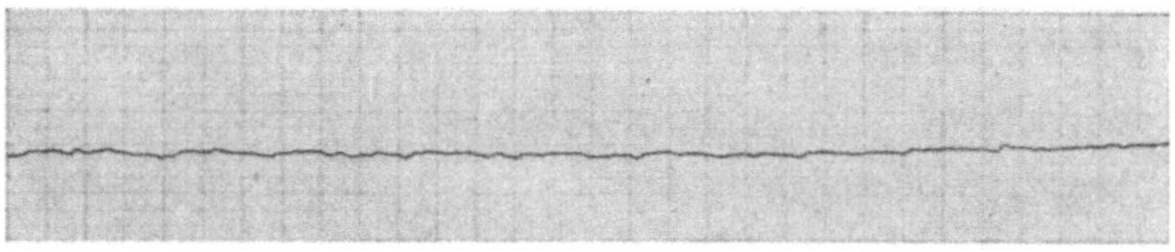

quer zur Ziehrichtung V ↑ = *600 : 1* V → = *24 : 1*

Werkzeug nach *10 000 m Ziehlänge*

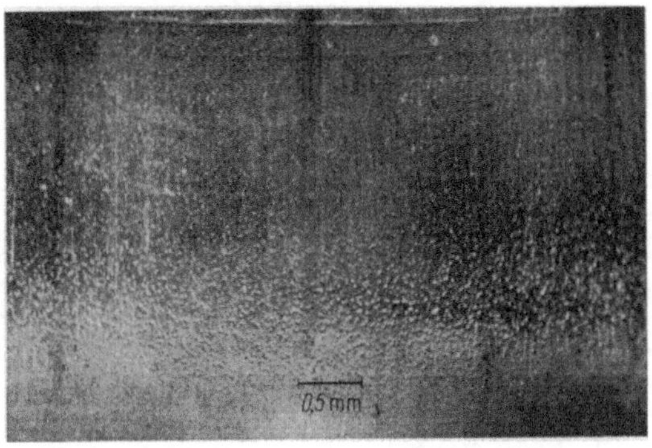

Draufsicht V = *14 : 1*

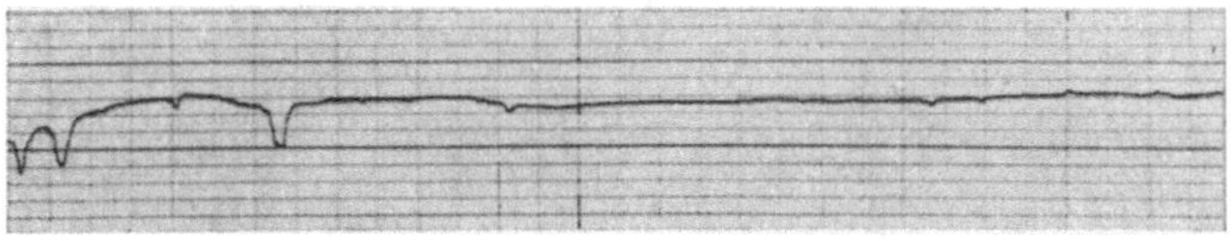

in Ziehrichtung V ↑ = *600 : 1* V → = *24 : 1*

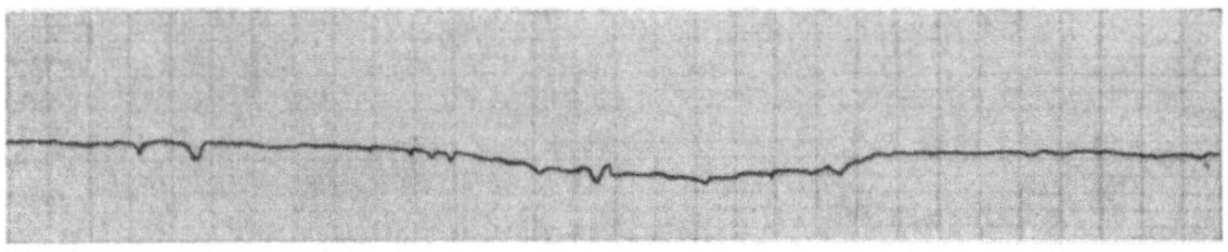

quer zur Ziehrichtung V ↑ = *600 : 1* V → = *24 : 1*

Oberflächengestalt des Werkstücks

vor Umformung

Draufsicht V = *14 : 1*

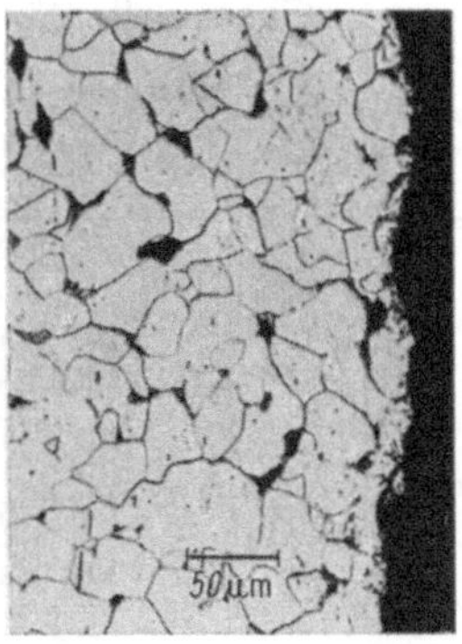

Gefüge V = *140 : 1*

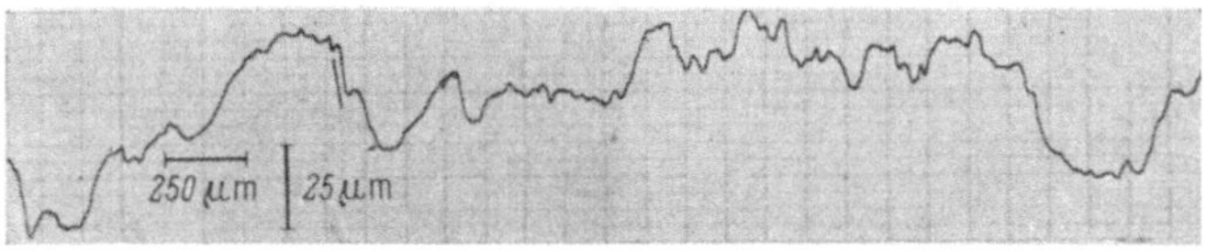

in Ziehrichtung V ↑ = *240 : 1* V → = *24 : 1*

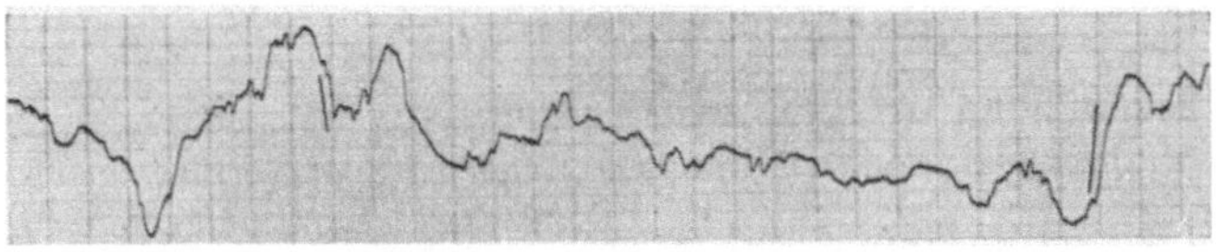

quer zur Ziehrichtung V ↑ = *240 : 1* V → = *24 : 1*

nach Umformung: *10 000. Stabmeter*

Draufsicht V = *14 : 1*

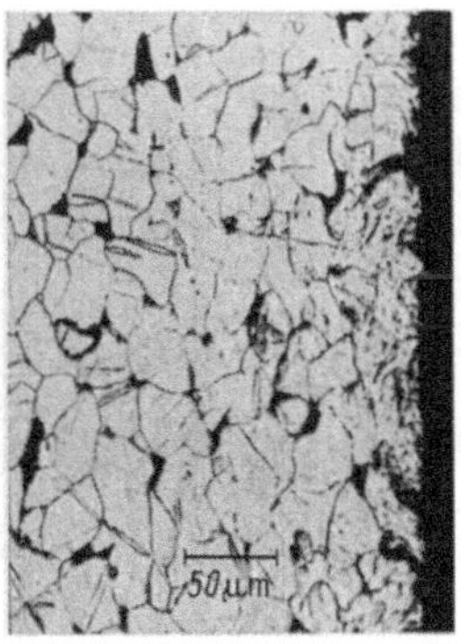

Gefüge V = *140 : 1*

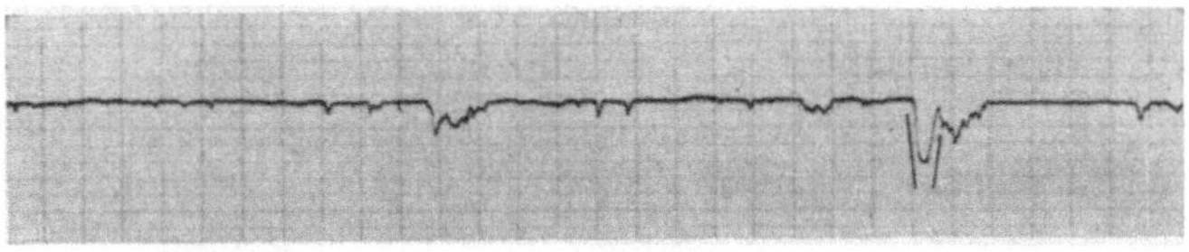

in Ziehrichtung V ↑ = *240 : 1* V → = *24 : 1*

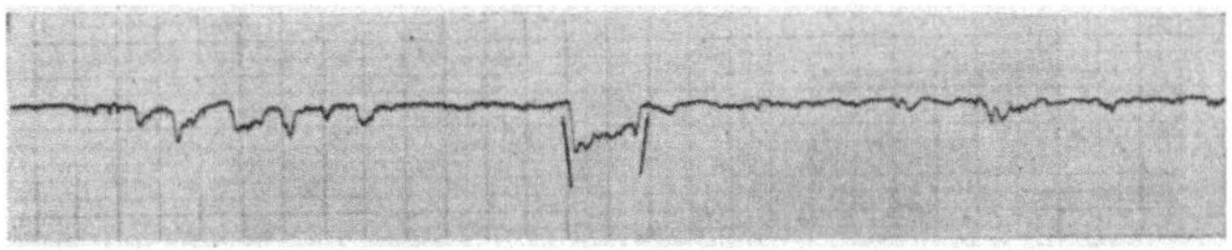

quer zur Ziehrichtung V ↑ = *240 : 1* V → = *24 : 1*

Allgemeiner Text zu diesem Umformverfahren s. S. 62.
Erläuterung zu dieser Tafel s. S. 64.

Tafel 8—2 Ziehen von Flachstäben

Verfahrensangaben

Ausgangsform: *warmgewalzter Stab*

Bezogene Formänderung: $\varepsilon_F = -0{,}2$ } in 1 Zug
Umformgrad (logarithmiert): $\varphi_F = -0{,}22$ } in 1 Zug

Art der Schmierung: *Kalküberzug mit Öl*

Fertigungsgüte: *üblich*

Bemerkungen:

Wirkpaar

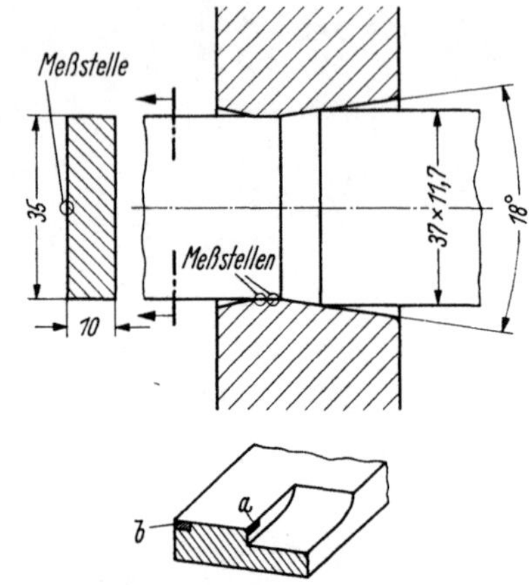

Lage der Schliffbilder
a) In dieser Tafel vor und nach Umformung
b) im Text nach Umformung

Werkzeug

Benennung: *Ziehmatrize (verstellbar)*

Werkstoff: *Hartmetall GT 20*

Härte: *HV 30 = 1300 kp/mm²*

Rauheitsart am neuen Werkzeug: *Polierrillen quer zur Ziehrichtung*
am benutzten Werkzeug: *Verschleißriefen in Ziehrichtung*

Bemerkungen: *Werkzeug im dargestellten Zustand noch nicht aufgebraucht*

Tastung:	in Ziehrichtung				quer zur Ziehrichtung			
Oberflächenmaße	Rauhtiefe R_t [μm]	Mittenrauhwert R_a [μm]	Glättungstiefe R_p [μm]	Profil-Leeregrad $\frac{R_p}{R_t}$	Rauhtiefe R_t [μm]	Mittenrauhwert R_a [μm]	Glättungstiefe R_p [μm]	Profil-Leeregrad $\frac{R_p}{R_t}$
Werkzeug neu	$\leq 0{,}3$	$\leq 0{,}03$	$\leq 0{,}1$	$\approx 0{,}3$	$\leq 0{,}3$	$\leq 0{,}03$	$\leq 0{,}1$	$\approx 0{,}3$
Werkzeug nach *1500 m Ziehlänge*	$< 0{,}5$ u. 1...2	$\leq 0{,}2$	$\leq 0{,}5$	$\approx 0{,}3$	1...2 u. 5...8[1]	0,5...0,7	0,7...1	$\approx 0{,}2$

Lage der ausgewählten Fläche: *engste Stelle an breiter Seite*

Meßgerät: *Perth-O-Meter* Tastsystem: *HT 25* Prüflänge: *5 mm* Grenzwellenlänge: *0,75 mm* (cut-off)

Anzahl der Messungen je Meßstelle: *10*

[1] nahe Einlauf

Werkstück

Werkstoff: *St 37 (DIN 17100)*

Legierung: *≦ 0,2 C; ≦ 0,08 P; ≦ 0,05 S*

Behandlung vor Umformung: *warmgewalzt*[1]

Rauheitsart vor Umformung: *ungerichtet und offen*
nach Umformung: *ungerichtet und halboffen*

Bemerkungen: [1] *in H_2SO_4 mit Inhibitor gebeizt und gekalkt*

Korngröße vor Umformung: *470 μm²*
nach Umformung: *520 μm² (1,4:1)*

Härte vor Umformung: *HV 30 = 100 kp/mm²*
nach Umformung: *HV 30 = 180 kp/mm²*

Tastung:	in Ziehrichtung				quer zur Ziehrichtung				räuml. Leeregrad
Oberflächenmaße	Rauhtiefe R_t [μm]	Mittenrauhwert R_a [μm]	Glättungstiefe R_p [μm]	Profil-Leeregrad $\frac{R_p}{R_t}$	Rauhtiefe R_t [μm]	Mittenrauhwert R_a [μm]	Glättungstiefe R_p [μm]	Profil-Leeregrad $\frac{R_p}{R_t}$	
vor Umformung:	25...50	3,5...6,5	6...15	$\approx 0{,}42$	25...50	3,5...6,5	7...14	$\approx 0{,}4$	$\approx 0{,}6$
nach Umformung	3...6 u. 12...25	1,2...2,4	1,5...3	$\approx 0{,}16$	2...6 u. 10...22	1...2	1,5...3	$\approx 0{,}14$	$\approx 0{,}26$

Messung nach der Herstellung von *1500 m Ziehlänge (≙ 4 t)*

Lage der ausgewählten Fläche: *Mitte langer Rechteckseite*

Meßgerät: *Perth-O-Meter* Tastsystem: *TK 250*[1]*/TK 25/TR 25*[2] Prüflänge: *10 mm*[1]*/5 mm*[2] Grenzwellenlänge: *2,5 mm* (cut-off) *0,75 mm*

Anzahl der Messungen je Meßstelle: *20* [1] vor Umformung [2] nach Umformung

Ziehen von Flachstäben

Tafel 8—2

Oberflächengestalt des Werkzeugs

Werkzeug neu

Draufsicht V = *14:1*

in Ziehrichtung V↑ = *600:1* V → = *24:1*

quer zur Ziehrichtung V↑ = *600:1* V → = *24:1*

Werkzeug nach *1500 m Ziehlänge*

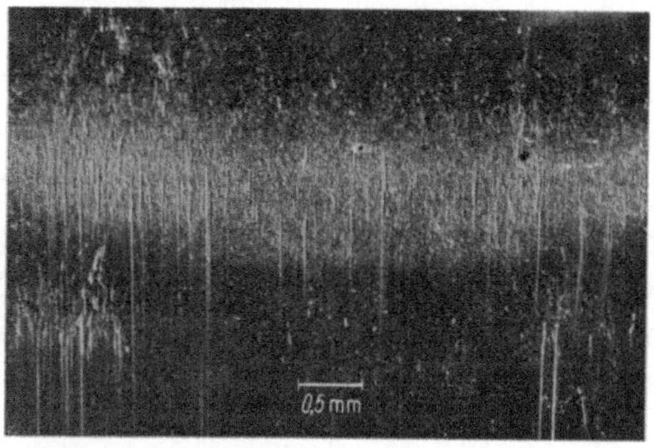

Draufsicht am Einlauf V = *14:1*

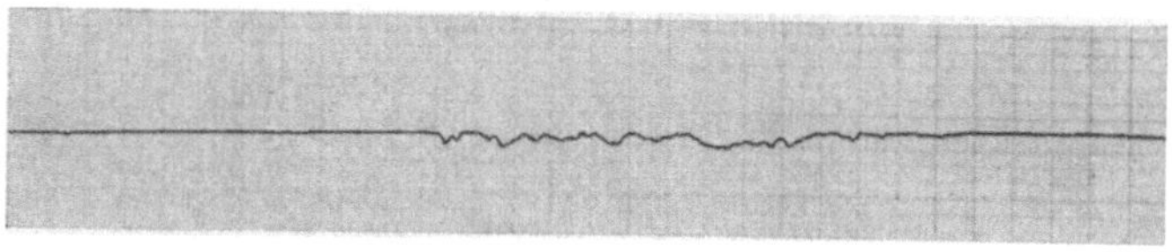

in Ziehrichtung V↑ = *600:1* V → = *24:1*

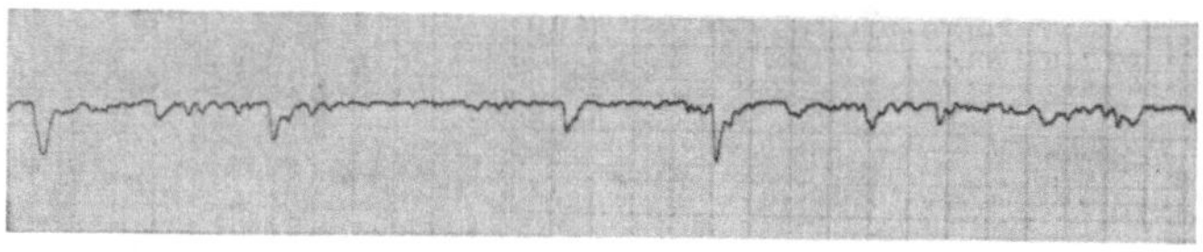

quer zur Ziehrichtung V↑ = *600:1* V → = *24:1*

Oberflächengestalt des Werkstücks

vor Umformung

Draufsicht V = *14:1*

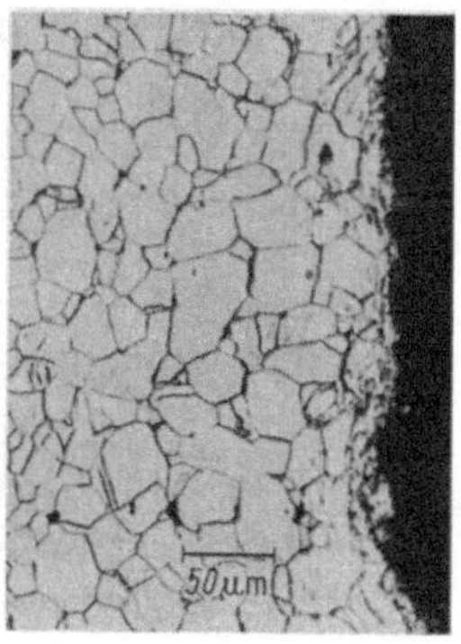

Gefüge V = *140:1*

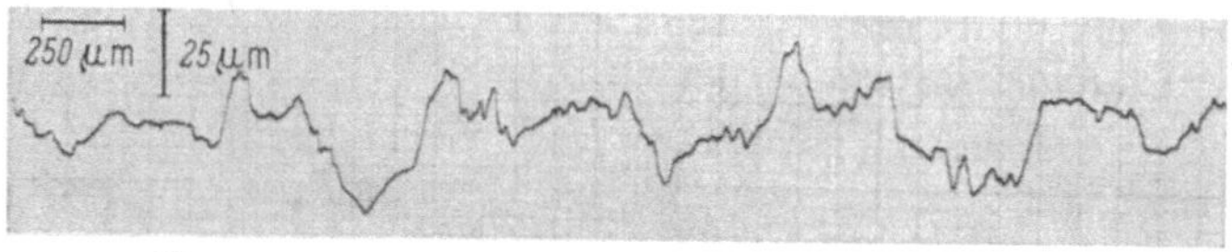

in Ziehrichtung V↑ = *240:1* V → = *24:1*

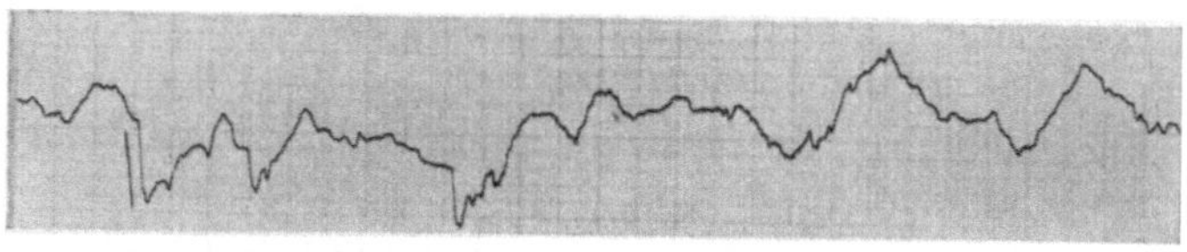

quer zur Ziehrichtung V↑ = *240:1* V → = *24:1*

nach Umformung: *1500. Stabmeter*

Draufsicht V = *14:1*

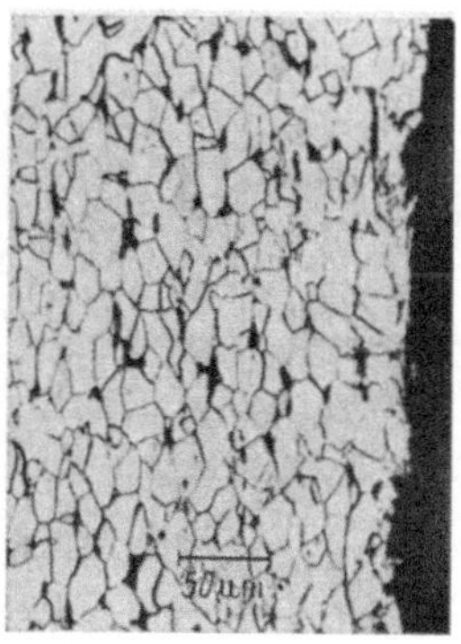

Gefüge V = *140:1*

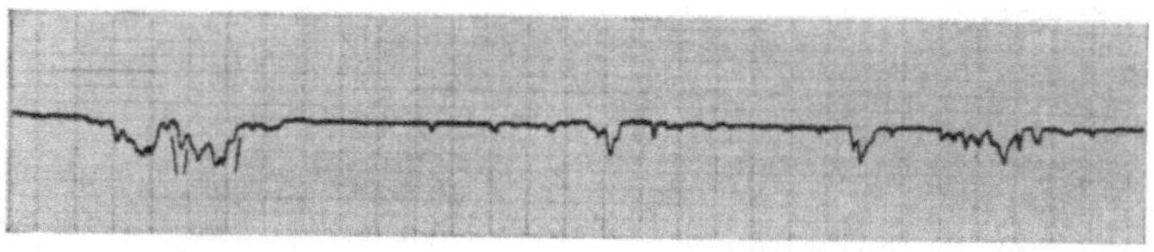

in Ziehrichtung V↑ = *240:1* V → = *24:1*

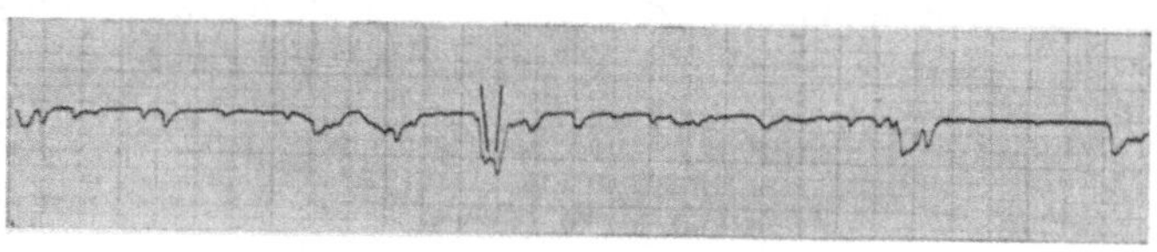

quer zur Ziehrichtung V↑ = *240:1* V → = *24:1*

Allgemeiner Text zu diesem Umformverfahren s. S. 62.
Erläuterung zu dieser Tafel s. S. 65.

Tafel 9–1 Ziehen von Runddraht — strahlentzundert — trocken

Verfahrensangaben

Ausgangsform: *Stahldraht*

Bezogene Formänderung: $\varepsilon_F = -0{,}62$ } *in 3 Zügen*
Umformgrad (logarithmiert): $\varphi_F = -0{,}97$ }

Art der Schmierung: *Al-Stearat*

Fertigungsgüte: *üblich*

Bemerkungen: *trocken ziehen*

Wirkpaar

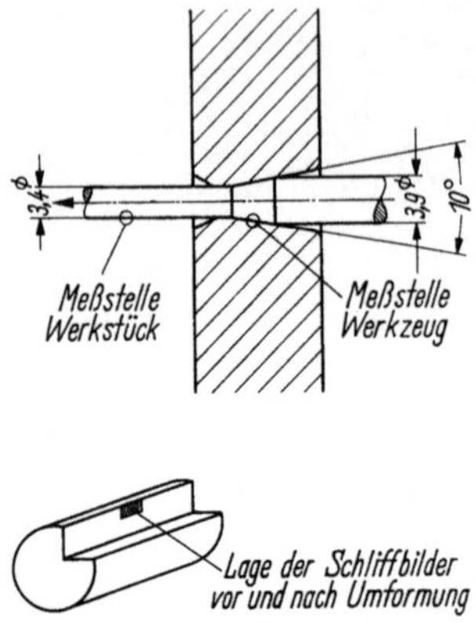

vor Umformung 5,5⌀mm; Ziehstufen 4,6 – 3,9 – 3,4⌀mm

Werkzeug

Benennung: *Ziehstein*

Werkstoff: *Hartmetall GT 10*

Härte: *HV 30 = 1550 kp/m²*

Rauheitsart am neuen Werkzeug: *Polierrillen quer zur Ziehrichtung*
am benutzten Werkzeug: *zylindrischer Teil glatt im Einlauf*

Bemerkungen: *in Ziehrichtung verlaufende Riefen in der Draufsicht Einlauf rechts*

Tastung:	in Ziehrichtung				quer zur Ziehrichtung			
Oberflächenmaße	Rauhtiefe R_t [µm]	Mitten-rauhwert R_a [µm]	Glättungs-tiefe R_p [µm]	Profil-Leeregrad $\frac{R_p}{R_t}$	Rauhtiefe R_t [µm]	Mitten-rauhwert R_a [µm]	Glättungs-tiefe R_p [µm]	Profil-Leeregrad $\frac{R_p}{R_t}$
Werkzeug neu	≈ 2	—	—	—	≈ 1	—	—	—
Werkzeug nach *168 000 m Ziehlänge*	0,5...1 u. 2...4	—	—	—	≈ 1	—	—	—

Lage der ausgewählten Fläche: *zylindrischer Teil*

Meßgerät: *Talysurf* Tastsystem: *geradliniges und gekrümmtes Bezugssystem* Prüflänge: *4 mm* Grenzwellenlänge: (cut-off) *∞ mm*

Anzahl der Messungen je Meßstelle: *5*

Werkstück

Werkstoff: *TD 8-2 (DIN 17140)*

Legierung: *≤ 0,08 C; ≤ 0,45 Mn; P und S je 0,04 max.*

Behandlung vor Umformung: *normalgeglüht, strahlentzundert*

Rauheitsart vor Umformung: *ungerichtet*
nach Umformung: *in Ziehrichtung schwach gerichtet*

Bemerkungen:

Korngröße vor Umformung: *670 µm²*
nach Umformung: *1070 µm² (4,2:1) i. Achsschnitt*

Härte vor Umformung: *HV 30 = 140 kp/mm²*
nach Umformung: *HV 30 = 251 kp/mm²*

Tastung:	in Ziehrichtung				quer zur Ziehrichtung				räuml. Leere-grad
Oberflächenmaße	Rauhtiefe R_t [µm]	Mitten-rauhwert R_a [µm]	Glättungs-tiefe R_p [µm]	Profil-Leeregrad $\frac{R_p}{R_t}$	Rauhtiefe R_t [µm]	Mitten-rauhwert R_a [µm]	Glättungs-tiefe R_p [µm]	Profil-Leeregrad $\frac{R_p}{R_t}$	
vor Umformung	20...40	3...6	6...18	≈ 0,45	20...45	3...6	7...20	≈ 0,45	≈ 0,63
nach Umformung	2...4 u. 6...14	0,8...1,5	1...3	≈ 0,25	2...6 u. 12...20	1,2...1,6	2...3	≈ 0,33	≈ 0,44

Messung nach der Herstellung von *168 000 m Ziehlänge (≙ 12 t)*

Lage der ausgewählten Fläche: *gesamter Drahtumfang*

Meßgerät: *Perth-O-Meter* Tastsystem: *TK 250/TK 25 mit Rundlaufvorrichtung* Prüflänge: *5 mm* Grenzwellenlänge: (cut-off) *0,75 mm*

Anzahl der Messungen je Meßstelle: *10*

Ziehen von Runddraht — strahlentzundert — trocken | Tafel 9–1

Oberflächengestalt des Werkzeugs

Werkzeug neu

Werkzeug nach *168 000 m Ziehlänge*

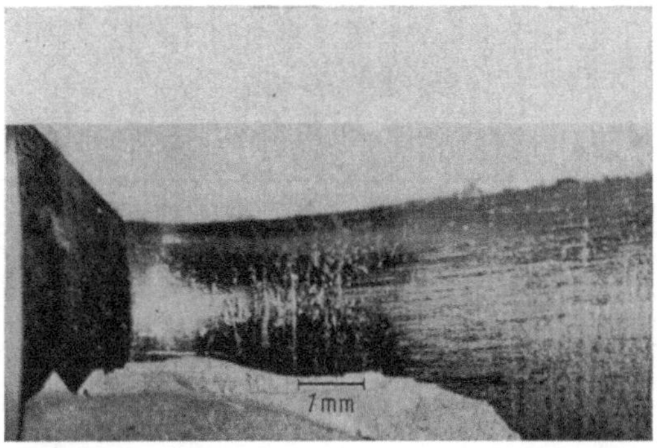

Draufsicht V = *7:1*

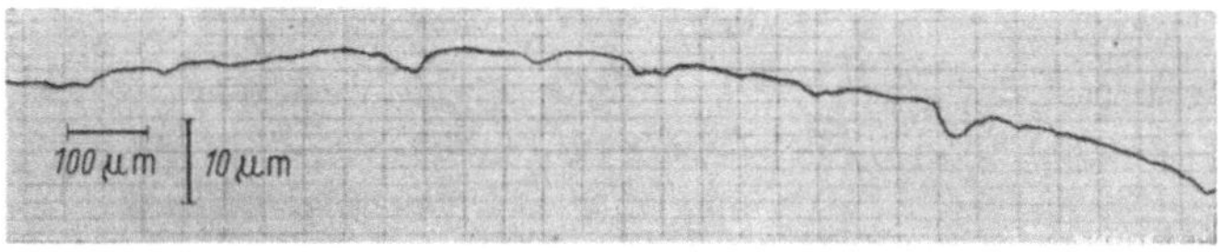

in Ziehrichtung (Einlauf) V↑ = *600:1* V→ = *60:1*

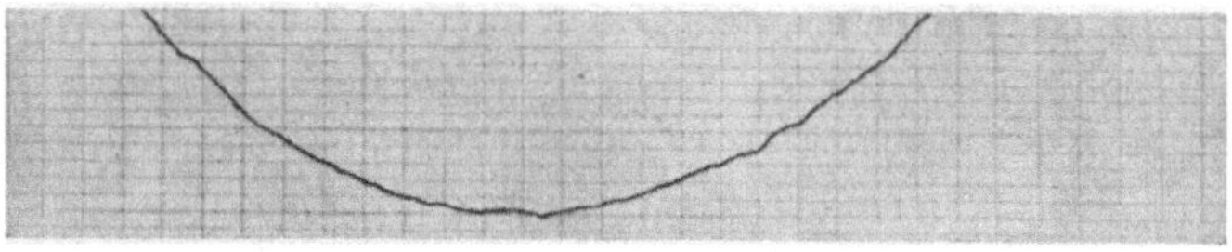

quer zur Ziehrichtung V↑ = *600:1* V→ = *60:1*

Oberflächengestalt des Werkstücks

vor Umformung

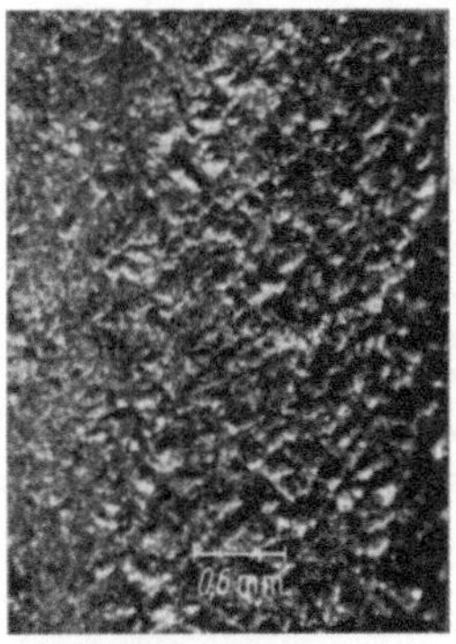

Draufsicht V = *12:1*

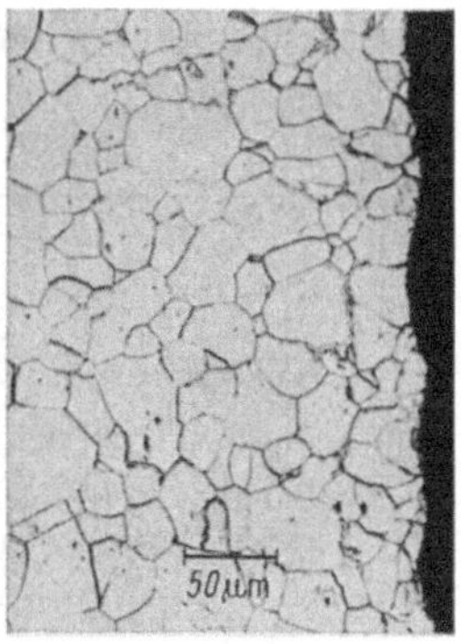

Gefüge V = *140:1*

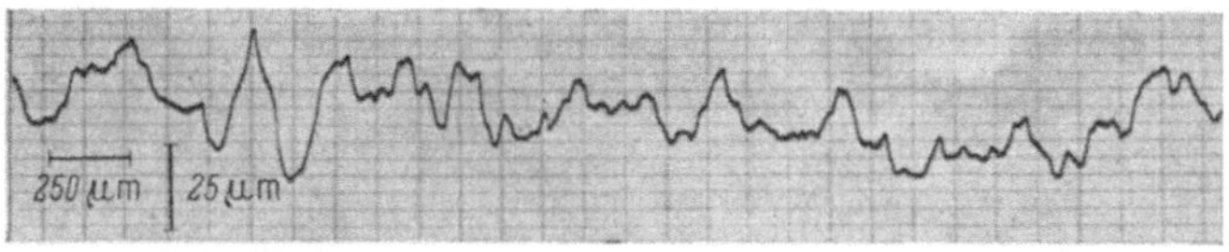

in Ziehrichtung V↑ = *240:1* V→ = *24:1*

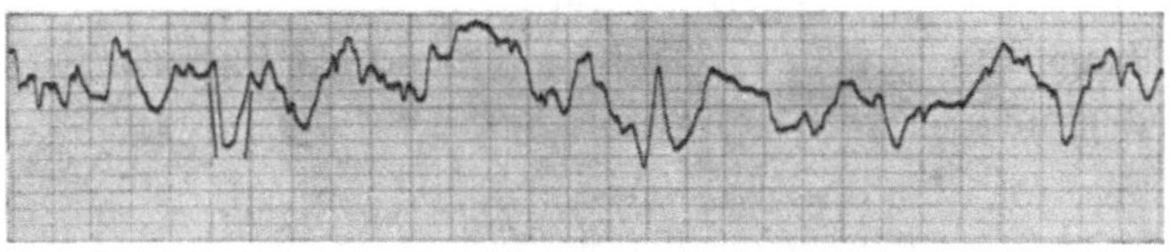

quer zur Ziehrichtung V↑ = *240:1* V→ = *24:1*

nach Umformung: *168 000. Drahtmeter*

Draufsicht V = *12:1*

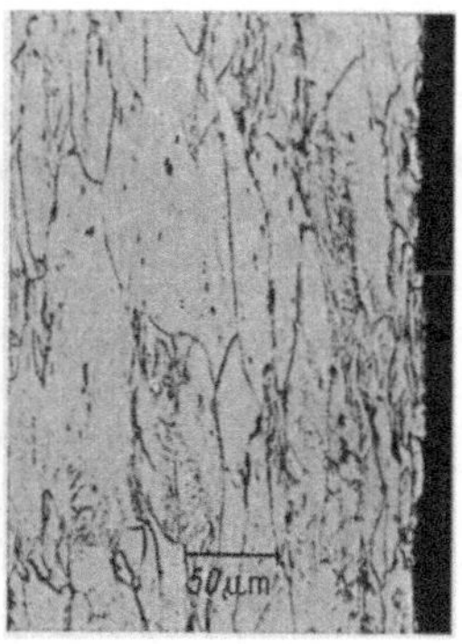

Gefüge V = *140:1*

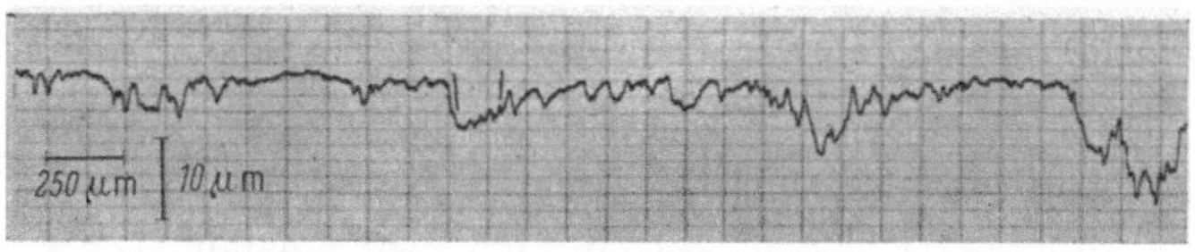

in Ziehrichtung V↑ = *600:1* V→ = *24:1*

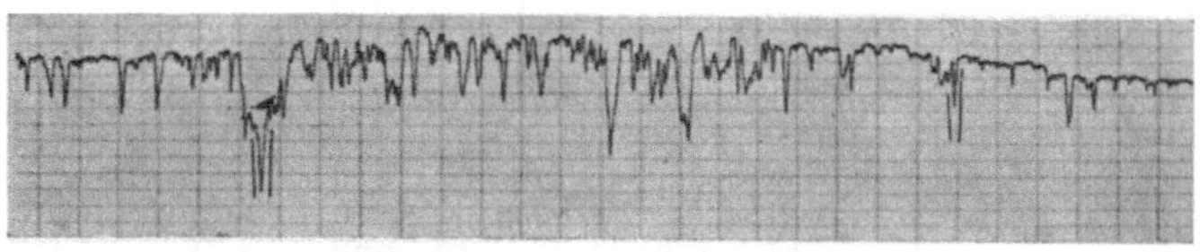

quer zur Ziehrichtung V↑ = *600:1* V→ = *24:1*

Allgemeiner Text zu diesem Umformverfahren s. S. 65.
Erläuterung zu dieser Tafel s. S. 66.

Tafel 9–2 — Ziehen von Runddraht — biegeentzundert — trocken

Verfahrensangaben

Ausgangsform: *Stahldraht*

Bezogene Formänderung: $\varepsilon_F = -0{,}5$ } *in 2 Zügen*
Umformgrad (logarithmiert): $\varphi_F = -0{,}7$ }

Art der Schmierung: *Al-Stearat*

Fertigungsgüte: *üblich*

Bemerkungen: *trocken ziehen*

Wirkpaar

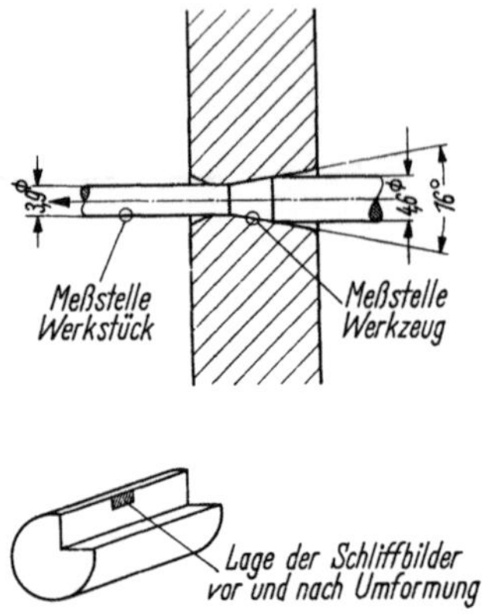

vor Umformung 5,5$^{\Phi}$mm; *Ziehstufen 4,6 – 3,9*$^{\Phi}$mm

Werkzeug

Benennung: *Ziehstein*

Werkstoff: *Hartmetall GT 10*

Härte: *HV 30 = 1550 kp/mm²*

Rauheitsart am neuen Werkzeug: *Polierrillen quer zur Ziehrichtung*
am benutzten Werkzeug: *zylindrischer Teil glatt, im Einlauf in Ziehrichtung verlaufende Riefen* ($R_t \approx 7$ µm)

Bemerkungen: *in der Draufsicht Einlauf rechts; Hartmetall beim Auftrennen gebrochen*

Tastung:	in Ziehrichtung				quer zur Ziehrichtung			
Oberflächenmaße	Rauhtiefe R_t [µm]	Mittenrauhwert R_a [µm]	Glättungstiefe R_p [µm]	Profil-Leeregrad $\frac{R_p}{R_t}$	Rauhtiefe R_t [µm]	Mittenrauhwert R_a [µm]	Glättungstiefe R_p [µm]	Profil-Leeregrad $\frac{R_p}{R_t}$
Werkzeug neu	2...3	—	—	—	≈ 1,5	—	—	—
Werkzeug nach *104 000 m Ziehlänge*	≈ 1	—	—	—	< 1	—	—	—

Lage der ausgewählten Fläche: *zylindrischer Teil*

Meßgerät: *Talysurf* Tastsystem: *geradliniges und gekrümmtes Bezugssystem* Prüflänge: *4 mm* Grenzwellenlänge: (cut-off) *∞ mm*

Anzahl der Messungen je Meßstelle: *5*

Werkstück

Werkstoff: *T D 12-2 (DIN 17140)*

Legierung: *≦ 0,12 C; ≦ 0,5 Mn; P und S je 0,05 max.*

Behandlung vor Umformung: *biegeentzundert*

Rauheitsart vor Umformung: } *in Ziehrichtung schwach gerichtet*
nach Umformung: }

Bemerkungen: —

Korngröße vor Umformung: *170 µm²*
nach Umformung: *240 µm² (2,8:1) i. Achsschnitt*

Härte vor Umformung: *HV 30 = 185 kp/mm²*
nach Umformung: *HV 30 = 214 kp/mm²*

Tastung:	in Ziehrichtung				quer zur Ziehrichtung				räuml. Leeregrad
Oberflächenmaße	Rauhtiefe R_t [µm]	Mittenrauhwert R_a [µm]	Glättungstiefe R_p [µm]	Profil-Leeregrad $\frac{R_p}{R_t}$	Rauhtiefe R_t [µm]	Mittenrauhwert R_a [µm]	Glättungstiefe R_p [µm]	Profil-Leeregrad $\frac{R_p}{R_t}$	
vor Umformung	10...20	2...2,5	3,5...5,5	≈ 0,3	20...30	2,5...3,5	5...10	≈ 0,4	≈ 0,42
nach Umformung	1...4 u. 7...18	1,4...2,2	3...4,5	≈ 0,4	2...4 u. 8...20	1,5...2,5	2,5...5	≈ 0,25	≈ 0,48

Messung nach der Herstellung von *104 000 m Ziehlänge (≙ 9,7 t)*

Lage der ausgewählten Fläche: *gesamter Drahtumfang*

Meßgerät: *Perth-O-Meter* Tastsystem: *TK 250/TK 25 mit Rundlaufvorrichtung* Prüflänge: *5 mm* Grenzwellenlänge: (cut-off) *0,75 mm*

Anzahl der Messungen je Meßstelle: *10*

Ziehen von Runddraht — biegeentzundert — trocken | Tafel 9—2

Oberflächengestalt des Werkzeugs

Werkzeug neu

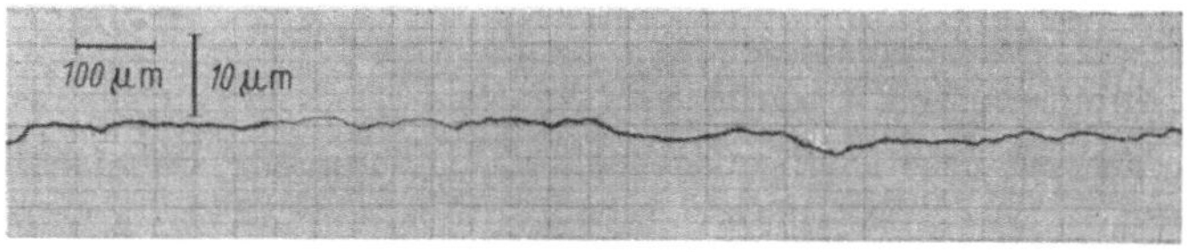

in Ziehrichtung V↑ = *600:1* V→ = *60:1*

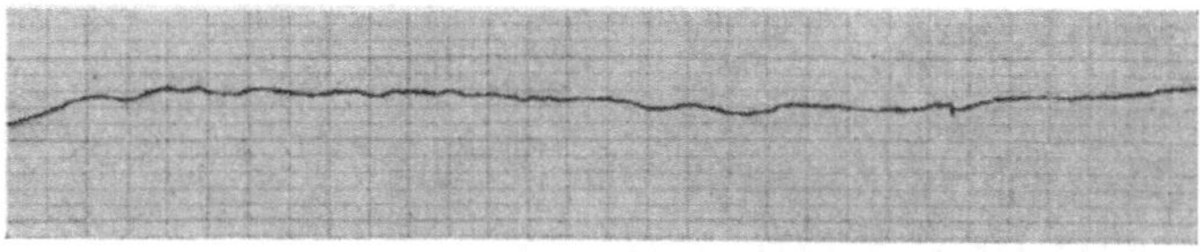

quer zur Ziehrichtung V↑ = *600:1* V→ = *60:1*

Werkzeug nach *104 000 m Ziehlänge*

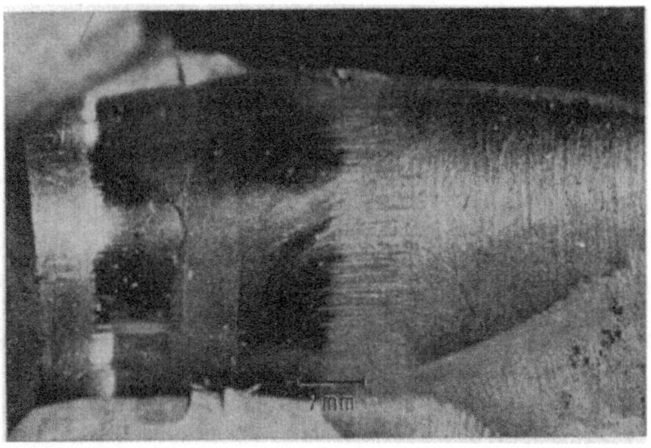

Draufsicht V = *7:1*

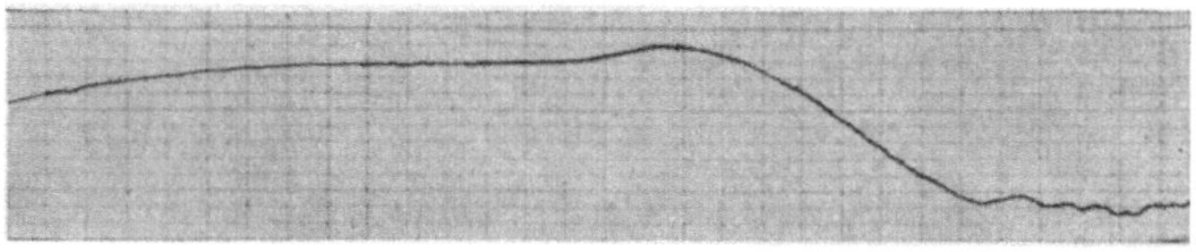

in Ziehrichtung V↑ = *600:1* V→ = *60:1*

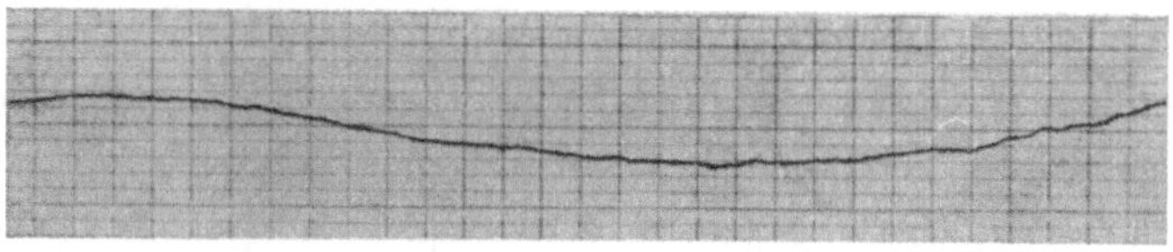

quer zur Ziehrichtung V↑ = *600:1* V→ = *60:1*

Oberflächengestalt des Werkstücks

vor Umformung

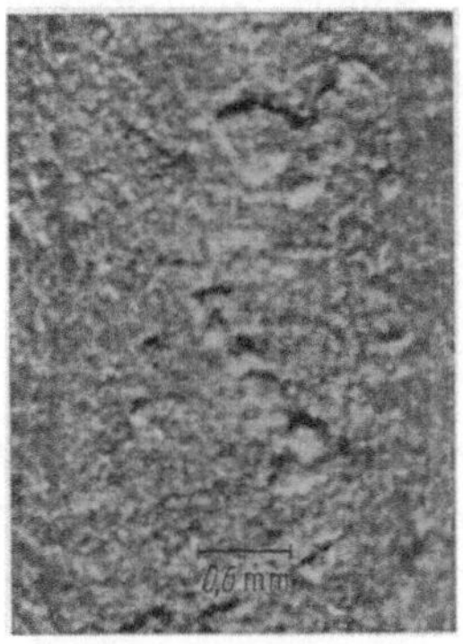

Draufsicht V = *12:1*

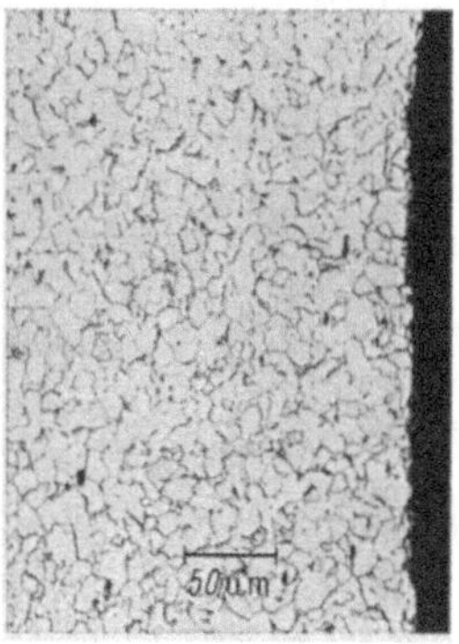

Gefüge V = *140:1*

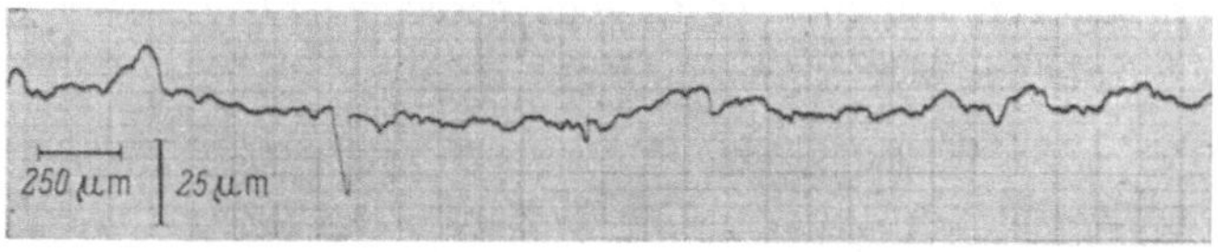

in Ziehrichtung V↑ = *240:1* V→ = *24:1*

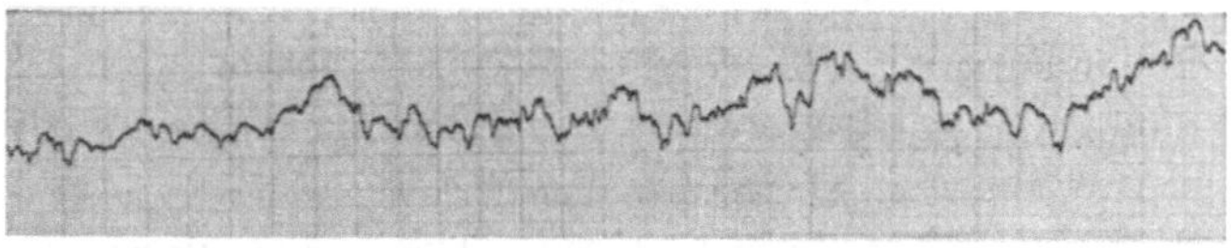

quer zur Ziehrichtung V↑ = *240:1* V→ = *24:1*

nach Umformung: *104 000. Drahtmeter*

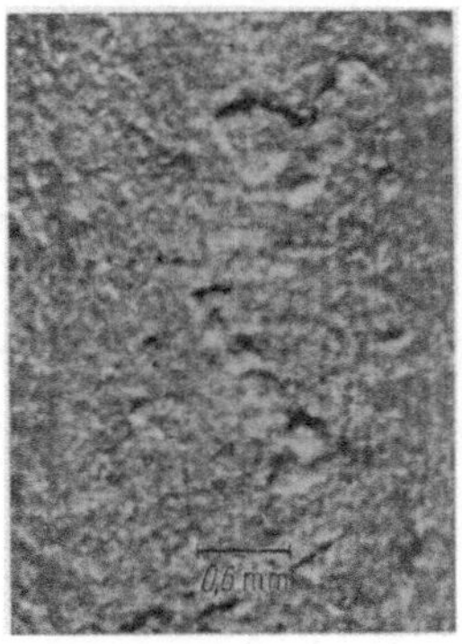

Draufsicht V = *12:1*

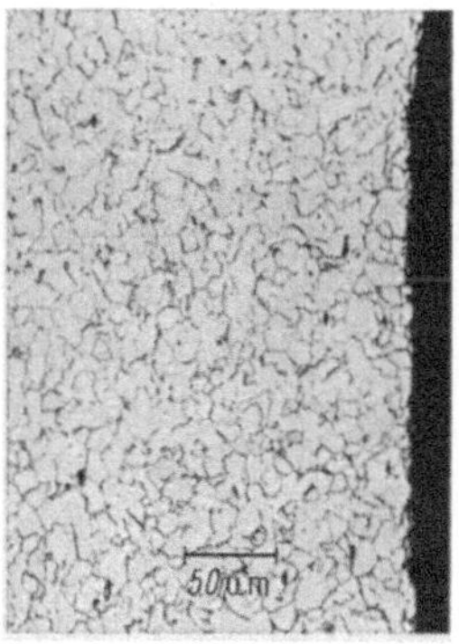

Gefüge V = *140:1*

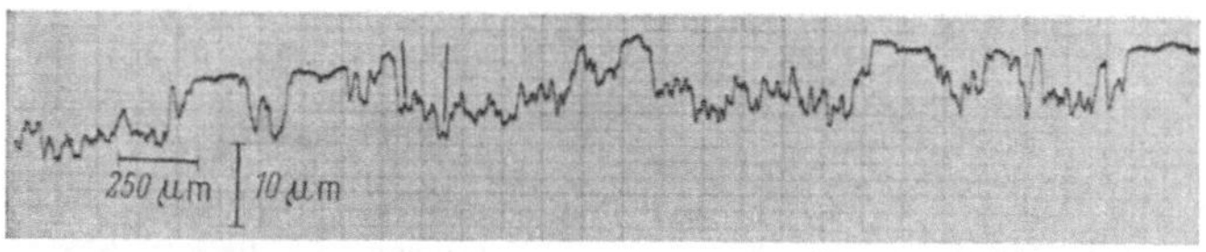

in Ziehrichtung V↑ = *600:1* V→ = *24:1*

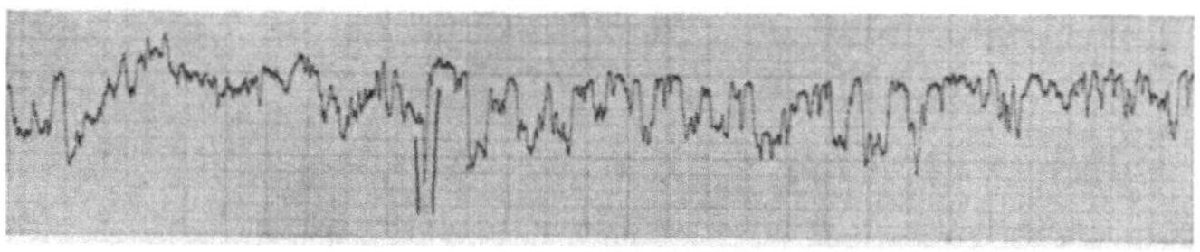

quer zur Ziehrichtung V↑ = *600:1* V→ = *24:1*

Allgemeiner Text zu diesem Umformverfahren s. S. 65.
Erläuterung zu dieser Tafel s. S. 67.

Tafel 9—3 Ziehen von Runddraht — gebeizt — trocken

Verfahrensangaben

Ausgangsform: *Stahldraht*

Bezogene Formänderung: $\varepsilon_F = -0{,}78$ } *in 7 Zügen*
Umformgrad (logarithmiert): $\varphi_F = -1{,}53$ }

Art der Schmierung: *Candelith (50% Kalk, 50% Fettmischsäuren)*

Fertigungsgüte: *üblich*

Bemerkungen: *trocken ziehen*

Wirkpaar

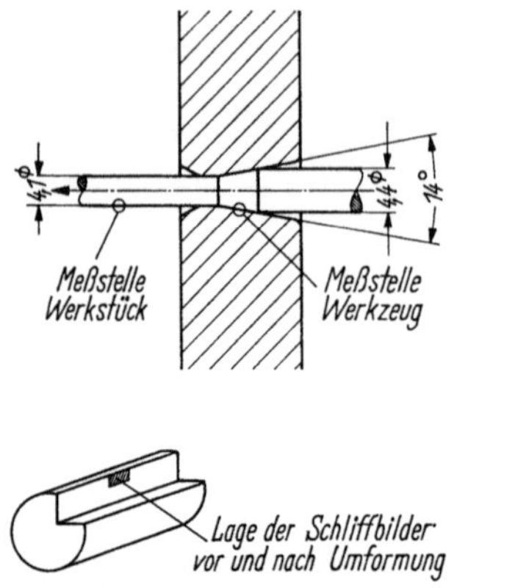

vor Umformung 8,8Φ mm
Ziehstufen 7,6 – 6,8 – 6,1 – 5,5 – 4,9 – 4,4 – 4,1Φ mm

Werkzeug

Benennung: *Ziehstein*

Werkstoff: *Hartmetall GT 10*

Härte: *HV 30 = 1550 kp/mm²*

Rauheitsart am neuen Werkzeug: *Polierrillen quer zur Ziehrichtung*
am benutzten Werkzeug: *zylindrischer Teil glatt, im Einlauf in Ziehrichtung verlaufende Riefen ($R_t \approx 1$ µm)*

Bemerkungen: *in der Draufsicht Einlauf rechts*

Tastung:	in Ziehrichtung				quer zur Ziehrichtung			
Oberflächenmaße	Rauhtiefe R_t [µm]	Mittenrauhwert R_a [µm]	Glättungstiefe R_p [µm]	Profil-Leeregrad $\frac{R_p}{R_t}$	Rauhtiefe R_t [µm]	Mittenrauhwert R_a [µm]	Glättungstiefe R_p [µm]	Profil-Leeregrad $\frac{R_p}{R_t}$
Werkzeug neu	< 1	—	—	—	< 1	—	—	—
Werkzeug nach 275 000 m Ziehlänge	< 1	—	—	—	< 1	—	—	—

Lage der ausgewählten Fläche: *zylindrischer Teil*

Meßgerät: *Talysurf* Tastsystem: *geradliniges und gekrümmtes Bezugssystem* Prüflänge: *4 mm* Grenzwellenlänge: (cut-off) *∞ mm*

Anzahl der Messungen je Meßstelle: *5*

Werkstück

Werkstoff: *M D 75-2 (DIN 17140)*

Legierung: *0,7—0,79 C; 0,1—0,3 Si; 0,3—0,7 Mn*
P und S je 0,04 max.

Behandlung vor Umformung: *patentiert*[1], *gebeizt*

Rauheitsart vor Umformung: *in Ziehrichtung schwach gerichtet*
nach Umformung: *ungerichtet*

Bemerkungen: [1] *auf 850—950 °C erhitzt und im Bleibad von 500—550 °C abgeschreckt*

Korngröße vor Umformung: —
nach Umformung: — *(6:1)*
i. Achsschnitt

Härte vor Umformung: *HV 30 = 308 kp/mm²*
nach Umformung: *HV 30 = 381 kp/mm²*

Tastung:	in Ziehrichtung				quer zur Ziehrichtung				räuml. Leeregrad
Oberflächenmaße	Rauhtiefe R_t [µm]	Mittenrauhwert R_a [µm]	Glättungstiefe R_p [µm]	Profil-Leeregrad $\frac{R_p}{R_t}$	Rauhtiefe R_t [µm]	Mittenrauhwert R_a [µm]	Glättungstiefe R_p [µm]	Profil-Leeregrad $\frac{R_p}{R_t}$	
vor Umformung	10...20	1,8...2,6	3,5...5	≈ 0,35	10...25	2...4	3...7	≈ 0,3	≈ 0,46
nach Umformung	2...4 u. 6...12	1...1,4	1,7...3	≈ 0,28	2...6 u. 8...14	1...1,5	1,5...3,5	≈ 0,3	≈ 0,47

Messung nach der Herstellung von *275 000 m Draht (≙ 28,5 t)*

Lage der ausgewählten Fläche: *gesamter Drahtumfang*

Meßgerät: *Perth-O-Meter* Tastsystem: *TK 25 mit Rundlaufvorrichtung* Prüflänge: *5 mm* Grenzwellenlänge: (cut-off) *0,75 mm*

Anzahl der Messungen je Meßstelle: *10*

Ziehen von Runddraht – gebeizt – trocken | Tafel 9–3

Oberflächengestalt des Werkzeugs

Werkzeug neu

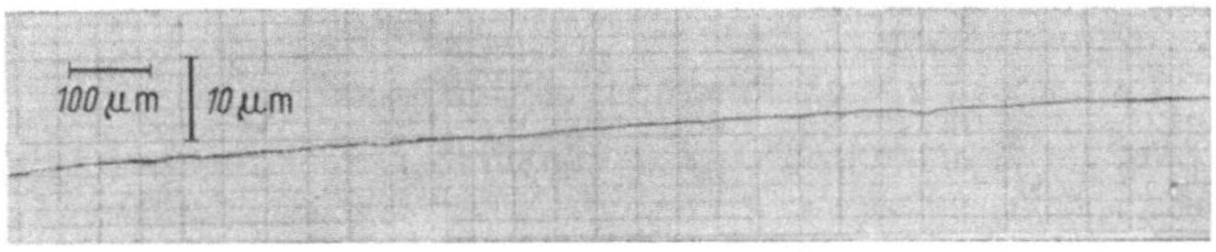

in Ziehrichtung V ↑ = *600:1* V → = *60:1*

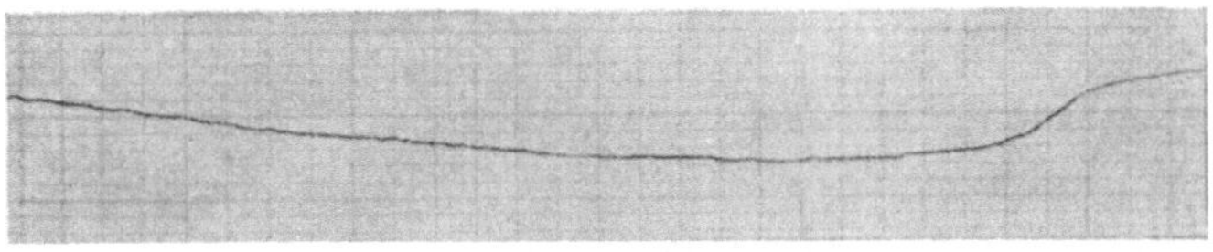

quer zur Ziehrichtung V ↑ = *600:1* V → = *60:1*

Werkzeug nach *275 000 m Ziehlänge*

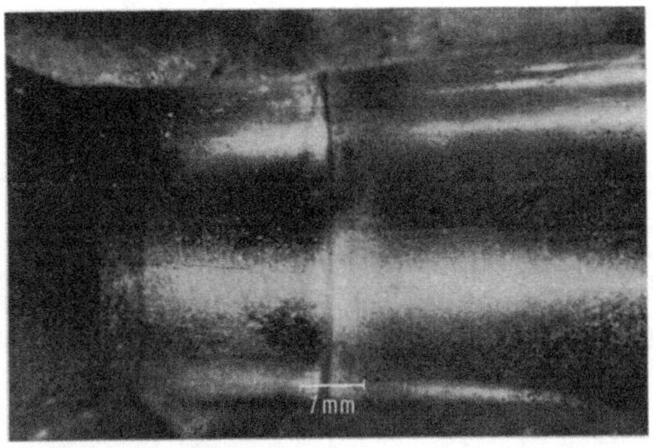

Draufsicht V = *7:1*

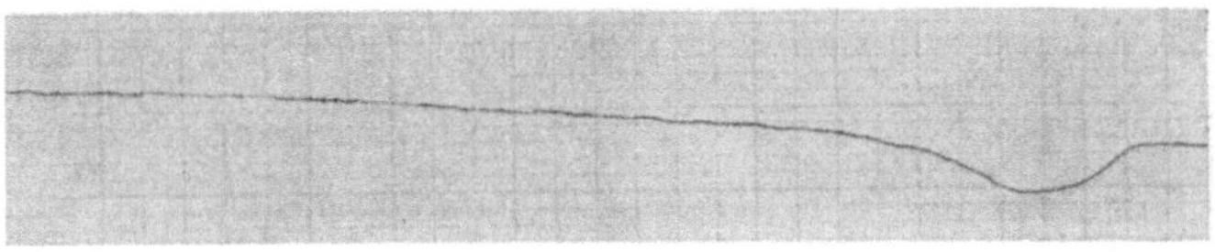

in Ziehrichtung V ↑ = *600:1* V → = *60:1*

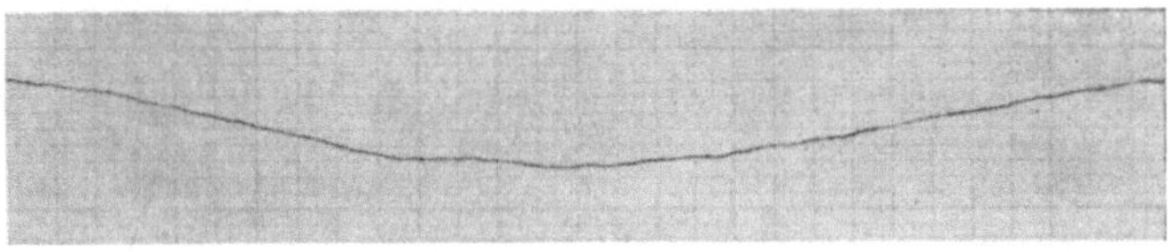

quer zur Ziehrichtung V ↑ = *600:1* V → = *60:1*

Oberflächengestalt des Werkstücks

vor Umformung

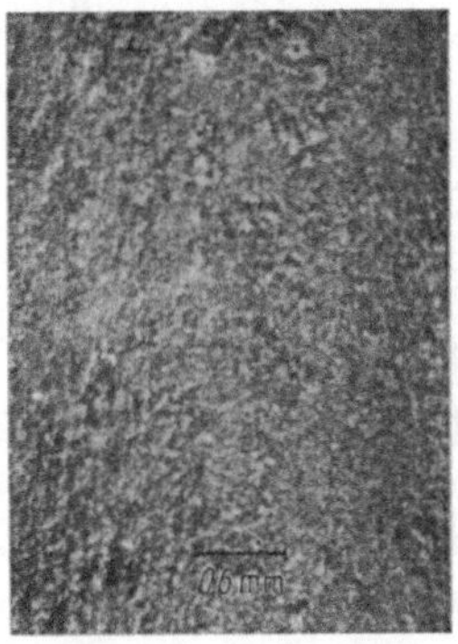

Draufsicht V = *12:1*

Gefüge V = *140:1*

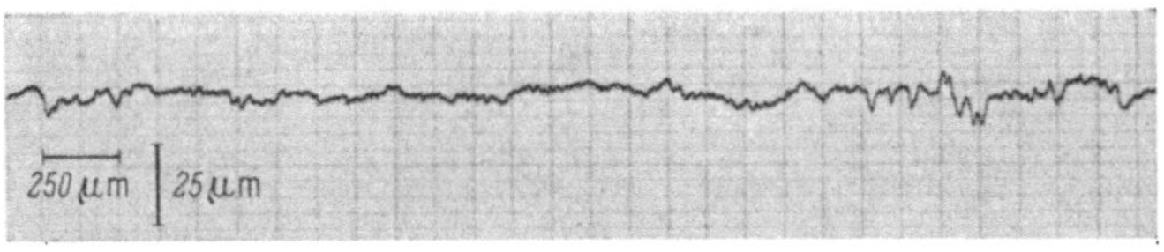

in Ziehrichtung V ↑ = *240:1* V → = *24:1*

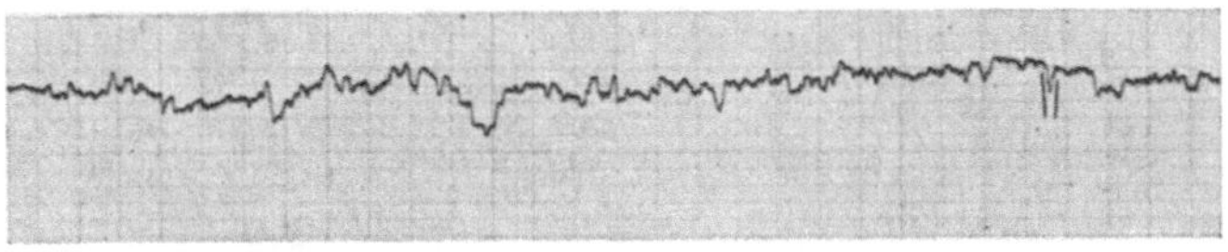

quer zur Ziehrichtung V ↑ = *240:1* V → = *24:1*

nach Umformung: *275 000. Drahtmeter*

Draufsicht V = *12:1*

Gefüge V = *140:1*

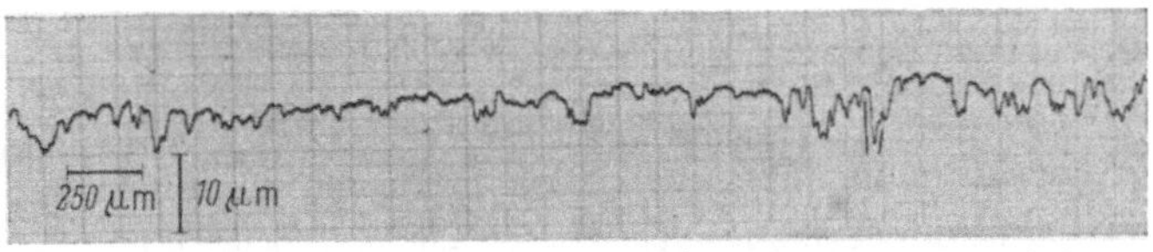

in Ziehrichtung V ↑ = *600:1* V → = *24:1*

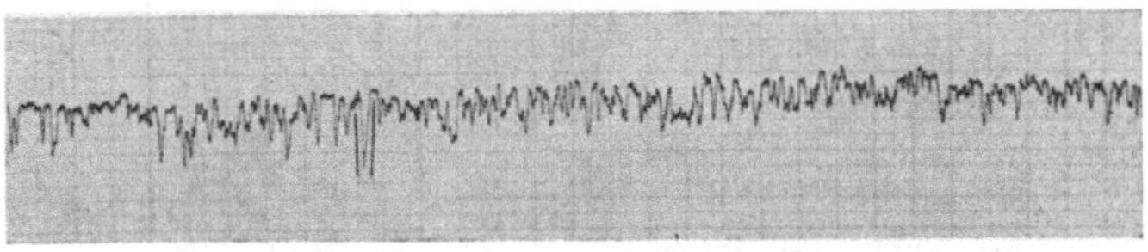

quer zur Ziehrichtung V ↑ = *600:1* V → = *24:1*

Allgemeiner Text zu diesem Umformverfahren s. S. 65.
Erläuterung zu dieser Tafel s. S. 67.

Tafel 9—4 Ziehen von Runddraht — gebeizt — naß

Verfahrensangaben

Ausgangsform: *Stahldraht*

Bezogene Formänderung: $\varepsilon_F = -0{,}49$ } *in 3 Zügen*
Umformgrad (logarithmiert): $\varphi_F = -0{,}68$ }

Art der Schmierung: *1. Zug: Ziehfett; 2. Zug: Cu-Sulfat*
3. Zug: Bierhefe

Fertigungsgüte: *üblich*

Bemerkungen: *naß ziehen*

Wirkpaar

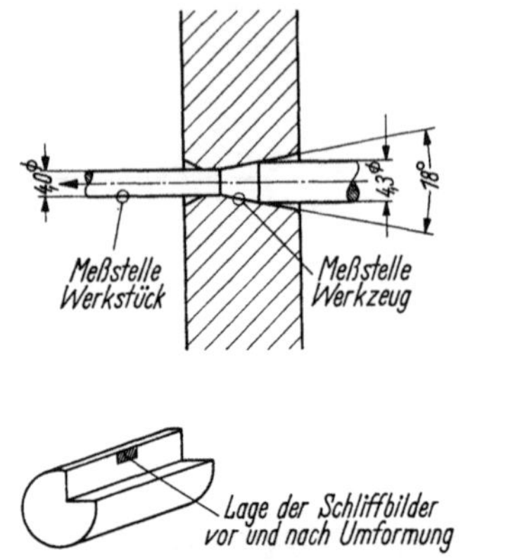

vor Umformung 5,6φ mm; Ziehstufen 4,7–4,3–4,0φ mm

Werkzeug

Benennung: *Ziehstein*

Werkstoff: *Hartmetall GT 10*

Härte: *HV 30 = 1550 kp/mm²*

Rauheitsart am neuen Werkzeug: *Polierrillen quer zur Ziehrichtung*
am benutzten Werkzeug: *zylindrischer Teil glatt, im Einlauf in Ziehrichtung verlaufende Riefen ($R_t \approx 2$ µm)*

Bemerkungen: *in der Draufsicht Einlauf rechts*

Tastung:	in Ziehrichtung				quer zur Ziehrichtung			
Oberflächenmaße	Rauhtiefe R_t [µm]	Mittenrauhwert R_a [µm]	Glättungstiefe R_p [µm]	Profil-Leeregrad $\frac{R_p}{R_t}$	Rauhtiefe R_t [µm]	Mittenrauhwert R_a [µm]	Glättungstiefe R_p [µm]	Profil-Leeregrad $\frac{R_p}{R_t}$
Werkzeug neu	< 1	—	—	—	< 1	—	—	—
Werkzeug nach *12000 m Ziehlänge*	< 1	—	—	—	< 1	—	—	—

Lage der ausgewählten Fläche: *zylindrischer Teil*

Meßgerät: *Talysurf* Tastsystem: *geradliniges und gekrümmtes Bezugssystem* Prüflänge: *4 mm* Grenzwellenlänge: (cut-off) *∞ mm*

Anzahl der Messungen je Meßstelle: *5*

Werkstück

Werkstoff: *MD 12-2 (DIN 17140)*

Legierung: *≤ 0,12 C; ≤ 0,5 Mn; P und S je 0,05 max.*

Behandlung vor Umformung: *gebeizt*

Rauheitsart vor Umformung: *ungerichtet*
nach Umformung: *in Ziehrichtung gerichtet*

Bemerkungen: —

Korngröße vor Umformung: *400 µm²*
nach Umformung: *560 µm² (2,8:1)*
i. Achsschnitt

Härte vor Umformung: *HV 30 = 102 kp/mm²*
nach Umformung: *HV 30 = 210 kp/mm²*

Tastung:	in Ziehrichtung				quer zur Ziehrichtung				räuml. Leeregrad
Oberflächenmaße	Rauhtiefe R_t [µm]	Mittenrauhwert R_a [µm]	Glättungstiefe R_p [µm]	Profil-Leeregrad $\frac{R_p}{R_t}$	Rauhtiefe R_t [µm]	Mittenrauhwert R_a [µm]	Glättungstiefe R_p [µm]	Profil-Leeregrad $\frac{R_p}{R_t}$	
vor Umformung	20...30	3...4	7...9	≈ 0,35	15...45	3...4	6...10	≈ 0,36	≈ 0,48
nach Umformung	0,5...1 u. 2...4	0,1...0,5	0,3...0,7	≈ 0,15	1...2 u. 4...14	0,7...1,1	1,2...4	≈ 0,2 ...0,4	≈ 0,23 ...0,42

Messung nach der Herstellung von *12 000 m Draht (≙ 1,2 t)*

Lage der ausgewählten Fläche: *gesamter Drahtumfang*

Meßgerät: *Perth-O-Meter* Tastsystem: *TK 250/TK 25 mit Rundlaufvorrichtung* Prüflänge: *5 mm* Grenzwellenlänge: (cut-off) *0,75 mm*

Anzahl der Messungen je Meßstelle: *10*

Ziehen von Runddraht — gebeizt — naß

Tafel 9—4

Oberflächengestalt des Werkzeugs

Werkzeug neu

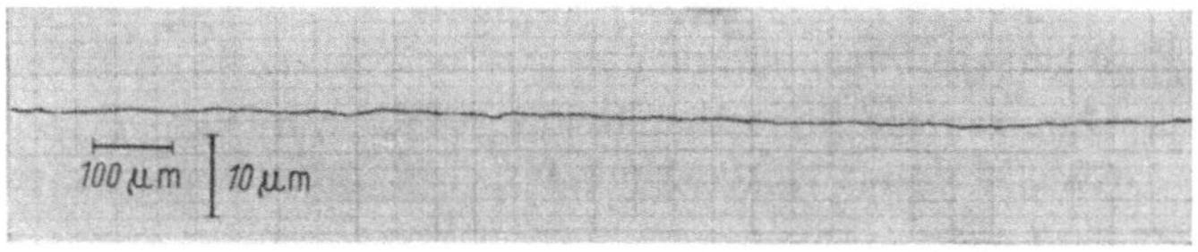

in Ziehrichtung V ↑ = 600:1 V → = 60:1

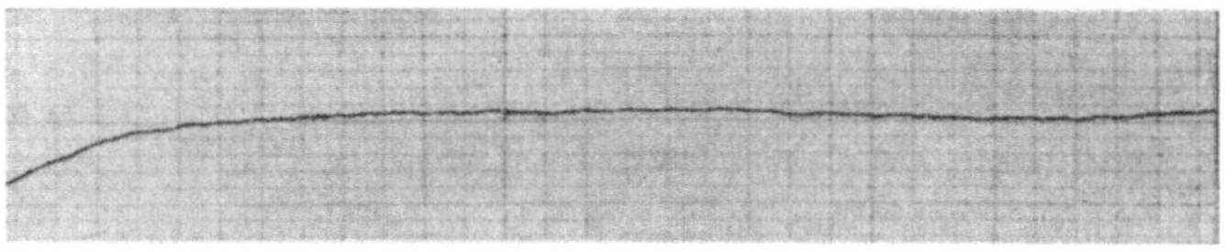

quer zur Ziehrichtung V ↑ = 600:1 V → = 60:1

Werkzeug nach *12 000 m Ziehlänge*

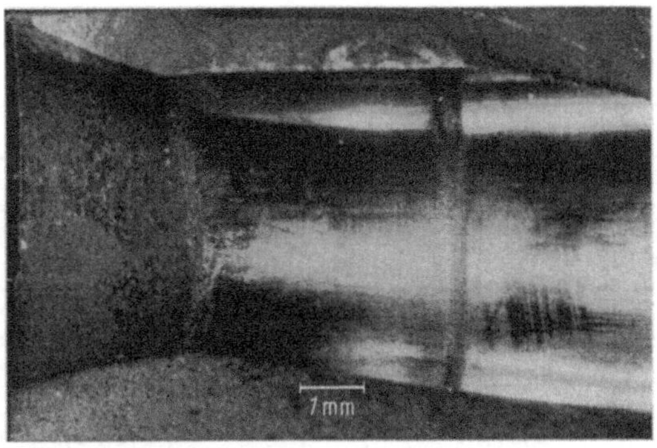

Draufsicht V = 7:1

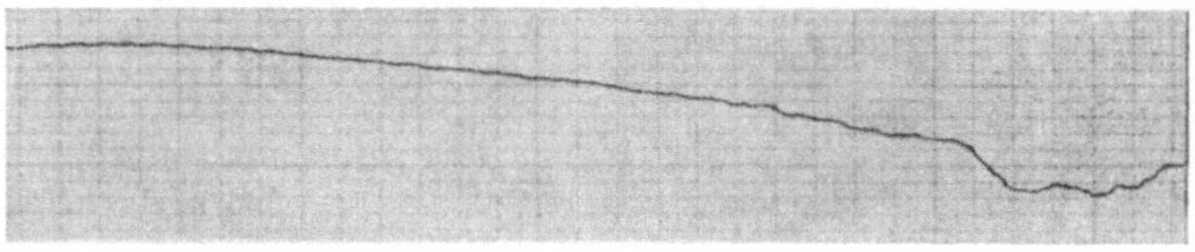

in Ziehrichtung V ↑ = 600:1 V → = 60:1

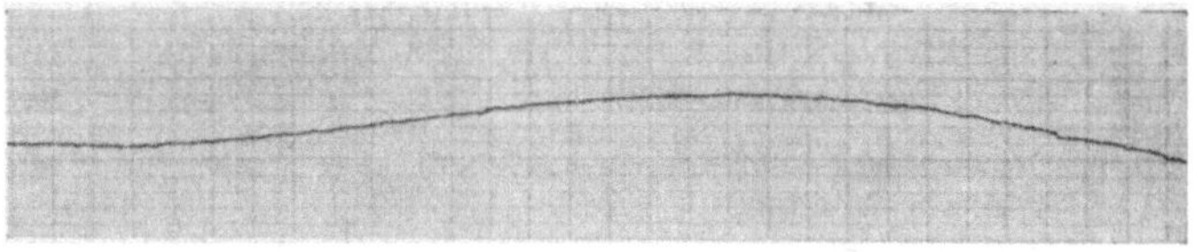

quer zur Ziehrichtung V ↑ = 600:1 V → = 60:1

Oberflächengestalt des Werkstücks

vor Umformung

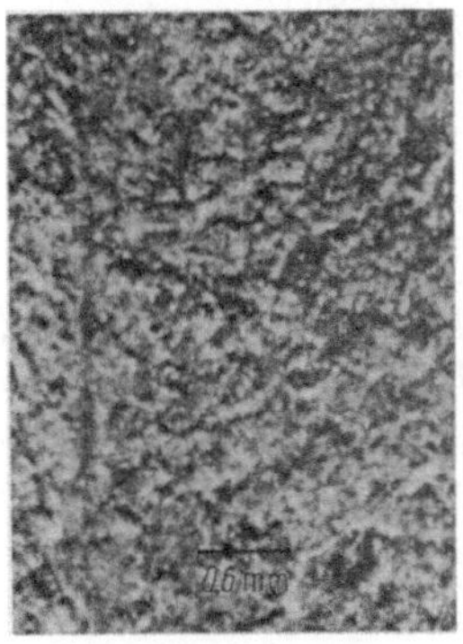

Draufsicht V = 12:1

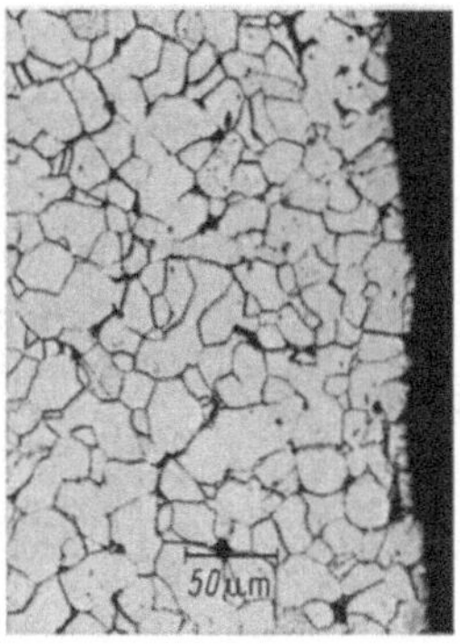

Gefüge V = 140:1

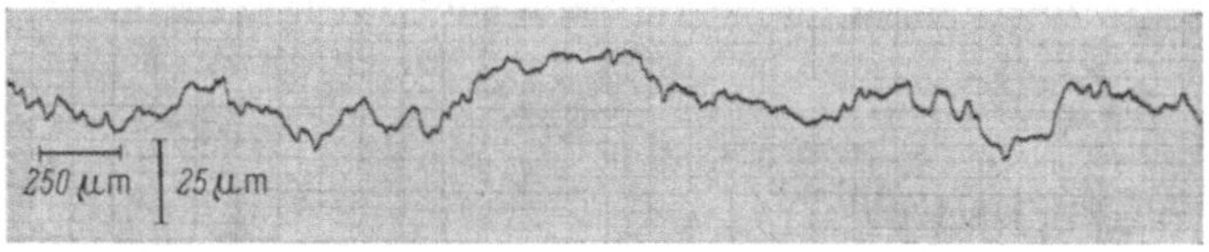

in Ziehrichtung V ↑ = 240:1 V → = 24:1

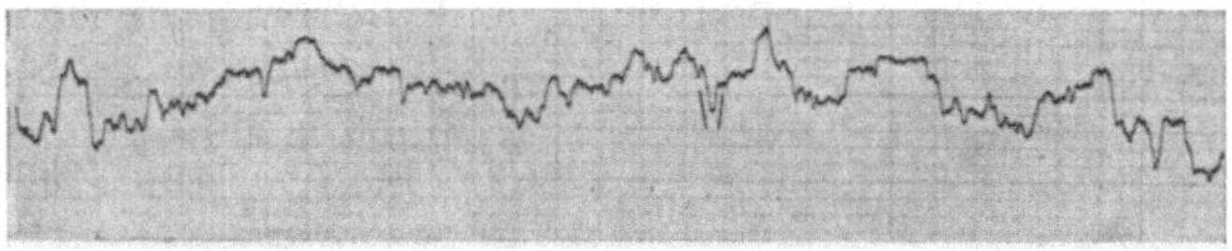

quer zur Ziehrichtung V ↑ = 240:1 V → = 24:1

nach Umformung: *12 000. Drahtmeter*

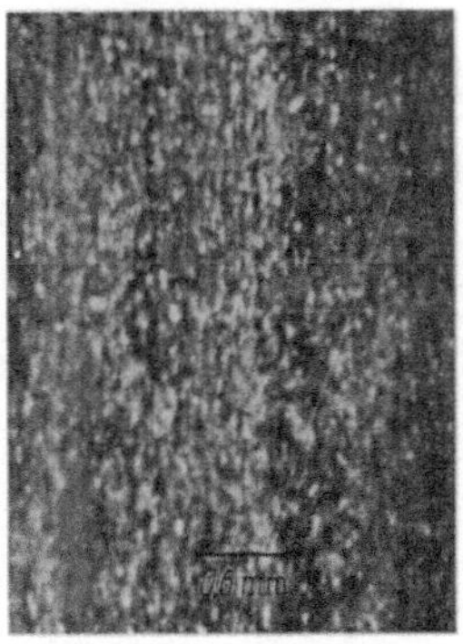

Draufsicht V = 12:1

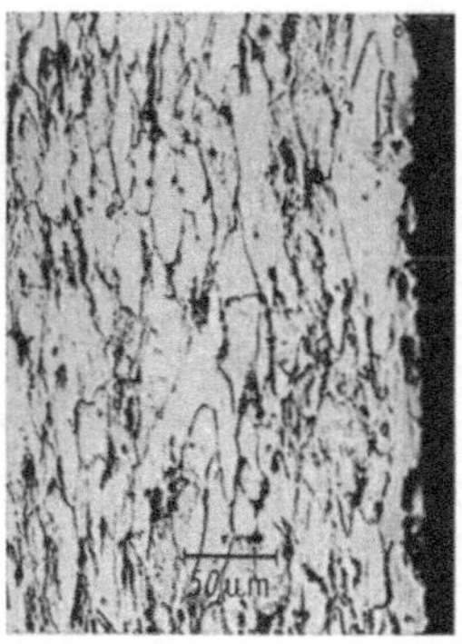

Gefüge V = 140:1

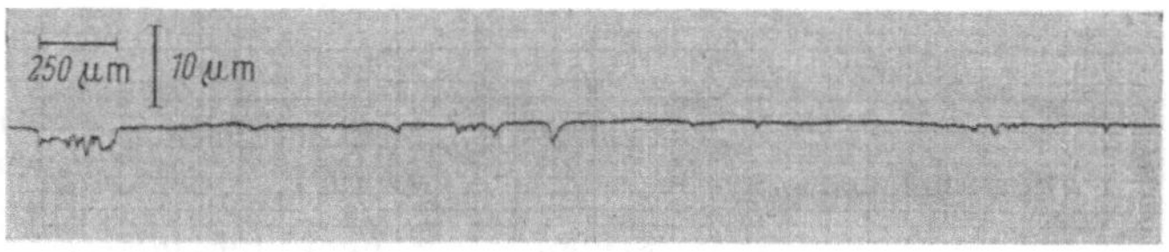

in Ziehrichtung V ↑ = 600:1 V → = 24:1

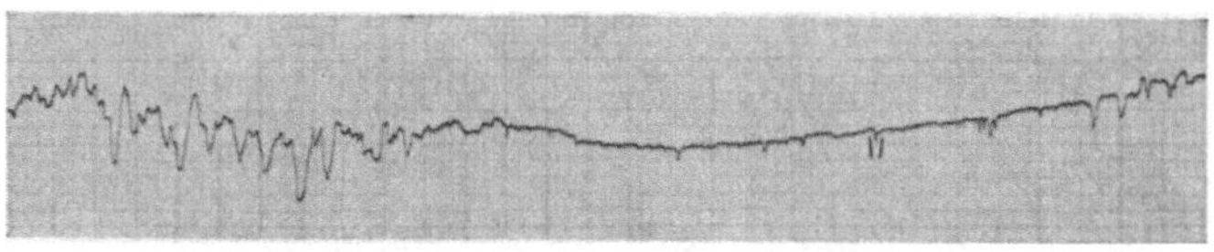

quer zur Ziehrichtung V ↑ = 600:1 V → = 24:1

Allgemeiner Text zu diesem Umformverfahren s. S. 65.
Erläuterung zu dieser Tafel s. S. 67.

Tafel 10—1 — Kaltziehen von nahtlosem Stahlrohr über festen Stopfen — Wand außen

Verfahrensangaben

Ausgangsform: *warmgewalztes Rohr*
Bezogene Formänderung: $\varepsilon_L = 0{,}64$ $(\varepsilon_F = -0{,}39)$
Umformgrad (logarithmiert:) $\varphi_L = 0{,}5$ $(\varphi_F = -0{,}5)$
Art der Schmierung: *phosphatiert und beseift*
Fertigungsgüte: *üblich*
Bemerkungen:

Wirkpaar

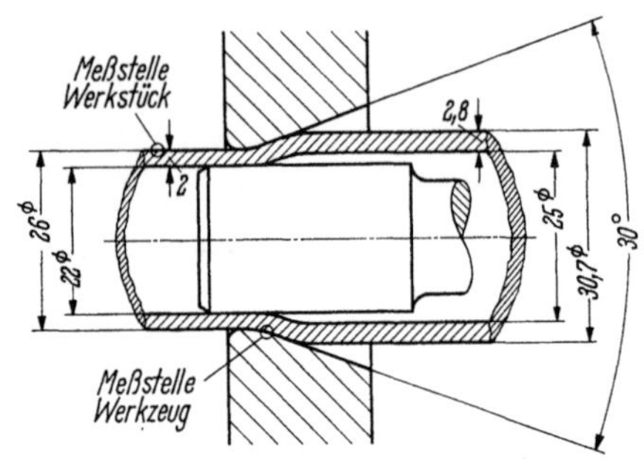

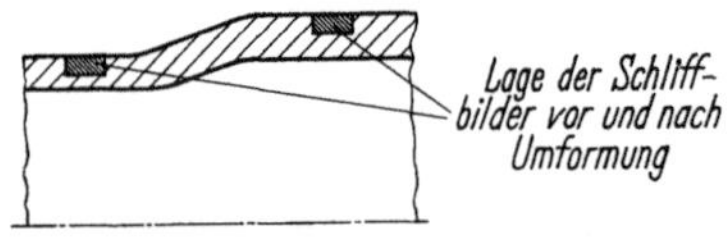

Werkzeug

Benennung: *Ziehring*
Werkstoff: *C 130 W 2 (Wst.-Nr. 1.1660) verchromt*
Härte: *62 HRC vor Verchromen*
Rauheitsart am neuen Werkzeug: *Polierrillen quer zur Ziehrichtung*
am benutzten Werkzeug: *Verschleißriefen in Ziehrichtung*
Bemerkungen:

Tastung:	in Ziehrichtung				quer zur Ziehrichtung			
Oberflächenmaße	Rauhtiefe R_t [µm]	Mittenrauhwert R_a [µm]	Glättungstiefe R_p [µm]	Profil-Leeregrad $\frac{R_p}{R_t}$	Rauhtiefe R_t [µm]	Mittenrauhwert R_a [µm]	Glättungstiefe R_p [µm]	Profil-Leeregrad $\frac{R_p}{R_t}$
Werkzeug neu	≤ 1	—	$< 0{,}4$	$\approx 0{,}3$	≤ 1	—	$\approx 0{,}3$	$\approx 0{,}25$
Werkzeug nach *900 m Ziehlänge*	≤ 1	—	$< 0{,}3$	$\approx 0{,}3$	0,5...0,8 u. 2...3	—	0,2...0,5	$\approx 0{,}3$

Lage der ausgewählten Fläche: *zylindrischer Teil des Ziehrings*
Meßgerät: *Talysurf* Tastsystem: *geradliniges Bezugssystem* Prüflänge: *5 mm* Grenzwellenlänge: *∞ mm* (cut-off)
Anzahl der Messungen je Meßstelle: *5 (nur Tastschriebe)*

Werkstück

Werkstoff: *St 35 (DIN 1629; Wst.Nr. 1.0308)*
Legierung: $\leqq 0{,}18$ *C; P und S je 0,05 max.*
Behandlung vor Umformung: *aus Walzhitze abgekühlt, darnach gebeizt, phosphatiert und beseift*
Rauheitsart vor Umformung: *ungerichtet und offen*
nach Umformung: *ungerichtet und halboffen*
Bemerkungen: [1] *außerdem Welligkeit von 10...15 µm Tiefe*
[2] *Rauheit auf Phosphatschicht gemessen*

Korngröße vor Umformung: *250 µm²*
nach Umformung: *330 µm² (2:1)*
Härte vor Umformung: *HV 30 = 117 kp/mm²*
nach Umformung: *HV 30 = 226 kp/mm²*

Tastung:	in Ziehrichtung				quer zur Ziehrichtung				räuml. Leeregrad
Oberflächenmaße	Rauhtiefe R_t [µm]	Mittenrauhwert R_a [µm]	Glättungstiefe R_p [µm]	Profil-Leeregrad $\frac{R_p}{R_t}$	Rauhtiefe R_t [µm]	Mittenrauhwert R_a [µm]	Glättungstiefe R_p [µm]	Profil-Leeregrad $\frac{R_p}{R_t}$	
vor Umformung	4...6 u. 10...23	0,9...2,7	2...6	$\approx 0{,}3$	6...8 u. 12...18[1]	1,5...2,6	3...8	$\approx 0{,}35$	$\approx 0{,}47$
nach Umformung[2]	1...3 u. 5...8	0,45...0,85	0,5...1	$\approx 0{,}17$	2 u. 6...8	0,65...0,9	0,8...1,2	$\approx 0{,}2$	$\approx 0{,}32$

Messung nach der Herstellung von *900 m Rohr*
Lage der ausgewählten Fläche: *Rohroberfläche außen, in Rohrmitte*
Meßgerät: *Perth-O-Meter* Tastsystem: *TK 25/TR 25* Prüflänge: *5 mm* Grenzwellenlänge: *0,75 mm* (cut-off)
Anzahl der Messungen je Meßstelle: *5*

Kaltziehen von nahtlosem Stahlrohr über festen Stopfen – Wand außen

Tafel 10–1

Oberflächengestalt des Werkzeugs

Werkzeug neu

Draufsicht V = 14:1

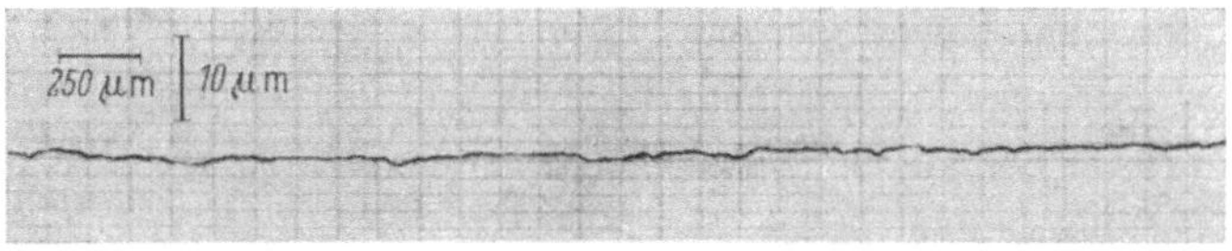

in Ziehrichtung V ↑ = 600:1 V → = 24:1

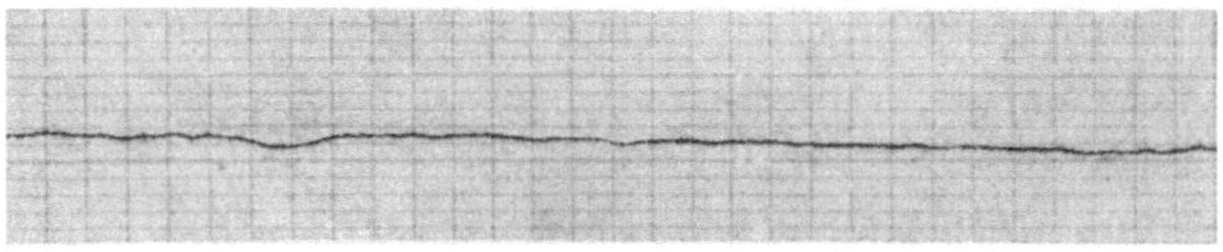

quer zur Ziehrichtung V ↑ = 600:1 V → = 24:1

Werkzeug nach 900 m Ziehlänge

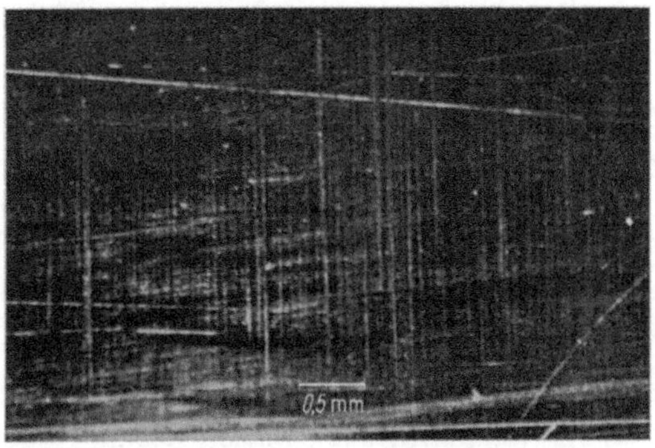

Draufsicht V = 14:1 ↕ Polierrillen

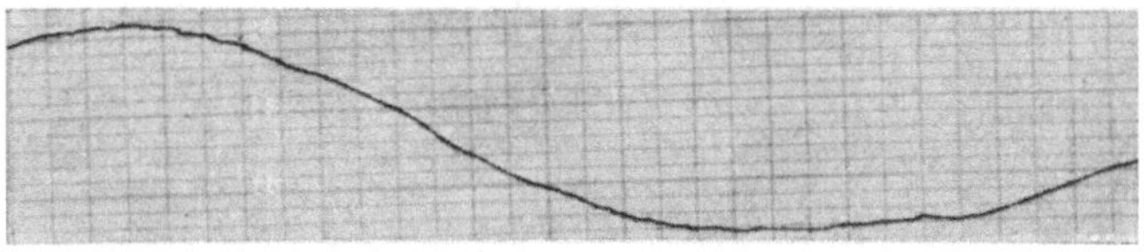

in Ziehrichtung V ↑ = 600:1 V → = 24:1

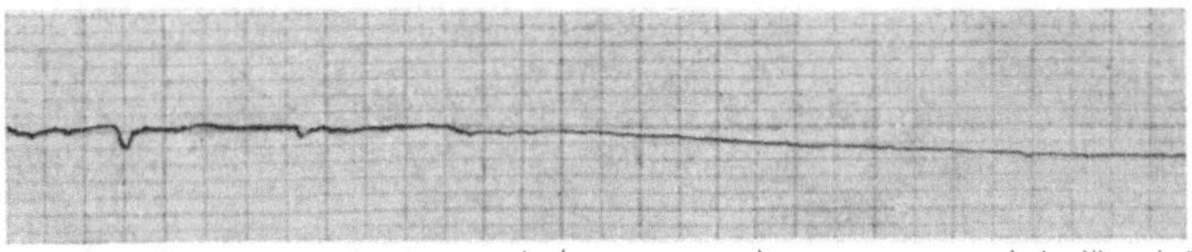

quer zur Ziehrichtung V ↑ = 600:1 V → = 24:1

Oberflächengestalt des Werkstücks

vor Umformung

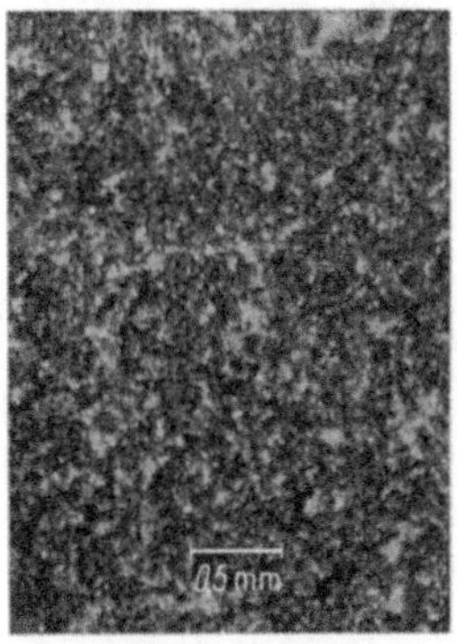

Draufsicht V = 14:1

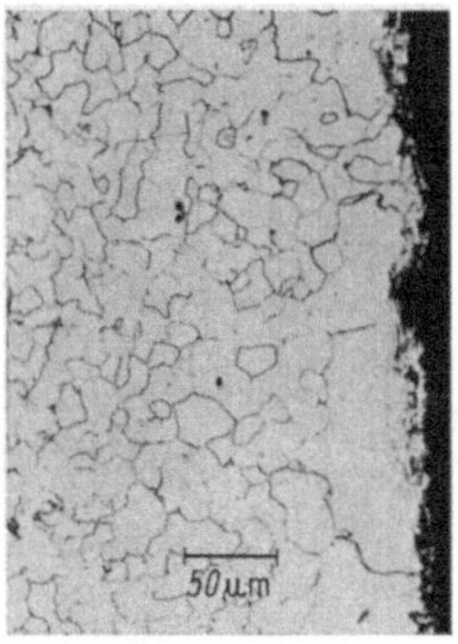

Gefüge V = 140:1

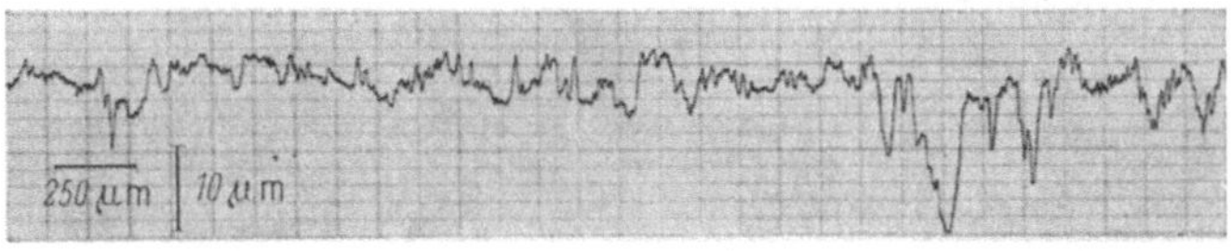

in Ziehrichtung V ↑ = 600:1 V → = 24:1

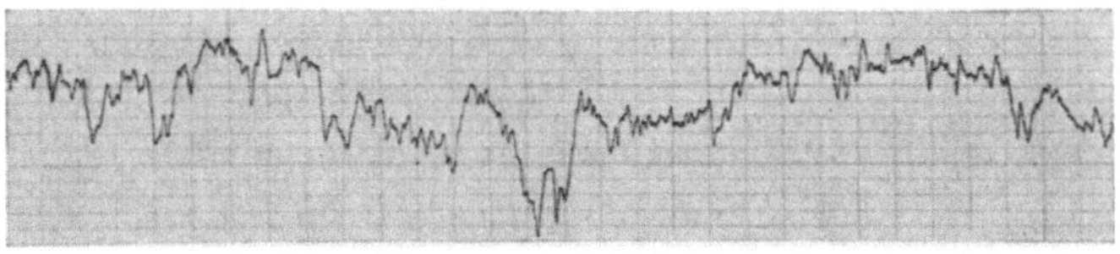

quer zur Ziehrichtung V ↑ = 600:1 V → = 24:1

nach Umformung: 900. Rohrmeter

Draufsicht V = 14:1

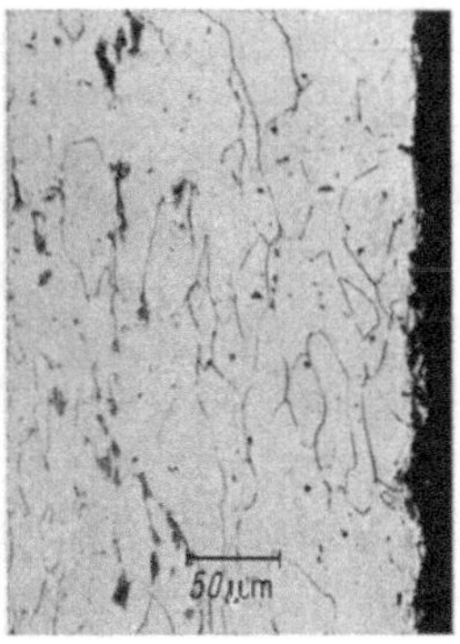

Gefüge V = 140:1

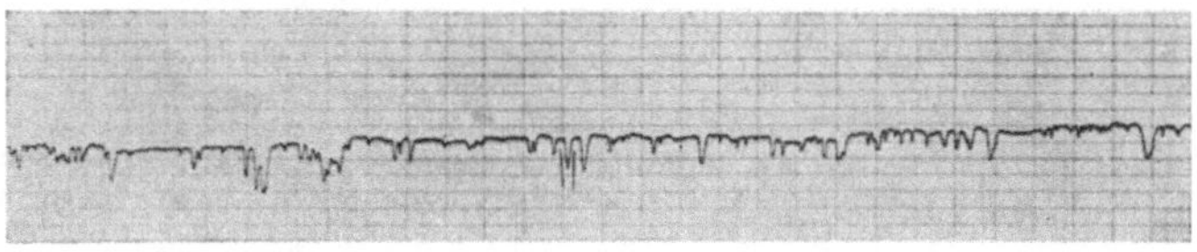

in Ziehrichtung V ↑ = 600:1 V → = 24:1

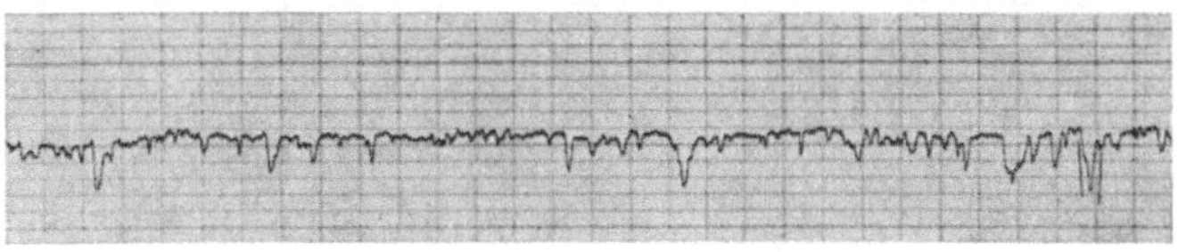

quer zur Ziehrichtung V ↑ = 600:1 V → = 24:1

Allgemeiner Text zu diesem Umformverfahren s. S. 67.
Erläuterung zu dieser Tafel s. S. 69.

Tafel 10—2

Kaltziehen von nahtlosem Stahlrohr über festen Stopfen — Wand innen

Verfahrensangaben

Ausgangsform: *warmgewalztes Rohr*
Bezogene Formänderung: $\varepsilon_L = 0{,}64$ $(\varepsilon_F = -0{,}39)$
Umformgrad (logarithmiert): $\varphi_L = 0{,}5$ $(\varphi_F = -0{,}5)$
Art der Schmierung: *phosphatiert und beseift*
Fertigungsgüte: *üblich*
Bemerkungen:

Wirkpaar

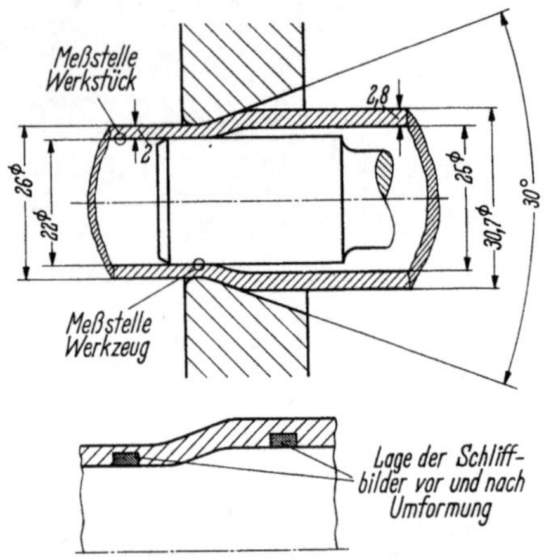

Werkzeug

Benennung: *Ziehstopfen*
Werkstoff: *Wz. St. 1,3% C verchromt*
Härte: *62 HRC vor Verchromen*
Rauheitsart am neuen Werkzeug: *Polierrillen quer zur Ziehrichtung*
am benutzten Werkzeug: *Verschleißriefen in Ziehrichtung*
Bemerkungen:

Tastung:	in Ziehrichtung				quer zur Ziehrichtung			
Oberflächenmaße	Rauhtiefe R_t [µm]	Mittenrauhwert R_a [µm]	Glättungstiefe R_p [µm]	Profil-Leeregrad $\frac{R_p}{R_t}$	Rauhtiefe R_t [µm]	Mittenrauhwert R_a [µm]	Glättungstiefe R_p [µm]	Profil-Leeregrad $\frac{R_p}{R_t}$
Werkzeug neu	*0,6...3*	*0,1...0,25*	*0,13...0,3*	$\approx$ *0,3*	*0,5...4,8*	*0,08...0,2*	*0,08...0,55*	$\approx$ *0,2*
Werkzeug nach *9000 m Ziehlänge*	*1,6...3,5*	*0,2...0,4*	*0,5...1,1*	$\approx$ *0,3*	*3...5 u. 9...13*	*0,35...1,6*	*0,5...3*	$\approx$ *0,4*

Lage der ausgewählten Fläche: *zylindrischer Teil*
Meßgerät: *Perth-O-Meter* Tastsystem: *TK 25/TR 25* Prüflänge: *5 mm* Grenzwellenlänge: *0,75 mm* (cut-off)
Anzahl der Messungen: *10*

Werkstück

Werkstoff: *St 35 (DIN 1629; Wst.-Nr. 1.0308)*
Legierung: $\leqq$ *0,18 C; P und S je 0,05 max.*
Behandlung vor Umformung: *aus Walzhitze abgekühlt, darnach gebeizt, phosphatiert und beseift*
Rauheitsart vor Umformung: *ungerichtet und offen*
nach Umformung: *leicht gerichtet und halboffen*
Bemerkungen: [1] *außerdem Poren bis 25 µm Tiefe*
[2] *Rauheit auf Phosphatschicht gemessen*

Korngröße vor Umformung: *235 µm²*
nach Umformung: *310 µm² (2:1)*
Härte vor Umformung: *HV 30 = 128 kp/mm²*
nach Umformung: *HV 30 = 232 kp/mm²*

Tastung:	in Ziehrichtung				quer zur Ziehrichtung				räuml. Leeregrad
Oberflächenmaße	Rauhtiefe R_t [µm]	Mittenrauhwert R_a [µm]	Glättungstiefe R_p [µm]	Profil-Leeregrad $\frac{R_p}{R_t}$	Rauhtiefe R_t [µm]	Mittenrauhwert R_a [µm]	Glättungstiefe R_p [µm]	Profil-Leeregrad $\frac{R_p}{R_t}$	
vor Umformung	*12...25*	*1,5...2,6*	*3...6*	$\approx$ *0,25*	*5...8 u. 12...28*	*2,1...3,9*	*3,5..10*	$\approx$ *0,32*	$\approx$ *0,45*
nach Umformung[2]	*2,5...9*[1]	*0,15...0,75*	*0,3...1*	$\approx$ *0,12*	*1...4 u. 6...12*[1]	*0,4...3,8*	*0,45...1,5*	$\approx$ *0,12*	$\approx$ *0,2*

Messung nach der Herstellung von *900 m Rohr*
Lage der ausgewählten Fläche: *Rohroberfläche innen*
Meßgerät: *Perth-O-Meter* Tastsystem: *TK 25* Prüflänge: *5 mm* Grenzwellenlänge: *0,75 mm* (cut-off)
Anzahl der Messungen je Meßstelle: *10*

Kaltziehen von nahtlosem Stahlrohr über festen Stopfen – Wand innen

Tafel 10–2

Oberflächengestalt des Werkzeugs

Werkzeug neu

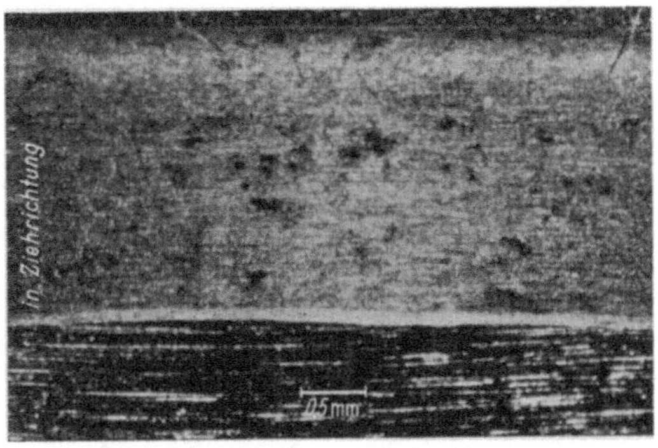

Draufsicht V = *14:1*

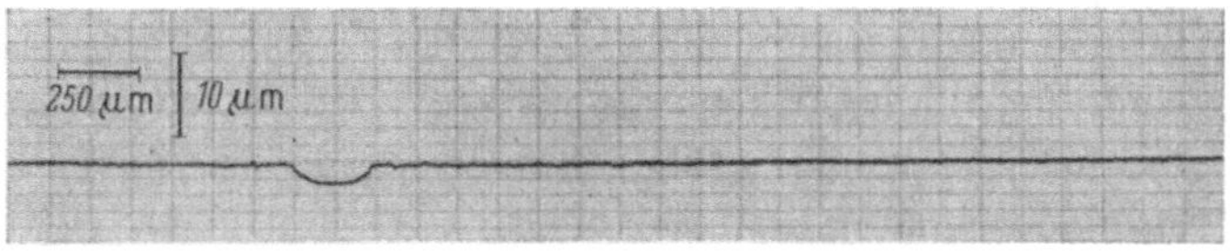

in Ziehrichtung V ↑ = *600:1* V → = *24:1*

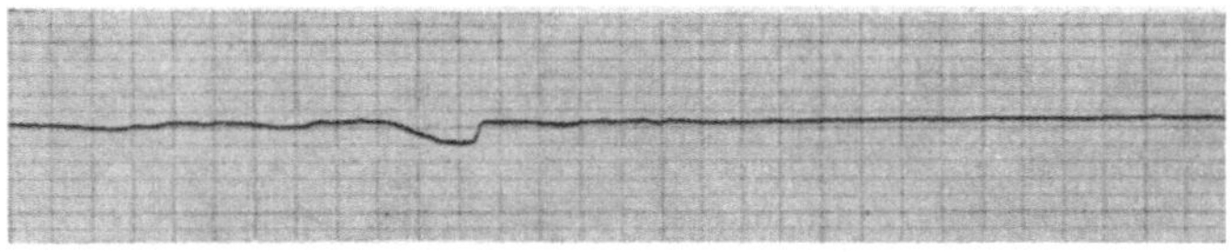

quer zur Ziehrichtung V ↑ = *600:1* V → = *24:1*

Werkzeug nach *900 m Ziehlänge*

Draufsicht V = *14:1*

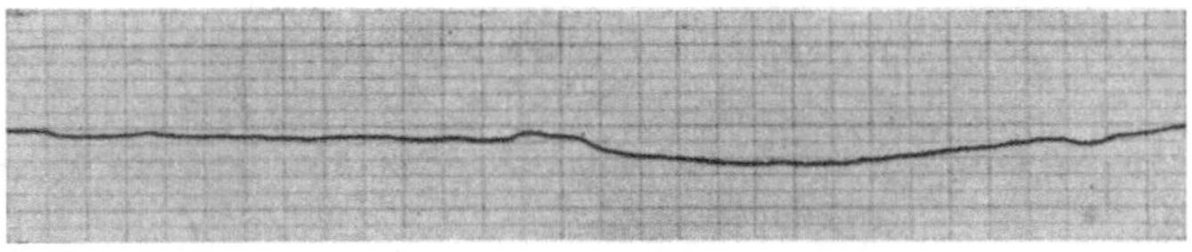

in Ziehrichtung V ↑ = *600:1* V → = *24:1*

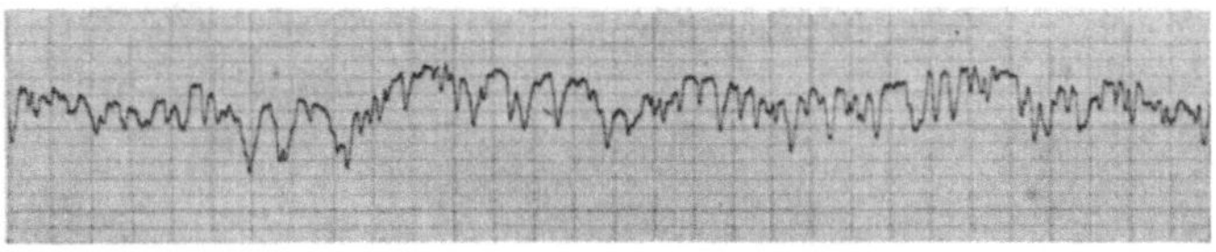

quer zur Ziehrichtung V ↑ = *600:1* V → = *24:1*

Oberflächengestalt des Werkstücks

vor Umformung

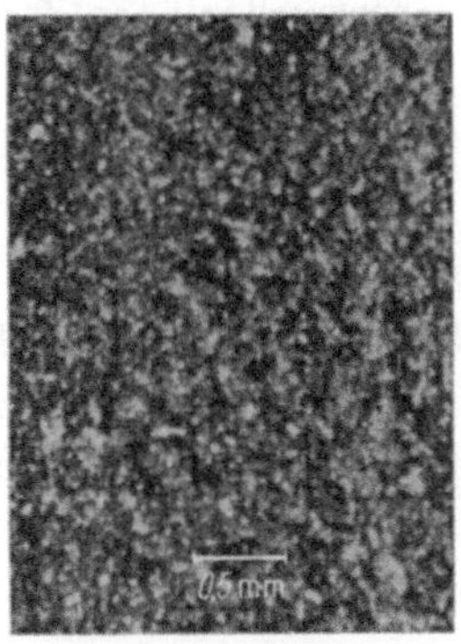

Draufsicht V = *14:1*

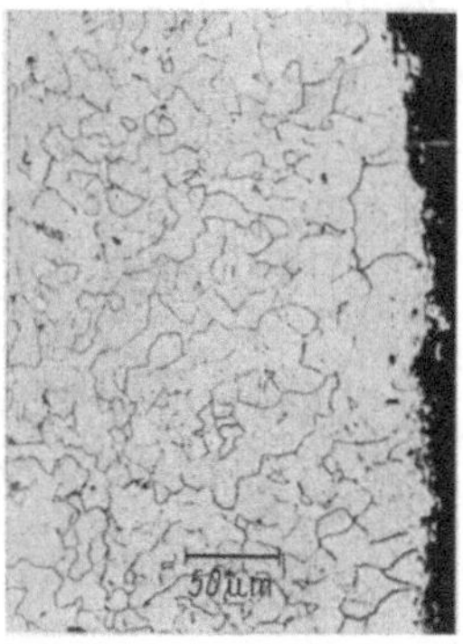

Gefüge V = *140:1*

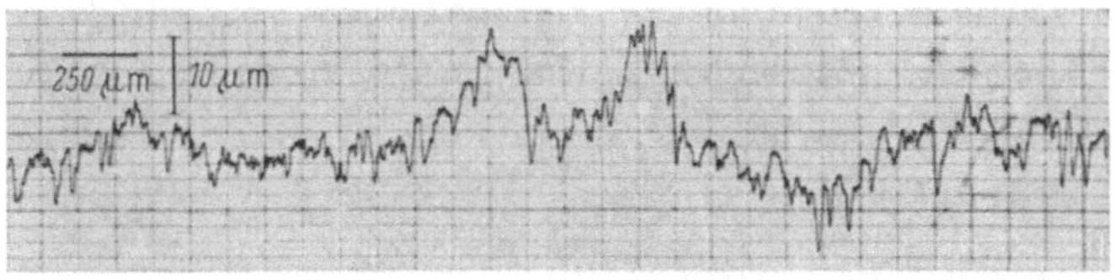

in Ziehrichtung V ↑ = *600:1* V → = *24:1*

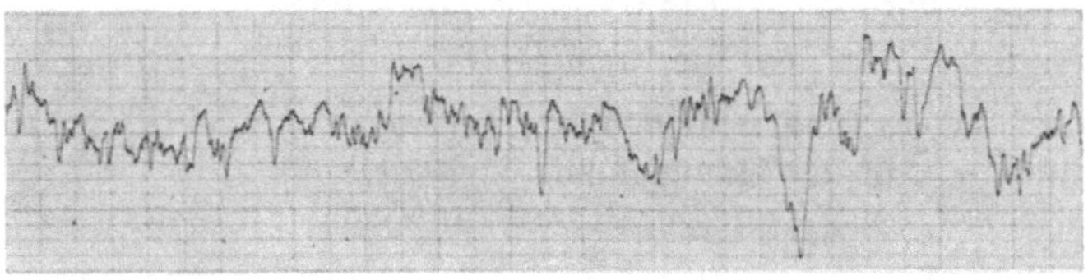

quer zur Ziehrichtung V ↑ = *600:1* V → = *24:1*

nach Umformung: *900. Rohrmeter*

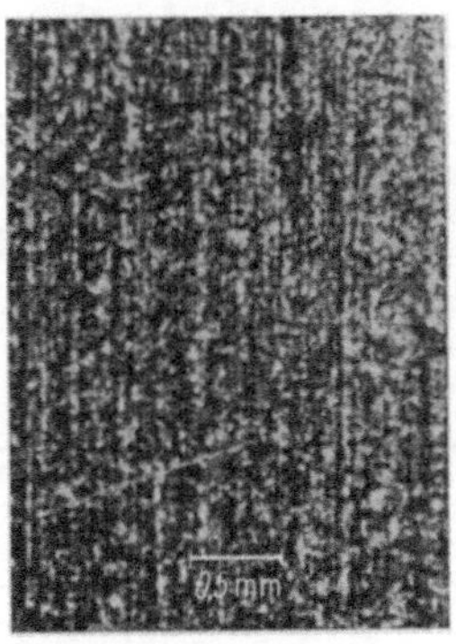

Draufsicht V = *14:1*

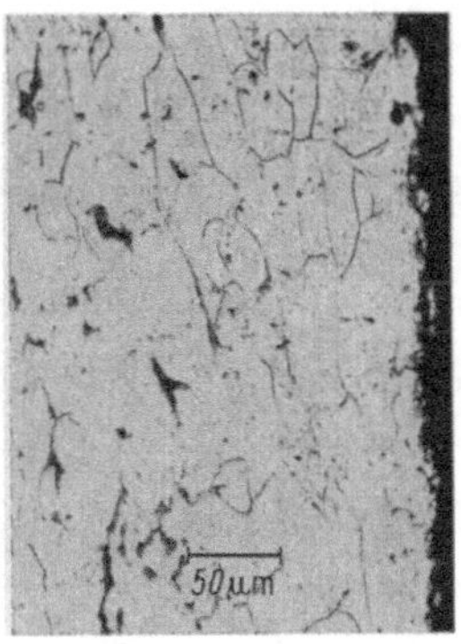

Gefüge V = *140:1*

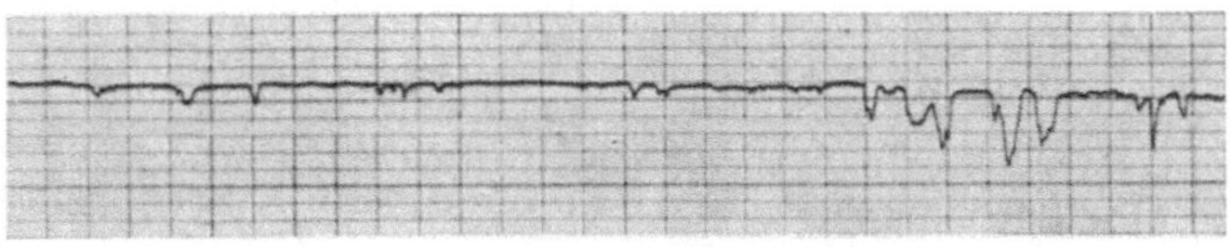

in Ziehrichtung V ↑ = *600:1* V → = *24:1*

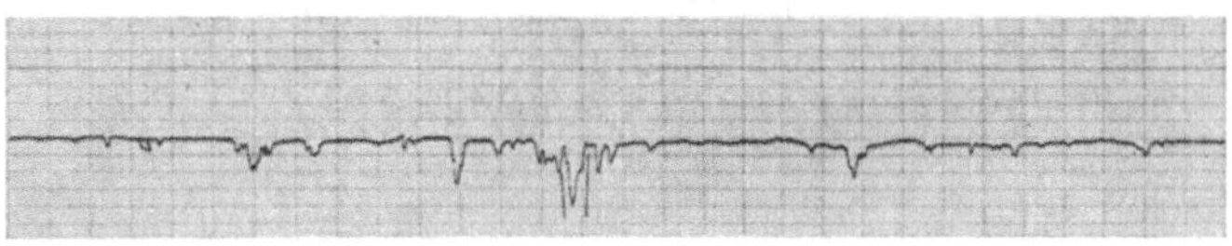

quer zur Ziehrichtung V ↑ = *600:1* V → = *24:1*

Allgemeiner Text zu diesem Umformverfahren s. S. 67.
Erläuterung zu dieser Tafel s. S. 69.

Tafel 11—1 — Abstreckziehen (Abstrecken) – Wand außen

Verfahrensangaben

Ausgangsform: *Hülse, durch Vorwärts-Hohl-Fließpressen hergestellt*

Bezogene Formänderung: $\varepsilon_L = 0{,}27$ } *Hauptformänderung*
Umformgrad (logarithmiert): $\varphi_L = 0{,}24$ } *in Achsrichtung*

Art der Schmierung: *wäßrige Seifenlösung auf Phosphatschicht*

Fertigungsgüte: *üblich*

Bemerkungen: *Die Ausgangsform zu diesem Arbeitsgang ist die Endform von Tafel 7-5.*

Wirkpaar

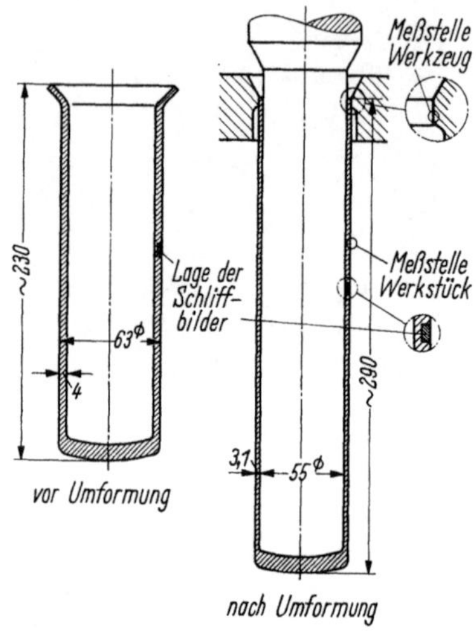

Werkzeug

Benennung: *Ziehring*

Werkstoff des Ziehrings: *C 130 W 2 (Wst.-Nr. 1.1660)*

Härte: *= 66 HRC*

Rauheitsart am neuen Werkzeug: *Schleifrillen quer zur Ziehrichtung*
am benutzten Werkzeug: *Verschleißriefen in Ziehrichtung*

Bemerkungen: *in Ziehrichtung nicht abgetastet, da Meßstrecke nicht genügend lang*

Tastung:	*in Ziehrichtung*				*quer zur Ziehrichtung*			
Oberflächenmaße	Rauhtiefe R_t [µm]	Mittenrauhwert R_a [µm]	Glättungstiefe R_p [µm]	Profil-Leeregrad $\frac{R_p}{R_t}$	Rauhtiefe R_t [µm]	Mittenrauhwert R_a [µm]	Glättungstiefe R_p [µm]	Profil-Leeregrad $\frac{R_p}{R_t}$
Werkzeug neu	*0,5…1,5*	—	—	—	< 1	—	$\approx 0{,}3$	$\approx 0{,}25$
Werkzeug nach *5700* Werkstücken	*1…2*	—	—	—	*1…2 u. 3…6*	*0,3…1*	*0,4…1*	$\approx 0{,}35$

Lage der ausgewählten Fläche: *Ziehkanal nahe Austritt*

Meßgerät: *Perth-O-Meter* Tastsystem: *TK 25/TR 25* Prüflänge: *5 mm* Grenzwellenlänge: *0,75 mm* (cut-off)

Anzahl der Messungen je Meßstelle: *10, Werte aus Abdrücken ermittelt*

Werkstück

Werkstoff: *Ck 15 (DIN 17210)*

Legierung: *0,12—0,18 C; 0,25 Si; 0,37 Mn; P und S je 0,035 max.*

Behandlung vor Umformung: *geglüht (610 °C, 2 h)*[1]

Rauheitsart vor Umformung: *ungerichtet*
nach Umformung: *gerichtet*

Bemerkungen: [1] *gebeizt, phosphatiert*
Rauheit auf Phosphatschicht gemessen

Korngröße vor Umformung: *480 µm²*
nach Umformung: *540 µm² (1,6:1)*

Härte vor Umformung: *HV 30 = 105 kp/mm²*
nach Umformung: *HV 30 = 195 kp/mm²*

Tastung:	*in Ziehrichtung*				*quer zur Ziehrichtung*				räuml. Leeregrad
Oberflächenmaße	Rauhtiefe R_t [µm]	Mittenrauhwert R_a [µm]	Glättungstiefe R_p [µm]	Profil-Leeregrad $\frac{R_p}{R_t}$	Rauhtiefe R_t [µm]	Mittenrauhwert R_a [µm]	Glättungstiefe R_p [µm]	Profil-Leeregrad $\frac{R_p}{R_t}$	
vor Umformung	*2…5 u. 10…16*	*1,6…2,4*	*2,5…5*	$\approx 0{,}28$	*3…6 u. 12…22*	*2,4…3,4*	*3,5…7,5*	$\approx 0{,}3$	$\approx 0{,}43$
nach Umformung	*1…2 u. 4….6*	*0,12…0,44*	*0,15…0,4*	$\approx 0{,}08$	*1…2 u. 4…8*	*0,8…1,2*	*1,8…2,6*	$\approx 0{,}35$	$\approx 0{,}38$

Messung nach der Herstellung von *5700 Werkstücken*

Lage der ausgewählten Fläche: *Mittelteil*

Meßgerät: *Perth-O-Meter* Tastsystem: *TK 25/TR 25* Prüflänge: *5 mm* Grenzwellenlänge: *0,75 mm* (cut-off)

Anzahl der Messungen je Meßstelle: *10*

Abstreckziehen (Abstrecken) – Wand außen

Tafel 11–1

Oberflächengestalt des Werkzeugs

Werkzeug neu

Draufsicht V = *14:1*

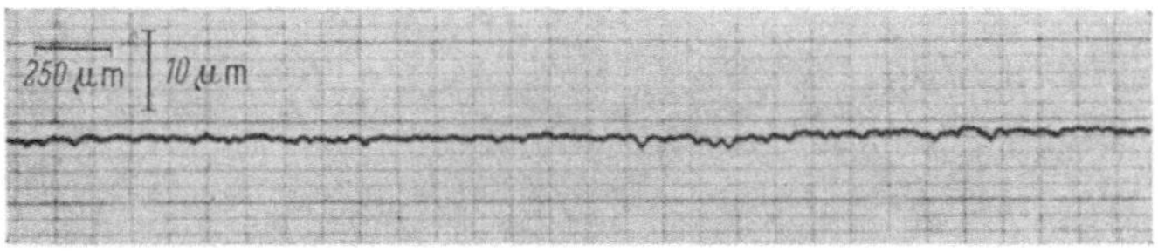

quer zur Ziehrichtung V↑ = *600:1* V→ = *24:1*

Werkzeug nach *5700 Werkstücken*

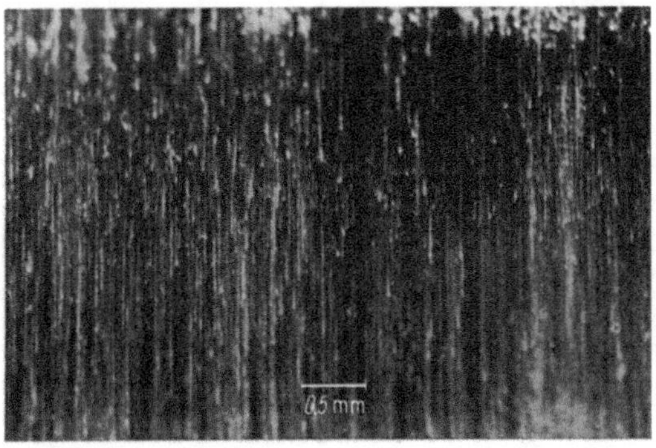

Draufsicht V = *14:1*

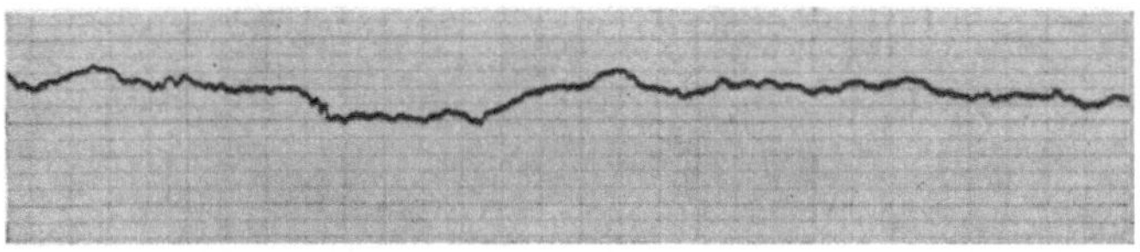

quer zur Ziehrichtung V↑ = *600:1* V→ = *24:1*

Oberflächengestalt des Werkstücks

vor Umformung

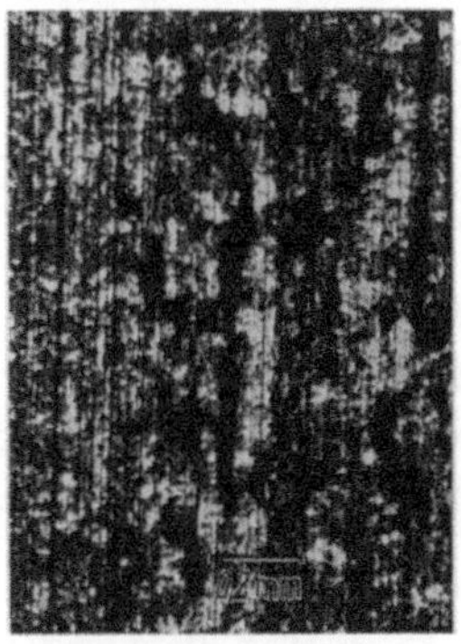

Draufsicht V = *35:1*

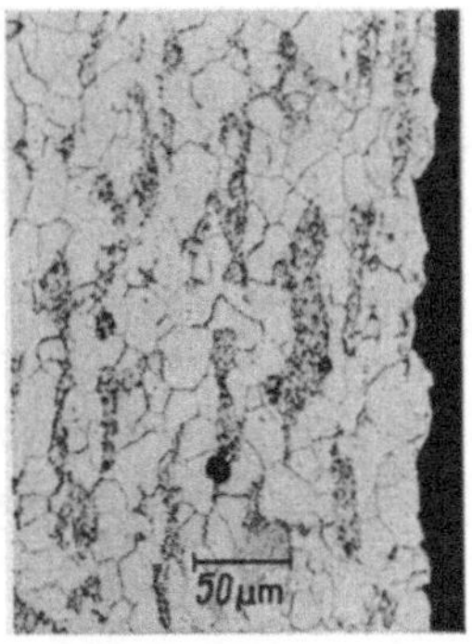

Gefüge V = *140:1*

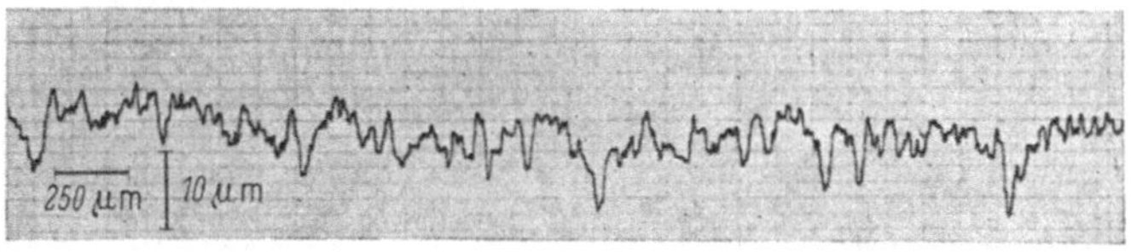

in Ziehrichtung V↑ = *600:1* V→ = *24:1*

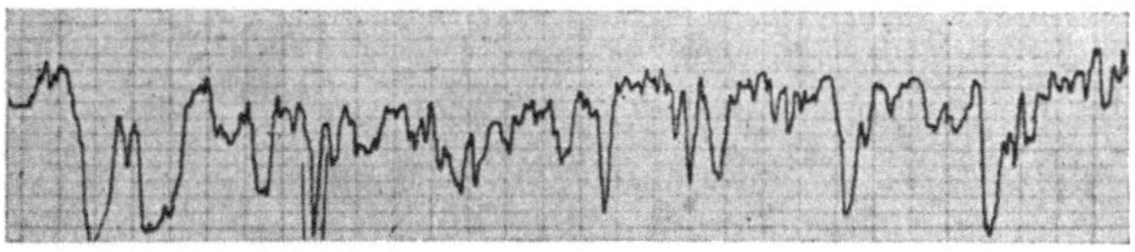

quer zur Ziehrichtung V↑ = *600:1* V→ = *24:1*

nach Umformung: *5700. Werkstück*

Draufsicht V = *35:1*

Gefüge V = *140:1*

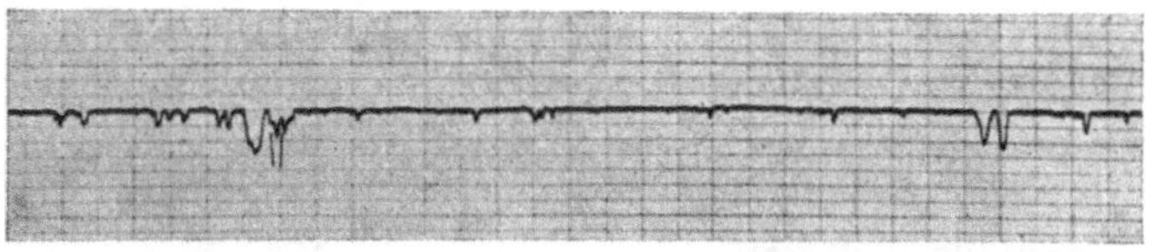

in Ziehrichtung V↑ = *600:1* V→ = *24:1*

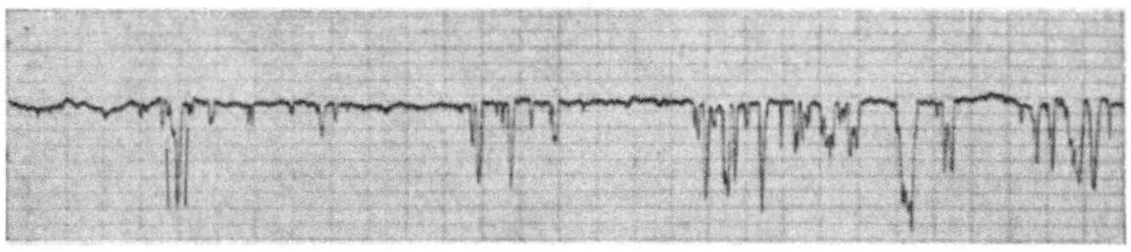

quer zur Ziehrichtung V↑ = *600:1* V→ = *24:1*

Allgemeiner Text zu diesem Umformverfahren s. S. 69.
Erläuterung zu dieser Tafel s. S. 70.

Tafel 11—2 Abstreckziehen (Abstrecken) — Wand innen

Verfahrensangaben

Ausgangsform: *Hülse durch Vorwärts-Hohl-Fließpressen hergestellt*
Bezogene Formänderung: $\varepsilon_L = 0{,}27$ } *Hauptformänderung*
Umformgrad (logarithmiert): $\varphi_L = 0{,}24$ } *in Achsrichtung*
Art der Schmierung: *wäßrige Seifenlösung auf Phosphatschicht*
Fertigungsgüte: *üblich*
Bemerkungen: *Die Ausgangsform zu diesem Arbeitsgang ist die Endform von Tafel 7-6.*

Wirkpaar

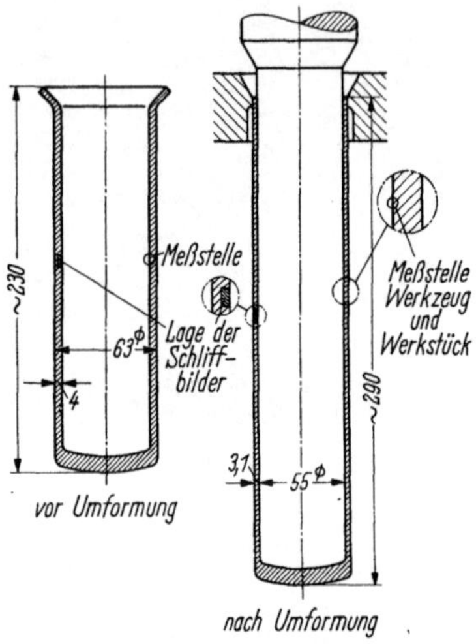

Werkzeug

Benennung: *Ziehstempel*
Werkstoff des Stempels: *X 210 Cr 12 (Wst.-Nr. 1.2080)*
Härte: *62 HRC*
Rauheitsart am neuen Werkzeug: *Schleifrillen quer zur Ziehrichtung*
am benutzten Werkzeug: *Verschleißriefen in Ziehrichtung*
Bemerkungen: —

Tastung: Oberflächenmaße	in Ziehrichtung: Rauhtiefe R_t [µm]	Mittenrauhwert R_a [µm]	Glättungstiefe R_p [µm]	Profil-Leeregrad $\frac{R_p}{R_t}$	quer zur Ziehrichtung: Rauhtiefe R_t [µm]	Mittenrauhwert R_a [µm]	Glättungstiefe R_p [µm]	Profil-Leeregrad $\frac{R_p}{R_t}$
Werkzeug neu	*0,8...1,4*	*0,12...0,16*	*0,18...0,24*	*≈ 0,2*	*0,5...1,5*	*0,08...0,12*	*0,15...0,25*	*≈ 0,3*
Werkzeug nach *5700 Werkstücken*	*0,5 u. 1...2*	*0,12...0,16*	*0,2...0,3*	*≈ 0,2*	*0,5...1 u. 2...6*	*0,2...0,3*	*0,3...0,6*	*≈ 0,2*

Lage der ausgewählten Fläche: *in halber Höhe*
Meßgerät: *Perth-O-Meter* Tastsystem: *TK 25/TR 25* Prüflänge: *5 mm* Grenzwellenlänge: *0,75 mm* (cut-off)
Anzahl der Messungen je Meßstelle: *10*

Werkstück

Werkstoff: *Ck 15 (DIN 17210)*
Legierung: *0,12—0,18 C; 0,25 Si; 0,37 Mn P und S je 0,035 max.*
Behandlung vor Umformung: *geglüht (610 °C, 2 h)*[1]
Rauheitsart vor Umformung: *schwach gerichtet*
nach Umformung: *gerichtet (in Achsrichtung glatt)*
Bemerkungen: [1] *gebeizt, phosphatiert. Tastschriebe durch Abdrucke auf der Phosphatschicht gewonnen*

Korngröße vor Umformung: *480 µm²*
nach Umformung: *540 µm² (1,6:1)*
Härte vor Umformung: *HV 30 = 105 kp/mm²*
nach Umformung: *HV 30 = 195 kp/mm²*

Tastung: Oberflächenmaße	in Ziehrichtung: Rauhtiefe R_t [µm]	Mittenrauhwert R_a [µm]	Glättungstiefe R_p [µm]	Profil-Leeregrad $\frac{R_p}{R_t}$	quer zur Ziehrichtung: Rauhtiefe R_t [µm]	Mittenrauhwert R_a [µm]	Glättungstiefe R_p [µm]	Profil-Leeregrad $\frac{R_p}{R_t}$	räuml. Leeregrad
vor Umformung	*2...6 u. 10...18*	*2,1...2,9*	*3,5...5,5*	*≈ 0,3*	*4...8 u. 10...14*	*1,2...2,8*	*4...6*	*≈ 0,38*	*≈ 0,53*
nach Umformung	*1...2 u. 4...15*	*0,16...0,4*	*0,2...1,8*	*≈ 0,13*	*2...5 u. 10...18*	*0,2...0,6*	*3...6*	*≈ 0,32*	*≈ 0,38*

Messung nach der Herstellung von *5700 Werkstücken*
Lage der ausgewählten Fläche: *Mittelteil*
Meßgerät: *Perth-O-Meter* Tastsystem: *TK 25/TR 25* Prüflänge: *5 mm* Grenzwellenlänge: *0,75 mm* (cut-off)
Anzahl der Messungen je Meßstelle: *10*

Abstreckziehen (Abstrecken) – Wand innen | Tafel 11–2

Oberflächengestalt des Werkzeugs

Werkzeug neu

Draufsicht V = 14:1

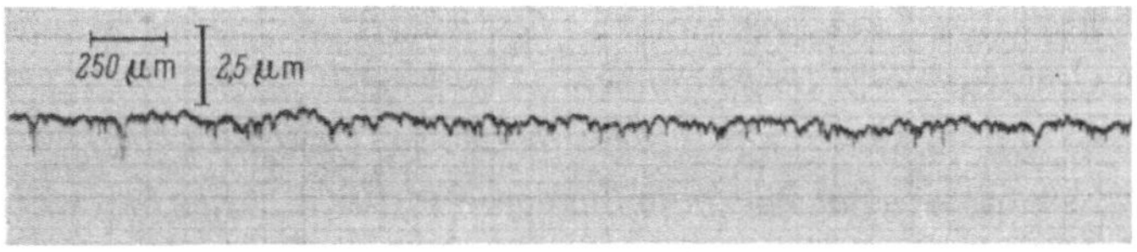

in Ziehrichtung V ↑ = 2400:1 V → = 24:1

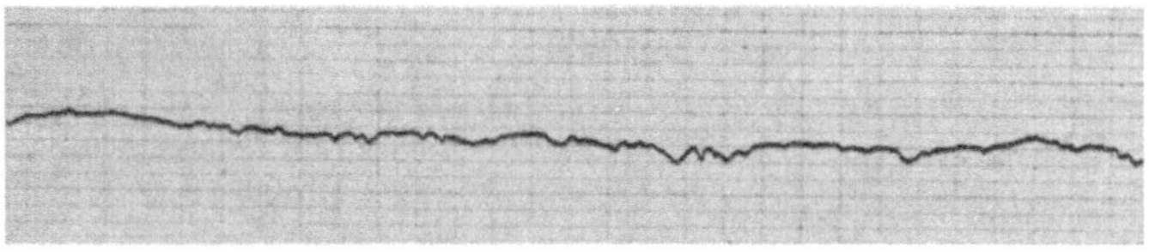

quer zur Ziehrichtung V ↑ = 2400:1 V → = 24:1

Werkzeug nach *5700 Werkstücken*

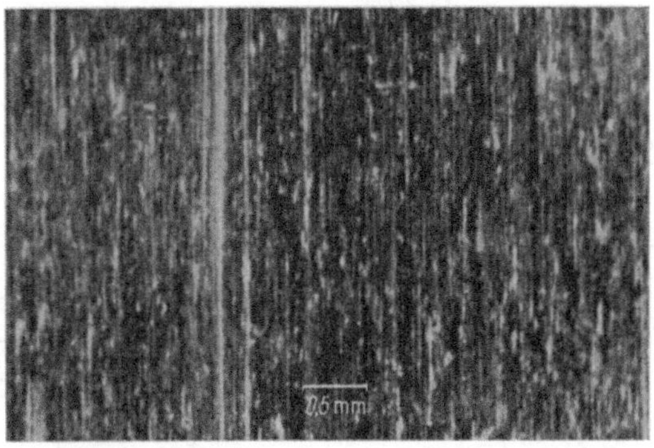

Draufsicht V = 14:1

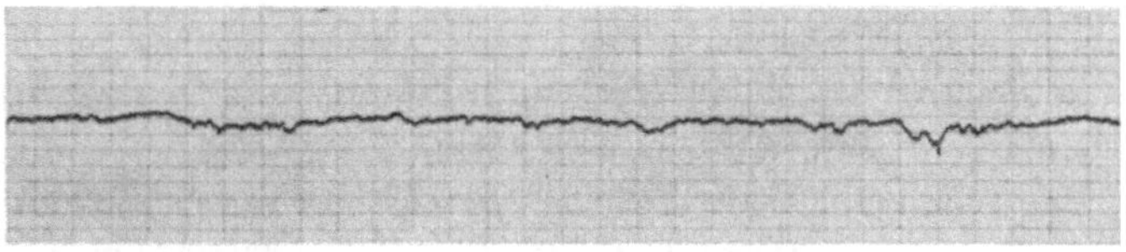

in Ziehrichtung V ↑ = 2400:1 V → = 24:1

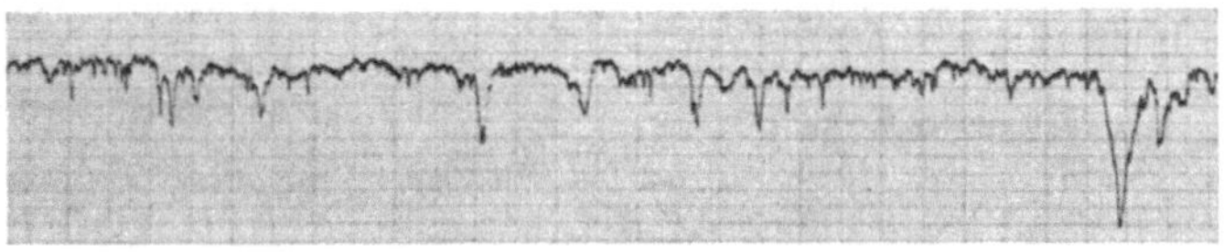

quer zur Ziehrichtung V ↑ = 2400:1 V → = 24:1

Oberflächengestalt des Werkstücks

vor Umformung

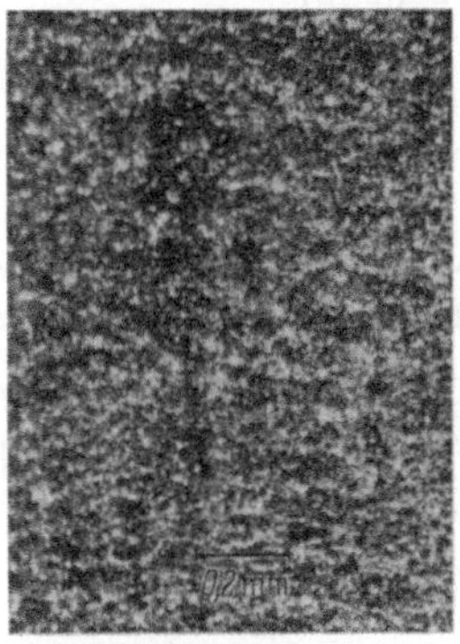

Draufsicht V = 35:1

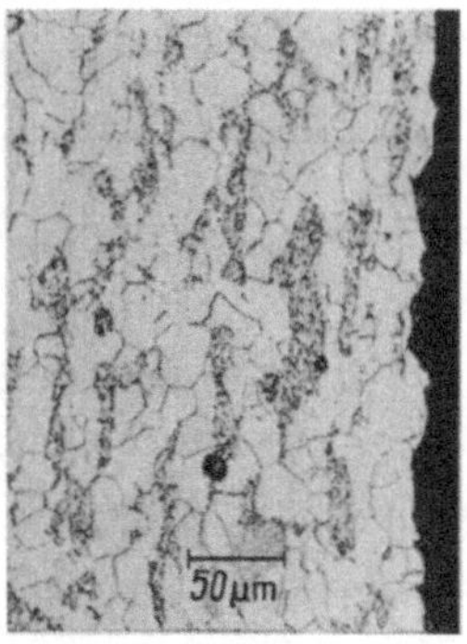

Gefüge V = 140:1

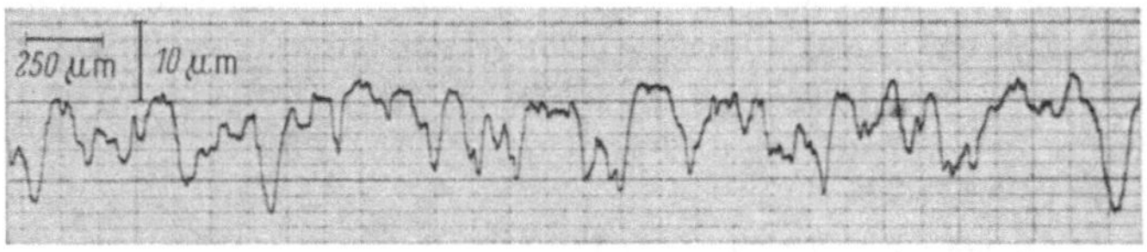

in Ziehrichtung V ↑ = 600:1 V → = 24:1

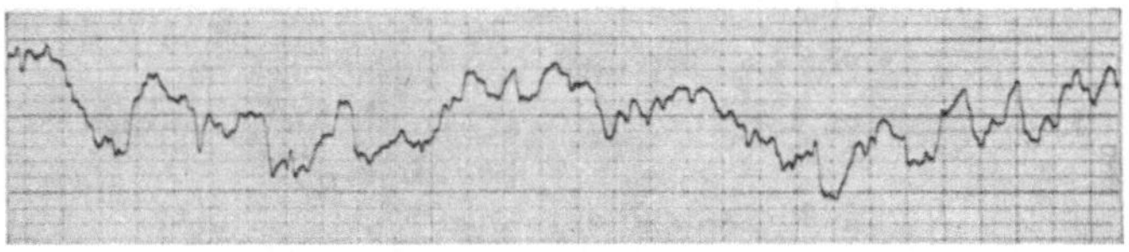

quer zur Ziehrichtung V ↑ = 600:1 V → = 24:1

nach Umformung: *5700. Werkstück*

Draufsicht V = 35:1

Gefüge V = 140:1

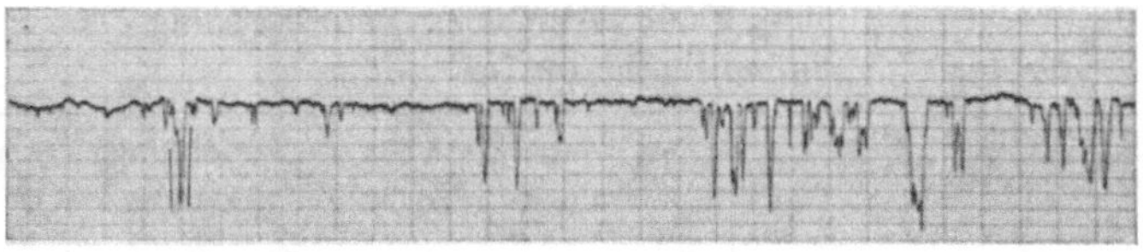

in Ziehrichtung V ↑ = 600:1 V → = 24:1

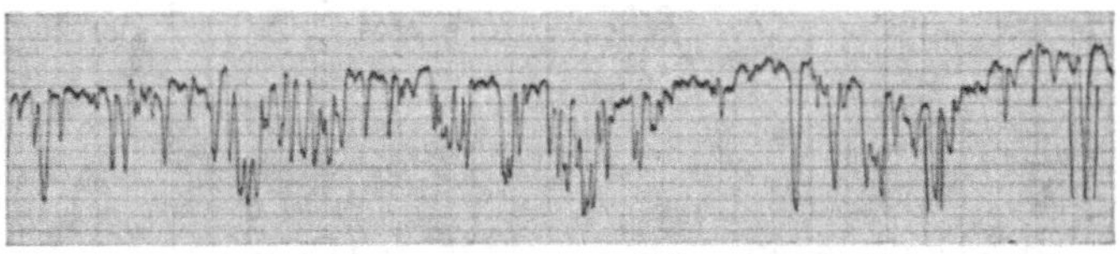

quer zur Ziehrichtung V ↑ = 600:1 V → = 24:1

Allgemeiner Text zu diesem Umformverfahren s. S. 69.
Erläuterung zu dieser Tafel s. S. 70.

Tafel 12—1 Tiefziehen — s = 0,8 mm — Erstzug (Anschlag)

Verfahrensangaben

Ausgangsform: *Ronde 38 ⌀ × 0,78 mm aus nachgewalztem Band*[1]

Bezogene Formänderung: $\varepsilon_t = -0{,}30$ } *größte Formänderung*
Umformgrad (logarithmiert): $\varphi_t = -0{,}36$ } *am Rand tangential*

Art der Schmierung: *Ziehölemulsion 1:15 (Wisura 2303)*

Fertigungsgüte: *üblich, in Stufenpresse*

Bemerkungen: *verengter Ziehspalt 0,75 mm.*
Die Endform dieses Arbeitsganges ist die Ausgangsform zu Tafel 12-2.

[1] *vgl. Tafel 1-3*

Wirkpaar

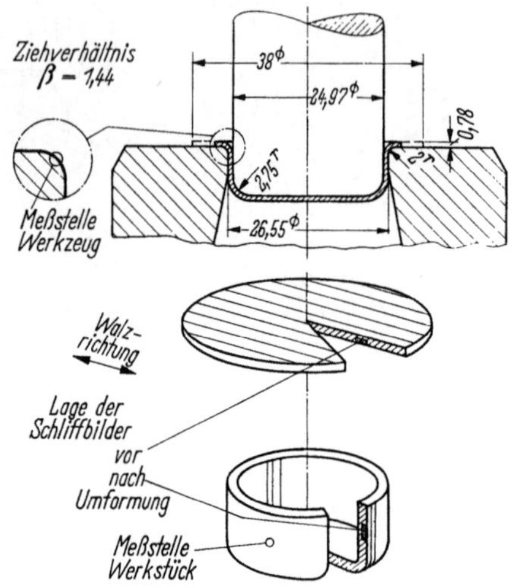

Werkzeug

Benennung: *Ziehring*

Werkstoff: *X 210 Cr W 12 (Wst.-Nr. 1.2436)*

Härte: *62 HRC; aus 950°C in Öl von 20° C abgeschreckt und angelassen*

Rauheitsart am neuen Werkzeug: *Polierrillen in Umfangsrichtung*
am benutzten Werkzeug: *s. Bem.*

Bemerkungen: *An der Ziehkante in Achsebene vereinzelte Verschleißriefen bis 40 µm Tiefe, sowie vereinzelte Aufschweißungen*

Tastung:	in Ziehrichtung				quer zur Ziehrichtung			
Oberflächenmaße	Rauhtiefe R_t [µm]	Mittenrauhwert R_a [µm]	Glättungstiefe R_p [µm]	Profil-Leeregrad $\frac{R_p}{R_t}$	Rauhtiefe R_t [µm]	Mittenrauhwert R_a [µm]	Glättungstiefe R_p [µm]	Profil-Leeregrad $\frac{R_p}{R_t}$
Werkzeug neu	1...2 u. 4...6	0,7...1	0,5...3	≈ 0,4	1...2 u. 3	0,3...0,6	1...2	≈ 0,35
Werkzeug nach 50000 Werkstücken	1...2 u. 4...6	0,4...0,9	1...2	≈ 0,35	2 u. 4...6	0,4...1	1...3	≈ 0,3

Lage der ausgewählten Fläche: *innerhalb der Ziehkante nahe dem äußeren Rand (rauheste Stelle)*
Meßgerät: *Talysurf (an Abdrücken)* Tastsystem: *geradliniges Bezugssystem* Prüflänge: *5 mm* Grenzwellenlänge: *∞ mm* (cut-off)
Anzahl der Messungen je Meßstelle: *10*

Werkstück

Werkstoff: *R St 13 04 (DIN 1623)*

Legierung: *0,10 C max.; 0,35 Mn; 0,03—0,15 Si; P und S je 0,040 max.*

Behandlung vor Umformung: *blank geglüht*

Rauheitsart vor Umformung: *in Walzrichtung schwach gerichtet (vgl. Tafel 1-2)*
nach Umformung: *ungerichtet; s. a. Bem.*

Bemerkungen: *Der Streifen ging vor der Umformung durch einen Richtapparat mit 5 Walzen.*
Am 50000. Werkstück einzelne axial verlaufende Rillen bis 30 µm Tiefe.

Korngröße vor Umformung: *250 µm² (2,5:1)*
nach Umformung: *350 µm² (4:1)*
Härte vor Umformung: *HV 30 = 127 kp/mm²*
nach Umformung: *HV 30 = 192 kp/mm² (nahe Rand)*

Tastung:	vor Umf.: *in Walzrichtung* nach Umf.: *in Ziehrichtung*				vor Umf.: *quer zur Walzrichtung* nach Umf.: *quer zur Ziehrichtung*				räuml. Leeregrad
Oberflächenmaße	Rauhtiefe R_t [µm]	Mittenrauhwert R_a [µm]	Glättungstiefe R_p [µm]	Profil-Leeregrad $\frac{R_p}{R_t}$	Rauhtiefe R_t [µm]	Mittenrauhwert R_a [µm]	Glättungstiefe R_p [µm]	Profil-Leeregrad $\frac{R_p}{R_t}$	
vor Umformung	0,5...1 u. 2...3	0,2...0,4	0,3...1,8	≈ 0,26	0,5...1	0,09...0,16	0,2...0,3	≈ 0,3	≈ 0,38
nach Umformung	5...7 u. Wellen	0,18...0,35	2...3	≈ 0,42	3...4 u. 7...10	0,22...0,4	3...5	≈ 0,42	≈ 0,55

Messung nach der Herstellung von *50 000 Werkstücken*
Lage der ausgewählten Fläche: *in halber Höhe des Napfes*
Meßgerät: *Talysurf* Tastsystem: *geradliniges Bezugssystem* Prüflänge: *5 mm* Grenzwellenlänge: *∞ mm* (cut-off)
Anzahl der Messungen je Meßstelle: *10*

Tiefziehen — s = 0,8 mm — Erstzug (Anschlag) | Tafel 12–1

Oberflächengestalt des Werkzeugs

Werkzeug neu

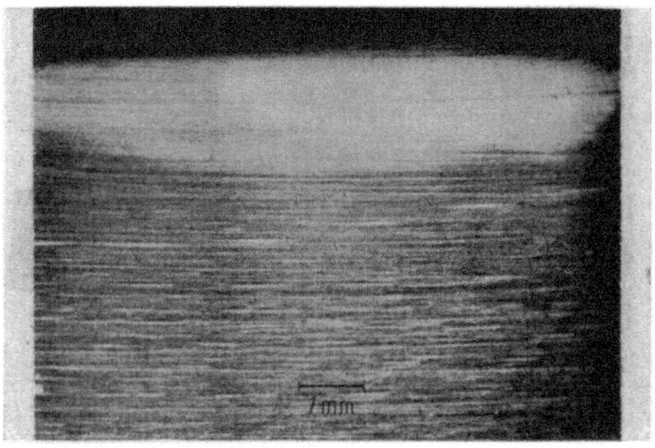

Draufsicht V = 7 : 1

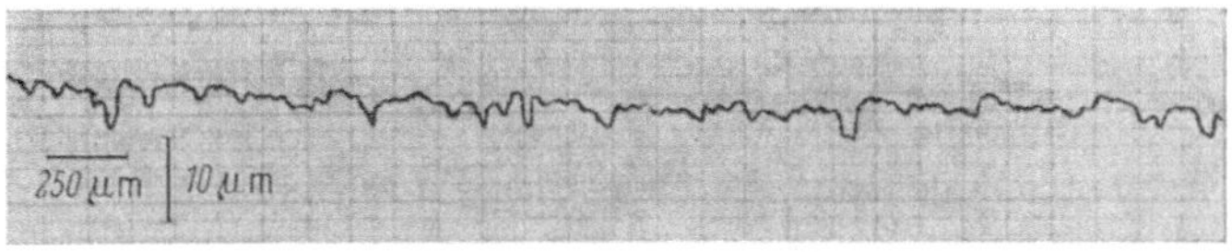

Ziehkante in Ziehrichtung V ↑ = 600 : 1 V → = 24 : 1

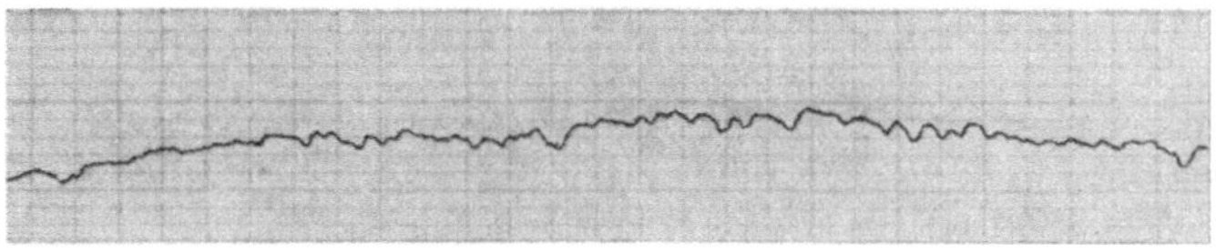

quer zur Ziehrichtung V ↑ = 600 : 1 V → = 24 : 1

Werkzeug nach 50 000 Werkstücken

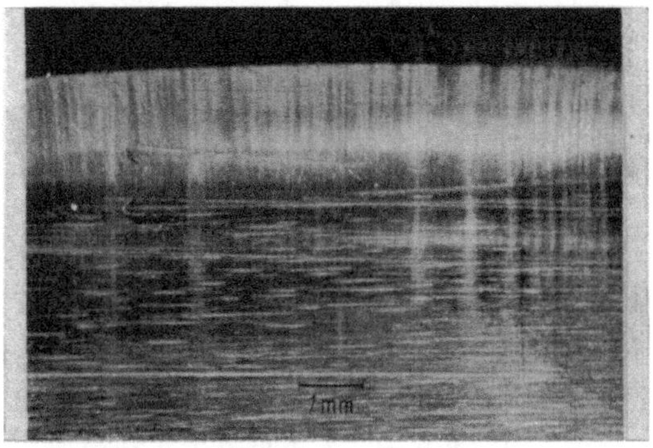

Draufsicht V = 7 : 1

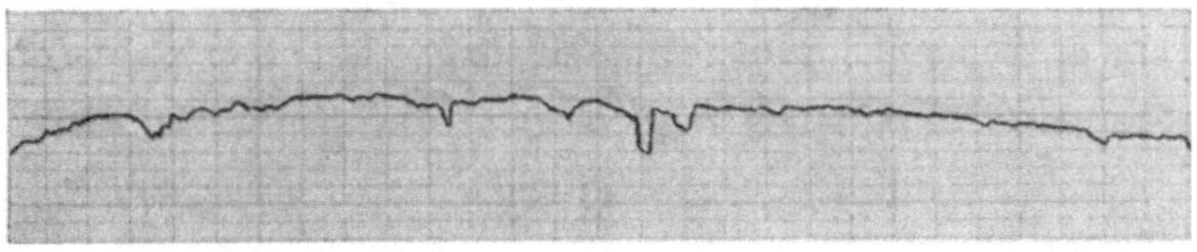

Ziehkante in Ziehrichtung V ↑ = 600 : 1 V → = 24 : 1

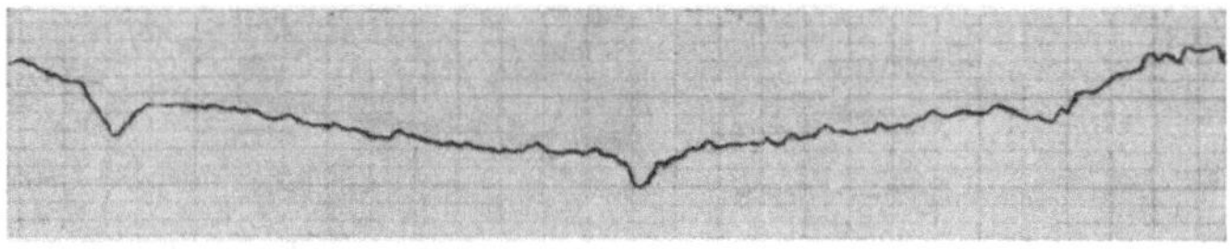

quer zur Ziehrichtung V ↑ = 600 : 1 V → = 24 : 1

Oberflächengestalt des Werkstücks

vor Umformung

Draufsicht V = 7 : 1

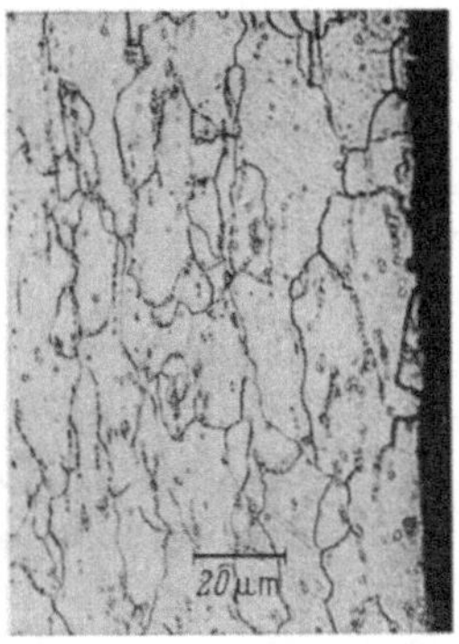

Gefüge V = 350 : 1

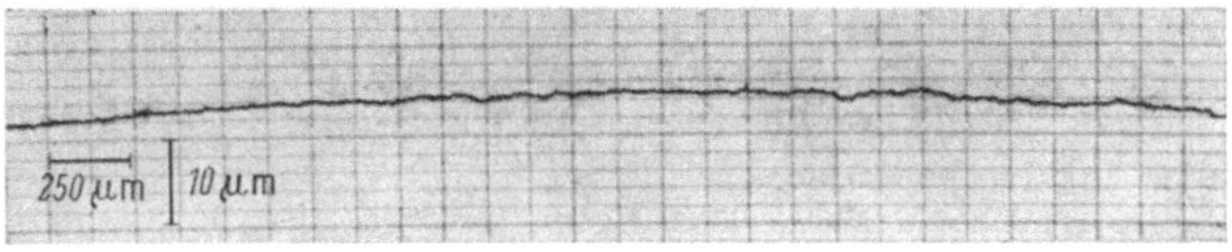

in Walzrichtung V ↑ = 600 : 1 V → = 24 : 1

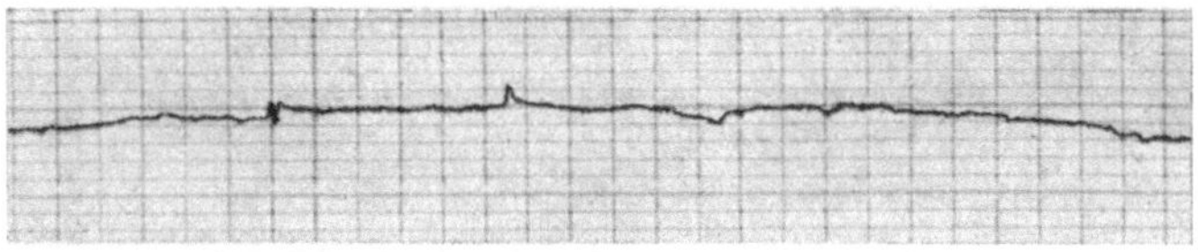

zur Walzrichtung V ↑ = 600 : 1 V → = 24 : 1

nach Umformung: 50 000. Werkstück

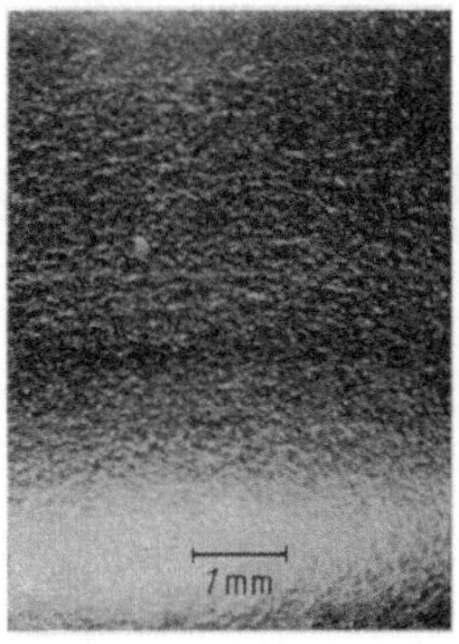

Draufsicht V = 7 : 1

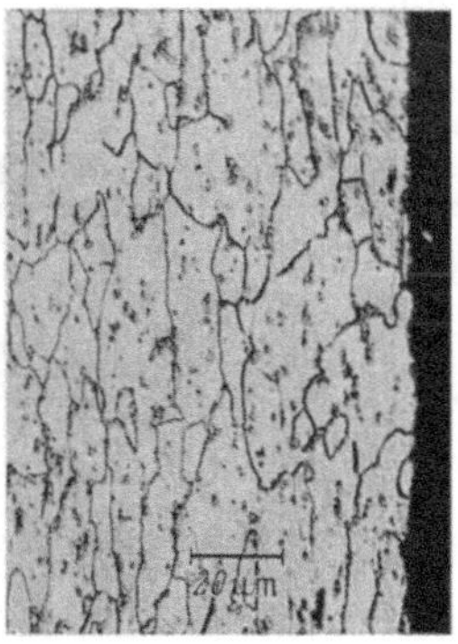

Gefüge V = 350 : 1

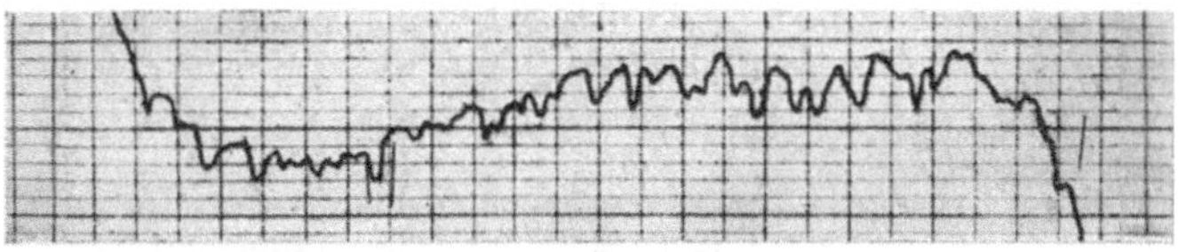

in Ziehrichtung V ↑ = 600 : 1 V → = 24 : 1

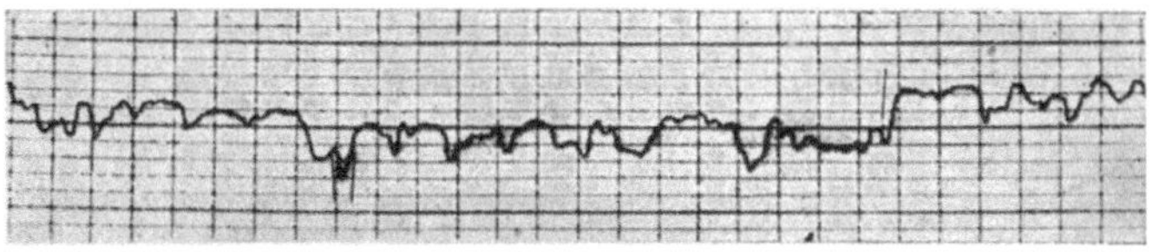

quer zur Ziehrichtung V ↑ = 600 : 1 V → = 24 : 1

Allgemeiner Text zu diesem Umformverfahren s. S. 70.
Erläuterung zu dieser Tafel s. S. 75.

Tafel 12—2 | Tiefziehen — s = 0,8 mm — 1. Weiterzug

Verfahrensangaben

Ausgangsform: *Napf (Becher)*

Bezogene Formänderung: $\varepsilon_L = 0{,}23$ } *größte Formänderung*
Umformgrad (logarithmiert): $\varphi_L = 0{,}20$ } *in Ziehrichtung*[1]

Art der Schmierung: *Ziehölemulsion 1:15 (Wisura 2303)*

Fertigungsgüte: *üblich; in Stufenpresse*

Bemerkungen: [1] *verengter Ziehspalt, Ziehen mit Blechhalter.*
Gesamtes Ziehverhältnis $\beta_{ges} = 1{,}44 \times 1{,}23 = 1{,}77$.
Die Ausgangsform zu diesem Arbeitsgang ist die Endform von Tafel 12—1.

Wirkpaar

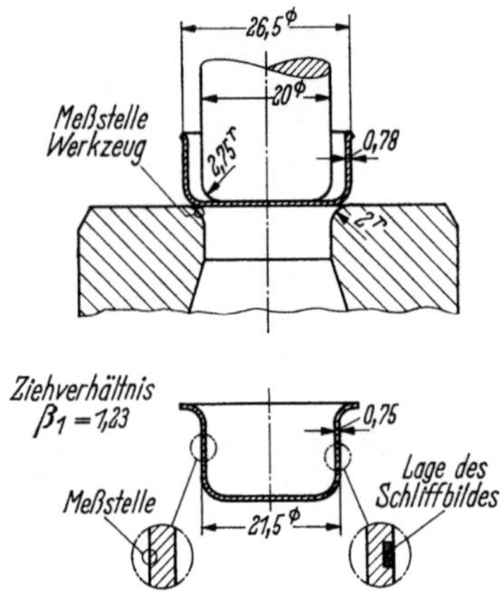

Werkzeug

Benennung: *Ziehring*

Werkstoff: *X 210 Cr W 12 (Wst.-Nr. 1.2436)*

Härte: *62 HRC: aus 950 °C in Öl abgeschreckt und angelassen*

Rauheitsart am neuen Werkzeug: *Schleifrillen*

am benutzten Werkzeug: *s. Bemerkungen*

Bemerkungen: *An der Ziehkante in Achsebene vereinzelte Ziehrillen bis 60 µm Tiefe.*
Aufschweißungen

Tastung:	in Ziehrichtung				quer zur Ziehrichtung			
Oberflächenmaße	Rauhtiefe R_t [µm]	Mittenrauhwert R_a [µm]	Glättungstiefe R_p [µm]	Profil-Leeregrad $\frac{R_p}{R_t}$	Rauhtiefe R_t [µm]	Mittenrauhwert R_a [µm]	Glättungstiefe R_p [µm]	Profil-Leeregrad $\frac{R_p}{R_t}$
Werkzeug neu	1...2 u. 4...5	0,4...1	0,8...1,5	≈ 0,3	2...3	0,4...0,7	0,6...1	≈ 0,4
Werkzeug nach *50000 Werkstücken*	1...2 u. 3...4	0,5...1	0,4...2	≈ 0,35	1...2 u. 6...8	0,2...0,5	0,5...3	≈ 0,3

Lage der ausgewählten Fläche: *innerhalb der Ziehkante nahe dem äußeren Rand (rauheste Stelle)*
Meßgerät: *Talysurf (an Abdrücken)* Tastsystem: *geradliniges Bezugssystem* Prüflänge: *5 mm* Grenzwellenlänge: *∞ mm* (cut-off)
Anzahl der Messungen je Meßstelle: *10*

Werkstück

Werkstoff: *R St 13 04 (DIN 1623)*
Legierung: *0,10 C max.; 0,35 Mn; 0,03—0,15 Si*
P und S je 0,040 max.

Behandlung vor Umformung: *ohne Zwischenglühung*

Rauheitsart vor Umformung: *narbig, ungerichtet*

nach Umformung: *narbig, ungerichtet; Rauheit durch verengten Ziehspalt vermindert*

Bemerkungen: *am 50000. Werkstück einzelne axial verlaufende Rillen bis 50 µm Tiefe*

Korngröße vor Umformung: *350 µm² (4:1)*
nach Umformung: *440 µm² (4,5:1)*
Härte vor Umformung: *HV 30 = 192 kp/mm²*
nach Umformung: *HV 30 = 232 kp/mm²*

Tastung:	in Ziehrichtung				quer zur Ziehrichtung				räuml. Leeregrad
Oberflächenmaße	Rauhtiefe R_t [µm]	Mittenrauhwert R_a [µm]	Glättungstiefe R_p [µm]	Profil-Leeregrad $\frac{R_p}{R_t}$	Rauhtiefe R_t [µm]	Mittenrauhwert R_a [µm]	Glättungstiefe R_p [µm]	Profil-Leeregrad $\frac{R_p}{R_t}$	
vor Umformung	5...7	0,18...0,35	2...3	≈ 0,42	6...10	0,22...0,4	3...5	≈ 0,42	≈ 0,55
nach Umformung	4...6	0,15...0,32	2...2,5	≈ 0,4	2...3 u. 7...10	0,22...0,35	2...3	≈ 0,3	≈ 0,45

Messung nach der Herstellung von *50000 Werkstücken*
Lage der ausgewählten Fläche: *in halber Höhe des Ziehteils*
Meßgerät: *Talysurf* Tastsystem: *geradliniges Bezugssystem* Prüflänge: *5 mm* Grenzwellenlänge: *∞ mm* (cut-off)
Anzahl der Messungen je Meßstelle: *10*

Tiefziehen — s = 0,8 mm — 1. Weiterzug

Tafel 12—2

Oberflächengestalt des Werkzeugs

Werkzeug neu

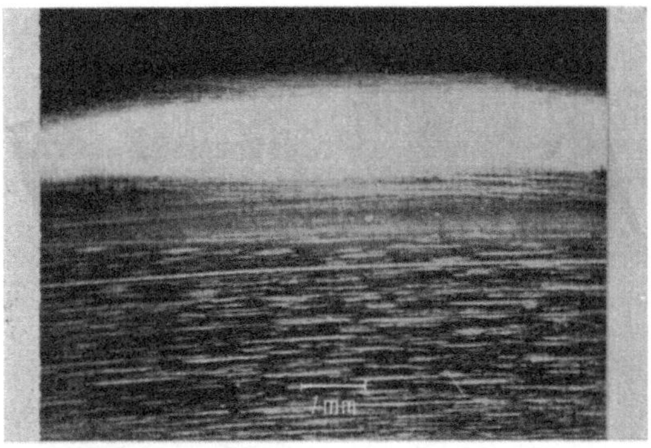

Draufsicht V = 7:1

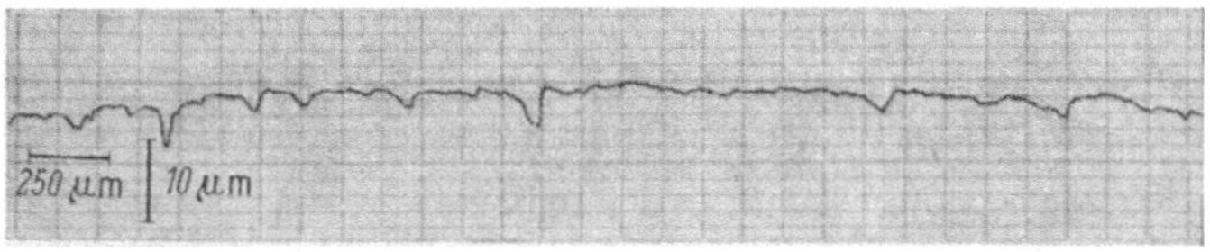

Ziehkante in Ziehrichtung V ↑ = 600:1 V → = 24:1

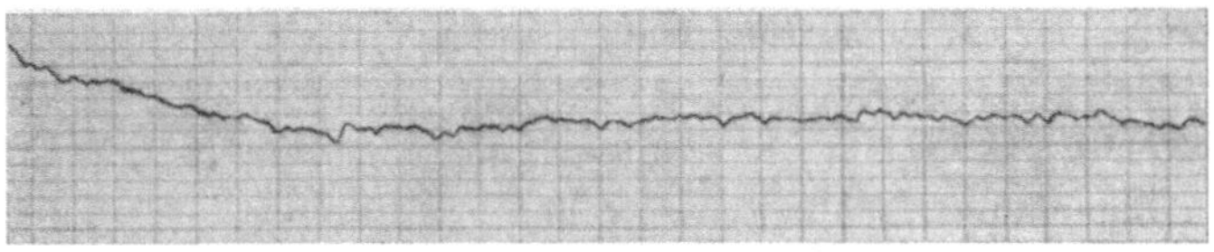

quer zur Ziehrichtung V ↑ = 600:1 V → = 24:1

Werkzeug nach *50 000 Werkstücken*

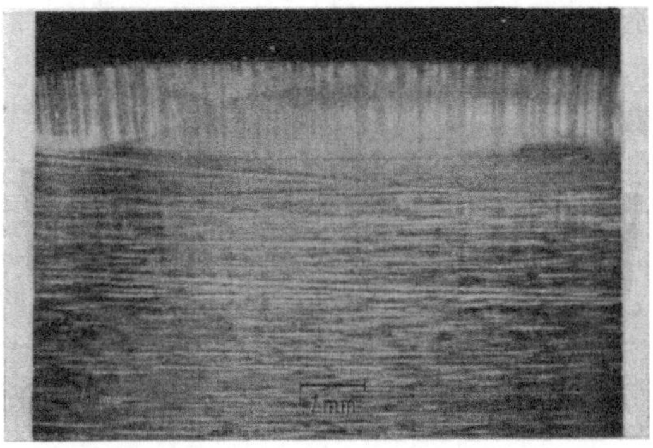

Draufsicht V = 7:1

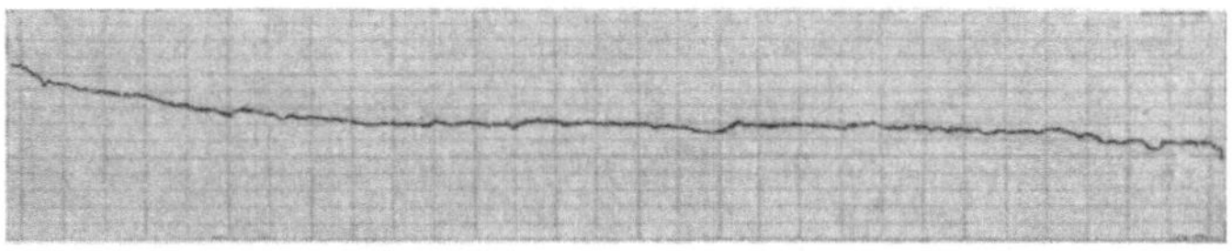

Ziehkante in Ziehrichtung V ↑ = 600:1 V → = 24:1

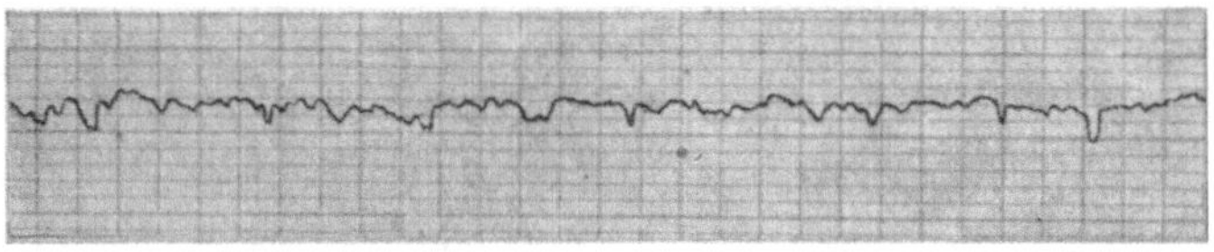

quer zur Ziehrichtung V ↑ = 600:1 V → = 24:1

Oberflächengestalt des Werkstücks

vor Umformung

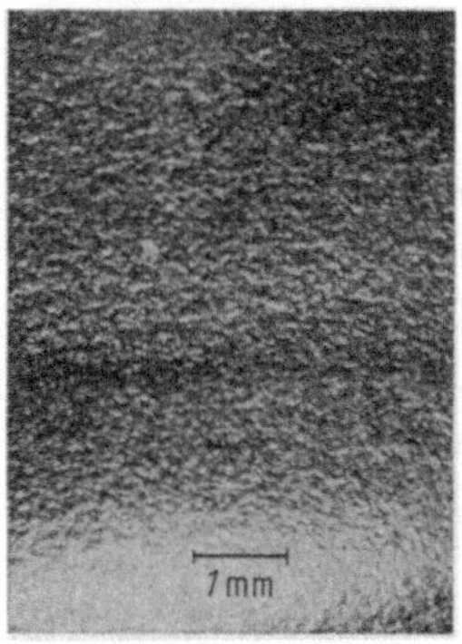

Draufsicht V = 7:1

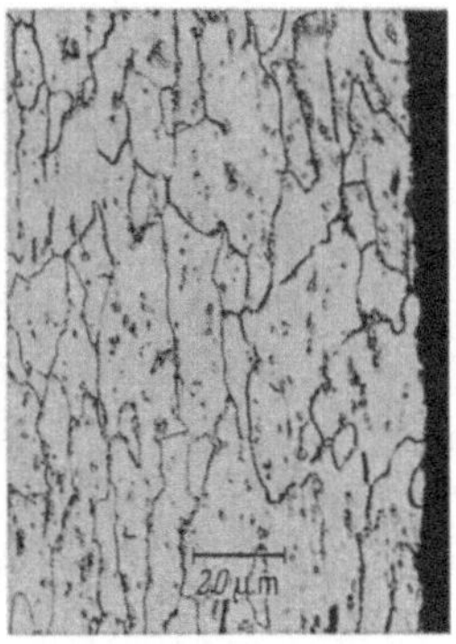

Gefüge V = 350:1

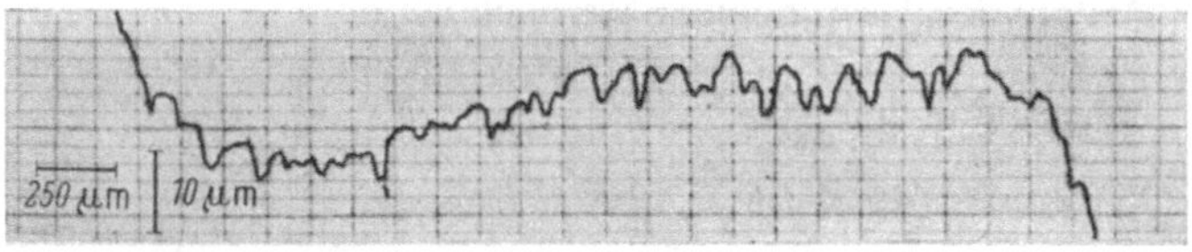

in Ziehrichtung V ↑ = 600:1 V → = 24:1

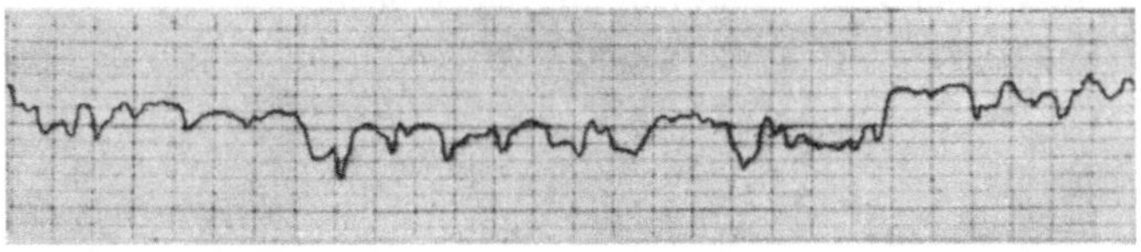

quer zur Ziehrichtung V ↑ = 600:1 V → = 24:1

nach Umformung: *50 000. Werkstück*

Draufsicht V = 7:1

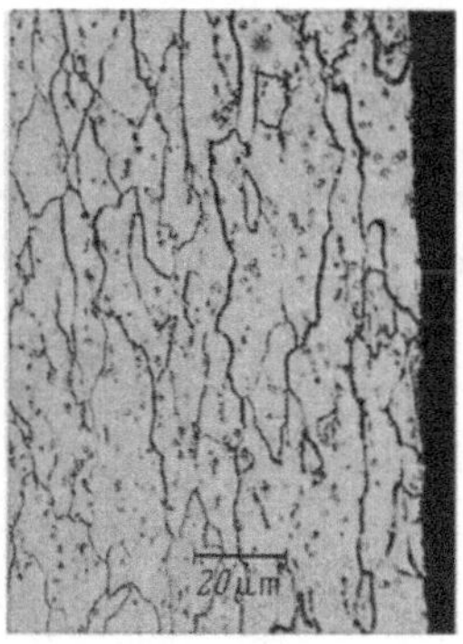

Gefüge V = 350:1

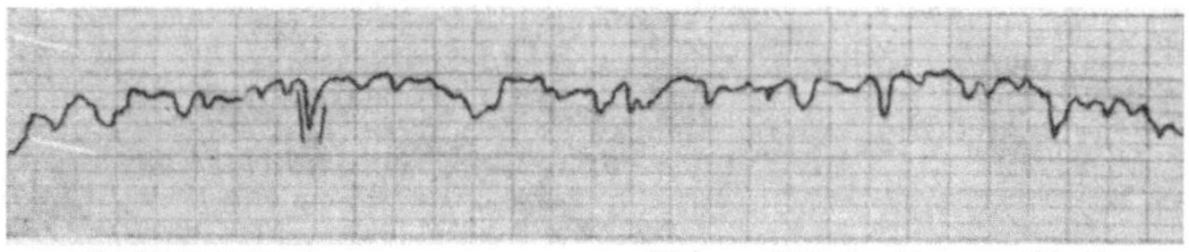

in Ziehrichtung V ↑ = 600:1 V → = 24:1

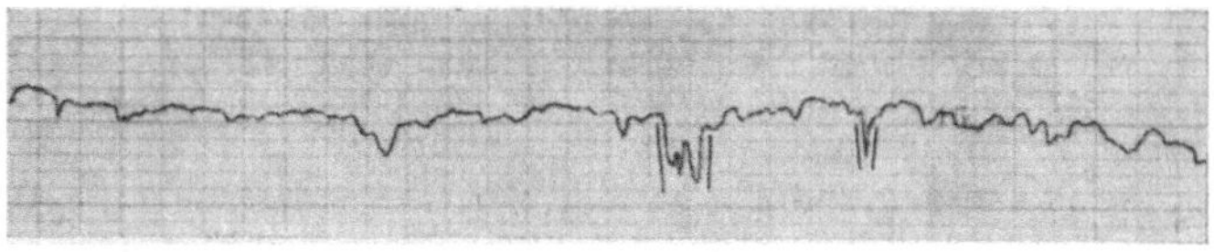

quer zur Ziehrichtung V ↑ = 600:1 V → = 24:1

Allgemeiner Text zu diesem Umformverfahren s. S. 70.
Erläuterung zu dieser Tafel s. S. 75.

Tafel 12—3 — Tiefziehen — S=2,5 mm — Erstzug (Anschlag)

Verfahrensangaben

Ausgangsform: *Ronde 120 ⌀ x 2,5 mm*

Bezogene Formänderung: $\varepsilon_t = -0{,}42$ } *größte Formänderung*
Umformgrad (logarithmiert): $\varphi_t = -0{,}55$ } *am Rand tangential*

Art der Schmierung: *überfettete Bohrölemulsion (1:10)*

Fertigungsgüte: *üblich; in Stufenpresse*

Bemerkungen: *mit weitem Ziehspalt (ohne Abstrecken) bei gleichbleibender Blechhalterkraft.*
Die Endform dieses Arbeitsganges ist die Ausgangsform zu Tafel 12-4.

Wirkpaar

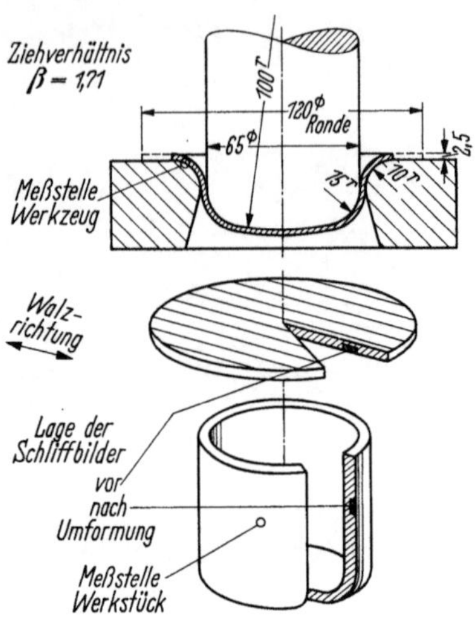

Werkzeug

Benennung: *Ziehring*

Werkstoff: *X 210 Cr W 12 (Wst.-Nr. 1.2436)*

Härte: *64 HRC*

Rauheitsart am neuen Werkzeug: *Polierrillen in Umfangsrichtung*
am benutzten Werkzeug: *Längsrillen an der Ziehkante*

Bemerkungen: *bei 940 bis 960 °C im Salzbad gehärtet und angelassen*

Tastung:	*in Ziehrichtung*				*quer zur Ziehrichtung*			
Oberflächenmaße	Rauhtiefe R_t [μm]	Mitten-rauhwert R_a [μm]	Glättungs-tiefe R_p [μm]	Profil-Leeregrad $\frac{R_p}{R_t}$	Rauhtiefe R_t [μm]	Mitten-rauhwert R_a [μm]	Glättungs-tiefe R_p [μm]	Profil-Leeregrad $\frac{R_p}{R_t}$
Werkzeug neu	1...2 u. 4	0,2...0,3	0,3...0,5	≈ 0,35	0,3 u. 1	≈ 0,1	< 0,3	≈ 0,3
Werkzeug nach *16000 Werkstücken*	1...1,5	0,2...0,3	0,4...0,6	≈ 0,4	1...2	0,25...0,4	0,4...0,8	≈ 0,4

Lage der ausgewählten Fläche: *innerhalb der Ziehkante nahe dem äußeren Rand*
Meßgerät: *Perth-O-Meter* Tastsystem: *HT 25* Prüflänge: *5 mm* Grenzwellenlänge: *0,75 mm* (cut-off)
Anzahl der Messungen je Meßstelle: *10*

Werkstück

Werkstoff: *MU St 3 K 32 GBK (DIN 1624)*

Legierung: *max. 0,1 C; 0,03—0,15 Si; 0,20—0,45 Mn*
max. 0,03 P; max. 0,035 S

Behandlung vor Umformung: *blank geglüht*

Rauheitsart vor Umformung: *in Walzrichtung schwach gerichtet*[1] *(vgl. Tafel 1-1)*
nach Umformung: *ungerichtet*

Bemerkungen: *an Werkstücken, die mit benutztem Werkzeug gezogen wurden, vereinzelte Riefen, die jedoch klein gegenüber der übrigen Rauheit sind*

[1] *„glatt" gemäß DIN 1624*

Korngröße vor Umformung: *430 (1,7:1)*
nach Umformung: *630 (2,5:1)*
Härte vor Umformung: *HV 30 = 110 kp/mm²*
nach Umformung: *HV 30 = 150 kp/mm²* *(nahe Rand)*

Tastung:	vor Umf.: *in Walzrichtung* nach Umf.: *in Ziehrichtung*				vor Umf.: *quer zur Walzrichtung* nach Umf.: *quer zur Ziehrichtung*				räuml. Leere-grad
Oberflächenmaße	Rauhtiefe R_t [μm]	Mitten-rauhwert R_a [μm]	Glättungs-tiefe R_p [μm]	Profil-Leeregrad $\frac{R_p}{R_t}$	Rauhtiefe R_t [μm]	Mitten-rauhwert R_a [μm]	Glättungs-tiefe R_p [μm]	Profil-Leeregrad $\frac{R_p}{R_t}$	
vor Umformung	3...5	0,4...0,6	1,5...2	≈ 0,45	4...6	0,4...0,6	1...1,5	≈ 0,28	≈ 0,5
nach Umformung	2...5 u. 8...15	1,1...1,6	2...4	≈ 0,38	2...5 u. 9...15	1,2...1,5	2...4	≈ 0,4	≈ 0,58

Messung nach der Herstellung von *16000 Werkstücken*
Lage der ausgewählten Fläche: *in halber Höhe des Napfes*
Meßgerät: *Perth-O-Meter* Tastsystem: *TK 25/TR 25* Prüflänge: *5 mm* Grenzwellenlänge: *0,75 mm* (cut-off)
Anzahl der Messungen je Meßstelle: *10*

Tiefziehen – s = 2,5 mm – Erstzug (Anschlag) | Tafel 12–3

Oberflächengestalt des Werkzeugs

Werkzeug neu

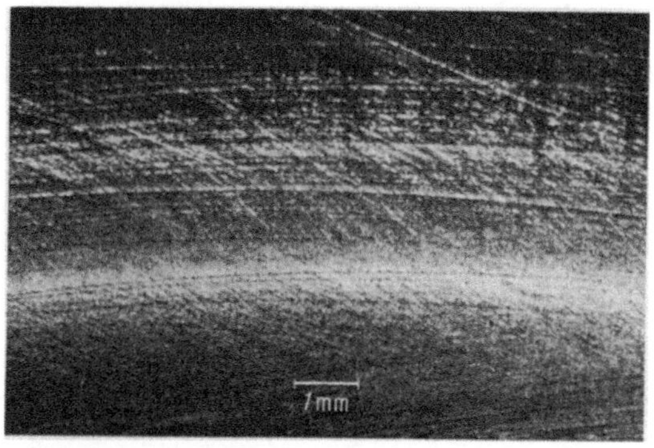

Draufsicht V = 7:1

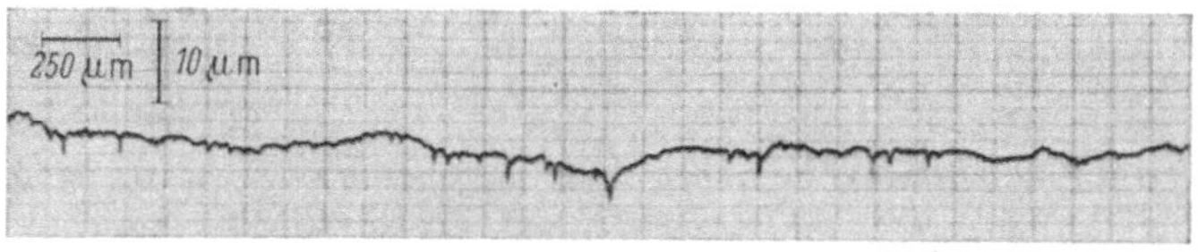

Ziehkante in Achsebene V↑ = 600:1 V→ = 24:1

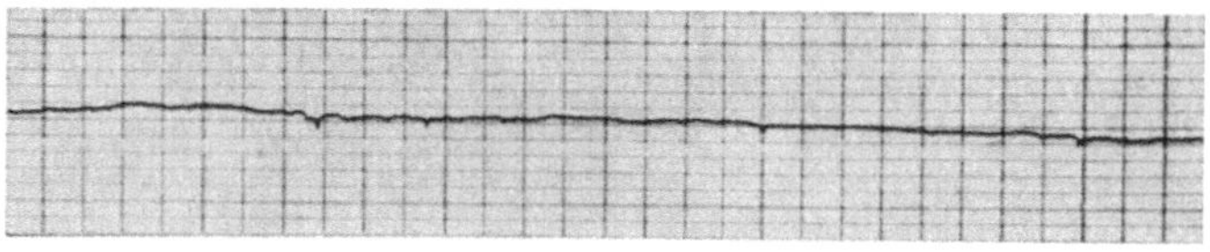

in Umfangsrichtung V↑ = 600:1 V→ = 24:1

Werkzeug nach 16 000 Werkstücken

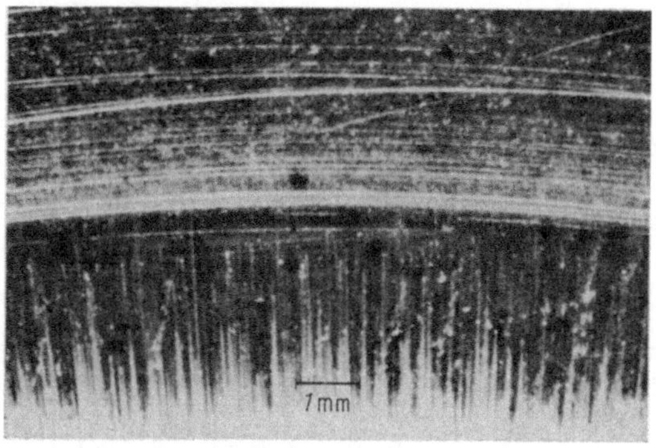

Draufsicht V = 7:1

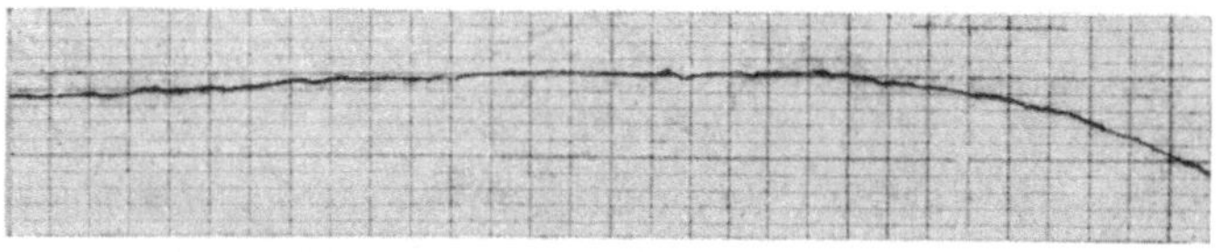

Ziehkante in Achsebene V↑ = 600:1 V→ = 24:1

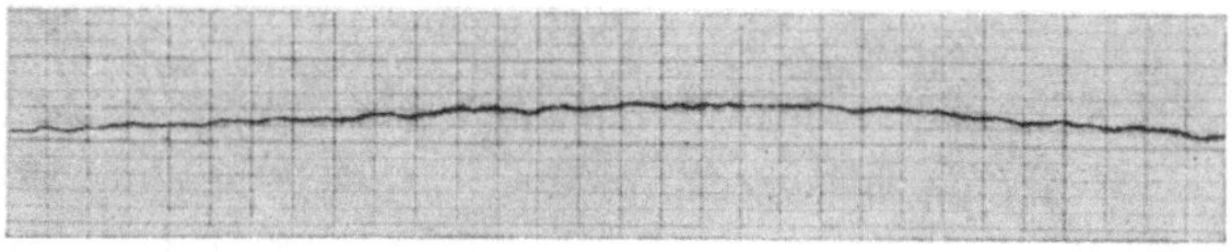

in Umfangsrichtung V↑ = 600:1 V→ = 24:1

Oberflächengestalt des Werkstücks

vor Umformung

Draufsicht V = 7:1

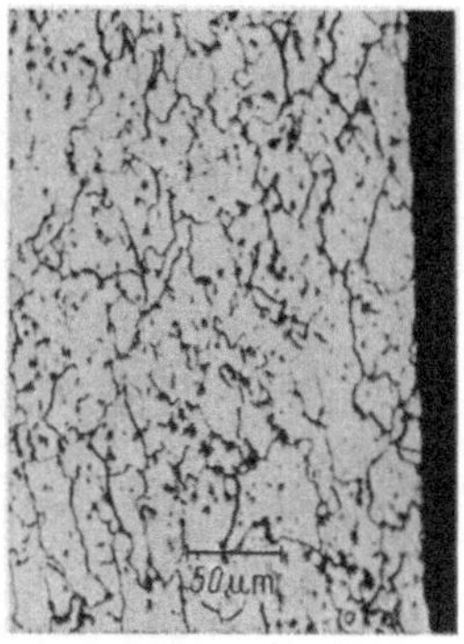

Gefüge V = 140:1

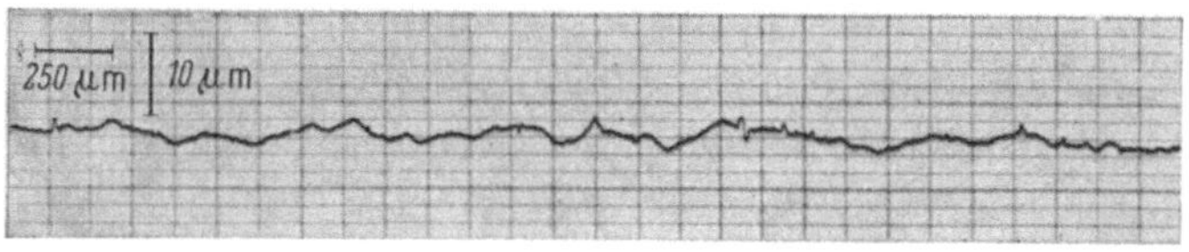

in Walzrichtung V↑ = 600:1 V→ = 24:1

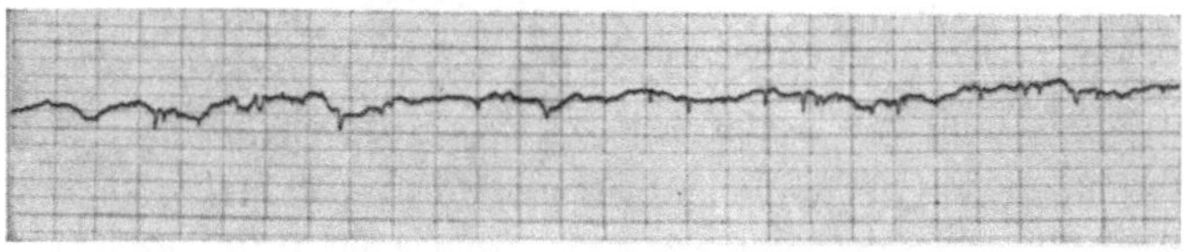

quer zur Walzrichtung V↑ = 600:1 V→ = 24:1

nach Umformung: 16 000. Werkstück

Draufsicht V = 7:1

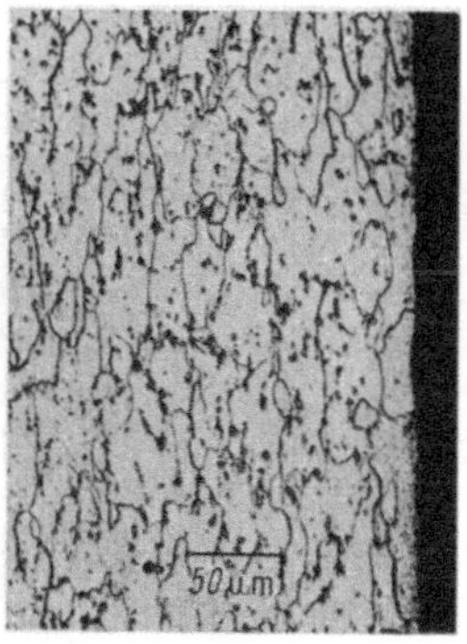

Gefüge V = 140:1

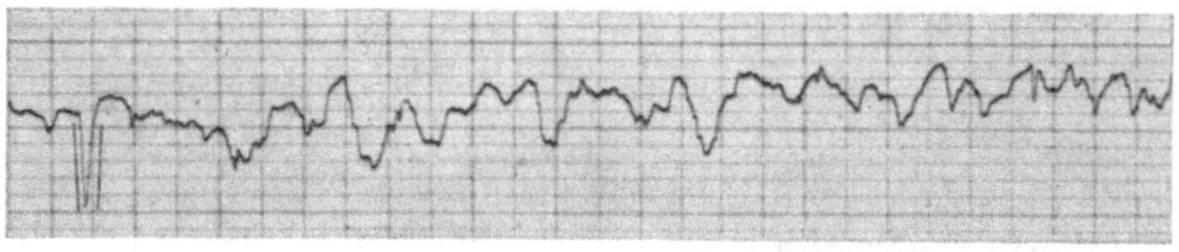

in Ziehrichtung V↑ = 600:1 V→ = 24:1

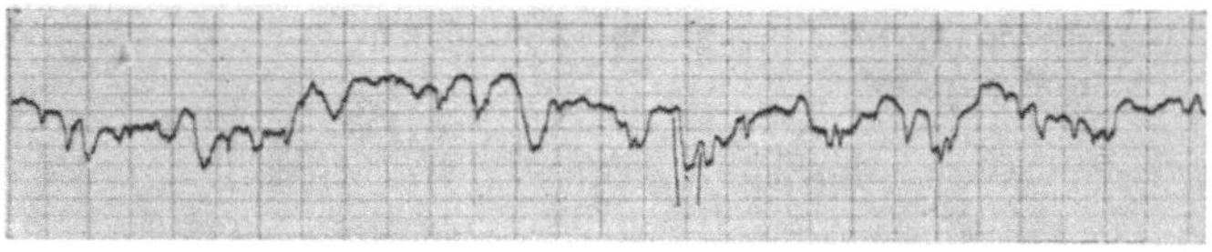

quer zur Ziehrichtung V↑ = 600:1 V→ = 24:1

Allgemeiner Text zu diesem Umformverfahren s. S. 70.
Erläuterung zu dieser Tafel s. S. 75.

Tafel 12—4 | Tiefziehen — s=2,5 mm — 1. Weiterzug

Verfahrensangaben

Ausgangsform: *Napf (Becher)*

Bezogene Formänderung: $\varepsilon_t = -0{,}19$ } *größte Formänderung*

Umformgrad (logarithmiert): $\varphi_t = -0{,}22$ } *am Rand tangential*

Art der Schmierung: *überfettete Bohrölemulsion (1:10)*

Fertigungsgüte: *üblich; in Stufenpresse;*

Bemerkungen: *mit weitem Ziehspalt (ohne Abstrecken) und ohne Blechhalter.*
Gesamtes Ziehverhältnis: $\beta_{ges} = 1{,}71 \times 1{,}23 = 2{,}1$.
Die Ausgangsform zu diesem Arbeitsgang ist die Endform von Tafel 12-3.

Wirkpaar

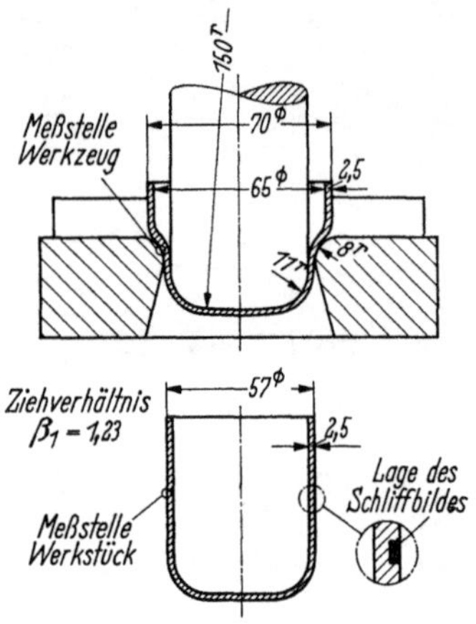

Werkzeug

Benennung: *Ziehring*

Werkstoff: *X 210 Cr W 12 (Wst.-Nr. 1.2436)*

Härte: *64 HRC*

Rauheitsart am neuen Werkzeug: *Polierrillen in Umfangsrichtung*
am benutzten Werkzeug: *Ziehrillen in Achsebene*

Bemerkungen: *Bei 940 bis 960 °C im Salzbad gehärtet und angelassen.*

Tastung:	in Ziehrichtung				quer zur Ziehrichtung			
Oberflächenmaße	Rauhtiefe R_t [µm]	Mittenrauhwert R_a [µm]	Glättungstiefe R_p [µm]	Profil-Leeregrad $\frac{R_p}{R_t}$	Rauhtiefe R_t [µm]	Mittenrauhwert R_a [µm]	Glättungstiefe R_p [µm]	Profil-Leeregrad $\frac{R_p}{R_t}$
Werkzeug neu	*0,5 u. 2...3*	*0,1...0,7*	*0,2 u. 0,6...1*	*0,3*	*< 0,3*	—	*< 0,1*	—
Werkzeug nach *16000 Werkstücken*	*1 u. 4...7*	*0,2...1*	*0,3 u. 2...3*	*0,3...0,4*	*3...6*	*0,7...1,4*	*1,5...2*	*≈ 0,35*

Lage der ausgewählten Fläche: *innerhalb der Ziehkante nahe dem äußeren Rand (rauheste Stelle)*

Meßgerät: *Perth-O-Meter* Tastsystem: *HT 25* Prüflänge: *5 mm* Grenzwellenlänge: *0,75 mm* (cut-off)

Anzahl der Messungen je Meßstelle: *5*

Werkstück

Werkstoff: *MU St 3 K 32 GBK (DIN 1624)*

Legierung: *0,1 C 0,03—0,15 Si; 0,20—0,45 Mn; max 0,03 P; max 0,035 S*

Behandlung vor Umformung: *ohne Zwischenglühen*

Rauheitsart vor Umformung: *narbig, ungerichtet*
nach Umformung: *narbig, ungerichtet, Rauhtiefe verringert*

Bemerkungen:

Korngröße vor Umformung: *630 (2,5:1)*
nach Umformung: *770 (3:1)*

Härte vor Umformung: *HV 30 = 150 kp/mm² (nahe Rand)*
nach Umformung: *HV 30 = 155 kp/mm² (nahe Rand)*

Tastung:	in Ziehrichtung				quer zur Ziehrichtung				räuml. Leeregrad
Oberflächenmaße	Rauhtiefe R_t [µm]	Mittenrauhwert R_a [µm]	Glättungstiefe R_p [µm]	Profil-Leeregrad $\frac{R_p}{R_t}$	Rauhtiefe R_t [µm]	Mittenrauhwert R_a [µm]	Glättungstiefe R_p [µm]	Profil-Leeregrad $\frac{R_p}{R_t}$	
vor Umformung	*9...14*	*1,2..1,6*	*2...4*	*≈ 0,42*	*6...14*	*1,1...1,4*	*2...4,5*	*≈ 0,4*	*≈ 0,6*
nach Umformung	*2,5 u. 8...11*	*1...1,2*	*2...4*	*≈ 0,4*	*2...3 u. 4...7*	*0,9...1,1*	*2...3,5*	*≈ 0,35*	*≈ 0,52*

Messung nach der Herstellung von *16000 Werkstücken*

Lage der ausgewählten Fläche: *in halber Höhe des Ziehteils*

Meßgerät: *Perth-O-Methe*r Tastsystem: *TK 25/TR 25* Prüflänge: *5 mm* Grenzwellenlänge: *0,75 mm* (cut-off)

Anzahl der Messungen je Meßstelle: *10*

Tiefziehen — s = 2,5 mm — 1. Weiterzug

Tafel 12—4

Oberflächengestalt des Werkzeugs

Werkzeug neu

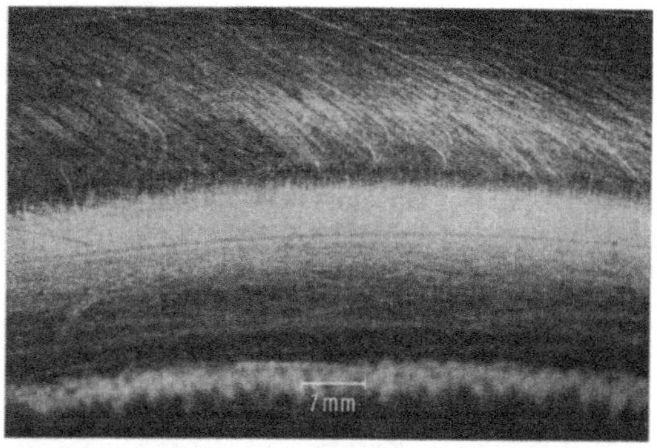

Draufsicht V = 7:1

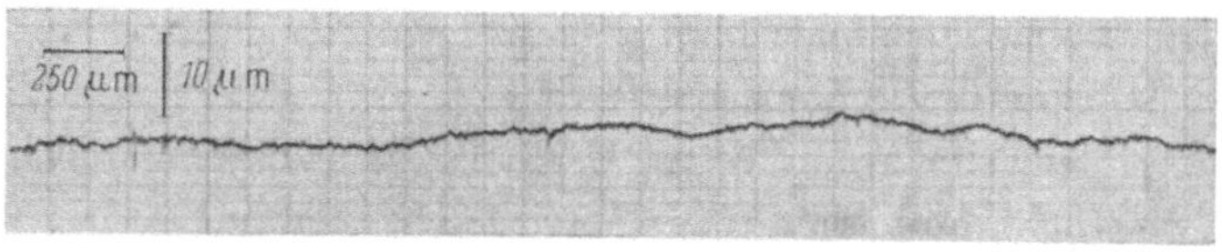

Ziehkante in Achsebene V ↑ = 600:1 V → = 24:1

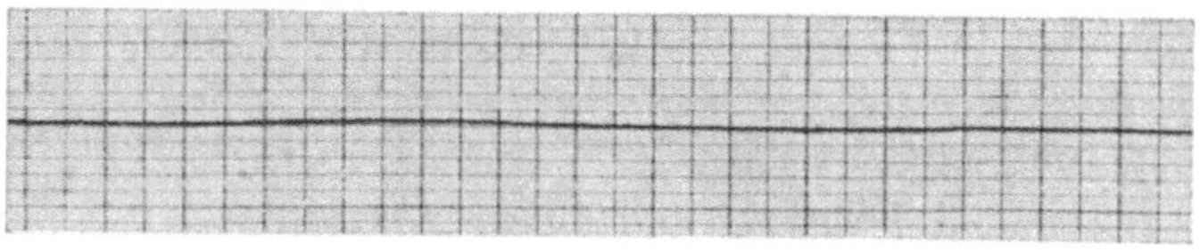

in Umfangsrichtung V ↑ = 600:1 V → = 24:1

Werkzeug nach 16 000 Werkstücken

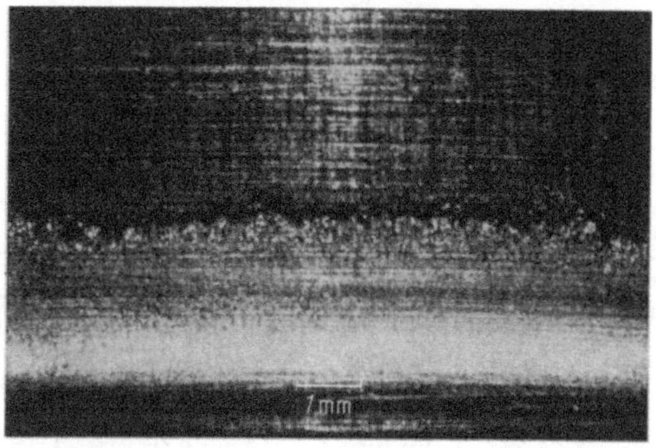

Draufsicht V = 7:1

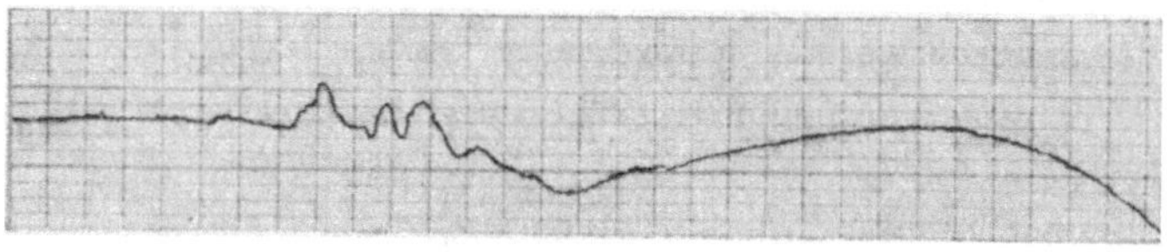

Ziehkante in Achsebene V ↑ = 600:1 V → = 24:1

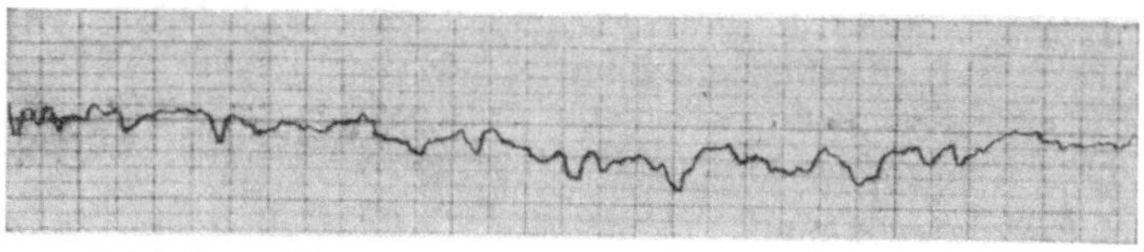

in Umfangsrichtung V ↑ = 600:1 V → = 24:1

Oberflächengestalt des Werkstücks

vor Umformung

Draufsicht V = 7:1

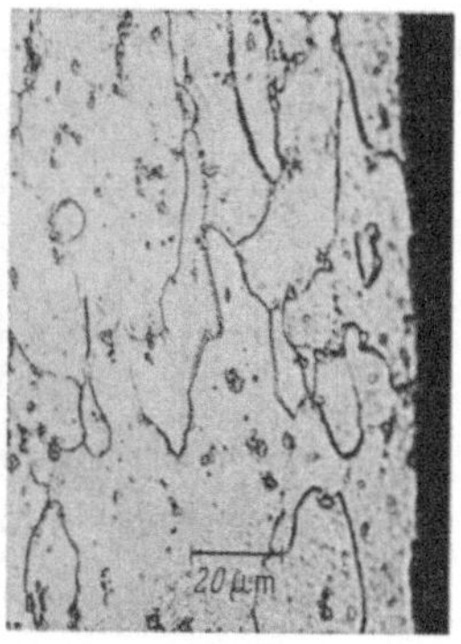

Gefüge V = 350:1

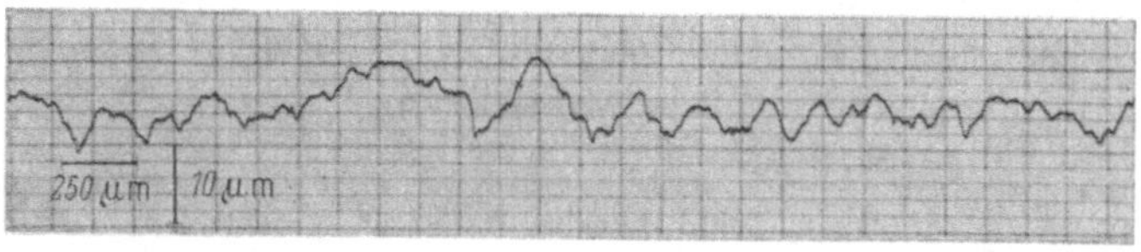

in Ziehrichtung V ↑ = 600:1 V → = 24:1

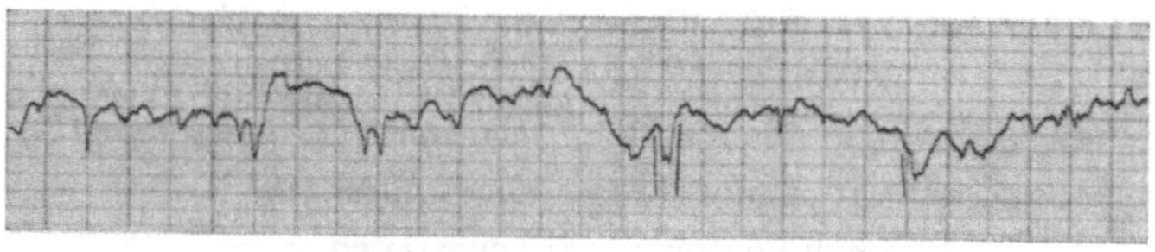

quer zur Ziehrichtung V ↑ = 600:1 V → = 24:1

nach Umformung: 16 000. Werkstück

Draufsicht V = 7:1

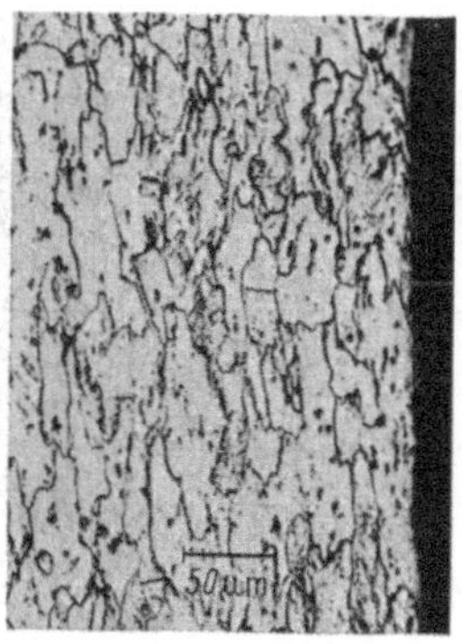

Gefüge V = 140:1

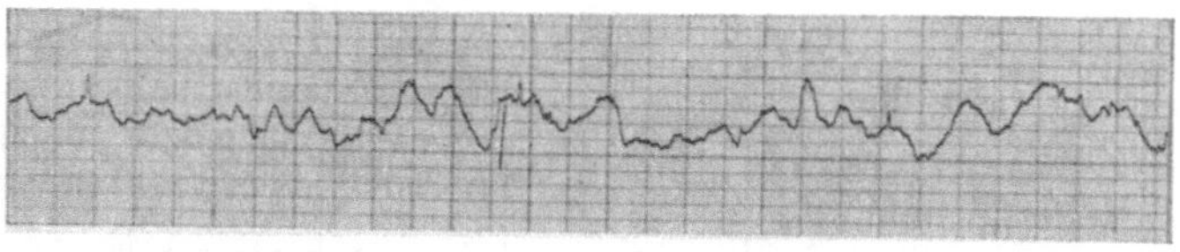

in Ziehrichtung V ↑ = 600:1 V → = 24:1

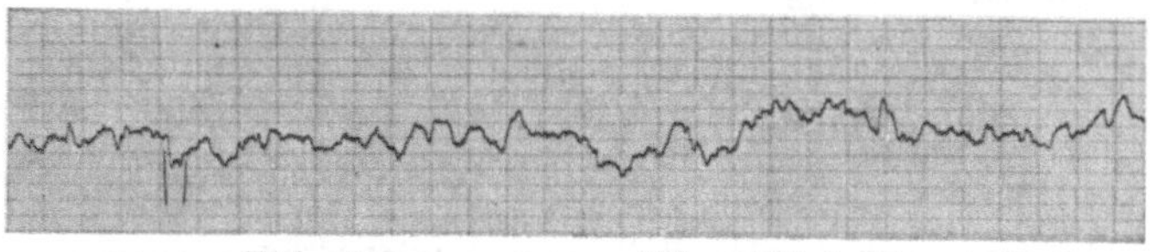

quer zur Ziehrichtung V ↑ = 600:1 V → = 24:1

Allgemeiner Text zu diesem Umformverfahren s. S. 70.
Erläuterung zu dieser Tafel s. S. 76.

Tafel 13—1

Strangpressen durch zylindrische Matrize

Erftal 2 Mg

Verfahrensangaben

Ausgangsform: *gegossener Block*

Bezogene Formänderung: $(\varepsilon_F = -0{,}98)$

Umformgrad (logarithmiert): —

Art der Schmierung: *Mineralöl mit 10% kollodialem Graphit*

Fertigungsgüte: *üblich*

Bemerkungen: *Schmierung geringfügig.*
Der ε-Wert ist eingeklammert und ein φ-Wert nicht angegeben, weil sie für die Oberfläche und die Kornstruktur bedeutungslos sind.

Wirkpaar

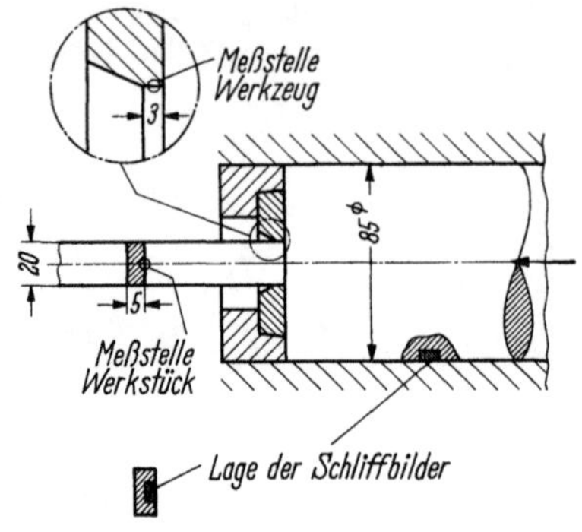

Werkzeug

Benennung: *Preßmatrize (Preßkanal zylindrisch)*

Werkstoff: *X 30 W Cr Co V 9 3 (Wst.-Nr. 1.2662)*

Härte: $HV = 502\ kp/mm^2$

Rauheitsart am neuen Werkzeug: *Schmirgelrillen*

am benutzten Werkzeug: *Längsriefen auf verklebter Reibfläche*

Bemerkungen: *Zylindr. Führungslänge 3 mm*

Tastung:	in Preßrichtung				quer zur Preßrichtung			
Oberflächenmaße	Rauhtiefe R_t [μm]	Mittenrauhwert R_a [μm]	Glättungstiefe R_p [μm]	Profil-Leeregrad $\frac{R_p}{R_t}$	Rauhtiefe R_t [μm]	Mittenrauhwert R_a [μm]	Glättungstiefe R_p [μm]	Profil-Leeregrad $\frac{R_p}{R_t}$
Werkzeug neu	*0,5...1,5*	—	*0,2...0,4*	$\approx 0{,}3$	*0,5...2*	—	*0,2...0,7*	$\approx 0{,}4$
Werkzeug nach *14 m Strang*	*0,5...1,5*	—	*0,2...0,4*	$\approx 0{,}3$	*2 u. 3...4*	—	*0,8...1,5*	$\approx 0{,}45$

Lage der ausgewählten Fläche: *Mitte langer Rechteckseite*

Meßgerät: *Leitz-Forster-Tastgerät* Tastsystem: — Prüflänge: *3—6 mm* Grenzwellenlänge: — (cut-off)

Anzahl der Messungen je Meßstelle: *5*

Werkstück

Werkstoff: *Erftal 2 Mg*

Legierung: *0,0019 Cu; 0,0045 Mn; 2,01 Mg; 0,033 Si 0,027 Fe; 0,05 Zu; 0,011 Ti*

Behandlung vor Umformung: *homogenisiert und vergütet*

Rauheitsart vor Umformung: *Block abgedreht*

nach Umformung: *Längsriefen*

Bemerkungen: *Rauheit des Blockes ohne Einfluß auf Strangrauheit*

Korngröße vor Umformung: —

nach Umformung: —

Härte vor Umformung: —

nach Umformung: $HV = 45\ kp/mm^2$

Tastung:	in Preßrichtung				quer zur Preßrichtung				räuml. Leeregrad
Oberflächenmaße	Rauhtiefe R_t [μm]	Mittenrauhwert R_a [μm]	Glättungstiefe R_p [μm]	Profil-Leeregrad $\frac{R_p}{R_t}$	Rauhtiefe R_t [μm]	Mittenrauhwert R_a [μm]	Glättungstiefe R_p [μm]	Profil-Leeregrad $\frac{R_p}{R_t}$	
vor Umformung	—	—	—	—	—	—	—	—	—
nach Umformung	*1...2*	*0,1...0,15*	*0,3...0,6*	$\approx 0{,}28$	*2...3,5*	*0,3...0,4*	*0,8...1*	$\approx 0{,}36$	$\approx 0{,}5$

Messung nach der Herstellung von *14 m Strang*

Lage der ausgewählten Fläche: *Strangende, Mitte langer Rechteckseite*

Meßgerät: *Leitz-Forster-Tastgerät* Tastsystem: — Prüflänge: *5 mm* Grenzwellenlänge: — (cut-off)

Anzahl der Messungen je Meßstelle: *5*

Strangpressen durch zylindrische Matrize

Erftal 2 Mg

Tafel 13—1

Oberflächengestalt des Werkzeugs

Werkzeug neu
Bildbreite = Länge des zylindrischen Führungsteils

Draufsicht V = *14:1*

in Preßrichtung V ↑ = *600:1* V → = *15:1*

quer zur Preßrichtung V ↑ = *600:1* V → = *15:1*

Werkzeug nach
14 m Strang

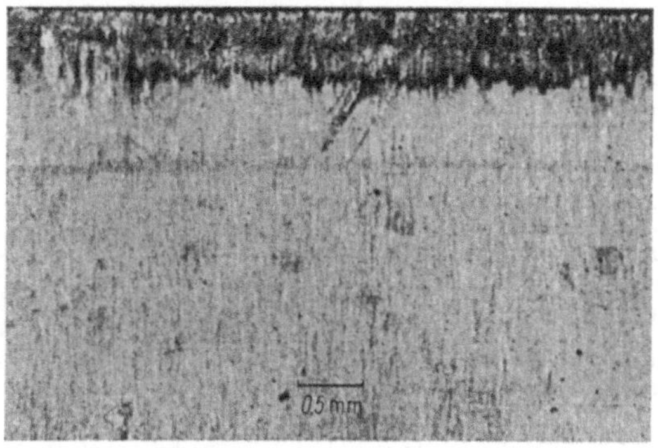

Draufsicht V = *14:1*

in Preßrichtung V ↑ = *600:1* V → = *15:1*

quer zur Preßrichtung V ↑ = *600:1* V → = *15:1*

Oberflächengestalt des Werkstücks

vor Umformung

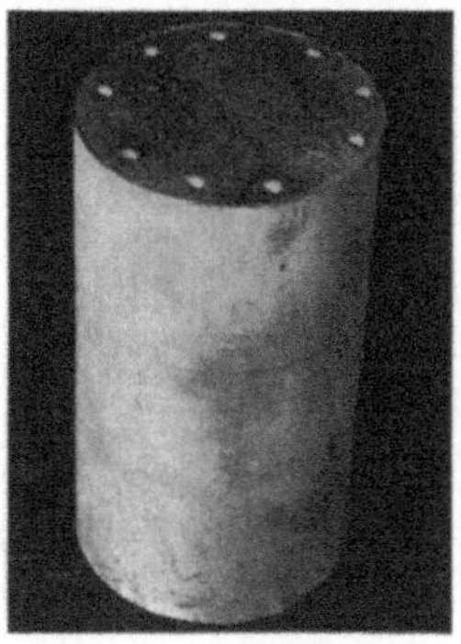

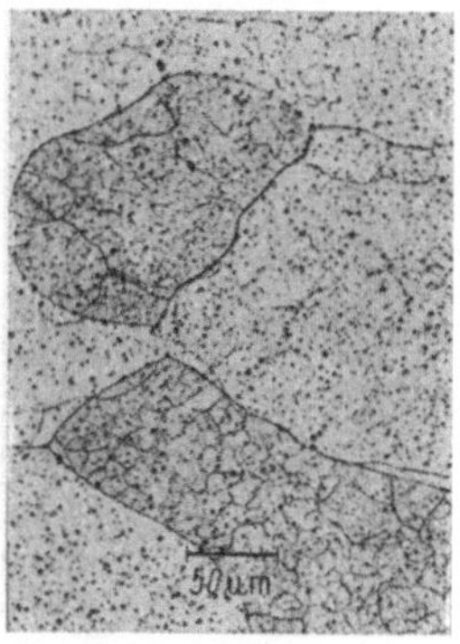

Gefüge V = *140:1*

Entfällt, da Oberfläche ohne Einfluß

nach Umformung:
14. Strangmeter

Draufsicht V = *14:1*

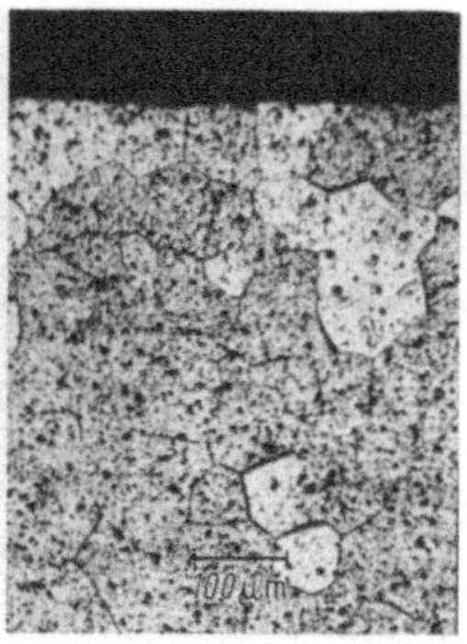

Gefüge V = *70:1*

in Preßrichtung V ↑ = *600:1* V → = *15:1*

quer zur Preßrichtung V ↑ = *600:1* V → = *15:1*

Allgemeiner Text zu diesem Umformverfahren s. S. 77.
Erläuterung zu dieser Tafel s. S. 79.

Tafel 13—2

Strangpressen durch zylindrische Matrize
Al Cu Mg 2

Verfahrensangaben

Ausgangsform: *gegossener Block*
Bezogene Formänderung: *(ε_F = — 0,98)*
Umformgrad (logarithmiert): —
Art der Schmierung: *Mineralöl mit 10% kolloidalem Graphit*
Fertigungsgüte: *üblich*
Bemerkungen: *Schmierung geringfügig. Der ε-Wert ist eingeklammert und ein φ-Wert nicht angegeben, weil sie für die Oberfläche und die Kornstruktur bedeutungslos sind.*

Wirkpaar

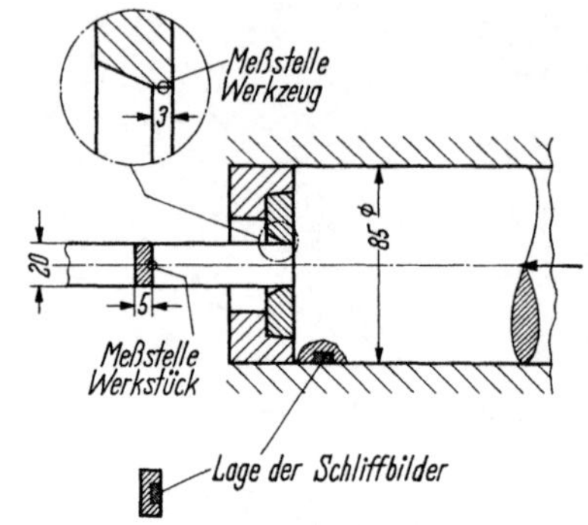

Werkzeug

Benennung: *Preßmatrize (Preßkanal zylindrisch)*
Werkstoff: *X 30 W Cr Co V 9 3 (Wst.-Nr. 1.2662)*
Härte: *HV 30 = 502 kp/mm²*
Rauheitsart am neuen Werkzeug: *Schmirgelrillen*
am benutzten Werkzeug: *Längsriefen auf verklebter Reibfläche*
Bemerkungen: *Zylindrische Führungslänge 3 mm*

Tastung:	in Preßrichtung				quer zur Preßrichtung			
Oberflächenmaße	Rauhtiefe R_t [μm]	Mittenrauhwert R_a [μm]	Glättungstiefe R_p [μm]	Profil-Leeregrad $\frac{R_p}{R_t}$	Rauhtiefe R_t [μm]	Mittenrauhwert R_a [μm]	Glättungstiefe R_p [μm]	Profil-Leeregrad $\frac{R_p}{R_t}$
Werkzeug neu	0,5...1,5	—	0,2...0,4	≈ 0,3	1...2	—	0,4...0,7	≈ 0,4
Werkzeug nach 90 m Strang	0,5...1,5	—	0,2...0,4	≈ 0,25	2 u. 3...6	—	0,8...2	≈ 0,5

Lage der ausgewählten Fläche: *Mitte langer Rechteckseite*
Meßgerät: *Leitz-Forster-Tastgerät* Tastsystem: — Prüflänge: *3—6 mm* Grenzwellenlänge: — (cut-off)
Anzahl der Messungen je Meßstelle: *5*

Werkstück

Werkstoff: *Al Cu Mg 2*
Legierung: *4,46 Cu; 0,8 Mn; 1,54 Mg; 0,24 Si; 0,29 Fe; 0,11 Zn*
Behandlung vor Umformung: *homogenisiert und vergütet*
Rauheitsart vor Umformung: *Block abgedreht*
nach Umformung: *Längsriefen*
Bemerkungen: *Rauheit des Blocks ohne Einfluß auf Strangrauheit*
¹ *ohne Einzelerhebungen*

Korngröße vor Umformung: —
nach Umformung: —
Härte vor Umformung: —
nach Umformung: *HB 10 = 89 kp/mm²*

Tastung:	in Preßrichtung				quer zur Preßrichtung				räuml. Leeregrad
Oberflächenmaße	Rauhtiefe R_t [μm]	Mittenrauhwert R_a [μm]	Glättungstiefe R_p [μm]	Profil-Leeregrad $\frac{R_p}{R_t}$	Rauhtiefe R_t [μm]	Mittenrauhwert R_a [μm]	Glättungstiefe R_p [μm]	Profil-Leeregrad $\frac{R_p}{R_t}$	
vor Umformung	—	—	—	—	—	—	—	—	—
nach Umformung	0,5...1 u. 2...6	0,15...0,85	0,5...1,5	≈ 0,4[1]	1...2 u. 4...6	—	0,5...2,5	≈ 0,35[1]	0,57[1]

Messung nach der Herstellung von *90 m Strang*
Lage der ausgewählten Fläche: *Strangende, Mitte langer Rechteckseite*
Meßgerät: *Leitz-Forster-Tastgerät* Tastsystem: — Prüflänge: *5 mm* Grenzwellenlänge: — (cut-off)
Anzahl der Messungen je Meßstelle: *5*

Strangpressen durch zylindrische Matrize
Al Cu Mg 2

Tafel 13—2

Oberflächengestalt des Werkzeugs

Werkzeug neu
Bildbreite = Länge des zylindrischen Führungsteils

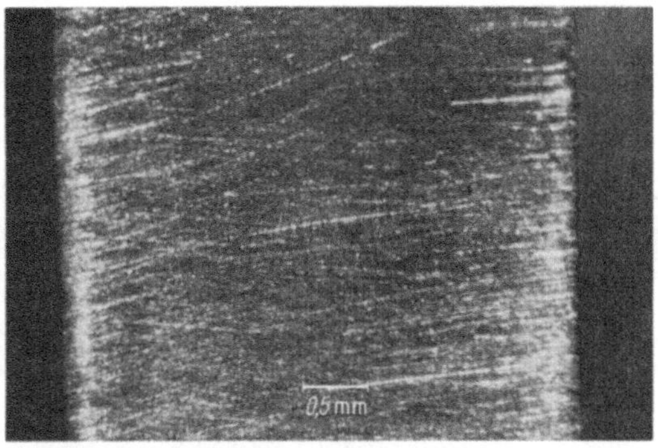

Draufsicht V = *14:1*

in Preßrichtung V ↑ = *600:1* V → = *15:1*

quer zur Preßrichtung V ↑ = *600:1* V → = *15:1*

Werkzeug nach *90 m Strang*

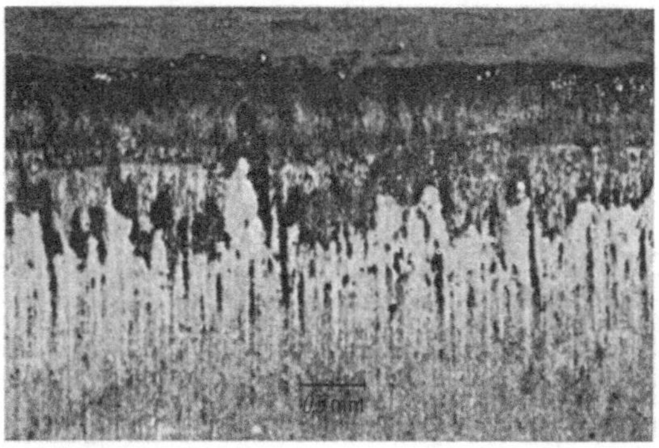

Draufsicht V = *14:1*

V ↑ = *600:1* V → = *15:1*

quer zur Preßrichtung V ↑ = *600:1* V → = *15:1*

Oberflächengestalt des Werkstücks

vor Umformung

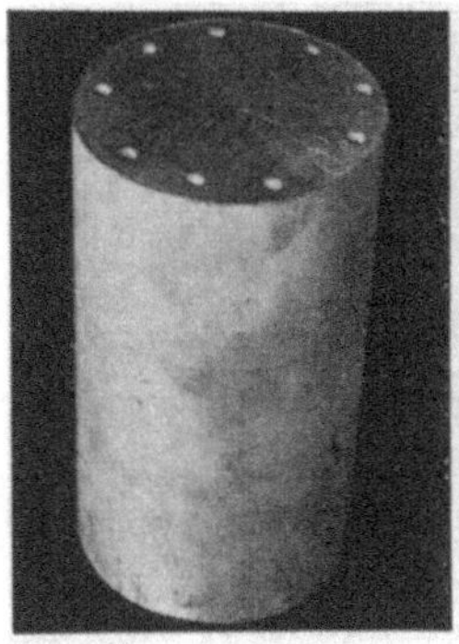

Draufsicht V = *1:5*

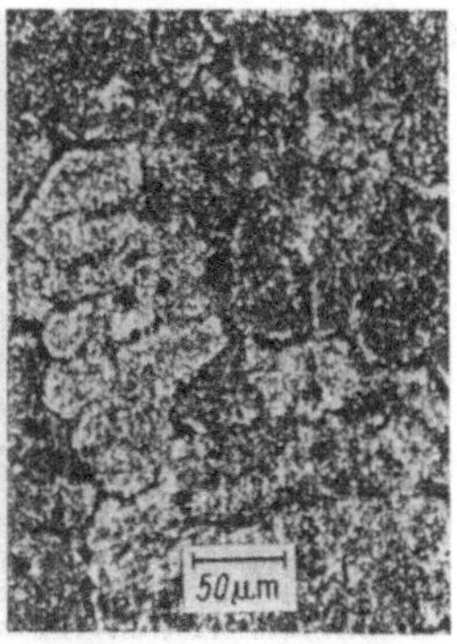

Gefüge V = *140:1*

Entfällt, da Oberfläche ohne Einfluß

nach Umformung: *90. Strangmeter*

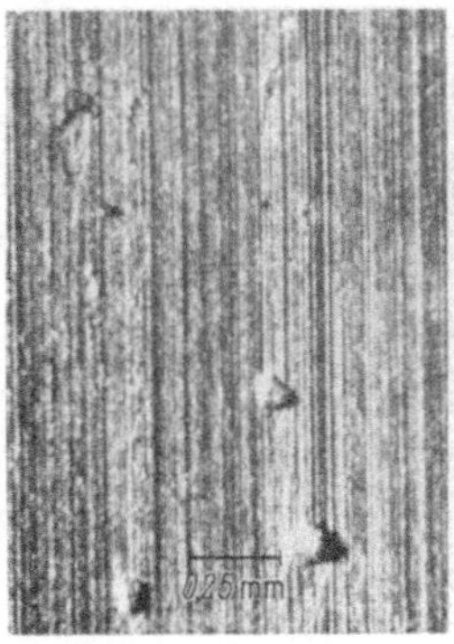

Draufsicht V = *28:1*

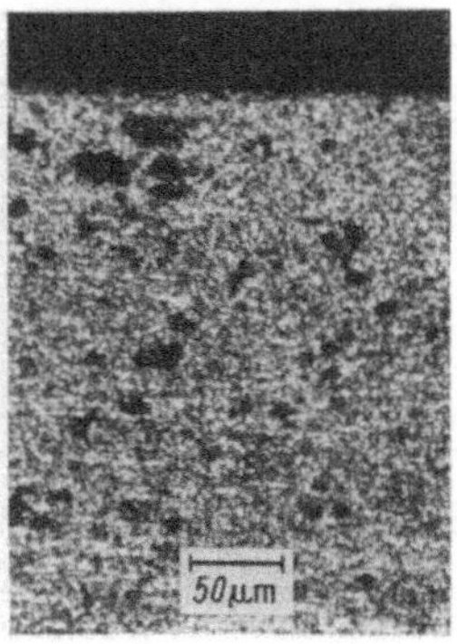

Gefüge V = *140:1*

in Preßrichtung V ↑ = *600:1* V → = *15:1*

quer zur Preßrichtung V ↑ = *600:1* V → = *15:1*

Allgemeiner Text zu diesem Umformverfahren s. S. 77.
Erläuterung zu dieser Tafel s. S. 79.

Tafel 13—3

Strangpressen durch hinterarbeitete Matrize
Erftal 2 Mg

Verfahrensangaben
Ausgangsform: *gegossener Block*

Bezogene Formänderung: $(\varepsilon_F = -0{,}98)$

Umformgrad (logarithmiert): —

Art der Schmierung: *Mineralöl mit 10% kolloidalem Graphit*

Fertigungsgüte: *üblich*

Bemerkungen: *Schmierung geringfügig, Blocktemperatur 430 °C. Der ε-Wert ist eingeklammert und ein φ-Wert nicht angegeben, weil sie für die Oberfläche und die Kornstruktur bedeutungslos sind.*

Wirkpaar

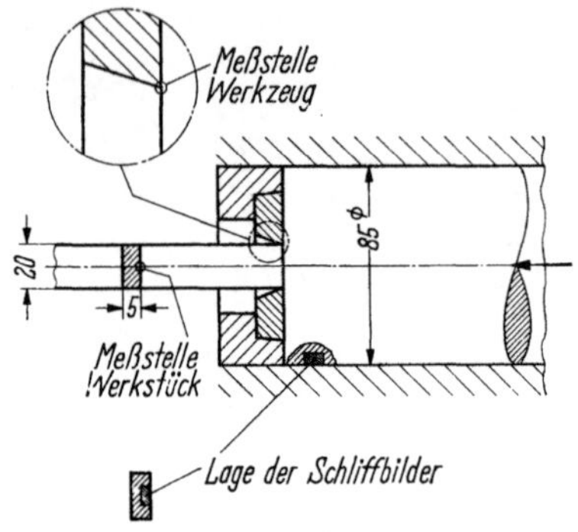

Werkzeug
Benennung: *Preßmatrize (Preßkanal hinterarbeitet)*

Werkstoff: *X 30 W Cr Co V 9 3 (Wst.-Nr. 1.2662)*

Härte: $HV = 502\ kp/mm^2$

Rauheitsart am neuen Werkzeug: *Schmirgelrillen*

am benutzten Werkzeug: *Längsriefen an verklebter Preßkante*

Bemerkungen: *Durchbruch um 5,5° hinterarbeitet*

Tastung:	in Preßrichtung				quer zur Preßrichtung			
Oberflächenmaße	Rauhtiefe R_t [µm]	Mittenrauhwert R_a [µm]	Glättungstiefe R_p [µm]	Profil-Leeregrad $\frac{R_p}{R_t}$	Rauhtiefe R_t [µm]	Mittenrauhwert R_a [µm]	Glättungstiefe R_p [µm]	Profil-Leeregrad $\frac{R_p}{R_t}$
Werkzeug neu	2...3	—	0,5...0,7	≈ 0,25	2...9	—	1,2...4	≈ 0,7
Werkzeug nach *14 m Strang*	2...3 u. 6...10	—	—	—	2...4 u. 6...14	—	4...6	≈ 0,5

Lage der ausgewählten Fläche: *Mitte langer Rechteckseite*

Meßgerät: *Leitz-Forster-Tastgerät* Tastsystem: — Prüflänge: *3—6 mm* Grenzwellenlänge: — (cut-off)

Anzahl der Messungen je Meßstelle: *5*

Werkstück
Werkstoff: *Erftal 2 Mg*

Legierung: *0,0019 Cu; 0,0045 Mn; 2,01 Mg; 0,033 Si; 0,027 Fe; 0,05 Zn; 0,011 Ti*

Behandlung vor Umformung: *homogenisiert und vergütet*

Rauheitsart vor Umformung: *Block abgedreht*

nach Umformung: *Längsriefen*

Bemerkungen: *Rauheit des Blockes ohne Einfluß auf Strangrauheit*

Korngröße vor Umformung: —

nach Umformung: —

Härte vor Umformung: —

nach Umformung: $HV = 47\ kp/mm^2$

Tastung:	in Preßrichtung				quer zur Preßrichtung				räuml. Leeregrad
Oberflächenmaße	Rauhtiefe R_t [µm]	Mittenrauhwert R_a [µm]	Glättungstiefe R_p [µm]	Profil-Leeregrad $\frac{R_p}{R_t}$	Rauhtiefe R_t [µm]	Mittenrauhwert R_a [µm]	Glättungstiefe R_p [µm]	Profil-Leeregrad $\frac{R_p}{R_t}$	
vor Umformung	—	—	—	—	—	—	—	—	—
nach Umformung	1,5...2,5	0,2...0,35	0,3...0,6	≈ 0,25	3...4 u. 6...10	—	3...5	≈ 0,45	0,47

Messung nach der Herstellung von *14 m Strang*

Lage der ausgewählten Fläche: *Strangende, Mitte langer Rechteckseite*

Meßgerät: *Leitz-Forster-Tastgerät* Tastsystem: — Prüflänge: *5 mm* Grenzwellenlänge: — (cut-off)

Anzahl der Messungen je Meßstelle: *5*

Strangpressen durch hinterarbeitete Matrize

Erftal 2 Mg

Tafel 13—3

Oberflächengestalt des Werkzeugs

Werkzeug neu

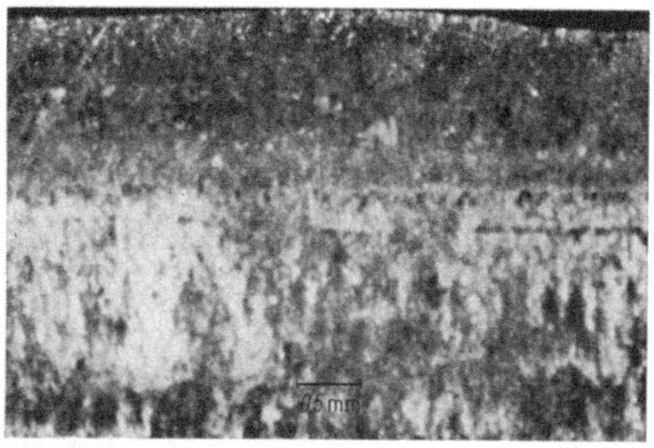

Draufsicht V = *14:1*

in Preßrichtung V ↑ = *600:1* V → = *15:1*

quer zur Preßrichtung V ↑ = *600:1* V → = *15:1*

Werkzeug nach *14 m Strang*

Draufsicht V = *14:1*

in Preßrichtung V ↑ = *600:1* V → = *15:1*

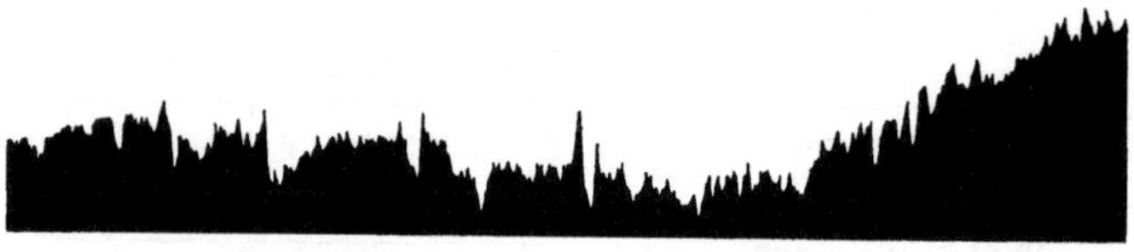

quer zur Preßrichtung V ↑ = *600:1* V → = *15:1*

Oberflächengestalt des Werkstücks

vor Umformung

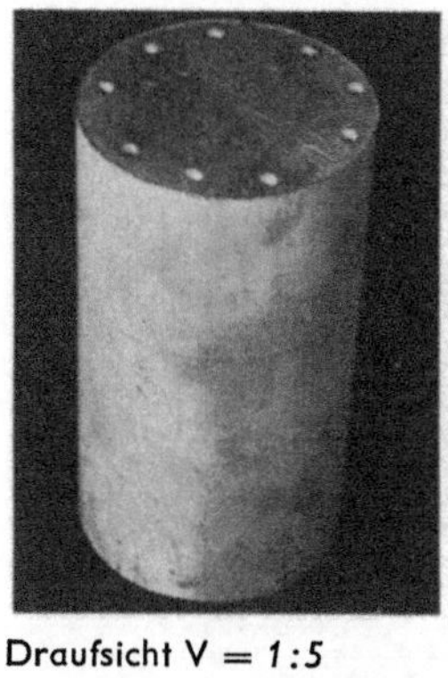

Draufsicht V = *1:5*

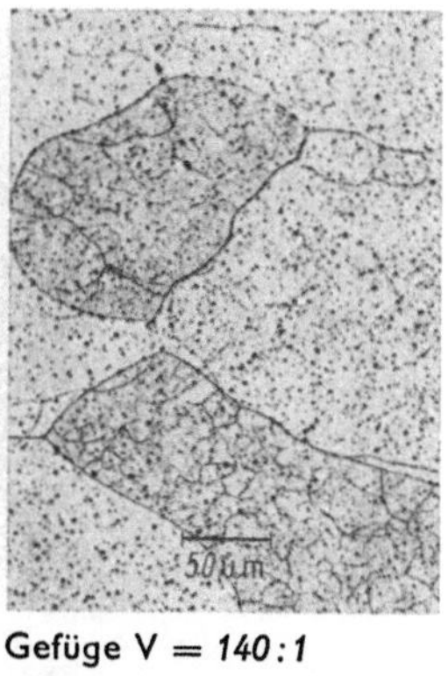

Gefüge V = *140:1*

Entfällt, da Oberfläche ohne Einfluß

nach Umformung: *14. Strangmeter*

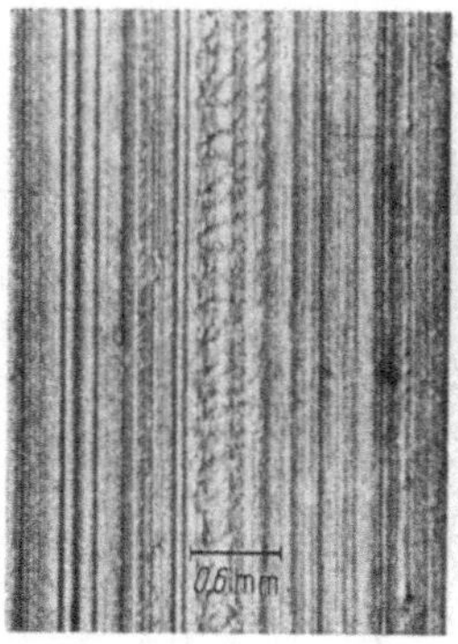

Draufsicht V = *10:1*

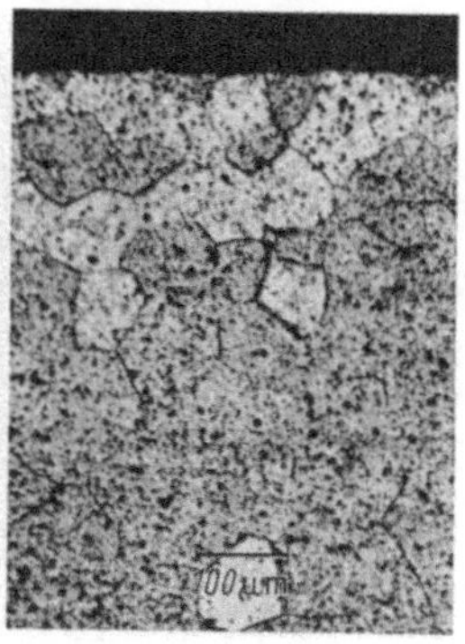

Gefüge V = *70:1*

in Preßrichtung V ↑ = *600:1* V → = *15:1*

quer zur Preßrichtung V ↑ = *600:1* V → = *15:1*

Allgemeiner Text zu diesem Umformverfahren s. S. 77.
Erläuterung zu dieser Tafel s. S. 79.

Tafel 14—1 — Gesenkschmieden – Zahnradscheibe

Verfahrensangaben

Ausgangsform: *Vierkantknüppel 70 ⌀*

Bezogene Formänderung: *im Mittel* $\varepsilon_L = -0{,}5$

Umformgrad (logarithmiert): *im Mittel* $\varphi_L = -0{,}7$

Schmiedemaschine: *Spindelpresse (Bauart Vincent)*

Art der Schmierung: *Graphit in Wasser gelöst*

Fertigungsgüte: *üblich*

Bemerkungen: *Gesenk wird nach jedem Stück mit Luft ausgeblasen*

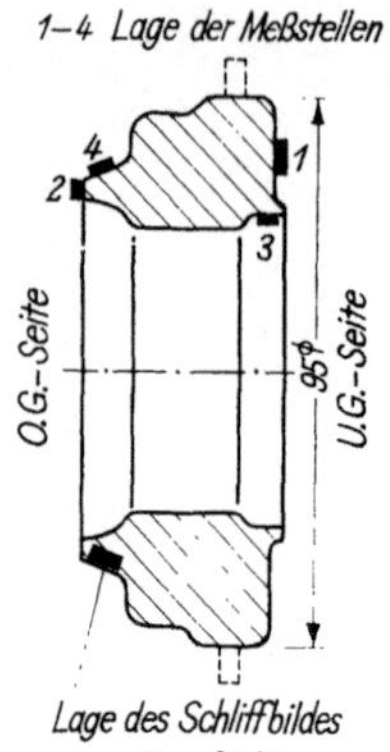

Obergesenk (O.G.)

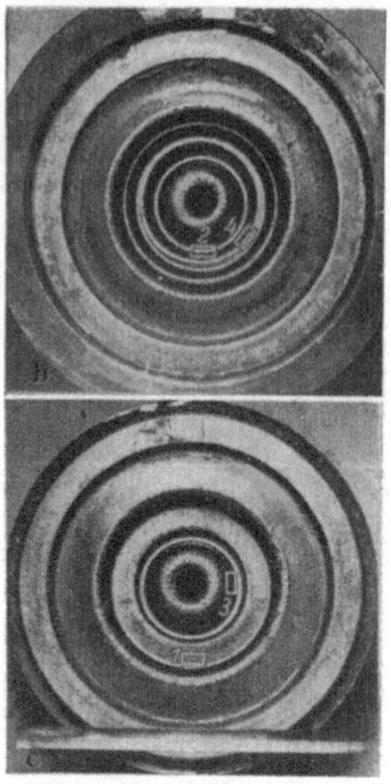

Untergesenk (U.G.)

Werkzeug

Benennung: *Gesenk*

Werkstoff: *56 Ni Cr Mo V 7 (Wst.-Nr. 1.2714)*

Härte: *HV 30 = 380 kp/mm²*

Rauheitsart am neuen Werkzeug: *Schleifrillen (durch Schleifstift)*

am benutzten Werkzeug: *in der Druckzone ungerichtet in der Schubdruckzone schuppig, in der Gleitreibungszone rillig*

Tastung:		in Umfangsrichtung ↔				in radialer Richtung ↕			
Oberflächenmaße	Stelle	Rauhtiefe R_t [µm]	Mittenrauhwert R_a [µm]	Glättungstiefe R_p [µm]	Profil-Leeregrad $\frac{R_p}{R_t}$	Rauhtiefe R_t [µm]	Mittenrauhwert R_a [µm]	Glättungstiefe R_p [µm]	Profil-Leeregrad $\frac{R_p}{R_t}$
Werkzeug neu	1	bis 2	0,4	0,8	0,5	bis 6	1,1	2	0,35
Werkzeug nach 2800 Stücken	2	bis 6	1,2	1,8	0,3	bis 8	1,3	2,4	0,3
	3	bis 72	14	32	0,45	bis 42	8,5	19	0,45
	4	bis 160	21	85	0,6	bis 10	2,2	4	0,4

Meßgerät: *Leitz-Forster-Tastgerät (Werkzeug schwarz)* Prüflänge: *2,5 mm*

Anzahl der Messungen je Meßstelle: *1 (Meßstelle mittlerer Güte des betreffenden Flächenausschnitts gewählt)*

Werkstück *Scheibe für Zahnrad*

Werkstoff: *34 Cr 4 Wst.-Nr. 1.7033*

Legierung: *0,3—0,37 C; 0,25 Si; 0,65 Mn; 1,0 Cr; P und S je 0,035 max.*

Besondere Behandlung: *induktiv in Luft erwärmt*

Rauheitsart vor Umformung: *am Umfang Walzrauheit, Stirnfläche geschert*

nach Umformung: *entsprechend den Rauheitszonen der Gesenke; Zunderschicht*

Bemerkungen: *Werkstück wird hernach noch mit Stahlkies bestrahlt*

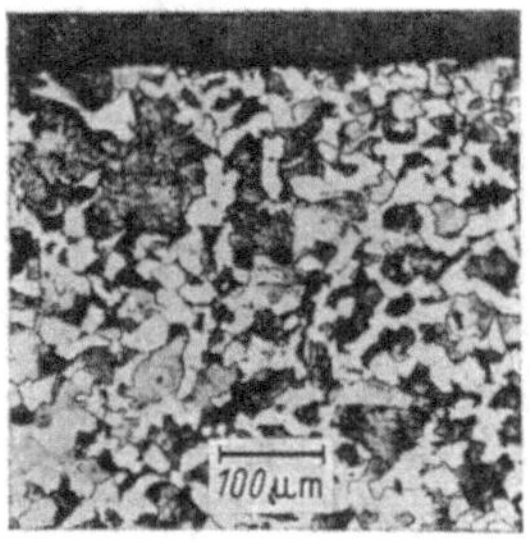

Korngröße nach Umformung: *380 µm²*

Härte nach Umformung: *HB 30/2,5 = 205 kp/mm²*

Tastung:		in Pfeilrichtung ↔				in Pfeilrichtung ↕				räuml. Leeregrad
Oberflächenmaße nach Umformung am Werkzeug	Stelle	Rauhtiefe R_t [µm]	Mittenrauhwert R_a [µm]	Glättungstiefe R_p [µm]	Profil-Leeregrad $\frac{R_p}{R_t}$	Rauhtiefe R_t [µm]	Mittenrauhwert R_a [µm]	Glättungstiefe R_p [µm]	Profil-Leeregrad $\frac{R_p}{R_t}$	
neu	1	bis 4	0,7	1,5	≈ 0,35	bis 8	1,4	3	≈ 0,45	0,53
nach 2800 Stücken	2	bis 10	1,7	4	≈ 0,4	bis 8	1,4	3	≈ 0,4	0,55
	3	bis 55	12	34	≈ 0,6	bis 50	11	25	≈ 0,5	0,72
	4	bis 60	11	24	≈ 0,4	bis 5	0,4	0,7	≈ 0,4	0,41

Meßgerät: *Leitz-Forster-Tastgerät (Werkstück schwarz)* Tastweg: *2,5 mm*

Anzahl der Messungen je Meßstelle: *1 (Meßstelle mittlerer Güte des betreffenden Flächenausschnittes gewählt)*

Gesenkschmieden — Zahnradscheibe

Tafel 14—1

Oberflächengestalt des Werkzeugs

Tastrichtungen, bezogen auf die Draufsicht (V = 7:1)

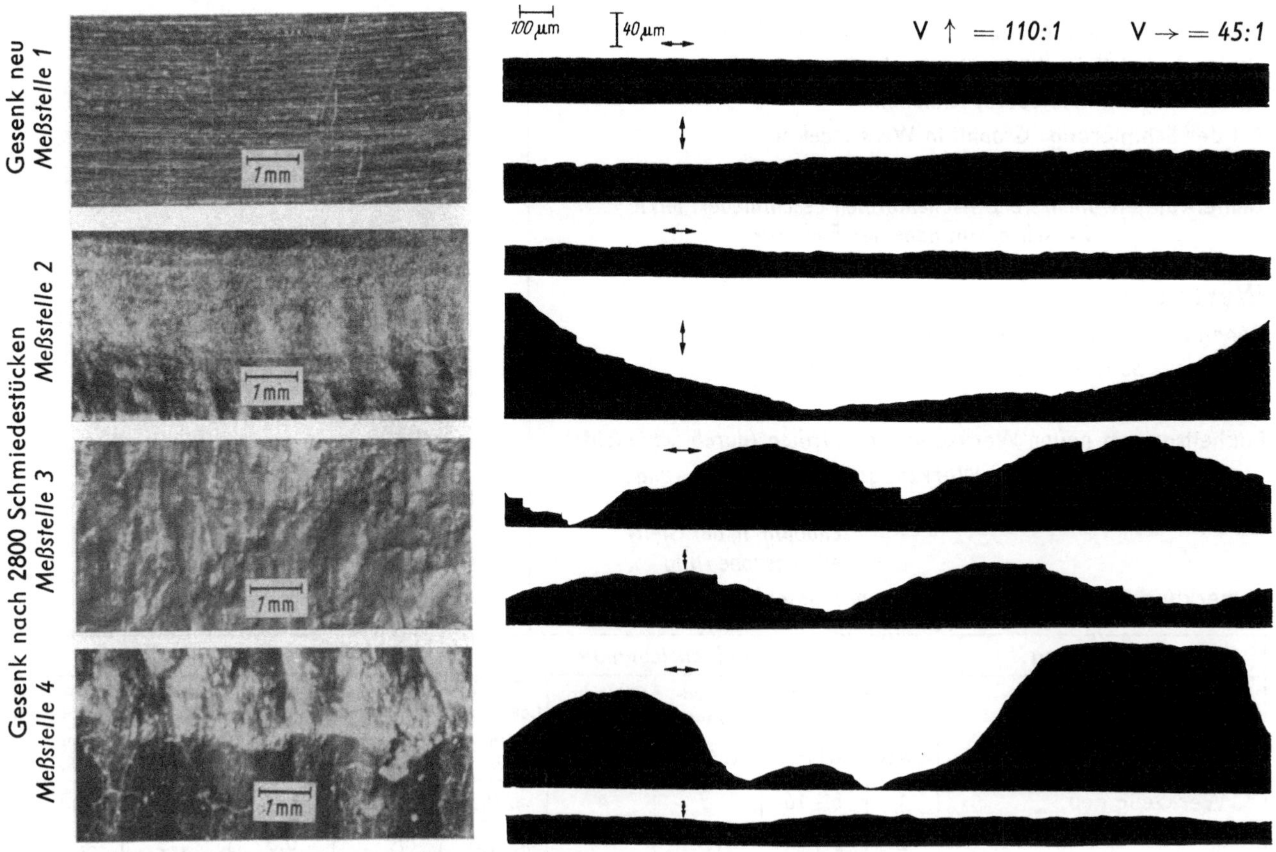

Oberflächengestalt des Werkstücks

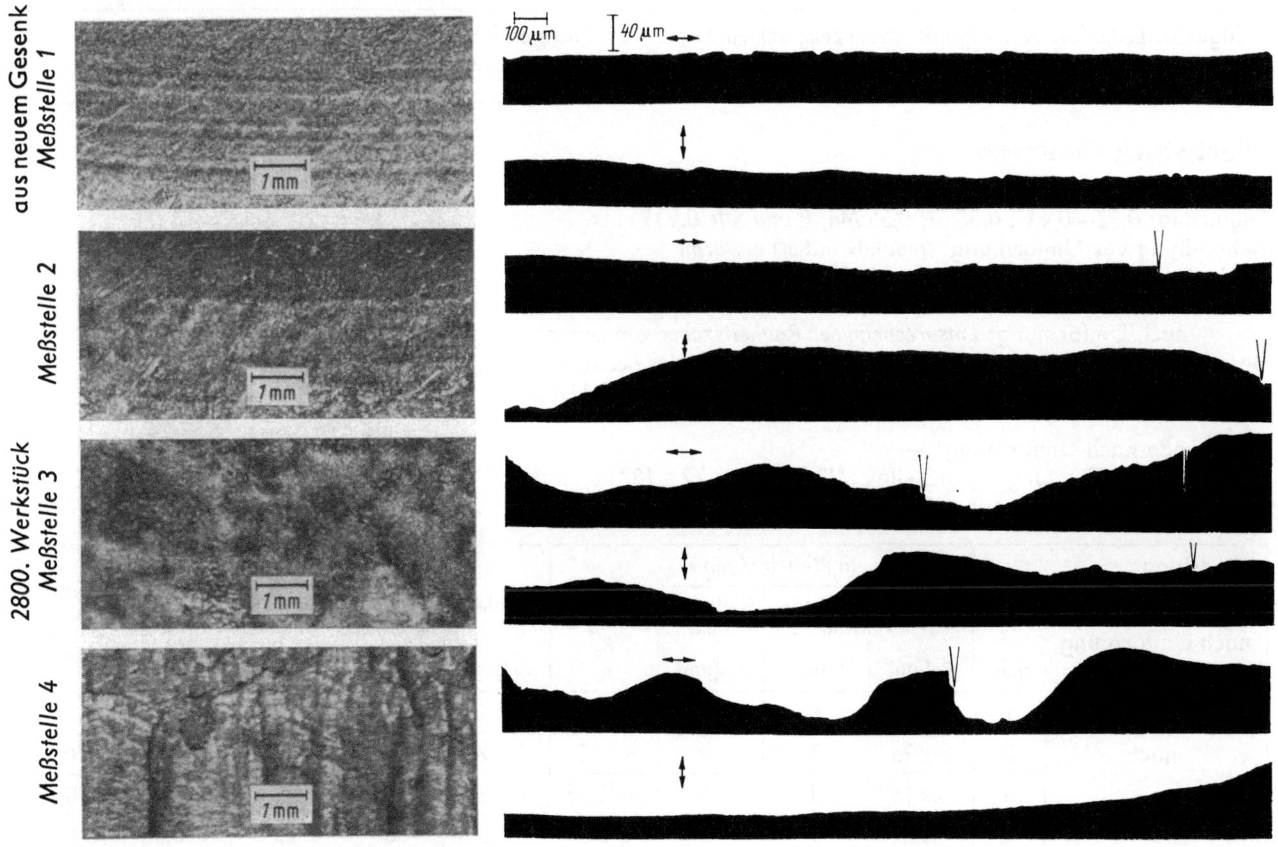

Allgemeiner Text zu diesem Umformverfahren s. S. 79.
Erläuterung zu dieser Tafel s. S. 87.

Tafel 14—2 | Gesenkschmieden — Pkw-Pleuelstange

Verfahrensangaben

Ausgangsform: *Vierkantknüppel 32 mm* ⌀

Bezogene Formänderung: ε_L *bis zu* $= 0,78$ *(Steg)*

Umformgrad (logarithmiert): φ_L *bis zu* $= 1,5$ *(Steg)*

Schmiedemaschine: *Oberdruckhammer*

Art der Schmierung: *Graphit in Wasser gelöst*

Fertigungsgüte: *sog. „genaues" Schmiedestück*

Bemerkungen: *mehrere Zwischenformen geschmiedet; letzte Zwischenform nahe der Endform*

Gesenk (doppelt)

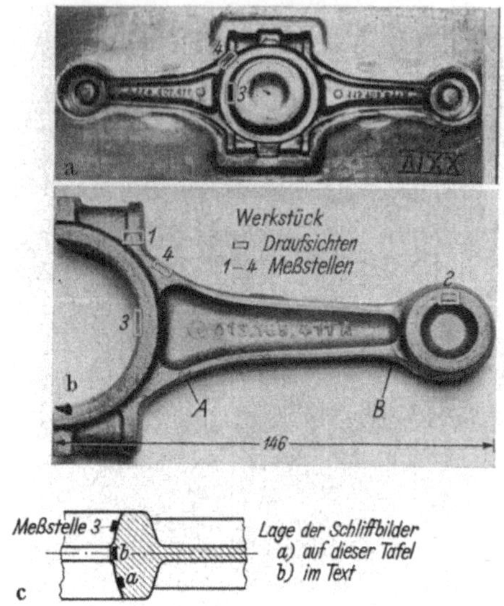

Gesenk (doppelt)

Werkzeug

Benennung: *Gesenk für doppelte Pleuelstange*

Werkstoff: *56 Ni Cr Mo V 7 (Wst.-Nr. 1.2714)*

Härte: *HV 30 = 460 kp/mm²*

Rauheitsart am neuen Werkzeug: *Schleifrillen (durch Schleifstift)*

am benutzten Werkzeug: *in der Druckzone ungerichtet, in der Schubdruckzone schuppig, in der Gleitreibungszone rillig*

Bemerkung: *im Zuge der Benutzung nachgeschliffen*

Tastung:		in Pfeilrichtung ↔				in Pfeilrichtung ↕			
Oberflächenmaße	Stelle	Rauhtiefe R_t [µm]	Mittenrauhwert R_a [µm]	Glättungstiefe R_p [µm]	Profil-Leeregrad $\frac{R_p}{R_t}$	Rauhtiefe R_t [µm]	Mittenrauhwert R_a [µm]	Glättungstiefe R_p [µm]	Profil-Leeregrad $\frac{R_p}{R_t}$
Werkzeug neu	1	bis 16	3	4	≈ 0,35	bis 25	6	8	0,35
Werkzeug nach 5500 Stücken	2	bis 8	1,7	4	≈ 0,5	bis 5	0,6	1,5	≈ 0,5
	3	bis 12	2,5	4	≈ 0,33	bis 8	0,7	2	≈ 0,3
	4	bis 12	2,5	5	≈ 0,45	bis 30	6,5	14	≈ 0,5

Meßgerät: *Leitz-Forster-Tastgerät (Werkzeug schwarz)* Prüflänge: *2,5 mm*

Anzahl der Messungen je Meßstelle: *1 (Meßstelle mittlerer Güte des betreffenden Flächenausschnittes gewählt)*

Werkstück *Pleuelstange*

Werkstoff: *Cf 35 (Wst.-Nr. 1.1183)*

Legierung: *0,32—0,4 C; 0,38 Si; 0,55 Mn; P und S je 0,035 max.*

Behandlung vor Umformung: *induktiv in Luft erwärmt*

Rauheitsart vor Umformung: *am Umfang Walzrauheit; Stirnflächen geschert*

nach Umformung: *entsprechend den Rauheitszonen am Gesenk*

Bemerkungen: *Werkstück wird hernach noch mit Stahlkies bestrahlt, sowie an Auge und Rand kalt geprägt (s. Bild 6.2/11.)*

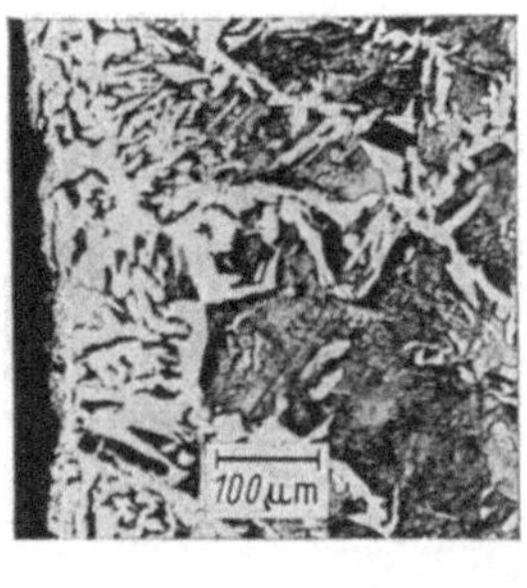

Korngröße nach Umformung: —

Härte nach Umformung bei verschiedenen Chargen: an Stelle 2: *HB 30/2,5 = 172—187 kp/mm²*; an Stelle 3: *HB 30/2,5 = 180—195 kp/mm²*

Tastung:		in Pfeilrichtung ↔				in Pfeilrichtung ↕				räuml. Leeregrad
Oberflächenmaße nach Umformung am Werkzeug	Stelle	Rauhtiefe R_t [µm]	Mittenrauhwert R_a [µm]	Glättungstiefe R_p [µm]	Profil-Leeregrad $\frac{R_p}{R_t}$	Rauhtiefe R_t [µm]	Mittenrauhwert R_a [µm]	Glättungstiefe R_p [µm]	Profil-Leeregrad $\frac{R_p}{R_t}$	
neu	1	bis 22	6	10	≈ 0,45	bis 25	6	9	≈ 0,36	≈ 0,6
nach 5500 Stücken	2	bis 25	7	9	≈ 0,36	bis 20	6	9	≈ 0,45	≈ 0,6
	3	bis 15	3	5	≈ 0,33	bis 25	5	15	≈ 0,6	≈ 0,68
	4	bis 22	5	13	≈ 0,58	bis 35	6	23	≈ 0,65	≈ 0,8

Meßgerät: *Leitz-Forster-Tastgerät (Werkstück schwarz)* Prüflänge: *2,5 mm*

Anzahl der Messungen je Meßstelle: *1 (Meßstelle mittlerer Güte des betreffenden Flächenteils gewählt)*

Gesenkschmieden — Pkw-Pleuelstange

Tafel 14—2

Oberflächengestalt des Werkzeugs

Tastrichtungen, bezogen auf die Draufsicht (V = 7:1)

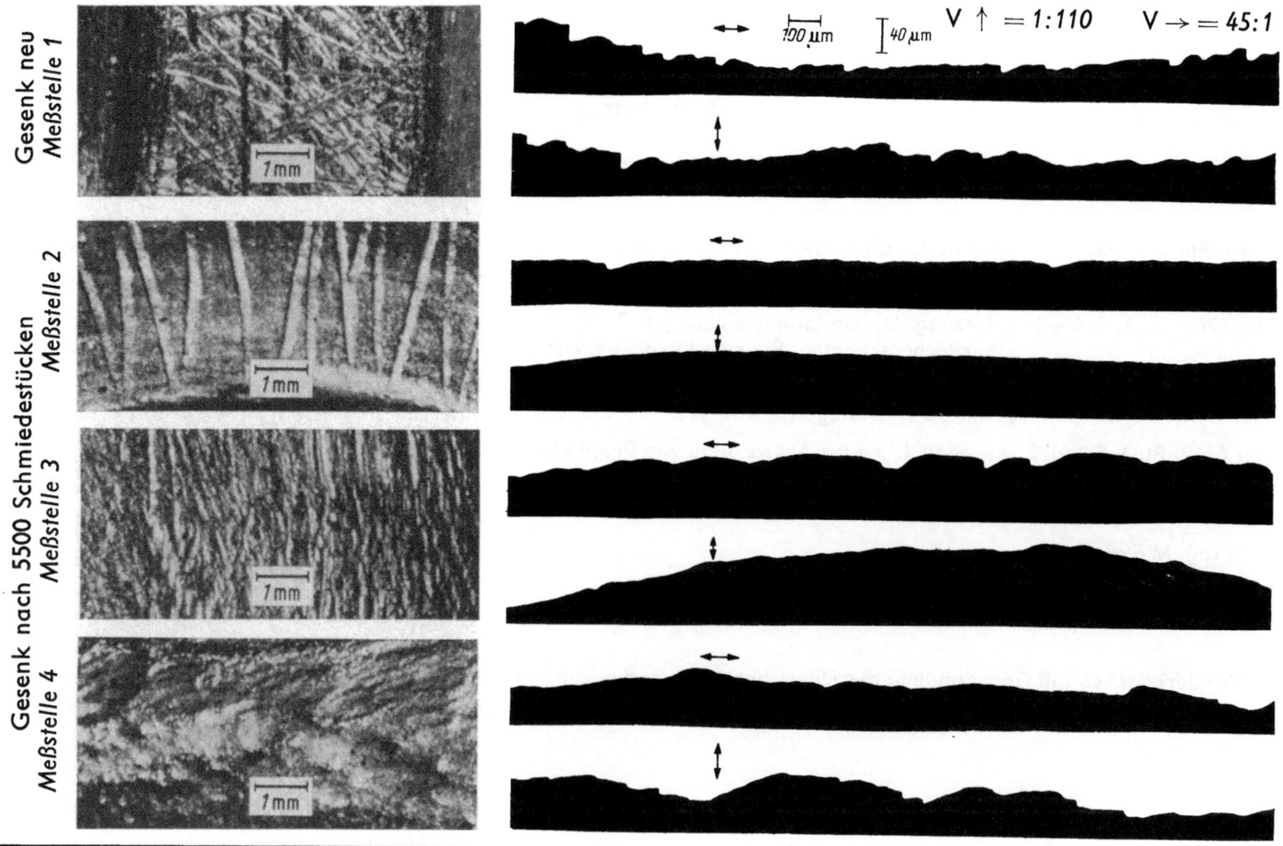

Oberflächengestalt des Werkstücks

V ↑ = 110:1 V → = 45:1

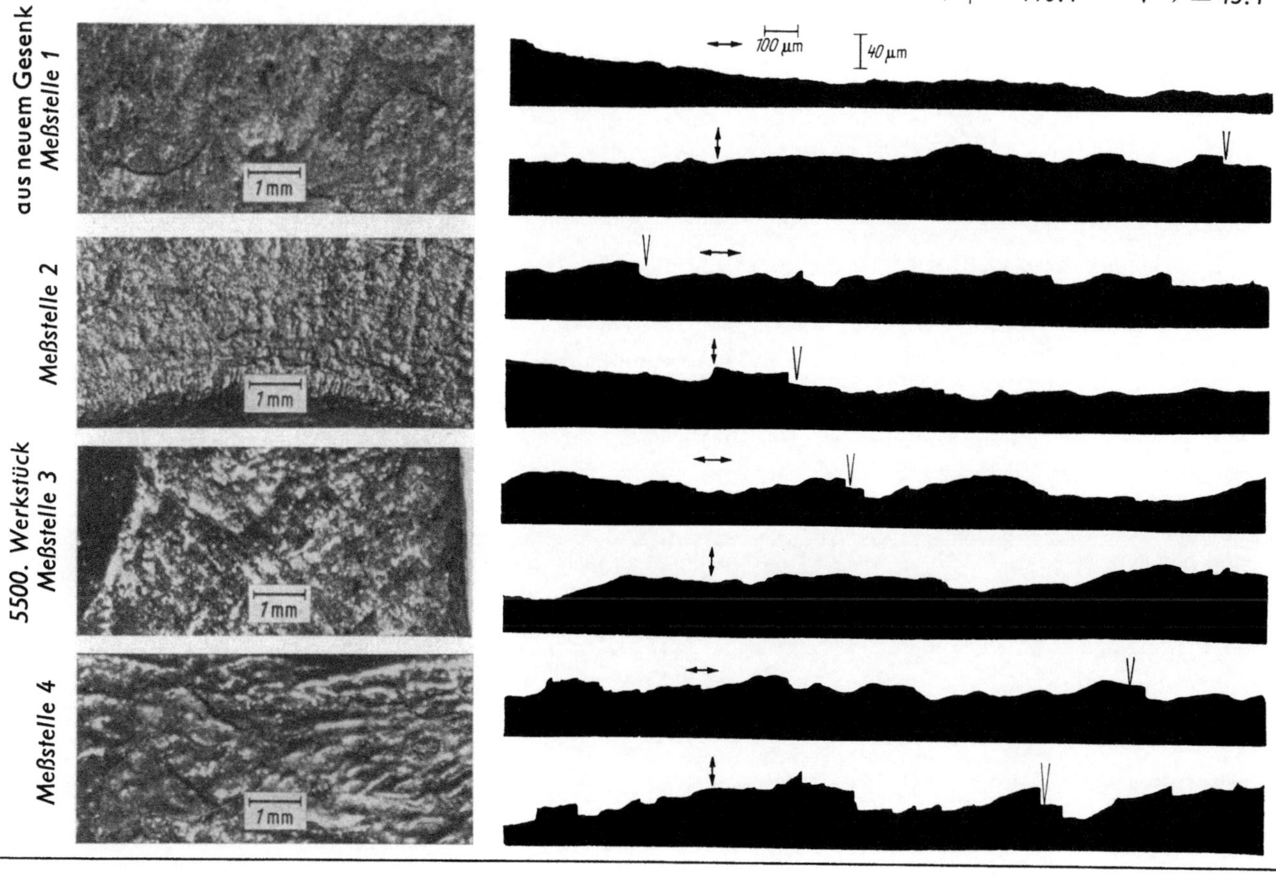

Allgemeiner Text zu diesem Umformverfahren s. S. 79.
Erläuterung zu dieser Tafel s. S. 88.

8 Anhang

DIN-Normen über die Mikrogeometrie von Oberflächen

[1]) sog. M-System

[2]) sog. E-System

12 B*

Begriffe für die Gestalt von Oberflächen

DIN 4760

1. Oberflächen

1.1. Wirkliche Oberfläche im Sinne dieser Norm ist die Begrenzung eines festen Körpers, durch die dieser vom umgebenden Raum getrennt ist. Die innere Oberfläche von porigen Stoffen (z. B. Schaumstoffen und Holz) ist nicht Gegenstand dieser Norm.

1.2. Istoberfläche ist die meßtechnisch erfaßte Oberfläche.
Sie ist das angenäherte Abbild der wirklichen Oberfläche und hängt vom Meßverfahren ab. Verschiedene Meßverfahren können verschiedene Istoberflächen ergeben.

1.3. Geometrisch-ideale Oberfläche ist die Begrenzung des geometrisch vollkommen gedachten Körpers.

1.4. Solloberfläche ist die vorgeschriebene Oberfläche. In Zeichnungen ist sie z. B. durch die normgemäßen Angaben festgelegt.

2. Gestaltabweichungen

Gestaltabweichung ist die Gesamtheit aller Abweichungen der Istoberfläche von der geometrisch-idealen Oberfläche. Bei der Betrachtung der Oberfläche wird zwischen gröberen und feineren Abweichungen unterschieden. Zur genaueren Unterscheidung sind die Gestaltabweichungen in sechs Ordnungen unterteilt.

2.1. Ordnung der Gestaltabweichungen (siehe Bild 1) und Tabelle).

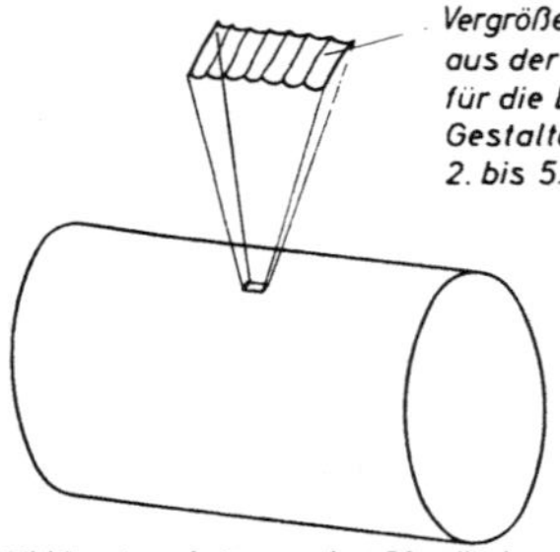

Bild 1. Ausschnitt aus der Oberfläche zur Beurteilung der Gestaltabweichungen 2. bis 5. Ordnung.

Tabelle **Beispiele für Gestaltabweichungen**

Gestaltabweichung (als Profilschnitt überhöht dargestellt)		Beispiele für die Art der Abweichung	Beispiele für die Entstehungsursache
1. Ordnung: Formabweichungen 		Unebenheit Unrundheit	Fehler in den Führungen der Werkzeugmaschine, Durchbiegung der Maschine oder des Werkstückes, falsche Einspannung des Werkstückes, Härteverzug, Verschleiß
2. Ordnung: Welligkeit 		Wellen	Außermittige Einspannung oder Formfehler eines Fräsers, Schwingungen der Werkzeugmaschine oder des Werkzeuges
3. Ordnung: 	Rauheit	Rillen	Form der Werkzeugschneide, Vorschub oder Zustellung des Werkzeuges
4. Ordnung: 	Rauheit	Riefen Schuppen Kuppen	Vorgang der Spanbildung (Reißspan, Scherspan, Aufbauschneide), Werkstoffverformung beim Sandstrahlen, Knospenbildung bei galvanischer Behandlung
5. Ordnung: nicht mehr in einfacher Weise bildlich darstellbar	Rauheit	Gefügestruktur	Kristallisationsvorgänge, Veränderung der Oberfläche durch chemische Einwirkung (z. B. Beizen), Korrosionsvorgänge
6. Ordnung: nicht mehr in einfacher Weise bildlich darstellbar		Gitteraufbau des Werkstoffes	Physikalische und chemische Vorgänge im Aufbau der Materie, Spannungen und Gleitungen im Kristallgitter
		Überlagerung der Gestaltabweichungen 1. bis 4. Ordnung	

Die in der Tabelle dargestellten Gestaltabweichungen 1. bis 4. Ordnung überlagern sich in der Regel zu der Istoberfläche, wie sie beispielsweise im unteren Bild im Schnitt dargestellt ist.

Seite 2 DIN 4760

2.1.1. Gestaltabweichungen 1. Ordnung (**Formabweichungen**) sind jene Gestaltabweichungen, die bei der Betrachtung der ganzen Oberfläche oder einer ihrer Teilflächen in deren ganzen Ausdehnung feststellbar sind.

2.1.2. Gestaltabweichungen 2. bis 5. Ordnung sind jene Gestaltabweichungen der Istoberfläche, die auch bei der Betrachtung statistisch repräsentativer Ausschnitte der Oberfläche feststellbar sind.

2.1.2.1. Gestaltabweichungen 2. Ordnung (**Welligkeit**) sind regelmäßig oder unregelmäßig wiederkehrende Abweichungen, deren Abstände ein beträchtliches Vielfaches ihrer Tiefe betragen (genaue Begriffsbestimmung siehe DIN 4762).

2.1.2.2. Gestaltabweichungen 3. bis 5. Ordnung (**Rauheit**) sind regelmäßig oder unregelmäßig wiederkehrende Abweichungen, deren Abstände nur ein geringes Vielfaches ihrer Tiefe betragen (genaue Begriffsbestimmung siehe DIN 4762).

2.1.3. Gestaltabweichungen 6. Ordnung sind die durch den Aufbau der Materie bedingten Abweichungen. Sie werden bei der zur Zeit gebräuchlichen Oberflächenmessung nicht erfaßt.

2.2. Beschädigung ist eine in der Fertigung nicht beabsichtigte, während oder nach der Bearbeitung auf der wirklichen Oberfläche entstandene Verformung oder Trennung des Werkstoffes.

3. Erfassung von Gestaltabweichungen

Die Oberfläche müßte, um genau erfaßt zu werden, als Ganzes betrachtet werden. Es gibt eine Reihe von Verfahren, mit denen dies möglich ist. Bei den meisten in der betrieblichen Oberflächenmeßtechnik angewandten Verfahren werden im allgemeinen nur die Gestaltabweichungen zweiter und höherer Ordnung an Oberflächenausschnitten betrachtet und gemessen (Bild 1). Diese Ausschnitte müssen statistisch repräsentativ sein für die gesamte Oberfläche.

Die Oberfläche kann hinsichtlich ihrer Gestaltabweichungen je nach den Erfordernissen an Hand von Schnitten durch Oberflächen oder an Hand der tragenden Fläche selbst erfaßt werden.

3.1. Oberflächenschnitte

Oberflächenchnitte können erzeugt werden durch Ebenen, die in einem bestimmten Winkel zur geometrisch-idealen Oberfläche stehen oder durch Flächen, die abstandsgleich (äquidistant) zur geometrisch-idealen Oberfläche liegen. Je nach der Lage der Schnittfläche zur geometrisch-idealen Oberfläche unterscheidet man Profilschnitte, Tangentialschnitte und Äquidistanzschnitte.

3.1.1. Profilschnitte sind Senkrechtschnitte und Schrägschnitte. Profilschnitte können durch mechanisches Trennen des Körpers in einer Schnittebene, durch punktweises Abtasten oder kontinuierliches Abfühlen der Oberfläche mittels eines körperlichen Tastelementes oder auch auf optischem Wege erzeugt werden.

Senkrechtschnitte sind Profilschnitte, bei denen die Schnittebene senkrecht zur geometrisch-idealen Oberfläche steht (Beispiel: Schnitt ABCD und EFGH in Bild 2).

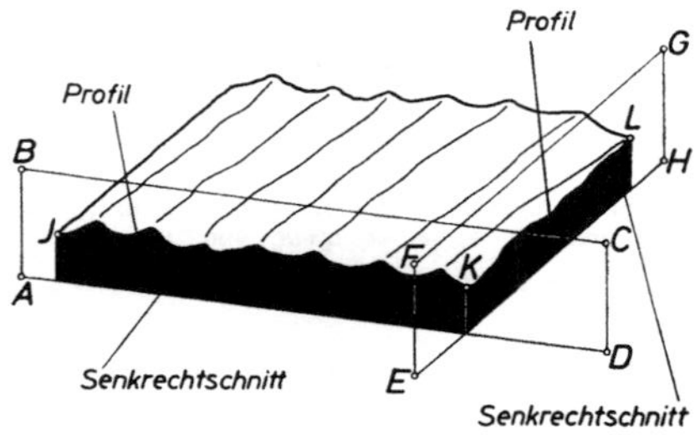

Bild 2. Senkrechtschnitte.

Schrägschnitte sind Profilschnitte, bei denen die Schnittebene schräg zur geometrisch-idealen Oberfläche steht (Beispiel: Schnitt ABCD in Bild 3).

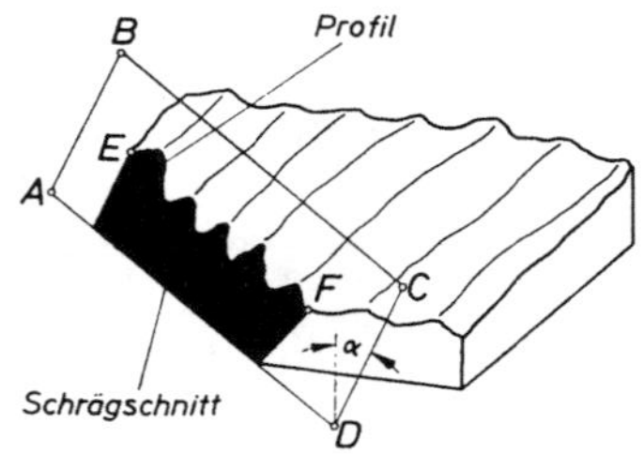

Bild 3. Schrägschnitt.

3.1.2. Tangentialschnitte sind Oberflächenschnitte, bei denen die Schnittebene parallel zu einer Tangentialebene an die geometrisch-ideale Oberfläche liegt (Beispiel: Schnitt ABCD in Bild 4 und 5).

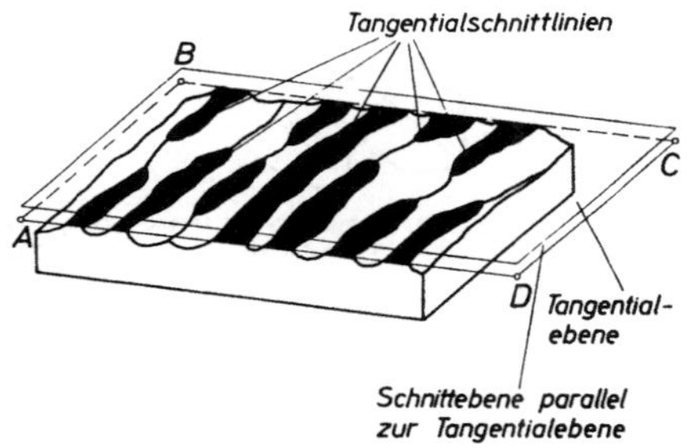

Bild 4. Tangentialschnitt an eine Ebene.

Ist die geometrisch-ideale Oberfläche eine gekrümmte Fläche, dann sind die entstehenden Tangentialschnitte zugleich Schrägschnitte.

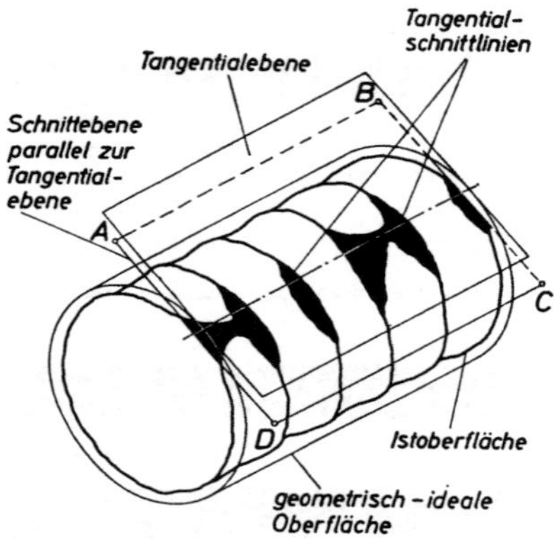

Bild 5. Tangentialschnitt an einen Zylinder.

3.1.3. Äquidistanzschnitte sind Oberflächenschnitte, bei denen die Schnittfläche abstandsgleich zu der gekrümmten geometrisch-idealen Oberfläche liegt (Bild 6). Ist die geometrisch-ideale Oberfläche eine Ebene, dann sind die entstehenden Äquidistanzschnitte zugleich Tangentialschnitte.

3.1.4. Schnittlinien
Profil ist die Schnittlinie, die durch einen Profilschnitt erzeugt wird (Beispiele: Linien JK und KL in Bild 2 und Linie EF in Bild 3).

Tangentialschnittlinie ist die Schnittlinie, die durch einen Tangentialschnitt erzeugt wird (Bild 4 und 5).
Äquidistanzschnittlinie ist die Schnittlinie, die durch einen Äquidistanzschnitt erzeugt wird (Linien s_0, s_1, s_2, s_3 in Bild 6).
Schichtbild ist das Bild der Schnittlinien einer Schar benachbarter, gleichartiger Oberflächenschnitte, die vorzugsweise in gleichem Abstand geführt werden.

3.2. Auswertung an Hand von Oberflächenschnitten
Je nachdem, ob die Gestaltabweichungen an Hand von Profilschnitten, Tangentialschnitten oder Äquidistanzschnitten ermittelt werden sollen, ist das Auswertverfahren verschieden. Die Grundlagen für die Auswertung von Profilschnitten sind in DIN 4762 niedergelegt.

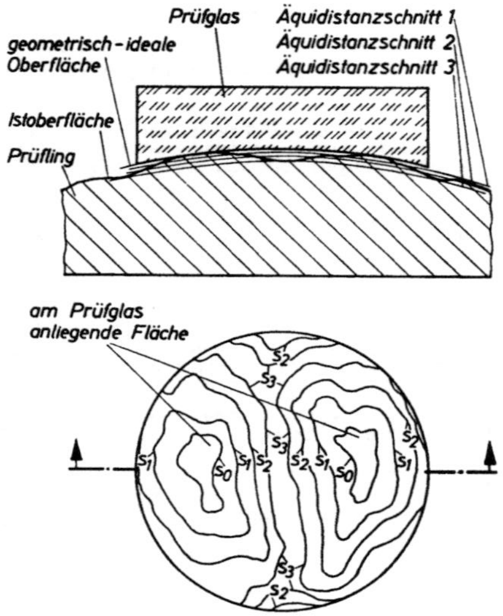

Bild 6. Äquidistanzschnitt. Beispiel: Prüfung einer sphärischen Fläche mit einem Probeglas.

DIN 4762 Blatt 1 enthält die Begriffe für Bezugssystem und Maße.
DIN 4762 Blatt 2 enthält die Auswertung von Profilschnitten mit geometrisch-idealem Bezugsprofil als Grundlage.
DIN 4762 Blatt 3 enthält die Auswertung von Profilschnitten mit Form- und Hüllprofil als Grundlage.

3.3. Auswertung an Hand der tragenden Fläche
Eine Norm über die Erfassung der Gestaltabweichungen an Hand der tragenden Fläche ist in Vorbereitung [1]).

1) Auskunft über den Stand der Arbeiten erteilt die Geschäftsstelle Köln des Deutschen Normenausschusses Köln, Friesenplatz 16.

Begriffe, Benennungen und Kurzzeichen für den Oberflächencharakter

DIN 4761

1. Begriffe

1.1. Narbiger Oberflächencharakter

ist die (meist spanlos erzeugte) Form der Rauheit ohne bevorzugten Richtungsverlauf (Bild 1).

Bild 1. Oberfläche narbig

1.1.1. Mulden sind herstellungsbedingte, örtlich begrenzte flache Vertiefungen der Oberfläche von rundlicher oder eckiger Form (Bild 2).

1.1.2. Poren sind werkstoff- und herstellungsbedingte, von der Oberfläche angeschnittene Hohlräume, deren Tiefenausdehnung im Verhältnis zu ihrem Querschnitt groß ist (Bild 3).

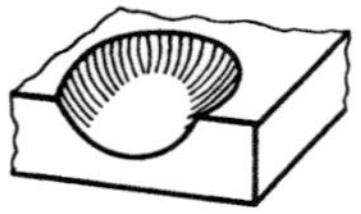

Bild 2. Mulde

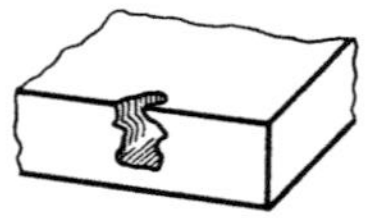

Bild 3. Pore

1.1.3. Kuppen sind herstellungsbedingte, örtlich begrenzte rundliche oder kantige Erhöhungen der Oberfläche (Bild 4).

1.1.4. Schuppen sind herstellungsbedingte Überschichtungen der Oberfläche (Bild 5).

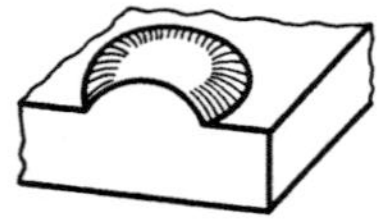

Bild 4. Kuppe

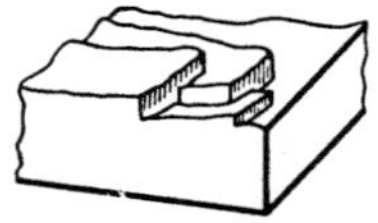

Bild 5. Schuppen

1.2. Rilliger Oberflächencharakter

ist die (meist spangebend erzeugte) Form der Rauheit mit einem dem Herstellungsverfahren eigentümlichen Verlauf der Bearbeitungsspuren.

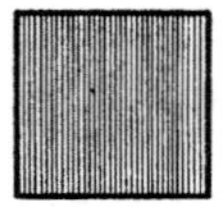

Bild 6. Oberfläche geordnet-rillig

Bild 7. Oberfläche ungeordnet-rillig

1.2.1. Geordnet-rilliger Oberflächencharakter ist die Form der Rauheit mit nach bestimmten Richtungen geordneten Bearbeitungsspuren (Bild 6).

S. 2 dieses Blattes ist hier weggelassen.

1.2.2. Ungeordnet-rilliger Oberflächencharakter ist die Form der Rauheit mit völlig ungeordnetem Verlauf der Bearbeitungsspuren (Bild 7).

1.2.3. Rille ist die sich zwangsläufig ergebende Spur des Werkzeuges in der Oberfläche (Bild 8).

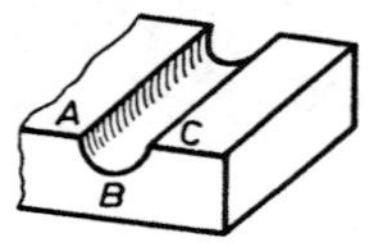

Bild 8. Rillen, Rillenprofil ABC

1.2.4. Rillenverlauf ist der auf der Oberfläche zurückgelegte Weg der Werkzeugschneide.
Der Rillenverlauf kann gleichmäßig fortschreiten (z. B. durch Drehen erzeugt) oder stellenweise aussetzen (z. B. durch Schleifen erzeugt).

1.2.5. Rillenschar ist die Gesamtheit der Rillen (Bild 9 und 10).

1.2.6. Rillenprofil ist das Bild der Einzelrille beim Betrachten in Richtung des Rillenverlaufs (Linie ABC in Bild 8).

1.2.7. Querrauheit ist das Bild der Rillenschar beim Betrachten in Richtung des Rillenverlaufs (Linie AB in Bild 9).

1.2.8. Längsrauheit ist das Bild der Rille beim Betrachten senkrecht zum Rillenverlauf (Linie BC in Bild 9).

1.3. Riefe

ist eine zufällige grabenförmige Bearbeitungsspur (Bild 9).

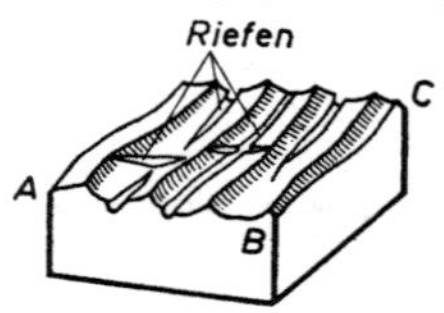

Bild 9. Rillenschar mit Riefen

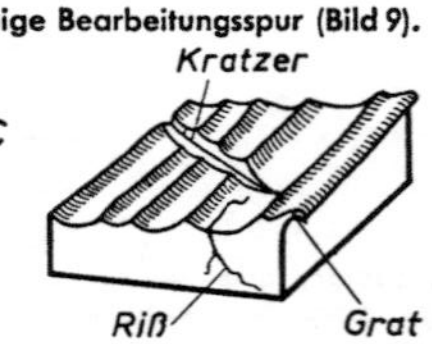

Bild 10. Rillenschar mit Kratzer, Grat, Riß

1.4. Grat

ist eine durch den Bearbeitungsvorgang, mitunter auch durch Beschädigung, hervorgerufene, häufig scharfkantige Erhöhung der Oberfläche (Bild 10).

1.5. Beschädigungen der Oberfläche

1.5.1. Riß ist eine örtlich begrenzte Trennung des Werkstoffgefüges von geringer Breite aber oft beträchtlicher Länge und Tiefe (Bild 10).

1.5.2. Kratzer ist eine zufällige riefenähnliche Beschädigung (Bild 10).

1.5.3. Delle ist eine muldenähnliche Beschädigung (vgl. Bild 2).

Erfassung der Gestaltabweichungen 2. bis 5. Ordnung an Oberflächen an Hand von Oberflächenschnitten

Begriffe für Bezugssystem und Maße

DIN 4762 Blatt 1

Mit Blatt 2 und 3 Ersatz für DIN 4762

1. Allgemeines

Diese Norm enthält die Begriffe für das Bezugssystem und die Maße für die Gestaltabweichungen 2. bis 5. Ordnung, die bei der Auswertung von Profilschnitten gebraucht werden. Begriffe, die für a l l e Ordnungen von Gestaltabweichungen gemeinsam gelten, sind in DIN 4760 festgelegt. Zur maßlichen Erfassung der Gestaltabweichungen 2. bis 5. Ordnung sind außer den in DIN 4760 aufgeführten Begriffen noch weitere Begriffe notwendig. In dieser Norm werden Gestaltabweichungen 2. Ordnung (Welligkeit) und Gestaltabweichungen 3. bis 5. Ordnung (Rauheit) unterschieden.

2. Begriffe für das Bezugssystem zur maßlichen Erfasssung der Gestaltabweichungen 2. bis 5. Ordnung

2.1. Prüflänge l_g ist die senkrecht auf das geometrisch-ideale Profil projizierte Länge A'B' des meßtechnisch erfaßten Ausschnittes AB des Istprofils (Bild 1).

2.2. Bezugsstrecke ist der Teil C' D' der Prüflänge, der zur Auswertung benutzt wird (Bild 1).

Bezugsstrecke für die Gestaltabweichungen 2. Ordnung (Welligkeit) ist die Wellenbezugsstrecke l_w,

Bezugsstrecke für die Gestaltabweichungen 3. bis 5. Ordnung (Rauheit) ist die Rauheitsbezugsstrecke l.

Maßeinheit: Millimeter (mm).

2.3. Geometrisch-ideales Profil ist ein Profil der geometrisch-idealen Oberfläche (Bild 1 und 2).

Begriffsbestimmung für geometrisch-ideale Oberfläche siehe DIN 4760.

2.4. Istprofil ist ein Profil der Istoberfläche (Bild 1 und 2).

Begriffsbestimmung für Istoberfläche siehe DIN 4760.

2.5. Bezugsprofil ist dasjenige Profil, auf das die Gestaltabweichungen bezogen werden (Bild 2 und 3).

Das Bezugsprofil kann wahlweise eine Gerade, eine dem geometrisch-idealen Profil ähnliche Linie oder auch ein Linienzug sein, dessen Form vom Verlauf des Istprofils innerhalb der Bezugsstrecke abhängt.

2.6. Mittleres Profil ist das innerhalb der Bezugsstrecke senkrecht zum geometrisch-idealen Profil so verschobene Bezugsprofil, daß die Summe der über ihm vom Istprofil eingeschlossenen werkstofferfüllten Flächenstücke F_{o1} bis F_{on} gleich ist der Summe der unter ihm vom Istprofil eingeschlossenen werkstofffreien Flächenstücke F_{u1} bis F_{um} (Bild 2 und 3).

2.7. Grundprofil ist das innerhalb der Rauheitsbezugsstrecke senkrecht zum geometrisch-idealen Profil so weit verschobene Bezugsprofil, daß es den vom Bezugsprofil entferntesten Punkt des Istprofils (Punkt T in Bild 2) berührt.

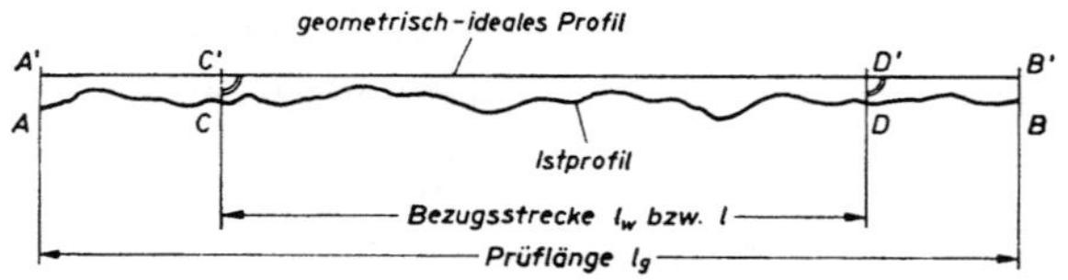

Bild 1. Prüflänge und Bezugsstrecke.

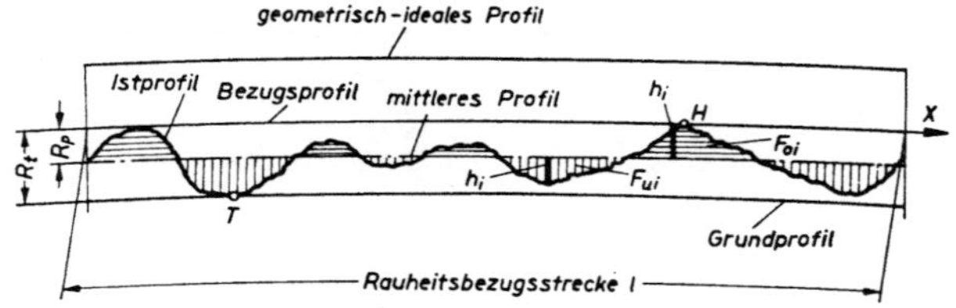

Bild 2. Lage des Bezugsprofils zum Istprofil. Mittleres Profil, Grundprofil, Rauhtiefe R_t und Abstände h_i zur Ermittlung des arithmetischen Mittenrauhwertes R_a

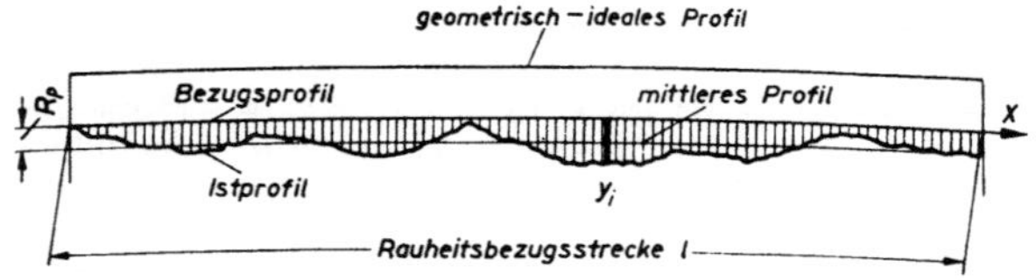

Bild 3. Bezugsprofil, Istprofil und mittleres Profil sowie Abstände R_p zur Ermittlung der Glättungstiefe

3. Maße für die Gestaltabweichungen 2. bis 5. Ordnung

Die Maße für die Gestaltabweichungen werden i n n e r h a l b d e r B e z u g s s t r e c k e als Senkrechtmaße und als Waagerechtmaße ermittelt. Zu den Meßergebnissen ist das benutzte Meß- und Auswerteverfahren anzugeben. Das Auswerteverfahren ist durch Hinweis auf DIN 4762 Blatt 2 oder Blatt 3 zu kennzeichnen.

Zwischen den einzelnen Oberflächenmaßen gibt es keine allgemein gültige Umrechnungsbeziehung.

3.1. Senkrechtmaße

Die Senkrechtmaße ergeben sich aus der rechtwinklig zum geometrisch-idealen Profil durchgeführten Messung der Abstände von jeweils einander zugeordneten Punkten, die auf zwei v e r s c h i e d e n e n Profilen des Bezugssystems liegen, z. B. auf dem Bezugsprofil und dem Istprofil (Bild 2 und 3).

3.1.1. Maße für die Gestaltabweichungen 2. Ordnung (Welligkeit)

3.1.1.1. Wellentiefe W siehe DIN 4762 Blatt 2 und Blatt 3.

3.1.2. Maße für die Gestaltabweichungen 3. bis 5. Ordnung (Rauheit)

Die Senkrechtmaße für die Gestaltabweichungen 3. bis 5. Ordnung werden innerhalb der Rauheitsbezugsstrecke l ermittelt.

3.1.2.1. Rauhtiefe R_t ist der Abstand des Grundprofils vom Bezugsprofil (Bild 2).

Maßeinheit: Mikrometer (1 µm = 0,001 mm).

Die Rauhtiefe ist mithin der größte rechtwinklig zum geometrisch-idealen Profil gemessene Abstand des Istprofils vom Bezugsprofil.

3.1.2.2. Glättungstiefe R_p ist der mittlere Abstand des Bezugsprofils vom Istprofil (Bild 3):

$$R_p = \frac{1}{l}\int_{x=0}^{x=l} y_i \, dx$$

Maßeinheit: Mikrometer (1 µm = 0,001 mm).

Die Glättungstiefe ist auch gleich dem Abstand des mittleren Profils vom Bezugsprofil (Bild und 3).

3.1.2.3. Mittenrauhwert R_a ist der arithmetische Mittelwert der absoluten Beträge der Abstände h_i des Istprofils vom mittleren Profil (Bild 2):

$$R_a = \frac{1}{l}\int_{x=0}^{x=l} |h_i| \cdot dx$$

Maßeinheit: Mikrometer (1 µm = 0,001 mm).

3.2. Waagerechtmaße

Die Waagerechtmaße werden durch Messung der rechtwinklig auf das geometrisch-ideale Profil projizierten Abstände von Punkten e i n und d e s s e l b e n Profils (z. B. des Istprofils) gefunden (Bild 4 und 5).

3.2.1. Maße für die Gestaltabweichungen 2. Ordnung (Welligkeit)

3.2.1.1. Wellenabstand A_w ist der arithmetische Mittelwert aller innerhalb der Wellenbezugsstrecke l_w gemessenen Abstände a_{wi} benachbarter Wellenkämme (Punkte I K L usw. in Bild 4) des Istprofils.

Maßeinheit: Millimeter (mm).

3.2.2. Maße für die Gestaltabweichungen 3. bis 5. Ordnung (Rauheit)

Die Waagerechtmaße für die Gestaltabweichungen 3. bis 5. Ordnung werden innerhalb der Rauheitsbezugsstrecke l ermittelt.

3.2.2.1. Rillenabstand A_r ist der arithmetische Mittelwert aller Abstände a_{ri} benachbarter Rillenkämme (Punkte S T U usw. in Bild 4) des Istprofils.

Maßeinheit: Millimeter (mm).

3.2.2.2. Tragende Länge l_t

Wird das Bezugsprofil um den Betrag c rechtwinklig zum geometrisch-idealen Profil verschoben, so schneidet es aus dem Istprofil Strecken $l_{c1}, l_{c2} \dots l_{cn}$ heraus. Die tragende Länge l_t ist die Summe der Projektionen der Strecken l_{c1}, $l_{c2} \dots l_{cn}$ auf das geometrisch-ideale Profil (Summe der Strecken $l'_{c1}, l'_{c2} \dots l'_{cn}$ in Bild 5).

Maßeinheit: Millimeter (mm).

Zur Kennzeichnung, in welchem Abstand c vom Bezugsprofil die tragende Länge ermittelt wurde, ist hinter dem Zeichen l_t der Betrag c in der Maßeinheit Mikrometer (1 µm = 0,001 mm) anzugeben. So bedeutet z. B. $l_{t\,0,25}$ = ..., daß die tragende Länge in einem Abstand von 0,25 µm vom Bezugsprofil bestimmt wurde.

3.2.2.3. Profiltraganteil t_p ist das Verhältnis der tragenden Länge l_t zur Bezugsstrecke l:

$$t_p = 100 \cdot \frac{l_t}{l}$$

Er wird in % angegeben.

Zur Kennzeichnung, in welchem Abstand c vom Bezugsprofil der Profiltraganteil ermittelt wurde, ist hinter dem Zeichen t_p der Betrag c in der Maßeinheit Mikrometer (1 µm = 0,001 mm) anzugeben. So bedeutet z. B. $t_{p\,0,25}$ = .., daß der Profiltraganteil in einem Abstand von 0,25 µm vom Bezugsprofil bestimmt wurde.

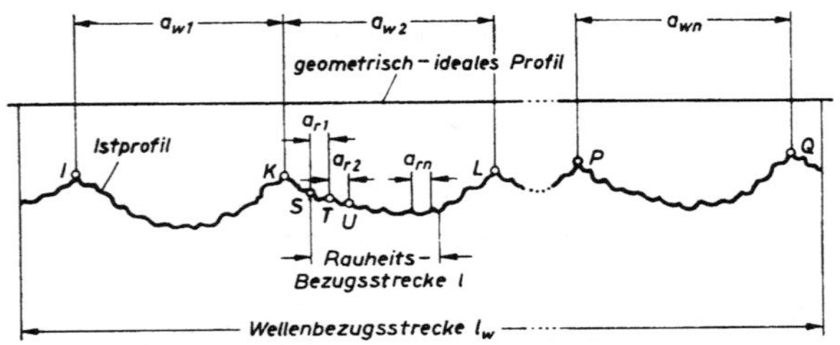

Bild 4. Abstände $a_{r1}, a_{r2}, \ldots a_{rn}$ der einzelnen Rillenkämme zur Ermittlung des Rillenabstandes A_r und Abstände $a_{w1}, a_{w2}, \ldots a_{wn}$ der einzelnen Wellenkämme zur Ermittlung des Wellenabstandes A_w.

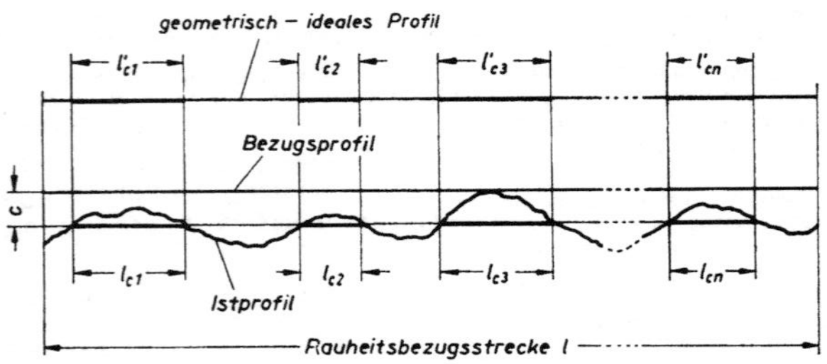

Bild 5. Strecken $l_{c1}, l_{c2} \ldots l_{cn}$ und $l'_{c1}, l'_{c2} \ldots l'_{cn}$ zur Ermittlung der tragenden Länge l_t

Erfassung der Gestaltabweichungen 2. bis 5. Ordnung an Oberflächen an Hand von Oberflächenschnitten

Auswertung von Profilschnitten mit geometrisch-idealem Bezugsprofil als Grundlage

DIN 4762 Blatt 2

Mit Blatt 1 und 3 Ersatz für DIN 4762

1. Allgemeines

Diese Norm behandelt die maßliche Erfassung von Gestaltabweichungen 2. bis 5. Ordnung (Welligkeit und Rauheit) durch das Auswerten von Profilschnitten auf der Grundlage eines Bezugsprofils, das dem geometrisch-idealen Profil geometrisch ähnlich ist.

2. Bezugsprofil

Zur Trennung der Gestaltabweichungen 3. bis 5. Ordnung (Rauheit) von denen 2. Ordnung (Welligkeit) sowie zur Trennung dieser von den Gestaltabweichungen 1. Ordnung (Formabweichungen) können Profilschnitte auf der Grundlage des nachfolgend erläuterten Bezugsprofils ausgewertet werden.

Das Bezugsprofil wird definiert als die Äquidistante zum geometrisch-idealen Profil durch den höchsten Punkt des Istprofils innerhalb der Bezugsstrecke. Einzelne offensichtlich herausfallende Punkte gelten, solange sie für die Funktion des Prüflings bedeutungslos sind, als Ausreißer und bleiben für die Wahl des höchsten Punktes unberücksichtigt.

2.1. Bezugsprofil: eine Gerade

Ist das geometrisch-ideale Profil eine Gerade, so ist das Bezugsprofil eine Parallele hierzu, die das Istprofil von außen her berührt [1]).

2.2. Bezugsprofil: ein Kreis

Ist das geometrisch-ideale Profil ein Kreis, so ist das Bezugsprofil ein hierzu konzentrischer Kreis, der das Istprofil von außen her berührt [1]).

2.3. Bezugsprofil: eine ungleichmäßig gekrümmte Linie

Ist das geometrisch-ideale Profil eine ungleichmäßig gekrümmte Linie (z. B. eine Evolvente), so ist das Bezugsprofil diejenige Äquidistante zum geometrisch-idealen Profil, die das Istprofil von außen her berührt [1]).

3. Maße

Für die Auswertung von Profilschnitten gelten die Maße nach DIN 4762 Blatt 1. Zusätzlich zu den dort definierten Maßen wird für die Wellentiefe W festgelegt:

Wellentiefe W ist der Abstand y_w des Grundprofils vom Bezugsprofil innerhalb einer mehrere Wellen enthaltenden Wellenbezugsstrecke l_w abzüglich dem arithmetischen Mittelwert der Rauhtiefen R_t mehrerer Rauheitsbezugsstrecken l (Bild 1).

Maßeinheit: Mikrometer (1 µm = 0,001 mm).

Bei der praktischen Auswertung von Profilschnitten wird in vielen Fällen ein überhöht aufgenommenes Istprofil verwendet. Durch die Überhöhung entstehen Verzerrungen, die bei der Auswertung berücksichtigt werden müssen.

[1]) Als Außenseite ist stets die werkstofffreie Seite der Oberfläche zu verstehen.

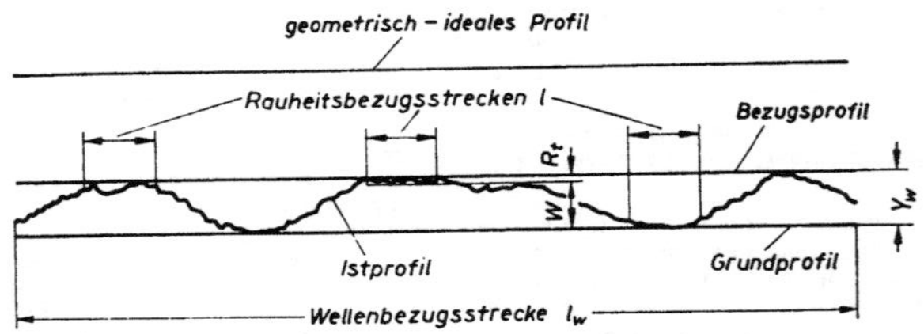

Bild 1. Ermittlung der Wellentiefe W (Istprofil überhöht dargestellt)

Sonstige Normen über Oberflächen:

Begriffe für die Gestalt von Oberflächen siehe DIN 4760

Begriffe, Benennungen und Kurzzeichen für den Oberflächencharakter siehe DIN 4761

Erfassung der Gestaltabweichungen 2. bis 5. Ordnung an Oberflächen an Hand von Oberflächenschnitten, Begriffe für Bezugssystem und Maße siehe DIN 4762 Blatt 1

–, Auswertung von Profilschnitten mit Form- und Hüllprofil als Grundlage siehe DIN 4762 Blatt 3

Stufung der Maße für die Rauheit von Oberflächen siehe DIN 4763

Technische Oberflächen, Funktionsmäßige Ordnung siehe DIN 4764 (zur Zeit noch Entwurf)

Kennzeichnung von Oberflächen in Zeichnungen durch Rauheitsmaße siehe DIN 3142

Oberflächenzeichen, Richtlinien für die Zuordnung der Rauhtiefen siehe DIN 3141

Eine Norm über die Erfassung der Gestaltabweichungen an Hand der tragenden Fläche ist in Vorbereitung.

Erfassung der Gestaltabweichungen 2. bis 5. Ordnung an Oberflächen an Hand von Oberflächenschnitten

Auswertung von Profilschnitten mit Form- und Hüllprofil als Grundlage

DIN 4762 Blatt 3

Mit Blatt 1 und 2 Ersatz für DIN 4762

1. Allgemeines

Diese Norm behandelt die maßliche Erfassung der Gestaltabweichungen 2. bis 5. Ordnung (Welligkeit und Rauheit) durch das Auswerten von Profilschnitten auf der Grundlage von Bezugsprofilen, die vom Verlauf des Istprofils innerhalb der Bezugsstrecke abhängen.

2. Bezugsprofile

Zur Trennung der Gestaltabweichungen 3. bis 5. Ordnung (Rauheit) von denen 2. Ordnung (Welligkeit) sowie zur Trennung dieser von den Gestaltabweichungen 1. Ordnung (Formabweichungen) können Profilschnitte auf der Grundlage des nachfolgend erläuterten Bezugsprofils ausgewertet werden.

Dazu sind zusätzlich zu den in DIN 4762 Blatt 1 enthaltenen Begriffen noch folgende Begriffe erforderlich:

2.1. Formprofil

An das unverzerrte Istprofil werden Kreise vom Halbmesser r_f in jeder möglichen Lage berührend angelegt. Die Mittelpunkte M_f dieser Kreise bilden eine Linie, die senkrecht zum geometrisch-idealen Profil gegen das Istprofil hin um den Betrag r_f verschoben wird. Diese Linie ist das Formprofil (Bild 1).

Halbmesser $r_f = 250$ mm.

Wird bei der Auswertung ein anderer Halbmesser verwendet, so ist dies beim Ergebnis der Auswertung anzugeben.

Bei überhöhter Darstellung des Istprofils werden die Kreise mit dem Halbmesser r_f zu Ellipsen (Bild 2). Die das Istprofil berührenden Scheitelbögen aller anlegbarer Ellipsen können durch die kleinen Scheitelkrümmungskreise der Ellipsen angenähert werden.

Der Halbmesser r_{sf} dieser Scheitelkrümmungskreise errechnet sich aus:

$$r_{sf} = r_f \frac{V_x^2}{V_y}$$

V_x = waagerechte Vergrößerung des Istprofils

V_y = senkrechte Vergrößerung des Istprofils

Die Mittelpunkte der Scheitelkrümmungskreise vom Halbmesser r_{sf} bilden eine Linie, die senkrecht zum geometrisch-idealen Profil gegen das Istprofil hin um den Betrag r_{sf} verschoben wird. Diese Linie ist das überhöht dargestellte Formprofil (Bild 2).

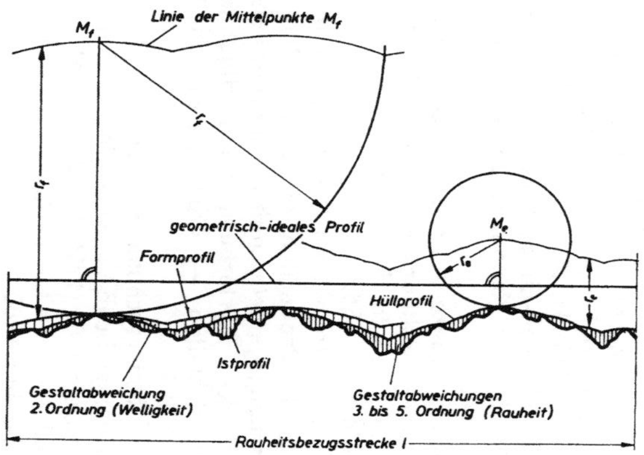

Bild 1. Entstehung des Formprofils und des Hüllprofils bei gegebenem Istprofil. Der Deutlichkeit wegen ist ein Istprofil mit einer übertrieben großen Rauheit dargestellt. Auch die Halbmesser r_f und r_e sind nicht maßstäblich wiedergegeben.

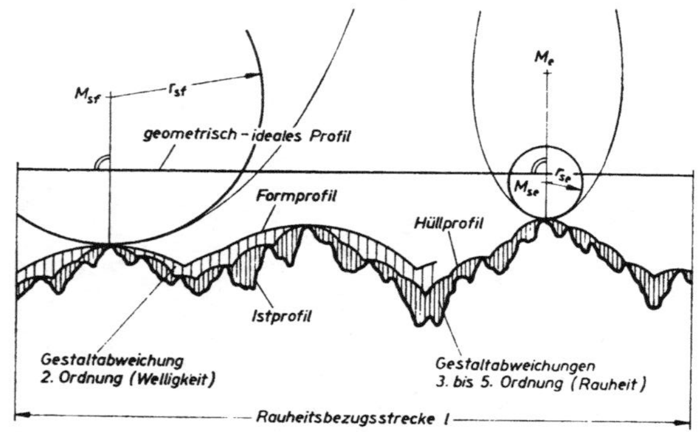

Bild 2. Profilschicht gemäß Bild 1, zweimal überhöht dargestellt. Die Kreisbögen sind zu Ellipsenbögen verzerrt.

2.2. Hüllprofil

An das unverzerrte Istprofil werden Kreise vom Halbmesser r_e in jeder möglichen Lage berührend angelegt. Die Mittelpunkte M_e dieser Kreise bilden eine Linie, die senkrecht zum geometrisch-idealen Profil gegen das Istprofil hin um den Betrag r_e verschoben wird. Diese Linie ist das Hüllprofil (Bild 1).

Halbmesser $r_e = 25$ mm.

Wird bei der Auswertung ein anderer Halbmesser verwendet, so ist dies beim Ergebnis der Auswertung anzugeben.

Bei überhöhter Darstellung des Istprofils werden die Kreise mit dem Halbmesser r_e zu Ellipsen (Bild 2). Die das Istprofil berührenden Scheitelbögen aller anlegbarer Ellipsen können durch die kleinen Scheitelkrümmungskreise der Ellipsen angenähert werden. Der Halbmesser r_{se} dieser Scheitelkrümmungskreise errechnet sich aus:

$$r_{se} = r_e \frac{V_x^2}{V_y}$$

V_x = waagerechte Vergrößerung des Istprofils

V_y = senkrechte Vergrößerung des Istprofils.

Die Mittelpunkte der Scheitelkrümmungskreise vom Halbmesser r_{se} bilden eine Linie, die senkrecht zum geometrisch-idealen Profil gegen das Istprofil hin um den Betrag r_{se} verschoben wird. Diese Linie ist das überhöht dargestellte Hüllprofil (Bild 2).

3. Abgrenzung der Gestaltabweichungen 2. bis 5. Ordnung

3.1. Welligkeit (Gestaltabweichungen 2. Ordnung) ist die Abweichung des Hüllprofils vom Formprofil (Bilder 1 und 2).

3.2. Rauheit (Gestaltabweichungen 3. bis 5. Ordnung) ist die Abweichung des Istprofils vom Hüllprofil (Bilder 1 und 2).

4. Maße

Für die Auswertung von Profilschnitten gelten die Maße nach DIN 4762 Blatt 1. Zur Ermittlung der Senkrechtmaße für die Gestaltabweichungen 3. bis 5. Ordnung (Rauheit) wird als Bezugsprofil das Hüllprofil benutzt. Zusätzlich zu den in DIN 4762 Blatt 1 aufgeführten Maßen wird für die Wellentiefe W festgelegt:

Wellentiefe W ist der größte Abstand des Hüllprofils vom Formprofil innerhalb der Wellenbezugsstrecke l_w (Bild 3).

Maßeinheit: Mikrometer (1 µm = 0,001 mm).

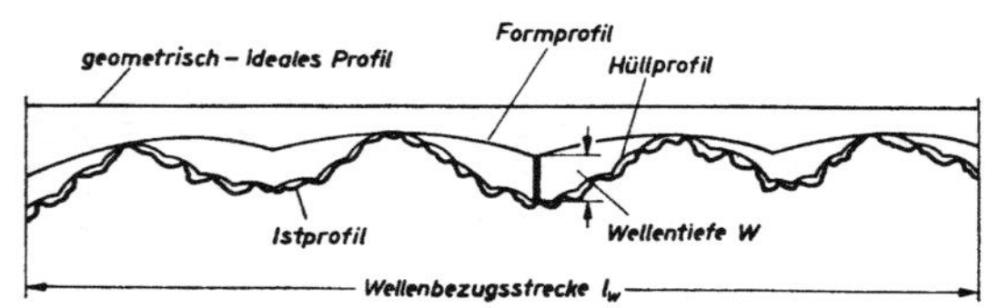

Bild 3. Wellentiefe W.

9 Verzeichnisse

9.1 Schrifttum

In engem Zusammenhang mit diesem Atlas steht

[*1*] *Kienzle, O., u. K. Mietzner:* **Grundlagen einer Typologie umgeformter metallischer Oberflächen mittels Verfahrensanalyse,** Berlin / Heidelberg / New York: Springer 1965.

Weitere Einzelheiten in

[*2*] *Akeret, R:* Einfluß der Schmierung auf das Strangpressen von Aluminium und Aluminiumlegierungen. Z. Metallkde. 55 (1964) H. 10, S. 570—573.

[*3*] *Amann, E.:* Die Problematik beiderseits der Wirkfuge zwischen Umformwerkzeug und Umformraum. Z. Metallkde. 56 (1965) 336—338.

[*4*] *Apel, H.:* Gewindewalzen, München: Hanser 1952.

[*5*] *Bickel, E.:* Die Bezugsstrecke oder Bezugslänge für, die Rauheitsmessung. Werkstattstechnik 50 (1960) Nr. 6, S. 294—301.

[*6*] *Billigmann, J.:* Stauchen und Pressen, München: Hanser 1953.

[*7*] *Billigmann, J., J. Lenze u. D. Schönert:* Das Messen des Verformungsgrades beim Nachwalzen. Stahl u. Eisen 79 (1959) 977—989.

[*8*] *Bleilöb, F., u. H. Born:* Bestimmung der Oberflächenbeschaffenheit von Draht. Drahtwelt 49 (1963) H. 11, S. 477—483.

[*9*] *Braun, Kh.:* Die Oberfläche wird auf Risse untersucht. VDI-N. 1963, Nr. 45.

[*10*] *Buch, M.:* Vergleichende Untersuchungen über die chemische u. mechanische Entzunderung von Walzdraht unter Berücksichtigung der Weiterverarbeitbarkeit im nachfolgenden Kaltformgebungsprozeß. Draht 11 (1960) 97—104.

[*11*] *Bühler, H.:* Eigenspannungen in prägepolierten Stahlstangen. Arch. Eisenhüttenw. 8 (1934/35) 515—516.

[*12*] *Bühler, H., u. A. Peiter:* Verzugsfreies Ziehgut durch Nachziehen. Draht 11 (1960) Nr. 8, S. 398—405.

[*13*] *Bühler, H., u. E. H. Schulz:* Die Verminderung der beim Kaltziehen entstehenden Eigenspannungen. Stahl u. Eisen 70 (1950) H. 25, S. 1147—1152.

[*14*] *Butler, L. H.:* Oberflächen-Einformung von Metallen unter hohen Berührungs-Nenndrücken. Metallurgia 61 (1960) 167—174.

[*15*] *Butler, H. L.:* The Influence of Base-Lubricant Viscosity and Boundary Additions on Surface Contact and Friction during Metal Deformation. J. Inst. of Metals 89 (1960) 449—455.

[*16*] CIRP, Collège International pour l'Étude scientifique des Techniques de Production Mécanique (Internationale Forschungsgemeinschaft für mechanische Produktionstechnik): Wörterbuch der Fertigungstechnik, Bd. 2, Schleifen — Oberflächenrauheit, Essen: Girardet 1965.

[*17*] *Dannenmann, E.:* Untersuchungen über die Oberflächenveränderungen beim Vorwärts-Voll-Fließpressen. Industrie-Anzeiger 88 (1966) H. 100, S. 2156.

[*18*] DIN-Norm 4760: Begriffe für die Gestalt von Oberflächen Ausgabe Juli 1960.

[*19*] DIN 4764 (Entwurf 1953): Technische Oberflächen, Funktionsmäßige Ordnung.

[*20*] DIN-Normentwürfe: Begriffe der Fertigungsverfahren Febr. 1966, 8583 Druckumformen, 8584 Zugdruckumformen, 8585 Zugumformen.

[*21*] DIN 53281 Bl. 1 (Entwurf v. Juli 1963): Prüfung von Metallklebstoffen und Metallklebungen; Probekörper, Vorbehandlung der Klebflächen.

[*22*] *Eichmann, P.:* Die Abhängigkeit des Oberflächenzustandes kaltgewalzter Bänder vom Herstellungsprozeß. Mitt. Forschungsgesellschaft Blechverarbeitung e. V. 1964, H. 11.

[*23*] *Elze, J., D. Pantzke u. H. Plog:* Einebnung durch elektrolytisch abgeschiedene Nickelniederschläge. Galvanotechnik 52 (1961) H. 10.

[*24*] *Elze, J., u. H. Plog:* Oberflächenrauheit handelsüblichen weichen Stahles und seine Galvanisierbarkeit an Blechen und Bändern. Internationale Oberflächentagung 1964, herausgegeben von: Deutsche Messe- und Ausstellungs-A.G., Forschungsgesellschaft Blechverarbeitung e. V. und Deutsche Gesellschaft für Galvanotechnik e. V.

[*25*] *Faust, E.:* Die Schmierung beim Kaltfließpressen. Industrie-Anzeiger 87 (1965) 1323—1327.

[*26*] *Feldmann, H. D.:* Fließpressen von Stahl, Berlin/Göttingen/Heidelberg: Springer 1959.

[*27*] *Fischer, F., K. H. Schmidt-Thomas u. V. Seul:* Über den Einfluß der Mikrooberfläche auf das Verhalten von Feinblechen im Tiefzug. Stahl u. Eisen 80 (1960) 1524—1531.

[*28*] *Föppl, O., u. K. Lippacher:* Die zweckmäßigste Art der Durchführung des Oberflächendrückens, Mitt. des Wöhler-Institutes, Braunschweig, H. 38, Braunschweig: Vieweg 1941, S. 54.

[*29*] *Frings, W.:* Ansätze zur Gewinnung ein-eindeutiger Oberflächenwerte mit größerem Informationsgehalt als die Rauheitsmaße. Mitt. Forschgsges. Blechverarbeitung und Oberflächenbehandlung 17 (1966) H. 3, S. 42—47.

[*30*] *Gerlach, H.:* Glattwalzen von Gußeisen. CIRP-Annalen IX (1960) 94.

[*31*] *Gerlach, H.:* Eigenspannungen durch Glattwalzen in zylindrischen und prismatischen Körpern aus Gußeisen. Gießerei 14 (1962) 93—99.

[*32*] *Goszdziewski, H.:* Spanlos kaltformende Feinbearbeitung, Feinbearbeitung durch Kalthämmern, Stuttgart: Deutscher Fachzeitschriften- und Fachbuch-Verlag 1954.

[*33*] *Hammersen, H.:* Oberflächenbeschaffenheit von Gesenkschmiedestücken. Diplomarbeit Techn. Hochschule Hannover (s. a. Bericht der Forschungsstelle Gesenkschmieden Nr. 43, 1954).

[*34*] *Hansen, N.:* Einfluß der Verformungsbedingungen auf die Veränderung der Oberflächenbeschaffenheit beim Ziehen von Drähten und Stäben. Diss. Techn. Hochschule Aachen 1966.

[*35*] *Harmon, W. C.:* The Development of a Procedure and Equipment for Determining Surface Texture Peak Count and Operation of Measuring Instrumentation. Society of Automotive Engineers, Inc., New York. Report SP-268, Jan. 1965.

[*36*] *Häsing, J.:* Die Zuverlässigkeit der Rauheitsempfindung und ihr Zusammenhang mit geometrischen Rauheitsmeßwerten. Werkstattstechnik 50 (1960) 728—733.

[*37*] *Häsing, J.:* Die Messung der Glättungstiefe nach dem E-System mit einem Zweitastermeßgerät. CIRP-Annalen XII (1963/64) H. 3, S. 138—143.

[38] *Häsing, J.*: Herstellung und Eigenschaften von Referenznormalen. CIRP-Annalen XIII (1965) 45—50, und Werkstattstechnik 55 (1965) 780—782.

[39] *Hempel, M.*: Beeinflussung der Dauerschwingfestigkeit metallischer Werkstoffe durch den Oberflächenzustand. Klepzig, Fachberichte für Oberflächentechnik 2 (1964) 11—21.

[40] *Hermanns, M.*: Das Oberflächenfeinwalzen, in *K. Schimz*: Kaltformfibel II, Düsseldorf: Triltsch 1962.

[41] *Hofmann, W.*, u. *P. Gumm*: Kaltpreßschweißen in Fließpressvorgängen. CIRP-Annalen XIII (1964/65); Z. Metallkde. 56 (1965).

[42] *Horstmann, D.*, u. *U. Krause*: Der Einfluß der Oberflächenrauheit und der Glühbehandlung auf die Güte des Zinküberzuges auf kaltgewalzten Feinblechen. Stahl u. Eisen 80 (1960) 1313—1318.

[43] *Iwascheff, W.*: Glattwalzen gußeiserner Gleitbahnen an Werkzeugmaschinen. Werkstattstechnik u. Maschinenbau 45 (1955) 326—327.

[44] *Kaiser, H.-R.*: Möglichkeiten und Grenzen einer Hartverchromung. Galvanotechnik 56 (1965) 201—214.

[45] *Kellermann, R.*, u. *H.-C. Klein*: Untersuchungen über den Einfluß der Reibung auf Vorspannung und Anzugsmoment von Schraubenverbindungen. Konstruktion (1955) H. 2, S. 216.

[46] *Kienzle, O.*: Beitrag zum Stand unserer Erkenntnisse über Kalt- und Warmumformung. CIRP-Annalen VI (1957).

[47] *Kienzle, O.*: Werkstoffhandbuch „Stahl und Eisen" 1965, 4. Aufl., Abschn. T 41, Düsseldorf: Verlag Stahleisen.

[48] *Kienzle, O.*: Die Rauhleiter, eine umgeformte Probe mit gleichmäßig zunehmender freier Rauhung. Werkstattstechnik 56 (1966) H. 11, S. 542—545.

[49] *Kienzle, O.*, u. *H. Gerlach*: Das Glattwalzen kreiszylindrischer und ebener Werkstücke aus Gußeisen. Werkstattstechnik 51 (1961) H. 10, S. 505—512.

[50] *Kienzle, O.*, u. *A. Heiss*: Die Oberflächenabtastung in zwei Richtungen. Werkstattstechnik u. Maschinenbau 41 (1951) H. 3, S. 73—81.

[51] *Kienzle, O.*, u. *J. Huwendiek*: Oberflächen an Gesenkschmiedestücken. Werkstattstechnik 54 (1964) H. 4, S. 189—192.

[52] *Kienzle, O.*, u. *R. Meier*: Erzielbare Maßgenauigkeiten und Oberflächengüten beim Kaltflachprägen von Gesenkschmiedestücken. Werkstattstechnik 51 (1961) 545—551.

[53] *Kienzle, O.*, u. *K. Mietzner*: Mikrogeometrische Veränderungen der Oberfläche bei Kaltumformvorgängen, Forschungsberichte des Landes Nordrhein-Westfalen, H. 812, Köln u. Opladen: Westdeutscher Verlag 1960.

[54] *Kienzle, O.*, u. *K. Mietzner*: Die Oberflächenwandlung beim Kaltfließpressen von Stahl. Werkstattstechnik 54 (1964) H. 11, S. 549—555.

[55] *Kienzle, O.*, u. *H. Zabel*: Zerteilen metallischer Stangen durch Abscheren, Forschungsberichte des Landes Nordrhein-Westfalen, H. 1462, Köln u. Opladen: Westdeutscher Verlag 1965.

[56] *König, H.*: Das Glattwalzen zylindrischer Flächen von Bauteilen aus Stahl. Werkstattstechnik u. Maschinenbau 43 (1953) 261.

[57] *König, H.*: Glattwalzen, Schriftenreihe Feinbearbeitung, Stuttgart: Das Industrieblatt 1954.

[58] *Krämer, W.*: Untersuchung von Schmiermitteln für das Tiefziehen. Industrie-Anzeiger 12 (1964) 325.

[59] *Krause, U.*: Die Rauheit technischer Oberflächen und ihre Messung. Stahl u. Eisen 78 (1958) 1827—1832 u. Stahl u. Eisen 79 (1959) 371—376.

[60] *Krause, U.*: Oberflächen von Blechen, Drähten und Rohren. Vortrag beim 2. Braunschweiger Oberflächenkolloquium 1964.

[61] *Krause, U.*, u. *O. Pawelski*: Vergleich verschiedener Oberflächenmeßgeräte. Stahl u. Eisen 84 (1964) Nr. 14, S. 859—868.

[62] *Kuntze, H.*, u. *A. Pomp*: Vergleich verschiedener Schmiermittelträger beim Ziehen von Drähten aus nichtrostendem Stahl. Stahl u. Eisen 74 (1954) 1325—1334.

[63] *Lange, K.*, u. *H. Meinert*: Einfluß der Oberfläche auf das Verschleißverhalten von Schmiedegesenken. Forschungs-Bericht des Wirtschafts- u. Verkehrs-Min. Nordrhein-Westf., Westdeutscher Verlag 1956 (s. auch Werkstattstechnik u. Maschinenbau 46 (1956) H. 6, S. 313—319.

[64] *Lueg, W.*, u. *U. Krause*: Messungen der Oberflächenrauheit von kaltgewalztem Stahlband sowie von gezogenem Stahldraht und Stabstahl. Stahl u. Eisen 79 (1959) 1837—1843.

[65] *Lueg, W.*, u. *U. Krause*: Das Messen der Rauheit von kaltverformten Oberflächen. Stahl u. Eisen 80 (1960) 325—336.

[66] *Lueg, W.*, u. *K. H. Treptow*: Schmierstoffe u. Schmierstoffträger beim Ziehen von Stahldraht. Stahl u. Eisen 72 (1952) 399—416 u. Stahl u. Eisen 76 (1956) 1107 bis 1116.

[67] *Maaß, D.*: Das Abdecken der Rauheit von Blechen durch das Lackieren. Mitt. Forschungsgesellschaft Blechverarbeitung und Oberflächenbehandlung 18 (1967) H. 1/2.

[68] *Machau, W.*: Phosphatüberzüge als Hilfsmittel bei der spanlosen Kaltverformung von Eisen und Stahl. Werkstoffe und Korrosion 16 (1965) H. 11, S. 939 bis 946.

[69] *Matting, A.*, u. *K. Ulmer*: Grenzflächenreaktionen und Spannungsverteilung in Metallklebverbindungen. Kautschuk u. Gummi 16 (1963) 213—224.

[70] *Matting, A.*, u. *U. Draugelates*: Erkenntnisse zum Metallkleben von Stahl. Stahl u. Eisen 84 (1964) 947—53.

[71] *Mietzner, K.*: Mikrogeometrische Veränderungen der Oberfläche bei Kaltumformvorgängen. Stahl u. Eisen 81 (1961) 950—952.

[72] *Mietzner, K.*: Untersuchungen über die Oberflächenbeschaffenheit von gezogenen Stäben. Stahl u. Eisen 82 (1962) H. 21, 1423—1432.

[73] *Mietzner, K.*: Untersuchungen über die Oberflächenbeschaffenheit stranggepreßter Profile aus Al-Legierungen. Metall 16 (1962) 837—843.

[74] *Mietzner, K.*: Rauheitsmessungen an kalt gewalztem Stahlband. Stahl u. Eisen 83 (1963) H. 6, S. 336—344.

[75] *Mittrop, F.*: Bericht über einige Metallkleb-Forschungsarbeiten im Institut für Kunststoffverarbeitung der Technischen Hochschule Aachen. Mitt. Forschungsgesellschaft Blechverarbeitung 1964 Nr. 9/10.

[76] *Mühlenweg, H.*: Die Oberflächenrauhigkeit bei warm und kalt gezogenen Stahlrohren. Stahl u. Eisen 79 (1959) 1792—1800 und 1844—1852.

[77] *van Oesteren, K. A.*: Die Bedeutung der Schichtdicke bei Korrosionschutzanstrichen. Werkstoffe u. Korrosion 12 (1961) 752—758. (Referat von Dr.-Ing. *Kurt Pawlik*, Salzgitter in VDI-Z. 106 (1964) S. 51—52.)

[78] *Pahlitzsch, G.*, u. *H.-J. v. Eitzen*: Über das Glattwalzen kreiszylindrischer Zapfen mit Durchmesser von 1,5 bis 5 mm im Einstechverfahren. Werkstattstechnik 47 (1957) H. 11, S. 589—597.

[79] *Pahlitzsch, G.*, u. *P. Krohn*: Das Glattwalzen kreiszylindrischer Werkstücke. Werkstattstechnik 53 (1963) H. 9, S. 447—453.

[80] *Pahlitzsch, G.*, u. *P. Krohn*: Glattwalzen zylindrischer Werkstücke im Einstechverfahren. Werkstattstechnik 56 (1966) H. 1, S. 2—12.

[81] *Pawelski, O.*: Über die Bedeutung des Schmierstoffs im Walzspalt und im Walzenlager für die Umformvorgänge beim Kaltwalzen. Stahleisen-Sonderberichte 1964, Nr. 3.

[82] *Perthen, J.*: Die Trennung von Welligkeit und Rauheit bei Oberflächenmessungen. Werkstattstechnik 51 (1961) 480–488.

[83] *Peter, H.*, u. *R. Neider*: Untersuchungen über die Schneidbarkeit von Kaltband und Blech, insbesondere Dynamoblech. Blech 11 (1965) H. 11, S. 570–579.

[84] *Pomp, A.*: Stahldraht, Düsseldorf: Verlag Stahleisen 1952.

[85] *Raub, E.*: Glanz und Einebnung bei galvanischen Niederschlägen. Internationale Oberflächentagung 1964. Herausgegeben von: Deutsche Messe- und Ausstellungs-A.G., Forschungsgesellschaft Blechverarbeitung e.V. und Deutsche Gesellschaft für Galvanotechnik e.V.

[86] *Raub, E.*: Einfluß der Oberflächengüte auf das Korrosionsverhalten. VDI-Berichte 1965, Nr. 90.

[87] *Reason, R. E.*: The Bearing Parameters of Surface Topography. Paper presented to the 5th International Machine Tool Design and Research Conference Birmingham 1964.

[88] *Reihle, M.*: Einfluß der Korngröße auf die Oberflächenfeingestalt von Tiefziehteilen. Mitt. d. Forschungsges. Blechverarbeitung, Düsseldorf 1961, S. 141–150.

[89] *Rumbach, J.*: Glattwalzen. Werkstattstechnik u. Maschinenbau 45 (1955) 594–597.

[90] SAE J 911, Recommended Practice Surface Texture Measurement of Cold Rolled Sheet Steel.

[91] SAE (Society of Automotive Engineers): Evaluating the Surface Texture of Cold Roll Sheet Steel for Automotive Panels. Report SP-268.

[92] *Schimz, K.*: Gewinderollbacken mit geschliffenem Gewinde. Werkstattstechnik 49 (1959) 320–322.

[93] *Schmaltz, G.*: Technische Oberflächenkunde, Berlin: Springer 1936.

[94] *Schorsch, H.*: Gütebestimmung an technischen Oberflächen, Stuttgart: Wissenschaftliche Verlagsges. 1958.

[95] *Schuler, H.*: Untersuchungen über einen Leistungsvergleich verschiedener Feinbearbeitungsverfahren. Diss. Aachen 1957.

[96] *Seltmann, R.*: Über das Gewinderollen unter besonderer Berücksichtigung der Gewinderollbacken und der plastischen Materialverformung. Diss. Breslau 1930.

[97] *Siebel, E.*: Handbuch der Werkstoffprüfung, 2. Aufl., Bd. 2, Berlin/Göttingen/Heidelberg: Springer 1955.

[98] *Spenceley, G. D.*: The Use of Hard Chrome Plated Rolls for Cold Rolling. Sheet Metal Ind. 42 (1965) 408–416.

[99] *Stephan, K.*: Mechanismus und Modellgesetz des Wärmeübergangs bei der Blasenverdampfung. Chemie-Ingenieur-Technik 35 (1963) H. 11, S. 775 bis 784.

[100] *Tönshoff, K. H.*: Eigenspannungen und plastische Verformungen im Werkstück durch spanende Bearbeitung. Diss. Hannover 1965.

[101] *Uhlig, A.*: Untersuchungen über die Bewegungen und Kräfte beim Rundkneten. Diss. Hannover 1963.

[102] *Uhlig, A.*: Zur Berechnung und Messung der Werkzeugkräfte beim Rundkneten. Bänder, Bleche, Rohre 6 (1965) H. 2, S. 87–92.

[103] VDI-Richtlinie 3139: Kaltfließpressen von Stahl (1958).

[104] VDI-Richtlinie VDI 3172: Flachprägen (1961).

[105] VDI-Richtlinie 3174: Rollen von Außengewinden durch Kaltformung (1958).

[106] VDI-Richtlinie 3177: Oberflächen-Feinwalzen (1963).

[107] Verein Deutscher Eisenhüttenleute: Mikroskopische Prüfung von Stählen auf Korngröße und Bildreihen, Stahl-Eisen-Prüfblatt 1510–1961, Düsseldorf: Verlag Stahleisen 1961.

[108] Verein Deutscher Eisenhüttenleute: Werkstoffhandbuch Stahl und Eisen, Düsseldorf: Verlag Stahleisen 1965.

[109] *Villner, L.*, u. *L. Jansson*: Surface Roughness of Castings and Development of Surface Comparators. CIRP-Annalen XIII (1964/65) H. 1, S. 51–63.

[110] *Wedemeyer, E.*, u. *O. Föppl*: Die Steigerung der Dauerhaltbarkeit von Schrauben durch Gewindedrücken. Wöhler-Mitt. 1938, H. 33.

[111] *v. Weingraber, H.*: Die neuen deutschen Oberflächennormen und ihre Auswirkungen auf die Oberflächenmessung. Stahl u. Eisen 80 (1960) 1933–1939.

[112] *v. Weingraber, H.*: Der gegenwärtige Stand der Oberflächenprüfung und -messung aus den Blickwinkeln der Praxis und der Forschung. Werkstattstechnik 54 (1964) H. 11, S. 541–548.

[113] *v. Weingraber, H.*: Die Prüfung mechanischer Profilschnittgeräte mit Rauhwertanzeige und/oder Profilaufzeichnung. CIRP-Annalen XIII (1964/65) H. 3.

[114] *v. Weingraber, H.*: Neuentwicklungen auf dem Gebiet der Oberflächenmessung. Feingerätetechnik 14 (1965) S. 276–279.

[115] *Wiegand, H.*: Über den Einfluß des Feinbaues von Werkstoffen und ihrer Oberflächen bei der Kaltumformung. Werkstatt u. Betrieb 90 (1957) 769 bis 775.

[116] *Wiegand, H.*: Über die Bedeutung von Isoliergleitschichten bei der Kaltumformung metallischer Werkstoffe. Werkstatt u. Betrieb 93 (1960) H. 3, S. 147–151.

[117] *Wiegand, H.*, u. *H.-R. Kaiser*: Einfluß der galvanischen Behandlung auf die mechanisch-technologischen Eigenschaften des Werkstücks. Handbuch der Galvanotechnik, München: Hanser 1964.

[118] *Wiegand, H.*, u. *H.-R. Kaiser*: Eigenspannungen in Hartchromniederschlägen. Metalloberfläche 19 (1965) H. 5, S. 129–137.

[119] *Wiegand, H.*, u. *K. H. Kloos*: Die Verfestigung austenitischer Werkstoffe bei der Kaltumformung im Tiefziehverfahren. Werkstatt u. Betrieb 92 (1959) H. 1, S. 1–6.

[120] *Wiegand, H.*, u. *K. H. Kloos*: Einfluß der Oberflächengrenzschicht auf das Reibungsverhalten austenitischer Werkstoffe bei der Kaltumformung im Tiefziehverfahren. Metalloberfläche 13 (1959) H. 8, S. 229–233.

[121] *Wiegand, H.*, u. *K. H. Kloos*: Der Reibungs- und Schmierungsvorgang in der Kaltformgebung und Möglichkeiten seiner Messung. Werkstatt u. Betrieb 93 (1960) H. 4, S. 181–187.

[122] *Wiegand, H.*, u. *K. H. Kloos*: Oberflächenvorgänge bei der Kaltumformung. Industrie-Anzeiger 1960, H. 70, S. 52–58.

[123] *Wiegand, H.*, u. *K. H. Kloos*: Veränderungen der Oberflächenfeingestalt werkzeuggebundener Oberflächen beim Kaltstauchen. Stahl u. Eisen 83 (1963) 406–415.

[124] *Wiegand, H.*, *K. H. Kloos* u. *K. Müller*: Einfluß der Reibungspartner auf die Festkörperberührung in der Kaltformgebung. Stahl u. Eisen 81 (1961) 924–933.

[125] *Wolf, H.*: Die Bedeutung des cut-off bei der Oberflächenprüfung mit Tastschnittgeräten. Werkstatt u. Betrieb 92 (1959) 817–820.

[126] *Zabel, H.*: Die Trennflächen von abgescherten Stangenabschnitten. Werkstattstechnik 54 (1964) H. 10, S. 530–538.

9.2 Sachverzeichnis

Mercedes Druck, Berlin 61

Berichtigung

Seite 100, 5. Zeile von unten: **lies** *630 t* statt *63 t*

Seite 104, Textgruppe „Werkstück", rechts:
lies Härte vor Umformung: *HV 30 = 373 kp/mm²* statt *313 kp/mm²*

Seite 118, Textgruppe „Werkstück", rechts:
lies Korngröße nach Umformung: *420 μm² (2:1)* statt *(1,6:1)*

Seite 138, Tabelle im Teil „Werkzeug", Zeile „Werkzeug neu":
lies $R_p = \leq 0{,}3$ statt $\leq 0{,}5$

lies $\frac{R_p}{R_t} = \approx 0{,}5$ statt $\approx 0{,}3$

Kienzle/Mietzner, Atlas

GPSR Compliance

The European Union's (EU) General Product Safety Regulation (GPSR) is a set of rules that requires consumer products to be safe and our obligations to ensure this.

If you have any concerns about our products, you can contact us on ProductSafety@springernature.com

In case Publisher is established outside the EU, the EU authorized representative is:

Springer Nature Customer Service Center GmbH
Europaplatz 3
69115 Heidelberg, Germany

Batch number: 10684218

Printed by Printforce, the Netherlands